第二版

非金属矿物材料

FEIJINSHU KUANGWU CAILIAO

郑水林　孙志明　编著

化学工业出版社

·北京·

本书系统论述了非金属矿物材料的定义与特征、分类、用途、主要研究内容和发展趋势；对非金属矿物材料原材料的结构和性能进行了全面介绍；并按照材料的功能性系统论述了非金属矿物填料和颜料、摩擦材料、密封材料、保温隔热材料、电功能材料、胶凝与流变特性调节材料以及非金属矿物吸附、催化与环保材料、生态修复与健康材料、聚合物/黏土纳米复合材料等非金属矿物材料的结构、性能、加工、应用及其加工和应用基础。有关内容较第一版在广度和深度上做了相当大的拓展。全书共11章。

本书可供从事非金属矿物材料、矿物材料、无机非金属材料、复合材料、功能材料以及矿物加工、非金属矿深加工、化工、轻工、环境工程等相关专业领域的科研和工程技术人员以及大专院校师生参考。

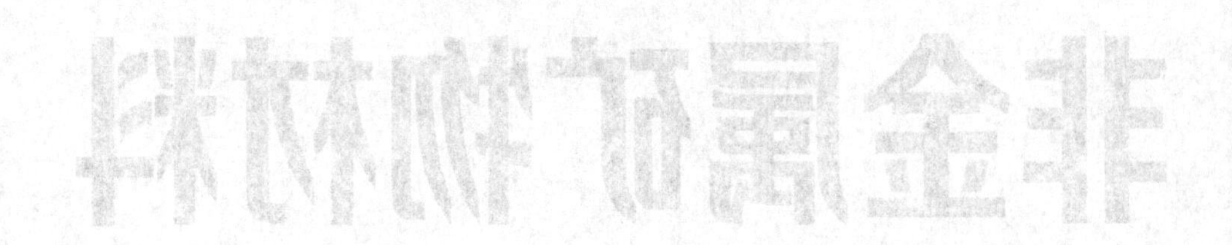

图书在版编目（CIP）数据

非金属矿物材料/郑水林，孙志明编著．—2版．—北京：化学工业出版社，2016.4（2023.8重印）
ISBN 978-7-122-26224-0

Ⅰ.①非… Ⅱ.①郑…②孙… Ⅲ.①非金属矿物-工程材料 Ⅳ.①TB321

中国版本图书馆CIP数据核字（2016）第022823号

责任编辑：朱　彤　　装帧设计：刘丽华
责任校对：边　涛

出版发行：化学工业出版社（北京市东城区青年湖南街13号　邮政编码100011）
印　　装：北京建宏印刷有限公司
787mm×1092mm　1/16　印张 22¾　字数620千字　2023年8月北京第2版第4次印刷

购书咨询：010-64518888　　售后服务：010-64518899
网　　址：http://www.cip.com.cn
凡购买本书，如有缺损质量问题，本社销售中心负责调换。

定　　价：85.00元

第二版前言

非金属矿物材料是近十多年来发展迅速的新型无机功能材料，广泛应用于航空航天、电子信息、机械、冶金、建筑、建材、生物、化工、轻工、食品、环境保护、生态修复、快速交通、通信等现代产业领域，是21世纪各国着力开发的新型无机功能材料或非金属矿深加工材料。《非金属矿物材料》第一版自2007年5月出版以来，受到业内专家学者和工程技术人员的喜爱，作者表示感谢。鉴于该领域的快速发展，修订和再版出版以适应广大读者的新需求是必要的，也是很有意义的。

本次新修订的《非金属矿物材料》(第二版)总体上继承了初版的结构和特点，根据非金属矿物材料领域近十年的科技进展和生产实践主要做了如下修订工作。

(1) 结构方面　增加了生态修复与健康材料(第10章)；调整了第3章，将初版3.3节(非金属矿物填料的表面改性)和3.4节(非金属矿物颜料的表面改性)合并为一节；同时增加典型非金属矿物填料和颜料的制备与改性(3.4节)；各章节的标题也由按材料名称设置改为按材料功能设置，以材料功能性为主线；删除了原书建筑装饰材料(第10章)。

(2) 内容方面　新增生态修复与健康材料(第10章)；第2章增补了石墨烯和蛋白土；第3章增补了典型非金属矿物填料和颜料的制备与改性；第4章中增补了蛇纹石减磨材料；第6章增补了相变储能材料；第7章增补了抗静电材料和电子塑封料；第8章增补了石灰和镁质胶凝材料；第9章增补了硅藻土负载纳米零价铁复合材料、沸石负载TiO_2复合材料、氮掺杂纳米TiO_2/凹凸棒石复合材料、纳米TiO_2/海泡石复合光催化材料以及农药与化肥载体等内容。同时，对本书第一版第3章3.3节(非金属矿物填料的表面改性)和3.4节(非金属矿物颜料的表面改性)的内容进行合并和精简，对3.2节(非金属矿物填料与颜料的制备)进行了凝练和精简；对其余各章节均进行了不同程度的修订，特别是第9章的硅藻土选矿和硅藻矿物材料，补充、完善了我国“十二五”科技支撑计划重点项目课题的研究成果。

本书的第10章(生态修复与健康材料)以及第4章4.4.3节(蛇纹石减磨材料)、第6章6.6节(相变储能材料)、第7章7.4节(抗静电材料)和7.5节(电子塑封材料)、第9章9.2.4节和9.2.5节、9.3.6节、9.4.6节、9.6.5节(海泡石农药与化肥载体)等由中国矿业大学(北京)孙志明博士撰写，其余部分由中国矿业大学(北京)郑水林教授修订和撰写。

非金属矿物材料学科目前仍处于快速发展之中，涉及的材料功能范围和应用领域较宽，近十年来国内外该领域的科学研究和技术创新非常活跃，许多新品种、新的加工与制备技术及新的用途和市场还在不断开发之中。面对这样一门新学科，虽然近15年来，非金属矿物材料一直是作者团队最主要的研究领域和方向，在本文的撰写过程中也结合长期科研和教学实践体会进行了认真的思考、总结、分析，提出了自己的观点。但书中肯定还存在不足之处，欢迎读者和专家学者批评斧正！

编著者

2015年12月

第一版前言

在现代工业和社会中随处可以见到非金属矿物材料的应用领域，从航空航天、微电子、通信等高新技术产业到建材、交通、电力、石油、化工、机械、轻工等传统产业；从节能、环保新技术领域到现代高速发展的材料工业。非金属矿物材料在现代产业和社会发展中的重要性是毋庸置疑的。非金属矿物材料源于非金属矿物和岩石，其来源广，功能性突出；在加工和应用过程中环境负荷小，污染轻。它是21世纪各国着力开发的新型无机非金属功能材料。非金属矿物材料开发和应用的程度和水平也从一个侧面反映了现代社会和工业的发达程度。

非金属矿物材料是从事矿物学、岩石学与结晶学以及矿物加工人员于20世纪80年代提出的。进入21世纪后非金属矿物材料的研究开发呈现出前所未有的热度。但什么是非金属矿物材料？它的内涵、范围及特征是什么？目前一直没有定论。在已公开出版的有关著作中，非金属矿物材料研究、开发和科研工作者，常常自觉或不自觉地将玻璃、陶瓷、耐火材料等纳入非金属矿物材料；也有一些著述中将矿物加工作为矿物材料的一部分进行论述。时至今日，虽然非金属矿物材料在国民经济各部门及社会生活中得到了广泛应用，在我国某些高等学校已作为专科或本科专业，矿物材料工程专业也已经作为一级学科矿业工程或材料科学与工程专业下设置的二级学科博士点和硕士点，但对于非金属矿物材料或矿物材料的定义、内涵及其特征目前尚未进行专门的讨论和规范。

本书作为一本系统论述非金属矿物材料的专著，参考国内外有关矿物材料和非金属矿物材料的论述和2005年非金属矿工业协会受我国科技部委托组织完成的《非金属矿物材料发展战略研究报告》，对非金属矿物材料进行了定义，并提出了非金属矿物材料的特征和主要研究内容。在此基础上，首先主要对非金属矿物材料原材料的结构和性能进行了较全面的介绍。然后，按照功能性将非金属矿物材料分为非金属矿物填料和颜料、非金属矿物基摩擦材料、非金属矿物基密封材料、非金属矿物保温隔热材料、非金属矿物基电功能材料、非金属矿物胶凝与流变材料、非金属矿物吸附、催化与环保材料、建筑装饰材料、聚合物/黏土纳米复合材料等9大类，分别对其结构、性能、品种、加工、应用等进行了系统论述。全书共11章。

本书在撰写过程中，着力考虑系统性、科学性和在研究开发及生产中的实用性。考虑到热力学性质是非金属矿物材料研究开发的重要基础数据，本书第2章收集整理了各种非金属矿物材料的主要热力学参数；在材料的加工技术中，尽量选择目前先进的工业化技术或中试生产技术，同时注意介绍材料的制备基础或加工原理；在加工设备中尽量介绍先进的工业化设备。另外，特别关注新技术和新材料的开发，如环境功能材料、黏土纳米复合材料等。

本书的第1～10章由郑水林撰写，第11章由杨敏撰写。在写作过程中，参考了大量前人和同行专家学者的相关著作、论文，对此，深表感谢！

非金属矿物材料是一门年轻的学科，涉及的领域较宽。许多新的品种、新的加工与制备技术及新的用途和市场还在不断开发中。与材料性能与应用相关的基础研究也在广泛开展；与此相关的论文、专利文献浩如烟海。对这样一门新学科，虽然作者在该领域的研究开发和教学方面做了一些工作，在本文的撰写过程中也做了认真的思考、分析，提出了自己的观点，但书中肯定还存在不足之处，欢迎读者和专家学者批评斧正！

编者

2007年2月

目　录

1 绪论

1.1 非金属矿物材料的定义与特征

非金属矿物材料指以非金属矿物或岩石为基本原料或主要原料经加工、改造所获得的矿物材料或能直接应用其物理、化学性质的矿物或岩石。非金属矿物材料是具有一定功能的材料，如填料、颜料、摩擦材料、密封材料、保温隔热材料、电功能材料、催化剂载体、吸附材料、生态修复材料、废水处理材料、空气净化材料、阻燃材料、胶凝与流变材料、建筑装饰材料等。现代非金属矿物材料具有以下主要特征。

① 原料或主要组分为非金属矿物或岩石或经过选矿加工的非金属矿物或岩石。

② 非金属矿物材料没有完全改变非金属矿物原料或主要组分的物理、化学性质或结构特征，除了保有原料的天然功能或禀赋外，通过提纯、超细、改性、复合等深加工优化了原矿的性能或具有新的功能。

③ 非金属矿物材料具有环境友好属性，与现代人类社会追求的健康、环保、节能、低碳愿景高度契合。

1.2 非金属矿物材料的用途与分类

1.2.1 非金属矿物材料的用途

非金属矿物材料是人类利用最早的材料。原始人使用的石斧、石刀等就是用非金属矿物或岩石材料制备的。但是，在现代科技革命和新兴产业发展之前的人类文明进化过程中，基本上是以金属材料为主导。现代科技革命、产业发展、社会进步、人类生活品质的提高和环境保护意识的觉醒开创了应用非金属矿物材料的新时代。

当今世界，非金属矿物材料广泛应用于化工、机械、能源、汽车、轻工、食品、冶金、建材等传统产业以及航空航天、电子信息、新材料等为代表的高新技术产业和环境保护与生态修复等领域。

以电子信息、航空航天、海洋开发、新材料和新能源为代表的高新技术产业与非金属矿物材料密切相关。石墨、云母、石英、锆英石、金红石基矿物材料等与电子信息产业相关；石墨、重晶石、膨润土、硅质矿物材料等与新能源开发有关；石墨、石棉、云母、石英等与航空航天产业有关。

化工、机械、能源、汽车、轻工、冶金、建材等传统产业的技术进步与产业升级也与非金属矿物材料密切相关。造纸工业的技术进步和产品结构调整需要大量高纯、超细的重质碳酸钙、高岭土、滑石等高白度非金属矿物颜料和填料；高分子材料（塑料、橡胶、胶黏剂等）的技术进步以及塑钢门窗等高分子基复合材料的兴起每年需要数千万吨活性碳酸钙、高岭土、滑石、针状硅灰石、云母、透闪石、二氧化硅、水镁石以及氢氧化镁、氢氧化铝等功能矿物填料；汽车面漆、乳胶漆等高档涂料以及防腐蚀和辐射、道路发光等特种涂料需要大量的超细和高白度碳酸钙及超细和高白度高岭土、煅烧高岭土、云母粉、珠光云母、着色云母、超细二氧化硅、针状超细硅灰石、有机膨润土等非金属矿物颜料、填料和助剂；冶金工业的技术进步和产品结构调整需要高品质的以白云石、石灰石、菱镁矿等为主要成分的精炼渣、保护渣等辅料；新型生态健康建材和节能产品的发展需要大量的石膏板材与饰面板、花岗岩和大理岩板材与异形材、微孔硅酸钙板、膨胀珍珠岩、硅藻土等保温隔热材料以及石棉制品、人造石材、硅藻泥或硅藻壁材等；石化工业的技术进步和产业升级需要大量具有特定孔径分布、活性和选择性好的沸石与高岭土催化剂载体以及以膨润土、凹凸棒石、海泡石等为原料的活性白土、有机黏土及胶凝材料；机电工业的技术进步需要以碎云母为原料制造的云母纸和云母板绝缘材料、高性能的柔性石墨密封材料、石墨盘根、石棉基板材和垫片；汽车工业的发展需要大量以石棉、石墨、针状硅灰石等非金属矿为基料的摩擦材料以及以滑石、云母、硅灰石、透闪石、超细碳酸钙等为无机填料的工程塑料和底漆。化学纤维工业的发展需要超细电气石、二氧化硅、云母等无机功能填料以生产出有益于人类健康的功能纤维。

环境保护和生态建设直接关系到人类的生存和经济社会的可持续发展，环保产业将成为21世纪最重要的新兴产业之一。许多非金属矿物和岩石，如硅藻土、沸石、膨润土、凹凸棒石、海泡石、电气石、蛋白土、膨胀蛭石、膨胀石墨、膨胀珍珠岩等为原料制备的环保功能材料具有选择性吸附有害及各种有机和无机污染物的功能，而且具有单位处理成本低、本身与环境友好、不产生二次污染等优点；膨润土、珍珠岩、蛭石等还可用于固沙和改良土壤；以超细水镁石、水菱镁石等为原料制备的无机阻燃功能填料用作高聚物基复合材料的阻燃材料具有低烟、无卤、环境友好等特点。

1.2.2 非金属矿物材料的分类

非金属矿物和岩石原料种类繁多，因此非金属矿物材料的种类也很多。目前的分类方法主要有两种：一种是按非金属矿物材料成分结构和加工特点分类和按非金属材料功能进行分类(见表 1.1)；另一种是按矿物材料成分结构和加工特点可分成天然矿物材料、加工改造矿物材料、复合矿物材料和人工合成矿物材料四类。

表 1.1 非金属矿物材料的类型及其应用

序号	材料类型	非金属矿物原料	非金属矿物材料或制品品种	应用领域
1	填料和颜料	方解石、大理石、白垩、滑石、叶蜡石、伊利石、石墨、高岭土、地开石、云母、硅灰石、透辉石、硅藻土、膨润土、皂石、海泡石、凹凸棒土、金红石、长石、锆英砂、重晶石、石膏、石英、石棉、水镁石、沸石、透闪石、蛋白土等	细粉（10～1000μm）、超细粉（0.1～10μm）、超微细粉或一维、二维纳米粉（0.001～0.1μm）、表面改性粉体、高纯度粉体、复合粉体、高长径比针状粉体、大径厚比片状粉体、多孔隙轻质粉体等	塑料、橡胶、胶黏剂、化纤、涂料、陶瓷、玻璃、耐火材料、阻燃材料、胶凝材料、造纸、建材等
2	力学功能材料	石棉、石膏、石墨、花岗岩、大理岩、石英岩、锆英砂、高岭土、长石、金刚石、铸石、石榴子石、硅灰石、透闪石、石灰石、硅藻土、燧石、蛋白石等	石棉水泥制品、硅酸钙板、纤维石膏板、石料、石材、金刚石（刀具、钻头、砂轮、研磨膏）、磨料、衬里材料、制动器衬片、闸瓦、刹车带（片）、石墨轴承、垫片、密封环、离合器面片、润滑剂（膏）、汽缸垫片、石棉橡胶板、石棉盘根等	建材、建筑、机械、电力、交通、农业、化工、轻工、航空、航天、石油、微电子、地质勘探、冶金、煤炭等
3	热学功能材料	石棉、石墨、石英、长石、金刚石、蛭石、硅藻土、海泡石、凹凸棒石、水镁石、珍珠岩、云母、滑石、高岭土、硅灰石、沸石、金红石、锆英砂、石灰石、白云石、铝土矿、红柱石、蓝晶石、硅线石等	石棉布、石棉片、石棉板、岩棉、玻璃棉、矿棉吸声板、泡沫石棉、泡沫玻璃、蛭石防火隔热板、硅藻土砖、膨胀蛭石、膨胀珍珠岩、微孔硅钙板、保温涂料、耐火材料、碳/石墨复合材料、储热材料等	建材、建筑、冶金、化工、轻工、机械、电力、交通、航空、航天、石油、煤炭等

续表

序号	材料类型	非金属矿物原料	非金属矿物材料或制品品种	应用领域
4	电功能材料	石墨、石英、水晶、金刚石、蛭石、硅藻土、云母、滑石、高岭土、金红石、电气石、铁石榴子石、沸石等	碳-石墨电极、电刷、胶体石墨、氟化石墨制品、电极糊、沸石电导体、热敏电阻、非线性电阻、云母电容器、云母纸、云母板、煅烧高岭土、硅微粉、球形硅微粉等	电力、微电子、通信、计算机、机械、航空、航天、航海等
5	光功能材料	石英、水晶、冰洲石等	偏光、折光、聚光镜片，滤光片、偏振材料、荧光材料等	通信、电子、仪器仪表、机械、航空、航天、轻工等
6	吸波与屏蔽材料	金红石、滑石、硅藻土、石英、高岭土、石墨、重晶石、膨润土、电气石等	氧化钛（钛白粉）、纳米二氧化硅、氧化铝、核反应堆屏蔽材料、护肤霜、防护服、保暖衣、消光剂等	核工业、军工、化妆（护肤）品、民（军）用服装、农业、涂料、皮革等
7	催化剂载体	沸石、硅藻土、高岭土、海泡石、凹凸棒石、地开石、膨润土等	分子筛、石油催化-裂化剂载体、钒催化剂载体、纳米光催化剂载体等	石油、化工、农药、医药、环保等
8	吸附与环保材料	沸石、硅藻土、海泡石、凹凸棒石、高岭土、地开石、膨润土、皂石、珍珠岩、蛋白土、石墨、蛭石、石灰石、水镁石、水菱镁石等	助滤剂、脱色剂、干燥剂、除臭剂、杀（抗）菌剂、水处理剂、空气净化剂、脱硫剂、油污染处理剂、核废料处理剂、固沙材料等	啤酒、饮料、食用油、食品、工业油脂、制药、化妆品、烟气脱硫、家用电器、化工等
9	流变材料	膨润土、皂石、海泡石、凹凸棒石、水云母等	有机膨润土、触变剂、防沉剂、增稠剂、凝胶剂、流平剂、钻井泥浆等	涂料、黏结剂、清洗剂、采油、地质勘探等
10	黏结材料	膨润土、海泡石、凹凸棒石、水云母等	团矿黏结剂、硅酸钠、胶黏剂、铸模材料、黏土基复合黏结剂等	冶金、建筑、铸造、轻工等
11	装饰材料	大理石、花岗岩、云母、叶蜡石、蛋白石、水晶、石榴子石、橄榄石、玛瑙石、玉石、辉石、孔雀石、冰洲石、琥珀石、绿松石、金刚石、月光石、硅藻土、蛇纹石、高岭土、方解石等	天然装饰石材（大理石、花岗岩板材和异型材）、人造石材（人造大理石、花岗石等）、珠光云母、彩石、各种宝玉石、观赏石、内墙涂料、壁纸等	建筑、建材、涂料、皮革、化妆品、珠宝业、观光业等
12	生物功能材料	沸石、硅藻土、麦饭石、高岭土、海泡石、凹凸棒石、膨润土、皂石、珍珠岩、蛋白土、滑石、电气石、碳酸钙等	药品及保健品、药物载体、饲料添加剂、杀（抗）菌剂、吸附剂、化妆品添加剂等	制药业、生物化学工业、农业、畜牧业、化妆品等

1.3 非金属矿物材料的主要研究内容

非金属矿物材料的研究内容主要包含以下五个方面。

（1）非金属矿物材料物理化学

包括非金属矿物原材料的物理、化学性质、热力学性质，材料加工或制备过程的物理化学原理等。

（2）非金属矿物材料的结构与性能

包括非金属矿物材料的物相、微观结构、孔结构、颗粒大小与形状、比表面积与孔体积以及材料的热、电、磁、声、力、化、流变学等性能；材料结构与性能（包括使用性能）的关系；材料结构与性能的表征等。

（3）非金属矿物材料加工工艺与装备

包括非金属矿物材料的加工工艺和设备，原材料配方、原材料性质及工艺条件对非金属矿物材料结构和性能的影响；非金属矿物材料制备过程的自动控制等。其核心技术是原料配方、复合技术和加工工艺与设备。功能优化、环境友好或无害化是非金属矿物材料配方技术的主要研究内容；而工艺性能和操作参数的优化及降低能耗、物耗等是非金属矿物材料加工工艺与设备研发的主要内容。

（4）非金属矿物材料的应用

应用技术是非金属矿物材料最重要的研究内容之一。非金属矿物材料既是一种传统基础材料，也是现代高新技术领域中应用的新型功能材料，其应用性能和应用技术有待于通过应用研究去挖掘、完善和提高。通过应用研究还可以促进非金属矿物材料加工技术的进步。非金属矿物材料应用研究的主要内容包括应用性能、应用配方、应用工艺与设备以及检测、评价技术与标准及检测仪器设备等。

（5）非金属矿物材料的环境服役行为与失效机理

包括材料损伤、失效的诊断和检测的原理与方法；材料损伤、失效过程的环境影响因素，各影响因素的作用规律，失效过程的动力学；控制材料损伤、失效演化过程的物化原理及实用技术；材料使用可靠性、寿命预测和评价的方法和技术；材料实际服役环境的实验模拟技术方法等。

非金属矿矿物材料涉及结晶学与矿物学、矿物加工、材料学、材料加工、材料物理化学、固体物理、结构化学、高分子化学、有机化学、无机化学、化工、环保、生物、机械、电子、自动控制、现代仪器分析与测试等学科。

1.4 非金属矿物材料的发展趋势

非金属矿物材料是现代高温、高压、高速工业的基础材料，也是支撑现代高新技术产业的原辅材料和多功能环保材料。因此，非金属矿物材料工业是现代社会的朝阳工业之一。中国是全球非金属矿物与岩石资源品种较多、储量较为丰富的国家之一，许多矿种，如石墨、滑石、菱镁矿、重晶石、萤石等的储量和年产量居世界前列。根据工业发达国家发展的经验，在经济和社会发展到一定程度后，非金属矿及非金属矿物材料的消费量和产值将大于金属矿及金属材料。中国是一个经济和社会正在迅速发展和变化的世界大国，高新技术产业的快速发展、传统产业的技术进步以及环境友好型社会发展目标的全面实施将给非金属矿物材料工业带来前所未有的发展机遇。适逢这一难得的历史机遇，中国的非金属矿物材料产业将以较快的速度持续发展。在未来的发展过程中将逐步提升行业的工艺和装备水平，优化产品结构和提高产品技术含量和性能，特别是根据高技术、新材料发展的需要生产适用性好的非金属矿物材料；根据环境保护和循环经济发展的要求提高资源的综合利用率；通过技术、标准等要素促进产品质量的提高和稳定。同时，在国家产业政策的引导和行业协会的推动下，加快集约化经营的步伐，通过协作和竞争催生具有较强自主研发能力、自主知识产权、竞争力较强的大型企业集团。

现代高新技术和新材料的发展是以较高的科技含量、较低的环境负荷和更适应社会发展的需要为前提的，非金属矿物材料也不例外。未来只有适应相关应用领域技术进步和产业发展和环保要求的非金属矿物材料才有可能赢得稳定的市场。因此，未来非金属矿物材料加工技术的发展趋势将是交叉、融合矿物学、矿物加工、化工、材料、机械、电子、信息以及相关应用领域的不同学科，采用超细粉碎、精细分级、提纯、改性、改型、复合等精、深加工技术，发掘和提升非金属矿物材料的功能和应用性能。

功能化是未来非金属矿物材料的主要发展趋势。未来将重点发展与航空航天、海洋开发、生物化工、电子信息、节能节水、环境保护、生态建设、新型建材、新能源、特种涂料、快速交通工具等相关的功能性非金属矿物材料。如石墨密封材料、石墨润滑材料、石墨储能材料、摩擦材料、石墨插层化合物、石墨烯、云母珠光颜料、高温润滑涂料、辐射屏蔽材料、催化剂载体、高性能吸附材料、增强填料、抗菌填料、阻燃填料、化妆品填料和颜料等。与高新技术产业相关的高纯超细石墨粉、石墨密封和润滑材料、石墨、石墨插层化合物、黏土层间化合物及复合材料、云母珠光与改性颜料、辐射屏蔽材料、高性能磨料与摩擦材料等，与环境保护（废气与废水处理）相关的以硅藻土、蛋白土、膨润土、海泡石、凹凸棒石、沸石等为载体、填料或颜料选择性吸附和光催化活性材料的新型纳米 TiO_2/多孔矿物复合材料，以非金属矿物为载体、填料或颜料基料的道路标志、防酸雨、抗氧化、防火、耐候、防污、保温隔热等特种涂料；新型轻质、保温、防火、阻燃、节能建材、异型装饰石材和人造石材，具有耐高温、耐冻、耐磨等功能的路面沥青改性填料以及与快速交通工具相关的高性能非金属矿物摩擦材料具有广阔的发展前景。

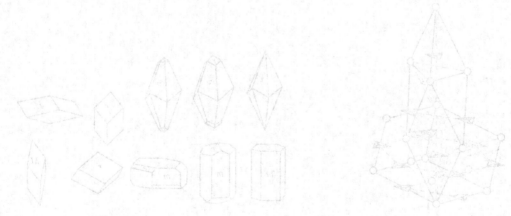

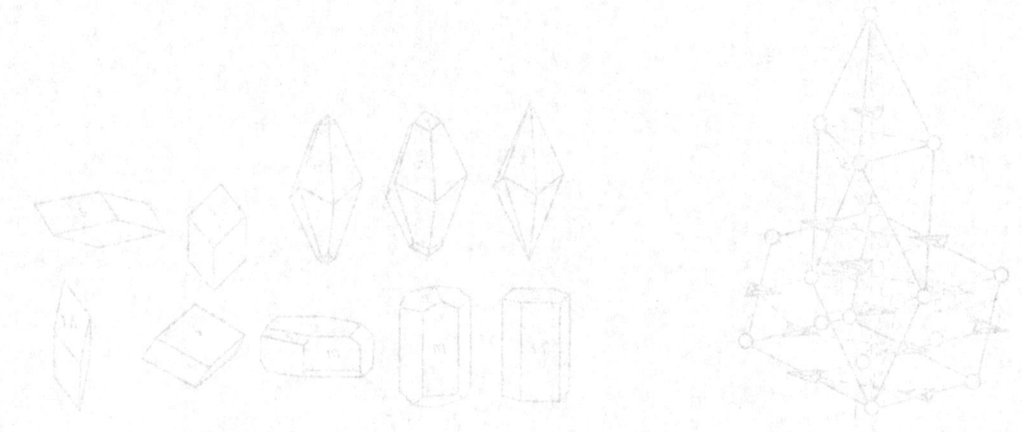

2 非金属矿物原材料的结构与性能

2.1 碳酸盐矿物

碳酸盐矿物主要包括方解石、石灰石、冰洲石、白云石和菱镁矿等。碳酸盐矿物材料主要是用于塑料、橡胶、涂料、油墨、造纸的填料和颜料以及耐火材料的原料，无色透明的方解石（冰洲石）因其具有极强双折射率和偏光性能，还可制成各种光学材料，如偏光显微镜的棱镜、偏光仪、光度计、化学分析用的比色计、测距仪等的光学器件，在现代产业发展中起重要作用。

2.1.1 方解石

方解石的主要化学成分是 CaO 和 CO_2。其理论组成为 CaO 56.03%，CO_2 43.97%，但常含有少量的 MgO、SiO_2、FeO 等杂质。这些杂质不仅直接影响用方解石加工的矿物填料（重质碳酸钙）的白度指标，而且对重质碳酸钙的应用性能有重要影响。

方解石属三方晶系，其晶体结构（图 2.1）可以与 NaCl 结构对比。如果将 NaCl 的单位晶胞沿三次轴压缩，并将三次轴直立起来，将 Na^+ 代之以 Ca^{2+}，将 Cl^- 代之以 $[CO_3]^{2-}$ 即形成方解石的结构。$[CO_3]^{2-}$ 阴离子团三角四平面皆垂直于三次轴，使整个结构中 O^{2-} 亦成层分布，在相邻的层中 $[CO_3]^{2-}$ 的三角形方向相反。Ca 的配位数为 6。这样与 NaCl 型结构相比，所选取的晶胞呈纯菱面体状，但它不是方解石的单位晶胞。从图 2.1 可见，垂直 $[CO_3]$ 平面通过对称中心和这种菱面体晶胞的角顶连接图中的 1 和 4 的直线，不难看出，它将依次贯穿两个方向相反的 $[CO_3]^{2-}$，点1 和点 4 体现了这个方向的重复周期，而连接纯菱面体状晶胞角顶的线段，只相当于该重复周期的一半。因此，这个纯菱面体不是方解石的真正的单位晶胞。而以点 1、4 为角顶的菱面体才是方解石的单位晶胞。

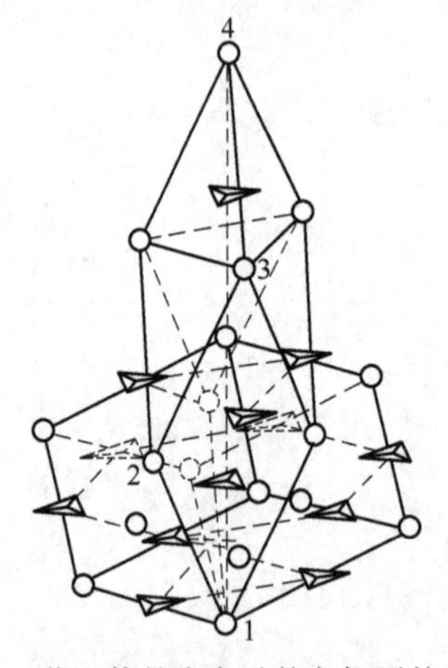

图 2.1 以菱面体晶胞表示的方解石的晶体结构

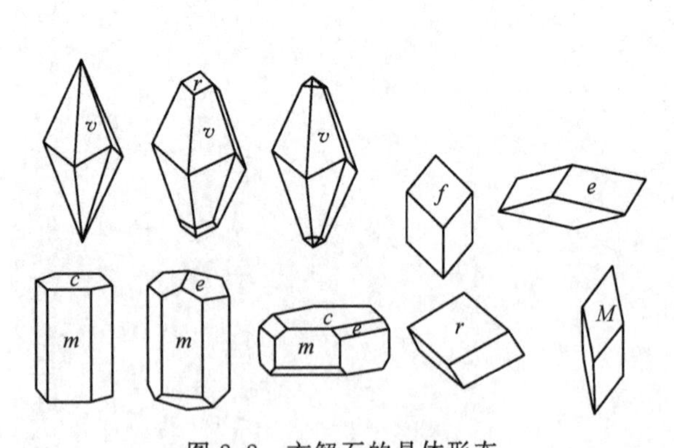

图 2.2 方解石的晶体形态

方解石的晶体结构决定了它具有（$10\bar{1}1$）的完全解理，因为这一方向与 NaCl 的（100）

电性中和面相类似。

方解石的晶体形态多种多样，不同的聚形多达 600 种以上。常见的单形有平行双面 c (0001)、六方柱 $m(10\bar{1}0)$，菱面体 $r(10\bar{1}\bar{1})$、$e(01\bar{1}2)$、$f(02\bar{2}1)$、$M(40\bar{4}1)$，复三方偏三角体 v（$21\bar{3}1$）和 t（$21\bar{3}4$）等（图 2.2)。方解石常依（0001）形成接触双晶，依（$01\bar{1}2$）形成聚片双晶（图 2.3)。

方解石的集合体形态也是多种多样的。有片状（板状）或纤维状的方解石，呈平行或近似平行的连生体，还有致密块状（石灰岩)、粒状（大理岩)、土状（白垩)、多孔状（石灰华)、钟乳状和鲕状、豆状、结核状、葡萄状等。

方解石一般为无色或白色，有些被 Fe、Mn、Cu 等元素或杂质染成浅黄、浅红、紫、褐黑色；莫氏硬度为 3，密度为 2.6～2.9g/cm³。

方解石不耐酸腐蚀，遇酸分解为 CO_2、水和盐，以硫酸为例，其反应式如下：

$$CaCO_3 + H_2SO_4 \longrightarrow CaSO_4 + H_2O + CO_2 \uparrow$$

方解石在 800℃以上的高温下煅烧分解为 CaO 和 CO_2。

$$CaCO_3 \longrightarrow CaO + CO_2 \uparrow$$

方解石的主要高温热力学性质如表 2.1 所列。图 2.4 所示为方解石及其他碳酸盐矿物的差热分析曲线。

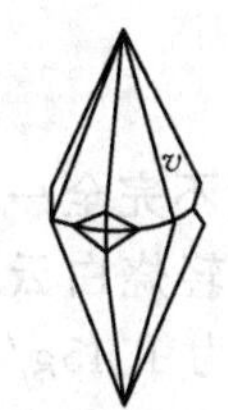

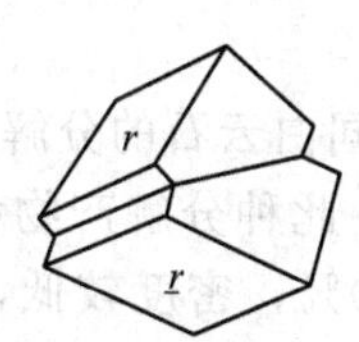

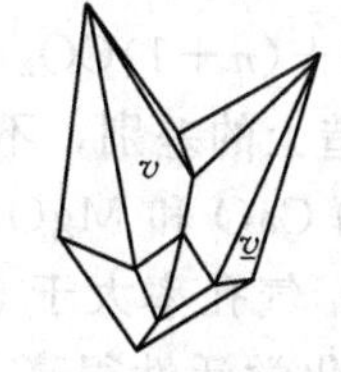

图 2.3 方解石双晶

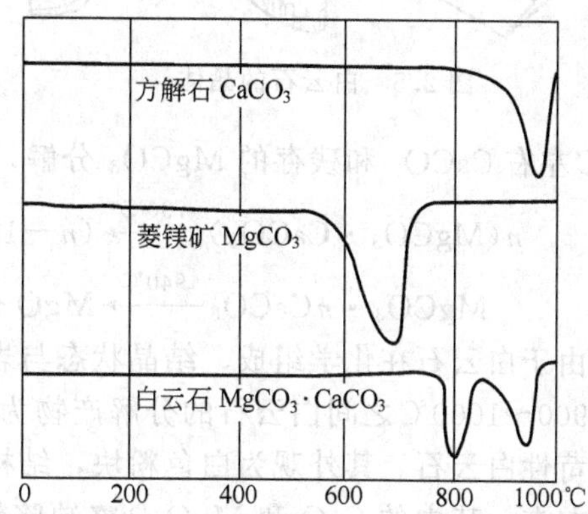

图 2.4 方解石及其他碳酸盐矿物的差热分析曲线

表 2.1 方解石的主要高温热力学性质

温度 /K	$H_T - H_{298}$ /kJ	S_T	$-\frac{(G_T - H_{298})}{T}$	由元素生成化合物 $\Delta H^{\ominus}_{f,T}$	由元素生成化合物 $\Delta G^{\ominus}_{f,T}$	$\lg K_T$
		/[J/(K·mol)]	/[J/(K·mol)]	/(kJ/mol)	/(kJ/mol)	
298.15	0.000	91.710	91.710	−1207.469	−1129.000	197.796
400	9.288	118.510	95.288	−1206.490	−1102.351	143.952
500	19.288	140.823	102.247	−1205.279	−1076.480	112.459
600	30.125	160.581	110.373	−1203.795	−1050.869	91.486
700	41.380	177.930	118.817	−1202.402	−1025.497	76.523
800	52.969	193.401	127.195	−1201.235	−1000.329	65.315
900	64.852	207.402	135.344	−1199.971	−975.286	56.604
1000	77.111	220.318	143.207	−1198.785	−950.371	49.642
1100	89.747	232.361	150.773	−1197.620	−925.370	43.954
1200	102.717	243.647	158.049	−1203.762	−900.370	39.192
1300	115.558	153.926	165.034	−1201.693	−875.134	35.163
1400	128.825	263.757	171.739	−1199.270	−850.144	31.719

注：$H_T - H_{298}$ 为温度 T 时的热焓；S_T 为温度 T 时的标准熵；$-(G_T - H_{298})/T$ 为温度 T 时自由能函数之负值；$\Delta H^{\ominus}_{f,T}$ 为温度 T 时的标准生成热；$\Delta G^{\ominus}_{f,T}$ 为温度 T 时的标准生成自由能；$\lg K_T$ 为温度 T 时以 10 为底的生成反应的平衡常数的对数值，量纲为 1（以下同)。

2.1.2 白云石

白云石是一种含钙、镁高的碳酸盐岩。较纯的白云石的颜色一般为白色或灰白色，含铁者呈灰色～暗褐色。其主要物理化学性质详见表 2.2。

表 2.2 白云石的主要物理化学性质

化学式	理论化学成分/%	烧失量/%	与冷盐酸反应	晶体结构	颜色	光泽	密度/(g/cm^3)	硬度
$CaMg(CO_3)_2$	CaO 30.4 MgO 21.7 CO_2 47.9	44.5～47.0	缓慢反应	菱面体	灰白色	玻璃光泽	2.8～2.9	3.5～4.0

白云石属三方晶系，晶体结构与方解石类似，不同点在于 Ca、Mg 沿着三次轴交替排列，因此使白云石对称型比方解石降低。白云石晶体常呈菱面体状，晶面常弯曲成马鞍形，有时成柱状或板状（图 2.5）集合体常呈粒状和致密块状。菱面体 $r(10\bar{1}1)$ 最发育，有时出现菱面体 $m(40\bar{4}1)$、六方柱 $a(11\bar{2}0)$ 及平行双面 $c(0001)$。

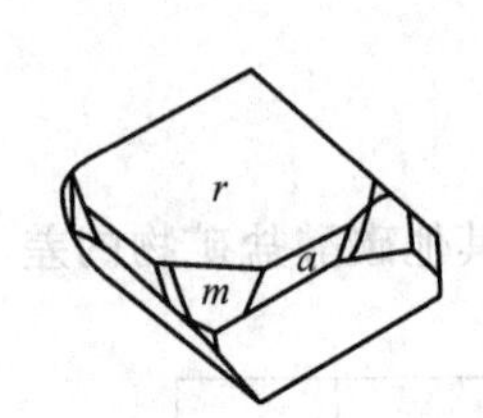

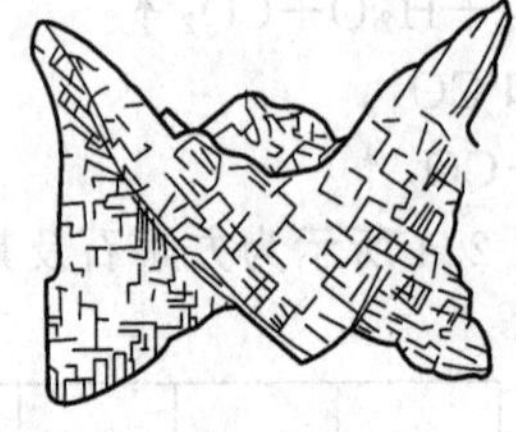

图 2.5 白云石的晶体

白云石受热时分解，逸出 CO_2。分解分两阶段进行：790℃左右白云石中的 $MgCO_3$ 首先分解；940℃左右 $CaCO_3$ 和残存的 $MgCO_3$ 分解，其反应式如下：

$$n(MgCO_3 \cdot CaCO_3) \xrightarrow{790℃} (n-1)MgO + MgCO_3 \cdot nCaCO_3 + (n-1)CO_2 \uparrow$$

$$MgCO_3 \cdot nCaCO_3 \xrightarrow{940℃} MgO + nCaO + (n+1)CO_2 \uparrow$$

由于白云石在化学组成、结晶状态与岩石构造上的差别，不同白云石的分解温度不完全一致。900～1000℃之间白云石的分解产物为游离的 CaO 和 MgO，此种分解产物称为轻烧白云石或苛性白云石。其外观为白色粉块，结构疏松，气孔率大于 50%，密度较低，仅为 1.45g/cm^3 左右；其中的 CaO 和 MgO 晶格缺陷较多，化学活性很高，在空气中极易吸潮水解生成 $Ca(OH)_2$ 和 $Mg(OH)_2$。煅烧温度进一步升高，轻烧白云石发生以下物理化学变化：①方镁石（MgO）、方钙石（CaO）晶格缺陷得到矫正，晶格发育长大；②MgO、CaO 与白云石中的 SiO_2、Al_2O_3、Fe_2O_3 发生一系列反应形成新的矿物；③出现液相，促进白云石的烧结。

在 MgO-CaO 二元系统中，无化合物形成，只有一个温度很高的共熔点（2370℃），如图 2.6 所示，在高温下 MgO 与 CaO 彼此固溶度很小，1600℃时 CaO 溶入 MgO 和 MgO 溶入 CaO 之量大约分别为 1% 和 2%；低共熔点温度时，彼此的固溶度最大，分别为 7%CaO 和 17%的 MgO。因而随白云石的煅烧温度的提高，方钙石和方镁石各自发生聚集再结晶，在 1200℃以上时，晶体生长速度更快。

白云石的主要高温热力学性质如表 2.3 所列。

白云石分解后，CaO 的活性比 MgO 大，因而在烧结过程中 SiO_2、Al_2O_3、Fe_2O_3 等杂质主要与 CaO 反应形成一系列化合物。在 900～1000℃时，Al_2O_3 与 CaO 反应形成铝酸钙 $CaO \cdot Al_2O_3$，Fe_2O_3 与 CaO 反应形成铁酸二钙 $2CaO \cdot Fe_2O_3$；至 1200℃以上时生成 $2CaO \cdot 7Al_2O_3$；1300℃以上时生成 $3CaO \cdot Al_2O_3$ 和 $4CaO \cdot Al_2O_3 \cdot Fe_2O_3$，并且开始出现液相。$SiO_2$ 与 CaO 的固相反应开始于 1100～1200℃，初期产物是 $2CaO \cdot SiO_2$；1400℃以上生成 $3CaO \cdot SiO_2$。

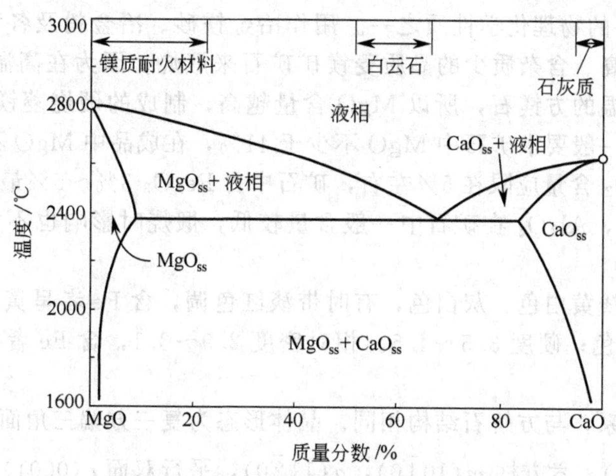

图 2.6 MgO-CaO 系统

表 2.3 白云石的主要高温热力学性质

温 度 /K	H_T-H_{298} /kJ	S_T	$-\frac{(G_T-H_{298})}{T}$	由元素生成化合物 $\Delta H^{\ominus}_{f,T}$	$\Delta G^{\ominus}_{f,T}$	$\lg K_T$
		/[J/(K·mol)]		/(kJ/mol)		
298.15	0.000	155.185	155.185	−2324.480	−2161.783	378.735
400	17.364	205.284	161.875	−2323.614	−2106.362	275.063
500	36.531	248.166	175.004	−2323.781	−2052.304	214.408
600	57.533	286.376	190.479	−2319.283	−1998.643	173.997
700	80.002	321.004	206.715	−2316.246	−1945.454	145.171
800	103.751	352.716	223.027	−2312.869	−1892.763	123.585
900	128.486	381.850	239.087	−2309.041	−1840.453	106.817
1000	153.804	408.525	254.721	−2314.308	−1787.850	93.388

1400℃以上，一定数量的液相促进方钙石和方镁石的晶体长大，加速烧结作用，约1600℃时，气孔率从轻烧白云石的50%下降到了15%左右，体积密度达3.0g/cm³。白云石煅烧过程中的体积密度及耐压强度变化如图2.7所示。1800℃以上的煅烧，可使CaO几乎全部形成方钙石，不含或极少含游离CaO，且方钙石、方镁石晶粒较大，体积稳定，活性降低，有抗水化能力，体积密度达到3.0～3.4g/cm³。这种白云石熟料被称为白云石砂，也称为烧结白云石（sintered dolomite）或死烧白云石。

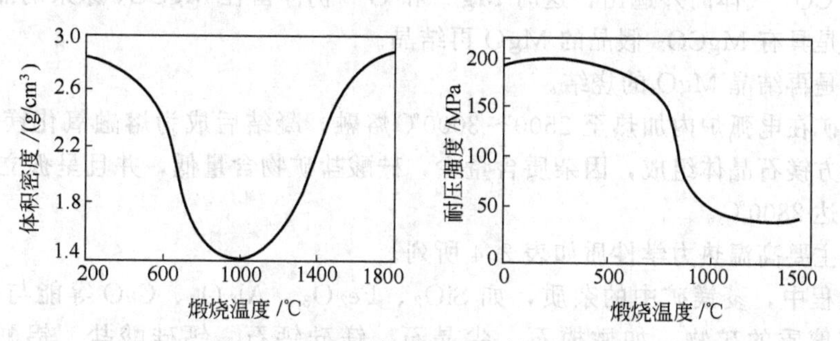

图 2.7 白云石煅烧过程中性能的变化

2.1.3 菱镁矿

菱镁矿主要含MgO和CO_2。纯菱镁矿的化学组成为MgO 47.81%，CO_2 52.19%；其中

MgO 含量是其最重要的物理化学性质之一。用作冶金镁砂、冶金粉及各种镁质耐火砖等耐火材料要求用含氧化镁高、含杂质少的晶质菱镁矿矿石来煅烧。因为在高温煅烧时，MgO 形成结构紧密稳定而耐高温的方镁石，所以 MgO 含量越高，制成的硬烧菱镁矿的耐火性能越好，耐火材料质量越高。一般要求矿石中 MgO 不少于 41%，在成品中 MgO 不低于 90%，CaO 含量不应大于 3%，SiO_2 含量应限在 5%左右，矿石中含 Fe_2O_3 3%～5%最有利。成品中一般规定含 Fe_2O_3 4%～5%，Al_2O_3 在矿石中一般含量较低，煅烧时影响也不大，没有严格的含量要求。

菱镁矿呈白色或浅黄白色、灰白色，有时带淡红色调，含 Fe 者呈黄至褐色、棕色；陶瓷状菱镁矿大都呈雪白色；硬度 3.5～4.5。相对密度 2.9～3.1，含 Fe 者相对密度和折射率均增大。

菱镁矿为三方晶系，与方解石结构相同。晶体形态为复三方偏三角面体。主要单形：菱面体 $r(10\bar{1}1)$，$f(02\bar{2}1)$，六方柱 $m(10\bar{1}0)$，$a(11\bar{2}0)$，平行双面 $c(0001)$，复三方偏三角面体 $v(21\bar{3}1)$（图 2.8）。集合体常呈晶粒状或隐晶质的致密块状。

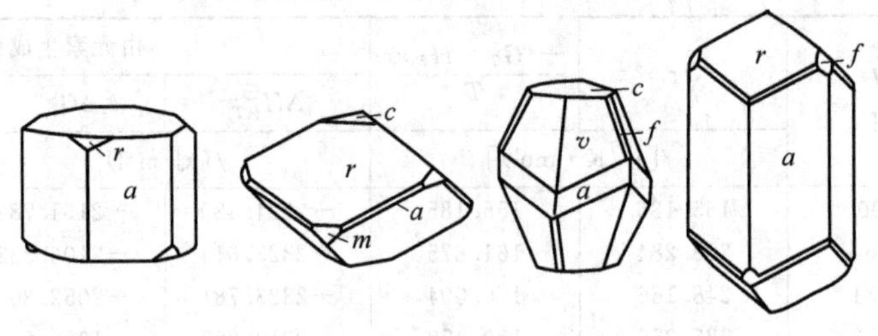

图 2.8 菱镁矿的晶体

菱镁矿在不同温度下煅烧可以生成物理化学性质有明显差异的菱镁矿熟料，视水分和杂质含量的不同，菱镁矿在 400～750℃之间开始分解，经 750～1000℃的低温煅烧，菱镁矿中的 CO_2 析出不完全，所得产品称为轻烧菱镁矿（轻烧镁石、轻烧镁、菱苦土等）。菱镁矿经 1400～1700℃的高温煅烧，则完全分解，生成方镁石（MgO），所得产品称为硬烧菱镁矿（死烧菱镁矿、僵烧镁、烧结镁石等）。

菱镁矿（$MgCO_3$）在高温下的分解经历三个阶段。

第一阶段形成具有 $MgCO_3$ 假晶的 MgO，主要由 $MgCO_3$ 中 CO_3^{2-} 离子团的分解引起，即

$$CO_3^{2-} \longrightarrow CO_2 \uparrow + O^{2-}$$

分解后的 CO_2 气体向外逸出，这时 Mg^{2-} 和 O^{2-} 仍停留在 $MgCO_3$ 原来的晶格位置上。

第二阶段是具有 $MgCO_3$ 假晶的 MgO 再结晶。

第三阶段是再结晶 MgO 的烧结。

硬烧菱镁矿在电弧炉内加热至 2500～3000℃熔融，凝结后成为熔融氧化镁（电熔镁砂），由发育良好的方镁石晶体组成，因杂质含量少，硅酸盐矿物含量低，并且呈孤立分布，故电熔镁砂熔点可高达 2800℃。

菱镁矿的主要高温热力学性质如表 2.4 所列。

在煅烧过程中，菱镁矿中的杂质，如 SiO_2、Fe_2O_3、Al_2O_3、CaO 等能与氧化镁生成各种结晶质和玻璃质的矿物，如橄榄石、尖晶石、镁硅钙石、钙硅酸盐、铝酸盐等。另外，氧化钙在煅烧时呈游离状态，易吸收水分变成氢氧化钙。因此对作为耐火材料的菱镁矿在煅烧前所含的杂质有严格要求。杂质的含量对其制品的耐火度、烧结性能、荷重软化温度、耐压强度等有严重影响。菱镁矿加热过程中的物理化学性质变化和物相变化分别列于表 2.5 和表 2.6。

表 2.4　菱镁矿的主要高温热力学性质

温　度 /K	H_T-H_{298} /kJ	S_T	$-\frac{(G_T-H_{298})}{T}$	由元素生成化合物 $\Delta H^{\ominus}_{f,T}$	由元素生成化合物 $\Delta G^{\ominus}_{f,T}$	$\lg K_T$
		/[J/(K·mol)]	/[J/(K·mol)]	/(kJ/mol)	/(kJ/mol)	
298.15	0.000	65.689	65.689	−1113.283	−1029.716	180.402
400	8.485	90.171	68.958	−1112.986	−1001.232	130.748
500	17.995	111.392	75.402	−1112.072	−973.418	101.692
600	28.393	130.349	83.028	−1110.781	−945.799	82.339
700	39.535	147.524	91.046	−1109.204	−918.433	68.534
800	51.333	163.280	99.113	−1107.354	−891.330	58.198
900	63.668	177.807	107.065	−1105.308	−864.430	50.170
1000	76.329	191.147	114.818	−1112.159	−837.055	43.723
1100	89.153	203.369	122.322	−1110.053	−809.623	38.446

表 2.5　菱镁矿加热过程中的物理化学性质变化

加热温度/℃	真密度/(g/cm³)	体积收缩/%	加热温度/℃	真密度/(g/cm³)	体积收缩/%
常温	2.96～3.12	0	1650	3.65～3.70	20
<1000	3.07～3.22	5	1750	3.75	22
1550	3.38～3.58	19			

表 2.6　菱镁矿加热过程中的矿物相变化

加热温度/℃	主　要　矿　物　相　变　化
500～600	菱镁矿晶粒出现裂纹，沿裂纹出现均质游离氧化镁
600～800	650～700℃菱镁矿结构完全被破坏，氧化镁局部呈现非均质性；生成 CF(铁酸钙)，并逐渐转变为 C_2F(铁酸二钙)以及含钙硅酸盐
800～1100	生成 C_2S(硅酸二钙)、部分 CMS(钙镁橄榄石)和 M_2S(镁橄榄石)，及少量 MF(镁铁矿)
1100～1200	生成方镁石小颗粒，在方镁石中形成微小的 MF(镁铁矿)
>1200	生成 CMS(钙镁橄榄石)、M_2S(镁橄榄石)和固溶体
1400～1700	1350℃进入液相烧结阶段，结晶相的发育长大

2.2　硫酸盐矿物

2.2.1　石膏

自然界中硫酸钙有两种稳定形式。一种是二水化合物，称为石膏或二水石膏，化学式为 $CaSO_4 \cdot 2H_2O$，化学组成为 CaO 32.6%，SO_3 46.5%，H_2O 20.9%。另一种是不含水的，称为硬石膏，化学式为 $CaSO_4$，化学组成为 CaO 41.2%，SO_3 58.8%。

石膏通常为白色及无色，无色透明晶体称为透石膏，有时因含有其他杂质而染成灰、浅黄、浅褐等色；条痕白色；透明；玻璃光泽，解理面呈珍珠光泽，纤维状集合体呈丝绢光泽。解理（010）极完全，（100）和（011）中等，解理片裂成面夹角为66°和114°的菱形体，解理薄片具挠性，性脆。硬度1.5～2，不同方向稍有变化。密度 2.3g/cm³。

硬石膏一般为白色，常微带浅蓝、浅灰或浅红色；条痕白色或浅灰白色；晶体无色透明；玻璃光泽，解理面呈珍珠光泽。解理（010）完全，（100）和（011）中等。硬度 3～3.5。密度 2.8～3.0g/cm³。

根据石膏的晶型种类，石膏可分为二水石膏、半水石膏和硬石膏。此外还有工业副产石膏或再生石膏。

二水石膏又称石膏、生石膏，是自然界中稳定存在的一个相。多数工业副产石膏也是二水石膏。它们既是脱水石膏的原始材料，又是脱水石膏再水化的最终产物。

半水石膏根据形成条件不同分为α型和β型两个变体。当二水石膏在饱和水蒸气条件下，或在酸、盐的溶液中加热脱水，即可形成α型半水石膏；如果在缺少水蒸气的干燥环境中脱水则形成β型半水石膏。α型和β型半水石膏被认为是该相的两个极端状态，它们之间还可能存在某种中间状态的半水石膏。

自然界中不含水的硫酸钙称硬石膏，硬石膏又可分为硬石膏Ⅲ、硬石膏Ⅱ和硬石膏Ⅰ三种。

再生石膏又称化学石膏，是指在化工生产过程中所得的以 $CaSO_4 \cdot 2H_2O$ 或 $CaSO_4 \cdot \frac{1}{2}H_2O$ 为主要成分的副产品，如伴随磷酸生产过程中可得到磷石膏，生产硼酸时可获得硼石膏，生产氢氟酸时可得到氟石膏，生产柠檬酸和酒石酸时可得到柠檬渣石膏以及矿业加工和染料加工中副产的钛石膏等。此外，还有燃煤电厂烟气脱硫后得到的排烟脱硫石膏。再生石膏与石膏的晶体结构相同，但两者的性能差别较大。

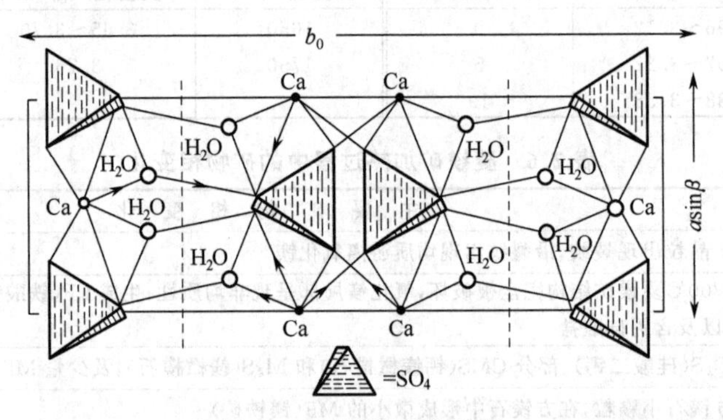

图 2.9 石膏的晶体结构

石膏属单斜晶系。石膏的晶体结构是由 $[SO_4]^{2-}$ 四面体与 Ca^{2+} 连接成平行于（010）的双层，双层间通过 H_2O 分子连接，如图 2.9 所示。石膏的完全解理即沿此方向发生。Ca^{2+} 的配位数为 8，与相邻的四个 $[SO_4]^{2-}$ 中的 6 个 O^{2-} 和 2 个 H_2O 分子连接。晶体常依（010）发育成板状，也有的呈粒状。常见单形：平行双面 b（010）、p（103）和斜方柱 m（110）、l（111）等；晶面（110）及（010）常具纵纹；有时呈扁豆状，如图 2.10 所示。双晶常见，一种是依（100）为双晶面的加里双晶或称燕尾双晶，如图 2.11 所示，其特点是柱面（110）的棱与双晶面平行，（111）的棱形成凹入角；另一种是以（101）为双晶面的巴黎双晶或称箭头双晶，其特点是柱面（111）的棱与双晶结合面平行。

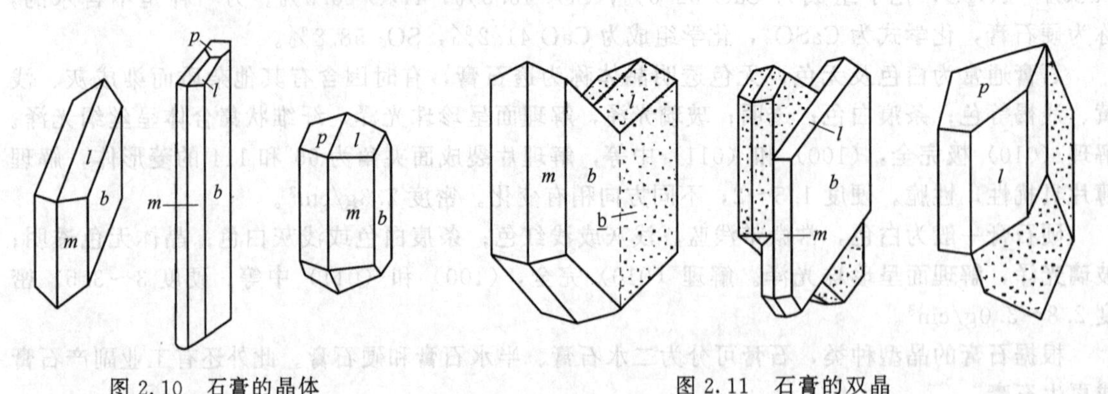

图 2.10 石膏的晶体　　图 2.11 石膏的双晶

石膏的集合体多呈致密块状或纤维状。细晶粒状块体称之为雪花石膏；纤维状的集合体称为纤维石膏；由扁豆状晶体所形成似玫瑰花状集合体较少见。此外，还有土状、片状集合体等。

石膏及其脱水相的结构与特性分述如下。

(1) 二水石膏

图 2.12 所示为二水石膏晶体结构断面示意图和二水石膏晶胞之半在（001）面上的投影。由图可见，二水石膏的晶体结构是由 Ca^{2+} 和 $[SO_4]^{2-}$ 离子结合成垂直于 b 轴方向而平行于（010）面的双层和水分子层交替排列形成的一种层状格子构造。离子结合层的内部是由正、负离子相互作用而产生的结合力；离子结合层与水分子层之间则是由离子与偶极子的相互作用而产生的结合力。硫与周围的四个氧原子结合成络阴离子 $[SO_4]^{2-}$，呈四面体形。Ca^{2+} 的配位数为 8，与成络阴离子 $[SO_4]^{2-}$ 中的 6 个氧原子（1 个 $O_Ⅰ$、$O_Ⅰ'$；2 个 $O_Ⅱ$、$O_Ⅱ'$）和 2 个水分子中的氧原子（O_w、O_w'）相连接。因此，Ca^{2+} 和 $[SO_4]^{2-}$ 之间的结合远较同水分子结合要牢固得多，这便是石膏具有（010）完全解理和加热二水石膏时水分子较易沿 c 轴方向脱出的根本原因。

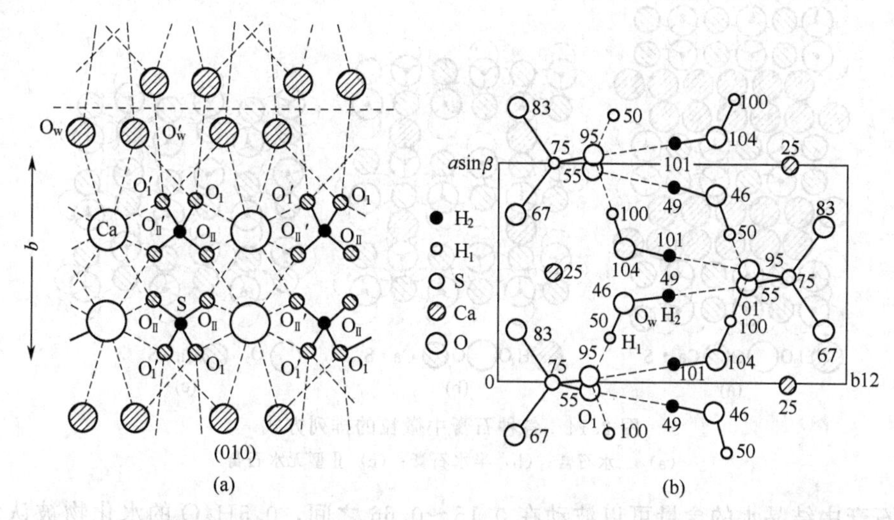

图 2.12 二水石膏晶体结构断面示意图 (a) 和二水石膏晶胞之半在（001）面上的投影 (b)

二水石膏中结晶水的结合状态至今说法不一。根据核磁共振（NMR）和红外光谱（IR）分析证实，二水石膏中的结晶水至少由两种结合状态的水，即结构水和沸石水所组成。一般认为，结构水是在二水石膏转变为半水石膏时脱出的水，而沸石水则保留在半水石膏中，只有在半水石膏转变为硬石膏Ⅲ时才被脱出。

(2) 半水石膏

半水石膏有 α 型和 β 型两种。由于人工制备单晶的条件不同，至今对它们所属的晶系和晶胞参数尚未取得一致的结果。但就目前的研究结果而言，它们在晶体结构上是没有本质差别的。图 2.13 是 1996～1997 年 Mtschedlow Petronssian 等人提出的垂直于 c 轴的半水石膏晶体结构图。为了比较，图 2.14 给出了各种石膏中微粒的排列方式。由图可见，当二水石膏转变为半水石膏后，其结构发生了两个变化：一是在二个离子之间的水分子层失去 3/4 的水；二是 Ca^{2+} 和 $[SO_4]^{2-}$ 离子彼此错动了位置，形成钙硫交错层。根据二水石膏中 Ca^{2+}—$[SO_4]^{2-}$ 间距为 0.31nm，Ca—O 间距为 0.257～0.259nm，Ca—Ca 间距为 0.628nm，即可从错开的 Ca^{2+}—$[SO_4]^{2-}$ 层推导得知，半水石膏中将有直径约为 0.3nm 的水沟成为水分子的通道，这便是半水石膏比较容易水化的原因。

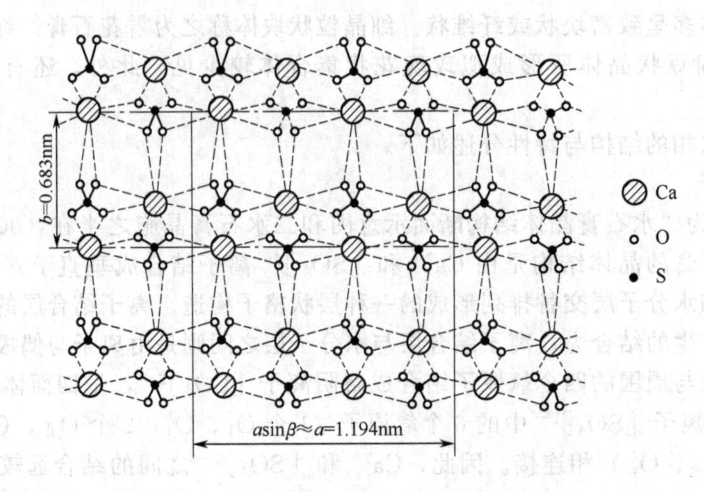

图 2.13 半水石膏晶体结构（垂直于 c 轴）

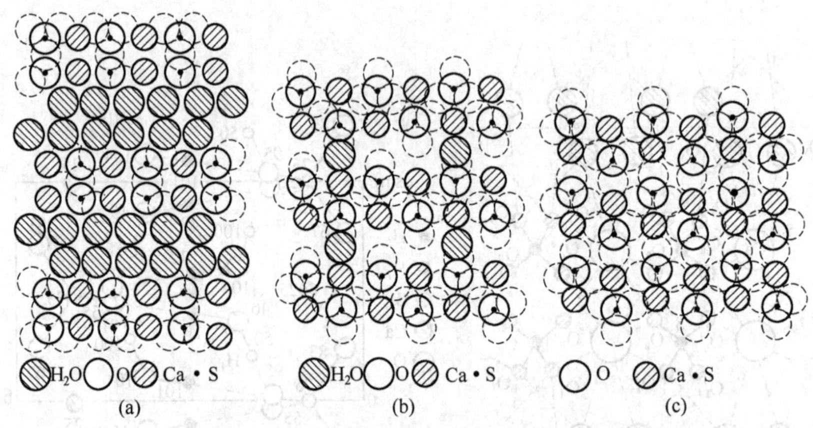

图 2.14 各种石膏中微粒的排列方式

（a）二水石膏；（b）半水石膏；（c）Ⅱ型无水石膏

半水石膏中结晶水的含量可以波动在 0.15～0.66 之间，$0.5H_2O$ 的水化物被认为是固体溶液的一种特殊形态。其中水分子的排列与二水石膏相同，皆平行于（010）面，不过残留的水分子却被 Ca^{2+} 和 $[SO_4]^{2-}$ 离子呈等价状态包围，因此这种结合不像一般结晶水那样松弛。根据 NMR 谱线的推断，α 型半水石膏具有宽度较大的吸收峰，表明晶格中的水分子存在刚性联系，可以认为是近似于结构水的形态；而 β 型半水石膏的峰，宽度较小，形状狭窄，表明晶格中的水分子没有刚性固定，而具有一定的活动度，并认为这种易于流动的水是一种近似于沸石水的形态。因此，α 型比 β 型的晶体要稳定。

（3）硬石膏Ⅲ

硬石膏Ⅲ可分为 α 与 β 两种形态，分别由 α 与 β 半水石膏脱水而成。它们的晶体结构还不十分清楚，这是由于硬石膏Ⅲ的纯晶体的制备十分困难，稍有不慎就会形成含有半水石膏或硬石膏Ⅱ的混合物。目前认为，硬石膏Ⅲ属六方晶系，其晶格和半水石膏相似，沿 c 轴方向，Ca^{2+} 和 $[SO_4]^{2-}$ 结合成层状结构，$Ca^{2+}—[SO_4]^{2-}—Ca^{2+}$ 的晶格周围有大约 0.3nm 的沟道。它与半水石膏的主要差别在于层间的半个水分子已经被脱出，结构从三方晶系转变为六方晶系。图 2.15 为硬石膏Ⅲ垂直于 c 轴的晶体结构的投影，从中可以看到有近圆形的干沟道，这种密布的干沟形成了大量的内表面，使硬石膏Ⅲ亲水性极强，稳定性很差，甚至可从潮湿的空气中吸收水分转变为半水石膏。

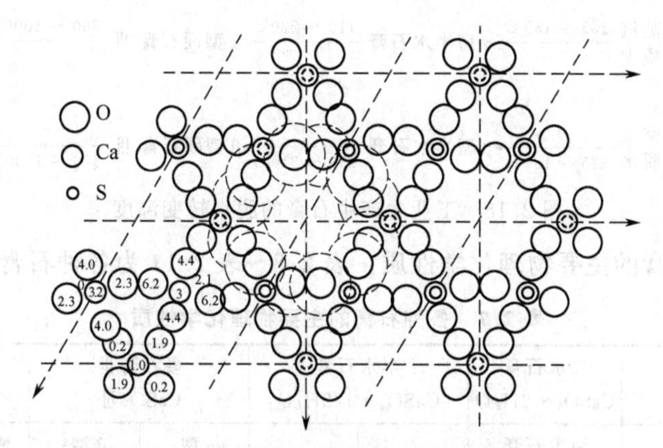

图 2.15　硬石膏Ⅲ的晶体结构（垂直于 *c* 轴）

(4) 硬石膏Ⅱ

X 射线分析表明，硬石膏Ⅱ的晶体结构和天然硬石膏相同。Dickson1926 年测定的结晶学数据和晶体结构图至今仍然是研究其结构的基础，常被引用（图 2.16）。

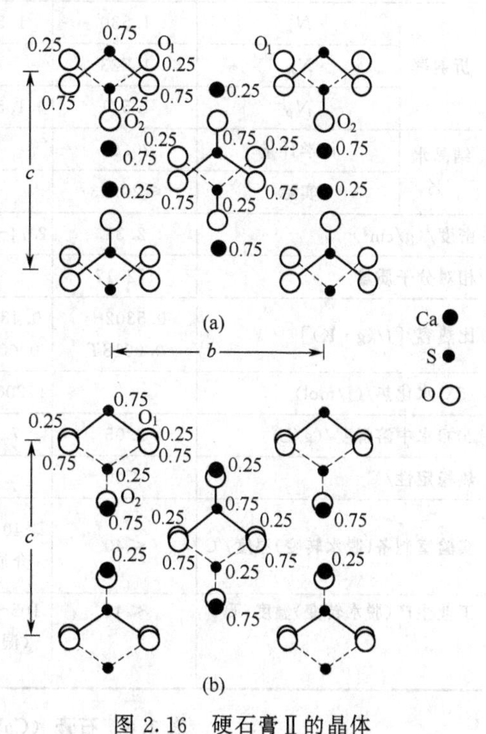

图 2.16　硬石膏Ⅱ的晶体结构在（100）面上的投影

(a) Dickson 等人提出；(b) Wasast jerna 提出

根据结构测定，硬石膏Ⅱ的 Ca—O 间距为 0.252～0.255nm，Ca—Ca 间距为 0.624nm，S—O 间距为 0.143～0.145nm。这些数据都比二水石膏、半水石膏和硬石膏Ⅲ中相应的原子间距短而紧密。由生成热的计算也可得知，硬石膏Ⅱ的晶格能为 2625kJ/mol，半水石膏为 2462kJ/mol，二水石膏为 2324kJ/mol。这说明，硬石膏Ⅱ的晶体结构较其他种类的石膏要牢固，因此也表现出较高的热稳定性、较慢的溶解速度和交叉的水化和硬化能力等特性。

硬石膏Ⅱ是在 40～1180℃唯一稳定的相。在工业生产中，随着煅烧温度的不同，可产生与水的反应能力不同的硬石膏Ⅱ。

(5) 硬石膏Ⅰ

当温度高于 1180℃时，硬石膏Ⅱ转变为硬石膏Ⅰ。硬石膏Ⅰ只能在高于 1180℃时才能存在，低于此温度就会转变成硬石膏Ⅱ。因此，硬石膏Ⅰ的晶体结构必须在高温下测定，这就给测定工作带来困难，因而研究较少。

石膏的脱水转变温度（也称转变点或相变点）是石膏最重要的物理化学性质之一。由于它与脱水条件密切相关，因此，不同研究者所得出的脱水转变温度有差别，而且实验室条件下和工业生产中所用的脱水转变温度也不同。图 2.17 和图 2.18 所示分别是实验室理想条件下和工业生产中石膏的脱水转变温度。

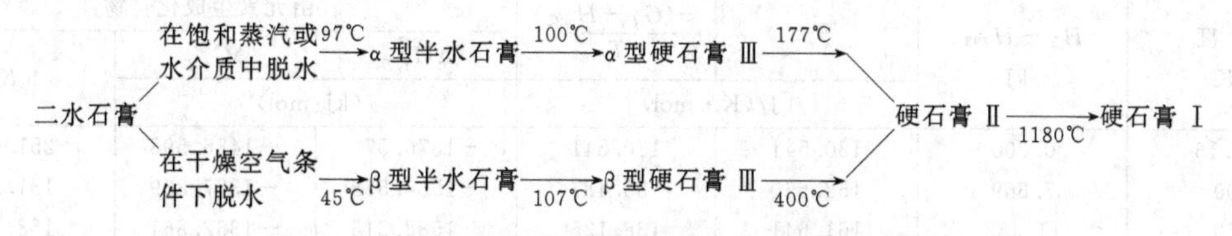

图 2.17　实验室理想条件下石膏的脱水转变温度

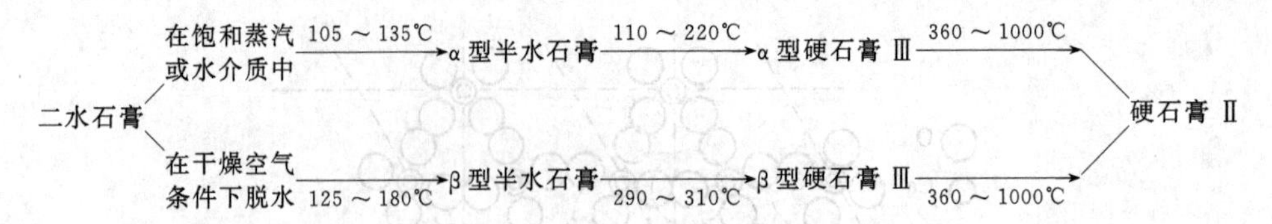

图 2.18 工业生产中石膏的脱水转变温度

表 2.7 为各种石膏的主要物理化学性质。表 2.8～表 2.11 为各种石膏的高温热力学性质。

表 2.7 各种石膏的主要物理化学性质

项目		二水石膏 $CaSO_4\cdot 2H_2O$	半水石膏 $CaSO_4\cdot 1/2H_2O$		硬石膏Ⅲ $CaSO_4$Ⅲ		硬石膏Ⅱ $CaSO_4$Ⅱ	硬石膏Ⅰ $CaSO_4$Ⅰ
变体和反应级		原生石膏 再生石膏	α型	β型	α型-AⅢ	β型-AⅢ,AⅢ′	慢溶型、不溶型、浇注型	
折射率	N_g	1.530	1.584	1.556	1.546	1.556	1.614	
	N_m	1.523					1.576	
	N_p	1.521	1.559	1.550	1.501	1.544	1.570	
结晶水/%	化学计量	20.93	6.21		0			
	实际	≤20.93	2～8		0.02～0.05	0.6～0.9		
密度/(g/cm³)		2.31	2.74～2.76	2.60～2.64	2.58	2.48	2.93～2.97	
相对分子质量		172.17	145.15		136.14		136.14	136.14
比热容/[J/(g·K)]		0.5302+0.0018T	0.4881+0.0011T	0.3306+0.0018T	0.4329+0.0010T		0.4329+0.0010T	
25℃水化热/(J/mol)			17200±85	19300±85	27500±85	30200±85	16900±85	
20℃水中溶解度/(g/L)		2.05	7.06	8.16	2.40		2.68	
热稳定性/℃		<40	介稳		介稳		40～1180	>1180
实验室制备(脱水转变)温度/℃		<40	>40 的水介质中	40～200 的干燥空气中	α-AⅢ、AⅢ 50(真空)或 100(蒸汽) β-AⅢ 100(干燥)		200～1180	>1180
工业生产(脱水转变)温度/℃		<40	105～135 (湿压)	125～180 (空气)	110～220	290～310	慢溶 360～500；不溶 500～700；浇注 700～1000	

表 2.8 石膏（$CaSO_4\cdot 2H_2O$）的高温热力学性质

温度/K	H_T-H_{298}/kJ	S_T /[J/(K·mol)]	$\frac{-(G_T-H_{298})}{T}$ /[J/(K·mol)]	由元素生成化合物 $\Delta H^{\ominus}_{f,T}$ /(kJ/mol)	由元素生成化合物 $\Delta G^{\ominus}_{f,T}$ /(kJ/mol)	$\lg K_T$
298.15	0.000	194.138	194.138	−2022.628	−1797.040	314.834
400	20.612	253.377	201.847	−2024.379	−1719.994	224.608

表 2.9 α型半水石膏（$CaSO_4\cdot\frac{1}{2}H_2O$）的高温热力学性质

温度/K	H_T-H_{298}/kJ	S_T /[J/(K·mol)]	$\frac{-(G_T-H_{298})}{T}$ /[J/(K·mol)]	由元素生成化合物 $\Delta H^{\ominus}_{f,T}$ /(kJ/mol)	由元素生成化合物 $\Delta G^{\ominus}_{f,T}$ /(kJ/mol)	$\lg K_T$
298.15	0.000	130.541	130.541	−1576.573	−1436.598	251.686
400	7.669	152.660	133.487	−1584.558	−1387.809	181.229
450	11.482	161.641	136.125	−1588.315	−1362.861	158.197

表 2.10 β型半水石膏（$CaSO_4 \cdot \frac{1}{2}H_2O$）的高温热力学性质

温 度 /K	H_T-H_{298} /kJ	S_T	$-\frac{(G_T-H_{298})}{T}$	由元素生成化合物 $\Delta H^{\ominus}_{f,T}$	由元素生成化合物 $\Delta G^{\ominus}_{f,T}$	$\lg K_T$
		/[J/(K·mol)]	/[J/(K·mol)]	/(kJ/mol)	/(kJ/mol)	
298.15	0.000	134.306	134.306	−1574.481	−1435.629	251.516
400	13.996	174.416	139.501	−1576.169	−1388.122	181.270
450	21.791	192.335	144.410	−1575.914	−1364.497	158.387

表 2.11 硬石膏（$CaSO_4$）的高温热力学性质

温 度 /K	H_T-H_{298} /kJ	S_T	$-\frac{(G_T-H_{298})}{T}$	由元素生成化合物 $\Delta H^{\ominus}_{f,T}$	由元素生成化合物 $\Delta G^{\ominus}_{f,T}$	$\lg K_T$
		/[J/(K·mol)]	/[J/(K·mol)]	/(kJ/mol)	/(kJ/mol)	
298.15	0.000	106.692	106.692	−1434.110	−1321.773	231.569
400	10.878	138.070	110.883	−1436.650	−1283.264	167.577
500	21.757	162.354	118.840	−1438.683	−1244.705	130.033
600	33.681	184.095	127.959	−1439.692	−1205.811	104.975
700	47.070	204.734	137.491	−1439.361	−1166.860	87.072
800	62.132	224.847	147.181	−1492.314	−1131.160	73.988
900	78.659	244.312	156.913	−1487.904	−1088.514	63.176
1000	95.604	262.166	166.562	−1483.490	−1044.362	54.552
1100	112.968	278.715	176.017	−1479.017	−1000.697	47.519
1200	130.959	294.370	185.237	−1481.527	−956.855	41.651
1300	149.787	309.440	194.219	−1474.829	−913.363	36.700
1400	169.452	324.013	202.976	−1467.360	−870.499	32.479

2.2.2 重晶石与天青石

重晶石（barite）是硫酸盐类矿物，其化学式为 $BaSO_4$。重晶石难溶于水和酸，无毒、无磁性，能吸收 X 射线和 γ 射线，其主要性质列于表 2.12。

表 2.12 重晶石矿物的主要物理化学性质

矿物名称	化学式	化学组成/%	密度/(g/cm³)	莫氏硬度	晶系	形状	颜色
重晶石	$BaSO_4$	BaO,65.7;SO_3,34.3	4.5	2.5～3.5	斜方	板状、柱状	灰白

对于应用来说，重晶石最重要的物理化学性质是其化学成分、粒度及其粒度分布。一般要求重晶石的 $BaSO_4$ 的含量大于等于 90%；SiO_2 含量越低越好，一般控制在 5%以下；铁杂质（Fe_2O_3）含量小于 1%。

天青石（celestine）是自然界中最主要的含锶矿物。天青石的化学分子式为 $SrSO_4$，理论化学组成为 SrO 56.4%，SO_3 43.6%，但有时天青石的 Sr 为 Ca 或 Ba 部分代换，生成类质同象钙天青石或钡天青石。

纯净的天青石晶体呈浅蓝色或天蓝色，故称天青石，有时无色透明，当有杂质混入时呈黑色。天青石为玻璃光泽，解理面具有珍珠状晕影，条痕白色，性脆，莫氏硬度为 3～3.5，密度 3.97～4.0g/cm³。

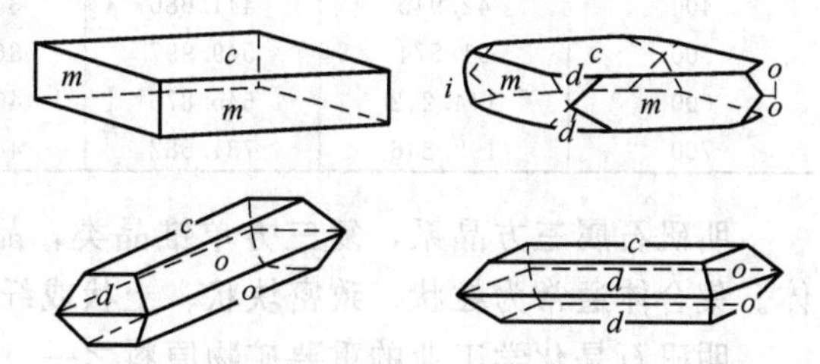

图 2.19 重晶石与天青石的晶体结构

与重晶石一样，天青石最重要的物理化学性质是其化学成分、粒度及其粒度分布。一般要求

$SrSO_4$ 不低于 92%，$BaSO_4$ 和 $CaSO_4$ 均小于 4%，其他杂质小于 2%。

重晶石和天青石同属斜方晶系，1149℃以上转变为高温六方变体。晶体常沿（001）发育成板状，有时呈柱状，少数为三向等长。常见单形位平面双晶 *c*(001)、斜方柱 *m*(210)、*o*(011)、*d*(101)，偶见斜方双锥 *s*(111)、*q*(211) 等（图 2.19）。有时可见由于受压力影响而产生的聚片双晶。集合体呈板状、粒状、纤维状，也有呈同心带状构造的钟乳状、结核状等。

表 2.13 为重晶石的高温热力学性质。

表 2.13　重晶石（$BaSO_4$）的高温热力学性质

温度/K	H_T-H_{298} /kJ	S_T	$-\frac{(G_T-H_{298})}{T}$	由元素生成化合物 $\Delta H^{\ominus}_{f,T}$	由元素生成化合物 $\Delta G^{\ominus}_{f,T}$	$\lg K_T$
		/[J/(K·mol)]	/[J/(K·mol)]	/(kJ/mol)	/(kJ/mol)	
298.15	0.000	132.214	132.214	−1473.316	−1362.381	238.683
400	11.297	164.809	136.567	−1475.462	−1324.409	172.950
500	23.849	192.818	145.120	−1475.793	−1286.617	134.412
600	36.819	216.466	155.101	−1475.701	−1248.778	108.716
700	50.208	237.105	165.379	−1475.831	−1210.918	90.360
800	63.597	254.983	175.487	−1530.198	−1178.198	76.928
900	76.986	270.753	185.213	−1528.980	−1134.274	65.832
1000	90.374	284.859	194.485	−1535.695	−1090.326	56.953
1100	104.182	298.019	203.308	−1533.900	−1045.858	49.664
1200	118.407	310.397	211.724	−1531.767	−1001.593	43.598
1300	133.051	322.118	219.771	−1529.294	−957.520	38.474

2.2.3　明矾石

明矾石（alumstone）是一种含水的钾、钠铝硫酸盐类矿物，按其成分可分为钾明矾石（alunite）和钠明矾石（natroalunite）两类，较为多见的是由两种成分混合而成的钾钠明矾石。钾明矾石的化学式为 $KAl_3(SO_4)_2(OH)_6$，钠明矾石的化学式为 $NaAl_3(SO_4)_2(OH)_6$。钾明矾石是明矾石矿石中的主要矿石矿物，其理论成分是 K_2O 11.37%，SO_3 38.66%，Al_2O_3 36.92%，H_2O 13.05%；颜色为白色、浅黄乳白色、浅灰色、浅红色及浅褐色；呈玻璃光泽，莫氏硬度 3.5～4，密度 2.6～2.9g/cm³；性脆、有蜡质感；具有强烈的热电效应；不溶于水，难溶于酸，在碱性溶液中完全分解。表 2.14 为明矾石的高温热力学性质。

表 2.14　明矾石［$KAl_3(SO_4)_2(OH)_6$］的高温热力学性质

温度/K	H_T-H_{298} /kJ	S_T	$-\frac{(G_T-H_{298})}{T}$	由元素生成化合物 $\Delta H^{\ominus}_{f,T}$	由元素生成化合物 $\Delta G^{\ominus}_{f,T}$	$\lg K_T$
		/[J/(K·mol)]	/[J/(K·mol)]	/(kJ/mol)	/(kJ/mol)	
298.15	0.000	318.402	318.402	−5174.771	−4661.387	816.656
400	42.945	441.686	334.323	−5184.394	−4484.750	585.648
500	91.574	549.997	366.850	−5184.835	−4309.720	450.234
600	144.212	645.875	405.522	−5181.568	−4134.947	359.979
700	199.846	731.582	446.088	−5175.820	−3960.927	295.568

明矾石属三方晶系，复三方单锥晶类，晶体较少见，出现时呈细小的假聚面体或假立方体。集合体通常为粒状、致密块状、土状或纤维状、结核状等。

明矾石是化学工业的重要矿物原料之一。主要用于提取明矾和硫酸钾、硫酸铝、硫酸、氧化铝、钾肥、氢氧化铝等化工产品。因此，其主要的物理化学性质是其化学成分。

2.3 碳质非金属矿物

2.3.1 石墨

(1) 化学成分与结构

石墨晶体是由碳原子组成的，其主要化学成分为碳。石墨晶体中各碳原子的价电子以三个 sp^2 杂化轨道相互作用，形成具有共价键叠加金属键的六角环形网状体平面层，各层再由分子间的引力结合起来。在同一六角网状平面中 C—C 键长为 0.142nm，相邻的层间距是 0.3554nm。六角网状平面中 C—C 共价键的碳原子结合力达到 120kcal[1]/mol，而层与层之间的结合力要小得多，只有 120kcal/mol。

石墨层与层之间的相对位置有两种排列方式，因而形成两种形式的石墨晶体：六方晶系石墨和三方晶系石墨（图 2.20）。六方晶系石墨中，六角网状平面呈 ABAB 重叠，即第一层的位置与第三层相对应，第二层的位置与第四层相对应。而在三方晶系石墨中，六角网状平面呈 ABCABC 重叠，即第一层的位置与第四层才完全对应。六方晶系石墨的晶胞常数为 $a_0=0.2461$nm，$c_0=0.6708$nm；三方晶系石墨的 $a_0=0.2461$nm，$c_0=1.0062$nm，两者只是 c 轴的长短不一。

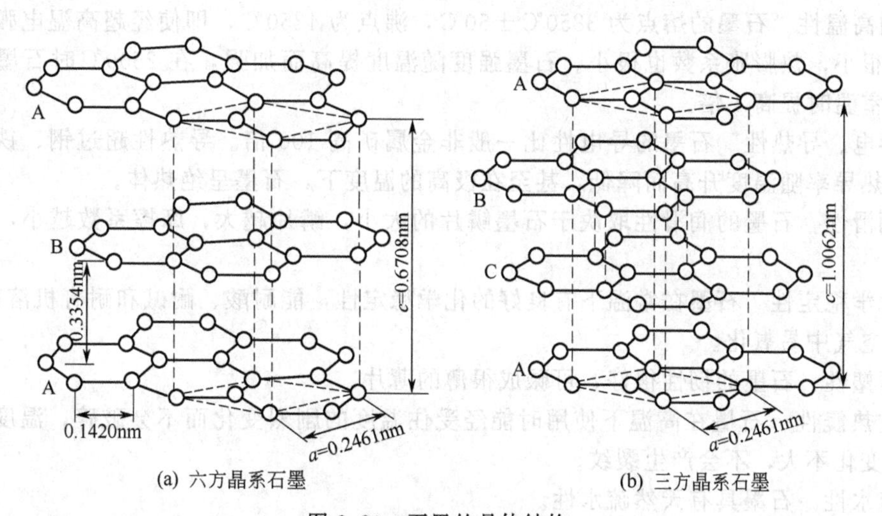

(a) 六方晶系石墨　　(b) 三方晶系石墨

图 2.20 石墨的晶体结构

大多数天然石墨和人造石墨都属于六方晶系结构。在结晶较完善的天然石墨中，呈 ABAB 结构的约占 80%。当受到机械化学方法处理后，由于石墨的层间结合力较弱，呈 ABCABC 结构的石墨所占的比例有所增加。各种人造石墨基本上都是六方晶系石墨，这是因为人造石墨是在高温下获得的，呈 ABCABC 结构的石墨加热到 3000℃都可转化为 ABAB 结构。三方晶系石墨实际上是一种有缺陷的石墨。

(2) 石墨化度与晶体密度

人造石墨是将无定形碳经高温处理转变成石墨的结构而得到的。实际上无论是天然石墨还是人造石墨，都存在这样或那样的结构缺陷，很难达到理想石墨晶体结构那样都呈严格的 AB-AB 或 ABCABC 有规则的定向重叠，层面间距往往较大。

石墨化度（G）用于表示石墨材料的晶体结构接近理想石墨晶体结构的程度。理想石墨的

[1] 1cal=4.1868J。

层面间距为 0.3354nm，而各石墨化完全无序碳的层面间距为 0.344nm，则石墨化度 G 可由下式计算

$$G=\frac{0.344-d_{002}}{0.344-0.3354}\times 100\%$$

式中　d_{002}——被测试样的层面间距，nm，可用 X 射线粉晶衍射测得。

石墨的 X 射线法晶体密度（D）也可以作为石墨晶体结构完善程度的标志。以 X 射线衍射测得 a_0 和 c_0，可由下式计算出 D

$$D=\frac{Z_0 M}{N_0 V}$$

式中　Z_0——单位晶胞内所含原子数目；

M——相对原子质量；

N_0——阿伏加德罗常数，6.02252×10^{-23}；

V——单位晶胞体积，六方晶系 $V=a_0^2 c_0 \sin 60°$。

石墨化度（G）越高，晶体密度（D）越大，表明石墨的结晶越完善，晶粒的发育程度越好，定向排列程度越有序，这样的石墨具有较好的导电性、导热性和抗氧化性。

(3) 石墨的基本性质

由于独特的晶体结构，使石墨具有一系列特殊性质。

① 耐高温性　石墨的熔点为 3850℃±50℃，沸点为 4250℃，即使经超高温电弧灼烧，质量的损失很小，热膨胀系数也很小。石墨强度随温度提高而加强，在 2500℃时石墨的抗拉强度反而比室温时提高 1 倍。

② 导电、导热性　石墨的导电性比一般非金属矿高 100 倍。导热性超过钢、铁、铅等金属材料。热导率随温度升高而降低，甚至在极高的温度下，石墨呈绝热体。

③ 润滑性　石墨的润滑性取决于石墨鳞片的大小，鳞片越大，摩擦系数越小，润滑性能越好。

④ 化学稳定性　石墨在常温下有良好的化学稳定性，能耐酸、耐碱和耐有机溶剂的腐蚀。但石墨在空气中易氧化。

⑤ 可塑性　石墨的韧性很好，可碾成很薄的薄片。

⑥ 抗热震性　石墨在高温下使用时能经受住温度的剧烈变化而不会破碎，温度突变时石墨的体积变化不大，不会产生裂纹。

⑦ 疏水性　石墨具有天然疏水性。

石墨矿石分为鳞片石墨和微晶石墨（也称土状石墨和无定形石墨）两大类。

鳞片石墨矿石结晶较好，晶体粒径大于 1μm，大的可达 5～10mm，多呈集合体。

微晶石墨一般呈微晶集合体，晶体粒径小于 1μm，只有在电子显微镜下才能观察到其晶型。

表 2.15 所列为石墨的主要高温热力学性质。

表 2.15　石墨的主要高温热力学性质

温度 /K	H_T-H_{298} /kJ	S_T	$-\frac{(G_T-H_{298})}{T}$	由元素生成化合物		
		/[J/(K·mol)]		$\Delta H^{\ominus}_{f,T}$	$\Delta G^{\ominus}_{f,T}$	$\lg K_T$
				/(kJ/mol)		
298.15	0.000	5.740	5.740	0.000	0.000	0.000
400	1.046	8.736	6.120	0.000	0.000	0.000
500	2.381	11.703	6.940	0.000	0.000	0.000
600	3.962	14.577	7.975	0.000	0.000	0.000

续表

温度/K	H_T-H_{298}/kJ	S_T	$-\frac{(G_T-H_{298})}{T}$	由元素生成化合物 $\Delta H^{\ominus}_{f,T}$	$\Delta G^{\ominus}_{f,T}$	$\lg K_T$
		/[J/(K·mol)]		/(kJ/mol)		
700	5.740	17.318	9.117	0.000	0.000	0.000
800	7.661	19.882	10.305	0.000	0.000	0.000
900	9.699	22.276	11.498	0.000	0.000	0.000
1000	11.816	24.506	12.690	0.000	0.000	0.000
1100	14.004	26.539	13.857	0.000	0.000	0.000
1200	16.246	28.543	15.004	0.000	0.000	0.000
1300	18.543	30.380	16.117	0.000	0.000	0.000
1400	20.870	32.108	17.200	0.000	0.000	0.000
1500	23.230	33.736	18.250	0.000	0.000	0.000
1600	25.614	35.271	19.263	0.000	0.000	0.000
1700	28.016	36.727	20.246	0.000	0.000	0.000
1800	30.439	38.112	21.200	0.000	0.000	0.000
1900	32.874	39.430	22.120	0.000	0.000	0.000
2000	35.321	40.685	23.025	0.000	0.000	0.000

(4) 鳞片石墨的氧化反应

在空气中加热石墨，碳可直接被 O_2 氧化为 CO 和 CO_2，典型的反应式为

$$C_{(s)}+O_{2(g)}\longrightarrow CO_{2(g)} \tag{2.1}$$

$$C_{(s)}+\frac{1}{2}O_{2(g)}\longrightarrow CO_{(g)} \tag{2.2}$$

$$2CO_{(g)}\longrightarrow C+CO_{2(g)} \tag{2.3}$$

在 1500～2000K 的温度范围内，反应式(2.1)～式(2.3) 的标准能分别为：

$$\Delta G_1^{\ominus}=-94755+0.02T$$

$$\Delta G_2^{\ominus}=-28200+20.16T$$

$$\Delta G_3^{\ominus}=-38355+40.34T$$

当 $T=680$℃(951K) 时，反应式(2.3) 达到平衡状态（$\Delta G_3^{\ominus}=0$）。此时，在一个仅有氧和过量碳组成的系统里，总压力为 0.1MPa 时，CO 的分压 $p_{CO}=0.062$MPa；CO_2 的分压 $p_{CO_2}=0.038$MPa；如图 2.21 所示。它表明，碳氧化时产生 CO 和 CO_2 混合气体。在低温时主要是 CO_2 与固体石墨平衡；而在较高温度时，则主要是 CO 与固体石墨平衡；在 1000℃以上时，混合气体中几乎都是 CO。石墨的氧化反应速度随系统中总压力的增加而下降，但随温度的升高而增加。

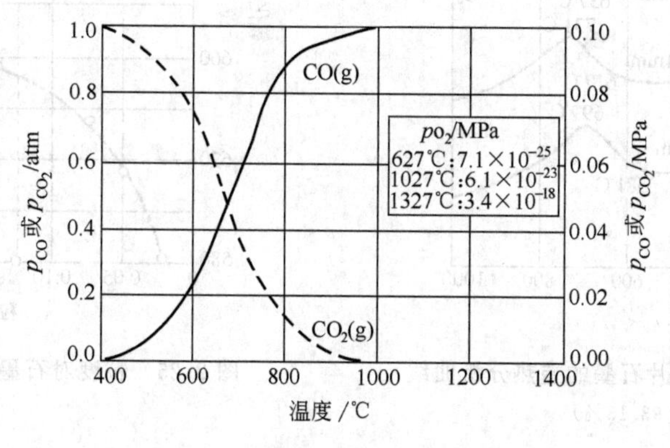

图 2.21 0.1MPa 下 CO 和 CO_2 的分压

(1atm=101325Pa)

在常见的碳素材料中，石墨的抗氧化能力最强，特别是结晶良好的鳞片石墨（图 2.22）。

鳞片石墨的典型差热分析曲线（DTA）如图 2.23 所示。图中 A 点所对应的温度被称为石墨显著氧化开始温度；放热峰最高点 B 所对应的温度为石墨氧化峰值温度。

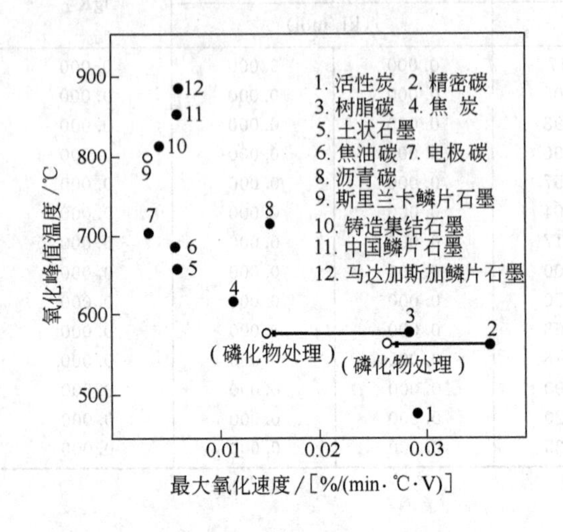

图 2.22 碳素材料氧化性能对比

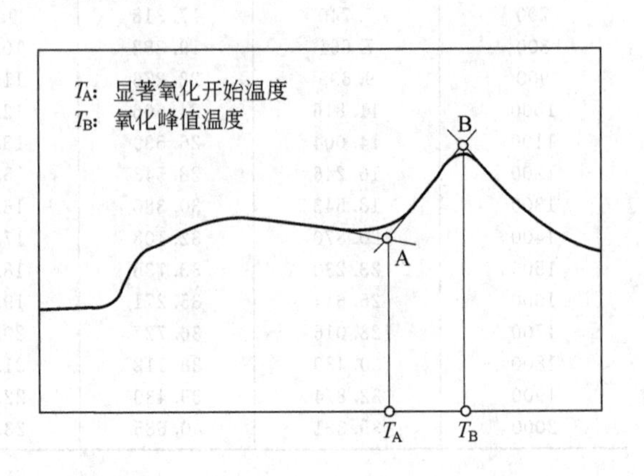

图 2.23 鳞片石墨的典型差热分析曲线

图 2.24 为不同粒度鳞片石墨的 DTA 曲线。取图中的显著氧化开始温度、氧化峰值温度对粒度作图，得到图 2.25 所示粒度对氧化温度的影响。随粒度增加，石墨显著氧化开始温度、氧化峰值温度随之增加。但是在粒度约为 0.125mm 处，氧化温度有一转折，此点称为鳞片石墨氧化粒度分界值。小于此分界值，石墨粒度对氧化温度影响显著；大于此分界值，尽管粒度增加，但氧化温度升高不显著。对不同产地的鳞片石墨的研究也发现有相同的规律。

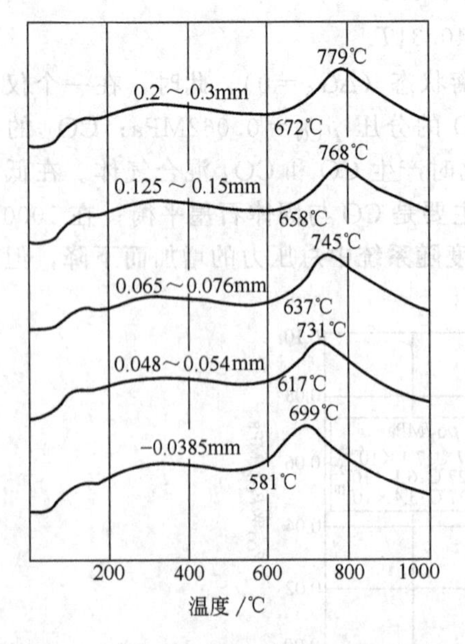

图 2.24 不同粒度鳞片石墨的差热分析曲线

（碳含量 93.13%）

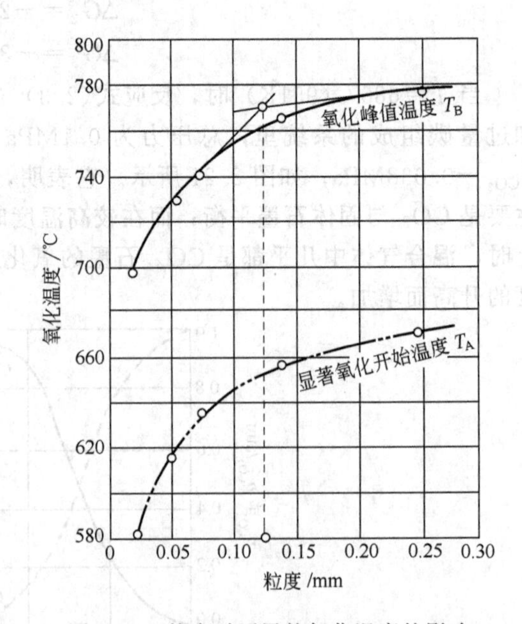

图 2.25 粒度对石墨的氧化温度的影响

将粒度相同范围（0.105～0.097mm），不同固定碳含量（88.05%、92.37%、95.69%）的中国鳞片石墨作 DTA 分析，结果如图 2.26 所示。在上述固定碳含量范围内，石墨显著氧化开始温度为 617～633℃，波动在 15℃左右；氧化峰值温度 765～770℃，仅波动 5℃。一般认为石墨中灰分含量小于 10%时，纯度对氧化温度无明显影响。但灰分含量较大时，石墨的氧化速度减慢，这是由于石墨燃烧时灰分在颗粒表面形成保护膜的缘故。灰分的组成对石墨的氧化有较大影响，但没有发现氧化速度和石墨灰分组成之间有直接关系。

2.3.2 石墨烯

石墨的层间作用力较弱，很容易互相剥离，形成薄薄的石墨片。当把石墨片剥成单层之后，这种只有一个碳原子厚度的单层就是石墨烯，如图 2.27 所示。

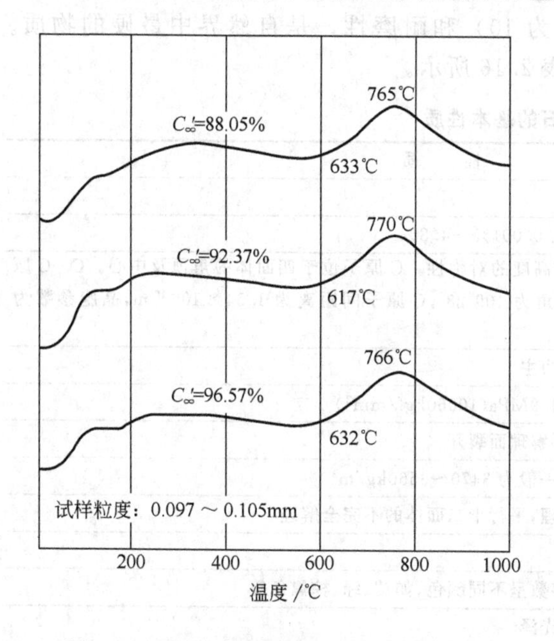

图 2.26 不同碳含量石墨的差热分析曲线

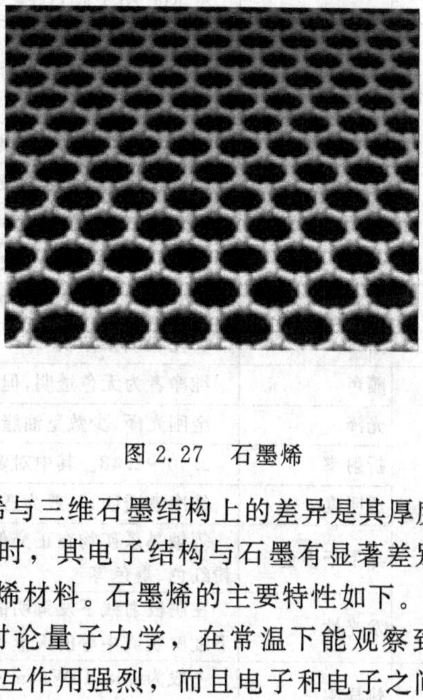

图 2.27 石墨烯

一个碳原子厚度的石墨烯是一种二维晶体。石墨烯与三维石墨结构上的差异是其厚度。石墨可视为由石墨烯堆叠而成。当碳原子层数小于 10 层时，其电子结构与石墨有显著差别，因此，一般将 10 层以下碳原子层组成的碳材料称为石墨烯材料。石墨烯的主要特性如下。

① 量子（霍尔）效应　电子在石墨烯里遵守相对论量子力学，在常温下能观察到量子（霍尔）效应。石墨烯中的电子不仅与蜂巢晶格之间相互作用强烈，而且电子和电子之间也有很强的相互作用。

② 高导电性　电子的运动速度可达到光速的 1/300，电阻率只约 $10^{-6}\Omega \cdot cm$，比铜或银更低，为目前电阻率最小的材料。因为它的电阻率极低，电子迁移的速度极快，因此被期待用于发展出更薄、导电速度更快的新一代电子元件或晶体管。

③ 机械性能　高强度和在外力作用下具有高延展性或弹性，结构稳定性好；试验结果表明需要施加 55 N 的压力才能使 1 μm 长的石墨烯断裂。

④ 光电性能　光透性好。它几乎是完全透明的，只吸收 2.3%的可见光。

⑤ 良好的导热性　热导率高达 5300W/(m·K)，高于碳纳米管和金刚石。

⑥ 吸附与脱附特性　石墨烯可以吸附和脱附各种原子和分子，而且化学稳定性好。

2.3.3 金刚石

金刚石晶体也是由碳原子组成的，化学成分为碳，与石墨是同质多晶变体，当碳原子的外

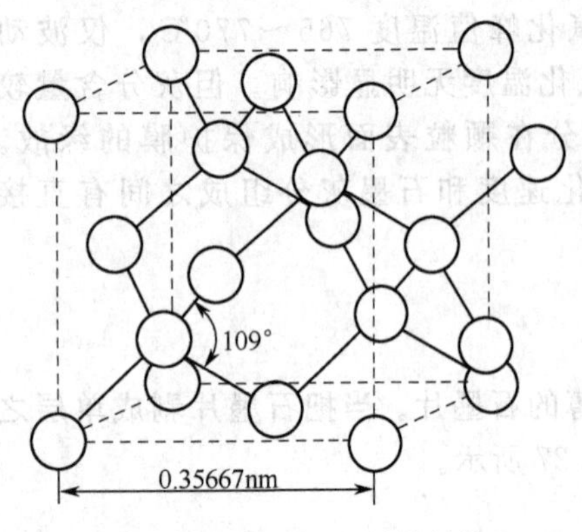

图 2.28 金刚石的晶体结构

层电子以 sp^3 杂化轨道相互结合时，每个碳原子要与相邻的四个碳原子形成四个共价键，这就形成了金刚石。共价键是饱和键，具有很强的方向性，结合力很强，且在金刚石中每个碳原子之间的距离相等（图 2.28），因而金刚石强度很高，其硬度是所有矿物中最大的。

金刚石属于立方晶系，常呈八面体，也有其他形状，晶体外形十分规整。纯金刚石无色透明，但通常由于含有杂质而呈现淡黄色、天蓝色、蓝色或红色，有强烈的光泽。金刚石由于其特殊的晶体结构，有极高的硬度（莫氏硬度为 10）和耐磨性，是自然界中最硬的物质。其性质如表 2.16 所示。

表 2.16 金刚石的基本性质

类别	物理性质	性质
矿物成分	化学组成	C，是碳在高温高压下的结晶体
		Si、Mg、Al、Ca、Ti、Fe 等，总含量约 0.001%～4.8%
矿物晶体	晶体构造	等轴晶系。单晶胞中，C 原子具有高度的对称性。C 原子位于四面体的角顶及中心。C—C 原子间为共价键，配位数为 4，键间夹角为 109°28′，C 原子间距离为 1.54×10^{-10} m，晶胞参数为 3.56×10^{-10} m
	常见晶形	以八面体和菱形十二面及其聚形为主
力学性质	硬度	莫氏硬度为 10，显微硬度为 98654.9MPa（10060kgf/mm^2）
	脆性	较脆，在不大的冲击力下会沿晶形解理面裂开
	密度	质纯、结晶完好的为 3520kg/m^3，一般为 3470～3560kg/m^3
	解理	具有平行八面体的中等或完全解理，平行十二面体的不完全解理
	断口	贝壳状或参差状
光学性质	颜色	纯净者为无色透明，但较少见。多数呈不同颜色，如黄、绿、棕黑色等
	光泽	金刚光泽，少数呈油脂光泽、金属光泽
	折射率	2.40～2.48。其中对黄光 2.417，对红光 2.402，对绿光 2.427，对紫光 2.465
	透明度	纯净者透明，一般为透明、半透明、不透明
	异常干涉色	等轴晶系矿物在正交偏光镜下的干涉色应为黑色，但很多金刚石呈异常干涉色，如灰色、黄色、粉红色、褐色等
	发光性	在阴极射线下发鲜明的绿、天蓝、蓝色荧光，在 X 射线下发中等或微弱的天蓝色荧光，在紫外线下发鲜明或中等的天蓝、紫、黄绿色荧光，在日光暴晒后至暗室内发淡青蓝色磷光
热学性质	热导率	一般为 138.16W/(m·K)。但Ⅱa 型金刚石的热导率特别高，在液氮温度下为铜的 25 倍，并随温度的升高而急剧下降。如室温时为铜的 5 倍，200℃时为铜的 3 倍
	比热容	随温度的升高而增大，如－106℃时为 399.84J/(kg·K)，107℃时为 472.27J/(kg·K)，247℃时 1266.93J/(kg·K)
	热膨胀性	低温时热膨胀系数很小，随温度的升高，热膨胀系数迅速增大。如－38.8℃时热膨胀系数近于 0，0℃时为 5.6×10^{-7}℃$^{-1}$，30℃时为 9.97×10^{-7}℃$^{-1}$，50℃时为 12.86×10^{-7}℃$^{-1}$
	耐热性	在纯氧中燃点为 720～800℃，在空气中为 850～1000℃，在纯氧下 2000～3000℃转化为石墨
磁电性质	磁性	纯净者非磁性。某些情况下由于含有磁性包裹体而显示一定磁性
	相对介电常数	15℃时为 16～16.5
	电导率	一般情况下是电的不良导体。电导率为 0.211×10^{-12}～0.309×10^{-11}S/m。随温度的升高，电导率有所增大。Ⅱb 型金刚石具有良好的半导体性能，属 p 型半导体
	摩擦电性	与玻璃、硬橡胶、有机玻璃表面摩擦时产生摩擦电荷
表面性质	亲油疏水性	新鲜表面具有较强的亲油疏水性，其润湿接触角为 80°～120°
化学性质	化学稳定性	耐酸碱，化学性质稳定；高温下不与浓氢氟酸、盐酸、硝酸发生反应，只有在 Na_2CO_3、$NaNO_3$、KNO_3 的熔融体中，或与 $K_2Cr_2O_7$ 和 H_2SO_4 的混合物一起煮沸时，表面才稍有氧化

金刚石按性质可分为Ⅰ型（普通型）和Ⅱ型（特殊型）两大类。每类又可分为 a、b 两大类。各类型的性质差异如表 2.17 所示。

表 2.17　Ⅰ型和Ⅱ型金刚石特征比较

类别	Ⅰ型		Ⅱ型	
	Ⅰa 型	Ⅰb 型	Ⅱa 型	Ⅱb 型
含氮量	0.1%～0.2%，呈小片状存在。天然金刚石中 98%属于此类	少量以分散的顺磁性氮存在，人造金刚石属于此类	极少呈游离态	几乎不含
导热性	较好，热导率为Ⅱa 型的 1/3		较好，热导率室温下为铜的 3 倍	较好
导电性	不良导体		不良导体	p 型半导体
导光性	差		好	
双折射	能观察到		观察不到	
X 射线衍射	显示出附加的斑点和条纹		正常	
红外线区吸收	在波长小于 3～13μm 范围内吸收		在波长为 3～6μm 范围内吸收	
紫外线区吸收	在波长小于 0.3μm 时吸收		在波长小于 0.225μm 时吸收	
晶体特征	多为平面晶体，具有较好的几何形态		多为曲面晶体，或平面-曲面晶体，解理好	

金刚石、石墨和无定形碳都是碳的同素异形体，主要与它们形成时所经受的压力和温度有关。图 2.29 所示为碳的温度-压力相图。三相共存点 T_1 为（160±20）bar[❶]、（4020±50）K；T_2 为 120kbar、4100K。一般认为金刚石是高压稳定相，石墨是低压稳定相。在一定条件下，碳的同素异形体之间可以转化。例如，一些无定形碳加热到 2000℃以上可以转化为石墨，石墨在极高的压力下可以生成金刚石。在常压下碳不能熔融而只能升华，在高温下具有相当高的蒸气压，蒸气压为 101.325kPa（760mmHg）时的温度是 4100℃，因而在常压下热处理含碳物质的最终产物都是石墨。

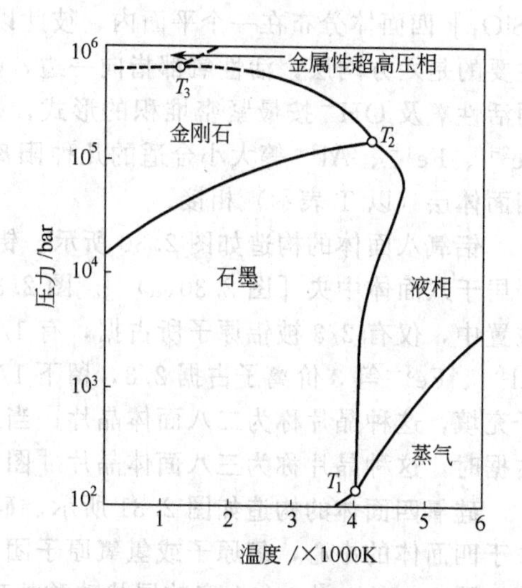

图 2.29　碳的温度-压力相图

表 2.18 为金刚石的主要高温热力学性质。

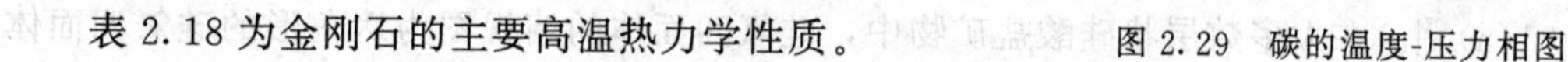

表 2.18　金刚石的主要高温热力学性质

温度 /K	H_T-H_{298} /kJ	S_T /[J/(K·mol)]	$\frac{-(G_T-H_{298})}{T}$ /[J/(K·mol)]	由元素生成化合物 $\Delta H^{\ominus}_{f,T}$ /(kJ/mol)	由元素生成化合物 $\Delta G^{\ominus}_{f,T}$ /(kJ/mol)	$\lg K_T$
298.15	0.000	2.385	2.385	1.895	2.896	−0.507
400	0.837	4.799	2.707	1.686	3.261	−0.426
500	2.033	7.469	3.403	1.548	3.665	−0.383
600	3.523	10.185	4.314	1.456	4.092	−0.356

❶　1bar＝10^5Pa。

续表

温度/K	H_T-H_{298} /kJ	S_T	$-\frac{(G_T-H_{298})}{T}$	由元素生成化合物 $\Delta H^{\ominus}_{f,T}$	$\Delta G^{\ominus}_{f,T}$	$\lg K_T$
		/[J/(K·mol)]		/(kJ/mol)		
700	5.234	12.823	5.346	1.389	4.535	−0.338
800	7.113	15.332	6.441	1.347	4.987	−0.326
900	9.121	17.697	7.563	1.318	5.437	−0.316
1000	11.234	19.923	8.689	1.314	5.896	−0.308
1100	13.439	22.025	9.808	1.331	6.350	−0.302
1200	15.732	24.020	10.910	1.381	6.808	−0.296
1300	18.108	25.922	11.993	1.457	7.256	−0.292
1400	20.570	27.747	13.054	1.591	7.699	−0.287
1500	23.124	29.509	14.093	1.787	8.131	−0.283
1600	25.778	31.222	15.111	2.059	8.538	−0.279
1700	28.540	32.896	16.108	2.419	8.930	−0.274
1800	31.423	34.544	17.087	2.883	9.299	−0.270

2.4 层状硅酸盐矿物

层状硅酸盐类矿物包括滑石、云母、高岭石、蒙脱石、叶蜡石、绿泥石、蛭石、蛇纹石等。其中，高岭土、蒙脱石、绿泥石等又称之为黏土矿物。在这类矿物的晶体结构中，[SiO_4] 四面体分布在一个平面内，彼此以三个角顶相连组成向二维空间延展的网层，其中最主要的是六方网层；活性氧都指向一边，OH^- 位于六方网格的中心，与活性氧处于同一高度。两活性氧及 OH^- 按最紧密堆积的形式，上下层位置错开，由此形成的八面体空隙为 Mg^{2+}、Fe^{2+}、Fe^{3+}、Al^{3+} 等大小合适的几种阳离子充填，形成八面体层（以 O 表示），与 [SiO_4] 四面体层（以 T 表示）相接。

铝氧八面体的构造如图 2.30 所示。铝氧八面体的六个顶点为氢氧原子团，铝、铁或镁原子居于八面体中央 [图 2.30(a)]。图 2.30(b) 指的是这种八面体晶片内，铝本应占据的中央位置中，仅有 2/3 被铝原子所占据，有 1/3 空位，用星号标记。如果八面体晶片的中央位置由 Al^{3+}、Fe^{3+} 等 3 价离子占据 2/3，留下 1/3 的空位，即三个八面体位置将只有两个被三价阳离子充填，这种晶片称为二八面体晶片；当八面体的中央位置均由 Mg^{2+}、Fe^{2+} 等二价阳离子所占据时，这种晶片称为三八面体晶片 [图 2.30(c)]。

硅氧四面体的构造如图 2.31 所示。硅氧四面体中一个硅原子与四个氧原子相连，硅原子位于四面体的中心，氧原子或氢氧原子团位于四面体的顶点，硅原子与各氧原子之间的距离相等 [图 2.31(a)]。在大多数层状硅酸盐矿物中，硅氧四面体的俯视图为六角形的硅氧四面体网络 [图 2.31(b)]，硅氧四面体网络实际上是立体结构 [图 2.31(c)]。

上述的四面体层（T 层）和八面体层（O 层）是层状硅酸盐矿物中的基本结构层，两种结构层彼此相连组成结构单元层，按 T 层和 O 层组合形式不同，结构单元层有两种基本形式：①双层型结构单元层（TO 型）。由一个 T 层和一个 O 层组成，即 1∶1 型层，如高岭石、多水高岭石和蛇纹石等。②三层型结构单元（TOT 型）。由活性氧指向相反的两个 T 层夹一个 O 层组成，即 2∶1 型层，如滑石、叶蜡石、云母等。

结构单元层在垂直层网方向周期性地重叠构成矿物的空间格架，而在结构单元层之间存在着空隙。如果单元层内部电荷已达平衡，则层间无需其他阳离子存在，也很少吸附水分子或有机分子，如高岭石和叶蜡石等；如果未达平衡，则层间有一定量的 K^+、Na^+ 或 Ca^{2+} 等阳离子充填，还可吸附一定量的水分子或有机分子，如云母和蒙脱石等。所谓层间水便是结构单元层之间的空隙内所吸附的水分子。这种层间不同的吸附性质，不但影响矿物的晶胞参数，也影响矿物的某些物理性能。

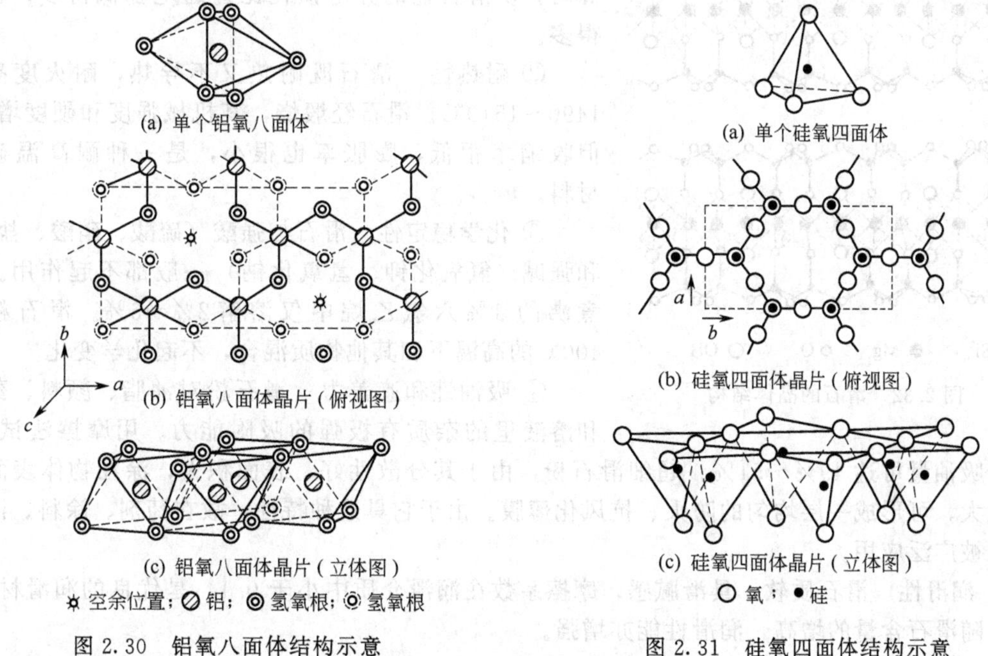

图 2.30 铝氧八面体结构示意

图 2.31 硅氧四面体结构示意

层状硅酸盐矿物的形态和许多物理性质，都与其层状晶体结构特征有关。形态上，几乎都成单斜晶系假六方片状或短柱状。物理性质上，具一组极完全解理，低的硬度，薄片具弹性、挠性或脆性，视［SiO_4］四面体中 Si 是否被 Al 取代，即结构单元层内是否电性中和的情况而变化，如叶蜡石 $Al[Si_4O_{10}](OH)$ 中，没有 Si 被 Al 代替，结构单元层内电性中和，层间为分子键，故硬度低，解理薄片仅具挠性而无弹性；白云母 $KAl_2[AlSi_2O_{10}](OH)_2$ 结构单元层内有 Si 被 Al 代替，层内电荷不平衡，层间有 K^+ 充填，因此，提高了矿物的硬度，解理薄片具弹性。

2.4.1 滑石

滑石的化学式为 $Mg_3[Si_4O_{10}](OH)_2$，化学组成为 MgO 31.72%，SiO_2 63.52%，H_2O 4.76%。化学成分比较稳定，Si 有时被 Al 代替，Mg 可被 Fe、Mn、Ni、Al 代替。

纯净的滑石为白色或微带浅黄、粉红、浅绿、浅褐等色，颜色主要由杂质引起；玻璃光泽，解理面显珍珠光泽晕彩。解理（001）极完全；致密块状者呈贝壳状断口。硬度 1。相对密度 2.58～2.83。富有滑腻感，有良好的润滑性能。解理薄片具挠性。

滑石属单斜晶系，C_{2h}^b-$C2/c$ 或 C_s^4-C_c；$a_0=0.527$nm，$b_0=0.912$nm，$c_0=1.855$nm，$\beta=100°00'$；$Z=4$。晶体结构如图 2.32 所示，为 TOT 型。八面体片由［$MgO_4(OH)_2$］八面体组成，属三八面体结构。结构单元层内电荷是平衡的，层间域无离子充填，结构单元层间为微弱的分子键。

矿物形态：斜方柱晶类，C_{2h}-$2/m(L^2PC)$。微细晶体呈六方或菱形板状，但很少见。通常呈致密块状、片状或鳞片状集合体。致密块状的滑石称块滑石。滑石常具有橄榄石、顽火辉石、透闪石等矿物的假象。

滑石具有电绝缘、耐高温、耐强酸、耐强碱等特性，其超细粉有良好的吸附性和遮盖性。

① 电绝缘性能　滑石本身不导电，当滑石中不含导电性矿物如菱铁矿、黄铁矿、磁铁矿

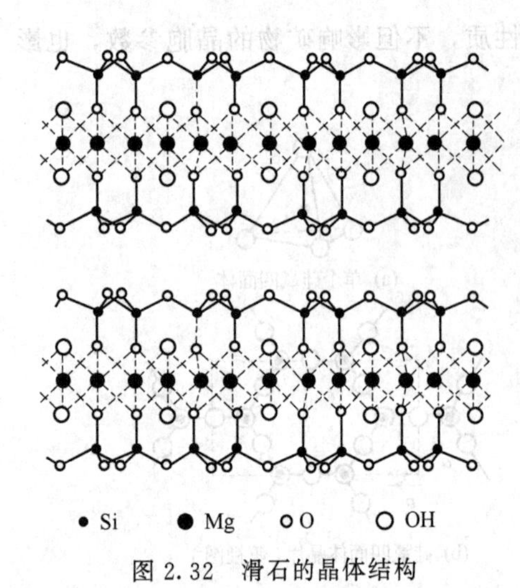

图 2.32 滑石的晶体结构

等时，其绝缘性能良好。以滑石为原料制成滑石瓷，具有高度绝缘性，体积电阻率大于$10^{12}\Omega \cdot m$。温度升高时，块滑石瓷的介电损耗比普通电瓷低得多，也慢得多。

② 耐热性 滑石既耐热又不导热，耐火度高达1490～1510℃。滑石经煅烧，其机械强度和硬度增高，但收缩率很低，膨胀率也很小，是一种耐高温矿物材料。

③ 化学稳定性 滑石与强酸（硫酸、硝酸、盐酸）和强碱（氢氧化钾、氢氧化钠）一般都不起作用。在煮沸的1%六氯乙烷中仅溶解2%～6%。滑石粉在400℃的高温下和其他物质混合，不起化学变化。

④ 吸油性和遮盖力 滑石粉对油脂、颜料、药剂和溶液里的杂质有极强的吸附能力。用摩擦法试验，滑石粉吸油量可达49%～51%。超细滑石粉，由于其分散性好，表面积大，涂在物体表面遮盖面积大，可形成一层均匀的防火、抗风化薄膜。由于它具这种特性，故在药剂、涂料、油毡工业中被广泛应用。

⑤ 润滑性 滑石质软，具滑腻感，摩擦系数在润滑介质中小于0.1，是优良的润滑材料。滑石岩随滑石含量的增高，润滑性能亦增强。

⑥ 硬度可变性 如把滑石逐步加温至1100℃约2h后再慢慢冷却，它的外形不变，但硬度却增大，主要是因为此时的滑石已相变为斜顽辉石。制造块滑石瓷就是利用这一特性。

⑦ 机械加工性能好 用滑石碎块或滑石粉加上黏合剂，采用半干压法、湿压法、挤压法或可塑法等进行加工成型，产品性能不变。利用这一特性，可以制造人们所需要的各种形状的产品。

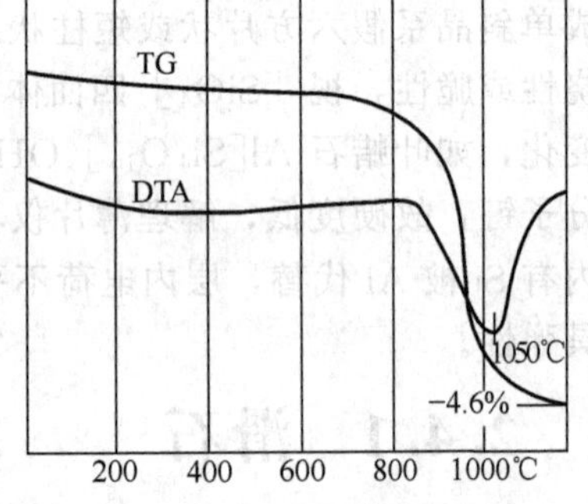

图 2.33 滑石热分析曲线

图2.33所示为滑石的差热、失重曲线。600℃之前有一平缓的吸热谷，是由于排除吸附水和混杂于滑石中的少量菱镁矿或白云石分解而引起的。在900～1100℃之间有一大的吸热谷，波谷温度1050℃左右。该吸热效应系滑石中的结构水脱水所致，失重为4.5%～4.9%，与滑石的理论值相吻合。

滑石脱水后，晶格被破坏，一部分SiO_2离析出来，生成高温稳定的原顽辉石（protoenstatite），反应式如下

$$3MgO \cdot 4SiO_2 \cdot H_2O \longrightarrow 3(Mg \cdot SiO_2)(\text{原顽辉石}) + SiO_2 + H_2O$$

冷却到700℃时，原顽辉石再缓慢地转变为斜顽辉石（clinoenstatite）。顽火辉石（enstatite）的多晶转变及相对密度（矿物名称下括号内的数字）变化如下：

$$\underset{(3.109)}{\text{顽火辉石}} \xrightarrow{1200℃} \underset{(3.085)}{\text{原顽辉石}} \xrightarrow{700℃} \underset{(3.274)}{\text{斜顽辉石}}$$

在上述转变过程中，都伴有较大的体积变化，且转化十分缓慢。这是滑石瓷存放开裂、发生老化的一个根本原因。

滑石的主要高温热力学性质如表2.19所列。

表 2.19 滑石的主要高温热力学性质

温 度 /K	H_T-H_{298} /kJ	S_T	$-\frac{(G_T-H_{298})}{T}$	由元素生成化合物 $\Delta H^{\ominus}_{f,T}$	$\Delta G^{\ominus}_{f,T}$	$\lg K_T$
		/[J/(K·mol)]		/(kJ/mol)		
298.15	0.000	260.800	260.800	−5915.900	−5536.274	969.931
400	35.819	364.149	274.601	−5917.644	−5406.415	706.005
500	75.299	452.246	301.647	−5916.598	−5278.752	551.467
600	117.771	529.682	333.396	−5913.942	−5151.437	448.472
700	162.712	598.957	366.512	−5910.071	−5024.671	374.945
800	209.836	661.883	399.588	−5905.138	−4898.593	319.845
900	259.002	719.793	432.013	−5899.189	−4773.040	277.020
1000	310.122	773.653	463.531	−5818.992	−4645.976	242.681
1100	363.142	824.186	494.057	−5910.348	−4519.043	214.591

2.4.2 云母

云母（mica）是含钾、铝、镁、铁、锂等元素的层状含水铝硅酸盐矿物。云母的化学成分可表达为

$$R^+R_3^{2+}[AlSi_3O_{10}][OH]_2 \quad 或 \quad R^+R_2^{3+}[AlSi_3O_{10}][OH]_2$$

式中，$R^+=K^+$，Na^+；$R^{2+}=Mg^{2+}$，Fe^{2+}，Mn^{2+}；$R^{3+}=Al^{3+}$，Fe^{3+}，Mn^{3+}。

此外，Li 也可加入云母的晶格中占据相当于 Mg、Al 的位置，也可能占据晶格中相当于 K^+、Na^+ 的位置。在云母的组成中还有 Ti、Mn、Fe、Cr、F、Ca、Ba 等少量元素。类质同象的代替在云母中甚为普遍。

云母矿物种类繁多，主要分为三类：钾云母类、铁镁云母类、锂云母类。云母的分类及晶体形状见表 2.20。

表 2.20 云母的分类及晶体形状

类 别	名 称	化 学 式	晶 体 形 状
钾云母类	白云母	$KAl_2[AlSi_3O_{10}](OH)_2$	单晶呈假六方柱状、板状或片状，集合体呈鳞片状或叶片状
	镁硅白云母	$K_2Mg_3(Mg,Fe^{2+})[AlSi_7O_{20}](OH)_4$	
铁镁云母类	金云母	$KMg_3[AlSi_3O_{10}](OH,F)_2$	单晶呈假六方板状、短柱状，集合体呈片状、板状或鳞片状
	黑云母	$K(Mg,Fe)_3(AlSi_3O_{10})(OH,F)_2$	单晶呈板状或短柱状，集合体呈片状、板状
锂云母类	锂云母	$KLi_{1.5}Al_{15}[AlSi_3O_{10}](OH,F)_2$	单晶呈假六方板状，集合体为片状、细鳞片状
	铁锂云母	$K(Li,Fe^{2+},Al)_3[Al_{1\sim0.5}Si_{3\sim3.5}O_{10}](OH)_2$	晶形与黑云母相似

云母的结晶结构是两层硅氧四面体夹着一层铝氧八面体构成的复式硅氧层，与滑石相似，结构单元层为 TOT 型，单元层的上下两层四面体六方网层的活性氧及 OH^- 上下相向，但相对位移 $a_0/3$。（约 1.7Å[1]），使两层的活性氧合 OH 呈最紧密堆积，阳离子（Al、Mg、Fe 等）充填在所形成的八面体空隙中，结成八面体配位的阳离子层。这种两层六方网层，中夹一层八面体层的结构称为云母结构层，与滑石结构层的区别在于硅氧四面体中约有 1/4 的 Si^{4+} 被 Al^{3+} 取代，结果引起正电价不足，硅氧四面体带负电，由正离子（如 K^+）补充，以平衡电荷。一般来说，硅氧四面体和铝氧八面体本身结合是很牢固的，而补充电价的正离子层在两个复式硅氧层之间的连接是较微弱的，以极其微弱的离子键结合，这样的云母晶体很容易沿这些正离子所在的平面分剥开来。因此，云母沿正离子所在平面方向具有极完全解理性。

根据云母结构层内八面体层阳离子的种类和充填数可将云母划分为二八面体和三八面体型

[1] $1Å=10^{-10}m=0.1nm$。

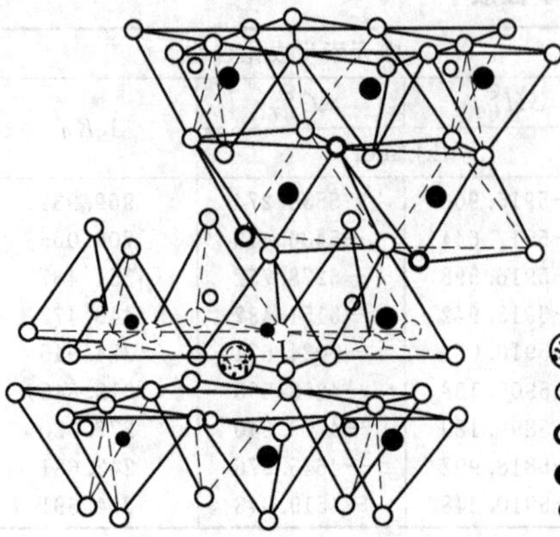

两种：三价阳离子（如 Al^{3+}）只充填了八面体空隙的 2/3，称二八面体型云母（如白云母，图 2.34）；二价阳离子（如 Mg^{2+}、Fe^{2+}）充填全部八面体空隙，称三八面体型云母（如黑云母、金云母）。

云母中最有应用价值的是白云母和金云母。

白云母具有玻璃光泽，有时过渡为珍珠光泽或丝绢光泽，透明，它的颜色可为无色、淡棕色、淡棕红色、淡绿色和绿色、银白色、银灰色等，如我国四川的白云母为银白色，河南西峡白云母为淡棕红色。这些云母的电气性能良好，而山东诸城和广东的白云母因含铁而为绿色，电气性能较差，白云母的密度为 2.7～2.88g/cm³，莫氏硬度为 2～2.5。

图 2.34　白云母的结构

白云母生于花岗岩、正长岩、伟晶岩、片麻岩及片岩内，常与石英、长石、电气石、绿柱石、锂辉石、氟石、磷灰石共生，偶尔有石榴子石、蓝晶石，虽含稀有金属，但不常见。我国四川的白云母多生于伟晶岩脉中，也有生于片麻岩中，河南、内蒙古的白云母的伟晶岩由巨大的钠长石与石英结晶所组成，生于石英与长石之间，而山西忻州的白云母只与石英共生。

金云母因氧化镁含量大又称镁云母。金云母常与方解石、方柱石、角闪石、蛇纹石、石墨、金刚石、透辉石、磷灰石共生，产于结晶石灰岩、白云母岩、蛇纹岩内。

金云母具有珍珠光泽或半金属光泽、玻璃光泽或油脂光泽等。新疆和田的金云母具有玻璃光泽，内蒙古华山子金云母为油脂光泽。金云母的颜色有银灰、黄棕、红褐、绿色等；密度为 2.7～2.9g/cm³；莫氏硬度为 2.78～2.85。

白云母和金云母的化学组成见表 2.21。

表 2.21　云母的化学组成

名称	化学成分/%					备注
	SiO_2	Al_2O_3	K_2O	MgO	H_2O	
白云母	45.2	38.5	11.8	/	4.5	含少量 Na、Ca、Mg、Ti、Cr、Mn、Fe 和 F
金云母	38.7～45	10.8～17	7～10.3	21.4～29.4	0.3～4.5	含少量 Na、Ti、Mn、Fe 和 F

白云母的弹性系数为（1475.9～2092.7）×10^6Pa（15050～21340kgf/cm²），金云母为（1394.5～1874.05）×10^6Pa（14220～19110kgf/cm²）。

云母的光学性质见表 2.22。云母的电学性质见表 2.23。云母的机械强度见表 2.24。

表 2.22　云母的光学性质

试样	折射率			二轴晶 2V(−)
	n_g	n_m	n_p	
白云母	1.580～1.599	1.582～1.599	1.552～1.573	3°～43°
金云母	1.618～1.590	1.610～1.589	1.552～1.562	3°～12°

表 2.23　云母的电学性质

试样	0.015mm 厚的云母片		0.025mm 厚的云母片	
	电压/kV	介电强度/(kV/mm)	电压/kV	介电强度/(kV/mm)
白云母	2.2	146.5	4.0	160
金云母	1.8	120	3.2	128

表 2.24　云母的机械强度

项　　目		白云母	金云母
机械强度/MPa	抗拉	166.7～353.0	156.90～205.939
	抗压	813.951～1225.831	294.199～588.399
	抗剪	210.843～296.0	82.768～135.332

云母具有较好的耐热性和热稳定性。白云母在 550℃高温下不改变性质，在 700℃时脱水，800℃时机械、电气性能有所改变直至丧失，1050℃时结构破坏。熔点为 1260～1290℃。金云母在 800～1000℃高温下不改变性质，熔点为 1270～1330℃。

白云母加热至 500～600℃时，膨胀很小，冷却后性质不起变化。在 700～850℃时，膨胀增大；800～880℃时，膨胀最大。温度再升高时，膨胀急剧减弱。白云母的最大膨胀倍数为 4～7.5 倍。一般浅色金云母的膨胀倍数不大于 3，在 1000℃膨胀最大，并且冷却后性质不改变，是很好的耐热材料。深色金云母在 200～300℃时即迅速膨胀，800～900℃时膨胀最大，可达 3～13 倍，冷却后仍保持 1～6 倍。

白云母和金云母的主要高温热力学性质如表 2.25 和表 2.26 所列。

表 2.25　白云母的主要高温热力学性质

温度/K	H_T-H_{298} /kJ	S_T /[J/(K·mol)]	$-\frac{(G_T-H_{298})}{T}$ /[J/(K·mol)]	由元素生成化合物 $\Delta H^{\ominus}_{f,T}$ /(kJ/mol)	由元素生成化合物 $\Delta G^{\ominus}_{f,T}$ /(kJ/mol)	$\lg K_T$
298.15	0.000	306.400	306.400	−5976.740	−5600.904	981.255
400	36.439	411.537	320.440	−5981.120	−5471.830	714.547
500	77.116	502.306	348.074	−5879.602	−5344.695	558.356
600	121.197	582.675	380.680	−5975.892	−5218.111	454.277
700	167.749	654.435	414.794	−5970.819	−5092.224	379.986
800	216.132	719.041	448.876	−5965.009	−4967.145	324.321
900	265.890	777.647	482.214	−5958.991	−4842.738	281.065
1000	316.861	831.641	514.481	−5984.725	−4716.700	246.375
1100	368.245	880.307	545.539	−6056.760	−4585.915	217.767
1200	420.377	925.668	575.354	−6048.816	−4453.315	193.848
1300	472.912	967.718	603.940	−6040.782	−4319.919	173.576
1400	525.716	1006.850	631.339	−6032.688	−4187.789	156.248
1500	578.677	1043.389	657.604	−6024.738	−4056.450	141.258

表 2.26　金云母的主要高温热力学性质

温度/K	H_T-H_{298} /kJ	S_T /[J/(K·mol)]	$-\frac{(G_T-H_{298})}{T}$ /[J/(K·mol)]	由元素生成化合物 $\Delta H^{\ominus}_{f,T}$ /(kJ/mol)	由元素生成化合物 $\Delta G^{\ominus}_{f,T}$ /(kJ/mol)	$\lg K_T$
298.15	0.000	319.658	319.658	−6256.754	−5872.546	1028.845
400	32.770	413.643	331.717	−6267.493	−5739.416	749.490
500	70.728	498.166	356.711	−6271.434	−5606.886	585.747
600	112.155	573.617	386.693	−6273.223	−5473.757	476.533
700	156.096	641.308	418.315	−6273.742	−5340.451	398.510
800	202.072	702.673	450.083	−6273.400	−5207.204	339.995
900	249.818	758.890	481.315	−6272.444	−5073.873	294.480
1000	299.174	810.878	511.704	−6308.337	−4937.756	257.922

白云母具有良好的化学稳定性，它与碱几乎不起作用，不溶解于热酸中，但能在沸腾的硫酸长时间作用下发生分解。金云母与黑云母能与碱、盐酸起作用，甚至在水中也能起强烈的碱

性反应。在沸腾的浓硫酸作用下会发生分解。

云母表面亲水，润湿接触角很小，近似为0°，因此天然可浮性差。

2.4.3 叶蜡石

叶蜡石（pyrophylite）是一种含水的铝硅酸盐；化学式为$Al_2[Si_4O_{10}](OH)_2$，其中Al_2O_3的理论含量为28.3%，SiO_2为66.7%，H_2O 5.0%；莫氏硬度1.25；密度2.65g/cm^3；熔点1700℃；颜色呈白、灰白、浅绿、黄褐等色；珍珠或油脂光泽；性韧、有滑腻感；条痕白色；不透明或半透明；结构为片状、放射状集合体。

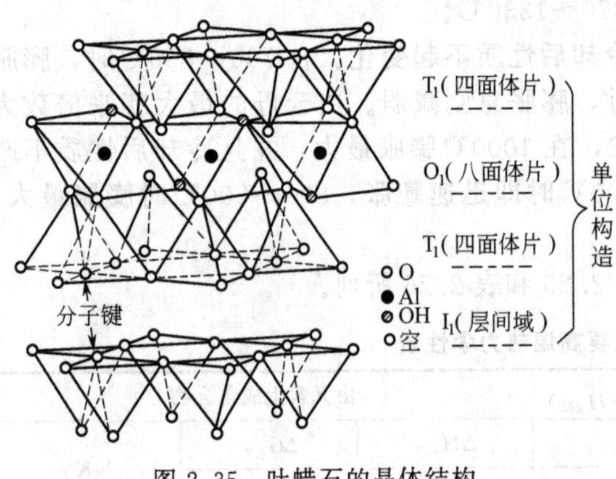

图2.35　叶蜡石的晶体结构

叶蜡石是典型的二八面体层状硅酸盐矿物，其晶体结构是每一单位层由两层硅氧四面体中间夹一层铝氧（氢氧）八面体组成（图2.35），每个硅氧四面体的顶端活性氧都指向结构单位层中央而与八面体所共有。此种结构单位层沿a轴和b轴方向无限铺展，同时沿c轴方向以一定间距重叠起来，构成叶蜡石晶体结构。在叶蜡石的八面体层中，铝填充于八面体空隙中，配位数为6，即被四个氧原子和两个氢氧根离子所包围，八面体层中有六个位置可以安置Al，但实际上在叶蜡石的晶体结构中只有四个三价铝，即只有占2/3的位置已达到电价平衡。滑石与叶蜡石晶体结构不同，八面体空隙中全被二价镁充填，因此滑石属三八面体结构（图2.36）。叶蜡石和滑石的结构单元层的层间在理想情况下没有层间物，相邻层以范德华力相连接，联系力弱。

自然界纯叶蜡石矿物集合体很少见，一般都由类似的矿物集合体产出，也有土状和纤维状的。叶蜡石的主要共生矿物是石英、高岭石、水铝石，其次是黄铁矿、玉髓、蛋白石、绢云母、伊利石、明矾石、水云母、金红石、红柱石、蓝晶石、刚玉、地开石等。表2.27所列为叶蜡石矿石的常见类型。

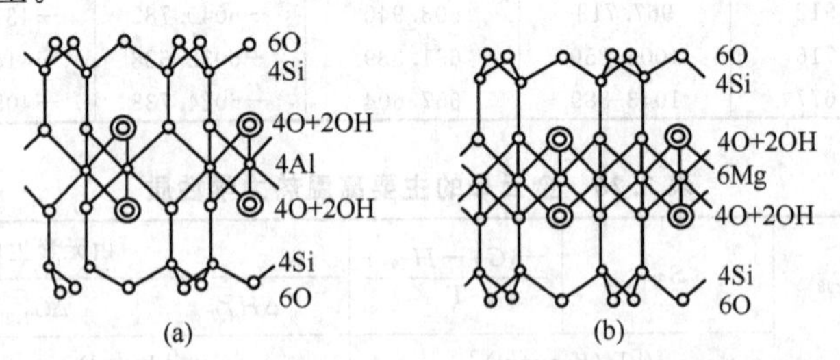

图2.36　叶蜡石（a）和滑石（b）晶体结构单元层内的电荷分布

商业上的叶蜡石与滑石、皂石没有严格的界限，这是因为它们在外观、性质、结晶构造上相似，又有大致相同的应用领域所致。

表2.27　叶蜡石矿石的常见类型

自然类型	矿物成分			化学成分/%				
	主要矿物	次要矿物	微量矿物	Al_2O_3	Fe_2O_3	SiO_2	TiO_2	烧失量
叶蜡石	叶蜡石90%～95%	石英、玉髓、高岭土5%～10%	褐铁矿、黄铁矿、板钛矿、硅线石、水铝石	28.12	0.42	64.84	0.42	5.74

续表

自然类型	矿物成分			化学成分/%				
	主要矿物	次要矿物	微量矿物	Al_2O_3	Fe_2O_3	SiO_2	TiO_2	烧失量
水铝石叶蜡石	叶蜡石 60%～90%、水铝石 5%～40%	石英、玉髓 5%左右	褐铁矿、金红石、蓝晶石、石英、氧化铁	35.51	0.45	52.99	0.43	7.11
高岭石叶蜡石	高岭石 70%左右叶蜡石 20%左右	水云母、石英 5%～10%	褐铁矿、氧化铁	33.82	0.29	56.69	0.14	7.20
凝灰质叶蜡石	叶蜡石 70%～80%	玉髓、石英、脱玻化火山灰 20%～25%	氧化铁、水铝石、蓝晶石、褐铁矿、次生碳酸盐	23.95	0.84	70.28	0.31	4.80
含铁叶蜡石	叶蜡石 80%～90%	黄铁矿、褐铁矿、氧化铁 5%～10%		25.79	2.88			5.09

在化学组成上，叶蜡石和高岭土族矿物很相似，都是含水的铝硅酸盐。但叶蜡石在水中无膨胀性和可塑性，吸水性差，结构稳定；而高岭石族矿物吸水性强，具有膨胀性和可塑性。

图 2.37 为四种不同类型叶蜡石的 DTA 曲线。由于叶蜡石为含结构水较少的铝硅酸盐矿物，加热脱水过程缓慢，时间较长，因此脱水产生的体积收缩也小。由图 2.37 可见，由于 1、2 两试样中分别含有水铝石和高岭石，其急剧脱水而产生尖锐的吸热谷与放热峰；而 3、4 试样则有一个缓而温度区间较大的吸热谷。

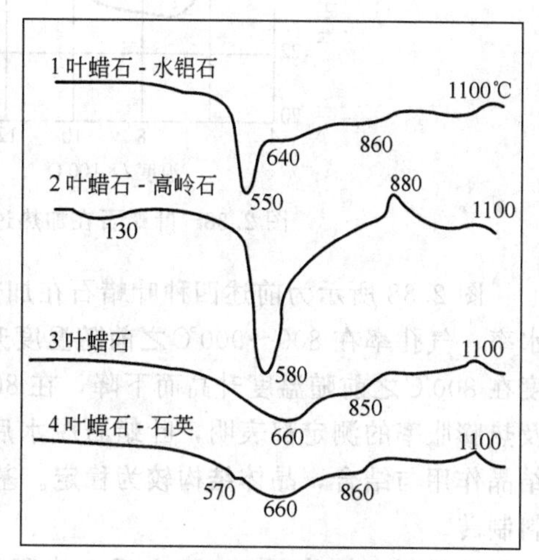

图 2.37　叶蜡石的 DTA 曲线

叶蜡石在 500℃左右开始脱水转变为脱水叶蜡石，至 900℃脱水叶蜡石形成量最大，至 1200℃左右，开始转变为莫来石和方石英：

$$Al_2O_3 \cdot 4SiO_2 \cdot H_2O(\text{叶蜡石}) \xrightarrow{800\sim900℃} Al_2O_3 \cdot 4SiO_2(\text{脱水叶蜡石}) + H_2O$$

$$3(Al_2O_3 \cdot 4SiO_2)(\text{脱水叶蜡石}) \xrightarrow{1200℃} 3Al_2O_3 \cdot 2SiO_2(\text{莫来石}) + 10SiO_2(\text{方石英})$$

叶蜡石在加热过程中耐压强度、硬度随着温度升高而增加，如表 2.28 和表 2.29 所列。

表 2.28　叶蜡石加热过程中耐压强度的变化

加热温度/℃	耐压强度/MPa	加热温度/℃	耐压强度/MPa
100	65.21	800	90.22
300	54.92	900	96.69
500	41.41	1000	82.38
600	75.51	1100	75.51
700	82.38	1350	>82.38

表 2.29　叶蜡石加热过程硬度的变化

加热温度/℃	莫氏硬度	加热温度/℃	莫氏硬度
常温	1～2	1000	6
600～800	略增	1100	7
900	4	1200	8

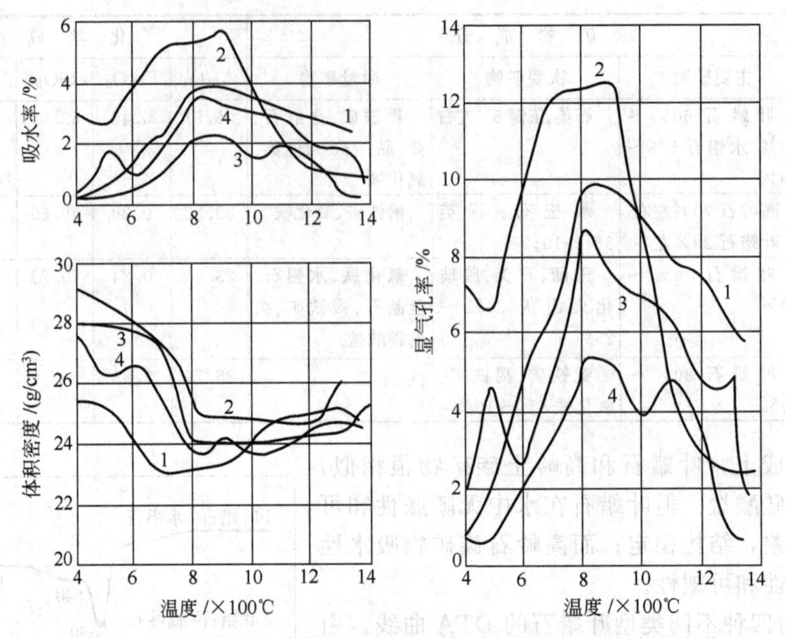

图 2.38 叶蜡石在加热过程中体积密度、气孔率及吸水率的变化

图 2.38 所示为前述四种叶蜡石在加热过程中的体积密度、气孔率及吸水率变化情况。吸水率、气孔率在 800～900℃之前随温度升高，在 800～900℃之后随温度升高而下降；体积密度在 800℃之前随温度升高而下降，在 800～1200℃之间趋于稳定。X 射线分析、显微镜观察及热膨胀率的测定都表明，叶蜡石脱水后在 1200℃之前，其晶体结构未被破坏，不发生新的结晶作用与结合，晶体结构较为稳定。基于此，叶蜡石作为耐火材料，可不用煅烧而直接用生料制砖。

叶蜡石在加热至 700℃之后，体积稍有膨胀，膨胀率一般在 1.2%～2.1%之间，如图 2.39(a) 所示，将叶蜡石在不同的温度下煅烧，其膨胀曲线如图 2.39(b) 所示。显然，由于煅烧后体积更为稳定，其热膨胀率较为煅烧的明显偏低。表 2.30 所列为叶蜡石的主要高温热力学性质。

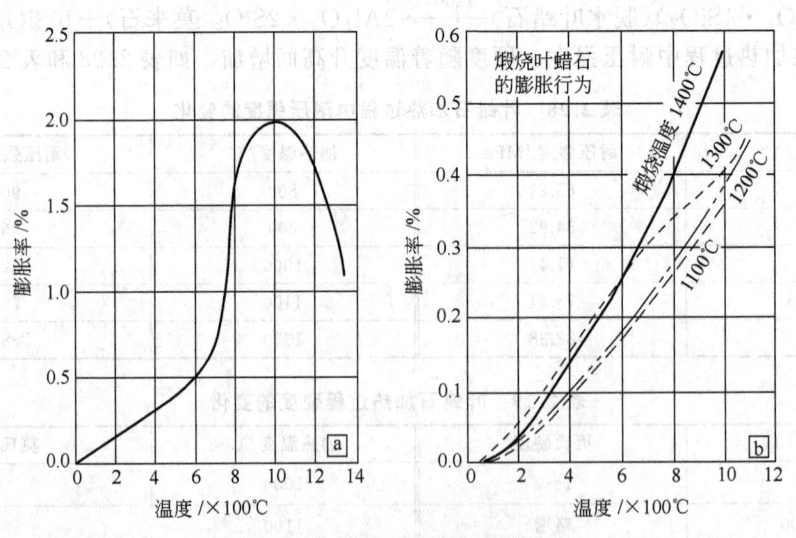

图 2.39 叶蜡石的热膨胀曲线

表 2.30 叶蜡石的主要高温热力学性质

温度/K	H_T-H_{298}/kJ	S_T	$-\frac{(G_T-H_{298})}{T}$	由元素生成化合物 $\Delta H^{\ominus}_{f,T}$	由元素生成化合物 $\Delta G^{\ominus}_{f,T}$	$\lg K_T$
		/[J/(K·mol)]	/[J/(K·mol)]	/(kJ/mol)	/(kJ/mol)	
298.15	0.000	239.400	239.400	−5639.800	−5266.117	922.601
400	32.980	334.557	252.107	−5641.692	−5138.253	670.987
500	69.871	416.877	277.135	−5640.496	−5012.537	523.656
600	109.857	489.780	306.685	−5637.629	−4887.286	425.476
700	152.148	554.972	337.618	−5633.281	−4762.593	355.389
800	196.239	613.847	368.543	−5628.322	−4638.577	302.368
900	241.797	667.507	398.844	−5622.925	−4515.152	262.052
1000	288.584	716.802	428.218	−5638.342	−4390.745	229.349

2.4.4 高岭土

高岭土是指以高岭石族矿物为基本组成的岩石或工业矿物类型。高岭石族矿物共有高岭石、迪开石、珍珠石、0.7nm 埃洛石、1.0nm 埃洛石等五种，高岭石矿物的化学成分相似，仅是单位构造层的堆叠方式和层间水分的含量略有不同。其中，高岭石、迪开石和珍珠石是高岭石矿物的三种类型，它们的理论结构式都是 $Al_4(Si_4O_{10})(OH)_8$，不含层间水。埃洛石有两个变种，层间含有两个水分子的二水型埃洛石（0.7nm 埃洛石）和层间含有四个水分子的四水型埃洛石（1.0nm 埃洛石）。其理论化学成分和典型性质见表 2.31。

表 2.31 高岭石族矿物的典型性质

矿物名称	化学式	化学组成/% Al_2O_3	化学组成/% SiO_2	化学组成/% H_2O	莫氏硬度	密度/(g/cm³)	颜色
高岭石	$Al_4(Si_4O_{10})(OH)_8$	39.50	46.54	13.96	2～2.5	2.609	白、灰白、带黄、带红
珍珠石	$Al_4(Si_4O_{10})(OH)_8$	39.50	46.54	13.96	2.5～3	2.581	蓝白、黄白
地开石	$Al_4(Si_4O_{10})(OH)_8$	39.50	46.54	13.80	2.5～3	2.589	白
0.7nm 埃洛石	$Al_4(Si_4O_{10})(OH)_8 4H_2O$	34.66	40.9	24.44	1～2	2.0	白、灰绿、黄、蓝、红

高岭石的基本结构层由一个 SiO_4 四面体层与一个 $AlO_2(OH)_4$ 八面体层连接而成，层间为氢氧键连接，是二八面体的 1∶1 型层状构造硅酸盐（如图 2.40 所示）。其基本结构单元沿晶体 c 轴方向重复堆叠组成高岭石晶体，相邻的结构单元层通过铝氧八面体的 OH 与相邻硅氧四面体的 O 以氢键相联系，晶体常呈假六方片状，易沿（001）方向裂解为小的薄片。结晶程度较好的高岭石矿物在电镜下如图 2.41 所示。

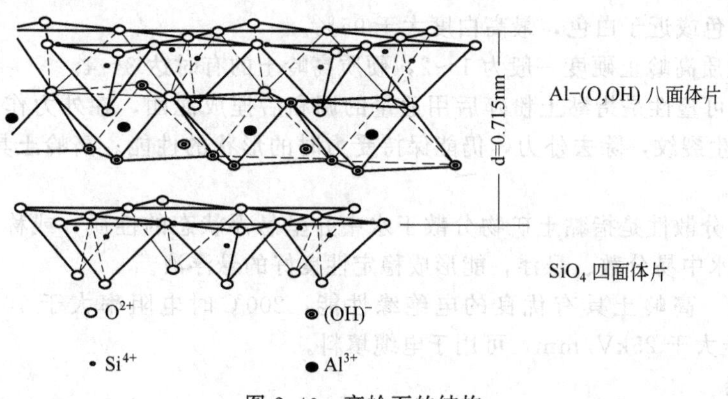

图 2.40 高岭石的结构

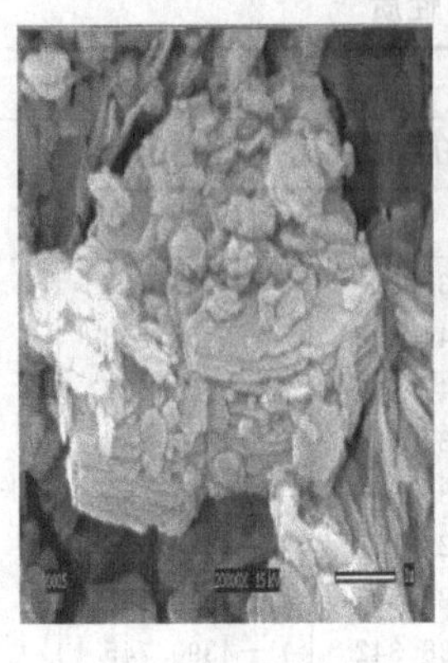

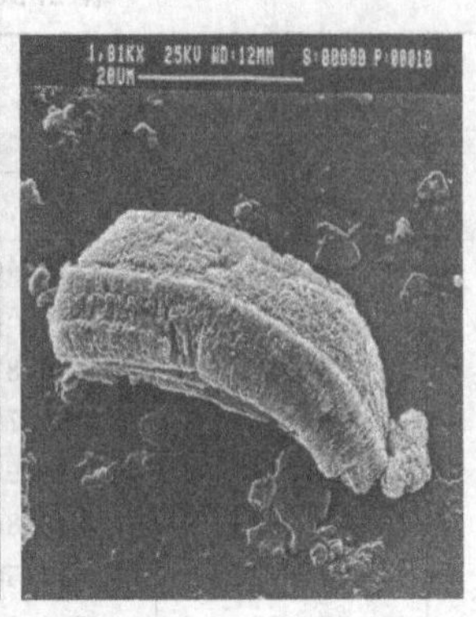

图 2.41　高岭土的 TEM 特征

高岭土（kaolin）是以高岭石亚族矿物为主要成分的软质黏土，主要由高岭石矿物组成。自然界组成高岭土的矿物有黏土矿物和非黏土矿物两类。黏土矿物主要是高岭石族矿物，其次是绿泥石、蒙脱石和水云母。非黏土矿物主要为石英、长石和云母以及铝的氧化物和氢氧化物（水铝英石和伊毛缟石）、铁矿物（磁铁矿、赤铁矿、褐铁矿、白铁矿和菱铁矿）、铁的氧化物（钛铁矿、金红石等）、有机物（植物纤维、有机泥炭及煤）等。

自然产出的高岭土矿石，根据其成因、质量、可塑性和砂质（石英、长石、云母等矿物，粒径大于 50μm）的含量，可划分为硬质高岭岩、软质高岭土和砂质高岭土三种工业类型。它们的特征列于表 2.32。硬质高岭岩包括大量的以煤层的顶板、底板、夹矸形式产出或赋存于距煤层较近的所谓煤系高岭岩。这种高岭岩由于含有有机质及杂质而呈黑灰、褐、淡绿、灰绿等色，致密块状或砂状，瓷状断口或似贝壳状断口，无光泽至蜡状光泽，条痕灰色至白色，硬度 3 左右。

表 2.32　高岭土矿石类型及特征

类　型	矿　石　特　征
硬质高岭土(高岭石/岩)	质硬(莫氏硬度 3～4)无可塑性，粉碎细磨后才有可塑性
软质高岭土(土状高岭土)	质软，可塑性一般较强，砂质含量＜50％
砂质高岭土	质松软，可塑性一般较弱，除砂后可塑性较强，砂质含量≥50％

高岭土广泛的用途与其优良的理化性能是分不开的。质纯的高岭土具有白度高、质软易分散悬浮于水中，良好的可塑性和高的黏结性、优良的电绝缘性能以及良好的抗酸溶性、很低的阳离子交换容量、较高的耐火度等理化性能。高岭土的主要理化性能如下。

① 物理性能

a. 颜色　白色或近于白色，最高白度大于 95％。

b. 硬度　软质高岭土硬度一般为 1～2，硬质高岭土的有时达 3～4。

c. 可塑性　可塑性是指黏土粉碎后用适量的调和后捏成泥团，在外力作用下可以任意改变其形状而不发生裂纹，除去外力，仍能保持受力时的形状的性能。高岭土具有良好的成型、干燥和烧结性能。

d. 分散性　分散性是指黏土矿物分散于水中并呈悬浮状态的性质，或称为悬浮性、反絮凝性。高岭土在水中易分散、悬浮，能形成稳定性良好的悬浮液。

e. 电绝缘性　高岭土具有优良的电绝缘性能，200℃时电阻率大于 $10^{10}\Omega \cdot cm$，频率 50Hz 时击穿电压大于 25kV/mm，可用于电缆填料。

② 化学性能

a. 化学稳定性　高岭土具有良好的抗酸溶性。

b. 阳离子交换量（CEC） 黏土矿物的阳离子交换容量（CEC）是指在 pH 值为 7 的条件下，黏土矿物所能交换下来的阳离子总量，包括交换性盐基和交换性氢。单位为 mmol/100g，即每 100g 干样品所能交换下来多少毫摩尔阳离子。高岭土的阳离子交换量一般为 3～5mmol/100g。

c. 耐火度 高岭土的化学成分为 Al_2O_3 和 SiO_2，所以具有优良的耐火性能，耐火度为 1770～1790℃。

d. 高岭土的加热变化（热性质）如下。

在 110℃左右排出各种吸附水；110～400℃时排出层间水；温度继续升高后，在不同煅烧温度下的化学反应为

$$\underset{\text{高岭石}}{Al_2O_3 \cdot 2SiO_2 \cdot 2H_2O} \xrightarrow{450\sim750℃} \underset{\text{偏高岭石}}{Al_2O_3 \cdot 2SiO_2} + 2H_2O$$

$$\underset{\text{偏高岭石}}{2(Al_2O_3 \cdot 2SiO_2)} \xrightarrow{925\sim980℃} \underset{\text{硅铝尖晶石}}{2Al_2O_3 \cdot 3SiO_2} + SiO_2$$

$$\underset{\text{硅铝尖晶石}}{2Al_2O_3 \cdot 3SiO_2} \xrightarrow{1050℃} \underset{\text{似莫来石}}{2Al_2O_3 \cdot SiO_2} + 2SiO_2$$

从 450℃开始，高岭土中的羟基以蒸汽状态逸出，到 950℃左右完成脱羟（不同类型的高岭土完成脱羟的温度略有不同），这时高岭石转变为偏高岭石，即由水合硅酸铝变成由三氧化铝和二氧化硅组成的物质；煅烧温度 925℃左右，偏高岭石开始转变为无定形的硅铝尖晶石，至 980℃左右完成硅铝尖晶石的转变；一般在 1050℃左右，硅铝尖晶石向莫来石相转化。当煅烧温度达到 1100℃以后，煅烧产品的莫来石特征峰已明显增强，其物理化学性能已发生变化。煅烧温度升至 1500℃后，偏高岭石已经莫来石化，是一种烧结的耐火熟料或耐火材料。

表 2.33 为高岭石的主要高温热力学性质。

表 2.33 高岭石的主要高温热力学性质

温度/K	H_T-H_{298}/kJ	S_T	$-\frac{(G_T-H_{298})}{T}$	由元素生成化合物		
		/[J/(K·mol)]		$\Delta H^{\ominus}_{f,T}$ /(kJ/mol)	$\Delta G^{\ominus}_{f,T}$	$\lg K_T$
298.15	0.000	203.050	203.050	−4120.114	−3799.580	665.670
400	26.929	280.350	213.027	−4122.155	−3689.657	481.820
500	57.458	348.347	233.432	−4121.088	−3581.602	374.167
600	90.477	408.491	257.696	−4118.443	−3473.955	302.434
700	125.327	462.180	283.142	−4114.793	−3366.810	351.234
800	161.677	510.698	308.602	−4110.446	−3260.270	212.874
900	199.344	555.049	333.556	−4105.628	−3154.249	183.068
1000	238.217	595.995	357.778	−4121.496	−3047.253	159.172

高岭土通过加热煅烧脱除了结构或结晶水、碳质及其他挥发性物质，变成偏高岭石，商品名称为“煅烧高岭土”。煅烧高岭土具有白度高、容重小、比表面积和孔体积大、吸油性、遮盖性和耐磨性好，绝缘性和热稳定性高等特性，广泛应用于涂料、造纸、塑料、橡胶、化工、医药、环保、高级耐火材料等领域。因此煅烧加工已成为高岭土（岩）加工的专门技术。

2.4.5 膨润土

膨润土（bentonite）又称“斑脱岩”或“膨土岩”是以蒙脱石为主要矿物成分的黏土岩，常含有少量的伊利石、高岭石、沸石、长石、方解石等矿物。膨润土一般为白色、淡黄色，因含铁量变化又呈淡灰、淡绿、粉红、褐红、黑褐等色。具蜡状、土状或油脂光泽，贝壳状或锯

齿状断口，有松散土状，但致密坚硬块状居多。硬度2～2.5，密度2～2.7g/cm^3，性软有滑感，吸水膨胀。

膨润土的主要化学成分为SiO_2、Al_2O_3和H_2O，其次为FeO、Fe_2O_3、CaO、Na_2O、K_2O、TiO_2等。蒙脱石的理论结构式为：$(1/2Ca, Na)_x(H_2O)_4\{(Al_{2-x}Mg_x)[Si_4O_{10}](OH)_2\}$。

蒙脱石是化学成分复杂的一个大族矿物，国际黏土协会确定以smectite作为族名，即蒙皂石族，也称蒙脱石族。该族矿物包括二八面体和三八面体两个亚族。膨润土中所含的通常是二八面体亚族中的矿物。蒙脱石族矿物分类见表2.34。

表2.34 蒙脱石族矿物分类

$X_t/X_0$①	二八面体		三八面体	
	八面体阳离子	矿物种	八面体阳离子	矿物种
<1.0	Al^{3+} (Mg^{2+})	蒙脱石(montmorillonite)	Mg^{2+} $Mg^{2+}(Li^+)$ $Mg^{2+}(Li^+、Al^{3+})$ 单个或多个3d过渡金属离子	斯皂石(stevensite) 锂皂石(hectorite) 富锂皂石②(swinefordite) 缺陷的三八面体过渡金属蒙皂石(transition metal "defect" trioc smecties)
<1.0	Al^{3+} Fe^{3+} Cr^{3+} V^{3+}	贝得石(beidellite) 绿脱石(nontronite) 铬绿脱石(volchonskoite) 钒蒙皂石(vanadium smectite)	Mg^{2+} Fe^{2+} Zn^{2+} Co^{2+} Mn^{2+} 单个或多个过渡金属离子	皂石(saponite) 铁皂石(iron saponite) 锌皂石(sauconite) 钴皂石(cobalt smectite) 锰皂石(manganese smectite) 三八面体过渡金属蒙皂石(transition metal trioc-smectites)

① X_t为四面体电荷，X_0为八面体电荷。

② swinefordite的分类位置不清，暂放于此，并译为富锂皂石。

注：据Güven1988年资料。

蒙脱石是含少量碱金属和碱土金属的层状水铝硅酸盐矿物。蒙脱石的晶体结构是由两层硅氧四面片和一层夹于其间的铝（镁）氧（羟基）八面体片构成的2∶1型层状硅酸盐矿物（图2.42）。硅氧四面体中的Si^{4+}常被Al^{3+}置换，铝氧八面体中的Al^{3+}可被Mg^{2+}、Fe^{2+}等低价阳离子置换，使晶体层（结构层）间产生多余的负电荷（永久性负电荷）。为了保持电中性，晶层间吸附了大半径的阳离子如K^+、Na^+、Ca^{2+}、Mg^{2+}、Li^{2+}、H^+等，这些阳离子是以水化状态出现，并且是可相互交换的，使蒙脱石族矿物具有离子交换力等一系列特性。

晶格内的异价类质同象置换是蒙脱石最基本、最主要的构造特性，并使蒙脱石具有离子交换性能、膨胀性、吸水性、分散性、吸附性等一系列优良特性。

蒙脱石属单斜晶系，$a_0=0.5$nm，$b_0=0.906$nm，c_0变化较大，无水时为0.96nm。当层间阳离子为Ca^{2+}时，可含两层水分子，$c_0\approx1.55$nm，当层间阳离子为Na^+时，可含单层水分子，也可含两层或三层水分子，c_0可增加到1.8～1.9nm。当其吸附有机分子时，c_0可达到4.3nm。

蒙脱石晶层上下面皆为氧原子，各晶层之间以分子间力连接，连接力弱，水分子易进入晶层之间，引起晶格膨胀。更为重要的是由于晶格取代作用，蒙脱石带有较多的负电荷，能吸附等电量的阳离子。水化的阳离子进入晶层之间，使c轴方向的层间距增加。所以，蒙脱石或膨润土是膨胀型黏土矿物，这就显著增加了它的胶体活性。其晶层的所有表面，包括内表面和外表面都可以进行水化及阳离子交换，如图2.43所示，蒙脱石具有很大的比表面，可以大至800m^2/g。

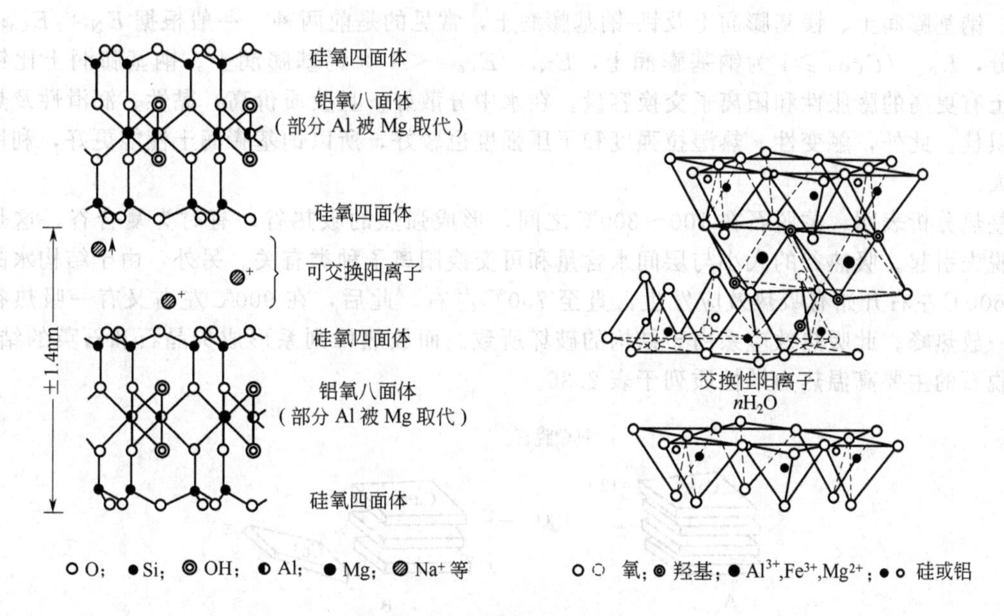

图 2.42 蒙脱石的晶体结构

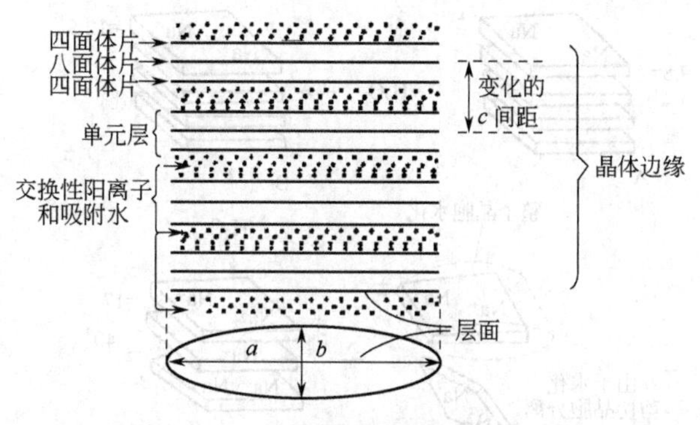

图 2.43 三层型膨胀型黏土晶格示意

蒙脱石的膨胀和水化程度在很大程度上取决于交换阳离子的种类。以钠离子为主的蒙脱石或膨润土（钠蒙脱石），其膨胀压很大，晶体可以分散成细小的颗粒，甚至可以变为单个的单元晶层。表 2.35 所列为用超离心机和近代光学仪器研究得出的钠蒙脱石的粒度分布。

表 2.35 在水悬浮液中钠蒙脱石的粒度大小和粒度分布

粒级	质量分数/%	等效球形半径/μm	最大宽度/μm		厚度/Å	单个颗粒的平均晶层数
			电子光学双折射测定	电子显微镜测定		
1	27.3	>0.14	2.5	1.4	146	7.7
2	15.4	0.14～0.08	2.1	1.1	88	4.6
3	17.0	0.08～0.04	0.76	0.68	28	1.5
4	17.9	0.04～0.023	0.51	0.32	22	1.1
5	22.4	0.023～0.007	0.49	0.28	18	1.0

钙蒙脱石水化后其晶层间距最大仅为 17×10^{-1} nm，而钠蒙脱石水化后其晶层间距可达 17×10^{-1}～40×10^{-1} nm（图 2.44）。所以为了提高膨润土的水化性能，要将钙膨润土改型为钠膨润土。

根据膨润土所含的可交换的阳离子的种类、含量和结晶化学性质等，将膨润土分为钙基膨润土、钠基膨润土、镁基膨润土及钙-钠基膨润土，常见的是前两种。一般根据 $E_{Na^+}/E_{Ca^{2+}}$ 进行划分，$E_{Na^+}/E_{Ca^{2+}} \geqslant 1$ 为钠基膨润土，$E_{Na^+}/E_{Ca^{2+}} < 1$ 为钙基膨润土。钠基膨润土比钙基膨润土有更高的膨胀性和阳离子交换容量。在水中分散好，且胶质价高，黏性、润滑性及热稳定性俱佳。此外，触变性、热湿拉强度和干压强度也较好，所以钠基膨润土性能更好，利用价值更大。

差热分析表明，蒙脱石在100～300℃之间，形成强烈的吸热谷，有时为复合谷，这是层间水脱失引起。吸热谷的大小与层间水含量和可交换阳离子种类有关。另外，由于结构水的逸出从600℃左右开始有吸热效应发生，直至700℃左右。此后，在900℃左右又有一吸热谷并紧接一放热峰。此吸热效应系由于结构的破坏所致。而放热峰则系形成尖晶石和石英的结果。钠蒙脱石的主要高温热力学性质列于表2.36。

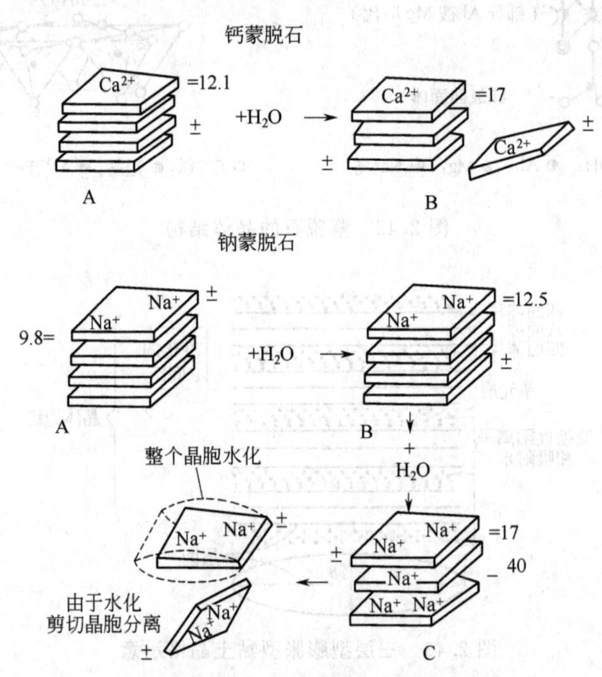

图2.44　钠膨润土与钙膨润土的水化区别示意

表2.36　钠蒙脱石的主要高温热力学性质

温度/K	H_T-H_{298}/kJ	S_T/[J/(K·mol)]	$-\frac{(G_T-H_{298})}{T}$/[J/(K·mol)]	由元素生成化合物 $\Delta H^{\ominus}_{f,T}$/(kJ/mol)	由元素生成化合物 $\Delta G^{\ominus}_{f,T}$/(kJ/mol)	$\lg K_T$
298.15	0.000	262.755	262.755	−5718.691	−5345.086	936.594
400	34.242	361.156	275.550	−5721.324	−5218.246	681.433
500	72.101	445.500	301.297	−5720.300	−5092.532	532.013
600	112.769	519.579	331.630	−5717.717	−4967.237	432.436
700	155.657	585.650	363.283	−5714.025	−4842.432	361.346
800	200.471	645.463	394.875	−5709.453	−4718.241	308.069
900	247.046	700.302	425.806	−5704.193	−4594.604	266.664
1000	295.286	751.113	455.826	−5722.837	−4469.757	233.476

膨润土具有一系列的工艺特性：具有吸湿性或很好的水化性，吸水膨胀，遇水钙基膨润土膨胀为自身体积的3倍左右，钠基膨润土膨胀为自身体积15倍左右，能吸收5倍以上自身质量的水；具有分散悬浮性，在水介质中能分散呈胶体悬浮液，因此具有将黏性小的材料变浓稠

的性能；有一定的黏滞性、触变性和润滑性，与水、泥或砂等细的碎屑物质的掺和物有可塑性和黏结性，即具有将其他物质黏结起来的性能；有较强的阳离子交换能力，对各种气体、液体、有机物有一定的吸附能力，并有吸附有色物质的能力。膨润土的主要物化特性如下。

① 阳离子交换容量（CEC） 膨润土具有吸附某些阳离子和阴离子并将这些离子保持交换状态的性能，这些离子能够进入蒙脱石晶体的层间，使其形成膨润土矿物无机盐复合体和膨润土矿物有机复合体。可交换的阳离子总量包括层间的阳离子（K^+、Na^+、Ca^{2+}、Mg^{2+}）和晶体边缘断键，两者的总和即为阳离子交换容量。交换过程是蒙脱石层间阳离子与溶液中阳离子等物质的交换，即含有层间阳离子（A^+）的蒙脱石（AC）与含有离子（B^+）的溶液（BD）相接触时，蒙脱石（AC）中的层间阳离子（A^+）被溶液（BD）中的离子（B^+）以等物质的量交换。

蒙脱石的离子交换主要是阳离子交换，天然蒙脱石在 pH 值为 7 的水介质中的阳离子交换量（CEC）为 0.7～1.4mmol/g（相当于每个晶胞带 0.5～1 个静电荷）。此外，蒙脱石晶体端面所吸附的离子也具有可交换性并随颗粒变细而增大，但在总交换容量中所占的比例极小。影响蒙脱石交换量大小的主要因素是蒙脱石的浓度、结合能、介质 pH 值、粒度、温度及可交换离子的种类等。

蒙脱石浓度大，交换量高；结合能低、电离率高的蒙脱石交换量高；碱性介质中的交换量比酸性介质中的要高，这主要与蒙脱石端面电荷和蒙脱石的溶解状态有关；Al^{3+}、Fe_2O_3、呈水化状态的 FeO 和硫化物占据交换位置时可造成阳离子交换能力的降低；样品研磨颗粒变细，端面断键增多，阳离子交换容量稍有增加，但长时间的研磨容易导致晶格破坏，使交换量减少，甚至消失，成为无定形凝胶状物质；适当的升温可以加大扩散系数，加快交换作用，但温度过高，蒙脱石的溶解度增加，交换量反而会降低，因此，工业上蒙脱石的阳离子交换通常在常温和稍高一点的温度下进行。几种常见阳离子在浓度相同条件下交换能力的顺序是：$Li^+ < Na^+ < K^+ < NH_4^+ < Mg^{2+} < Ca^{2+} < Ba^{2+}$。其中 Mg^{2+} 和 Ca^{2+} 的交换能力差别不大，H^+ 的位置在 K^+、NH_4^+ 的前面。阳离子在蒙脱石交换位置上的饱和度也影响其可交换性。钙在饱和度越低的状态下越难被取代，而 Na^+ 则相反。饱和度对 Mg^{2+} 和 K^+ 的交换性影响不大。蒙脱石受热到一定程度后，不仅交换量降低，而且阳离子的性能也会改变，在常温下 Li^+ 是比 Na^+ 更容易被交换的离子，但当加热到 125℃时，Li^+ 将进入氧原子网格的空穴，变为不可交换的离子，而温度对 Na^+ 的交换性能影响却很小。在 100℃温度下长期加热，蒙脱石的 K^+、Ca^{2+}、H^+ 的可交换量相对减少，而 Na^+、Mg^{2+} 却相对增加。

阳离子交换容量的主要测定方法有醋酸铵法、氯化铵-醋酸钠法、氯化铵-无水乙醇法、氯化铵-氢氧化铵法等。其中醋酸铵法适用于中性、酸性黏土矿物阳离子交换量的测定；氯化铵-无水乙醇法、氯化铵-氢氧化铵法适用于中性、碱性黏土矿物阳离子交换量的测定，因为无水乙醇溶液能抑制氯化铵溶液对硫酸钠、石膏、碳酸钙等化合物的溶解，可以更准确地测出蒙脱石的阳离子交换容量。交换总量是根据蒙脱石中可交换性阳离子被取代液中铵离子置换前后氯化铵含量之差计算得到的。

② 吸蓝量 蒙脱石或膨润土在水溶液中吸附亚甲基蓝（submethyl-blue）的能力称为吸蓝量，即每克试料（膨润土）吸附亚甲基蓝的物质的量，单位为 mol/g。亚甲基蓝在水溶液中呈一价有机阳离子，可与蒙脱石层间阳离子进行交换。

膨润土中蒙脱石含量越高，吸蓝量就越大，因此吸蓝量可以作为评价膨润土中蒙脱石含量的主要指标。

③ 胶质价与膨胀倍 胶质价与膨胀倍是表征黏土矿物水化特征的参数。由于黏土矿物具有很强的亲水性，其许多特性，如分散、膨胀、触变、可塑等性能都是在水介质中特有的。而蒙脱石是水化性能最强的黏土矿物之一。膨润土与水按比例混合后，加一定量氧化镁，使其凝

聚形成胶体的体积称为胶质价（colloide valency），单位为 cm^3/g；而膨润土与水混合后再与盐酸溶液混匀、膨胀后所占的体积，为膨胀倍膨胀容量（dilatation capacity），单位为 mL/g。

④ 湿态抗压强度　膨润土与标准砂和水按比例混碾后，形成黏土膜将砂粒包裹，砂粒彼此间被黏土膜所黏结而具有强度，将其制成标准试件后用强度试验机测得的湿态抗压强度。

2.4.6 绿泥石

绿泥石（chlorite）为绿泥石族矿物的总称，是结构上类似于云母的 2∶1 型含水层状硅酸盐。绿泥石的化学成分十分复杂，存在广泛的类质同象置换现象。由于铁的存在，使这类矿物呈现深浅不同的颜色，从而得名绿泥石。其主要成分为 SiO_2、MgO、Al_2O_3、FeO 和 Fe_2O_3 含量因绿泥石变种的不同而差异较大。其一般的化学结构式可表示为：

$$[(Mg,Fe^{2+})_{6-n}(Al,Fe^{3+})_n][Al_nSi_{4-n}]O_{10}(OH)_8$$

式中，$n=0.6\sim2$ 或 $0.8<n<1.6$。

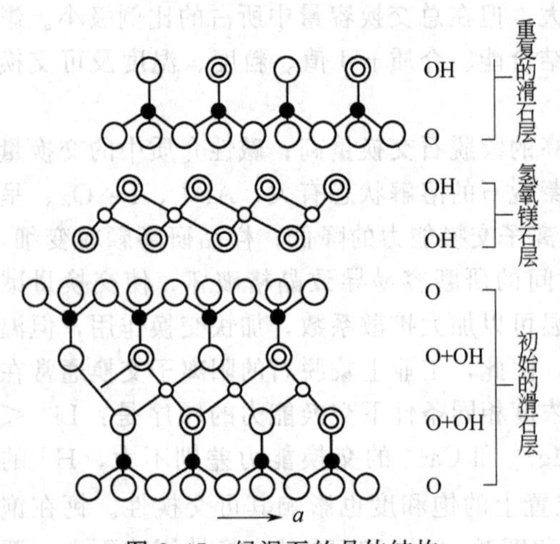

图 2.45　绿泥石的晶体结构

○ O；◎ OH；○ 八面体阳离子；● 四面体阳离子

绿泥石的晶体结构是由滑石层和氢氧镁石层作为基本结构层交替排列而成的三层结构（图 2.45）。滑石层中的二层［SiO_4］四面体层的活性氧相对排列，并彼此沿 a 轴错动 $a/3$ 距离，中间所形成的八面体空隙层为阳离子 Mg、Fe、Al 所充填。［SiO_4］四面体层并不形成规则的正六方网，因为［SiO_4］基底的氧朝向相邻氢氧镁石层中最近的 OH 转动一个角度（平均 5°～6°），而距滑石层和氢氧镁石层中的阳离子较远，因而使六方网层成为复三方网层，使绿泥石的对称降低为单斜或三斜。

在绿泥石的晶体结构中，氢氧镁石中的 Mg^{2+} 被 Al^{3+} 取代时，为了使电荷平衡，应有相同数目的 Al^{3+} 取代滑石层中的 Si^{4+}。按这种取代关系的程度不同，有表 2.37 所列的几种组成的绿泥石。

表 2.37　绿泥石种类与组成

种类	分子式	结构式	化学组成/%			
			MgO	SiO_2	Al_2O_3	H_2O
正绿泥石	$11MgO\cdot Al_2O_3\cdot 7SiO_2\cdot 8H_2O$	$(OH)_{16}Mg_{11}Al(AlSi_7O_{20})$	39.94	37.90	9.18	12.97
淡斜绿泥石	$10MgO\cdot 2Al_2O_3\cdot 6SiO_2\cdot 8H_2O$	$(OH)_{16}Mg_{10}Al_2(Al_2Si_6O_{20})$	36.26	32.45	18.34	12.96
鲕绿泥石	$9MgO\cdot 3Al_2O_3\cdot 5SiO_2\cdot 8H_2O$	$(OH)_{16}Mg_9Al_3(Al_3Si_5O_{20})$	32.43	27.00	27.47	12.94
镁绿泥石	$8MgO\cdot 4Al_2O_3\cdot 4SiO_2\cdot 8H_2O$	$(OH)_{16}Mg_8Al_4(Al_4Si_4O_{20})$	28.83	21.60	36.63	12.94

绿泥石 DTA 曲线上有两个吸热谷（622.9℃，838.0℃），一个放热峰（867.6℃）。两个吸热谷表明绿泥石脱水是分两个阶段进行的。这与其结构相一致，即 622.9℃的吸热谷是结构中的氢氧镁石层脱水而致，838.0℃的吸热谷对应于脱除结构中滑石层中的水。867.6℃的放热峰则为绿泥石分解后转变为镁橄榄石、顽火辉石和刚玉灯芯相而造成的。绿泥石加热过程的相变化表示如下。

$$\underset{\text{(氢氧镁石层)}}{Mg_2Al(OH)_6}\cdot\underset{\text{(滑石层)}}{Mg_3(Si_3Al)O_{10}(OH)_2}\xrightarrow{500\sim700℃}Mg_2AlO_3\cdot Mg_3(Si_3Al)O_{10}(OH)_2+3H_2O$$

$$Mg_2AlO_3\cdot Mg_3(Si_3Al)O_{10}(OH)_2\xrightarrow{700\sim900℃}Mg_2AlO_3\cdot Mg_3(Si_3Al)O_{11}\text{(具有滑石结构)}+H_2O$$

$$Mg_2AlO_3 \cdot Mg_3(Si_3Al)O_{11} \xrightarrow{900\sim1050^\circ C} \underset{(镁橄榄石)}{2(2MgO \cdot SiO_2)} + \underset{(顽火辉石)}{MgO \cdot SiO_2} + \underset{(刚玉)}{Al_2O_3}$$

表 2.38 所列为绿泥石的高温热力学性质。

表 2.38 绿泥石的高温热力学性质

温度 /K	H_T-H_{298} /kJ	S_T /[J/(K·mol)]	$-\frac{(G_T-H_{298})}{T}$ /[J/(K·mol)]	由元素生成化合物 $\Delta H^{\ominus}_{f,T}$ /(kJ/mol)	由元素生成化合物 $\Delta G^{\ominus}_{f,T}$ /(kJ/mol)	$\lg K_T$
298.15	0.000	482.834	482.834	−8901.460	−8257.065	1446.602
400	59.999	655.735	505.738	−8905.129	−8036.385	1049.444
500	121.847	793.624	549.930	−8908.008	−7818.871	816.831
600	186.607	911.614	600.603	−8910.020	−7600.784	661.706
700	254.279	1015.874	652.618	−8911.062	−7382.465	550.886
800	324.863	1110.082	704.004	−8911.054	−7164.201	467.774
900	398.359	1196.615	753.994	−8909.095	−6945.725	403.119
1000	474.767	1277.092	802.325	−8973.567	−6722.377	351.141

2.4.7 纤蛇纹石石棉

蛇纹石的理想结构属三八面体型的与高岭石相似的 1∶1 型结构层，由一个硅氧四面体层或称鳞石英层和一个水镁石层构成，其主要差别在于八面体层为“氢氧镁石”层，其中全部八面体空隙为 Mg 所充填，但常出现偏离简单结构形式的情况，导致结构和形态上的差异。结构单元层之间相互叠置时，也可产生层状矿物中常出现的各种有序和无序的堆垛，形成蛇纹石的多型。

纤蛇纹石的晶体结构比较特殊，它是由蛇纹石层卷曲成的圆柱结构。蛇纹石层结构的理想情况是：八面体层中的八面体空隙全部被镁原子充填，蛇纹石层是由五层原子构成的，矩形基元中包含的原子数目按五个原子层的顺序分别是：6(O)—4Si—4(O)$_2$(OH)—6Mg—6(OH)。蛇纹石层卷曲形成圆柱状结构，四面体层在卷曲的蛇纹石层的内侧，八面体层在外侧。这种圆柱结构就是纤蛇纹石的结构，也就是纤蛇纹石形成石棉的内在因素。

在纤蛇纹石中蛇纹石层的卷曲可以导致同心圆状的圆柱结构，也可以导致卷状的圆柱结构（图 2.46）。卷曲的圆柱结构可以由一个蛇纹石层卷曲而构成，也可以由两个、三个或更多的蛇纹石层卷曲而成。细软纤维丝状纤蛇纹石石棉的纤维管内径一般为 2～20nm，外径约为 100～500nm。

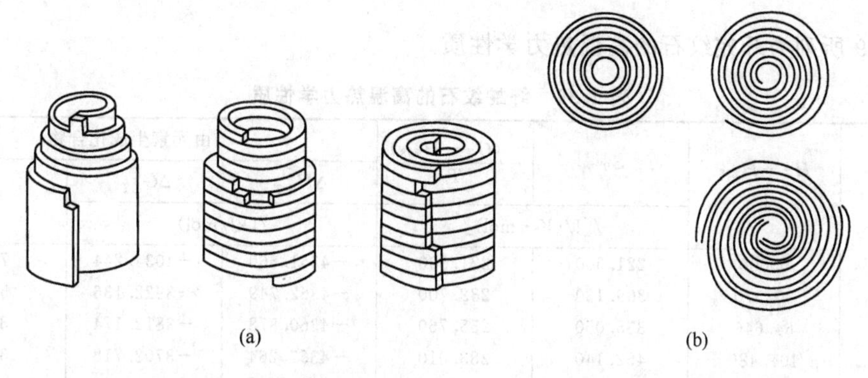

图 2.46 纤蛇纹石层同心圆状和卷状（a）的圆柱结构及横切面（b）

纤蛇纹石石棉的理想化学成分是 $Mg_3Si_2O_5(OH)_4$ 或 $2SiO_2 \cdot 3MgO \cdot 2H_2O$，主要成分

含量为（%）：SiO_2 43.36；MgO 43.64；H_2O 13.00。但天然产出的纤蛇纹石石棉总是偏离其理想化学成分而含有杂质。

纤蛇纹石石棉的次要元素有铁、铝、钛、钙、钠、钾和氟等。铁的含量由很少到较多，其氧化物含量可达百分之几。Fe^{2+} 可以代替 Mg，Fe^{3+} 可以代替 Mg，也可以代替 Si。铝的含量不多，Al_2O_3 的含量一般小于1%，Al在结构中的位置可以代替 Mg，也可以代替 Si。钛含量一般很少。钙、钠、钾的含量也很少，它们在结构中的位置也不清楚。氟的含量除个别情况较多，一般都很少。

纤蛇纹石的硬度 2～3.5；密度 2.2～3.6g/cm³。

纤蛇纹石石棉又称温石棉，具有以下特性。

① 可劈分性。即使是经选矿松解开棉后的石棉纤维，仍由纤维束组成，可继续劈分成细而具有弹性的纤维。

② 耐热性很好，且不燃、熔点接近 1500℃，但当温度升高时，结构水不断析出，纤维性能将受影响。

在 70～110℃排出吸着水，失重 1.2%～1.8%，不影响其物理化学性能，在空气中可重新恢复吸着水。在 368℃吸附水全部析出，500℃前结构仅脱水 1%～2%，晶体结构不变，加热停止，吸附水可因空气中水分而恢复。在 600～700℃可脱除羟基水（H_2O^+），此时矿物结构破坏，到 810～820℃有尖锐放热峰，结晶全部破坏。图 2.47 所示为青海芒崖纤蛇纹石石棉的热失重和差热曲线。

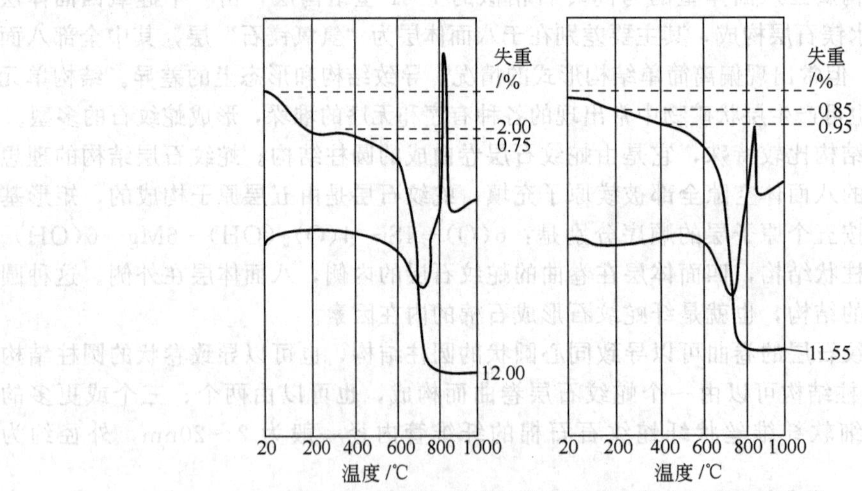

图 2.47 青海芒崖纤蛇纹石石棉的热失重和差热曲线

表 2.39 所列为纤蛇纹石的高温热力学性质。

表 2.39 纤蛇纹石的高温热力学性质

温度/K	H_T-H_{298} /kJ	S_T	$-\frac{(G_T-H_{298})}{T}$	由元素生成化合物 $\Delta H^{\ominus}_{f,T}$	由元素生成化合物 $\Delta G^{\ominus}_{f,T}$	$\lg K_T$
		/[J/(K·mol)]	/[J/(K·mol)]	/(kJ/mol)	/(kJ/mol)	
298.15	0.000	221.300	221.300	−4361.660	−4034.244	706.782
400	30.570	309.130	232.700	−4362.749	−3922.136	512.178
500	64.646	385.050	255.760	−4360.878	−3812.174	398.225
600	101.480	452.140	283.010	−4357.264	−3702.718	322.350
700	140.191	511.780	311.510	−4352.730	−3593.968	268.125
800	180.156	565.130	339.930	−4347.834	−3485.960	227.610
900	220.922	613.140	367.670	−4342.964	−3378.429	196.079

③ 绝缘性。石棉是良好的绝热材料，在常温下其热导率为 0.121～0.242W/(m·K)，未松解块棉热导率具各向异性，顺纤维方向比横向约大 1.5 倍。

④ 耐碱不耐酸，主要是由于 MgO 遇酸溶解，剩下四面体骨架，丧失其连接力，使纤维碎散成粉末。

⑤ 石棉纤维抗拉强度较高，纤蛇纹石石棉为 570～1800MPa，并且有较高弹性模量，是优良的纤维增强材料。石棉纤维的抗拉强度随着加热温度的变化而变化。实验表明，在 400℃以下，纤蛇纹石石棉的抗拉强度无明显下降，而在加热到 400℃以上时，它的抗拉强度明显下降。但是，纤蛇纹石石棉的抗拉强度不是在室温（25～30℃），而是在加热到 200℃左右测定的。

⑥ 温石棉在水溶液中形成双电层，其表面带正电荷；而蓝石棉则常带负电荷。

⑦ 温石棉导电性很低，属电绝缘材料。其电绝缘性好坏取决于石棉纤维中磁铁矿杂质多少和氧化铁的含量与存在形式。

2.4.8 蛭石

蛭石（vermiculite）是一种层状结构的含镁的水铝硅酸盐次生变质矿物，外形似云母，通常由黑（金）云母经热液蚀变作用或风化而成。因其受热失水膨胀时呈挠曲状，形态酷似水蛭，故称蛭石。

蛭石属成分结构复杂的含水铝硅酸盐矿物，由于其变化不定，用单一的化学式表达很困难。一般来说，蛭石的化学式为 $(Mg,Ca)_{0.7}(Mg,Fe^{3+},Al)_{6.0}[(Al,Si)_{8.0}](OH_4 \cdot 8H_2O)$。通常含 SiO_2 37%～42%，Al_2O_3 9%～17%，Fe_2O_3 5%～18%，MgO 11%～23%，H_2O 5%～11%；Ca、Na、K 含量不定。但因水化程度不同，氧化作用不一样，即使同为蛭石，其化学成分也不相同。

蛭石的晶体结构与滑石相似，不同的是有四次配位的 Si 被 Al 代替，结构单元层间由 Mg 来平衡电荷（也可被 Ca、Na、K、Rb、Cs、Ba、Li、H_3O 所代替），也有部分电荷由八面体层中三价阳离子代替 Mg 来中和。层间水量可达两层水分子的水量，其间为交换性阳离子所连接，每个水分子以氢键与单元层表面的一个氧连接，同一个水分子层内以弱的氢键连接。蛭石的这种结构使其具有灼热时体积膨胀并弯曲的特性。

蛭石呈鳞片状和片状或单斜晶系的假晶体，鳞片重叠，在 0.54cm 厚度内可叠 100 万片；颜色显金黄、褐（珍珠光泽）、褐绿（油脂光泽）、暗绿（无光泽）、黑色（表面暗淡）及杂色（多种光泽）；密度 2.2～2.8g/cm³，硬度 1～1.5，松散密度 1.1～1.2g/cm³，熔点 1320～1350℃，抗压强度 100～150MPa。

蛭石在 800～1000℃下焙烧 0.5～1min，体积可迅速增大 8～15 倍，最高达 30 倍。颜色变为金黄或银白色，生成一种质地疏松的膨胀蛭石。膨胀蛭石具有耐热保温、保冷防冻和隔声的良好性能，容量为 80～200kg/m³，热导率 0.047～0.081W/(m·K)，耐火度 1300～1350℃，声音频率 512Hz 时的吸声系数为 0.53～0.63，在相对湿度 95%～100%的环境下，经 24h 吸湿率为 1.1%，在水中浸泡 1h，其质量吸水率为 265%，体积吸水率为 40.6%。熔点为 1370～1400℃，无味、无毒，不腐烂变质，抗菌，但不耐酸，介电特性也较差。

2.4.9 伊利石

伊利石（illite）是一种层状硅酸盐云母类黏土矿物，又称之为水白云母，含有结构水和多量的吸附水，化学式为 $KAl_2[(Al,Si)Si_3O_{10}(OH)_2 \cdot nH_2O]$。

伊利石的晶体结构与蒙脱石类似（图 2.48），主要区别在于晶格取代作用多发生在四面体中，铝原子取代四面体的硅。晶格取代作用也可以发生在八面体中，典型的是 Mg^{2+} 和 Fe^{2+}

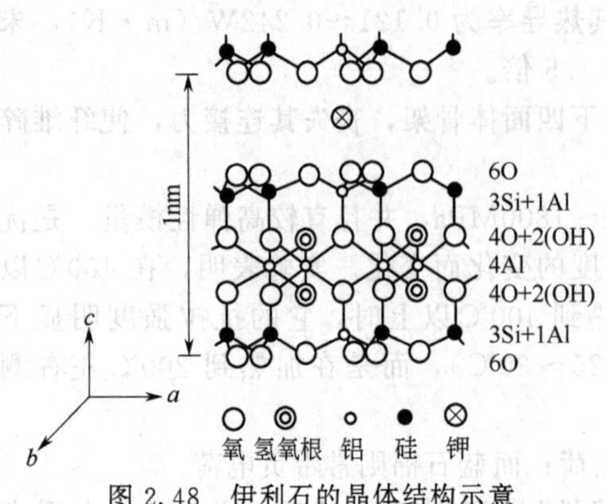

图 2.48 伊利石的晶体结构示意

取代 Al^{3+}，其晶胞平均负电荷比蒙脱石高。蒙脱石晶胞的平均负电荷为 0.25～0.6，而伊利石的平均负电荷为 0.6～1.0，产生的负电荷主要由 K^+ 来平衡。

伊利石的晶格不易膨胀，水不易进入晶层之间，这是因为伊利石的负电荷主要产生在四面体晶片中，离晶层表面近，K^+ 与晶层的负电荷之间的静电引力比氢键强，水也不容易进入晶层间。另外，K^+ 的大小刚好嵌入相邻晶层间的氧原子网络形成的空穴中，起到连接作用，周围有 12 个氧与其配位。因此，K^+ 通常连接非常牢固，是不能交换的。然而在其颗粒的外表面上却能发生离子交换。因此，其水化作用仅限于外表面。水化膨胀时，其体积增加的程度比膨润土小得多。伊利石与高岭石及蒙脱石的晶体结构和主要物理化学性质的比较见表 2.40。

表 2.40 伊利石与高岭石及蒙脱石的晶体结构和主要物理化学性质的比较

矿物名称	晶型	晶层间距/Å	层间引力	阳离子交换容量/(mmol/g)
高岭石	1∶1	7.2	氢键力,引力强	0.03～0.15
蒙脱石	2∶1	9.6～40.0	分子间力,引力强	0.7～1.3
伊利石	2∶1	10.0	引力较强	0.2～0.4

伊利石多呈鳞片状块体，颜色为白色、灰白色、浅灰石、浅黄绿色；新鲜（矿石）硬度 1，采出后多变为 1.5～2；油脂光泽，微半透明，贝壳状断口，密度为 2.6～2.9g/cm³，不具膨胀性及可塑性，耐热程度不高。在 500～700℃失去化合水，750℃全脱水，伊利石晶体结构遭破坏。

2.5 链状结构硅酸盐矿物

2.5.1 硅灰石

硅灰石（wollastonite）是一种钙的偏硅酸盐矿物，化学分子式为 $CaSiO_3$，理论化学成分为 CaO 48.3%、SiO_2 51.7%。其中的 Ca 常被 Fe、Mg、Mn、Ti、Sr 离子置换，形成类质同象体，故自然界纯净的硅灰石较罕见。硅灰石有三种同质多象变体：两种低温变体，即三斜晶系硅灰石和单斜晶系副硅灰石；一种高温变体，通称假硅灰石。自然界常见的硅灰石主要是三斜的链状结构的 TC 型硅灰石，其晶体结构见图 2.49。

在 TC 型硅灰石结构中，钙以六次配位与氧形成八面体，这些钙八面体共边形链，三个钙氧八面体链又形成带。同样，硅以四次配位与氧形成硅氧四面体，硅氧四面体共顶角形成链。这些链结构以每单位晶胞三个硅氧四面体为基础重复而成。这种重复的单元可以看成是两个对等连接的硅氧四面体基团（Si_2O_7）与一个硅氧四面体（其中一边与链方向平行）组成。两个这样的硅氧链也形成一个带。硅氧带中的硅氧四面体与钙氧带中的钙氧八面体的棱相连，或与钙氧八面体的氧相连。钙氧八面体带盒硅氧四面体带的延长方向都平行 b 轴。相邻的钙氧八面体带盒硅氧四面体带沿 b 轴方向错动 $b/4$ 大小，沿 c 轴方向错动 $0.11c$ 大小，这样便产生了具有三斜对称 TC 型（即 1T 型）的硅灰石结构。该结构沿 b 轴的投影是交互排列的钙氧八面体层和硅氧四面体层。

如果错动石按照一个三斜晶胞的间距规律地发生，错动面平行（100），错动位移为 $b/2$ 时，可以使结构的对称性由三斜对称提高到单斜对称，形成单斜 ZM 型的副硅灰石。

在环状的假硅灰石结构中（图 2.50），钙氧八面体共边排列，形成假六方排列的层。每三个硅氧四面体形成三元环，这样环与层中钙氧八面体共顶角。这样一层钙氧八面体层和一层未充满的硅氧四面体层轮番叠置就形成了具有三斜对称的假硅灰石结构。不过，该结构具有垂直三个结晶轴的假对称性。

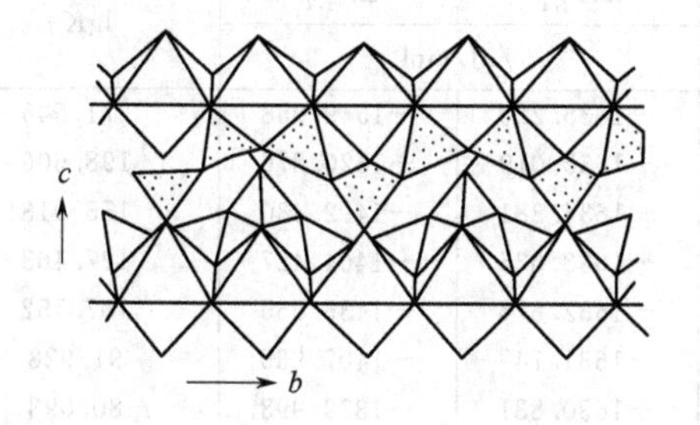

图 2.49 TC 型硅灰石晶体结构示意

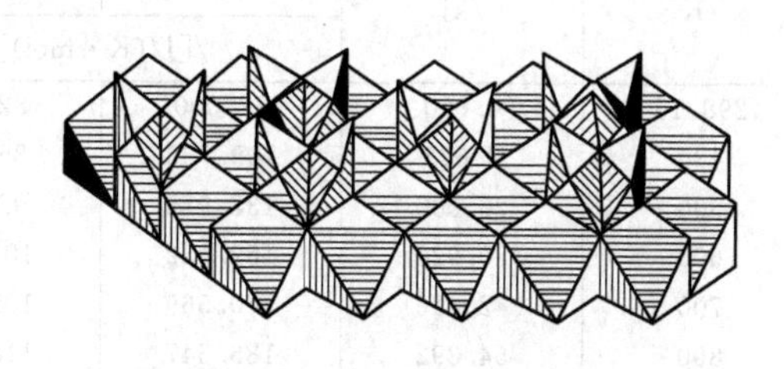

图 2.50 假硅灰石的环状结构示意

三斜的 TC 型硅灰石和单斜的 ZM 型副硅灰石属于低温型硅灰石，环状的假硅灰石则是高温型硅灰石。由硅灰石和假硅灰石的热力学生成自由能（ΔG_r）数据，计算 TC 型硅灰石转变为假硅灰石的相变反应的反应自由能并绘出 ΔG_r-T 曲线（图 2.51）。由图可以看出，曲线与温度轴的交点为 1110℃左右，当 $T>1110$℃时，$\Delta G_r<0$。这样，根据热力学的基本原理，如果温度超过 1110℃，就具备了从低温硅灰石相变为假硅灰石的热力学条件。如果温度低于 1110℃，则高、低温硅灰石的热相变就不可能发生。

研究表明，低温型硅灰石相变为高温型硅灰石是逐步过渡的，而不是像石英、方石英等矿物相变那样瞬即完成。这是因为硅灰石的相变是链状硅酸盐向环状硅酸盐转变，需要发生结构的重新组合。而石英、方石英等矿物的相变只需结构发生稍许转动、位移或改变键角即可。此外，硅灰石高、低温型的相变不经过无定形阶段或玻璃相阶段，即不通过原来结构完全破坏的阶段。

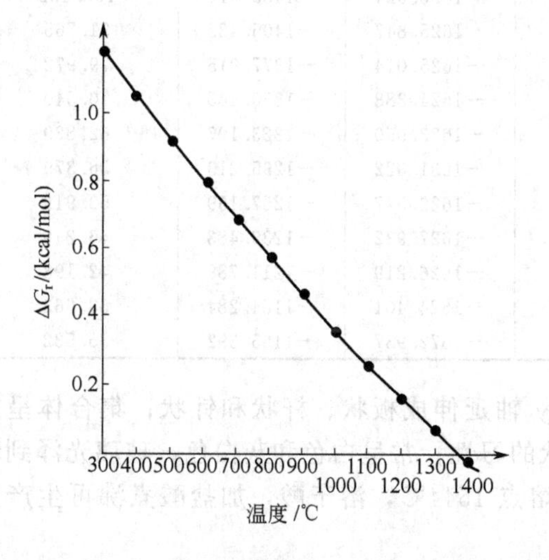

图 2.51 硅灰石高低温相变反应的自由能曲线

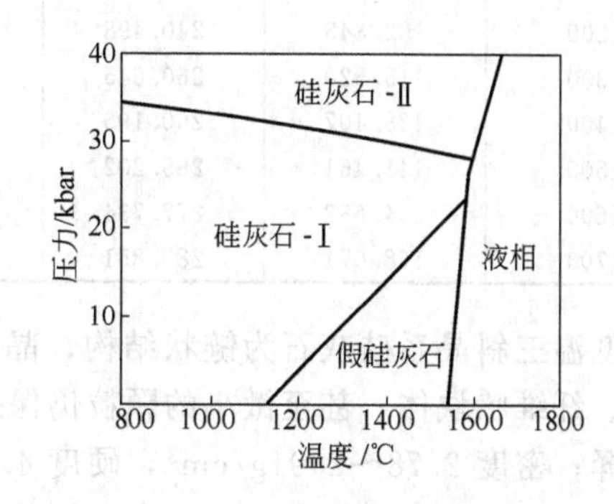

图 2.52 硅灰石在不同温度、压力下的相变

除了温度外，硅灰石高、低温型的相变过程还与加热时间、成分及压力等有关。研究表明，固溶少量透辉石的硅灰石的转变温度将明显提高，甚至可以提高到 1350℃以上；同时，如果压力增高，相转变的温度也将提高。当压力达到 23kbar 时，相转变温度提高到 1588℃；

如果压力继续增加到30kbar以上，硅灰石将变为硅灰石Ⅱ型。硅灰石Ⅱ型具有类似假硅灰石的结构，不过它比硅灰石致密5%。硅灰石在不同温度、压力下的相变关系见图2.52。

硅灰石和假硅灰石的高温热力学性质分别列于表2.41和表2.42。

表2.41 硅灰石的主要高温热力学性质

温度/K	H_T-H_{298}/kJ	S_T	$-\frac{(G_T-H_{298})}{T}$	由元素生成化合物 $\Delta H^{\ominus}_{f,T}$	由元素生成化合物 $\Delta G^{\ominus}_{f,T}$	$\lg K_T$
		/[J/(K·mol)]		/kJ/mol		
298.15	0.000	82.000	82.000	−1635.220	−1549.958	271.546
400	9.623	109.766	85.708	−1635.019	−1520.876	198.606
500	20.000	132.922	92.922	−1634.381	−1492.430	155.913
600	30.920	152.832	101.299	−1633.626	−1464.427	127.463
700	42.426	170.569	109.960	−1632.676	−1435.955	107.152
800	54.392	186.547	118.557	−1631.747	−1407.935	91.928
900	66.484	200.789	126.918	−1630.831	−1379.998	80.093
1000	78.701	213.661	134.960	−1630.205	−1352.116	70.627
1100	91.086	225.465	142.660	−1629.776	−1324.363	62.888
1200	103.763	236.496	150.037	−1636.672	−1296.060	56.416
1300	116.650	246.811	157.080	−1634.988	−1267.713	50.937
1400	129.704	256.485	163.839	−1633.205	−1239.565	46.248

表2.42 假硅灰石的主要高温热力学性质

温度/K	H_T-H_{298}/kJ	S_T	$-\frac{(G_T-H_{298})}{T}$	由元素生成化合物 $\Delta H^{\ominus}_{f,T}$	由元素生成化合物 $\Delta G^{\ominus}_{f,T}$	$\lg K_T$
		/[J/(K·mol)]		/(kJ/mol)		
298.15	0.000	87.446	87.446	−1628.650	−1545.012	270.680
400	9.581	115.091	91.137	−1628.497	−1515.477	197.901
500	19.707	137.685	98.271	−1628.104	−1488.533	155.506
600	30.669	157.671	106.556	−1627.307	−1460.710	127.166
700	42.007	175.149	115.139	−1626.524	−1433.010	106.932
800	53.723	190.793	123.640	−1625.847	−1405.432	91.765
900	65.731	204.936	131.902	−1625.014	−1377.915	79.972
1000	77.948	217.809	139.861	−1624.388	−1350.445	70.540
1100	90.333	229.612	147.492	−1623.960	−1323.107	62.829
1200	102.843	240.498	154.795	−1631.022	−1295.213	56.379
1300	115.520	260.645	161.785	−1629.547	−1267.159	50.919
1400	128.407	260.195	168.476	−1627.932	−1239.483	46.246
1500	141.461	269.202	174.894	−1626.219	−1211.789	42.198
1600	154.682	277.734	181.058	−1624.401	−1184.284	38.663
1700	168.071	285.851	186.986	−1672.937	−1165.392	35.532

低温三斜晶系硅灰石为链状结构，晶体常沿 y 轴延伸成板状、杆状和针状；集合体呈放射状、纤维状块体，甚至微小的颗粒仍保持纤维状的习性；常呈白色和灰白色，玻璃光泽到珍珠光泽；密度2.78～2.91g/cm^3，硬度4.5～5，熔点1544℃，溶于酸，加盐酸煮沸可生产絮状硅胶，热膨胀小，烧失量低，有良好的助熔性。

在高温下硅灰石是化学上比较活泼的矿物，它可以与很多矿物发生固相反应，其中涉及硅灰石在陶瓷工业方面应用的反应主要如下。

① 硅灰石与高岭石的反应　硅灰石与高岭石在高温条件下可发生反应，生成钙长石和方石英，反应式如下

$$CaSiO_3 + Al_2Si_2O_5(OH)_4 \longrightarrow CaAl_2Si_2O_8 + SiO_2 + 2H_2O$$

硅灰石　高岭土　钙长石　方石英　水蒸气

② 硅灰石与叶蜡石的反应　硅灰石与叶蜡石在高温条件下也可反应生成钙长石和方石英，反应式如下

$$CaSiO_3 + Al_2Si_4O_{10}(OH)_2 \longrightarrow CaAl_2Si_2O_8 + 3SiO_2 + H_2O$$

硅灰石　叶蜡石　钙长石　方石英　水蒸气

③ 硅灰石与伊利石的反应　伊利石是含钾的水云母矿物，它在陶瓷中起熔剂作用。硅灰石和伊利石在高温条件下的固相反应也是钙长石生成的反应。除了钙长石外，还生成白榴石。但是，白榴石属于硅不饱和矿物，在有较多 SiO_2 参与下，它可以进一步生成钾长石，其反应式如下

$$KAl_2(AlSi_3O_{10})(OH)_2 + CaSiO_3 \longrightarrow KAlSi_2O_6 + CaAl_2Si_2O_8 + H_2O$$

伊利石　硅灰石　白榴石　钙长石　水蒸气

$$KAlSi_2O_6 + SiO_2 \longrightarrow KAlSi_3O_6$$

白榴石　钾长石

④ 硅灰石与滑石的反应　硅灰石与滑石在高温下可以反应生成透辉石和方石英，其反应式为

$$Mg_3Si_4O_{10}(OH)_2 + 3CaSiO_3 \longrightarrow 3CaMgSi_2O_6 + SiO_2 + H_2O$$

滑石　硅灰石　透辉石　方石英　水蒸气

硅灰石可以抗弱酸，但可以溶于浓盐酸中，其反应式如下

$$CaSiO_3 + 2HCl \longrightarrow CaCl_2 + H_2SiO_3$$

硅灰石　盐酸　氯化钙　硅胶或水合二氧化硅

这个分解反应可用于矿物鉴定和用来生产氯化钙和无定形二氧化硅或白炭黑。

硅灰石矿物具有高电阻、低介电常数的优良特性。硅灰石矿物还有不同程度的荧光性质和热发光性质。

2.5.2　透辉石

透辉石（diopside）是富含钙的单斜辉石，分子式为 $CaMg(SiO_3)_2$。其主要化学组成（%）为：CaO 25.9，MgO 18.5，SiO_2 55.6。次要成分中，Al_2O_3 含量一般在 1%～3%，有时高达 8%；Al^{3+} 可以代替 Mg、Fe，也可以代替 Si。如果 Al 代替四面体中的硅超过 7%，称之为铝透辉石；Fe^{3+} 和 Mn 也可有少量存在。

透辉石的晶体结构为单斜晶系，常呈柱状晶形。主要单形有平行双面（100）、（010）及斜方柱（110）、（111）等（图 2.53）。晶体横断面呈正方形或正八边形。常见以（100）和（001）成简单双晶和聚形双晶。其晶体结构的特点是 Si—O 四面体链和 M—O 链皆平行于 c 轴，各自平行于（100）排列成层，在垂直（100）方向，以 Si—O 链层和 M—O 链层相间。

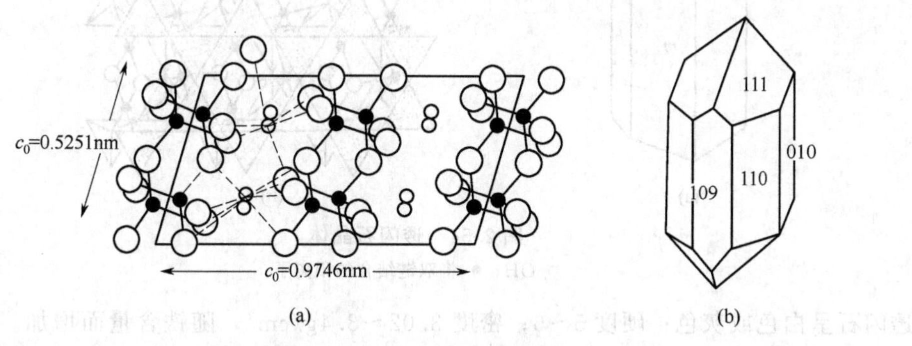

图 2.53　透辉石的晶体结构

透辉石呈白色、灰白、灰绿、绿至褐绿、暗绿色；条痕无色或深绿。解理（110）完全。硬度5.5～6.0，密度3.22～3.56g/cm³。

透辉石无同质多相转变，表现为简单的熔融。其主要高温热力学性质列于表2.43。

表2.43 透辉石的主要高温热力学性质

温度 /K	H_T-H_{298} /kJ	S_T	$-(G_T-H_{298})/T$	由元素生成化合物		$\lg K_T$
				$\Delta H^{\ominus}_{f,T}$	$\Delta G^{\ominus}_{f,T}$	
		/[J/(K·mol)]		/(kJ/mol)		
298.15	0.000	143.093	143.093	−3210.760	−3036.663	532.010
400	18.075	195.244	150.057	−3211.408	−2977.127	388.772
500	37.405	238.378	163.568	−3211.362	−2918.586	304.902
600	58.827	277.435	179.390	−3210.023	−2860.170	248.999
700	81.755	312.779	195.986	−3207.910	−2802.035	209.090
800	106.357	345.631	212.684	−3204.911	−2744.299	179.184
900	131.127	374.805	229.108	−3202.162	−2686.844	155.940
1000	155.980	400.990	245.010	−3208.931	−2628.897	137.319
1100	180.958	424.797	260.290	−3207.111	−2571.000	122.086
1200	206.062	446.640	274.922	−3212.868	−2512.741	109.376
1300	231.375	466.902	288.921	−3210.128	−2454.457	98.621
1400	257.065	485.940	302.322	−3334.112	−2393.006	89.283
1500	283.089	503.895	315.168	−3329.753	−2325.974	80.997
1600	309.532	520.961	327.503	−3325.100	−2259.283	73.757

2.5.3 透闪石

透闪石（tremolite）是富含镁的单斜晶系辉石，分子式为$Ca_2Mg_5(Si_4O_{11})_2(OH)_2$。其理论化学组成（%）为：CaO 13.8，MgO 24.6，SiO_2 58.8，H_2O 2.8；FeO的含量有时达3%，成分中还有少量的Na、K、Mn代替Ca、F，Cl代替（OH）。

透闪石单形为斜方柱*m*(110)、*r*(011)，平行双面*b*(010)［图2.54(a)］。集合体常呈柱状、放射状、纤维状。有时可见致密隐晶的浅色块体。有时可见到（100）聚片双晶，其内部构造见图2.54(b)。

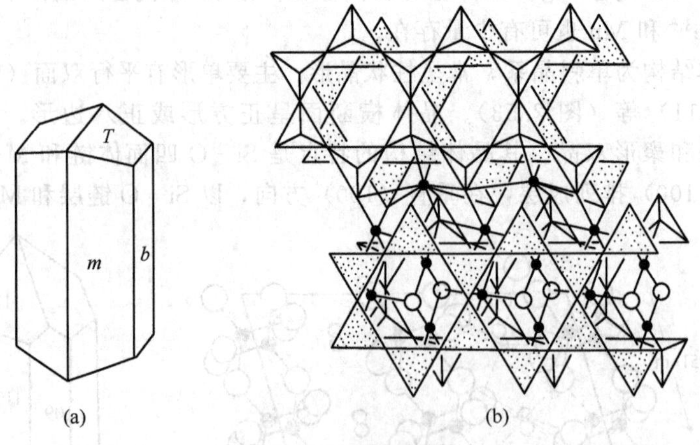

图2.54 透闪石晶体

○ OH；● 将双链结合的阳离子

透闪石呈白色或灰色；硬度5～6；密度3.02～3.4g/cm³，随铁含量而增加。其主要高温热力学性质列于表2.44。

表 2.44 透闪石的主要高温热力学性质

温度 /K	H_T-H_{298} /kJ	S_T /[J/(K·mol)]	$-\frac{(G_T-H_{298})}{T}$ /[J/(K·mol)]	由元素生成化合物 $\Delta H^{\ominus}_{f,T}$ /(kJ/mol)	由元素生成化合物 $\Delta G^{\ominus}_{f,T}$ /(kJ/mol)	$\lg K_T$
298.15	0.000	548.890	548.890	−123550.080	−11627.834	2037.147
400	72.697	758.652	576.909	−11357.394	−11379.208	1485.972
500	152.783	937.358	631.792	−12354.310	−11135.088	1163.274
600	238.714	1094.029	696.172	−12348.361	−10891.836	948.218
700	329.021	1233.239	763.208	−12340.754	−10649.710	794.691
800	422.956	1358.671	829.976	−12332.214	−10408.867	679.629
900	520.109	1473.100	895.202	−12322.319	−10168.864	590.185
1000	620.240	1578.599	958.359	−12356.356	−9926.239	518.494
1100	723.192	1676.723	1019.276	−12344.097	−9683.808	459.846

2.5.4 硅线石

硅线石（sillimanite）是富含铝的硅酸盐矿物，分子式为 $Al(AlSiO_5)$。其理论化学组成（%）为：Al_2O_3 62.93，SiO_2 37.07，成分比较稳定。常有少量类质同象混入物 Fe^{3+} 替代 Al，有时有微量的 Ti、Ca、Mg 和碱等混入物。

硅线石的基本结构是由［SiO_4］和［AlO_4］两四面体沿 c 轴交替排列，组成铝硅酸双链（图 2.55）。双链间由［AlO_8］八面体连接。［AlO_8］八面体以共棱方式连接成链位于单位晶胞（001）投影面的四个角顶和中心。八面体链也平行 c 轴与四面体链相平行。

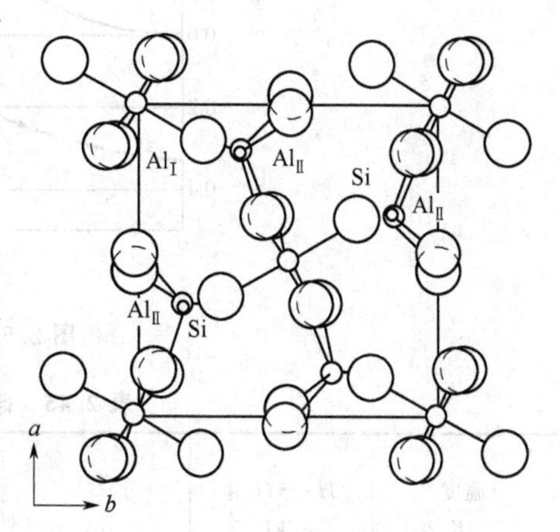

图 2.55 硅线石的晶体结构

硅线石矿石呈白色、灰色或浅绿、浅褐色等；玻璃光泽；硬度 6.5～7；密度 3.23～3.27g/cm³。

硅线石在 1400～1450℃开始分解形成莫来石与 SiO_2；1550℃时莫来石化明显；至 1650～1700℃硅线石完全莫来石化。完成莫来石化的温度与硅线石的纯度及粒度有关。图 2.56 所示为硅线石的煅烧温度、保温时间与莫来石生成量之间

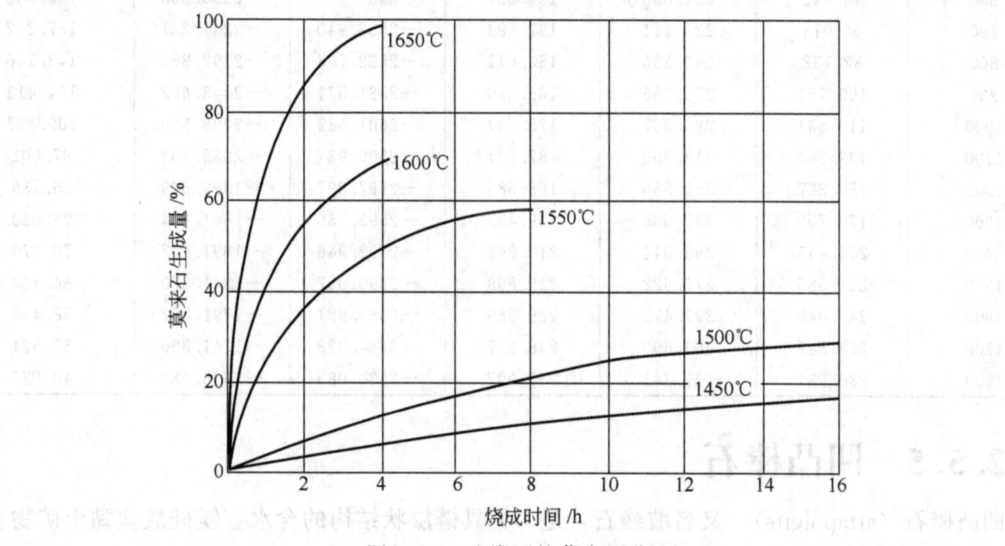

图 2.56 硅线石的莫来石化

的关系。在1500℃以下温度煅烧，莫来石生成量很少；在1550℃以上延长保温时间对莫来石化作用较大。实践表明，高分散度（细粒度）硅线石的开始分解温度有所降低；杂质的存在也会降低其莫来石化的温度。但是，要使硅线石充分地莫来石化，其煅烧温度通常要在1650℃以上。图2.57所示为硅线石的典型热膨胀曲线。膨胀值的大小与硅线石粒度、纯度有关。硅线石的粒度小于0.2mm，Al_2O_3 54%～58%时，1500℃的线膨胀率小于或等于1%。硅线石的主要高温热力学性质列于表2.45。

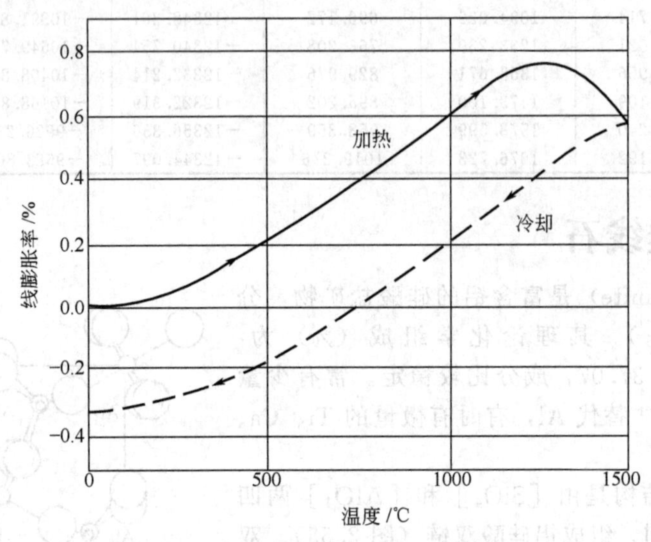

图2.57 硅线石的热膨胀曲线

表2.45 硅线石的主要高温热力学性质

温度/K	H_T-H_{298} /kJ	S_T	$\frac{-(G_T-H_{298})}{T}$	由元素生成化合物 $\Delta H^{\ominus}_{f,T}$	$\Delta G^{\ominus}_{f,T}$	$\lg K_T$
		/[J/(K·mol)]		/(kJ/mol)		
298.15	0.000	96.106	96.106	−2585.760	−2439.070	427.315
400	14.016	136.548	101.507	−2586.580	−2388.855	311.952
500	29.665	171.466	112.137	−2586.142	−2339.486	244.404
600	46.442	202.055	124.651	−2585.170	−2290.268	199.385
700	64.015	229.114	137.694	−2583.940	−2241.221	167.242
800	82.132	253.336	150.671	−2582.705	−2192.361	143.146
900	100.751	275.265	163.320	−2581.571	−2143.622	124.413
1000	119.831	295.367	175.537	−2601.669	−2093.500	109.353
1100	139.369	313.990	187.291	−2599.931	−2042.733	97.001
1200	159.327	331.356	198.583	−2597.897	−1992.679	86.739
1300	179.703	347.665	209.432	−2595.556	−1941.814	78.023
1400	200.455	263.044	219.862	−2592.946	−1891.602	70.576
1500	221.585	377.622	229.899	−2590.057	−1841.670	64.133
1600	243.049	391.475	239.569	−2586.921	−1791.882	58.499
1700	264.847	404.690	248.897	−2634.028	−1741.866	55.521
1800	286.981	417.341	257.907	−2630.089	−1698.483	49.027

2.5.5 凹凸棒石

凹凸棒石（attapulgite），又名坡缕石，是一种具链层状结构的含水富镁硅酸盐黏土矿物。凹凸棒石为单斜晶系，晶体结构属2∶1型黏土矿物，即二层硅氧四面体夹一层镁（铝）

八面体，其四面体与八面体排列方式既类似于角闪石的双链状结构，又类似云母、滑石、高岭石类矿物的层状结构。在每个2∶1层中，四面体边角顶隔一定距离方向颠倒，形成层链状结合特征。在四面体条带间形成与链平行的通道。据推测，通道横断面约为0.37nm×0.63nm，通道中被水分子所充填。这些水分子的排列，一部分是平行纤维的沸石水，另一部分是与水镁石片中镁离子配位的结晶水。其结晶结构为针状，和角闪石系石棉十分相似，由细长的中空管所组成（图2.58）。

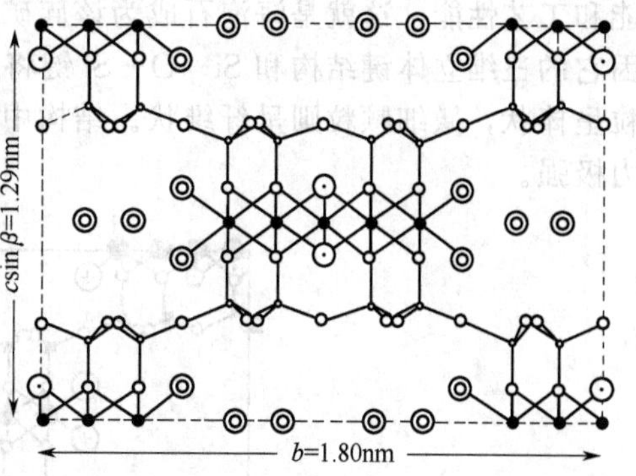

图2.58 凹凸棒石晶体结构（100）投影图
⊙—OH；●—Mg或Al；◎—H_2O；○—O；∘—Si

凹凸棒石的化学式为$Mg_5(H_2O)_4[Si_4O_{10}]_2(OH)_2$，化学成分理论值为MgO 23.83%、$SiO_2$ 56.96%、H_2O 19.21%。自然界中的凹凸棒石常有Al^{3+}、Fe^{3+}等类质同象置换，富Al^{3+}、Fe^{3+}的变种称为铝凹凸棒石和铁凹凸棒石。

凹凸棒石黏土的颜色视杂质的污染情况可呈现白色、浅灰色、浅绿色或浅褐色。沉积成因的凹凸棒石一般为致密块状或土状。热液成因的凹凸棒石产于岩石的裂隙中，呈皮革状外貌，质地柔软。凹凸棒石黏土在含水的情况下具有高的可塑性，在高温和盐水中稳定性良好，密度小，一般为2.05～2.30g/cm^3，莫氏硬度2～3。

由于凹凸棒石独特的晶体结构，使之具有良好的吸附和脱色性能。凹凸棒石黏土的脱色率和凹凸棒石含量有关，含量越高脱色力越强，经酸活化处理后的脱色力明显提高。凹凸棒石另一个重要特性是具有很强的吸水性。

凹凸棒石黏土的吸蓝量（亚甲基蓝吸收量）一般小于24g/100g，胶质价一般在40～50cm^3/15g，膨胀容一般为4～6cm^3/g，可交换钙离子量为7.5～12.5mmol/100g，可交换镁离子量为2.5～7.5mmol/100g，经活化处理后，可交换阳离子量显著提高。

凹凸棒石加热到200℃以前，失去吸附水；在200～400℃下煅烧一定时间，可大大提高凹凸棒石的吸附性能。其机理是凹凸棒石在低温下煅烧后，矿物内部纤维间的吸附水和结构孔道内的沸石水被脱除，从而增大了比表面积。研究结果表明，开始时随着煅烧温度的升高，凹凸棒石的比表面积显著提高，在250℃左右比表面积最大，此后随着温度的升高，比表面积反而急剧下降。安徽省嘉山县凹凸棒石黏土的比表面积与煅烧温度的关系列于表2.46。

表2.46 凹凸棒石黏土的比表面积与煅烧温度的关系

煅烧温度/℃	失水/%	比表面积(BET)/(m^2/g)	煅烧温度/℃	失水/%	比表面积(BET)/(m^2/g)
未烧	0	71.1	250	12.5	320
130	8.5	217	320	16.7	282
200	10.0	268	400	18.9	241

2.5.6 海泡石

海泡石（sepiolite）是一种富镁纤维状硅酸盐黏土矿物。根据其产出形态特征，大体可分为土状海泡石（或称之为海泡石黏土）和块状海泡石。该矿物在自然界中分布不甚广，常与凹凸棒石、蒙脱石、滑石等共生。

海泡石的矿物结构与凹凸棒石大体相同，都属链状结构的含水铝镁硅酸盐矿物。在链状结构中也含有层状结构的小单元，属2∶1层型，所不同的是这种单元层与单元层之间的孔道不同（详见图2.59）。海泡石的单元层孔洞可加宽到0.38～0.98nm，最大者可达0.56～

1.10nm，即可容纳更多的水分子（沸石水），使海泡石具有比凹凸棒石更优越的物理、化学性能和工艺性能。这就是海泡石成为该族矿物中具有最佳性能和广泛用途的关键所在。同时，又因它的三维立体键结构和 Si—O—Si 键将细链拉在一起，使其具有一向延长的特殊晶形，故颗粒呈棒状，微细颗粒则呈纤维状。结构中的开式沟枢与晶体长轴平行，因而这种沟枢的吸附能力极强。

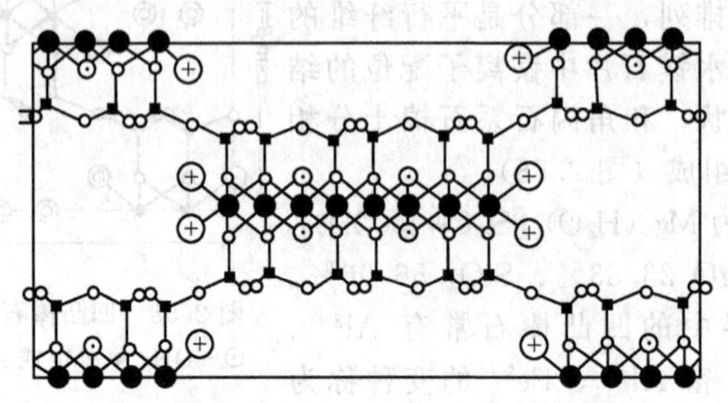

图 2.59 海泡石单位晶胞在（001）面的投影

■ Si；● Mg；⊕ H_2O；• O；⊙ OH

海泡石属斜方晶系或单斜晶系；颜色多变，一般呈淡白或灰白色；具丝绢光泽，有时呈蜡状光泽；条痕呈白色，不透明，触感光滑且粘舌；莫氏硬度一般在 2～2.5 之间；体质轻，密度为 1～2.2g/cm^3，收缩率低，可塑性好，溶于盐酸。

海泡石的化学成分较为简单，主要为硅（Si）和镁（Mg），其化学式为 $Mg_8(H_2O)_4[Si_6O_{16}]_2(OH)_4 \cdot 8H_2O$。其中 SiO_2 含量一般在 54%～60%之间，MgO 含量多在 21%～25%范围内，并有少量置换阳离子，如 Mg^{2+} 可为 Fe^{2+} 或 Fe^{3+}、Mn^{2+} 等置换。其电荷主要由四面包体中的 Al^{3+} 和 Fe^{3+} 对 Si^{4+} 的类质同象置换所产生，故能产生变种海泡石。

由于其特殊的孔道结构，海泡石的比表面积和孔体积很大（理论总表面积可达 900m^2/g，孔体积 0.385mL/g），故有极强的吸附、脱色和分散等性能。在常温、常压下，海泡石吸附的水比其本身重量大 2～3 倍。

海泡石的热稳定性好，在 400℃以下结构稳定，400～800℃脱水为无水海泡石，800℃以上才开始转化为顽火辉石和 α 方英石；耐高温性能可达 1500～1700℃，造型性及绝缘性好，抗盐度高于其他黏土矿物。

由于海泡石的针状颗粒易在水中或其他极性溶剂中分解而形成杂乱的包含该介质的格架。这种悬浮液具有非牛顿流体特性。这种特性与海泡石的浓度、剪切应力、pH 值等多种因素有关。

2.6 架状结构硅酸盐矿物

2.6.1 石英

石英是地壳中最为常见和研究最多的一种矿物。它们具有架状结构，作为结构单元的是［SiO_4］四面体。天然 SiO_2 同质多相变种属于三种结构形式：石英（α）、鳞石英（α）、方石英（α）。它们相互转变过程中有相当大的能量变化，因而各相可长期呈亚稳态存在。这三种主要构造型又都有其高-低温转变温度，形成高（β）-低（α）温石英、高（β）-低（α）温鳞石英和高（β）-低（α）温方石英。最常见的为 α-石英，系低温（570℃以下）形成，一般即称石英。β-石英系高温（570℃以上）形成，少见，通常情况下均已转变为 α-石英，仅保留 β-石英外形。

在常压下 SiO_2 同质多相的转变温度如图 2.60 所示。SiO_2 各变体的稳定范围如图 2.61 所示。石英的主要高温热力学性质列于表 2.47。

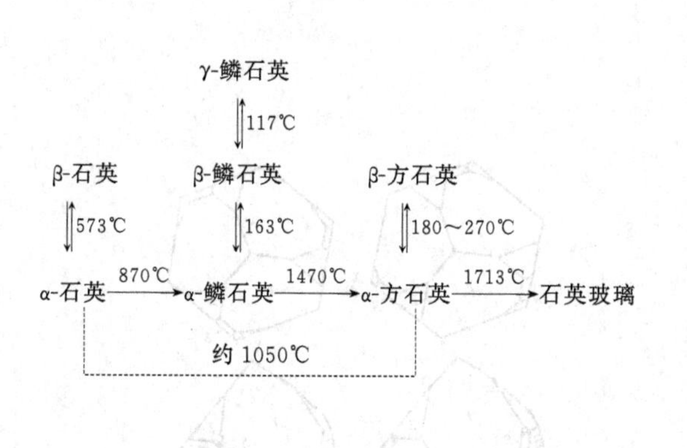

图 2.60 SiO_2 同质多相的转变温度示意

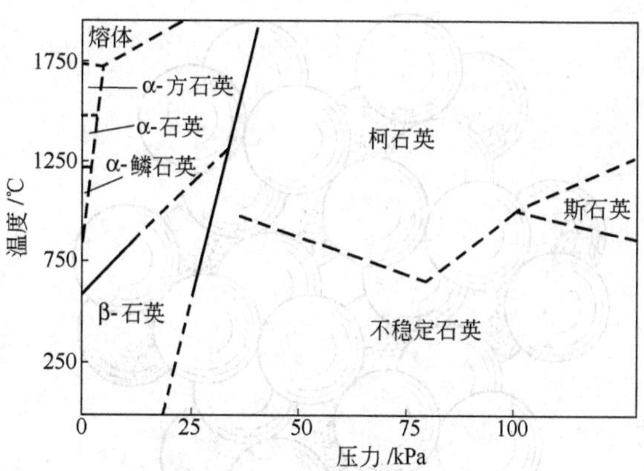

图 2.61 SiO_2 各变体的稳定范围

表 2.47 石英的主要高温热力学性质

温度 /K	H_T-H_{298} /kJ	S_T	$-\frac{(G_T-H_{298})}{T}$	由元素生成化合物 $\Delta H^{\ominus}_{f,T}$	$\Delta G^{\ominus}_{f,T}$	$\lg K_T$
		/[J/(K·mol)]		/(kJ/mol)		
298.15	0.000	41.460	41.460	−910.700	−856.320	150.023
400	12.575	55.910	43.340	−910.848	−837.692	109.390
500	21.376	68.510	47.130	−910.540	−819.427	85.605
600	28.152	79.810	51.660	−909.847	−801.251	69.755
700	33.667	90.090	56.420	−908.952	−783.208	58.444
800	38.350	99.580	61.230	−907.711	−765.319	49.970
848	34.183	103.948	63.638	−907.082	−756.984	46.628
848	35.397	105.380	63.638	−905.868	−756.984	46.628
900	42.356	108.350	65.990	−906.260	−747.604	43.390
1000	44.967	115.560	70.590	−905.502	−730.014	38.132
1100	47.194	122.180	74.990	−904.732	−712.506	33.834
1200	49.132	128.310	79.180	−903.937	−695.049	30.256
1300	50.851	134.030	83.180	−903.108	−677.681	27.230
1400	52.393	139.400	87.010	−902.241	−660.381	24.639
1500	53.800	144.470	90.670	−901.321	−643.128	22.396
1600	55.092	149.280	94.190	−900.352	−625.952	20.435
1700	55.291	153.850	97.560	−949.834	−608.387	18.693
1800	57.413	158.200	100.810	−948.460	−588.380	17.073

石英结晶构造的基本特点是：①硅和氧组成硅氧四面体，即每一个氧原子在四面体的四个顶角，硅原子位于四面体的中心；②硅氧四面体以角顶相连构成架状，故为 SiO_2（见图 2.62)；③硅氧之间的键力为离子键，因 Si 的极化力强，使之趋于共价键，故矿物表面呈现极性较强的性质。

石英的晶形通常完好。常见者为六方柱面和菱面体的聚形，但通常多呈不规则柱形。

石英的晶形有左晶形和右晶形之分（图 2.63)。常见单形有：六方柱 $m(10\bar{1}0)$，菱面体 $r(10\bar{1}1)$、$z(01\bar{1}1)$，三方双锥 $s(11\bar{2}1)$ 及三方偏方面体右形 $x(5\bar{1}\bar{6}1)$、左形 $x(6\bar{1}\bar{5}1)$ 等。

石英的双晶很普遍。常见的重要双晶有道芬双晶（电双晶）和巴西双晶（双光晶)，见图 2.64。道芬双晶由两个左形或右形晶体组成，两个体的偏光面向同一方向旋转，因而仍可作为光学材料。巴西双晶由一个左形和一个右形组成，在（0001）切片中由于两个体的偏光面旋转相反，具有不同的干涉色，故不适合作为光学材料。

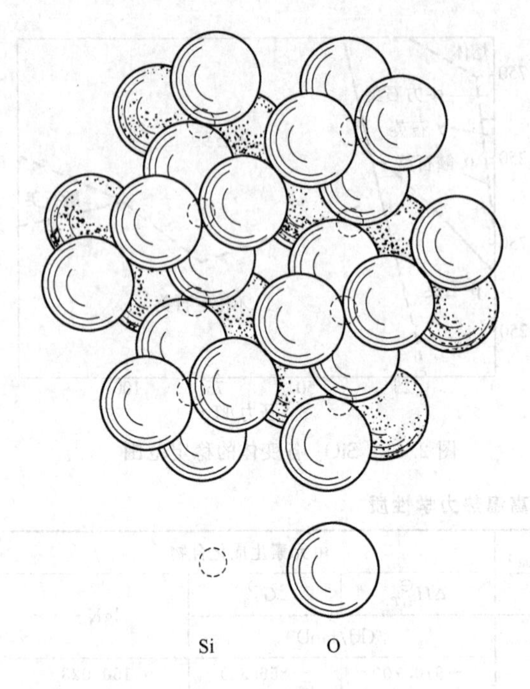

图 2.62　石英的晶体结构

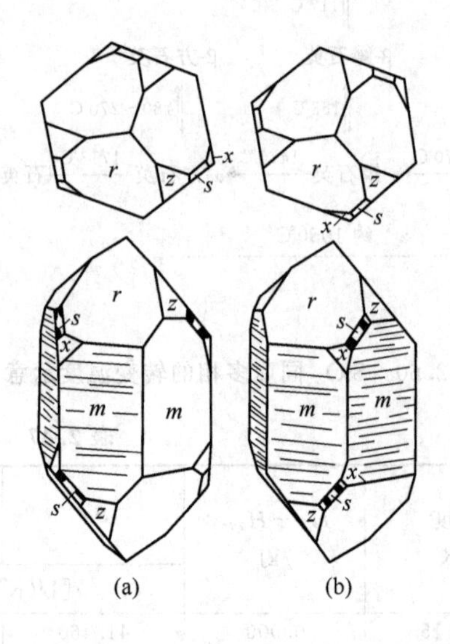

图 2.63　石英晶体的左形（a）和右形（b）

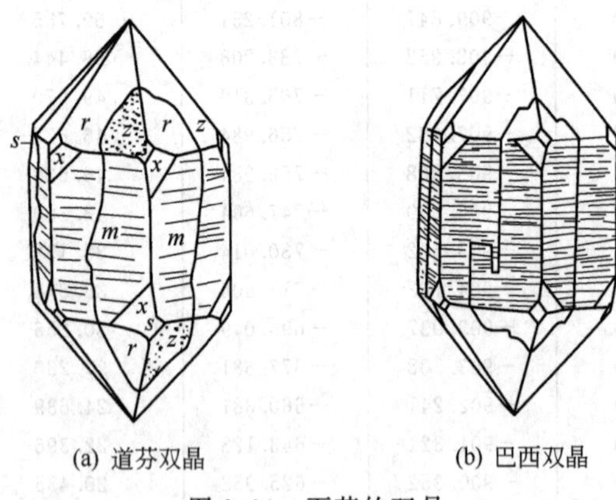

图 2.64　石英的双晶

最常见的石英集合体的形态为粒状和致密块状，还有晶簇状、钟乳状等。石英由于结晶过程和所含机械杂质的不同而有多种异种。显晶质者有水晶（无色透明者）、紫水晶（紫色透明或半透明者）、烟水晶（烟黄色半透明者）等；隐晶质者有石髓（色浅半透明者）、燧石（色深不透明者）、玛瑙（由不同颜色组成的环带状者）等。有压电性的石英晶体又称压电水晶。

石英的颜色多样，常呈无色、乳白色、灰色；常因含杂质而半透明；玻璃光泽；断口呈油脂光泽；无解理、贝壳状断口；硬度7，密度 2.5～2.8g/cm³；熔点高（1113℃）。镜鉴特征如下：

① 薄片　$N_o=1.544$，$N_e=1.553$，$N_e-N_o=0.009$。一轴晶正光性。薄片中无色透明。正突起低。干涉色最高为一级淡黄，一般一级灰白。平行消光，受应力影响者具波状消光。正延性。

② 光片　反射率 $R=4.5\%$，深灰色，内反射呈晕色。非均质性不明显，具显质效应。硬度高，易磨光。

以石英为主要成分的矿物有石英岩、石英砂岩、脉石英、石英砂等。石英砂岩是由石英颗粒被胶结物结合而成的沉积岩，密度 2.65，莫氏硬度 7，结晶属于六方晶系，外观呈白色、青灰色、灰白色等，受铁染时可呈黄色或红褐色等。根据胶结粒度的不同可分为粗粒、中粒和细粒；按胶结物的不同可分为硅质胶结、钙质胶结、长石质胶结。胶结砂粒粒度一般为 0.1～2mm，砂岩矿物成分主要为石英，其次为云母、长石及黏土矿物。此外，尚含有一些细粒隐晶质的火成岩、变质岩及沉积岩的岩屑等。石英砂岩由90%～95%以上的石英碎屑组成。化学组成主要为SiO_2，有时高达99.5%，次要成分有Al_2O_3小于1%～3%，Fe_2O_3小于1%，MgO小于0.1%，CaO小于0，(Na_2O+K_2O)小于1%～2%。

2.6.2 长石

长石族矿物是典型的架状构造硅酸盐矿物。从化学成分来看，架状构造硅酸盐的络阴离子多为$[AlSi_3O_8]^-$或$[Al_2Si_2O_8]^{2-}$。在络阴离子中(Al+Si)/O之比值总是等于1/2，而Al/Si之比值则为1/3或1。阳离子主要为K^+、Na^+、Ca^{2+}及Ba^{2+}。由于晶格骨架中存在很大的空隙，有时可容纳附加阴离子F^-、Cl、OH^-等，以补偿构造中过剩的正电荷，一般化学式可以$M[T_4O_8]$表示，其中，M为K、Na、Ca、Ba及少量的Li、Rb、Cs、Sr和NH_4^+等，它们为离子半径较大(0.9～1.5Å)的一价或二价碱金属或碱土金属离子；T为Si和Al，以及少量的B、Fe、Ge等，它们多数为离子半径较小(0.2～0.7Å)的三价或四价阳离子。

从结晶构造来看，每一个硅氧四面体（或铝氧四面体）四个角顶的O^{2-}均与相邻的四个硅氧四面体共用并相连接，形成沿着三度空间延伸的连续架状构造（图2.65）。如果构造中均为硅氧四面体，则所有的O^{2-}均被中和，成为$[Si_nO_{2n}]$型。这实际上又成为石英SiO_2通式，是一种简单氧化物的化学式。可见只有当其硅氧四面体中的Si^{4+}被部分的Al^{3+}替代时，才会出现多余的负价与阳离子结合形成架状构造铝硅酸盐，即一部分$[SiO_4]^{4-}$被铝氧四面体$[AlO_4]^{5-}$替代，此时阴离子的通式为$[(Al_xSi_{n-x})O_{2n}]^{x-}$。据研究$x=1$或2（不超过硅离子数目的一半）。如正长石$K[AlSi_3O_8]$，络阴离子内部为共价键，络阴离子与阳离子间为离子键结合。

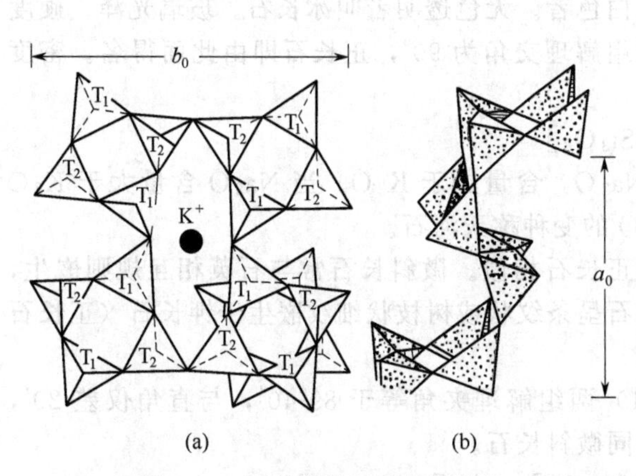

图2.65 理想化的长石晶体结构

(a) 钾长石架状结构，图面垂直于a轴，T_1和T_2分别代表单斜和对称的两种不同的$[TO_4]$四面体，图面垂直于a轴；(b) 理想化的四方环所构成的平行于a轴的硅氧链

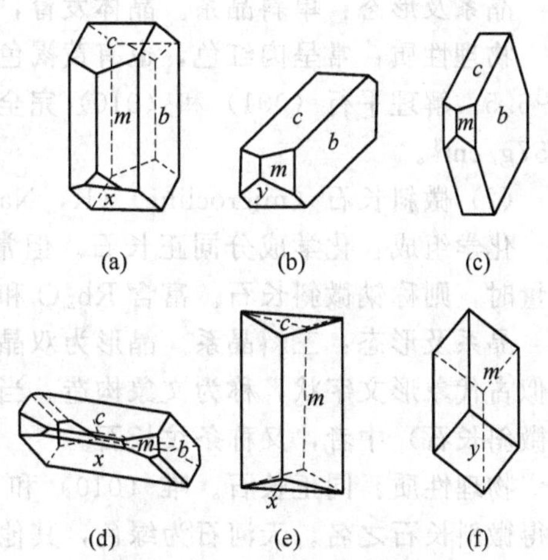

图2.66 长石的常见晶形

(a) 正长石；(b) 正长石沿a轴延长；(c) 透长石；(d) 肖钠长石；(e) 冰长石；(f) 歪长石

长石常见的晶体形态见图2.66。主要发育的单形有c(001)、b(010)、m(110)、x(101)、y(201)等，其中(001)和(010)的相对发育程度常常决定了长石的结晶习性，如(001)和(010)发育，则晶体平行a轴延长成柱或厚板状；如(110)和(010)发育，则晶体平行c轴延长成柱状。长石的双晶很发育，双晶类型很多，因而使其具有各种各样的假设对称型。

长石族矿物具有类似的晶体结构，但也存在不少差异，影响长石晶体结构的主要因素如下。

① 在架状构造中T位Si、Al原子的有序-无序，影响晶体结构的对称性和轴长。当Si、

Al 原子在 T 位完全无序，如透长石和单斜钠长石，则具有单斜晶系的对称，轴长约为 7.2Å。当 Si、Al 在 T 位完全有序，则有两种不同类型：在含 $AlSi_3$ 成分的长石中，T_1O 为 Al 所占据，c 轴长约为 7.2Å，如微斜长石等；在含 Al_2Si_3 成分的长石中，Si、Al 原子相间排列，c 轴长加倍，约为 14.3Å，如钙长石。此两种类型均为三斜晶系对称。

② M 阳离子的大小及配位多面体的不规则性。较大的阳离子 K^+、Na^+、Ca^{2+}、Ba^{2+} 等具有大而规则的配位多面体，能撑起［TO_4］四面体骨架，呈现单斜晶系的对称。只有当 Si、Al 有序，如微斜长石，才具有三斜晶系的对称。

③ 温度和压力的影响。除了具有 Al_2Si_3 成分的长石在任何温度下 T 原子都为有序外，其他长石在高温下原子为无序，使骨架结构趋向于更规则。随着结晶温度的降低，Si、Al 有序度增加，对称程度增大。压力的增大使结构更趋于紧密。

本亚类矿物具有以下主要特性：颜色较浅（没有 Fe、Mn 等色素离子），玻璃光泽，硬度较高（6.0～6.5），密度较小（2.5～2.7g/cm^3），无磁性，属电热的不良导体，矿物为极性表面，具亲水性。

长石族矿物是 Na、K、Ca 的铝硅酸盐，由于 K、Na、Ca 可以形成广泛类质同象，因而形成两类质同象系列的矿物，它们是：钾钠长石系列 $Na[AlSi_3O_8]$-$K[AlSi_3O_8]$，组成正长石亚族矿物；钠钙长石系列 $Na[AlSi_3O_8]$-$Ca[Al_2Si_3O_8]$，组成斜长石亚族矿物。

现将正长石、微斜长石、斜长石的性质分述如下。

（1）正长石（orthoclase）$K[AlSi_3O_8]$

化学组成：K_2O 16.9%，Al_2O_3 18.4%，SiO_2 64.7%。常含少量 Na_2O，当其含量超过 K_2O 时，则称钠正长石。混入物还可含 Ba、Fe、Rb、Cs 等。

晶系及形态：单斜晶系。晶体发育，呈柱状与厚板状。

物理性质：常呈肉红色，也有黄褐色或乳白色者。无色透明者叫冰长石。玻璃光泽。硬度 6～6.5。解理平行（001）和（010）完全，两组解理交角为 90°，正长石即由此而得名。密度 2.57g/cm^3。

（2）微斜长石（microcline）（K，Na）$[AlSi_3O_8]$

化学组成：化学成分同正长石。但常含 Na_2O，含量少于 K_2O。当 Na_2O 含量大于 K_2O 含量时，则称钠微斜长石。富含 Rb_2O 和 Cs_2O 的变种称天河石。

晶系及形态：三斜晶系。晶形为双晶，与正长石相似。微斜长石常与石英相互规则嵌生，形似古代象形文字状，称为文象构造。当钠长石呈条纹状或树枝状细纹嵌生于钾长石（正长石或微斜长石）中者，又称条纹长石。

物理性质：同正长石。唯（010）和（001）两组解理夹角等于 89°40′，与直角仅差 20′，故得微斜长石之名。天河石为绿色，其他性质同微斜长石。

（3）斜长石（plagioclase）$(100-n)Na[AlSi_3O_8]\cdot nCa[Al_2Si_2O_8]$

化学组成：斜长石是由钠长石 $Na[AlSi_3O_8]$（简写成 Ab）和钙长石 $Ca[AlSi_3O_8]$（简写成 An）所构成的类质同象连续系列。按二者的相对含量不同分为以下各亚种。

钠长石	含 An 0～10%	酸性长石
奥长石（更长石）	含 An 10%～30%	
中长石	含 An 30%～50%	中性长石
拉长石	含 An 0～10%	基性长石
培长石	含 An 0～10%	
钙长石	含 An 0～10%	

Na-Ca 长石系列各亚种的组分是较复杂的，一般难以区分，故通常用斜长石来总称。

晶系及形态：三斜晶系。常为板状、板柱状晶体。集合体常呈块状或粒状，晶簇状或叶片状产出。

物理性质：颜色呈白至灰白色，有时带微绿、微蓝色。透明至半透明。玻璃光泽。硬度6～6.5。性脆。解理平行（001）完全，平行（010）中等，两组解理交角从钠长石的86°26′到钙长石的85°48′，即非直角，斜长石即由此而得名。相对密度2.61～2.76。

（4）霞石正长岩

霞石为碱性架状构造的硅酸盐，含霞石5%以上的正长岩称为霞石正长岩。霞石正长岩是一类火成岩而不是一种矿物，主要特点是硅不饱和，氧化铝含量高，钠和钾含量也较高。霞石正长岩矿床中含有80%～95%长石或类长石矿物，与正长岩一起存在，故而得名。霞石正长岩中无游离SiO_2存在，但共生的附属矿物——云母中含有较多铁。霞石的物理化学性质见表2.48。

表2.48 霞石的物理化学性质

化学性质	物理性质
化学式：$KNa_3[AlSiO_4]_4$	密度：2.5～2.7g/cm³
其中：SiO_2 44%	莫氏硬度：5.5～6
Al_2O_3 33%	外形：呈短柱状或致密块状集合体
Na_2O 16%	颜色：黄、灰、白、浅红、砖红等多种颜色
K_2O 5%～6%	断口呈玻璃光泽或油脂光泽
有时含有少量的Ca、Mg、Mn、Ti、Be等元素	熔点低，流动性好
易溶于酸，形成凝胶	

霞石正长岩可视为一类商品的名称，它包括地质范畴内的多种岩石。它们的共同特征是：岩石含有似长石矿物，化学成分中含有较高的Al_2O_3和Fe_2O_3，能加工成适合玻璃陶瓷工业利用的岩石。地质学中“霞石正长岩”的含义却不尽相同。地质学的霞石正长岩包括一类岩石，根据其长石、似（类）长石、暗色矿物的种类、含量可以划分为12个主要岩石种属（据武汉地质学院）。命名方法是：似长石矿物体积分数＜5%时不参加定名；似长石矿物体积分数＝5%～10%时，称“含××似长石正长岩”；当似长石矿物体积分数＞10%，称“××似长石正长岩”。如岩石同时含两种似长石矿物，且体积分数均＞5%，这两种似长石矿物都参加定名，体积分数低者置于前面。如某种暗色矿物体积分数＞5%，也要参加命名，称“含××暗色矿物似长石正长岩”；当暗色矿物体积分数＞10%时，前面的“含”字取消。如暗色矿物体积分数总量超过30%时，在原岩石名字前加“暗”字，如暗霞正长岩。

霞石为碱性架状构造的硅酸盐，是霞石正长岩的标志矿物。霞石的颜色具多样性，有白色、无色、灰色红色，还有一种异常的红色霞石，这种异常颜色是由于岩石有较高的放射性元素，霞石受辐射而成。岩石中的霞石多数呈他形粒状，仅在个别岩体中有自形的霞石存在。霞石矿物有相对固定的化学组成，一般不受母岩成分的影响，唯有矿物中铁的质量分数与岩石中铁的质量分数呈正相关。霞石是一种相对不稳定的矿物，容易遭受风化蚀变。霞石常见的蚀变作用有方沸石化、钙霞石化、绢云母化。

长石是霞石正长岩的主要造岩矿物，在霞石正长岩中产出的长石，几乎包含了碱性长石的所有种属，形态呈半自形板状晶者占多数，钾长石多数为微斜长石，条纹长石具有出溶成因特征，钠长石结晶一般晚于钾长石，有交代成因特征，他形晶占主导。霞石正长岩中的钾长石晶体具有中等有序度，属中间微斜长石，它表明霞石正长岩岩浆是地壳深处的分异产物，而非花岗岩类岩浆结晶分异的结果。

辉石是霞石正长岩的主要暗色矿物。霞石正长岩中出现的辉石有两种，含钠普通辉石和碱性辉石。普通辉石比较少见。碱性辉石是霞石正长岩的常见暗色矿物，呈针状、柱状。也有的岩体中的部分岩相所含的辉石具有环带构造，矿物中心属霓辉石，边缘过渡为霓石，一般地讲，钠质岩石中产出霓石，钾质岩石产出霓辉石。长石矿物的主要工艺特性如下。

① 化学稳定性　长石玻璃和钠长石玻璃均具有高度的化学稳定性，除高浓度硫酸和氢氟酸外，不受其他任何酸、碱的腐蚀。钙斜长石的化学稳定性比钾长石、钠长石差，在酸中的溶解性高于钾长石和钠长石。

② 熔融液黏度　钾长石熔点为1290℃，熔融间隔时间长，而且熔融液的黏度高，这些特点都适合玻璃工艺的要求，所以在工业上钾长石应用最广泛。

③ 熔点和熔融间隔　钾长石熔点为1290℃，钠长石为1215℃，钙长石为1552℃，钡长石为1715℃。各种长石混合物的熔点差别更大，而且较单一成分长石熔点低，长石组分不同熔点间隔也不一样。例如，钾微斜长石在1160～1180℃时呈液态，到1210～1280℃时才完全熔完，利用这一特征调节长石不同组分可控制试样坯烧时的熔融间隔，达到工艺要求。

④ 助熔性　不同种属的长石对其他物质有不同程度的助熔作用。在同一温度下钠长石熔融体对石英的助熔作用大于钾长石熔融体。

⑤ 透明性　长石在高温下熔融后，冷却过程中不再结晶，而成为透明的玻璃。

⑥ 易磨性和可碾性　由于长石解理发育，所以它的易磨性和可碾性均很好。

2.6.3 沸石

沸石是瑞典科学家克罗斯特德（Cronstedt）于1756年首先发现的。因加热时有明显泡沸现象而得名。沸石实际上是沸石族矿物的总称。到目前为止，世界上已发现天然沸石43种，以斜发沸石（clinoptilolite）、丝光沸石（mordenites）、菱沸石（chabazite）、毛沸石（erionite）、方沸石（analcite）、片沸石（heulandite）等为常见。另外，还有人工合成的沸石125种。

(1) 沸石族矿物的化学成分和晶体结构

沸石是一族具架状结构的多孔性含水硅酸盐矿物的总称。其化学通式为

$$x[(M^{+},M^{2+}_{1/2})AlO_2]\cdot y(SiO_2)\cdot zH_2O$$

式中，M^+ 和 M^{2+} 代表碱金属和碱土金属离子。由此看出，沸石的化学成分实际上是由 SiO_2、Al_2O_3、H_2O 和碱或碱土金属离子四部分组成。在不同的沸石矿物中，硅和铝的比值（y/x）不一样。根据硅铝比值的不同，沸石族矿物可划分为高硅沸石（$SiO_2/Al_2O_3>8$）、中硅沸石（$SiO_2/Al_2O_3=4\sim8$）和低硅沸石（$SiO_2/Al_2O_3<4$）。

沸石作为架状的含水铝硅酸盐矿物，其晶体由［SiO_4］或［AlO_4］（Al置换Si形成）四面体单元排列成的空间网络结构所构成。其中构成沸石骨架的最基本单位硅氧四面体（SiO_4）和铝氧四面体（AlO_4）还被称为“一级结构”，这些四面体通过处于其顶角的氧原子互相连接起来形成的在平面上显示的封闭多元环，称为“二级结构（或次级结构）”（图2.67），而由这些多元环通过桥氧在三维空间连接成的规则多面体构成的孔穴或笼，如立方体笼、β笼和γ笼等被称为“晶穴结构”。

沸石族矿物常见的晶穴结构有α笼、八面沸石笼、立方体笼、β笼、六角柱笼、γ笼和八角柱笼等，如常见的A型沸石和具有天然八面体结构的Y型沸石就是由β笼组成的。沸石不同的晶穴结构如图2.68所示。

(2) 沸石族矿物的分类

沸石族矿物种类多，可按不同的方法进行分类。

按生成和获取方式，沸石族矿物分天然沸石和人工合成沸石。

按成因，沸石族矿物分为内生沸石和以沉积型沸石矿床为重要矿床的外生沸石两大类。

具有结构表征特性和实际应用意义的分类方法是按晶体结构的分类，即按照沸石结构中构成封闭环的二级结构单元进行分类。表2.49是沸石矿物的7种分类。

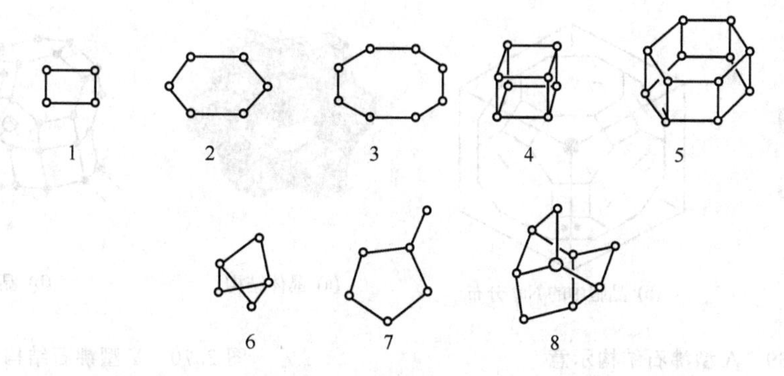

图 2.67 沸石结构中的第二结构单元（次生结构单元）

1—简单四元环（S4R）；2—简单六元环（S6R）；3—简单八元环（S8R）；4—双四元环（D4R）；5—双六元环（D6R）；6—复杂 4-1，T_5O_{10}单位；7—复杂 5-1，T_8O_{16}单位；8—复杂 4-4-1，$T_{10}O_{20}$单位

不同沸石间结构、晶体参数和孔道特性的差异还与结构中的硅铝比（y/x）相关，如同为β笼组成的 A 型沸石和 Y 型沸石就存在显著差异。两沸石的结构示意分别见图 2.69 和图 2.70。

A 型沸石属于立方晶系，$y/x=1$，理想晶胞组成为 $Na_{96}[Al_{96}Si_{96}O_{384}]\cdot 216H_2O$、$Na_{12}[Al_{12}Si_{12}O_{48}]\cdot 27H_2O$，晶胞参数 $a=1.232$nm。A 型沸石主晶孔的有效孔径为 0.42nm；Y 型沸石也属于立方晶系，$y/x>1.5$，晶胞组成为 $Na_{56}[Al_{56}Si_{136}O_{384}]\cdot 264H_2O$，晶胞参数 $a=2.46\sim2.485$nm，主晶孔孔径约为 0.8～0.9nm。

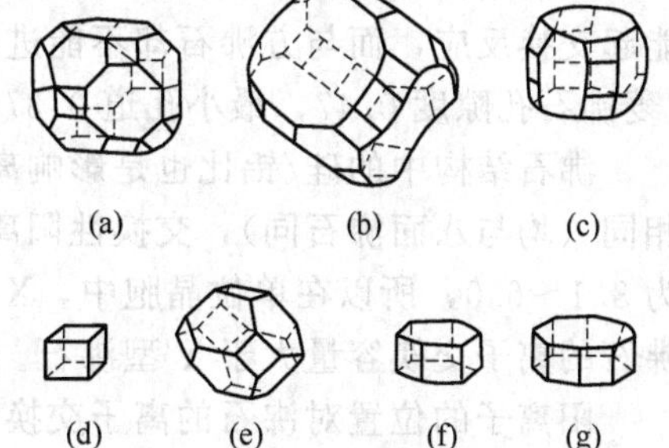

图 2.68 沸石中几种常见的晶穴结构

(a) α笼；(b) 八面沸石笼；(c) 立方体笼；(d) β笼；(e) 六角柱笼 (f) γ笼；(g) 八角柱笼

(3) 沸石的物理化学性能

① 选择性吸附性　沸石的孔道结构使其具有很大的内表面积，脱水后因孔道结构的连通和空旷而具有更大的内表面积。巨大的内表面积形成了沸石高效的吸附性能。常见几种沸石的内比表面积（m^2/g）为：A 型沸石 1000（计算值），菱沸石 750，丝光沸石 440，斜发沸石 400。

表 2.49 沸石按二级结构单元（次生结构单位）的分类

组	二级结构单元	代表性矿物组	组	二级结构单元	代表性矿物组
1	单 4-环(S4R)	方沸石、浊沸石等	5	复合 4-1，T_5O_{10}单位	钠沸石、钙沸石等
2	单 6-环(S6R)	毛沸石等	6	复合 5-1，T_8O_{16}单位	丝光沸石、柱沸石等
3	双 4-环(D4R)	合成沸石 A 型	7	复合 4-4-1，$T_{10}O_{20}$单位	片沸石、斜发沸石
4	双 6-环(D6R)	菱沸石、八面沸石等			

选择性吸附与分子筛效应是沸石吸附性能的一个重要特征。沸石中的孔道和孔穴一般大于晶体总体积的 50%，且大小均匀，有固定尺寸，有规则的形状。一般孔穴直径为 0.66～1.5nm，孔道为 0.3～1.0nm。显然，直径小于沸石孔穴的分子可进入孔穴，而大于孔穴的分子则被拒之孔外，因而沸石具有被称之为分子筛效应的筛选分子作用。另外，被吸附分子的性质也对沸石的吸附行为产生重要影响，沸石对 H_2O、NH_3、H_2S、CO_2 等极性分子具有很强的亲和力，吸附作用很强，并且湿度、温度和浓度等条件对其影响很小。

沸石的硅铝比因直接影响沸石晶体内部的静电场，而影响吸附力的强弱。硅铝比值越大，吸附力就越弱。丝光沸石脱铝后吸附水量下降的试验证实了这一因素。

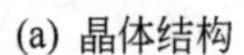

(a) 晶体结构

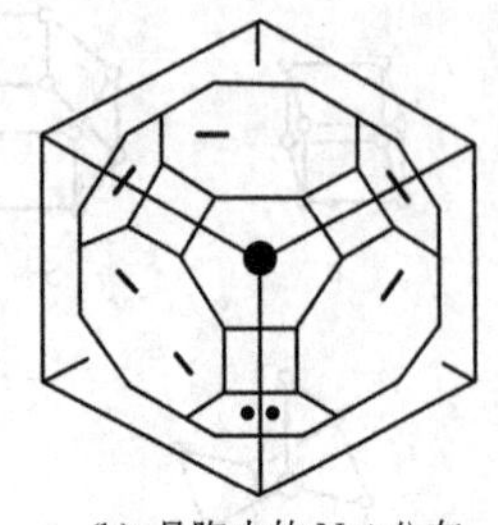

(b) 晶胞中的Na^+分布

图 2.69 A 型沸石结构示意

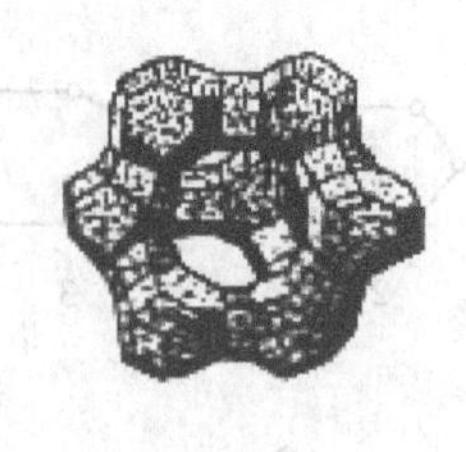

(a) 晶体结构

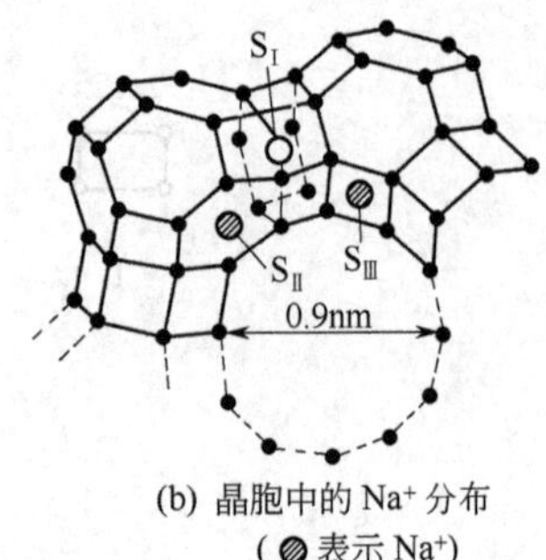

(b) 晶胞中的Na^+分布（◍表示Na^+）

图 2.70 Y 型沸石结构示意

② 离子交换性 沸石的离子交换性源于因平衡沸石结构中Al^{3+}替代Si^{4+}后引起的电价不平衡而存在于沸石孔道中的可交换性阳离子，如K^+、Na^+和Ca^{2+}等。

沸石的离子交换表现出明显的选择性，例如方沸石中的Na^+易被Ag^+、Ti^+、Pb^+等交换，而被NH_4^+交换的量较低。

沸石结构中孔穴形状及大小直接影响沸石的离子交换性。如大离子Cs^+（铯）与菱沸石能起交换反应，而与方沸石却不能进行离子交换。这是因为两者的孔隙度和通道大小不同所致（菱沸石孔隙度 0.47，最小孔道 0.37～0.42nm；方沸石 0.18，最小孔道 0.26nm）。

沸石结构中的硅/铝比也是影响离子交换性的重要因素，如 X 型和 Y 型沸石，虽然其结构相同（均与八面沸石同），交换性阳离子位置也相同，但因 X 型的硅/铝比为 2.1～3.0，Y 型为 3.1～6.0，所以在单位晶胞中，X 型含 86 个Na^+，而 Y 型只有 56 个Na^+，因而导致 X 型沸石的离子交换容量大于 Y 型沸石。

阳离子的位置对沸石的离子交换性有明显影响。位于大笼中的阳离子比位于小笼中的阳离子容易交换；阳离子性质也影响沸石的离子交换性。如丝光沸石的铵容量随交换性阳离子的半径增大而减小，而碱金属和碱土金属的交换顺序分别为：$Cs^+ > Rb^+ > K^+ > Na^+ > Li^+$；$Ba^{2+} > Sr^{2+} > Ca^{2+} > Mg^{2+}$。

利用阳离子的交换性能可人为地调整沸石的有效孔径。如用离子半径较小的阳离子进行交换，则因交换后的阳离子对孔道的屏蔽减小而相对地增大了沸石的有效孔径，也可达到增加有效孔径的目的。反之，则可达到减小沸石有效孔径的效果。

与分子筛的行为相似，沸石对溶液中的某些离子也能表现出离子筛的性质，包括将交换离子完全阻隔于沸石结构之外、离子交换反应不能进行的完全离子筛效应和交换离子被部分阻隔，离子交换反应不能进行完全的部分离子筛效应。当然，离子筛的性质取决于沸石的晶体结构、交换阳离子的性质及交换条件等因素。

③ 催化性能 沸石具有很高的催化活性，且耐高温、耐酸，有抗中毒的性能，是优良的催化剂及其载体。沸石呈现催化性质的机理主要是由其晶体结构中的酸性位置、孔穴大小及其阳离子交换性能所决定的。沸石中的 Si 被 Al 置换，使格架中的部分氧呈现负电荷。为中和［AlO_4］四面体所出现的负电荷而进入沸石中的阳离子，由此形成了沸石局部高电场和格架中酸性位置的产生；格架中的 Si、Al、O 和格架外的金属离子一起构成催化活性中心。这些金属离子处于高度分散状态，因而沸石的活性和抗中毒性能优于一般金属催化剂。

许多具有催化活性的金属离子（如Cu^{2+}、Ni^{2+}、Ag^+等），可以通过离子交换进入沸石孔穴，随反应还原为金属元素状态或转化为化合物。

由于沸石的催化活性位置都在晶体内部，反应物分子只有扩散到晶体内的孔穴中才能发生反应，生成物也要经过孔穴才能扩散出来。因此，沸石的孔径大小和连接方式直接影响其催化性能；沸石晶格中相互连通的孔道和孔穴为反应分子自由扩散提供了条件，尤其是具有三维孔道的沸石，如具双 6 元环（D6R）、有三维交叉孔道的 X 型和 Y 型沸石更有利于反应物的自由出入，因而在石油化工方面常用作催化剂。

沸石催化的许多反应属于正碳离子型，经过正碳离子中间体发生反应。沸石对一些游离基反应、氧化-还原反应也有相当的催化活性。

天然沸石一般不能作催化剂，只有采用离子交换法改性为 H 型沸石后，才能用作催化剂。天然沸石可以作为载体，承载具有催化活性的金属（如 Bi、Sb、Ag、Cu 及稀土等），通过金属作用表现出良好的催化性能。

④ 稳定性　沸石的耐热稳定性主要取决于其中 Si+Al 与平衡阳离子的比例。在其组成变化范围内，一般 Si 含量越高，热稳定性越好。

沸石的平衡阳离子对热稳定性也有明显影响，如富 Ca 的斜发沸石在 500℃以下即发生分解；而当其用 K^+ 交换处理后，升温至 800℃仍不会破坏。天然沸石的阳离子组成是可变的，因而其分解温度不是一个确定值。如菱沸石的分解温度是 600～865℃，钙十字沸石为 260～400℃，浊沸石则为 345～800℃。

天然沸石具有良好的耐酸性能，在低于 100℃下与强酸作用 2h，其晶格基本不受破坏，丝光沸石在王水中也能保持稳定。因此天然沸石常用酸处理方法进行活化、再生利用和其他目的的利用。

沸石的耐碱性远不如耐酸性好，这是由于沸石晶体格架中存在酸性位置所造成的。当将其置于低浓度强碱性介质中，沸石结构即遭破坏。

2.7 岛状结构硅酸盐矿物

2.7.1 红柱石和蓝晶石

蓝晶石、红柱石是一类无水含铝硅酸盐，均由 Al_2O_3 和 SiO_2 组成，理论化学组成为 Al_2O_3 63.2%、SiO_2 36.8%；均属于有附加阴离子的岛状铝硅酸盐矿物，由于它们各自结晶状态不同，为同质异相矿物，矿物主要特征如表 2.50 所示。

表 2.50 蓝晶石类矿物特征

项　目	蓝晶石 (kyranite)	红柱石 (andalusite)	项　目	蓝晶石 (kyranite)	红柱石 (andalusite)
化学式	$Al_2O_3 \cdot SiO_2$	$Al_2O_3 \cdot SiO_2$	密度/(g/cm³)	3.23～3.27	3.10～3.20
外观	浅蓝色	浅红色	性状	扁平结晶、交叉劈开性发达	四角柱状、伴生若干云母
晶系	斜方	斜方			
结构	岛状	岛状	硬度	5～7	7.5

红柱石的结构式可以表示为 $Al^{(6)}Al^{(5)}[SiO_4]O$。晶体结构中，1/2 的铝配位数为 6，组成 $[AlO_6]$ 八面体，它们以共棱方式沿 *c* 轴连接成链，链间以另一半配位数为 5 的 $[AlO_5]$ 三方双锥多面体和 $[SiO_4]$ 四面体相连接，$[SiO_4]$ 四面体彼此孤立。O 有两种配位情况，一种与一个硅和两个铝相连接，它参与 $[SiO_4]$ 四面体；另一种 O 则只与三个铝相连接，未参与 $[SiO_4]$ 四面体（图 2.71）。红柱石晶体成柱状，与 $[AlO_6]$ 八面体链延伸方向一致。晶体呈柱状，横断面近正四方形。主要单形：斜方柱 *m*(110)、*n*(101)，平行双面 *c*(001)。

蓝晶石的结构式可以表示为 $Al^{(6)}Al^{(6)}$ $[SiO_4]$ O。晶体结构是氧作近似立方最紧密堆积，Al 充填 2/5 的八面体空隙，硅充填 1/10 的四面体空隙，氧的最紧密堆积面平行于晶体的 (110) 方向，每一个氧与一个硅、两个铝或者四个铝相连接。$[AlO_6]$ 八面体以共棱的方式连接成链并平行于 *c* 轴，链间是以共角顶并以三个八面体共棱的方式连接成平行 (100) 层。其

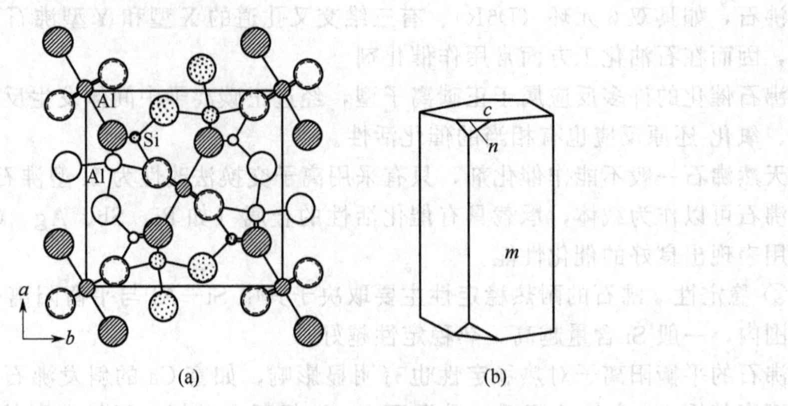

图 2.71 红柱石的晶体结构（a）和晶形（b）

层间以［SiO_4］四面体与［AlO_6］八面体相连接（图 2.72）。因此，蓝晶石晶体平行（100）面发育成板状，并且平行于 *c* 轴的方向与垂直于 *c* 轴的方向硬度明显不同。

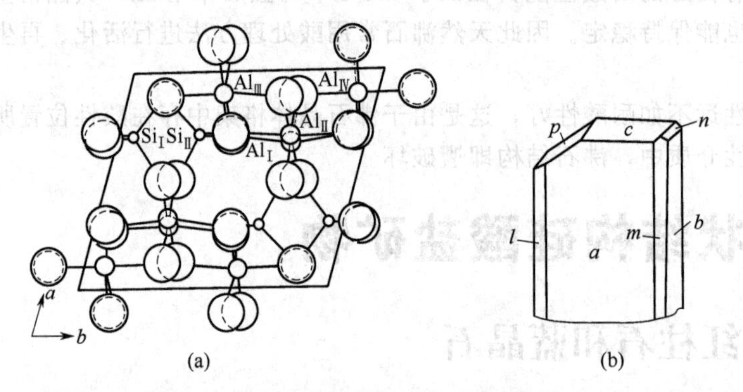

图 2.72 蓝晶石的晶体结构（a）和晶形（b）

热性质是蓝晶石族矿物的重要特征。蓝晶石、红柱石在高温下均不可逆地转变为莫来石和 SiO_2，其反应式如下

$$3(Al_2O_3 \cdot SiO_2) \longrightarrow 3Al_2O_3 \cdot 2SiO_2 + SiO_2$$

（蓝晶石族矿物）　　　　（莫来石）

在转变过程中伴有体积膨胀。蓝晶石族矿物的 Al_2O_3 理论含量比莫来石低，因而莫来石含量的多少取决于原料中的 Al_2O_3 含量。理论上蓝晶石族矿物全部莫来石化后形成 87.65％的莫来石和 12.35％的 SiO_2。实际上，精矿中 Al_2O_3 含量比理论值偏低，其形成的莫来石量远少于 87.65％。

由于蓝晶石族矿物在结构上的差异，其转化为莫来石的过程、形态及结晶方向也不同。

蓝晶石在 1100℃开始分解，1100～1300℃生成雏晶至微晶的莫来石；1300℃或 1350℃蓝晶石显著分解，莫来石量骤增，并随温度升高，莫来石柱状晶体增多、增大，此时生成的莫来石达到理论生成量的 75％左右，但其晶体尚有以蓝晶石母盐假象出现；1400℃莫来石晶体形成致密的网络结构，细针状莫来石继续发育长大；1450℃时蓝晶石已完全莫来石化，柱状晶体明显发育，沿母体方位分布，但蓝晶石的母盐假象仍有残余，1300℃或 1350～1450℃，莫来石的转化量无明显变化；1450℃以上，莫来石柱状晶体进一步发育长大，构成交错网络结构，母盐假象消失，气孔逐渐减小。至 1500℃时，莫来石含量约增加 10％～15％。蓝晶石分解出来的 SiO_2 在蓝晶石完全分解温度以下（1450℃）以方英石形式存在。表 2.51 所示为蓝晶石的主要高温热力学性质。

表 2.51 蓝晶石的主要高温热力学性质

温度/K	H_T-H_{298}/kJ	S_T	$-\frac{(G_T-H_{298})}{T}$	由元素生成化合物 $\Delta H_{f,T}^{\ominus}$	由元素生成化合物 $\Delta G_{f,T}^{\ominus}$	$\lg K_T$
		/[J/(K·mol)]		/(kJ/mol)		
298.15	0.000	83.764	83.764	−2591.730	−2441.361	427.716
400	13.891	123.843	89.116	−2592.676	−2389.870	312.085
500	29.623	158.948	99.702	−2592.155	−2339.240	244.379
600	46.735	190.148	112.255	−2590.847	−2288.801	199.258
700	64.685	217.817	125.420	−2589.241	−2238.593	167.046
800	83.263	242.623	138.546	−2587.546	−2188.632	142.903
900	102.299	265.045	151.380	2585.994	−2138.847	124.135
1000	121.713	285.500	163.787	−2605.757	−2087.721	109.057
1100	141.461	304.322	175.721	−2603.809	−2035.977	96.680
1200	161.586	321.833	187.178	−2601.609	−1984.963	86.403
1300	182.046	338.210	198.174	−2599.184	−1933.149	77.675
1400	202.840	353.620	208.734	−2596.531	−1881.993	70.218
1500	223.970	368.198	218.885	−2593.642	−1831.119	63.765
1600	245.433	382.050	228.654	−2590.506	−1780.338	58.124
1700	267.232	395.265	238.070	−2637.614	−1729.430	53.139
1800	289.365	407.917	247.158	−2633.675	−1676.105	48.639

煅烧温度、保温时间和蓝晶石的粒度是影响蓝晶石莫来石化的主要因素，而且尤以煅烧温度最为关键。图 2.73 所示为蓝晶石煅烧时莫来石生成量与煅烧温度和保温时间之间的关系。由图可见蓝晶石在 1350℃以上能迅速莫来石化，延长保温时间莫来石的生成量变化不大。

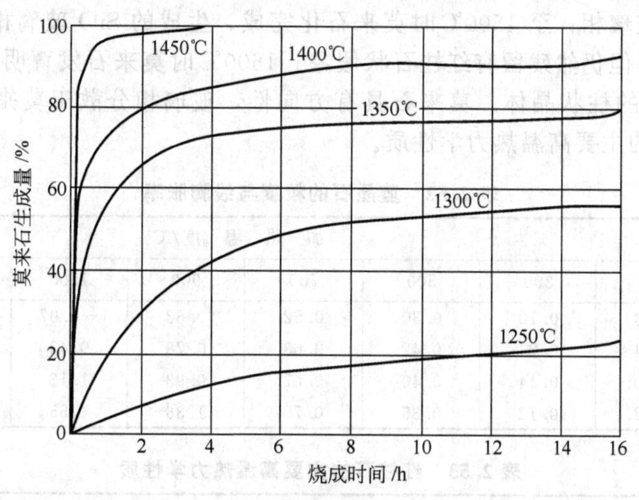

图 2.73 莫来石生成量与煅烧温度和保温时间之间的关系

研究表明，蓝晶石的莫来石化温度在一定范围内随蓝晶石粒度的减小而降低，细粒蓝晶石的莫来石化温度较低。

由于蓝晶石的体积密度（3.53～3.65g/cm^3）比莫来石（3.03g/cm^3）大，在高温下转化为莫来石时必然会伴随体积膨胀。膨胀性能指标是评价蓝晶石质量的主要依据。图 2.74 所示为蓝晶石的典型热膨胀曲线。曲线的变化与蓝晶石的莫来石化进程相关联，1300～1350℃时膨胀率骤升，而此时正是莫来石化最剧烈的温度。蓝晶石的热膨胀是不可逆的。

粒度也是影响蓝晶石膨胀大小的重要因素。表 2.52 为不同粒度蓝晶石在不同温度下的线膨胀率。由此可见，蓝晶石的粒度越大，其膨胀值越大，反之亦然。

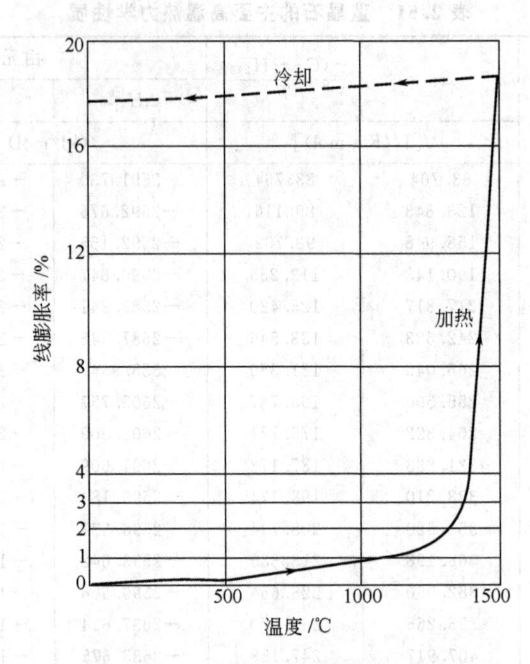

图 2.74　蓝晶石的典型热膨胀曲线

红柱石从 1300℃开始分解，其最初的莫来石化从表面的颗粒边缘开始，尤其是固相包裹体边缘最为突出，含杂质处也最先分解；1350℃时沿红柱石长度方向明显见到莫来石生成，但晶体细小；1400～1450℃莫来石晶体发育长大，具有一定的方向性，平行于红柱石晶面，红柱石内部可见到深色玻璃相；至 1500℃时莫来石化完成，生成的 SiO 玻璃相进入晶体间隙，与莫来石相相间存在，但仍然残留有红柱石状假象；1600℃时莫来石发育明显，常可见到 (7～10)μm×(3～5)μm 的柱状晶体。莫来石具有方向性，玻璃相分散于莫来石晶体界面上。表 2.53 所示为红柱石的主要高温热力学性质。

表 2.52　蓝晶石的粒度与线膨胀率　　单位：%

粒度/mm	加热温度/℃							
	100	300	500	700	900	1100	1300	1500
<0.063	0.03	0.10	0.30	0.52	0.62	−0.07	1.10	2.70
<0.074	0.04	0.24	0.42	0.63	0.78	0.43	1.73	3.35
0.074～0.098	0.00	0.14	0.40	0.67	0.93	1.12	2.18	10.66
0.125～0.18	0.02	0.12	0.35	0.75	1.36	1.55	1.65	11.90

表 2.53　红柱石的主要高温热力学性质

温度 /K	H_T-H_{298} /kJ	S_T /[J/(K·mol)]	$-\frac{(G_T-H_{298})}{T}$ /[J/(K·mol)]	由元素生成化合物 $\Delta H_{f,T}^{\ominus}$ /(kJ/mol)	由元素生成化合物 $\Delta G_{f,T}^{\ominus}$ /(kJ/mol)	$\lg K_T$
298.15	0.000	92.220	92.220	−2587.525	−2439.975	427.473
400	13.975	133.540	98.604	−2588.387	−2389.459	312.031
500	29.790	168.832	109.251	−2587.782	−2339.809	244.438
600	46.735	199.726	121.834	−2586.642	−2290.343	199.392
700	64.517	227.137	134.970	−2585.203	−2241.079	167.231
800	82.885	251.664	148.058	−2583.717	−2192.036	143.125
900	101.755	273.890	160.829	−2582.332	−2143.145	124.385
1000	121.001	294.168	173.166	−2602.263	−2092.895	109.332

续表

温度/K	H_T-H_{298}/kJ	S_T	$-\frac{(G_T-H_{298})}{T}$	由元素生成化合物 $\Delta H_{f,T}^{\ominus}$	$\Delta G_{f,T}^{\ominus}$	$\lg K_T$
		/[J/(K·mol)]		/(kJ/mol)		
1100	140.582	312.831	185.028	−2600.483	−2042.010	96.967
1200	160.456	330.123	196.410	−2598.533	−1991.836	86.702
1300	180.623	346.265	207.324	−2596.401	−1940.839	77.984
1400	201.083	361.428	217.797	−2594.083	−1890.476	70.534
1500	221.836	375.745	227.855	−2591.571	−1840.370	64.087
1600	242.839	389.301	237.526	−2588.895	−1790.378	58.450
1700	264.094	402.187	246.837	−2636.547	−1740.129	53.468
1800	285.600	414.479	255.812	−2633.235	−1687.478	48.969

红柱石的纯度、粒度、煅烧温度、保温时间是影响红柱石莫来石化的主要因素，尤以煅烧温度最为重要。红柱石纯度低时，含有较多的杂质，高温下易形成液相，会使红柱石莫来石化的温度降低。由于红柱石的莫来石化始于其颗粒表面，因此颗粒越细，其莫来石化开始温度及莫来石化完成温度均较粗粒红柱石低，如表 2.54 所示。

表 2.54 红柱石的粒度与莫来石化温度

红柱石精矿粒度/mm	莫来石化开始温度/℃	莫来石化完成温度/℃
<0.15	1350	1600
<0.10	1300	1500
<0.074	1300	1450

图 2.75 为煅烧温度、保温时间对红柱石分解转化为莫来石的影响。由图 2.75 可见，在 1300℃及 1350℃煅烧时，红柱石分解量不大；但温度升至 1400℃和 1500℃，形成莫来石的速度显著增加。保温时间延长，莫来石含量增加，但超过一定时间，其增加量不明显。

红柱石在高温下转变为莫来石的过程中也会产生体积膨胀，但由于它们之间的密度差异小(红柱石为 3.1～3.3g/cm^3，莫来石为 3.03g/cm^3)，因而红柱石的膨胀明显小于蓝晶石。图 2.76 所示为红柱石的典型热膨胀曲线。表 2.55 为两种粒度的红柱石的线膨胀率，一般红柱石的最大体积膨胀率为 5%左右，线膨胀率为 1.0%～1.5%。

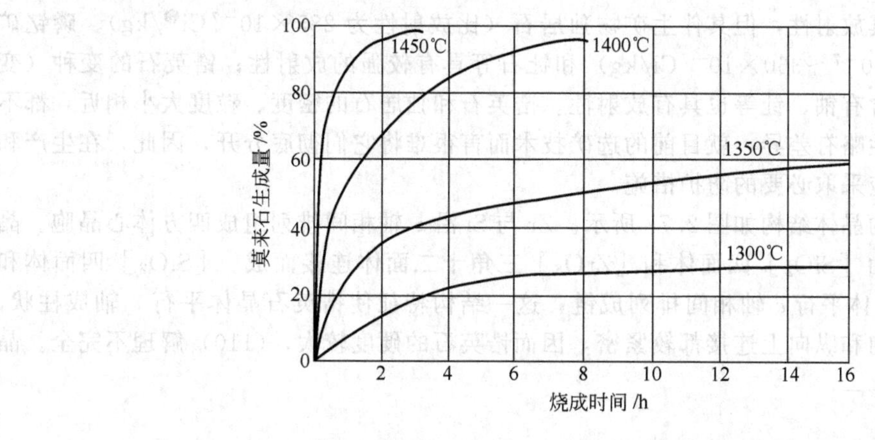

图 2.75 煅烧温度、保温时间对红柱石分解转化为莫来石的影响

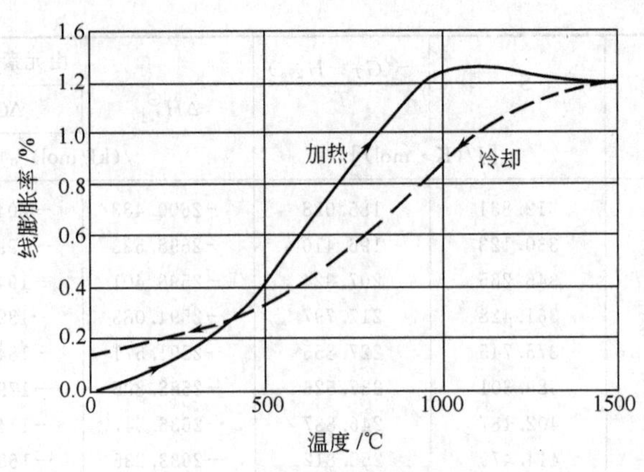

图 2.76　红柱石的热膨胀曲线

表 2.55　红柱石的线膨胀率

红柱石精矿粒度/mm	加热温度/℃							
	100	300	500	700	900	1100	1300	1500
0.074～0.104	−1.03	−0.02	−0.10	0.14	0.31	0.49	0.57	0.71
0.104～0.147	−0.02	0.18	0.29	0.51	0.69	0.91	0.79	0.96

2.7.2　锆英石

锆英石（zircon）为正硅酸锆，分子式 $ZrSiO_4$，是含锆矿物中最常见的一种。自然界中纯的锆英石不多见，大多含有铬或铁、铝、钙等杂质，其主要物理化学性质见表 2.56。

表 2.56　锆英石的主要物理及化学性质

物理性质	化学性质
密度：4.6～4.7g/cm³ 莫氏硬度：7～8 晶体结构：正方晶系，柱状晶形 熔点：2430℃ 热导率：3.7W/(m·K)(1000℃) 比热容：0.15cal❶/(℃·g) 颜色：普遍为棕色或浅灰色、红色、黄色、绿色等，金属或玻璃光泽 折射率：N_0=7.923～7.960；N_e=2.950～2.968	化学组成：ZrO_2 67.2%、SiO_2 32.8%；杂质为 Fe_2O_3、TiO_2、CaO、Al_2O_3、HfO_2、ThO_2 化学特性：不溶于酸、碱；由于含 Hf、Th、U 等而有放射性

锆英石本身不具放射性，但其伴生矿物独居石（比放射性为 285×10^{-7} Ci❷/kg）、磷钇矿（比放射性为 285×10^{-7}～360×10^{-7} Ci/kg）和钍石等具有较强的放射性；锆英石的变种（变水锆石）因晶格中含有铀、钍等也具有放射性。锆英石和独居石的密度、粒度大小相近，都不具备导电性，仅磁性略有差异，就目前的选矿技术而言很难将它们彻底分开，因此，在生产和使用锆英石原料时应采取必要的防护措施。

锆英石族矿物的晶体结构如图 2.77 所示。Zr 与 Si 沿 z 轴相间排列组成四方体心晶胞。晶体结构可以看成是由［SiO_2］四面体和［ZrO_8］三角十二面体连接而成。［SiO_2］四面体和［ZrO_8］三角十二面体平行 c 轴相间排列成链，这一结构特征使锆英石晶体平行 c 轴成柱状，并且由于结构中横向和纵向上连接都较紧密，因而锆英石的硬度较大，(110) 解理不完全。晶

❶　1cal=4.1868J。
❷　1Ci=37GBq。

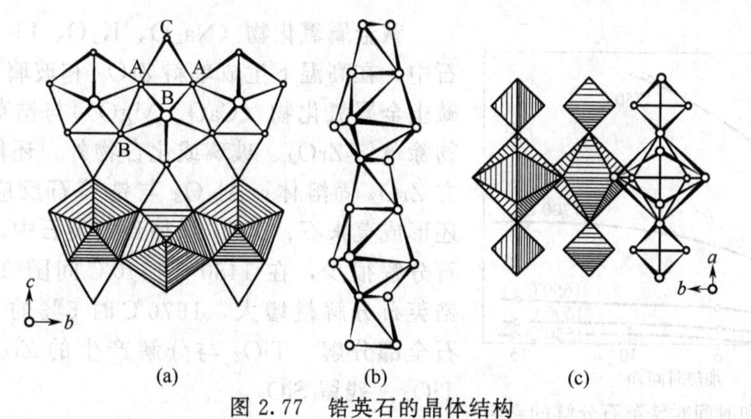

图 2.77 锆英石的晶体结构

(a) 在 (100) 面上的投影；(b) [SiO_2] 四面体和 [ZrO_8] 三角十二面体相间排列并连接而成的链；(c) 在 (001) 面上的投影

体呈四方双锥状，柱状，板状。

锆英石是 ZrO_2-SiO_2 二元系中的唯一二元化合物（见图 2.78）。根据相图，纯锆英石在1687℃时产生不一致熔融。锆英石在高温下会分解成 ZrO_2 和 SiO_2。由于其共存氧化物的种类和数量不同，锆英石热分解的确切温度尚无定论。一般认为其分解温度范围为 1540～2000℃，高纯锆英石自约 1540℃开始分解，1700℃时分解迅速，随温度升高分解量增大，至 1870℃时分解率达 95%（如图 2.79)。分解产物为单斜 ZrO_2 和非晶质 SiO_2。但也有研究发现，锆英石分解后，除单斜 ZrO_2 外，还有一定数量的高温型四方 ZrO_2 保留下来。

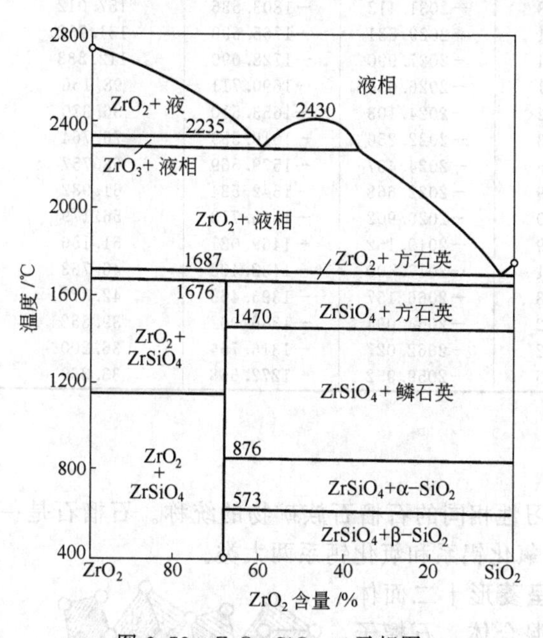

图 2.78 ZrO_2-SiO_2 二元相图

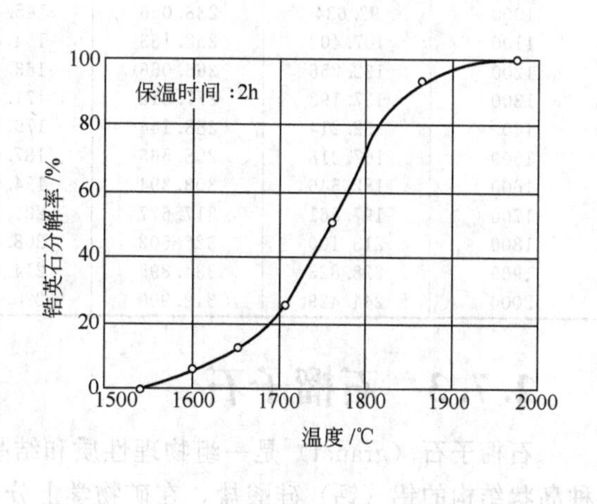

图 2.79 锆英石的分解温度

温度和加热时间是影响锆英石分解的主要因素。如图 2.80 所示，锆英石在 1550℃下加热5h 几乎没有分解，10h 以上有少量分解，锆英石粒度越粗越不容易分解，如 0.59～1.49mm 的颗粒在 1700℃下加热 1h 几乎没有变化，而 0.044mm 的颗粒则分解较多。

杂质或外加物对锆英石分解的影响各不相同。一般与 SiO_2 反应性强的氧化物，对锆英石分解的影响较大，并按元素周期表Ⅰ族＞Ⅱ族＞Ⅲ族的顺序增大。随着各种氧化物含量的增加，锆英石开始分解的温度越低，分解量也越大。

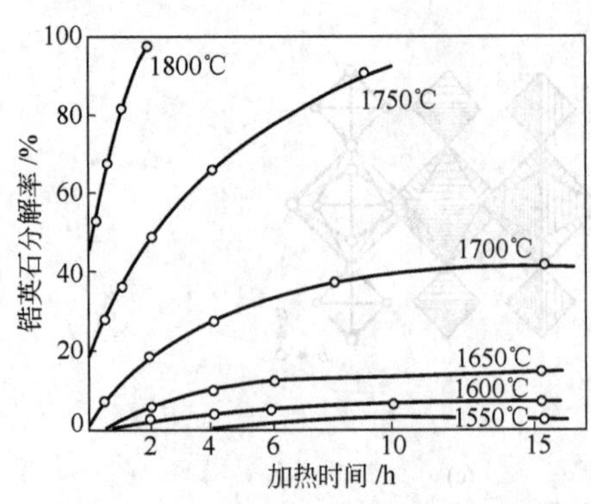

图 2.80 温度和时间对锆英石分解的影响

碱金属氧化物（Na_2O、K_2O、Li_2O）加入到锆英石中，在高温下生成单斜 ZrO_2 和玻璃（$SiO_2 \cdot R_2O$）；碱土金属氧化物（CaO、MgO）与锆英石反应，生成物除单斜 ZrO_2、玻璃或化合物外，还能形成一部分立方 ZrO_2 固溶体；Al_2O_3 与锆英石反应，除 ZrO_2 外，还形成莫来石；TiO_2 添加到锆英石中，在1450℃锆英石分解很少，在1480～1540℃间随 TiO_2 含量增加，锆英石分解量增大，1670℃时5%的 TiO_2 可使锆英石全部分解。TiO_2 与分解产生的 ZrO_2 形成 $ZrO_2 \cdot TiO_2$，残留 SiO_2。

锆英石分解后的 ZrO_2 与 SiO_2 在一定条件下能够再结合成 $ZrSiO_4$。

锆英石的高温热力学性质列于表 2.57。

表 2.57 锆英石的高温热力学性质

温度/K	H_T-H_{298} /kJ	S_T	$-\frac{(G_T-H_{298})}{T}$	由元素生成化合物 $\Delta H^{\ominus}_{f,T}$	由元素生成化合物 $\Delta G^{\ominus}_{f,T}$	$\lg K_T$
		/[J/(K·mol)]	/[J/(K·mol)]	/(kJ/mol)	/(kJ/mol)	
298.15	0.000	84.015	84.015	−2033.400	−1918.963	336.194
400	10.962	115.644	88.238	−2033.358	−1879.905	245.490
500	22.845	142.159	96.469	−2032.685	−1841.617	192.601
600	35.773	165.730	106.108	−2031.413	−1803.536	157.012
700	49.371	186.692	116.161	−2029.831	−1765.690	131.752
800	63.513	205.576	126.184	−2027.990	−1728.090	112.833
900	77.990	222.627	135.971	−2026.036	−1690.711	98.156
1000	92.634	238.056	145.422	−2024.103	−1653.510	86.370
1100	107.403	252.133	154.493	−2022.250	−1616.559	76.764
1200	122.256	265.056	163.176	−2024.467	−1579.569	68.757
1300	137.193	277.012	171.479	−2022.668	−1542.584	61.982
1400	152.214	288.144	179.420	−2020.902	−1505.713	56.179
1500	167.318	298.565	187.019	−2019.162	−1469.021	51.156
1600	182.546	308.394	194.301	−2017.400	−1432.403	46.763
1700	197.861	317.677	201.288	−2066.157	−1395.466	42.877
1800	213.100	326.502	208.002	−2064.094	−1356.062	39.352
1900	228.823	334.895	214.462	−2062.027	−1316.754	36.200
2000	244.429	342.900	220.685	−2059.952	−1277.668	33.369

2.7.3 石榴子石

石榴子石（granat）是一组物理性质和结晶习性相同的石榴石族矿物的统称。石榴石是一种岛状结构的铝（钙）硅酸盐，在矿物学上分为氧化铝系和氧化钙系两大类。

石榴子石属立方晶系，结晶良好的石榴石呈菱形十二面体及偏方三八面体，实际矿物常是这两种晶形的混合体。石榴子石晶体结构由孤立的［SiO_4］四面体为三价阳离子的八面体（如［AlO_6］八面体、［FeO_6］八面体或［CrO_6］等所连接），其间形成一些较大的十二面体空隙。这些空隙实际上可视为畸变的立方体。它们的每个顶角都由 O^{2-} 离子所占据，中心位置为二价金属离子（Ca^{2+}、Fe^{2+}、Mg^{2+}等）。每个二价离子为8个阳离子所包围，如图 2.81 所示。

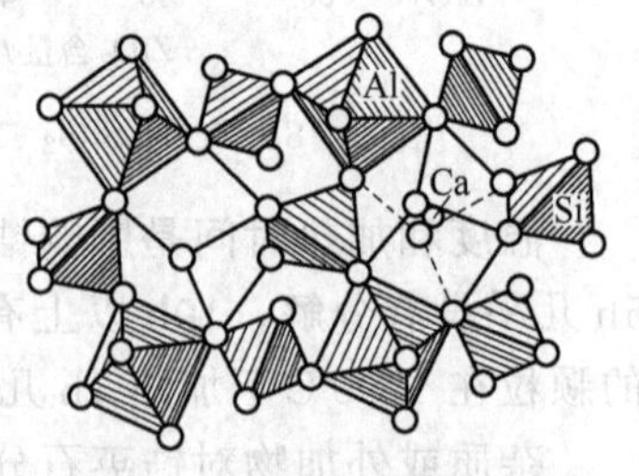

图 2.81 钙铝石榴子石的晶体结构

石榴子石的常见单形为菱形十二面体 $d(110)$、四角三八面

体 n(211) 及二者之聚形（见图 2.82）。晶面上常有平行四边形长对角线的聚形纹。石榴子石常呈歪晶，有时可见到感应面。集合体常为致密粒状或致密块体。

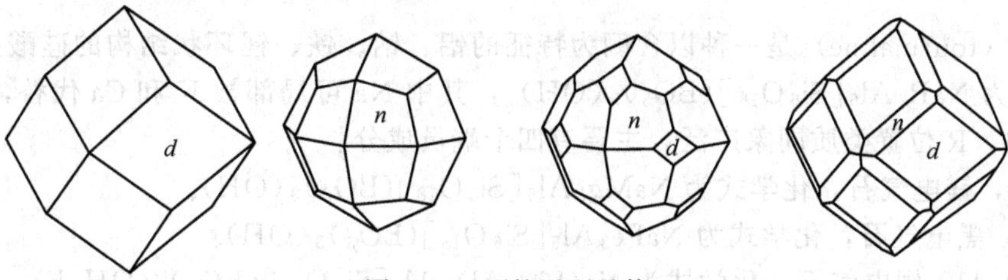

图 2.82　石榴子石晶体

石榴子石的化学成分变化较大，一般化学式为 $A_3B_2[SiO_4]_3$。其中 A 代表二价钙、镁、铁、锰等阳离子，B 代表三价铝、铁、铬、锰等阳离子。石榴子石一般呈大小不等的结晶颗粒，具有硬度适中（6.5～7.5）、熔点高（1170～1280℃）、化学稳定性好等特点。密度 3.5～4.3g/cm^3，折射率 1.714～1.887。颜色有紫红、血红、暗红、红褐、黄绿、鲜绿、黑色等。断口呈贝壳状，呈油脂光泽，一般不透明。石榴石族矿物的典型性质见表 2.58。钙铝石榴石的主要高温热力学性质列于表 2.59。

表 2.58　石榴石族矿物的典型性质

系列	矿物名称	化学式	晶　型	莫氏硬度	密度/(g/cm^3)	折射率	熔点/℃	颜　色
氧化铝系	铁铝石榴石	$Fe_3Al_2[SiO_4]_3$	四角三八面体	7～7.5	4.32	1.830	1180	褐红、棕红、粉红、橙红
	镁铝石榴石	$Mg_3Al_2[SiO_4]_3$	四角三八面体	7.5	3.58	1.714	1260～1280	紫红、血红、橙红、玫瑰色
	锰铝石榴石	$Mn_3Al_2[SiO_4]_3$	四角三八面体	7～7.5	4.19	1.800	1200	褐红、橘红、深红
氧化钙系	钙铝石榴石	$Ca_3Al_2[SiO_4]_3$	菱形十二面体	6.5～7	3.59	1.734	1180	黄褐、黄绿、红褐
	钙铁石榴石	$Ca_3Fe_2[SiO_4]_3$	菱形十二面体与四角三八面体聚形	7	3.86	1.887	1170～1200	褐黑、黄绿
	钙铬石榴石	$Ca_3Cr_2[SiO_4]_3$	晶体较少	7.5	3.90	1.860		鲜绿

表 2.59　钙铝石榴石的高温热力学性质

温度/K	H_T-H_{298}/kJ	S_T	$-\frac{(G_T-H_{298})}{T}$	由元素生成化合物 $\Delta H^{\ominus}_{f,T}$	由元素生成化合物 $\Delta G^{\ominus}_{f,T}$	$\lg K_T$
		/[J/(K·mol)]	/[J/(K·mol)]	/(kJ/mol)	/(kJ/mol)	
298.15	0.000	255.500	255.500	−6643.140	−6281.584	1100.507
400	36.883	361.919	269.712	−6644.173	−6157.957	804.146
500	77.786	453.191	297.619	−6642.352	−6036.672	630.646
600	121.571	533.020	330.401	−6639.316	−5915.877	515.023
700	167.193	603.347	364.500	−6635.976	−5795.584	432.472
800	214.071	665.944	398.356	−6633.220	−5675.792	370.591
900	261.918	722.300	431.281	−6630.384	−5556.230	322.475
1000	310.643	773.637	462.994	−6649.515	−5435.365	283.914
1100	360.292	820.957	493.419	−6647.350	−5314.116	252.346
1200	411.007	865.085	522.579	−6667.027	−5191.847	225.995
1300	463.001	906.702	550.547	−6660.362	−5068.559	203.657
1400	516.539	946.378	577.422	−6652.413	−4946.495	184.556
1500	571.927	984.591	603.306	−6642.865	−4824.972	168.020
1600	629.503	1021.750	628.311	−6631.355	−4704.337	153.581
1700	689.630	1058.202	652.537	−6768.997	−4582.993	140.818

2.7.4 电气石

电气石（tourmaline）是一种以含硼为特征的铝、钠、铁、锂环状结构的硅酸盐矿物，化学式可简写为 $NaR_3Al_6[Si_6O_{18}](BO_3)_3(OH)_4$，其中 Na 可局部被 K 和 Ca 代替，但没有 Al 代替 Si 现象。R 位置类质同象广泛，主要有四个端员成分。

R＝Mg，镁电气石，化学式为 $NaMg_3Al_6[Si_6O_{18}](BO_3)_3(OH)_4$

R＝Fe，黑电气石，化学式为 $NaFe_3Al_6[Si_6O_{18}](BO_3)_3(OH)_4$

R＝Li＋Al，锂电气石，化学式为 $Na(Li+Al)_3Al_6[Si_6O_{18}](BO_3)_3(OH,F)_4$

R＝Mn，钠锰电气石，化学式为 $NaMn_3Al_6[Si_6O_{18}](BO_3)_3(OH,F)_4$

镁电气石和黑电气石之间以及黑电气石和锂电气石之间形成两个完全类质同象系列；镁电气石和锂电气石之间为完全的类质同象。Fe^{3+} 或 Cr^{3+} 也可以进入 R 的位置，铬电气石中 Cr_2O_3 可达 10.86%。

如图 2.83 所示，电气石晶体结构为硅氧四面体组成的复三方环，复三方单锥晶类。B 配位数为 3，组成平面三角形；Mg 配位数为 6（其中两个是 OH^-）组成八面体，与［BO_3］共氧相连。在硅氧四面体的复三方环上方的空隙中有配位数为 9 的一价阳离子钠分布。环间以［$AlO_6(OH)$］八面体相连接。晶体呈柱状。常见单形为三方柱 *m*(0110)、六方柱 *a*(1120)、三方单锥 *r*(1011)、*o*(0221) 及复三方单锥 *u*(3251) 等。晶体两端晶面不同，柱面上常出现纵纹，横断面呈球形三角形（图 2.84）。集合体呈棒状、放射状、束针状，也呈致密块状或隐晶质状。

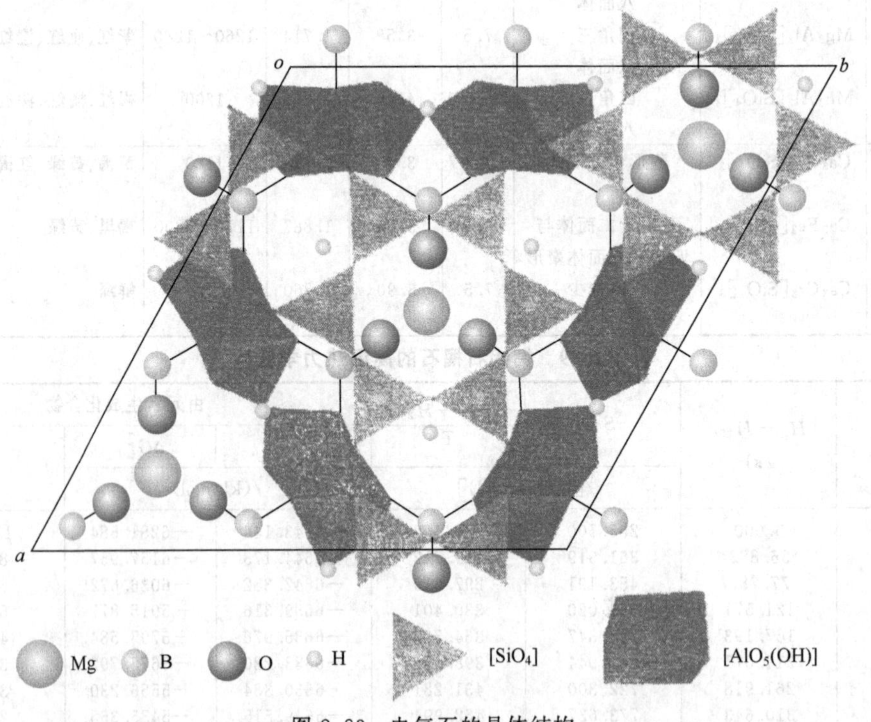

图 2.83 电气石的晶体结构

电气石的颜色随成分不同而异；富含铁的电气石呈黑色；富含锂、锰和铯的电气石呈玫瑰色，亦呈淡蓝色；富含镁的电气石常呈褐色和黄色；富含铬的电气石呈深绿色。电气石硬度 7～7.5；密度 3.03～3.25g/cm³，随着成分中铁、锰含量的增加，密度亦随之增大；具压电性和热电性。

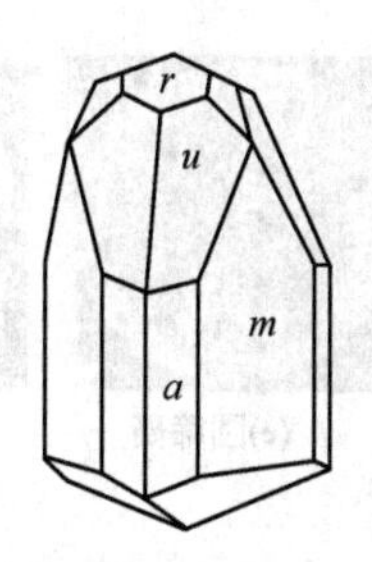

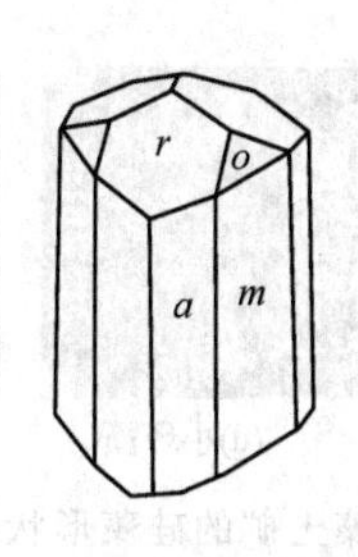

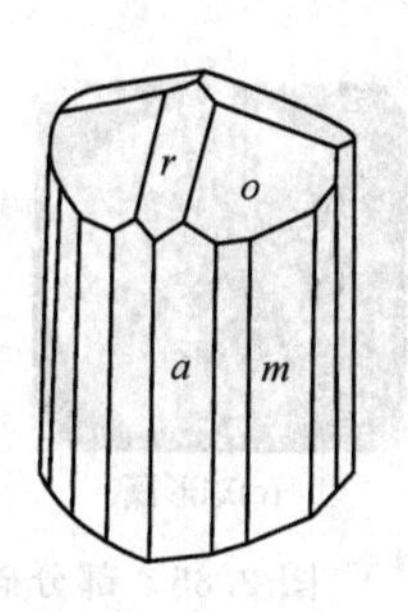

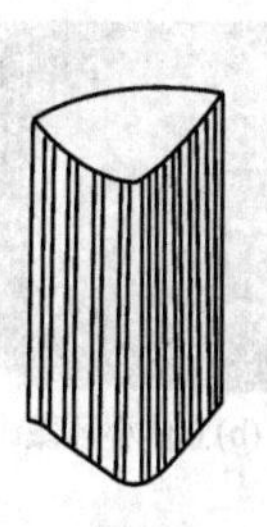

图 2.84　电气石的晶体

电气石具有压电性和热电性等独特的物理化学性能，因此，具有远红外波段的电磁辐射、产生负氧离子以及抗菌、除臭等功能。温度和压力等的变化能引起电气石晶体的电势差，使周围的空气发生电离，被击中的电子附着于邻近的水和氧分子并使它转化为空气负离子，即负氧离子。产生的负氧离子在空气中移动，将负电荷输送给细菌、灰尘、烟雾微粒以及水滴等。电荷与这些微粒相结合聚集成球而下沉，从而达到净化空气的目的。在纤维内添加电气石超细粉末后，其纤维动态和静态的负氧离子数可达 1500～3500 个/cm^3，相当于在都市公园内环境下的负氧离子含量。因此，电气石超细粉体可以作为高附加值的化纤产品的填料，在涤纶熔体中添加电气石超细粉体后，可赋予涤纶纤维四大特性和功能，即远红外保暖功能、除臭功能、负氧离子发射功能（能在室温下产生负氧离子）及一定的抗菌功能，被称之为“奇异纤维”。此外电气石超细粉体还可以单中空、多中空、特殊异型的截面形式提高纤维与空气接触的面积，提高和强化“奇异”效果。

2.8　其他非金属矿物

2.8.1　硅藻土

硅藻土（diatomite）是一种生物成因的硅质沉积岩，主要由古代硅藻遗骸组成，其化学成分主要是 SiO_2，含有少量的 Al_2O_3、Fe_2O_3、CaO、MgO、K_2O、Na_2O、P_2O_5 和有机质。SiO_2 通常占 80%以上，最高可达 94%。优质硅藻土的氧化铁含量一般为 1%～1.5%，氧化铝含量为 3%～6%。

硅藻土的矿物成分主要是蛋白石及其变种，其次是黏土矿物——水云母、高岭石和矿物碎屑。矿物碎屑有石英、长石、黑云母及有机质等。有机物含量从微量到 30%以上。

硅藻土的颜色为白色、灰白色、灰色和浅灰褐色等，有细腻、松散、质轻、多孔、吸水和渗透性强的特性。

硅藻土中的硅藻有许多不同的形状，如圆盘状、圆筒状、圆筛状、小环状、羽状等（见图 2.85）。松散密度为 0.3～0.5g/cm^3，莫氏硬度为 1～1.5（硅藻骨骼微粒为 4.5～5μm），孔隙率达 80%～90%，比表面积一般为 10～80m^2/g，能吸收其本身质量 1.5～4 倍的水，是热、电、声的不良导体，熔点 1650～1750℃，化学稳定性高，除溶于氢氟酸以外，不溶于任何强酸，但能溶于强碱溶液中。

硅藻土的二氧化硅多数是非晶体，碱中可溶性硅酸含量为 50%～80%。非晶质二氧化硅加入到 800～1000℃时变为晶质二氧化硅，碱中可溶性硅酸可减少到 20%～30%。

硅藻土的热导率小，密度为 0.53g/cm^3 的硅藻土块热导率在 200℃时为 0.0158W/(m·K)，在 800℃时为 0.0219W/(m·K)。其热导率与密度关系较大。表 2.60 所示为松散填充的硅藻土在不同温度下的热导率。

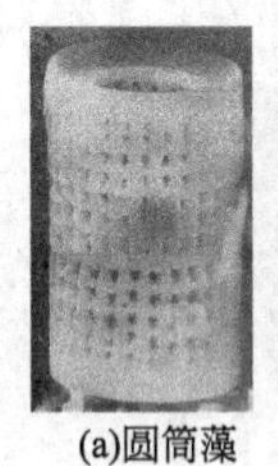
(a)圆筒藻

(b)立体小环藻

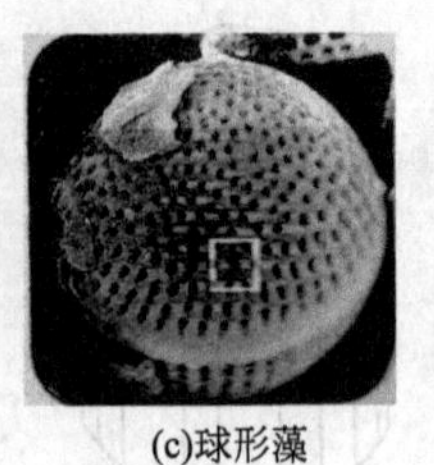
(c)球形藻

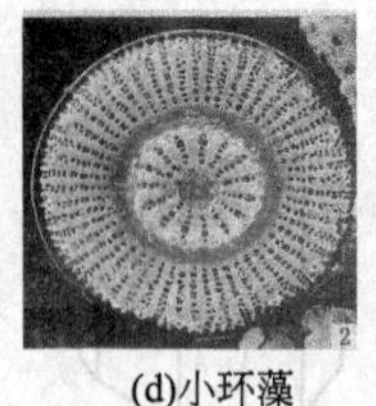
(d)小环藻

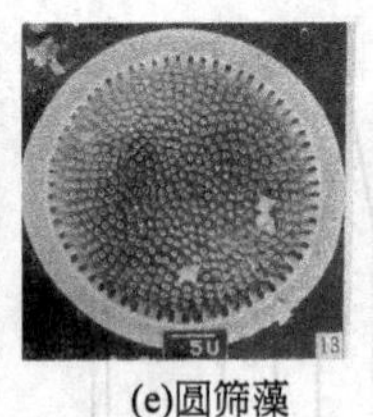
(e)圆筛藻

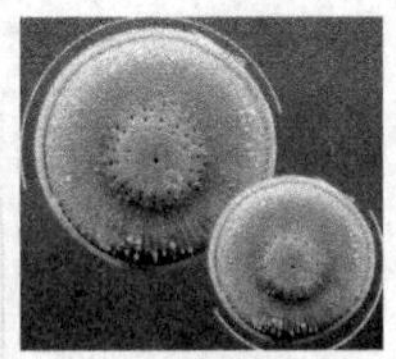
(f)圆盘藻

图 2.85 部分硅藻土矿的硅藻形状

表 2.60 硅藻土在不同温度下的热导率

温度/℃	热导率/[W/(m·K)]	温度/℃	热导率/[W/(m·K)]	温度/℃	热导率/[W/(m·K)]
0	0.060	100	0.077	300	0.091
50	0.070	200	0.086		

图 2.86 所示分别为浙江嵊州硅藻土的差热分析（DTA）和热重分析（TG）曲线。该硅藻土中因含有磁铁矿（Fe_3O_4），在 903℃处有放热反应。TG 曲线可见，硅藻土在 200℃左右和 600℃左右有两个明显的脱水过程，分别脱去吸附水和结晶水，到 750℃以后，脱水过程结束，失重为 13.1%。

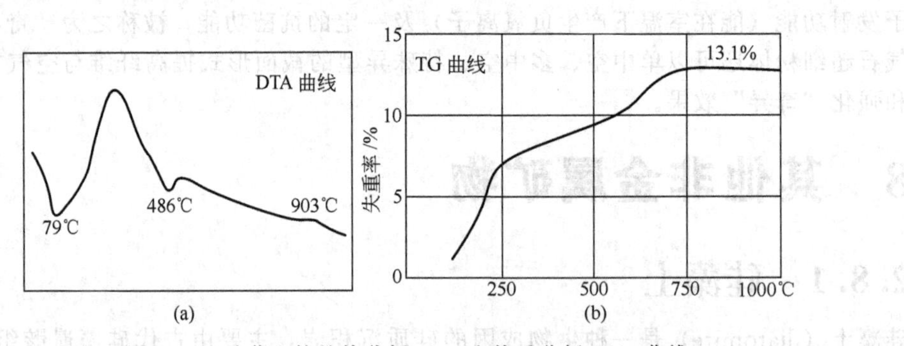

图 2.86 硅藻土的差热分析（a）和热重分析（b）曲线

硅藻土加热过程的物相分析表明，在 800℃以前物相无变化，在 900℃开始结晶，自 1150℃左右起，结晶化作用激烈，在 1400℃方石英的生成量显著增加，温度再升至 1500℃，硅藻土即熔融。测定其加热过程的比表面积变化可以反映其烧结情况。比表面积明显减小，说明烧结开始；比表面积很小时，表面硅藻土已熔结在一起。表 2.61 为几种硅藻土的比表面积随加热变化的情况，经过选矿提纯的硅藻土，由于杂质少，其烧结温度明显提高。

表 2.61 硅藻土的比表面积随加热的变化 单位：m^2/g

项 目	山东临朐		吉林长白		吉林海龙	吉林抚松	浙江嵊州	四川米易
	原土	精土	原土	精土	原土	精土	原土	精土
未经加热	64.9	65.1	19.1	21.8	46.0	21.7	46.4	33.0
650℃×2h	64.3	74.1	20.1	23.3	42.2	21.9	43.2	27.7
900℃×2h	16.4	73.1	15.3	23.5	36.3	21.1	17.5	20.8
1200℃×2h	3.2	11.1	4.9	9.5	8.6	5.1	1.2	6.1

2.8.2 蛋白土

蛋白土（opal）是由细粒蛋白石组成的轻质页岩，主要矿物成分为含水的无定形或非晶质二氧化硅；主要化学组成为 $SiO_2 \cdot H_2O$，含水量约为 1%～14%，还含有少量的 Fe_2O_3、

Al_2O_3、MgO、CaO、K_2O、Na_2O 和有机质等。除了结构特征与硅藻土不同之外，蛋白土的矿物成分和化学组成与硅藻土相同或相似。因此，在世界上某些国家和地区将蛋白土称为“硅藻岩”。

世界上蛋白石或蛋白土的主要产出国是巴西、美国、墨西哥、澳大利亚、日本和斯洛伐克等国家。中国黑龙江、新疆以及河南、陕西、云南、安徽、江苏等地也已发现蛋白土或蛋白石。蛋白土常伴生有石英、方石英、长石等矿物。1983 年中国黑龙江省嫩江地区发现的蛋白石轻质页岩主要由蛋白石、方石英、鳞石英等组成。图 2.87 和图 2.88 所示分别为黑龙江嫩江地区蛋白土页岩的 XRD 和 SEM 图；表 2.62 为其主要化学成分。

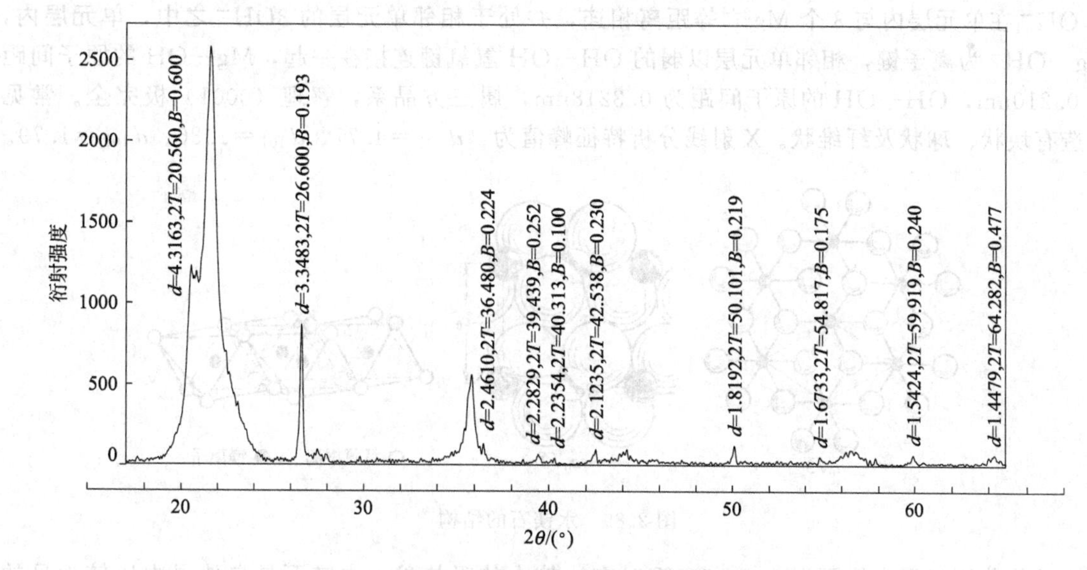

图 2.87 黑龙江嫩江地区蛋白土页岩的 XRD 图

图 2.88 黑龙江嫩江地区蛋白土粉体的形貌（SEM 图）

表 2.62 嫩江地区蛋白土化学成分

项目	SiO_2	Al_2O_3	Fe_2O_3	FeO	MgO	CaO	Na_2O	K_2O	TiO_2	P_2O_5	MnO	H_2O^+	烧失量
含量/%	88.03	3.64	1.11	0.22	0.64	0.67	0.49	1.09	0.14	0.060	0.0063	2.22	1.95

蛋白土具有质轻（密度 2.0～2.4g/cm^3，堆积密度 0.66～0.8g/cm^3）、质地较硬（莫氏硬度一般为 5～5.5，含水量很少时，硬度可增至 6）、比表面积较高（一般 50～120m^2/g，比硅藻土大）、孔径小（氮吸附法平均孔径约 5～15nm，比硅藻土小）、孔体积较大（0.2 cm^3/g 左

右，其细孔孔容比硅藻土大）。纯度较高的蛋白石呈白色，一般由于伴生其他矿物及吸附带色的离子，会呈现各种色调，如铁质混杂使蛋白石呈浅褐色或黄褐色，炭质混杂呈灰黑色。

2.8.3 水镁石

水镁石（brucite）的化学成分简单，分子式为 $Mg(OH)_2$。阴离子 OH^- 作近似六方最紧密堆积。最紧密堆积面平行（0001），Mg^{2+} 也平行（0001）面成层排列，Mg 面相间出现在 2 个 OH^- 面之间，构成 $2OH^- + Mg^{2+}$，即 2 个 OH^- 面夹 1 个 Mg 的结构单元层。整个结构由无数这样的单元层沿 c 轴平行叠置而成（图 2.89）。Mg^{2+} 被 $6OH^-$ 包围。八面体片中，每一个 OH^- 在单元层内与 3 个 Mg^{2+} 等距离相连，并处于相邻单元层的 $3OH^-$ 之中，单元层内，Mg—OH^- 为离子键，相邻单元层以弱的 OH—OH 氢氧键连接在一起，Mg—OH 的原子间距为 0.210nm，OH—OH 的原子间距为 0.3218nm，属三方晶系，解理（0001）极完全。常见构造有块状、球状及纤维状。X 射线分析特征峰值为：$d_{001}=4.77$、$d_{101}=2.36$、$d_{102}=1.79$。

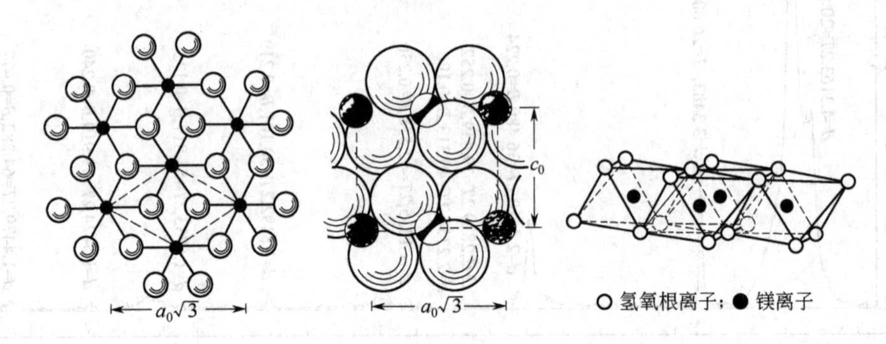

图 2.89 水镁石的结构

差热分析显示水镁石在 400～500℃时有一较大的吸热谷。水镁石是自然界中比较少见的高镁矿物，其理论化学组成为 MgO 69.12%、H_2O 30.88%，其氧化镁含量比菱镁矿高 21.49%，比白云石高 47.41%，比蛇纹石高 25.65%。自然产出的水镁石中常含有 Fe、Mn、Zn、Ni 等杂质，这些杂质呈类质同象存在，形成连续或不连续的固溶体，构成铁水镁石（含 FeO 10%）、锰水镁石（MnO 18%）、锌水镁石（ZnO 4%）、镍水镁石（NiO 2.5%）。水镁石的伴生矿物有蛇纹石、方解石、白云石、菱镁矿、镁硅酸盐矿物、方镁石、透辉石和滑石等。

水镁石的高温热力学性质列于表 2.63。

表 2.63 水镁石的高温热力学性质

温度 /K	H_T-H_{298} /kJ	S_T /[J/(K·mol)]	$\frac{-(G_T-H_{298})}{T}$ /[J/(K·mol)]	由元素生成化合物 $\Delta H^{\ominus}_{f,T}$ /(kJ/mol)	由元素生成化合物 $\Delta G^{\ominus}_{f,T}$ /(kJ/mol)	$\lg K_T$
298.15	0.000	63.137	63.137	−924.540	−833.560	146.036
400	7.908	85.953	66.183	−925.218	−802.386	104.781
500	16.276	104.625	72.074	−925.506	−771.656	80.614
600	25.439	121.332	78.934	−925.218	−740.900	64.502

2.8.4 三水铝石

三水铝石（gibbsite）的化学成分简单，分子式为 $Al(OH)_3$ 或 $Al_2O_3 \cdot 3H_2O$，其中含 Al_2O_3 65.4%，H_2O 34.6%；常有类质同象混入物 Fe 和 Ga，其中 Fe_2O_3 可达 2%，Ga_2O_3 可达 0.006%。此外，还有杂质 CaO、MgO、SiO_2 等。

三水铝石的晶体结构如图 2.90 所示。其晶体结构与水镁石相似，典型的层状构造，不同之处是铝离子仅占据两氢氧离子层的 2/3 八面体空隙，属单斜晶系，晶体呈假六方板状。

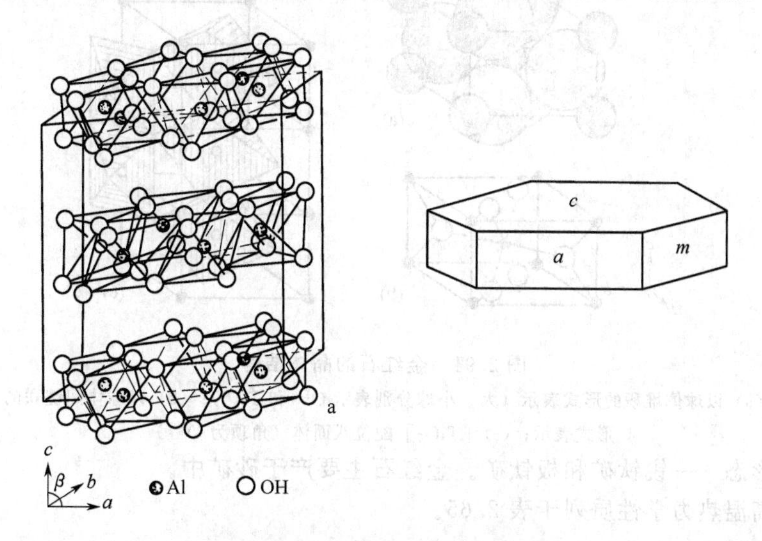

图 2.90 三水铝石的晶体结构

三水铝石常呈鳞片状集合体或结核状、豆状、隐晶质块状；白色或带浅灰、浅绿、浅红色，有玻璃光泽；硬度 2.5～3.5，密度 2.43g/cm^3；加热时于 160℃时开始脱水，250℃时已经逸出 2 个分子的结晶水，继续加热到 500℃时，几乎全部转变为无水氧化铝，并逐步从 γ-Al_2O_3转变为 α-Al_2O_3。拜耳法生产氧化铝时，就是根据三水铝石的这种特点。表 2.64 为三水铝石的高温热力学性质。

表 2.64 三水铝石的高温热力学性质

温度/K	H_T-H_{298}/kJ	S_T	$-\frac{(G_T-H_{298})}{T}$	由元素生成化合物		
				$\Delta H^{\ominus}_{f,T}$	$\Delta G^{\ominus}_{f,T}$	$\lg K_T$
		/[J/(K·mol)]		/(kJ/mol)		
298.15	0.000	68.440	68.440	−1293.100	−1154.960	202.343
400	10.481	98.681	72.478	−1294.152	−1107.617	144.640

三水铝石溶于酸和碱，粉末加热到 100℃ 2h 后即可完全溶解。

2.8.5 金红石

金红石（rutile），化学式为 TiO_2，其中含 Ti 60％，含 O 40％，常含有氧化铁杂质。晶体常呈粒状和针状，常见晶面为四方柱和四方双椎。晶体常依（001）成膝状双晶和三连晶。集合体有时呈致密块状。

金红石的晶体结构如图 2.91 所示，阳离子作为六方最紧密堆积，钛离子位于其八面体空隙，即被居于近似规则八面体角顶的 6 个氧原子所围绕，配位数为 6，而氧离子则位于以钛离子为角顶所组成的平面三角形的中心，配位数为 3，这样就形成了一种以［TiO_6］八面体为基础的晶体结构。每一个［TiO_6］八面体有两个棱与其上下相邻的两个［TiO_6］八面体共用，从而形成了沿 *c* 轴方向延伸的比较稳定的［TiO_6］八面体链，链间则与［TiO_6］八面体的共用角顶相连接。这一结构特征可以明显地解释金红石沿 *c* 轴方向伸长的柱状或针状晶形和平行伸长方向的解理。

金红石颜色呈褐红色，含铁高时呈黑褐色，条痕浅褐色或黄褐色，金刚光泽。硬度 6～6.5，密度 4.2～4.3g/cm^3。无磁性，导电性能良好。除金红石外，自然界有时还发现二氧化

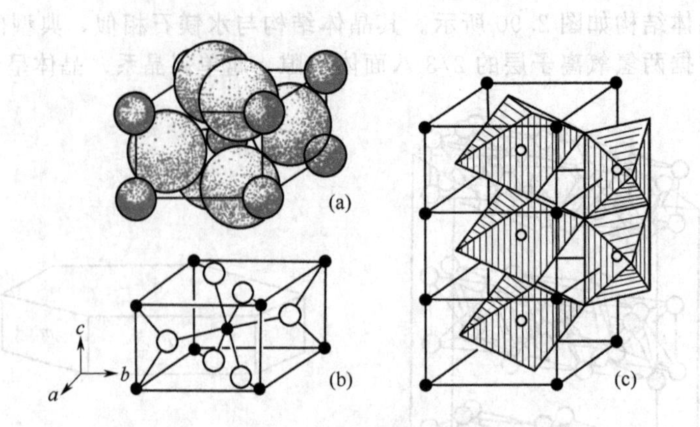

图 2.91　金红石的晶体结构

(a) 以球体堆积的形式表示（大、小球分别表示 O^{2-} 和 Ti^{4+}）；(b) 以球体间键联的形式表示；(c) [TiO_6] 配位八面体（角顶为 O^{2-}）

钛的另外结晶形态——锐钛矿和板钛矿。金红石主要产于砂矿中。

金红石的高温热力学性质列于表 2.65。

表 2.65　金红石的高温热力学性质

温度 /K	H_T-H_{298} /kJ	S_T	$-\frac{(G_T-H_{298})}{T}$	由元素生成化合物 $\Delta H^{\ominus}_{f,T}$	由元素生成化合物 $\Delta G^{\ominus}_{f,T}$	$\lg K_T$
		/[J/(K·mol)]		/(kJ/mol)		
298.15	0.000	50.375	50.375	−944.580	−889.336	155.808
400	6.443	68.966	52.858	−943.789	−870.589	113.687
500	12.970	83.531	57.590	−943.011	−852.388	89.048
600	19.811	96.003	62.985	−942.111	−834.355	72.637
700	26.945	107.000	68.507	−941.115	−816.455	60.924
800	34.141	116.610	73.933	−940.241	−798.716	52.151
900	41.422	125.184	79.160	−939.454	−781.069	45.332
1000	48.744	132.899	84.155	−938.777	−763.511	39.881
1100	56.149	139.957	88.912	−938.116	−746.007	35.425
1200	63.597	146.437	93.440	−941.697	−728.407	31.707
1300	71.128	152.466	97.752	−940.777	−710.668	28.555
1400	78.743	158.109	101.864	−939.902	−693.025	25.857
1500	86.441	163.420	105.793	−939.078	−675.433	23.520
1600	94.236	168.470	109.554	−938.258	−657.845	21.476
1700	102.173	173.264	113.162	−937.480	−640.325	19.675
1800	110.207	177.856	116.630	−936.710	−622.900	18.076
1900	118.324	182.244	119.969	−935.982	−605.475	16.645
2000	126.566	186.472	123.189	−950.697	−587.675	15.348

3 填料与颜料

在当今科技和产业发展背景下，非金属矿物填料和颜料已日趋广泛地应用于高分子材料或高聚物基复合材料（塑料、橡胶、胶黏剂、人造石等）以及无机复合材料、造纸、涂料等领域。2015 年中国高聚物基复合材料（塑料、橡胶、胶黏剂、人造石等）产业对非金属矿物填料和颜料的需求量超过 2000 万吨，造纸工业对非金属矿物填料和颜料的需求量将超过 1000 万吨；估计全球非金属矿物填料和颜料的消费量将超过 1 亿吨。正是因为各类非金属矿物填料的应用，高分子材料才跻身三大材料之列，发展成为建筑、机械、电器，甚至于航空领域广泛应用和不可或缺的工程材料。现代高级纸张或纸品，如铜版纸、新闻纸、彩色喷墨打印纸、涂布纸及纸板的生产更是离不开非金属矿物填料和颜料。可以说，没有非金属矿物填料和颜料的成功应用就没有高档纸张和纸品的问世。作为陶瓷和无机建材制品的非金属矿物颜料很早以前人类就已开始应用，伴随现代陶瓷和无机非金属材料的发展，非金属矿物颜料的用量持续增长，质量要求不断提高。涂料也是最早使用非金属矿物填料和颜料的领域之一，现代涂料应用范围的扩展和功能性要求的提高使无机非金属矿物填料和颜料越显重要，用量也日趋增长。因此，填料和颜料是最主要的非金属矿物材料之一，同时是现代高技术和新材料领域的重要组分之一。

3.1 非金属矿物填料与颜料的作用和性能

目前，无机非金属矿物填料和颜料种类很多，按其化学组成可以分成氧化物、氢氧化物、碳酸盐、硅酸盐、硫酸盐和碳素几大类。其中以碳酸盐矿物填料，如碳酸钙的应用最为广泛。此外，高岭土、滑石、叶蜡石、云母、硅灰石、硅微粉、二氧化硅等硅酸盐矿物填料和颜料以及重晶石、玻璃微珠、氢氧化铝、氢氧化镁、钛白粉等的应用也较为普遍。主要无机填料或颜料的种类和性质见表 3.1。

表 3.1　主要无机填料或颜料的种类和性质

种类	化学组成	相对密度	颗粒形状	颜色	莫氏硬度	耐酸碱		pH 值	相对介电常数	粒度/μm
						酸	碱			
轻质碳酸钙	$CaCO_3$	2.4～2.7	柱状	白色	2.5	差	好	9～9.5	6.14	0.01～50
重质碳酸钙	$CaCO_3$	2.7～2.9	粒状	白色	2.5～3	差	好	9～9.5	6.14	0.1～75
白云石	$CaCO_3$、$MgCO_3$	2.8～2.9	粒状	白色、灰白色	3.5～4.0	差	好	9～9.5	—	0.1～75
高岭土	$Al_2O_3 \cdot 2SiO_2 \cdot 2H_2O$	2.58～2.63	粒状片状	白色	2～2.5	良	良	5～8	2.6	0.1～45
煅烧高岭土	$Al_2O_3 \cdot 2SiO_2$	2.58～2.63	粒状片状	白色	2～3.5	良	良	5～8	2.6	0.1～45
滑石	$3MgO \cdot 4SiO_2 \cdot H_2O$	2.6～2.8	片状	白色	1～2	良	良	9～9.5	5.5～7.5	0.1～100

续表

种类	化学组成	相对密度	颗粒形状	颜色	莫氏硬度	耐酸碱		pH值	相对介电常数	粒度/μm
						酸	碱			
云母	$K_2O \cdot 3Al_2O_3 \cdot 6SiO_2 \cdot 2H_2O$	2.8～3.1	薄片状	灰白色	2.5～3.0	良	良	8～8.5	2～2.6	1.0～150
珠光云母和着色云母	云母粉，TiO_2、氧化铁、氧化铬等	3.0～3.6	薄片状	白色、黄色、红色、蓝色、绿色	2.5～3.0	良	良	6～8		5.0～150
石墨粉	C	2.1～2.3	片状	黑色	1～2	优	优			2～100
胶体石墨	C	2.1～2.3	片状	黑色	1～2	优	优			0.1～10
长石霞石	$K_2O \cdot 3Al_2O_3 \cdot 6SiO_2$	2.5～2.6	粒状	白色	5.5～6.5	良	良	7～10	6	0.5～80
硅灰石	$CaSiO_2$	2.8	针状粒状	白色	4～4.5	差	好	9～10	6	0.5～74
硅微粉	SiO_2	2.6	粒状	白色	7.0	优	差	7	—	1.0～74
白炭黑	$SiO_2 \cdot nH_2O$	2.05	球状	白色	5～6	优	差	6～8	9.0	0.01～50
氧化钛	TiO_2	3.95～4.2	球状	白色	5.0～6.5	良	差	6.5～7.2	—	0.2～50
氢氧化铝	$Al_2O_3 \cdot 3H_2O$	2.4	粒状	白色	3.0	良	良	8	7	0.5～74
氢氧化镁	$Mg(OH)_2$	2.4	粒状	白色	3.0	良	良	8	7	0.5～74
重晶石	$BaSO_4$	4.4	片状，柱状	白色	3～3.5	优	优	9～10	7.3	0.1～45
硅藻土	$SiO_2 \cdot nH_2O$	1.98～2.2	无定形	白色、灰白色	6～7	优	差	6.5～7.5	—	0.5～50
叶蜡石	SiO_2 68%～70% Al_2O_3 14%～21%	2.75	片状	白色	1.5～2.0	良	良	8～9	—	1.0～50
石棉	钙、镁硅酸盐	2.4～2.6	纤维状	灰白色、青灰色	3～5	良	良	9～10	10	—
氧化铁	$Fe_2O_3 \cdot FeO \cdot Fe_3O_4$	5.2	片状，针状	褐红色	5～6	差	良	—	—	0.5～50
玻璃微珠	$SiO_2 \cdot Al_2O_3 \cdot CaO \cdot MgO \cdot Na_2O$	0.4～2.5	球状	灰色	6.0～6.5	良	差	9.5	1.5～5.0	5.0～150
膨润土	SiO_2、Al_2O_3、H_2O	2.0～2.7	粒状片状	灰白色、灰色	2～2.5		良	—	—	0.1～74
海泡石	$Mg_8(H_2O)_4[Si_6O_{16}]_2(OH)_4 \cdot 8H_2O$	1～2.2	粒、纤维状	白色、灰白色	2～2.5	/	良	—	—	0.1～74
凹凸棒石	$Mg_5(H_2O)_4[Si_4O_{10}]_2(OH)_2$	2.05～2.30	粒状	白色浅灰色	2～3	/	良	—	—	0.1～74
石膏	$Ca(SO_4) \cdot 2H_2O$	2.3	粒状	白色、灰白色	1.5～2.0	差	良	—	—	1～74
沸石	$(Na,K,Ca)_{2\sim3}[Al_3(Al,Si)_2Si_{13}O_{36}] \cdot 12H_2O$	1.92～2.80	粒状	白色、灰色肉红色	5～5.5	优	良	—	—	0.1～74

3.1.1 非金属矿物填料的作用和性能

(1) 非金属矿物填料的作用

无机非金属矿物填料的主要作用是增量、增强和赋予功能。

① 增量 廉价的非金属矿物填料可以降低制品的成本，例如在塑料、橡胶、胶黏剂等中填充重质碳酸钙和轻质碳酸钙以减少高聚物或树脂的用量；在纸张中填充重质碳酸钙、滑石粉以减少纸纤维的用量。这种非金属矿物填料也被称为增量剂。

② 增强 提高高聚物基复合材料，如塑料、橡胶、胶黏剂、人造石等的力学性能（包括拉伸强度、刚性、撕裂强度、冲击强度、抗压强度等）。非金属矿物填料的增强作用主要取决于其粒度分布和颗粒形状及表面改性。粒径小于 5μm 的超细非金属矿物填料及石棉、硅灰石、滑石、高岭土、石墨、透辉石、透闪石、云母等针状或片状非金属矿物填料具有增强或补强功能。不同粒形非金属矿物填料的增强效果一般顺序为纤维填料>片状填料>球状填料，而在基料中的流动性顺序大致为：球状填料>片状填料>纤维填料；表面改性填料或颜料可以改善和提高其增强或补强功能。

③ 赋予功能 非金属矿物填料可赋予填充高分子材料一些特殊功能，如尺寸稳定性、阻燃或难燃性、耐磨性、绝缘性或导电性、隔热或导热、隔声性、磁性、吸附、调湿、抗菌、反光或消光、光催化等。此时，无机填料的化学组成、光、热、电、磁等性质以及比表面积、孔结构和颗粒形状起重要的作用。无机填料赋予复合材料的主要功能见表 3.2。

表 3.2 赋予功能效果和相应的无机非金属矿物填料

功能		填料
尺寸稳定性或刚性		重质碳酸钙、轻质碳酸钙、滑石粉、重晶石、硫酸钡、高岭土、煅烧高岭土、云母、硅灰石、硅微粉、叶蜡石粉、石膏粉、白云石粉、凹凸棒土、海泡石等
阻燃		水镁石粉、水菱镁石粉、$Al(OH)_3$、$Mg(OH)_2$等
吸附与调湿		硅藻土、煅烧硅藻土、蛋白土、凹凸棒土、海泡石、沸石、膨胀蛭石、煅烧高岭土、膨胀珍珠岩、蒙脱石等
抗（耐）磨		石墨、碳纤维、二硫化钼、炭黑等
遮盖/增白		高岭土、滑石粉、碳酸钙、云母、皂石、碳酸镁、氧化镁等
其他	隔声、隔热	石棉、硅藻土、膨胀蛭石、石膏、岩棉、膨胀珍珠岩、沸石、多孔二氧化硅等
	消光	硅藻土、煅烧高岭土、蛋白土、多孔二氧化硅
	反光	硅灰石、方解石、钛白粉
	导电	石墨、炭黑、碳纤维等
	抗菌	纳米二氧化钛、氧化锌、电气石、沸石、纳米 TiO_2/多孔非金属矿物等
	绝缘	云母、硅微粉、煅烧高岭土、高岭土、滑石、叶蜡石等
	光催化	纳米 TiO_2/多孔非金属矿物（硅藻土、纳米 TiO_2/蛋白土、纳米 TiO_2/凹凸棒土、纳米 TiO_2/沸石等）复合光催化材料

（2）非金属矿物填料的性能

与非金属矿物填料填充效果有关的主要性能是化学成分、粒度大小和粒度分布、比表面积、孔结构（孔体积与孔径分布）、颗粒形状或晶型结构、堆砌密度以及热性能、光性能（折射率）、电性能、色泽（白度）和表面官能团等，现分述如下。

① 化学成分 化学成分是非金属矿物填料的基本性质之一。非金属矿物填料的化学活性、表面性质（效应）以及热性能、电性能、色泽等在很大程度上取决其化学成分。非金属矿物填料的化学成分可以分为以下几类：

a. 碳酸盐矿物填料，如碳酸钙，碳酸镁，主要化学成分为 CaO、MgO、CO_2；

b. 硅酸盐矿物填料，如滑石、高岭土、云母、叶蜡石；硅灰石、透闪石、透辉石、石英、长石、海泡石、凹凸棒石、膨润土、伊利石、沸石、硅藻土等，主要化学成分为 SiO_2、Al_2O_3、MgO、CaO、K_2O、Na_2O、FeO、Fe_2O_3、TiO_2 等；

c. 硫酸盐矿物填料，如重晶石，主要化学成分为 BaO、SO_3；

d. 阻燃矿物填料，如水镁石、水菱镁石、三水铝石等，主要化学成分为 $Mg(OH)_2$、$Al(OH)_3$或者 MgO、Al_2O_3、H_2O 等；

e. 碳质填料，如石墨粉，主要化学成分为C；

f. 复合填料，包括天然复合非金属矿物填料和人工复合非金属矿物填料，如碳酸钙与硅灰石的复合（即碳酸盐与硅酸盐的复合），碳酸钙与碳酸镁的复合（即碳酸盐之间矿物的复合，如白云石），滑石与透闪石的复合（即硅酸盐矿物之间的复合），氢氧化镁与氢氧化铝的复合（即氢氧化物之间的复合），氢氧化镁与碳酸钙的复合等。由于不同化学组成的矿物填料复合后在填充性能或功能上可以取长补短，因此，成分复杂化已成为选择无机填料时的主要考虑因素之一，复合填料也已成为非金属矿物填料的主要发展方向之一。

非金属矿物填料的颜色或白度在很大程度上取决于其化学成分，特别是金属氧化物，如氧化铁、氧化锰、氧化钛等。因此，多数非金属矿物填料对Fe_2O_3的含量有严格要求。

非金属矿物填料的化学成分在很大程度上决定其电性能，如电导率或体积电阻率。石墨是导电性好的非金属矿物填料。绝大多数硅酸盐矿物则是电绝缘性好的非金属矿物填料，但是，如果其中含有较多的铁杂质或其他金属杂质将显著降低其体积电阻率。

非金属矿物填料的热性质也与其化学成分有很大关系。大多数无机填料属于难燃物，部分含结构水较多的非金属矿物填料，如水镁石和水菱镁石分解温度较低，而且分解后生成水蒸气和金属氧化物，具有优良的阻燃性能，且不产生毒烟，因此是高效的低烟无卤阻燃剂。

② 粒度大小与粒度分布　粒度大小与粒度分布是非金属矿物填料最重要的性质之一。不同的应用领域对非金属矿物填料的要求有所不同。对于高聚物基复合材料（塑料、橡胶、胶黏剂等）来说，在树脂中分散良好的前提下，填料的粒径越小越好。因为填料粒径越小，其增强或补强作用越大，如用325目和2500目$CaCO_3$填充半硬质PVC（聚氯乙烯）时，后者比前者强度提高约30%；用玻璃纤维增强热塑性塑料时，纤维直径一般在12μm左右。但粒径过小，填料的加工和分散较困难，生产成本也就增大。对于造纸填料来说，粒度不宜太小，因为过小使填料在纸张中的留着率下降，不仅浪费填料，而且导致造纸成本增加，同时还可能降低纸张的不透明性。因此，非金属矿物填料的粒度并非越细越好。

填料的粒度分布还对其堆砌密度有重要影响，而非金属矿物填料的堆砌密度也是影响其在高聚物基料中填充效果的主要因素之一。

填料的粒度与粒度分布常用中位粒径或平均粒径（d_{50}）、25%小于等于的粒径（d_{25}）、

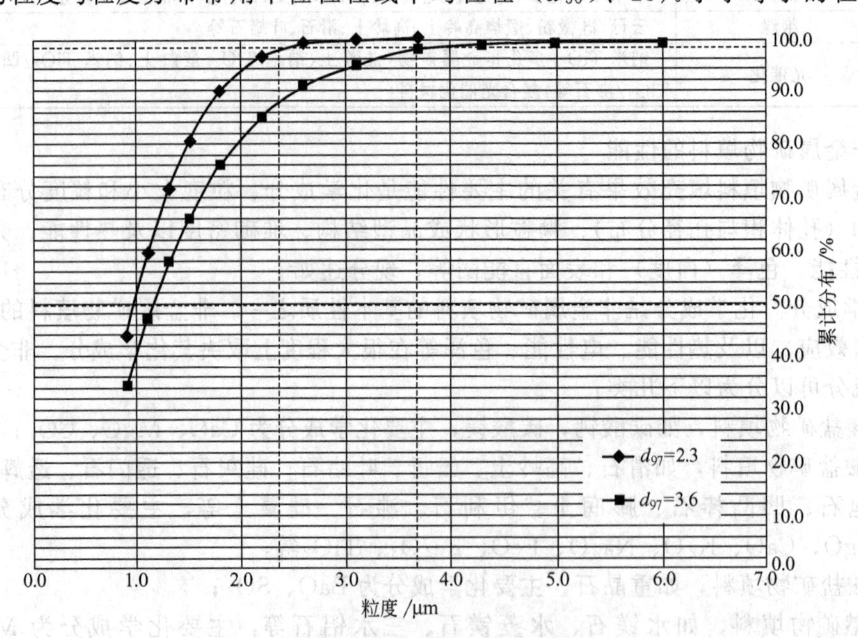

图 3.1　重质碳酸钙填料的累积粒度分布图

75%小于等于的粒径（d_{75}）、90%小于等于的粒径（d_{90}）、97%小于等于的粒径（d_{97}）以及最大粒径（d_{max}）等来表示。对于400目以下可用标准筛检验的非金属矿物填料，也常用目数或相应的筛余来表示。对于涂料和油墨中如应用的非金属矿物填料除了测定相应的粒度大小外，还要测定325目筛余量。图3.1所示为用激光粒度仪测定的重质碳酸钙填料的累积粒度分布曲线图。

由于各种粒度测定仪器、方法的物理基础不同，相同样品用不同的测定方法和测定仪器所测得的粒度的物理意义及粒度大小和粒度分布也不尽相同（表3.3）。用沉降粒度分析仪测定的是等效径（即等于具有相同沉降末速的球体的直径），激光粒度测量仪、库尔特计数器、显微镜等仪器测得的是统计径。因此，在表征和评价粉体的粒度大小和粒度分布时，一定要注意这点。

表3.3 粒度测定仪器的基本原理、测定范围及其主要特点

方法	仪器名称	基本原理	测定范围/μm	特点
重力沉降	移液管法	分散在沉降介质中的样品颗粒，其沉降速度是颗粒大小的函数。通过测定分散体因颗粒沉降而发生的浓度变化，测定颗粒大小和粒度分布	1～100	仪器便宜、方法简单；安德逊移液管法应用很广；缺点是测定时间长，分析和计算的工作量较大
	比重计法	利用比重计在沉降容器内一定位置所示悬浊液相对密度随时间的变化测定粒度分布	1～100	仪器便宜、方法简单；缺点是测定过程工作量较大
	浊度法	利用光透过法和X射线透过法测定因分散体浓度变化而引起的浊度变化，测定样品的粒度和粒度分布	0.1～100	自动测定，数据不需处理便可得到分布曲线，可用于在线粒度分析
	天平法	通过测定已沉降下来的颗粒的累积质量测定粒度和粒度分布	0.1～150	自动测定和自动记录，但仪器较复杂
离心沉降		在离心力场中，颗粒沉降也服从斯托克斯定律，利用圆盘离心机使颗粒沉降，测定分散体的浓度变化；或者在介质中使样品分级，得到粒度大小和粒度分布	0.01～30	测定速度快，是超细粉体的基本粒度测定方法之一，可同时得到粒度大小和粒度分布数据，用途广泛
库尔特计数器		悬浮在电解液中的颗粒通过一个小孔时，由于排出一部分电解液而使液体电阻发生变化，这种变化是颗粒大小的函数，电子仪器自动记录粒度分布	0.1～200	速度快，精度高，统计性好，完全自动化，可同时得到粒度大小和粒度分布，应用较广
激光粒度分布仪		根据夫琅和费衍射和光散射原理测定粒度大小和粒度分布	0.05～3000	自动化程度高，操作简单，测定速度快，重复性较好，可用于在线粒度分析
显微镜	光学显微镜	将样品分散在一定的分散液中制取样片，测颗粒影像，将所测颗粒按大小分级统计，可得以颗粒个数为基准的粒度分布数据	1～100	直观性好，可观察颗粒形态，但分析的准确性受操作人员主观因素影响程度大
	扫描和透射显微镜	与光学显微镜方法相似，用电子束代替光源，颗粒用显微镜照片显示出来	0.001～100	测定亚微米颗粒粒度分布和颗粒形状的基本方法，但仪器较贵，需专人操作
比表面积	透过法	将样品压实，通过测定空气或液体流过样品的阻力，用柯增尼-卡曼理论计算样品的比表面积，引入形状系数，可换算成平均粒径	0.01～100	仪器简单，测定迅速，再现性好，但不能测定粒度分布数据。测定时样品一定要压实
	BET法	根据BET吸附方程式，用测定的氮吸附量求比表面积，引入形状系数，可换算成平均粒径	0.003～3	这是常用的比表面积测定方法，再现性好，精度较高，但测定的比表面积包括了颗粒的孔隙（内表面）

③ 颗粒形状　非金属矿物填料的形状大体可分为球状，片状，粒状，纤维状（或针状）等。不同的填料往往具有不同颗粒形状。填料颗粒形状从两个方面影响填料的填充效果：一是形状不同，填料的比表面积不同；二是填料的形状直接影响填料的堆砌密度。例如，球状填料

的堆砌密度与纤维状填料的堆砌密度差异很大，因此它们的填充效果也将有别。一般说来，纤维状、薄片状的填料有助于提高制品的机械强度，但不利于成型加工。反之，球状填料可以改善制品的成型加工性能。

④ 表面性质　非金属矿物填料的比表面积是其重要的表面性质之一。一般来说，比表面积越高，填料的吸油率也就越高。比表面积的大小主要与填料的粒度大小、粒度分布及颗粒形状有关。对于无孔隙和表面光滑平整的颗粒，其单位质量的外表面积就是其比表面积，如重质碳酸钙、石英粉、滑石粉等；但对于具有孔隙或孔道的非金属矿物填料，如硅藻土、沸石、海泡石、凹凸棒石、煅烧高岭土等，其BET比表面积还包括内（孔隙或孔道）表面积。对于同一种无内孔填料而言，一般粒度越细，比表面积越大。

填料表面的物理结构也对其填充性能有一定影响。填料表面的物理结构十分复杂。结晶粒子在熔点时发生急剧变化使表面产生许多凹凸，而非结晶粒子（如玻璃）在高温时黏度较低，由于表面张力使表面变得光滑，填料经过粉碎加工后表面还会发生变化，这些都影响其与基料，如聚合物的结合状态。

填料表面由于各种官能团的存在及与空气中的氧或水分的作用，与填料内部的化学结构差别甚大。大多数无机填料具有一定的酸碱性，其表面有亲水性基团并呈极性，容易吸附水分。而有机聚合物则具有憎水性，因此两者之间的相容性差，界面难以形成良好的结合。因此，为了改善填料和树脂的相容性，要增强二者的界面结合力。如能实现无机填料与基料之间的化学结合，就会显著提高填料的填充增强效果以及填充材料的加工性能和综合性能。实现良好化学结合的最有效方法是对无机非金属矿物填料表面进行改性。

填料在聚合物中的分散状态对填充材料的性能，尤其是力学性能影响极大。填料在聚合物中的分散状态与其表面活性及与高聚物基料的混合工艺等有关。

填料粒子的表面特性与基料之间的结合状态对填充材料的综合性能有直接影响，因此在加工和选用无机非金属矿物填料时必须考虑其表面的物理化学特性。

⑤ 堆砌密度　填料的堆砌密度对复合材料的性能影响较大，不同用途和要求的复合材料对填料堆砌密度的要求是不完全一样的。例如，在复合材料中增量填料加入的目的是节约树脂的用量，大幅度降低材料成本，希望加入量越大越好，所以加入的是价格低廉的填料。这就希望填料堆砌达到最大密堆砌。但是对于另外一些复合材料体系，如导电塑料制品，其导电填料价格高，生产中希望以最小的填充量获得最好的填充效果，这就希望填料堆砌达到最小密堆砌。

在填料堆砌过程中，最大颗粒的堆砌决定了体系的总体积。体系的颗粒之间存在大量空隙，加入的较细颗粒充填到这些空隙中，因而体系的总体积不变。较细颗粒之间仍然存在空隙，这些空隙再被更细的颗粒充填。颗粒越来越细，直至颗粒无穷小，体系的总体积等于填料的真实体积。这种堆砌体系相当于数学上的几何级数，其最终堆砌体积决定于粒径分布及最终剩下的空隙体积。

应用特定的粒径分布理论上可以获得填料的最大密堆砌体系，此时，复合材料中使用的基体树脂最少。相反，应用单一的粒径就可以得到最小密堆砌体系，此时，复合材料中使用的基体树脂最多。为了尽可能地降低填料堆砌密度，往往选用纵横长径比大的颗粒。纤维或高长径比针状颗粒最为有效，这类颗粒在静态下难以相互取向，因而形成松懈的体系，占有大量体积。

⑥ 孔体积与孔径分布　非金属矿物填料的孔体积与孔径分布是影响填充材料密度和吸附性能的主要特性之一。在相同填充质量下，填料孔体积越大，填充材料的体积就越大，密度就越小；同样，相同质量时，孔体积越大，吸附能力就越强，这一特性对于吸附有害气体和调湿材料来讲非常重要。

⑦ 电性能 非金属矿物填料的体积电阻率影响填充材料的电绝缘性或导电性，电缆护套料（EVA、PVC）和环氧树脂基电工与电子级填料要求有较高的体积电阻率（即绝缘性好）。而对于抗静电功能的塑料和橡胶制品则要求填料的体积电阻率较低（即导电性好）。

⑧ 其他性质 非金属矿物填料的光学性能（白度、折射率等）、热性能分别影响填充材料的色泽、透明度、热导性和热解性；填料的硬度影响填充材料的磨耗值；填料的密度影响填充材料的密度。

3.1.2 非金属矿物颜料的作用和性能

（1）非金属矿物颜料的作用

颜料是作为涂料、油墨、塑料、橡胶、胶黏剂、染料以及陶瓷和建材制品等的着色剂而使用的材料，一般不溶于水、油或溶剂。它是白色或有色的无机或有机化合物，应用过程中以细微粒状态分散于介质（或基料）中。颜料粒子本身并不具有染着物体的能力，而是借助基料固着于物体表面或微细地分散于基料中实现着色，并起装饰及保护（如防锈、防腐、防辐射等）作用。非金属矿物颜料属于无机颜料，除了珠光云母外，大多数非金属矿物颜料属于体质颜料，兼具着色和填充两种功能，广泛应用于涂料、纸品、橡胶、塑料、油墨等领域。除了着色外，非金属矿物填料还具有以下作用。

① 增加涂膜的厚度，提高涂层的耐磨性、耐候性、耐热性、耐化学腐蚀、耐擦洗等性能，在涂料和油墨中起骨架作用同时调节涂层的吸光或反光性能。

② 增加纸张的白度和不透明度，提高纸张的书写性能和印刷性能或吸墨性能。

③ 提高橡胶和塑料制品的耐磨、耐候、耐热、滞燃、阻燃及光学等性能。

④ 改善胶黏剂的物理性质，如补强、流变性，增加不透明性并赋予其阻燃和电绝缘等性能。

⑤ 降低生产成本。一般非金属矿物颜料的价格较其他无机颜料低，而且添加量较大。

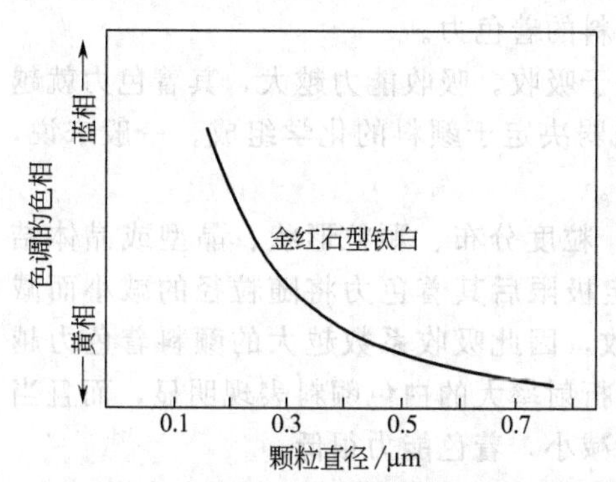

图 3.2 金红石型二氧化钛颜料的色调变化与其颗粒直径的关系

（2）非金属矿物颜料的性能

① 颜色 颜色是颜料性能中最富有特征的性质，尤其是着色颜料。颜料的颜色本质是与其化学组成紧密相关的，不同化学组成的颜料各有其特征的颜色，但其颜色还存在一定范围内的变化。化学组成虽然相同，但晶体结构不同，颗粒大小及其分布以及杂质含量等方面的差异，都会造成色光的差异，而且颜色对这些因素极为敏感，也是人的肉眼对颜色的感觉极为敏感所致，这就是颜料色光难以控制绝对一致的原因。图 3.2 所示为金红石型二氧化钛颜料的色调变化与其颗粒直径的关系。由图可见，同一品种的白色颜料，由于粒子大小不同，色相会稍许有些不同，在白色基调基础上，粒子直径越小，越偏蓝相；反之，则偏黄相。说明同种颜料在化学成分一定之后，由于粒度影响了光的反射、折射和吸收，会带来色相的变动。

② 遮盖力 颜料在透明的基料中使之成为不透明，完全盖住基料的黑白格所需的最少颜料量称之为遮盖力。

遮盖力的光学本质是颜料和存在其周围介质的折射率之差造成的。当颜料的折射率和基料的折射率相等时就是透明的。当颜料的折射率大于基料的折射率时就出现遮盖力，两者之差越大，表现的遮盖力越强。表 3.4 所示为部分物质和颜料的折射率数据。

表 3.4 部分物质和颜料的折射率数据

物料名称	折射率	物料名称	折射率
空气	1	立德粉	1.84
水	1.33	氧化锌	2.02
油	1.48	硫酸锌	2.37
树脂	1.55	钛白粉(锐钛型)	2.55
碳酸钙	1.58	钛白粉(金红石型)	2.76
二氧化硅	1.55	白云母	1.60

碳酸钙在湿态下刷在墙上，由于碳酸钙和水的折射率差不多，所以看起来遮盖力很差。而当干了以后，由于水分被蒸发，此时两者折射率之差变大，所以干了以后遮盖力看起来大为增加。由于这一性质引出了“干遮盖力”这个概念。本来涂料中颜料粒子应该被漆料所润湿，为了增加遮盖力，将一部分低遮盖力的体质颜料填充到建筑涂料中，使颜料总用量超过临界颜料体积浓度 C_{pvc}，形成有一些颜料粒子被空气包围、不被漆料润湿，反而提高了这部分颜料的遮盖力。这样做的目的是用低遮盖力的体质颜料代替部分高遮盖力但价格较高的钛白粉。

遮盖力是颜料对光线产生散射和吸收的结果，主要靠散射。对于白色颜料更是主要靠散射，对于彩色颜料吸收能力也起一定作用，高吸收的黑色颜料也具有很强的遮盖力。

颜料的遮盖力还随粒径大小而变，存在着体现该颜料最大遮盖力的最佳粒度。高折射率颜料和颜料粒子大小的关系较大，低折射率颜料和颗粒大小的关系比较小。在最佳粒径产生最大遮盖力的原因是由于光的衍射作用，当粒径相当光波长的 1/2 时效果最佳，粒径再小时，光线会绕过颜料粒子，发生衍射，不能发挥最大的遮盖作用。随着粒径的进一步减小，遮盖力越来越差，透明性增加。当超过粒径的最佳状态后，随着粒径的增大，光的散射作用越来越差，遮盖力逐渐减小。

③ 着色力　着色力是颜料与基准颜料混合后的颜色强弱能力，通常以白色颜料为基准来衡量各种彩色或黑色颜料对白色颜料的着色能力。白色颜料的着色力一般采用消色力方法进行比较，即加一种蓝颜料去抵消的方法比较出不同白色颜料的着色力。

着色力是颜料对光线吸收和散射的结果，主要取决于吸收。吸收能力越大，其着色力就越强。不同的颜料，其着色力有很大的不同。着色力的强弱决定于颜料的化学组成。一般来说，相似色调的颜料，有机颜料比无机颜料着色力要强得多。

同样化学成分的颜料的着色力取决于颜料的粒径、粒度分布、颗粒形状、晶型或晶体结构。着色力一般随颜料粒径的减小而加强，当超过一定极限后其着色力将随粒径的减小而减弱，其原因与遮盖力相同。由于着色力主要取决于吸收，因此吸收系数越大的颜料着色力越强。一般彩色颜料的着色力随颗粒大小变化的情况不如折射率大的白色颜料表现明显，而且当颗粒大到一定程度后，由于比表面积减小，光的反射面减小，着色能力很低。

着色力还与颜料粒子的分散度有关，分散得越细，着色力越强。因此，为了提高着色力，要重视颜料的后加工处理，如表面处理或表面改性。

④ 密度和比容　颜料的密度是指单位体积内颜料粒子的质量。颜料的密度有真密度和假密度（即堆积密度）之分。真密度是指颜料粒子之间没有空隙，单位体积内全为颜料粒子所占据。颜料由于是粒状松散物料，它的体积一部分被颜料粒子所占据，一部分则被粒子之间的空隙所占据。若将颗粒之间的空隙也计算在内，则得出的密度是假密度，它的数值将随颜料粒子堆积的紧密程度而变。密度的单位一般用 g/cm^3 表示。

颜料的比容为单位质量的颜料所占有的体积，比容在数值上为密度的倒数，一般用 cm^3/g

表示。只考虑颜料粒子所占的比容为真比容，是设计干漆膜颜料体积浓度不可缺少的数据。除此之外，还有视比容和堆积比容之分。视比容是用一定的方法将颜料振实之后单位质量所占的体积。这里的体积是由颜料粒子所占体积和粒子间的空隙所组成。同一成分颜料的视比容不是固定的，它随颜料的粒径及形态而变。视比容也是观察颜料粒子状态的一个侧面，是颜料微观颗粒不同的宏观表现。

⑤ 吸油量　在定量的粉体颜料中，逐步将油滴入其中，使其均匀调入颜料，直至滴加到恰好使全部颜料浸润并黏结在一起的最小用油量即为吸油量，用 mL 油/g 颜料表示。

颜料的吸油量与其比表面积及颜料粒子之间的空隙度有关。因为所需的油除了吸附在颜料粒子表面外，还需充填颜料粒子之间的空隙使颜料与油料连为一体，空隙率低，吸油量会减小；颗粒越小，比表面积越大，吸油量越大。但颗粒大小的变化会影响粒子之间的空隙率，所以吸油量与颗粒大小的关系因要考虑到空隙度问题，所以不存在简单关系。

颜料的吸油量除了与粒子大小有关外，还与颗粒的形状有关。一般来说，针状粒子较球形粒子具有更大的吸油量，因为针状粒子的比表面积较球状粒子大，而且颜料颗粒间的空隙也更大。

颜料的表面状态，如吸附水、盐分、表面活性剂及其他有机物，对其吸油量也有一定影响，有时甚至有较大影响。

吸油量是颜料用于涂料和油墨的一个重要指标。吸油量大的颜料比吸油量小的颜料在保持同样稠度的漆浆时，要耗费更多的浆料。

⑥ 耐候性、耐光性、耐热性　颜料的耐候性、耐光性、耐热性等是颜料的重要应用性能之一，直接影响其应用价值。一般来说无机颜料的耐候、耐光和耐热性远比有机颜料强。

颜料的耐候、耐光和耐热性与其化学稳定性、晶体结构、表面改性处理等有关。颜料的化学稳定性差，在日光及大气的作用下导致其化学组成发生变化和颜料外观的改变。化学成分相同的颜料因晶型不同，耐候、耐光和耐热性也有差别，如单斜晶系的铅铬黄较斜方晶系的铅铬黄耐光。

添加适当的化学物质、改变晶体结构、表面包覆（膜）改性和钝化处理等可以改善颜料的耐候、耐光和耐热性能。

⑦ 化学稳定性　颜料的化学稳定性是其重要的应用性能之一。颜料的耐酸、碱、盐腐蚀及耐光和耐热性是其化学稳定性的具体体现。无机非金属矿物颜料的显著特点是：大多数非金属矿物颜料的化学稳定性较好，尤其是石英、云母、滑石、硅藻土、石墨等。颜料的化学稳定性与其杂质含量、晶体结构等有关。

⑧ 杂质含量　颜料中杂质的品种和含量对颜料的应用性能有一定影响。非金属矿物颜料的原料为矿物，原本就存在一些杂质；此外，在机械加工过程中，也会夹带一些杂质。这些杂质对颜料的颜色、白度、化学稳定性及耐候性、耐光性、耐热性等有不同程度的影响。

3.2 非金属矿物填料与颜料的制备

制备非金属矿物填料和颜料的原料为非金属矿物。由矿石加工成满足应用领域粒度要求和纯度要求的填料和颜料，一般要经过粉碎、分级、超细粉碎和精细分级以及提纯等工艺过程。

3.2.1 粉碎与分级

粉碎与分级是将矿石粒度减小的作业，一般包括破碎筛分和磨矿分级两个过程。通常将粒度减小至 1～30mm 的作业称之为破碎，相应的设备为破碎机；再细的粉碎作业则称为磨矿，相应的设备为磨矿机；与破碎机配套控制最终产品粒度分布的设备称为筛分机，和磨矿机配套控制最终产品粒度分布的作业称为分级机。

破碎和磨矿通常是分阶段进行的，这是因为多数情况下现有的工业设备还不能一次就将大块矿石粉碎至要求的细度。具体选择破碎与磨矿段数时要依原矿性质、原料粒度、产品细度及设备类型而定。物料每经过一次破碎机或磨矿机，称为一个破碎或磨矿段。

（1）破碎筛分

在非金属矿石的破碎中，常用的破碎筛分工艺流程是两段开路和两段一闭路流程，如图3.3所示。

在一些特殊情况下，如处理极坚硬的矿石和特大规模的加工厂，为减少各段的破碎比和增加总的破碎比，采用三段破碎流程；而原矿粒度较小的小规模加工厂则可采用一段破碎工艺流程（采用破碎比较大的锤式或反击式破碎机）。

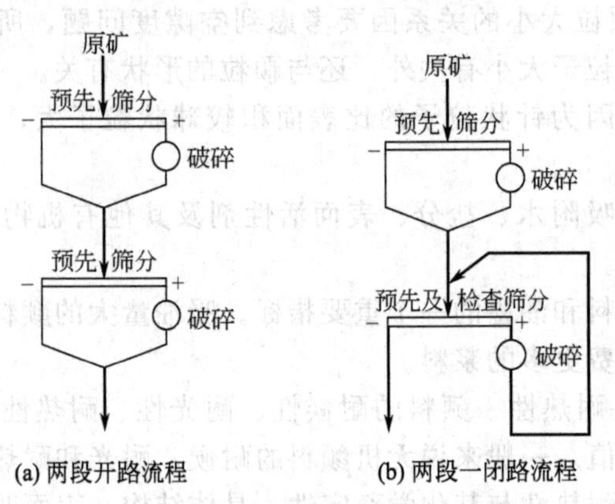

图 3.3 常用的非金属矿破碎筛分流程

表3.5所示为常用破碎设备的类型、性能特点及应用。

表 3.5 破碎机类型、性能特点及应用

类型	品种	破碎比	性能特点及应用
颚式破碎机	简摆式	(4：1)～(9：1)	产品较粗、粉矿较少，适用于粗碎和中碎
	复摆式	(4：1)～(9：1)	生产能力较大、效率较高，适用于中碎和细碎
圆锥破碎机	标准型	(4：1)～(8：1)	平行带短，适用于各种硬度物料的粗碎和中碎
	短头型	(4：1)～(8：1)	平行带长，适用于各种硬度物料的细碎
	中间型	(4：1)～(8：1)	平行中带等，适用于各种硬度物料的中碎和细碎
辊式破碎机	单辊式	7：1	适用于脆软及磨蚀性物料的粗碎和中碎
	双辊式	(3：1)～(18：1)	粉矿少，适用于物料的细碎
反击式破碎机	单转子	(30～40)：1	破碎比大、产品粒度均匀，适用于脆性物料的粗、中、细碎
	双转子	(30～40)：1	
锤式破碎机		(20：1)～(40：1)	破碎比大、产品粒度均匀，适用于脆性物料的粗、中、细碎
立轴冲击式破碎机		(10：1)～(40：1)	具有细碎与粗磨功能；产品颗粒形状规则，可破碎中硬和硬物料

破碎设备类型的选择和规格的确定，主要与所处理矿石的物理性质、处理量、破碎产品的粒度及设备配置等因素有关。所选用的破碎设备必须满足破碎产品粒度、处理量和最大给矿粒度的要求。粗破碎机给矿最大粒度一般不大于破碎机给矿口宽度的0.8～0.85倍；中、细碎破碎机不大于0.85～0.9倍。

由于大多数非金属矿加工厂，日处理矿石量不是特别大，因此非金属矿石的粗碎一般选用颚式破碎机；在设计中选用破碎机之前，一般都需从设备安装功率、设备重量、基建投资、生产经营管理费、设备配置情况及工艺操作的优缺点等方面进行技术经济比较，择优选用。

破碎硬矿石和中硬矿石的中、细碎破碎设备一般选择圆锥破碎机和辊式破碎机。中碎可选用标准型圆锥破碎机；细碎选用短头型圆锥破碎机。

辊式破碎机适于破碎脆性物料和避免过粉碎的物料，它构造简单、容易制造，但辊筒易磨损、处理量不如圆锥破碎机大。

反击式破碎机和锤式破碎机具有体积小、构造简单、破碎比大、能耗低、处理量大、产品粒度均匀、选择性破碎作用强等特点，适用于破碎中硬物料，特别是易碎性物料，如石灰石、方解石、滑石、高岭石、黄铁矿、石棉等。

（2）磨矿分级

磨矿是在矿石经破碎机破碎之后的继续粉碎作业，常称之为磨粉或磨矿作业，主要用于加工150～800目（15～100μm）的粉体产品，这种细度的粉体产品既可直接用于粒度要求无需超细的塑料、橡胶、涂料、造纸、陶瓷、耐火材料、胶黏剂，油墨、机械等工业领域的填料或颜料，也可作为下续超细粉碎作业的原料。常用设备是各类干法磨粉机，如雷蒙磨、立式磨/压辊磨、球磨机、机械冲击磨、环辊磨、振动磨、行星球磨机等。从是否使用研磨介质来说，这些设备又可分为两类：一是无研磨介质磨机，包括雷蒙磨、立式磨/压辊磨、锤磨机、环辊磨、机械冲击式磨机等；二是介质研磨机，包括干式球磨机、振动磨、行星球磨机等。表3.6所示为常用的磨粉机类型、磨矿原理、给料粒度、产品细度及应用。分级设备大多是空气离心式分级机。一般都采用一段磨粉工艺流程，除了磨机和分级机外，一般还包括配套的旋风集料器，风机、除尘器以及给料机等。

表3.6 常用的磨粉机类型、磨矿原理、给料粒度、产品细度及应用

磨机类型	原理	给料粒度/mm	产品细度 $d_{97}/\mu m$	应用
球磨机	利用筒体转动带动磨介或磨球（滑落）研磨或（抛落）冲击	≤30	38～150	硬、中硬、软质物料的湿式或干式细磨
悬辊式磨粉机（雷蒙机）	利用辊子旋转与磨环之间产生的挤压、研磨作用	≤30	38～150	中等硬度以下物料的干式磨矿
振动磨	利用筒体振动造成筒体内研磨介质与物料之间的摩擦、冲击、挤压作用	≤20	20～100	硬、中硬、软质物料的湿式或干式粗磨、细磨或超细磨矿
立式磨（压辊磨）	利用旋转的磨辊对磨盘内物料的挤压、冲击作用	≤30	40～100	硬、中硬、软质物料的干式粗磨或细磨
环辊磨	利用磨辊对物料的研磨、挤压作用	≤20	30～74	莫氏硬度8以下物料的干式粗磨或细磨
机械冲击或涡旋式粉碎机	利用旋转物件对物料的打击及物料之间的冲击作用	≤30	30～100	中等硬度以下物料的干式细磨

在选择非金属矿物填料和颜料的磨矿分级设备时，主要考虑以下因素。

① 产品细度　如果原料为中等硬度以下的非金属矿物，如滑石、方解石、大理石、高岭岩、膨润土、长石等，产品细度要求为150～400目左右。一般情况下，采用雷蒙磨、球磨机、立式磨（压辊磨）、机械冲击或涡旋式粉碎机、振动磨等。如果产品细度要达到400目以上（<40μm），除了采用产物粒度较细的磨粉设备，如立式磨（压辊磨）、环辊磨、雷蒙磨、振动磨、球磨机、机械冲击磨机等外，还需要配置空气离心式分级机。

② 产品品种及产量　在可能情况下最好采用一条生产（流程）线，因此，在能达到产品细度的前提下一般选用大型设备。与多台小型设备相比，单台大设备的单位产品能耗及生产成本较低。另外，如果产品品种较多，而又不能同时用一台设备交替进行粉碎加工时，则还要考虑选择多台（套）工艺设备。

③ 产品的纯度、颗粒形状等的要求　在塑料、橡胶、涂料、胶黏剂、陶瓷、耐火材料、造纸、机械、电子等相关领域应用的非金属矿填料和颜料大多对氧化铁及其他金属杂质及白度指标等都有一定要求，因此，在选择磨机及分级机时要考虑设备的磨损情况或磨耗。

某些非金属矿物，如石墨、滑石、高岭土、硅灰石等的片状或针状晶形或颗粒形态有助于提高其应用性能和使用价值。因此，在选择用于这些矿物的磨粉工艺设备时，还要考虑保护其晶形。

④ 能耗　能耗是产品成本的重要构成部分，先进的磨矿与分级设备及工艺应该是生产单位产品的能耗最低。

⑤ 工艺设备的质量监控水平、投资、环保、占地面积及其他相关因素。

3.2.2 选矿提纯

天然产出的非金属矿物原料程度不同地含有其他矿物杂质。对于无机填料和颜料，这些矿物杂质有些是允许存在的，如方解石中所含的少量白云石和硅灰石，滑石中所含的部分叶蜡石和绿泥石；但有些是要尽可能去除的，如高岭土、石英、硅藻土、滑石、云母、硅灰石、方解石等矿物中所含的各种铁质矿物和其他金属杂质。还有一些填料或颜料，如石墨、硅藻土、砂质高岭土、煤系高岭土等，原料矿物的品位较低，也必须通过选矿提纯或煅烧才能满足应用要求。

对于非金属矿物来说，纯度在很多情况下指其矿物组成，而非化学组成；正是矿物组成决定非金属矿物填料的结构和性能。有许多非金属矿物的化学成分基本相近，但矿物组成和结构相去甚远，因此非金属矿物填料的功能或填充性能也就不同。例如石英和硅藻土，化学成分虽都是二氧化硅，但前者为晶质结构（硅氧四面体），而后者为结构复杂的非晶质多孔结构，因此，它们的填充性能或功能也不相同。

由于非金属矿成矿的特点及应用的要求，工业上大多数非金属矿石，如石灰石、方解石、大理石、白云石、石膏、重晶石、滑石、叶蜡石、绿泥石、硅灰石、石英岩等只进行简单的拣选和分类以进行粉碎、分级、改性和深加工。目前工业上进行选矿提纯的非金属矿物填料和颜料原（矿）料主要是方解石、石棉、石墨、高岭土、硅藻土、石英岩、云母、滑石等。

非金属矿选矿提纯技术的依据是矿粒之间或矿粒与脉石之间密度、粒度和形状、磁性、电性、颜色（光性）、表面润湿性以及化学反应特性的差异。根据分选原理不同，目前的选矿提纯技术可分为拣选（包括人工拣选和光电拣选）、重力分选、磁选、电选、浮选、化学选矿等（表 3.7）。

目前，石棉主要采用风选和筛分分级；石墨天然可浮性好，主要采用浮选，对要求固定碳含量达到 95%以上的高纯石墨采用化学选矿（强酸、碱处理和高温煅烧）；软质高岭土主要采用重选（水力旋流器和离心分级）除砂，强磁或高梯度磁选机及化学漂白（还原和氧化漂白）除铁增白；硅藻土主要采用擦洗分散、分级除晶质二氧化硅、选择性沉降分离黏土；高纯石英主要采用酸浸和纯水洗涤；云母则主要根据进行人工或机械拣选及摩擦选矿以及风选和重选除砂；石榴子石主要采用摇床分选；硅线石和蓝晶石则在去除矿泥的基础上主要采用浮选；长石主要采用磁选，与石英分离时，主要采用浮选；煤系高岭土采用煅烧方法脱除结构水和增白。

表 3.7　非金属矿物填料和颜料选矿提纯的方法、原理及主要工艺设备

方法	原理	工艺	设备
拣选	根据矿石的外观特征（颜色、光泽、形状）的不同及受可见光、X 射线、γ 射线等照射后吸收或反射的差异或矿石天然辐照能力的差别	分人工拣选和机械拣选两种工艺。人工拣选在采矿场、固定格条筛、手选皮带和手选台上进行；机械拣选主要有光电拣选和 X 射线拣选	人工拣选：拣选皮带（输送）机、格条筛、拣选台； 机械拣选：光电拣选机、X 射线电拣选等
重选	根据矿物间密度或粒度的差异，在水、空气、重液或重悬浮液等介质中，借流体浮力、动力或其他机械力的推动而松散，在重力（或离心力）及黏滞阻力作用下，不同密度或粒度的矿粒实现分离	垂直重力场分选工艺（跳汰分选）； 斜面重力场分选工艺（摇床和螺旋溜槽分选）；离心力场分选工艺；重介质分选工艺	各种跳汰机； 摇床、螺旋选矿机；离心选矿机、水力旋流器、重介质选矿机和旋流器、旋风分离器等

续表

方法	原理	工艺	设备
磁选	在磁场中，根据矿物间磁性的差异实现分离的方法。非金属矿主要是分离出含铁等磁性杂质	干式磁选 湿式磁选 高梯度磁选 超导磁选	干式弱磁选机和强磁选机 湿式弱磁选机和强磁选机 高梯度磁选机 超导磁选机
电选	利用矿物的电性差异，在高压电场中实现矿物分选	静电分选 电晕带电分选 摩擦带电分选	接触带电电选机 电晕带电电选机 摩擦带电电选机
浮选	利用矿粒表面性质(主要是表面润湿性)的差异或通过药剂(捕收剂和调整剂)造成不同矿粒表面润湿性的不同，在气、液、固三相界面体系中使矿物分离	单体解离后的矿物经调浆和调药后进入浮选机进行充气、搅拌，使受捕收剂作用的矿粒向气泡附着，在矿浆面上形成泡沫层，用刮板刮出成为泡沫产品，未上浮的矿粒随底流排走	机械搅拌式浮选机(XJ 型、XJQ 型、维姆科型、SF 型、XJZ、XJB 型等)、充气搅拌式浮选机(XJC、CHF-X、BS-X、KYF、BS-K、CJF 等)、充气式浮选机(浮选柱)
化学提纯	利用不同矿物在化学性质上的差异，采用化学方法或化学与物理相结合的方法进行提纯或分离	酸、碱、盐处理工艺 化学漂白工艺 焙烧和煅烧工艺	机械搅拌式浸出槽和反应釜 机械搅拌式漂白槽(罐)和反应釜 立窑、回转窑、隧道窑等
其他	根据矿粒的表面电性、表面自由能以及胶体化学特性等进行分选	疏水聚团分选工艺、高分子絮凝分选工艺、复合聚团分选工艺等	调浆槽、浮选机、磁选机等

3.2.3 超细粉碎与精细分级

许多应用领域要求非金属矿物填料或颜料的粒度小于 10μm 甚至更细，因此，在很多情况下必须对其进行超细粉碎和精细分级。

目前工业上所采用的超细粉碎方法主要是机械力方法。超细粉碎设备的主要类型有气流磨、高速机械冲击磨、搅拌球磨机、研磨剥片机、砂磨机、振动球磨机、旋转筒式球磨机、辊磨机（压辊磨和环辊磨）、胶体磨等。其中气流磨、高速机械冲击磨、辊磨机等为干式超细粉碎设备，研磨剥片机、砂磨机、胶体磨等为湿式超细研磨机，搅拌球磨机、振动球磨机、旋转筒式球磨机等既可以用于干式也可以用于湿式超细粉碎。表 3.8 列出了上述各类超细粉碎设备的粉碎原理、给料粒度、产品细度及应用范围。

表 3.8 超细粉碎设备类型及其应用

设备类型	粉碎原理	给料粒度/mm	产品细度 d_{97}/μm	应用范围
气流磨	冲击、碰撞	<2	3～45	高附加值非金属矿物填料或颜料
高速机械冲击磨	打击、冲击、剪切	<10	8～45	中等硬度以下非金属矿填料或颜料
振动磨	摩擦、碰撞、剪切	<5	2～74	各种硬度非金属矿填料或颜料
搅拌磨	摩擦、碰撞、剪切	<1	2～45	各种硬度非金属矿填料或颜料
转筒式球磨机	摩擦、冲击、	<5	5～74	各种硬度非金属矿填料或颜料
行星式球磨机	压缩、摩擦、冲击	<5	5～74	各种硬度非金属矿填料或颜料
研磨剥片机	摩擦、碰撞、剪切	<0.2	2～20	各种硬度非金属矿填料或颜料
砂磨机	摩擦、碰撞、剪切	<0.2	1～20	各种硬度非金属矿填料或颜料
辊磨机	挤压、摩擦	<30	10～45	各种硬度非金属矿填料或颜料

气流磨是最主要的超细粉碎设备之一。依靠内分级功能和借助外置分级装置，气流磨机可加工 $d_{97}=3\sim5\mu m$ 的粉体产品，产量从每小时几十千克到几吨。在国内超细粉碎设备厂商中，气流磨的生产厂家最多。目前气流磨机主要有流化床对喷式、扁平（圆盘）式、循环管式、对喷式、靶式、旋冲式等几种机型和数十余种规格。气流磨主要用于滑石、石墨、硅灰石、水镁石、氢氧化镁等非金属矿物填料和颜料的超细粉碎加工，其中流化床对喷式气流磨是应用最为广泛。图 3.4 是流化床对喷式气流粉碎机。

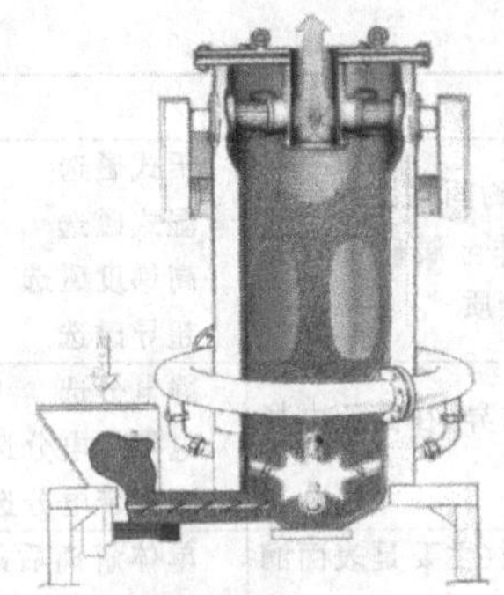

图 3.4 流化床对喷式气流粉碎机

机械冲击式超细磨机是国内非金属矿行业选用较多的超细粉碎设备，广泛应用于煤系高岭土、重晶石、方解石、大理石、滑石等中等硬度以下非金属矿物填料或颜料的超细粉碎加工，配以高性能的精细分级机后可以生产 $d_{97}=5\sim10\mu m$ 的超细粉体产品。国内自主研发的 LHJ 型机械粉碎机在重晶石、滑石、煤系硬质高岭土的干法超细粉碎加工中得到了广泛应用（图 3.5）。

有研磨介质类超细研磨机包括搅拌球磨机、旋转筒式球磨机、行星式球磨机和研磨剥片机、砂磨机等几种类型。图 3.6 所示为目前工业上应用的几种大型搅拌磨机；搅拌球磨机已广泛用于高岭土、重质碳酸钙、锆英砂水镁石等的湿式超细研磨；产品细度可达 $d_{97}\leqslant2\mu m$。超细振动球磨机有单筒、双筒式等机型，已应用于石墨、石英、方解石等非金属矿填料的细磨和超细磨。图 3.7 所示为 MZD 型超细振动磨图；湿式振动球磨机的产品细度可达 $d_{97}=3\mu m$ 左右，干式振动磨（不带分级机）可达 $d_{97}=15\sim20\mu m$ 左右。用于超细粉碎的旋转筒式球磨机的结构特点是磨机的径长比较大（图 3.8），使用球或钢段作为研磨介质，在生产中与精细分级机构成连续闭路超细粉碎作业，这种球磨机-分级机干式闭路系统用于生产超细重质碳酸钙，给料粒度≤5mm，产品细度可在 $d_{97}=5\sim45\mu m$ 之间进行调控。湿式砂磨机主要有卧式和立式两种机型（图 3.9），产品细度可达 $d_{97}=1\sim2\mu m$，$d_{50}=0.3\sim0.5\mu m$，主要用于重质碳酸钙、高岭土、钛白粉等填料和颜料的超细粉碎和分散。

图 3.5 LHJ 型机械粉碎机及生产线

(a) CYM型连续搅拌磨

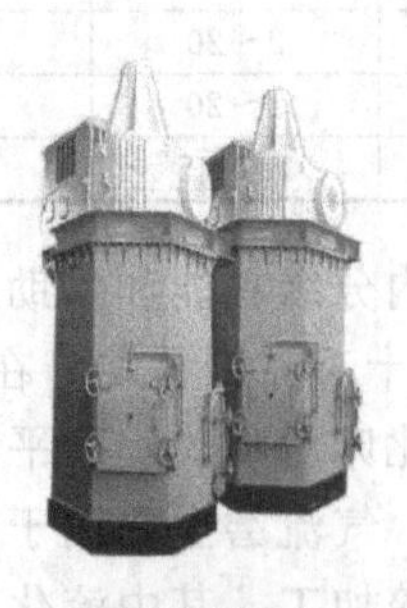

(b) MB超细搅拌磨

(c) RWM立式搅拌磨

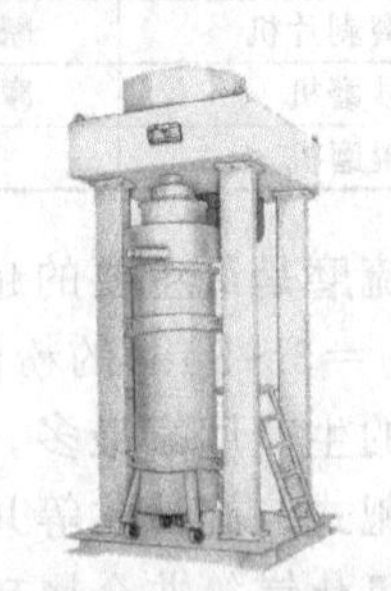

(d) 500BP型研磨剥片机

图 3.6 湿法搅拌球磨机

图 3.7 MZD 型超细振动磨机

(a) 外形

(b) 球磨机-分级机生产线

图 3.8 超细球磨机及生产线

(a) RKM大型卧式砂磨机

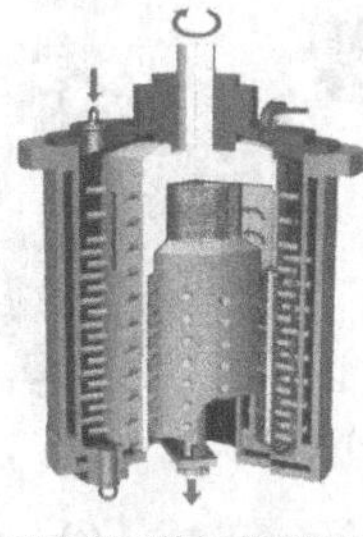

(b) SUPERFLOW型立式砂磨机内部结构

(c) LME型卧式砂磨机

图 3.9 砂磨机

辊磨机是利用挤（碾）压和摩擦作用使物料粉碎的超细粉碎设备，外置精细分级设备可以生产 $d_{97}=5\sim10\mu m$ 的超细非金属矿物填料和颜料。用于生产超细重质碳酸钙时，立式磨的单机超细粉体（1250 目）生产能力可达 5t/h 以上；离心环辊磨的单机生产能力可达 3t/h 以上。目前的机型主要有立式磨或辊压磨和环辊磨（图 3.10）。

(a) VRM型立式磨

(b) HLM型离心环辊磨

(c) LHG辊压磨

图 3.10 辊磨机

在非金属矿物填料和颜料的超细粉碎工艺系统中，除了超细粉碎作业之外，还必须配置精细分级作业。精细分级作业主要有两个作用：一是确保产品的粒度分布满足应用的需要；二是提高超细粉碎作业的效率。许多应用领域不仅对填料和颜料的粒度大小（中位粒径）有要求，而且对其粒度分布有一定要求，如作为内墙涂料填料和颜料的煅烧高岭土要求 325 目筛余量小于 0.01%甚至没有，作为造纸颜料的重质碳酸钙要求最大粒径小于 5μm。有些粉碎设备，特别是球磨机、振动磨、干式搅拌磨等，研磨产物的粒度分布往往较宽，如果不进行分级，难以满足应用的需要。研究表明，在超细粉碎作业中，随着粉碎时间的延长，在合格细产物增加的同时，微细粒团聚也增加；到某一时间，粉体粒度减小的速率与微细颗粒团聚的速率达到平衡，这就是所谓的粉碎平衡。在达到粉碎平衡的情况下，继续延长粉碎时间，产物的粒度不再减小甚至反而增大。因此，要提高超细粉碎作业的效率，必须及时将合格的超细粒级粉体分离，使其不因“过磨”而团聚。这就是一些超细粉碎工艺中设置精细分级作业的理论依据。

根据分级介质的不同，精细分级机可分为两大类：一是以空气为介质的干法分级机，主要是转子（涡轮）式气流分级机；二是以水为介质的湿法分级机，主要有超细水力旋流器，卧式螺旋离心机的沉降式离心机等。

目前工业上应用的干式精细分级机主要是 MS、MSS 和 ATP 型及其相似型或改进型以及 LHB 型 NEA、TFS 型等干式精细分级机。这些干式精细分级机可与超细粉碎机配套使用，其分级粒径可以在较大范围内进行调节，其中 TSP 型、MS 型及其类似的分级机分级产品细度可达 $d_{97}=10\mu m$ 左右，MSS 和 ATP、NEA、LHB 型及其类似的分级机分级产品细度可达 $d_{97}=3\sim5\mu m$，TTC 和 TFS 型分级机的产品细度可达 $d_{97}=2\mu m$。依分级机规格或尺寸的不同，单机处理能力从几十千克/小时到 30t/h 左右不等。LHB 型干式精细分级机分级产品细度可达 $d_{97}=5\sim10\mu m$，小时处理能力最大可达 20t 左右。图 3.11 所示为常见的干式精细分级机。

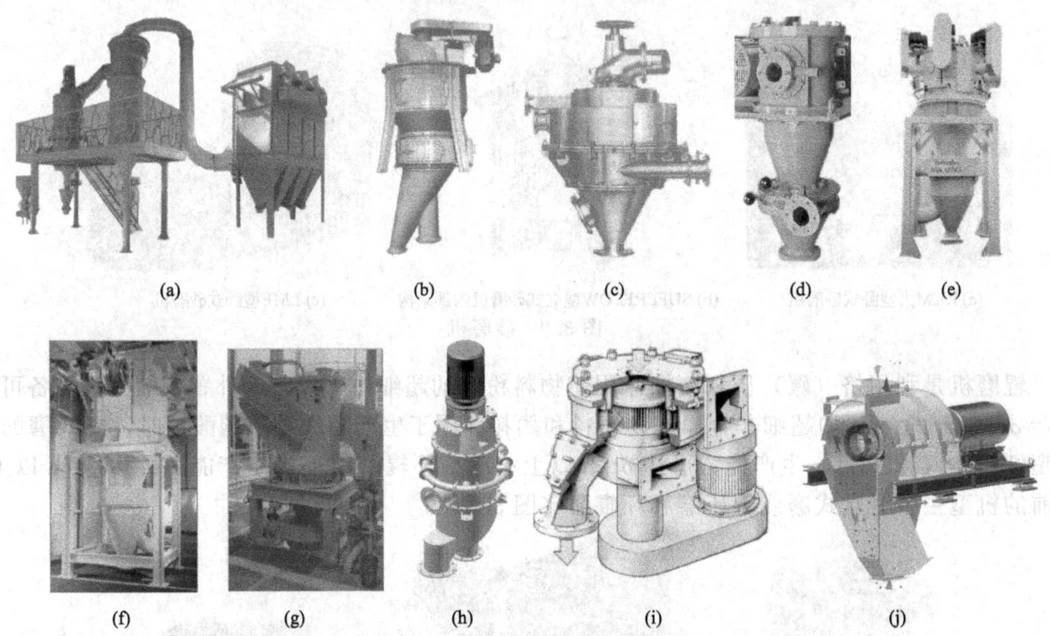

图 3.11　主要的干式精细分级机

(a) LHB 型涡轮式精细分级机组；(b) MS 型精细分级机；(c) MSS 型精细分级机；(d) ATP 单轮分级机；(e) ATP 多轮分级机；(f) ATP 分级机改进型；(g) TTC 型分级机；(h) NEA 系列气流分级机；(i) TSP 型精细分级机；(j) TFS 型精细分级机

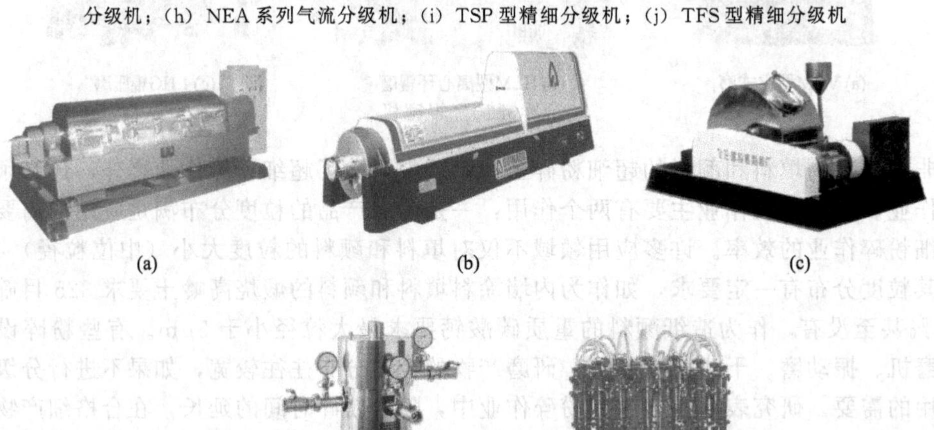

图 3.12　湿式精细分级机

(a) LW（WL）型螺旋卸料沉降离心机；(b) D 型螺旋卸料沉降离心机；(c) 沉降离心分级机；(d) 超细水力旋分机；(e) 旋流器组

湿式精细分级机主要有两种类型：一是旋流式水力分级机，包括小直径水力旋流器、LS离旋器、GSDF型超细水力旋分机等机型；二是离心沉降式分级机。这类分级机包括沉降离心分级机和卧式螺旋卸料沉降离心机（图3.12），分级粒径可达到1～5μm。

3.3 非金属矿物填料与颜料的表面改性

非金属矿物填料颗粒表面与聚合物之间的结合状态对高聚物基复合材料的综合性能有直接影响。填料表面所存在的无论是物理因素还是化学活性因素对这种结合状态都有不容忽视的影响。因此，在加工和选用无机非金属矿物填料时必须考虑填料表面的物理化学特性。

非金属矿物填料表面由于各种官能团的存在及与空气中的氧或水分作用，使之与填料内部的化学结构差别甚大。大多数非金属矿物填料具有一定的酸碱性，其表面有亲水性基团，并呈极性，容易吸附水分。而有机聚合物则具有憎水性，因此二者之间的相容性差，界面难以形成良好的黏结。正因为如此，为了改善填料和树脂的相容性，增强二者的界面结合，需要采用适当的方法对无机填料表面进行改性。

无机填料在聚合物中的分散状态对填充聚合物的性能，尤其是力学性能影响极大。非金属矿物填料在聚合物中的分散状态既与混合工艺等有关，也与其表面活性有关。有机表面改性可以改进其分散性，提高填充材料的综合性能和工艺/加工性能及制品表观质量。

除了粒度及其分布的要求外，无机非金属矿物颜料还必须能与基料很好地相容，才能发挥其最大着色力、遮盖力等性能。这些性能只有在颜料能充分分散的前提下才能实现。此外，无机非金属矿物颜料的表面特性以及在基料中的润湿和分散状况还关系到沉降、光泽、附着力、抗菌和耐久性等一系列性能。要使非金属矿物颜料具有这些满意的性能，还必须在生产过程和后期对其进行表面改性处理。

表面改性处理是颜料加工过程中的一个重要环节，其主要目的如下：①改进颜料在各种介质中的润湿性和分散性；②提高颜料的着色力和遮盖力；③改善颜料的光泽和保湿性；④提高颜料的耐光性、耐候性和耐热性。

非金属矿物填料或颜料的表面改性依据所使用的表面改性剂的类型可分为有机表面改性和无机表面改性两大类。

3.3.1 有机表面改性

根据所用的有机表面改性剂的种类，非金属矿物填料或颜料表面改性方法可以分为偶联剂改性、表面活性剂改性、有机硅或硅树脂改性、水溶性高分子改性、不饱和有机酸改性、超分散剂改性、有机低聚物等。

（1）偶联剂改性

偶联剂是一种至少具有1个以上与无机粉体表面作用的基团和1个以上与有机聚合物亲和基团的具有两性结构的有机物。按其化学结构和成分可分为钛酸酯类、硅烷类、铝酸酯类、锆铝酸盐等几种。其分子中的一部分基团可与非金属矿物填料或颜料表面的各种官能团反应，形成化学键合或包覆。另一部分基团可与有机高聚物或基料发生化学反应或物理缠绕，从而将两种性质差异很大的材料牢固地结合起来，使无机粉体和有机高聚物或基料分子之间建立起具有特殊功能的“分子桥”。

偶联剂适用于各种不同的有机高聚物或基料和无机填料或颜料的复合材料体系。经偶联剂表面改性后的无机非金属矿物填料或颜料，既抑制了填充体系“相”的分离，又使无机填料或颜料有机化，与有机基料或溶剂的亲和性增强，即使增大填充量，仍可较好分散，从而改善制品的综合性能，特别是各种力学性能。

（2）表面活性剂改性

表面活性剂是一种能显著降低水溶液的表面张力或液液界面张力，改变体系表面状态从而产生润湿和反润湿、乳化和破乳、分散和凝聚、起泡和消泡以及增溶等一系列作用的化学物质。

表面活性剂分子由性质截然不同的两部分组成，一部分是与油或有机物有亲和性的亲油基（也称憎水基），另一部分是与水或无机物有亲和性的亲水基（也称憎油基）。表面活性剂分子的这种结构特点使它能够用于非金属矿物填料或颜料的表面改性处理，即亲水基可与无机填料或颜料粒子表面发生物理、化学作用，吸附于颗粒表面，亲油基朝外，使填料或颜料颗粒表面由亲水性变为疏水性，从而改善无机填料或颜料与有机物的亲和性，提高其与高聚物基料的相容性或在涂料中的分散性。如用各种脂肪酸、脂肪酸盐、酯、酰胺等对碳酸钙进行表面处理时，由于脂肪酸及其衍生物对钙离子具有较强的亲和性，所以能在表面进行化学吸附，覆盖于粒子表面，形成一层亲油性结构层，使处理后的碳酸钙亲油疏水，与有机树脂有良好的相容性。

(3) 有机硅或硅树脂改性

有机硅是以重复的 Si—O 键为主链、硅原子上连接有机基的聚有机硅氧烷。有机硅是以硅氧烷链为憎水基，以聚氧乙烯基、羧基、酮基或其他极性基团为亲水基的一类特殊类型的表面活性剂，俗称硅油、硅树脂或硅橡胶。

有机硅具有许多独特的性能，如耐高低温、耐候、耐老化、电气绝缘、耐臭氧、增水、难燃、生理惰性等。

有机硅从分子主链结构可以分为聚有机硅氧烷、聚硅烷和杂链有机硅聚合物。杂链有机硅聚合物还可分为杂硅氧烷（部分硅原子被其他原子取代）、聚有机硅氮烷、聚有机硅硫烷、聚亚烷基硅烷、聚亚芳基硅烷、聚硅亚烷（芳）基硅烷、聚硅亚烷基硅烷、聚亚硅基硅氧烷以及有机硅和有机共聚物等。

非金属矿物填料或颜料表面改性常用的有机硅主要是聚二甲基硅氧烷、有机基改性聚硅氧烷以及有机硅与有机化合物的共聚物，特别是带活性基的聚甲基硅氧烷，其硅原子上接有若干氢基或羟基封端。

(4) 水溶性高分子改性

水溶性高分子又称水溶性树脂或水溶性聚合物，是一种亲水性的高分子材料，在水中能溶解形成溶液或分散液。水溶性高分子的亲水性，来自于其分子中含有的亲水基团。最常见的亲水基团是羧基、羟基、酰胺基、胺基、醚基等。这些基团不但使高分子具有亲水性，而且使它具有许多宝贵的性能，如黏合、成膜、润滑、成胶、螯合、分散、絮凝、减磨、增稠等。

水溶性高分子可以分为三大类，即天然水溶性高分子、半合成水溶性高分子和合成水溶性高分子。非金属矿物填料或颜料表面改性主要使用合成水溶性高分子，如聚丙烯酸及其盐类（聚丙烯酸钠、聚丙烯酸铵），聚丙烯酰胺、聚乙二醇、聚乙烯醇、聚马来酸酐及马来酸-丙烯酸共聚物等。水溶性高分子的分子中都含有亲水和疏水基团，因此很多水溶性高分子具有表面活性，可以降低水的表面张力，有助于水对固体的润湿，特别有利于无机非金属矿物填料、颜料在水中的分散。许多水溶性高分子虽然不能显著降低水溶液的表面张力，但可以起到保护胶体的作用。通过它的亲水性，使水-胶体复合体吸附在颗粒上，使颗粒屏蔽免受电解质引起的絮凝或凝聚作用，这样也给予分散体系以稳定性。因此，水溶性高分子可用于无机填料，如 SiO_2、Fe_2O_3、Al_2O_3、ZnO、$CaCO_3$、TiO_2及陶瓷颜料等的表面处理，因为经过水溶性高分子改性处理后的无机粉体在水相及其他无机相中容易分散，而且相容性好。

将分子量几百到几千的低聚物和交联剂或催化剂溶解或分散在一定溶剂中，再加入适量的无机粉体，搅拌、加热到一定温度，并保持一定时间，便可实现粉体表面的有机包覆改性。

(5) 不饱和有机酸改性

不饱和有机酸，如丙烯酸等，与含有活泼金属离子（含有 SiO_2、Al_2O_3、K_2O、Na_2O 等化学成分）的粉体（如长石、石英、红泥、玻璃微珠、煅烧高岭土等）在一定条件下混合时，粉体表面的金属离子与有机酸上的羧基发生化学反应，以稳定的离子键结构形成单分子层，包覆在无机粉体粒子表面。由于有机酸的另一端带有不饱和双键，具有很大的反应活性，因此，这种填料具有较强的反应活性。在生产复合材料时，用这种带有反应活性的粉体与基体树脂混合，在加工成型时，由于热或机械剪切的作用，基体树脂就会产生自由基与活性填料表面的不饱和双键反应，形成化学交联结构。在使用过程中复合材料中的大分子在外界的力、光、热的作用下，也会分解产生自由基，这些自由基首先与活性粉体残存的不饱和双键反应，形成稳定的交联结构。

（6）超分散剂改性

超分散剂是一类具有表面活性的特殊分子结构的分散剂或高分子分散剂，它可以有效降低分散体系中填料或颜料粒子间的相互作用，增加粒子在介质中的润湿性，提高分散体系的稳定性。其主要特点如下：①在无机填料或颜料颗粒表面可形成多点锚固，提高了吸附牢度，不易解吸；②溶剂化链比传统分散剂亲油基团长，可起到有效的空间稳定作用；③形成极弱的胶束，易于活动，能迅速移向颗粒表面，起到润湿保护作用；④不会在颗粒表面导入亲油膜。

超分散剂除了用于油墨和涂料中填料和颜料的表面处理外，处理陶瓷颜料可提高其分散性，消除陶瓷结构微观不均匀性；用于复合材料中非金属矿物填料的表面改性，不仅可以增加填料填充量，而且可以提高填料的分散度，改善复合材料的力学性能。

（7）有机低聚物改性

聚烯烃低聚物和聚乙烯蜡等有机低聚物也可以用于非金属矿物填料或颜料的表面改性。

聚乙烯蜡，即低分子量聚乙烯，平均分子量 1500～5000，白色粉末，相对密度约 0.9，软化点 101～110℃。聚乙烯蜡经部分氧化即为氧化聚乙烯蜡。氧化聚乙烯蜡的分子链上带有一定量的羧基和羟基。

聚烯烃低聚物有较高的黏附性能，可以和无机粉体较好地浸润、黏附、包覆。因此，常用于涂料消光剂（一种大孔体积和高比表面积沉淀二氧化硅填料）的表面包覆改性剂。同时，因其基本结构和聚烯烃相似，可以和聚烯烃很好地相容结合，因此可应用于聚烯烃复合材料中非金属矿物填料的表面改性。

非金属矿物填料或颜料的表面改性，主要是依靠表面改性剂在填料或颜料颗粒表面的吸附、反应、包覆或包膜来实现的。表 3.9 为非金属矿物填料或颜料有机表面改性常用表面改性剂。

表 3.9　非金属矿物填料或颜料有机表面改性常用表面改性剂

名称		品种	应用
偶联剂	钛酸酯	单烷氧基型（NDZ-101、JN-9、YB-203、JN-114、YB-201、T1-1、T1-2、T1-3 等）；螯合型（YB-301、YB-401、JN-201、YB403、JN-54、YB404、JN-AT、YB405、T2-1、T3-1 等）；配位型（KR-41B、KR-46 等）	碳酸钙、碳酸镁、氧化镁、氧化钛、氧化锌、氧化铁、滑石、硅灰石、重晶石、硫酸钡、氢氧化铝、氢氧化镁、叶蜡石等
	硅烷	氨基硅烷（SCA-1113、SCA-1103、SCA-603、SCA-1503、SCA-602、SCA-613 等）；环氧基硅烷（KH-560、SCA-403 等）；硫基硅烷（KH-590、SCA-903、D-69 等）；乙烯基硅烷（SCA-1603、SCA-1613、SCA-1623 等）；甲基丙基酰氧基硅烷（SCA-503）；硅烷酯类（SCA-113、SCA-103 等）	硅微粉、二氧化硅、玻璃纤维、高岭土、滑石、硅灰石、氢氧化铝、氢氧化镁、云母、叶蜡石、凹凸棒石、海泡石、硅藻土、蛋白土等填料或颜料
	铝酸酯	DL 系列：411-A、411-B、411-C、411-D、412-A、412-B、414、481、881、882、452、471、472 等； F 系列：F-1、F-2、F-3、F-4 等； H 系列：H-2、H-3、H-4； L 系列：L-1A、L-1B、L-1H、L-2、L-3A	碳酸钙、碳酸镁、高岭土、滑石、硅灰石、氧化铁、重晶石、氢氧化铝、氢氧化镁、粉煤灰、石膏粉、云母、叶蜡石等填料或颜料
	铝钛复合	FT-1、FT-2	碳酸钙、碳酸镁、高岭土、滑石、硅灰石、氧化铁、重晶石、氢氧化铝、氢氧化镁、粉煤灰、石膏粉、云母、叶蜡石等填料或颜料

续表

名称		品种	应用
表面活性剂	阴离子	硬脂酸(盐)、磺酸盐及其酯、高级磷酸酯盐、月桂酸盐/酯	轻质碳酸钙、重质碳酸钙、硅灰石、膨润土、高岭土、氢氧化镁、滑石、叶蜡石等填料或颜料
	阳离子	高级胺盐(伯胺、仲胺、叔胺及季铵盐)	
	非离子	聚乙二醇型、多元醇型、脂肪醇聚氧乙烯醚、烷基酚聚氧乙烯醚等	
水溶性高分子		聚丙烯酸(盐)、丙烯酸及甲基丙烯酸共聚物、聚乙烯醇、聚马来酸、马来酸-丙烯酸共聚物、聚丙烯酰胺、聚乙二醇等	碳酸钙、磷酸钙、硅灰石、滑石、铁红、钛白粉等无机填料和颜料
有机硅		二甲基硅油、甲基硅油、羟基硅油、含氢硅油等	二氧化硅、高岭土、颜料等
有机低聚物		无规聚丙烯、聚乙烯蜡、环氧树脂等	二氧化硅、云母、碳酸钙等
不饱和有机酸		丙烯酸、甲基丙烯酸、定烯酸、马来酸、肉桂酸、衣糠酸、山梨酸、氯丙烯酸等	长石、陶土、红泥、氢氧化铝、二氧化硅等填料或颜料
超分散剂		含取代氨端基的聚酯、接枝共聚物(主链为顺丁烯二酸酐与乙烯基单体，侧链为醋酸乙烯酯或丙烯酸酯类共聚物)、聚羟基酸酯、皂类物等	云母、高岭土、滑石、钛白粉、氧化铝、氧化镁等非金属矿物填料或颜料

非金属矿物填料和颜料有机表面改性要借助改性装备来进行。表面改性装备可分为干法和湿法两类。常用的干法表面改性设备是 SLG 型连续粉体表面改性机（图 3.13）、高速加热混合机（图 3.14）等。常用的湿法表面改性设备为可控温反应罐（图 3.15）或反应釜。

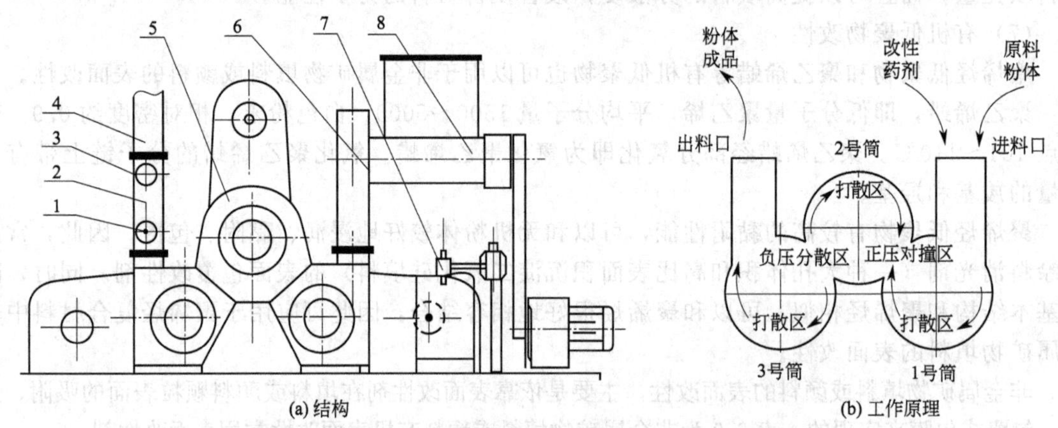

图 3.13　SLG 型连续粉体表面改性机的结构与工作原理

1—温度计；2—出料口；3—进风口；4—风管；5—主机；6—进料口；7—计量泵；8—喂料；

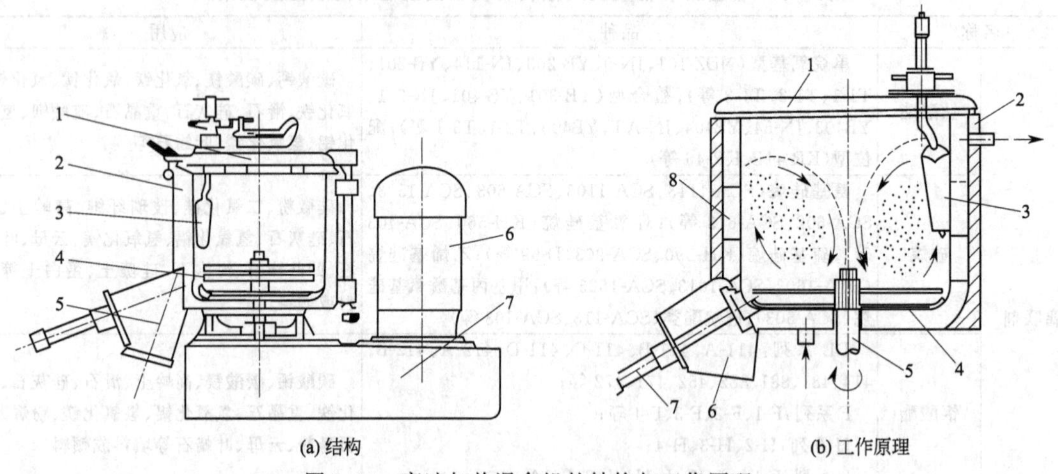

图 3.14　高速加热混合机的结构与工作原理

1—回转盖；2—混合锅；3—折流板；4—搅拌装置；5—排料装置；6—驱动电机；7—机座

1—回转盖；2—外套；3—折流板；4—叶轮；5—驱动轴；6—排料口；7—排料气缸；8—夹套

表征无机非金属矿物填料或颜料表面改性效果的主要方法有润湿性、浸渍热、吸附热、吸油值、在非极性溶剂中的黏度和分散性等以及改性填料或颜料在聚合物基料中的应用性能，如复合材料的力学性能、阻燃性能、电性能等。

表征无机填料或颜料有机表面包覆改性后润湿性的最常用的方法是活化指数和润湿接触角，但润湿接触角测定较麻烦。因此，工业生产中常采用活化指数测定法。一般来说，无机粉体的活化指数与润湿接触角成正比关系，润湿接触角越大，活化指数越高。

此外，一些特定物理量的变化也可用来衡量改性效果，如采用几种不同性能的表面改性剂对云母进行表面改性，使云母表面由亲水性变为疏水性，同时在正己烷介质中的沉降体积降低。

表面改性后的无机填料或颜料在聚合物基复合材料中的应用性能可通过测定填充后复合材料的力学性能，如抗拉强度、冲击强度、断裂伸长率、弯曲强度、撕裂强度、硬度、耐磨性以及熔体流动指数等来综合评价。表面改性后的无机填料在电缆绝缘料，如EVA中的应用效果除了前述力学性能外，还要通过测定电性能，如介电常数、体积电阻率等参数来评价表面改性的效果。表面改性后的无机非金属填料或颜料在涂料中的应用效果可通过测定填充体系的黏度、分散性以及涂膜的力学性能、光学性能、耐候性等来综合评价。

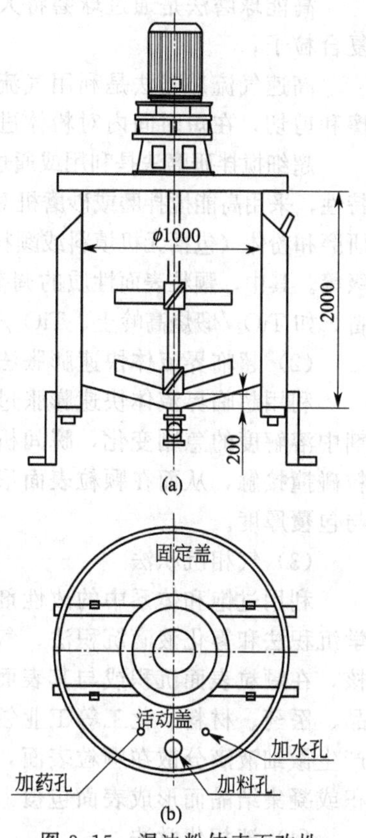

图 3.15 湿法粉体表面改性罐及改性工艺

(a) 改性罐外形；(b) 改性工艺系统（改性罐＋多功能干燥机）

3.3.2 无机表面改性

无机改性是指通过在非金属矿物填料或颜料颗粒表面包覆或复合金属、无机氧化物、氢氧化物等优化其功能或赋予其新功能的方法和工艺；这也是无机/无机复合功能粉体材料，即所谓“核-壳”型无机复合粉体材料的制备方法。这种复合粉体材料颗粒表面包覆或复合的无机物（金属、无机氧化物、氢氧化物等）一般是超细颗粒、纳米粒子或纳米晶粒，因此，也称为纳米/微米复合材料或纳米/纳米复合材料。

无机改性是无机非金属矿物填料或颜料表面改性的主要方法之一。其主要目的是提高颜料的保光性、耐候性以及改善着色力和遮盖力和赋予颜料其他功能。例如，重质碳酸钙，用胶体SiO_2包覆或包膜，能明显改进其耐酸等级；二氧化钛（钛白粉）以铝或硅的氧化物包覆，能减少黄变和粉化。至于铁系和铬系颜料，用SiO_2包膜，也能提高表面惰性；用难溶无机物，如$Zn(OH)_2$、$Zn_3(PO_4)_2$、$ZnPO_3$、$AlPO_4$等包覆，还能提高颜料的耐热性。用TiO_2及氧化铁、氧化铬等表面改性的云母具有珠光效应和优良性能。

非金属矿物填料或颜料表面无机包覆改性的方法有多种。现有的方法大体可分为物理法和液相化学法两类。物理法包括机械复合（所谓机械力化学复合）、超临界流体快速膨胀、气相沉积、等离子体法等；液相化学法主要是化学沉淀、溶胶-凝胶、醇盐水解、非均相成核、浸渍法等。

(1) 机械复合法

在一定温度下，利用挤压、剪切、冲击、摩擦等机械力将作为包覆剂的无机颗粒均匀附着或吸附在被改性颗粒（即填料或颜料颗粒）表面，使它们之间形成较为紧密的复合非金属矿物填料或颜料。目前机械复合法主要包括干式高能球磨法和高速气流冲击法及湿式超细搅拌研磨法。

高能球磨法是通过球磨将大晶粒颗粒变为小晶粒，结合颗粒间的固相反应可以制备包覆型复合粒子。

高速气流冲击法是利用气流对颗粒的高速冲击产生的冲击力，使粉体颗粒间相互压缩、摩擦和剪切，在短时间内对粉体进行包覆。

超细搅拌研磨法是利用或通过化学助剂调节粉体颗粒之间的表面性质，特别是表面电性和吸附特性，采用高能搅拌磨或砂磨机对两种以上粉体材料进行复合的方法或工艺。其工艺过程包括超细研磨和粉体（包括无机填料或颜料和表面包覆物粒子）表面性质的调节、浆液过滤、干燥与解聚分级等。其中，颗粒表面性质的调节是关键。这种方法已用于白色矿粉基钛白粉复合粉体材料的制备，如 TiO_2/煅烧高岭土、TiO_2/硅灰石、TiO_2/水镁石，此外还有氧化铁红/煅烧硅藻土等。

（2）超临界流体快速膨胀法

利用超临界流体快速膨胀过程中，从超临界相中向气相的快速转变，引发溶质在超临界溶剂中溶解度的急剧变化，瞬间析出溶质微核，膨胀气流载带大量微核与流化床中填料或颜料颗粒碰撞接触，从而在颗粒表面形成包覆层。通过控制膨胀前温度、包覆时间来控制包覆层密度与包覆厚度。

（3）气相沉积法

利用过饱和体系中的改性剂在颗粒表面聚集对填料或颜料颗粒进行包覆，主要包括气相化学沉积法和雾化液滴沉积法。气相化学沉积法是指通过气相中的化学反应生成改性分子或微核，在颗粒表面沉积或与其表面分子化学键合，形成均匀致密的包覆薄膜。气相沉积法已在食品、医药、材料、化工等工业领域得到广泛应用。雾化液滴沉积法是指通过雾化喷嘴将改性剂产生微细液滴分散在颗粒表面，经过热空气或冷空气的流化作用，溶质或熔融液在颗粒表面沉积或凝集结晶而形成表面包覆。

（4）液相化学法

利用液相环境中的化学反应生成表面无机改性剂对非金属矿物填料或颜料颗粒表面进行包覆。常用的液相化学包覆方法有沉淀法、溶胶-凝胶法、溶胶法、醇盐水解法、异相凝固法、非均匀形核法和化学镀法等。

① 沉淀法　沉淀法是通过向溶液中加入沉淀剂或引发沉淀剂的生成，使金属离子发生沉淀反应，从而实现对填料或颜料颗粒表面的包覆。通过调节体系温度、蒸发溶剂等物理方法可以增大沉淀生成物的过饱和度，通过调节体系 pH 值可以控制金属离子的水解反应，进行沉淀包覆。用沉淀法进行包覆的关键在于控制溶液中的离子浓度、沉淀剂的释放速度和剂量，使反应生成的包覆物（或其前驱物）在体系中既有一定的过饱和度，又不超过临界饱和浓度，从而使被包覆颗粒以非均匀成核析出，否则将生成大量游离沉淀物，而不是均匀包覆于填料或颜料颗粒表面。

沉淀法包括直接沉淀法、均相沉淀法和并流沉淀法。直接沉淀法是通过加入沉淀剂使溶液中的离子产生沉淀直接生成包覆物；均相沉淀法不需外加沉淀剂，而是在溶液内部均匀缓慢地生成沉淀剂，通过调节化学反应条件控制沉淀剂的释放速率，避免局部沉淀剂浓度不均匀，从而形成均匀致密的颗粒包覆。并流沉淀法是将沉淀剂（通常是碱溶液和盐溶液）同时加入到含有被包覆颗粒的悬浮液中生成沉淀包覆物。

② 溶胶-凝胶法　溶胶-凝胶法是将前驱体溶入溶剂中形成均匀溶液，通过溶质与溶剂发生水解或醇解反应，制备出溶胶后再与被包覆填料或颜料混合，在凝胶剂的作用下，溶胶经反应转变成凝胶，然后经高温煅烧可得包覆型复合粉体。

③ 溶胶法　溶胶法是将经过预处理的填料或颜料颗粒加入到利用金属无机盐和金属醇盐制备出包覆层物质的溶胶中，经搅拌、静止、清洗、过滤、干燥、研磨、高温煅烧制得包覆型的复合颗粒。

④ 醇盐水解法 醇盐水解法是将包覆层物质的金属醇盐加入到被包覆粉体（填料或颜料）的水悬浮液中，利用金属醇盐遇水分解为醇、氧化物和水合物的性质，通过控制金属醇盐的水解速率，使包覆层物质在被填料或颜料颗粒表面生长，从而制备得包覆颗粒。

⑤ 异相凝固法 异相凝固法根据的是表面带有相反电荷的颗粒会相互吸引而凝聚的原理制备包覆颗粒。即如果一种颗粒的粒径远大于另一种带异种电荷的粒径，那么在凝聚过程中，小颗粒将会在大颗粒的外围形成一层包覆层。其关键步骤是调整颗粒的表面电荷。

⑥ 非均匀形核法 非均匀形核法是以被包覆颗粒（填料或颜料）为形核基体，控制溶液中包覆层物质反应浓度在非均匀形核和均匀形核所需的临界值之间，从而实现颗粒表面包覆改性的方法。由于非均匀成核所需的动力要低于均匀成核，因此包覆层颗粒优先在被包覆颗粒上成核，形成包覆。非均匀形核法属于沉淀包覆法中的一种特殊方法。该法要求加入的微粒子浓度很低和需要较长的处理时间，如果加入的微粒子浓度过高或反应速率偏快，那么将难以得到较均匀和致密的粒子包覆层，而且表面包覆层很可能不是单个均匀的粒子而是团聚的粒族。

⑦ 化学镀法 化学镀法是在无外加电源的情况下，镀液中的金属离子在催化剂作用下被还原剂还原成金属元素沉积在填料或颜料颗粒表面，形成金属或合金镀层，是一个液-固复相的催化氧化-还原反应。由于反应是一个自动催化的过程，因此可获得所需厚度的均匀金属镀层。由于该方法深镀和均镀能力较强，所形成的镀层厚度均匀，孔隙率低。目前，已获得金、银、铜、铁、镍、铬、锡等10余种化学镀层。田彦文等用化学镀法制备了Ni包覆ZrO_2微粉。另外，还有镍包金刚石、镍包石墨、镍包硅藻土、镍包碳化硅等包覆颗粒制备的报道。

无机非金属矿物填料或颜料的无机表面改性大多采用化学沉淀方法，即在分散的填料或颜料水浆液中，加入所需的无机表面改性剂（沉淀包覆物）前驱体（金属盐类），在适当的pH值和温度条件下，使金属盐水解，金属离子以氢氧化物或水合氧化物的形式均匀沉积在填料或颜料颗粒表面，形成包覆或“包膜”层。这种处理方法已在工业上用于硅灰石、氢氧化镁、钛白粉、云母珠光颜料和着色颜料、硅藻土等填料或颜料的表面无机包覆改性。

粉体表面无机改性复合的工艺因方法不同而异。对于机械力化学复合法主要是高速气流或机械冲击式粉碎或改性设备、高能量密度的转筒式球磨机、振动球磨机、珠磨机或超细搅拌磨等；工艺可以分为干法和湿法两种；其中高速气流或机械冲击粉碎或改性法常采用干法工艺；珠磨机采用湿法工艺；转筒式球磨机、振动球磨机、超细搅拌磨等既可以采用干法工艺，也可以采用湿法工艺。其他物理复合方法，如气相沉积、等离子法均采用相应的专业设备，这里不再赘述。

液相法粉体无机表面改性工艺也因方法不同而异，对于应用较为广泛的沉淀法而言，原则工艺过程为：原料调浆→无机表面改性剂前驱体配置→沉淀包覆→过滤洗涤→干燥→煅烧。沉淀反应一般采用可控温反应釜或反应罐；过滤采用通用的过滤设备，如厢式压滤机；干燥采用自解聚式干燥机或闪蒸式干燥机；煅烧采用温度和停留时间可调的连续回转式窑炉。

粉体表面无机包覆改性与复合粉体的表征技术主要涉及三个方面：一是表面包覆层的结构、成分和晶粒、晶型等；二是表面包覆改性物的质量或包覆物质量与复合粉体的质量比；三是复合粉体的物理化学特性，如比表面积和孔体积与孔径分布、电性（如体积电阻率、电导率）、磁性、光学性能、阻燃性能、吸附与催化性能、光催化性能，抗磨或减磨性、蓄能性、抗菌性、负离子释放率、耐候性、耐腐蚀性等。

3.4 典型非金属矿物填料和颜料的制备与改性

3.4.1 碳酸钙

碳酸钙是目前高聚物基复合材料中用量最大的无机填料。碳酸钙填料的主要特点是原料来源广泛、价格便宜、无毒性。据统计塑料制品中约70%的无机填料是碳酸钙，包括重质或细磨碳酸钙（GCC）和轻质或沉淀碳酸钙（PCC）。

（1）重质碳酸钙

以较高纯度的方解石、白垩、大理石等为原料采用机械粉碎方法生产的粉体材料称为重质碳酸钙。重质碳酸钙是目前用量最大的非金属矿物填料，广泛应用于塑料制品（编织袋、打包带、包装袋、管材、异形材、塑钢窗、薄膜等）、造纸（纸张填料以及涂布纸和纸板的颜料）、涂料（填料和体质颜料）、橡胶填料、电缆填料、牙膏、油墨、胶黏剂等领域。

一般来讲，碳酸钙大多是用于增量填料，但是无论什么细度的重质碳酸钙填料均能提高软质高分子材料的刚性和燃点（即耐温性能），粒径5μm以下的超细碳酸钙填料还具有半补强功能，可以增强填充高分子材料的力学性能。目前重质碳酸填料的主要生产方法是粉碎、分级和表面改性。

粉碎分级工艺流程和设备依产品细度要求而定，对于1250目以下的产品，一般原则生产工艺是：原矿→破碎→磨矿（粉）→(分级）。主要设备有雷蒙磨（悬辊磨）、转筒式球磨机、辊磨机（立式磨或压辊磨、环辊磨等）、振动磨等，大多采用干式开路式粉碎工艺。对于1250目以上的微细和超细填料有干法和湿法二种。干法工艺一般用于生产 $d_{97}\geqslant 3\sim5\mu m$ 的产品，湿法工艺一般用于生产 $d_{97}\leqslant 3\sim5\mu m$（$d_{90}\leqslant 2\mu m$）的产品。

干法超细粉碎设备主要包括转筒式球磨机、辊磨机、搅拌球磨机、振动球磨机等。除具有自行分级功能的超细磨以外，为确保产品细度和粒度分布的要求，实际生产线上一般均配置精细分级设备，配置方式有内置式和外置式两种。内置式均为内闭路生产方式，外置式可以有开路和闭路两种生产方式。开路式通过分级机分级后生产两种不同细度的产品，闭路式只生产一种超细粉体。干法生产线常配的分级机是离心或涡轮式空气或气流分级机。国内目前主要的干法超细粉碎工艺是环辊磨＋分级机及球磨机＋分级机以及立式磨（压辊磨）＋分级机超细粉碎工艺，其中环辊磨和压辊磨不使用磨矿介质，工艺和操作较简单。

湿式超细粉碎设备主要是湿式搅拌球磨机、砂磨机、研磨剥片机等。给料粒度一般为 $d_{97}\leqslant 45\mu m$（或全部小于 70μm）；产品细度为：填料级 $d_{97}\leqslant 5\mu m$，研磨介质尺寸一般为0.8～1.2mm。

重质碳酸钙与高聚物的相容性较差，不经改性容易造成在高聚物基料中分散不均从而造成复合材料的界面缺陷，降低材料的机械强度，而且随着用量的增加，这些缺点更加明显。因此，用于高聚物基复合材料的重质碳酸钙填料必须进行表面有机改性，以提高其与高聚物基料的相容性或亲和性。

重质碳酸钙的表面改性采用的表面改性剂主要是：硬脂酸（盐）、钛酸酯偶联剂、铝酸酯偶联剂、锆铝酸盐偶联剂、无规聚丙烯、聚乙烯蜡及其他聚合物等。根据所用表面改性剂的不同，目前重质碳酸钙的表面改性方法可以分为脂肪酸及其盐改性、偶联剂改性和聚合物改性三种方法。

表面改性要借助设备来进行，目前工业上主要采用SLG型连续粉体表面改性机。

影响表面改性效果的主要因素是：表面改性剂的品种、用量和用法（即表面改性剂配方）；表面改性温度、停留时间（即表面改性工艺）；表面改性剂和物料的分散程度（影响改性剂与颗粒作用的均匀性和颗粒的团聚）等。其中，表面改性剂和物料的分散程度主要取决于表面改性机。

表面改性剂配方是重质碳酸钙表面改性的关键技术。选择表面改性剂配方首先要考虑改性重质碳酸钙的应用体系，其次要考虑重质碳酸钙的粒度大小、分布特性及比表面积，还要考虑表面改性剂的成本。配方确定以后，还要选择好表面改性设备。好的表面改性设备应具备以下基本工艺特性：对粉体及表面改性剂的分散性好、粉体与表面改性剂的接触或作用机会均等、改性温度可调、单位产品能耗低、无粉尘污染、操作简便、运行平稳等。

(2) 轻质碳酸钙

沉淀碳酸钙（PCC）是以石灰石为原料采用化学方法（煅烧-消化-碳化工艺）生产的碳酸钙。由于它的堆积密度（g/cm^3）比重质碳酸钙小，因此又称为轻质碳酸钙。纳米碳酸钙也是沉淀碳酸钙的一种。沉淀碳酸钙是一种非常重要的无机填料。

石灰石是轻质碳酸钙的主要原料。用石灰石可以制备普通轻质碳酸钙，还可制备超细和纳米碳酸钙。此外，通过表面改性还可以制备超细活性碳酸钙。

普通轻质碳酸钙的生产工艺过程是：将石灰石原料煅烧，得到氧化钙和窑气二氧化碳；消化氧化钙。并将生成的悬浮的氢氧化钙在高剪切力作用下粉碎，多级旋液分离，除去颗粒及杂质，得到一定浓度的精制氢氧化钙悬浮液。通入二氧化碳气体，加入适当的添加剂控制晶型，碳化至终点，得到要求晶型的碳酸钙浆液；对该浆液进行脱水、干燥和表面改性处理。图3.16为普通轻质碳酸钙的生产工艺。

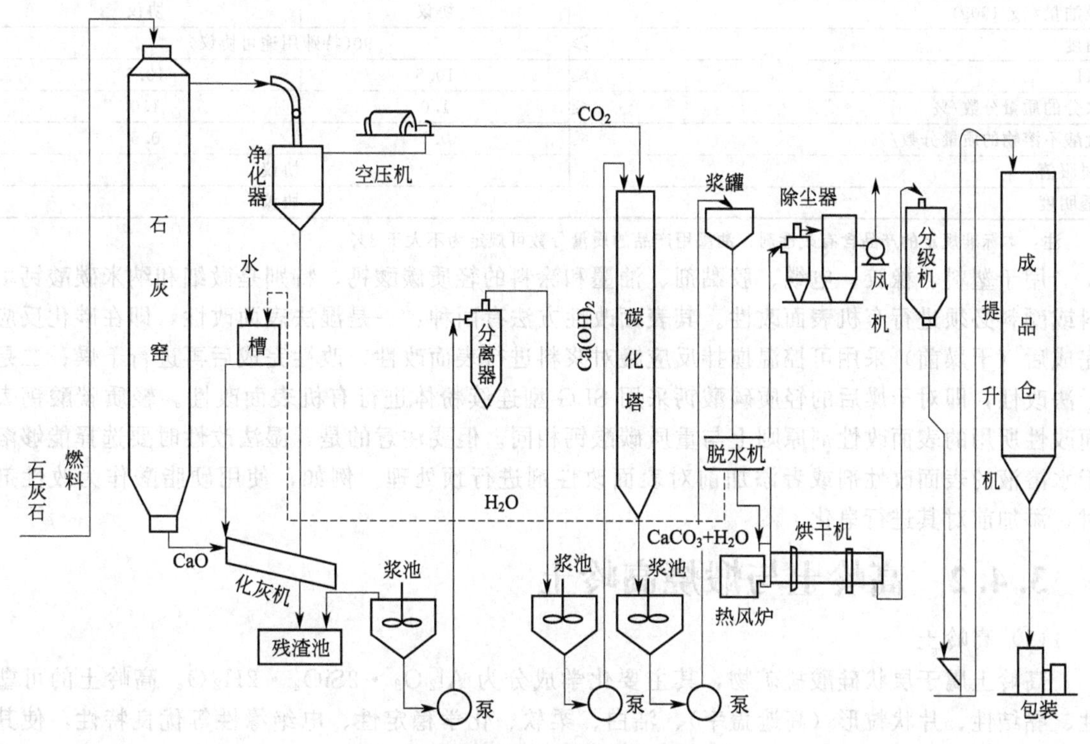

图 3.16 普通轻质碳酸钙的生产工艺

超微细或纳米碳酸钙的生产方法有间歇鼓泡碳化法、连续喷雾碳化法和超重力法。

间歇鼓泡碳化法是将石灰乳降到一定温度后，泵入碳化塔，保持一定液位，由塔底通入窑气鼓泡进行碳化反应，通过控制反应温度、浓度、气液比、添加剂等工艺条件，间歇制备超细和纳米级碳酸钙。此法生产设备投资小、操作简单，但能耗较高、工艺条件较难控制、粒度分布较宽。

连续喷雾碳化法使石灰乳为分散相，窑气为连续相，增加了气液接触界面。一般采用二段或三段连续碳化工艺，即石灰乳经第一碳化塔碳化得到反应混合液，然后喷入第二段碳化塔碳化或再喷入第三段碳化塔进行三段碳化得到最终产品。由于碳化过程分段进行，因此可对晶体的成核和生长过程分段控制，从而更易控制晶体的粒径和晶型。控制适宜的喷雾液滴径、氢氧化钙浓度、碳化塔内的气液比、反应温度、各段的碳化率等条件以及表面处理工艺等可制得不同晶型的超细和纳米碳酸钙。

超重力法是利用离心力场（旋转填充床反应器）进行碳化反应制备超细和纳米碳酸钙的方法。由于在旋转填充反应器中，液流所受剪切作用强，碳化反应速度快而且均匀，因此，超重力法生产的碳酸钙原级粒度细且分布均匀。

超微细碳酸钙（又名纳米碳酸钙）的产品质量应符合国家标准 GB/T 19590—2004（表 3.10）的规定。

表 3.10　纳米碳酸钙的质量指标要求（GB/T 19590—2004）

项目		指标	
		NCC-50	NCC-100
碳酸钙(干基)的质量分数/%	≥	93	93
电镜平均粒径/nm	≤	50	100
XRD 线宽化法平均粒径/nm	≤	50	100
比表面积/(m^2/g)	≥	35	18
团聚指数	≤	协议	协议
吸油量/(g/100g)		协议	协议
白度	≥	90(特殊用途可协议)	
pH	≤	10.5	10.5
水分的质量分数/%	≤	1.0	1.0
盐酸不溶物的质量分数/%	≤	0.5	0.5
屈服值		协议	
透明度		协议	

注：本标准规定的产品含有改性剂；油墨用产品的质量分数可规定为不大于 3%。

用于塑料、橡胶、电缆、胶黏剂、油墨和涂料的轻质碳酸钙，特别是微细和纳米碳酸钙填料或颜料必须进行有机表面改性。其表面改性方法有两种：一是湿法表面改性，即在碳化反应完成后（干燥前）采用可控温搅拌反应罐对浆料进行表面改性，改性完成后再进行干燥；二是干法改性，即对干燥后的轻质碳酸钙采用 SLG 型连续粉体进行有机表面改性。轻质碳酸钙表面改性所用的表面改性剂原则上与重质碳酸钙相同。但要注意的是，湿法改性时要选择能够溶于水溶液的表面改性剂或者添加前对表面改性剂进行预处理。例如，使用硬脂酸作为改性剂时，添加前对其进行皂化。

3.4.2　高岭土与煅烧高岭土

（1）高岭土

高岭土属于层状硅酸盐矿物，其主要化学成分为 $Al_2O_3 \cdot 2SiO_2 \cdot 2H_2O$。高岭土的可塑性、黏结性、片状粒形（高遮盖率）、洁白、柔软、化学稳定性、电绝缘性等优良特性，使其广泛用于造纸颜料以及橡胶、工程塑料、电缆等的功能填料和涂料的填料与颜料。

制备高岭土填料或颜料的原料是黏土矿物高岭岩或高岭土。由于高岭土矿程度不同地共/伴生石英、长石和云母以及铝的氧化物和氢氧化物、铁矿物（褐铁矿、黄铁矿、磁铁矿、赤铁矿和菱铁矿等）、钛的氧化物（钛铁矿、金红石等）以及有机物（植物纤维、有机泥炭及煤）等杂质，因此，用其制备填料或颜料首先需要进行选矿提纯，特别要除去影响其白度的含铁矿物杂质。此外，由于应用领域对高岭土填料或颜料粒度分布和表面性质的要求，因此，还需要对其进行超细粉碎和表面改性。

① 选矿提纯　对于原矿杂质含量较少、白度较高、含铁杂质少、主要杂质为砂质（石英、长石等）的高岭土，可采用简单的干燥、粉碎后风选分级的方法除去（即干法选矿）；对于杂质含量较多、白度较低、砂质矿物及铁质矿物含量较高的高岭土，一般要分散制浆后综合采用重选（除砂）、强磁选或高梯度磁选和超导磁选机磁选（除铁、钛矿物）、化学漂白（除铁质矿物并将三价铁还原为二价铁）、浮选（与含铝矿物，如明矾石分离或除去锐钛矿）等方法；对

于有机质含量较高的高岭土，除了前述方法之外，还要采用打浆后筛分（除植物纤维）和煅烧（除有机泥炭及煤）等方法。

高岭土的选矿工艺依矿石类型而定。目前已知的高岭土矿主要有软质高岭土、砂质高岭土、硬质高岭土（高岭石岩）这三种不同类型。

对于软质高岭土和砂质高岭土，一般采用湿法选矿工艺，其原则工艺流程如下。

原矿→堆存或混匀→制浆→除植物纤维→分级除砂→磁选→漂白→压滤脱水→干燥

原矿或堆存混匀后的原矿按设定好的浓度要求加入水和分散剂，在擦洗机或捣浆机中制浆。制浆的目的是使高岭土分散并与砂质矿物、植物纤维解离，以便为下续除杂和除砂作业准备合适浓度的浆料。制备好的矿浆用振动筛去除植物纤维及粗粒砂，再采用水力旋流器组、离心选矿机、卧式螺旋卸料沉降式离心分级机等去除细砂。如果除砂后的产品能满足应用的纯度要求，可以加入絮凝剂（如明矾），使其凝聚后进行压滤和干燥。如需得到优质或高品质的高岭土，绝大多数情况下还需要进行强磁选或高梯度磁选、化学漂白甚至于浮选和选择性絮凝等。目前工业上主要采用强磁选或高梯度磁选和化学漂白。高岭土中的染色矿物杂质如褐铁矿、赤铁矿、菱铁矿、黄铁矿、锐钛矿、金红石等均具有弱磁性，因此，除砂后的高岭土可进一步用强磁选机进行磁选。由于高岭土中的含铁、钛矿物大多嵌布粒度较细，一般强磁选往往除铁率不高，因此工业上大多采用高梯度磁选机进行高岭土的磁选。此外，性能更好（磁场强度更大、除铁率更高）的超导磁选机也已用于高岭土的除铁。超导磁选机不仅磁场强度高，可得到质量更高的优质高岭土，而且能耗低。磁选后的高岭土如果白度指标仍达不到优质高岭土产品的要求，一般再采用化学漂白。高岭土的化学漂白工艺是将先在搅拌槽中用硫酸调整 pH 值至 4～4.5，然后给入漂白反应罐内，加入还原剂连二亚硫酸钠、硫代硫酸钠或亚硫酸锌（$Na_2S_2O_4$ 或 ZnS_2O_4），使高岭土中的三价铁还原为二价铁并溶于矿浆内，然后用清水洗涤使之与高岭土分离。

工业上最常用的漂白剂是 $Na_2S_2O_4$ 和 ZnS_2O_4。但 $Na_2S_2O_4$ 很不稳定。ZnS_2O_4 虽然较为稳定一些，但排出的废水中锌离子浓度过高，污染环境。利用硼氢化钠漂白可以避免这种缺点。具体加药顺序是：在 pH＝7～10 的条件下，将一定量的硼氢化钠和氢氧化钠混合物（其量为能够生成所需的 $Na_2S_2O_4$），通入 SO_2 气体或用别的方法使 SO_2 气体与矿浆接触，调节 pH＝6～7，这时的 pH 值有利于在矿浆内生成最大量的 $Na_2S_2O_4$，再用亚硫酸（或 SO_2）调节 pH＝2.5～4，即可发生漂白反应。漂白一般能显著提高高岭土产品的白度，但要对漂白后的洗涤废水进行处理，否则将对环境造成污染。

对于纯度较高、白度较好的硬质高岭土或高岭岩，一般直接将原矿破碎和根据应用领域对产品细度的要求进行磨矿和分级；对含有少量砂质的矿石可在粉碎至适当细度后进行干法和湿法分选；对于铁杂质含量较高的矿石可进行磁选。如果含铁矿物的嵌布粒度较粗，可在粗粉碎（＜200 目）后进行干式强磁选；但如果铁的嵌布粒度较细，则要在细磨后进行湿式强磁选或高梯度磁选。如果磁选后仍不能满足优质高岭土产品的要求，也可再采用化学漂白。化学漂白的工艺与前述软质高岭土相似。

硬质高岭土或高岭岩常用的破碎筛分设备是颚式破碎机、对辊破碎机等，磨粉设备主要是悬辊磨（雷蒙磨或摆式磨粉机）、压辊磨、机械冲击磨、球磨机等；干法分级除砂设备主要是涡轮式空气分级（选）机，湿法分级设备主要是旋流器组和卧式螺旋卸料沉降式离心机和离心选矿机；干式磁选设备主要是振动式强磁选机（永磁或电磁），湿式磁选设备与前述软质高岭土相同。

在部分硬质高岭土，尤其是我国储量极为丰富的煤层共（伴）生高岭岩（目前统称为“煤系高岭土”）中含有一定量的煤泥或炭质。这些炭质或煤泥严重影响高岭土的白度。目前去除这些炭质的主要工艺是煅烧。通过煅烧不仅可以有效去除炭质，显著提高煤系高岭土的白度，同时可以脱除高岭石中高达14%左右的结晶或结构水，变成一种新的功能粉体材料——煅烧高岭土。

② 超细粉碎　除了纯度、白度等理化指标外，对于铜版纸、涂布纸及纸板以及高档涂料、塑料和橡胶制品等应用领域，粒度及其分布是高岭土颜料和填料至关重要的质量指标，因此，还要对其进行超细粉碎加工。

高岭土的超细粉碎加工有干法和湿法两种工艺。干法大多用于硬质高岭土或高岭岩的超细粉碎，特别是用于直接将高岭石加工成满足用户要求的超细粉体产品，产品细度一般是$d_{90} \leqslant 10\mu m$，加工设备大多采用机械冲击式的超细粉磨机、球磨机、干法搅拌磨等。为了控制产品粒度分布，尤其是最大颗粒的含量，需要配置精细分级设备，目前一般配置涡轮式的空气分级机。软质和砂质高岭土除砂和除杂后的超细粉碎，特别是用于加工$d_{80} \leqslant 2\mu m$或$d_{90} \leqslant 2\mu m$的造纸颜料和涂料级高岭土产品一般采用湿法工艺；湿法工艺也是工业上用硬质高岭土或高岭石加工$d_{80} \leqslant 2\mu m$或$d_{90} \leqslant 2\mu m$的填料和造纸颜料级产品所必须要求的超细粉碎方法。

由于高岭石为片状晶型，因此，高岭土的湿式超细粉碎又称为剥片，意即将较厚的叠层状的高岭土剥分成较薄的小薄片。剥片的方法有湿法研磨、挤压和化学浸泡法。

研磨法是借助于研磨介质的相对运动，对高岭土颗粒产生剪切、冲击和磨剥作用，使其沿层间剥离成薄片状微细颗粒。常用的设备是研磨剥片机、搅拌磨、砂磨机等。研磨介质常用玻璃珠、氧化铝珠、刚玉珠、氧化锆珠、天然石英砂等，粒径0.8～3mm。

挤压法使用的设备为高压均浆机。其工作原理是通过活塞泵使均浆器料筒内的高岭土料浆加压到20～60MPa，高压料浆从均浆器的喷嘴以大于950m/s的线速度相互磨挤喷出。由于压力突然急剧降低，使料浆内高岭土晶体叠层产生“松动”，高速喷出的料浆射到常压区的叶轮上，突然改变运动方向，产生很强的穴蚀效应，松动了的晶体叠层在穴蚀作用下沿层间剥离。

化学浸泡法是利用化学药剂对高岭土进行浸泡，当药剂浸入到晶体叠层以氢键结合的晶面间时，晶面间的结合力变弱，晶体叠层出现松解现象，此时再施以较小的外力，即可使叠层的晶片剥离。化学浸泡法使用的药剂有尿素、联苯胺、乙酰胺等。化学浸泡法也是高岭土的插层改性方法之一，是目前生产大径厚比二维（片状）纳米高岭土的主要方法。

(2) 煅烧高岭土

煅烧是高岭土（特别是我国独具特色的煤系高岭岩/土）资源的重要加工技术之一。通过煅烧高岭土脱除了结构或结晶水、炭质及其他挥发性物质，变成偏高岭石，商品名称为“煅烧高岭土”。煅烧高岭土具有白度高、光泽柔和、容重小、比表面积和孔体积大，遮盖力高、填充补强性、绝缘性、化学稳定性和热稳定性高等特性，是一种性能优良的无机非金属功能填料或颜料，广泛应用于涂料、造纸、塑料、橡胶、日化、陶瓷与耐火材料等领域。高岭土在不同煅烧温度下的物相变化如下。

$$\underset{\text{高岭石}}{Al_2O_3 \cdot 2SiO_2 \cdot 2H_2O} \xrightarrow{450\sim750℃} \underset{\text{偏高岭石}}{Al_2O_3 \cdot 2SiO_2} + 2H_2O$$

$$\underset{\text{偏高岭石}}{2(Al_2O_3 \cdot 2SiO_2)} \xrightarrow{925℃\sim980℃} \underset{\text{硅铝尖晶石}}{2Al_2O_3 \cdot 3SiO_2} + SiO_2$$

$$\underset{\text{硅铝尖晶石}}{2Al_2O_3 \cdot 3SiO_2} \xrightarrow{1050℃} \underset{\text{似莫来石}}{2Al_2O_3 \cdot SiO_2} + 2SiO_2$$

从450℃开始，高岭土中的羟基以蒸气状态逸出，到750℃左右完成脱羟（不同类型的高岭土完成脱羟的温度略有不同），这时高岭石转变为偏高岭石，即由水合硅酸铝变成由三氧化铝和二氧化硅组成的物质；煅烧温度925℃左右，偏高岭石开始转变为无定型的硅铝尖晶石，至980℃左右完成硅铝尖晶石的转变；一般在1050℃左右，硅铝尖晶石向莫来石相转化；当煅烧温度达到1100℃以后，煅烧产品的莫来石特征峰已明显增强，其物理化学性质已发生变化；煅烧温度升至1500℃后，偏高岭石已经莫来石化，是一种烧结的耐火熟料或耐火材料。用于填料和颜料的煅烧高岭土煅烧温度一般不超过1000℃，因为超过该温度的煅烧高岭土填料的磨耗值较大，不能满足造纸颜料的要求。

生产煅烧高岭土的关键技术是煅烧工艺和煅烧设备。在美国和英国等高岭土生产大国，一般采用大型动态立窑和隔焰式回转窑生产煅烧高岭土，原料一般是精选后的软质高岭土，产品白度85～95。中国优质软质高岭土资源较少，但煤系共伴生高岭土质优量大，因此，中国大多用煤系高岭土为原料生产煅烧高岭土。主要煅烧设备是直焰式回转窑和大型动态立窑。目前，优质煤系煅烧高岭土大多采用干、湿结合，先磨后烧的生产工艺。原则生产工艺流程如下。

煤系高岭土→破碎→粉磨→调浆→超细研磨→干燥→打散解聚→回转窑煅烧→打散解聚→分级→包装

粉磨设备一般采用雷蒙磨、机械冲击磨机和球磨机等；干燥一般采用离心或压力喷雾干燥机或多功能强力干燥机；湿式超细研磨一般采用大型搅拌磨或研磨剥片机。研磨细度一般是$d_{90}\leqslant 2\mu m$；打散解聚一般采用高速涡旋磨；分级采用涡轮式空气分级机。煅烧采用直焰式回转窑或大型动态立窑，煅烧温度一般为750～1000℃。

（3）表面改性

①有机表面改性　选矿提纯和超细剥片后的超细高岭土和煅烧后的超细煅烧高岭土填料或颜料是极性很强、表面积较大、表面能较高的无机粉体材料，不仅本身易于团聚，而且与有机体系的相容性差。因此在用于高聚物，如环氧树脂、乙烯基树脂、橡胶等的填料时要对其进行有机表面改性。高岭土和煅烧高岭土经过表面改性后，能降低表面能和吸油值，改善其分散性和与高聚物基料的相容性，提高塑料、橡胶、电缆等高聚物基复合材料的综合性能。表面改性后的煅烧高岭土填充电线电缆护套料，特别是绝缘胶料中，不仅可以提高胶料的模量和抗张强度、改善耐磨性，而且可获得稳定的在潮湿环境下的电绝缘性能，增大体积电阻率，是高性能电缆绝缘材料不可或缺的无机功能填料；表面改性后的高岭土填充皮带，可改进皮带的耐磨性并增加抗撕裂强度；填充于鞋底可增加鞋底的挠曲寿命，提高耐磨性；大径厚比的超微细或纳米高岭土经表面改性后除了具有补强性能外，还可以提高橡胶轮胎的气密性。

高岭土或煅烧高岭土的表面改性一般采用表面化学包覆的方法。常用的表面改性剂是硅烷偶联剂、有机硅（油）或硅树脂、表面活性剂及有机酸和有机胺等。用途不同，所选用的表面改性剂的品种和配方也有所不同。

硅烷偶联剂是高岭土和煅烧高岭土填料或颜料最常用和最有效的表面改性剂。一般是将高岭土粉和配置好的硅烷偶联剂一起加入SLG型连续粉体表面改性机中进行表面包覆。影响改性效果的因素主要是高岭土粉的粒度、比表面积及表面特性、硅烷偶联剂的品种、用量、用法以及表面改性时间、温度等。

用于电线电缆绝缘材料的超细煅烧高岭土填料除了硅烷偶联剂之外，还常用硅油进行表面改性。改性工艺和设备与用硅烷偶联剂相似。

不饱和有机酸，如乙二酸、葵二酸、二羧基酸等也可用于胺化后高岭土粉体的表面改性，这种改性高岭土可用于PA66等的填料。

阳离子表面活性剂，如十八烷基胺等也可用于高岭土粉体的表面改性。其极性基团通过化学吸附和物理吸附与高岭土颗粒表面作用。经有机胺改性后的高岭土表面疏水性增强。

② 无机表面改性　氧化钛和氧化锌表面包覆改性的煅烧高岭土可以代替纯钛白粉用于塑料、橡胶、造纸和涂料的颜料；纳米二氧化钛和氧化锌包覆改性的煅烧高岭土还可以用于防止紫外线的化妆品，如防晒霜。

无机表面改性剂二氧化钛、氧化锌包覆改性煅烧高岭土的方法有物理法和化学法两种。化学法是以硫酸氧钛或四氯化钛为前驱体，采用水解沉淀方法将水合二氧化钛包覆于高岭土颗粒表面，然后经洗涤、过滤、干燥和煅烧转变成锐钛型或金红石型二氧化钛包覆层，即得表面二氧化钛包覆改性的煅烧高岭土或二氧化钛/高岭土复合粉体材料。

物理法是采用超细研磨复合法或机械力化学方法，通过在超细研磨过程中调节浆液的 pH 值以及二氧化钛（钛白粉）与煅烧高岭土的粒度和表面性质（如表面电性），使呈高度分散的二氧化钛粒子吸附于高岭土颗粒表面，通过脱水和干燥予以固定，得到钛白粉/煅烧高岭土复合颜料。

3.4.3　硅灰石

硅灰石是一种链状结构的硅酸盐矿物，主要化学成分为硅酸钙。粉碎加工后的硅灰石粉体为针状颗粒，具有填充增强、化学稳定性、良好热稳定性及尺寸稳定性、优良电性能以及白度和亮度高等特点，是高聚物基复合材料、特种涂料、造纸等的增强填料。

将硅灰石矿加工成无机填料或颜料需要将矿石破碎、细粉碎、超细粉碎和表面改性。对于纯度较低的硅灰石矿还要在进行粉碎加工之前进行拣选或物理选矿。

（1）选矿

国内外硅灰石选矿的主要方法是人工拣选、单一磁选、单一浮选、磁选-浮选（或电选）联合流程。选矿的主要目的是降低铁含量及分离石英和方解石。

① 人工拣选　采矿场人工拣选富矿块或破碎后在输送带上人工拣选富硅灰石矿块。人工拣选适用于质量较好的矿石。

② 单一磁选　硅灰石矿中的主要伴生矿物，如透辉石和石榴子石等属于弱磁性矿物，而硅灰石基本不显磁性，故可用干法或湿法强磁选技术使硅灰石与之相互分离，除去大量的含铁矿物，提高产品纯度。

③ 单一浮选　根据硅灰石与方解石矿物表面物理化学性质的差异，用浮选法可有效地使之相互分离，从而提高硅灰石产品的纯度。

④ 磁选-浮选联合工艺　此法适用于低品位硅灰石的选矿。首先用干式或湿式磁选，将弱磁性矿物分离出来。然后用浮选法将硅灰石与方解石、石英等矿物分开。浮选分离硅灰石与方解石、石英等矿物主要有阴离子捕收剂反浮选和阳离子捕收剂正浮选两种工艺。目前工业上尚未应用浮选方法。

（2）粉碎与针状粉的加工

硅灰石粉是一种针状或短纤维状的无机矿物粉体。在某些应用领域中，如石棉代用品、造纸填料、塑料和橡胶填料以及特种涂料填料等，不仅对其成分以及粒度大小和粒度分布有要求，而且还对其纤维状颗粒的长径比有要求。高长径比（>10）硅灰石粉体可以代替石棉纤维、造纸纤维以及塑料和橡胶等高聚物基复合材料的增强填料等，有较大的应用价值和经济价值。因此，高长径比硅灰石针状粉的加工技术是硅灰石的主要深加工技术之一。

目前，400 目以下的普通硅灰石粉大多采用雷蒙磨和球磨机进行加工，国内主要采用雷蒙磨。为了确保大颗粒的含量不超标，可增设分级或筛分设备。这种生产工艺大多采用干法。

高长径比硅灰石和超细硅灰石的主要生产设备有：机械冲击磨机、涡旋磨、流态化床式气流粉碎机等。其中，机械冲击磨、涡旋磨一般适用生产 200～1000 目的高长径比硅灰石针状粉；流态化床式气流粉碎机适用于生产 1250 目以上（$d_{97} \leqslant 10\ \mu m$）超细针状硅灰石粉。这两类设备都是干法生产。如果硅灰石在湿法提纯（湿式强磁选或浮选）后再进行超细粉碎加工，可采用湿法细磨和超细磨，如筒式球磨机、搅拌球磨机、砂磨机等。

(3) 表面改性

① 有机表面改性　硅灰石粉体是塑料、橡胶、尼龙等高聚物基复合材料的无机增强填料。但未经表面有机处理的硅灰石颗粒与有机高聚物的相容性差，难以在高聚物基料中均匀分散，必须对其进行适当的表面有机改性，以提高填充增强效果。用硅烷偶联剂处理的硅灰石填充尼龙后，可显著提高材料的拉伸强度、弯曲强度、弹性模量和弯曲模量。表面改性好的硅灰石纤维填充到聚乙烯，能提高填充材料的强度和电绝缘性能；填充聚丙烯，与未改性的硅灰石填料相比，在填充量相同条件下，材料的拉伸强度、弯曲强度等显著提高。

硅灰石填料的表面有机改性主要采用表面化学包覆方法。常用的表面改性剂有硅烷偶联剂、钛酸酯和铝酸酯偶联剂、表面活性剂及甲基丙烯酸甲酯等。

硅烷偶联改性是硅灰石填料常用的表面改性方法之一。一般采用干法改性工艺。偶联剂的用量与填料的比表面积有关。用氨基硅烷处理硅灰石时，用量一般为硅灰石质量的 0.5%～1.5%；甲基丙烯含氧硅烷的用量为硅灰石质量的 0.5%～1.0%；这两种改性产品分别填充 PA6 和聚酯代替 30%的玻璃纤维可显著提高制品的力学性能。

用硅烷偶联剂处理硅灰石，可改善其与聚合物的相容性，增强填充效果，但硅烷偶联剂改性生产成本较高。因此，在某些应用条件下，可用较便宜的表面活性剂，如硬脂酸（盐）、季铵盐、聚乙二醇、高级脂肪醇聚氧乙烯醚（非离子型表面活性剂）等对硅灰石粉进行表面改性。这些表面活性剂通过极性基团与颗粒表面的作用，覆盖于颗粒表面，可增强硅灰石填料的亲油性。

有机单体在硅灰石粉体/水悬浮液中的聚合反应试验结果表明，其聚合体可以吸附于硅灰石颗粒表面，这样既改变了硅灰石粉体的表面性质，又不影响其粒径和白度。将此硅灰石粉体作为涂料的填料，可降低涂料的沉降性和增强分散性。目前选择在硅灰石粉体/水悬浮液中进行聚合反应的单体是甲基丙烯酸甲酯。

选用适当品种的铝酸酯和钛酸酯偶联剂对硅灰石纤维进行改性，可提高其在树脂中的填充性能，显著提高填充材料的弹性模量、弯曲模量和弯曲强，并显著改善拉伸强度和冲击强度。

② 无机表面改性　虽然硅灰石因其针状结构具有良好的填充增强功能，特别是能提高填充材料的拉伸强度和模量，但往往导致填充材料的色泽变深；作为造纸填料虽然能代替部分纸浆，但磨耗值较大。因此，对其进行无机表面包覆改性可以改善硅灰石纤维填充高分子材料的色泽和降低其磨耗值。

目前硅灰石矿物纤维的无机表面改性主要是采用化学沉淀法在表面包覆纳米硅酸钙、纳米碳酸钙、纳米氧化锡、三氧化二锑和二氧化硅。纳米硅酸钙表面包覆改性的硅灰石显著提高了硅灰石填充 PP 和尼龙等复合材料的力学性能，尤其是抗冲击性能；纳米碳酸钙表面包覆改性的硅灰石显著降低了硅灰石在造纸中大规模应用时对造纸设备的磨损；纳米氧化锡包覆改性的硅灰石填料具有良好的抗静电性能；纳米三氧化二锑包覆改性的硅灰石填料具有良好的协效阻燃性能。图 3.17 所示为纳米硅酸铝、碳酸钙和氧化锡包覆改性硅灰石纤维的 SEM 图。

3.4.4 云母

云母是两层硅氧四面体夹着一层铝氧八面体构成的层状结构（TOT）含铝硅酸盐矿物，化学成分比较复杂，白云母的理论化学组成为 SiO_2 45.2%，Al_2O_3 38.5%，K_2O 11.8%，H_2O 4.5%，实际矿物还含有 Na、Ca、Mg、Ti、Cr、Mn、Fe 和 F 等元素。

云母可以剥分，理论上白云母能剥分成 1.0nm 左右，金云母可剥分成 0.5nm 或 1.0nm 左右厚度的薄片。片状云母颗粒具有良好的透明性和较高的折射率，较高的绝缘强度和较大的电

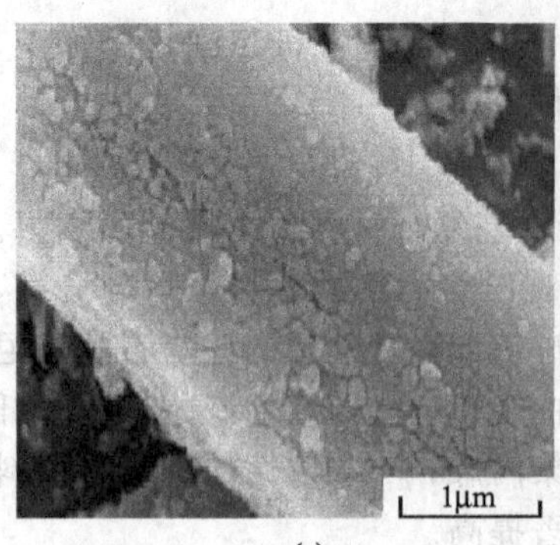

(a)

(b)

(c)

图 3.17 纳米硅酸铝、碳酸钙和氧化锡包覆改性硅灰石纤维的 SEM 图

(a) 硅酸铝包覆改性硅灰石；(b) 碳酸钙包覆改性硅灰石；(c) 氧化锡包覆改性硅灰石

阻，较低的电介质损耗和抗电弧，及优良耐电晕性能和力学性能及耐酸碱性能，是涂料、工程塑料、橡胶、日化、皮革等的功能填料和高档颜料。

云母填料或颜料的主要原料是白云母、金云母和绢云母。自20世纪90年代以来，工业上主要应用碎片云母，用云母原矿或大片云母制备云母填料和颜料时需要进行选矿、细磨和超细磨以及表面改性等加工。

(1) 选矿提纯

云母的选矿提纯方法依云母的性质和种类而异。片状云母一般采用人工拣选、摩擦选、形状选矿等；碎云母则采用风选和浮选。片状云母的选矿方法如下。

① 人工拣选　在采矿工作面或坑口矿石堆上，拣选已单体分离的云母；云母与脉石的连生体用手锤破碎，再拣选出其中的云母。

② 摩擦选矿　根据成片状云母的滑动摩擦系数与浑圆状脉石的滚动摩擦系数的差别，而使云母和脉石分离。所用设备之一为斜板分选机。该机是由一组金属斜板组成，每块斜板长1350mm、宽1000mm，其下一块斜板的倾角大于上一块斜板的倾角。每块斜板的下端都留有收集云母的缝隙，其宽按斜板排列顺序依次递减。缝隙前缘装有三角堰板。在选别过程中，大块脉石滚落至废石堆；云母及较小脉石块经堰板阻挡，通过缝隙落下一斜板。依次在斜板上重复上述过程，使云母与脉石逐步分离。

③ 形状选矿　根据云母晶体与脉石的形状不同，在筛分中透过筛子缝隙或筛孔能力的不同，使云母和脉石分离。选别时，采用一种两层以上不同筛面结构的筛子，一般第一层筛筛网为方形，当原矿进入筛面后，由于振动或滚动作用，片状云母和小块脉石可以从条形筛缝漏至第二层筛面，因第二层是格筛，故可筛去脉石留下片状云母。碎片云母的选矿提纯方法主要有以下两种。

① 浮选　矿石经破碎、磨矿，使云母与脉石单体解离，在浮选药剂作用下，使云母成为泡沫产品而与脉石分离。目前有两种浮选工艺：一是在酸性介质中，用胺类捕收剂浮选云母，pH 值控制在3.5以下，浮选前需要脱泥，矿浆固含量为30%～45%；二是在碱性介质中用阴离子捕收剂进行浮选，pH 值在8～10.5，入选前也需要脱泥。云母浮选工艺中需经过多次精选。

② 风选　云母风选多通过专用设备来实现。其工艺过程一般为：破碎→筛分分级→风选。矿石经过破碎之后，云母基本上形成了薄片状，而脉石矿物长石、石英类呈块状颗粒。据此，采用多级别的分级把入选物料预先分成较窄的粒级，按其在气流中悬浮速率之差异，采用专用风选设备进行分选。

(2) 细磨和超细磨

细磨和超细磨是生产云母母粉（填料和颜料）所必需的加工技术之一，生产工艺有干法和湿法两种。

干式细磨和超细磨设备主要有球磨机、棒磨机、振动磨、搅拌磨、气流磨、高速机械冲击式粉碎机等。在生产超细云母粉时，一般还需配置干法分级设备（涡轮式空气离心分级机）；在生产较粗的云母粉时一般采用平面摇动筛、悬吊筛、振动筛等进行分级。

湿磨云母粉的主要设备有轮碾机、砂磨机、搅拌磨、高压均浆机等。湿磨云母粉具有质地纯净、表面光滑、径厚比大、附着力强等优点。因此，湿磨云母粉的性能更好，应用面更广，经济价值更高。尤其是作为珠光云母基料的云母粉一般要求湿磨云母粉。湿磨技术是微细云母粉生产的主要发展趋势。

(3) 有机表面改性

有机表面改性的目的是提高云母粉与高聚物基料的相容性，改善其应用性能。常用的表面改性剂为硅烷偶联剂、丁二烯、锆铝酸盐、有机硅（油）等。云母粉经表面处理后，可提高材料的机械强度，并降低模塑收缩率。有机表面改性工艺有干法和湿法两种。目前工业上大多采用干法工艺，只有部分湿式研磨的超细云母粉采用湿法改性工艺。

有机改性云母增强填料主要应用于聚烯烃（聚丙烯、聚乙烯等）、聚酰胺和聚酯等，其中聚烯烃是其最大的应用领域。

(4) 珠光云母颜料的制备方法

珠光云母是以薄片状的细磨白云母粉为原料，用二氧化钛和（或）其他金属氧化物，如氧化铁、氧化铬、氧化锆等进行表面包覆改性而成的一种无机复合颜料，又称之为云母钛或着色云母钛，因其具有高的折射率及遮盖力、无毒、耐热性、耐候性以化学稳定性好等特点，广泛应用于涂料、塑料、造纸、化妆品、陶瓷和建筑材料等领域，是最有发展前途的新型珠光颜料。

云母珠光颜料在光线的照射下呈现出各种颜色，这些不同颜色是由于包覆不同类型金属氧化物及包覆层厚度不同而导致的结果。根据包覆层金属氧化物类型的不同，可将珠光云母颜料分为三种类型：即云母钛颜料（干涉颜料）、云母铁颜料（闪光颜料）和复合颜料（TiO_2/Fe_2O_3或 TiO_2/Cr_2O_3）。云母钛珠光颜料根据其组成和性质特点也可分成以下三类。

① 银白色云母钛　表面 TiO_2包膜有锐钛型和金红石两种晶型，后者的耐候性好。

② 虹彩云母钛　TiO_2包膜的光学厚度在 210～400nm 的干涉现象产生色彩（黄、红、紫、蓝、绿）效应。

③ 着色（复合）云母钛　在云母钛表面再包覆一层透明或较透明的有色无机物或有机物（如 Fe_2O_3、Cr_2O_3、氧化锆、铁蓝、铬绿、炭黑和有机颜料或染料），形成各种色谱的着色珠光颜料。这种复合着色云母钛珠光颜料广泛用于汽车涂料，可提高汽车的外观质量和耐候性。

在云母表面包覆二氧化钛及其他氧化物以制备珠光云母和着色云母的方法是在水溶液中进行的沉淀反应。现以包覆二氧化钛为例，常用的方法有四氯化钛加碱法、有机酸钛法、热水解法和缓冲法等。常用的包覆剂是可溶性钛盐（四氯化钛和硫酸氧钛）。

① 四氧化钛加碱法　如图 3.18 所示，将湿磨云母粉悬浮于水中加热，加入四氯化钛溶液，让氧化钛水化合物沉淀到云母片上，制得第一层很薄的二氧化钛；接着加入二价锡盐溶液，在氧化剂（如 H_2O_2或 $KClO_3$）或水溶性铝盐（如 $AlCl_3$等）存在下缓慢沉积氧化锡。在得到均匀光滑的氧化锡层后，再包覆一层二氧化钛，呈现出银色的珍珠光泽，经洗涤、干燥、煅烧后；珠光光泽明显。如需制备金色或其他彩虹色，则应交替包覆氧化锡层和氧化钛层，直至出现所需的干涉色为止。在整个包覆过程中需要不断加入碱液（如 NaOH、NH_4OH）使之中和钛盐水解过程中产生的酸。

为了得到高质量的珠光颜料，TiO_2层包膜必须均匀；包膜均匀，光泽才好，颜色才纯。包覆过程应缓慢进行，反应温度应稳定且适宜，钛盐和锡盐的添加量也应控制在单位时间水解的钛盐量和锡盐量正好满足形成均匀包膜所需的 TiO_2 或 SnO 水合物的量。此法所得产品质量好，但原料品种多，工艺较复杂，反应体系 pH 值较难控制。

② 有机酸钛法 图 3.19 所示为有机酸钛法制备云母钛的工艺流程。采用一次加入有机酸-钛盐混合液的方式，在一定温度下与云母反应。可选用柠檬酸或酒石酸与 $TiCl_4$ 混合来配制有机酸钛混合溶液。该工艺用料品种少、流程简单、产品亮度高，但因使用有机酸的缘故，色泽发黄。

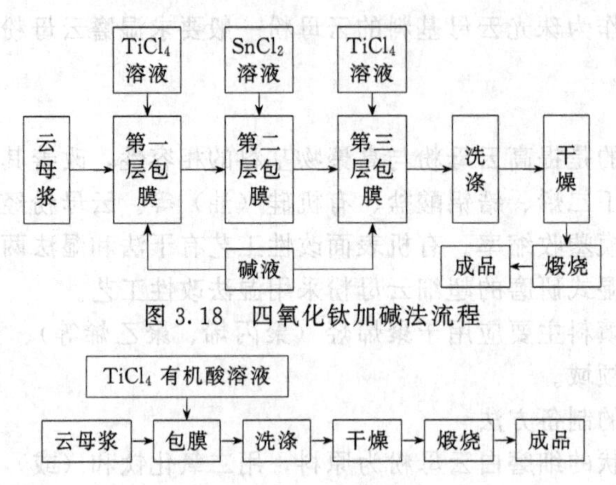

图 3.18 四氧化钛加碱法流程

TiCl4 有机酸溶液
云母浆 → 包膜 → 洗涤 → 干燥 → 煅烧 → 成品

图 3.19 有机酸钛法制备云母钛的工艺流程

③ 热水解法 热水解法工艺流程如图 3.20 所示。将硫酸氧钛配成酸性溶液，将云母粉加入其中，剧烈搅拌，使其悬浮，然后加温至 75～95℃，钛盐发生水解，其反应方式如下。

$$TiOSO_4 + H_2O \xrightarrow{加热} H_4TiO_4 \downarrow + H_2SO_4$$

水解出的水合二氧化钛连续沉淀在微细的云母片上，经过一定时间的反应后，经洗涤、脱水、干燥、焙烧后即得云母钛珠光粉。

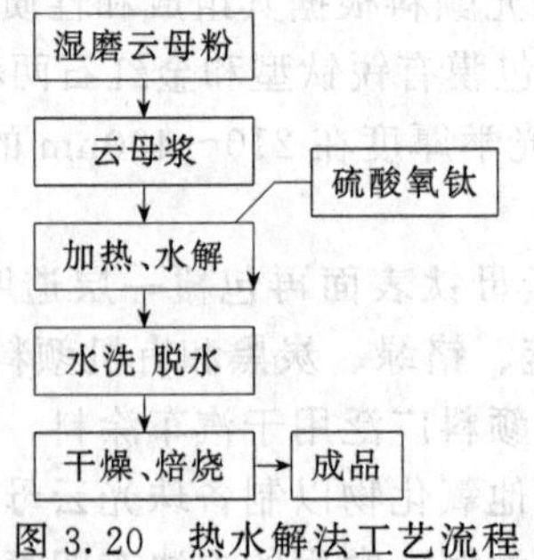

图 3.20 热水解法工艺流程

④ 缓冲法 如图 3.21 所示，将云母粉和钛盐制成水悬浮液，同时加入易与酸反应而不溶于水或对水溶解度很小的金属或金属氧化物的成型物，如铁丝、锌粒、氧化锌等。缓慢升温至反应温度，并保温 3h 左右，包覆过程即完成。经洗涤、干燥、焙烧后，可得呈强烈珠光光泽的颜料。

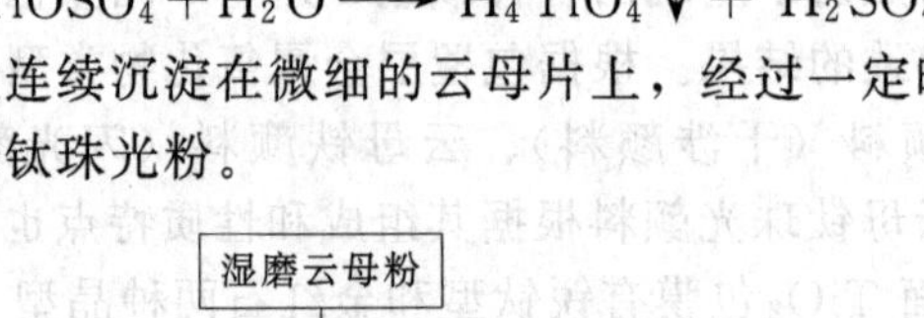

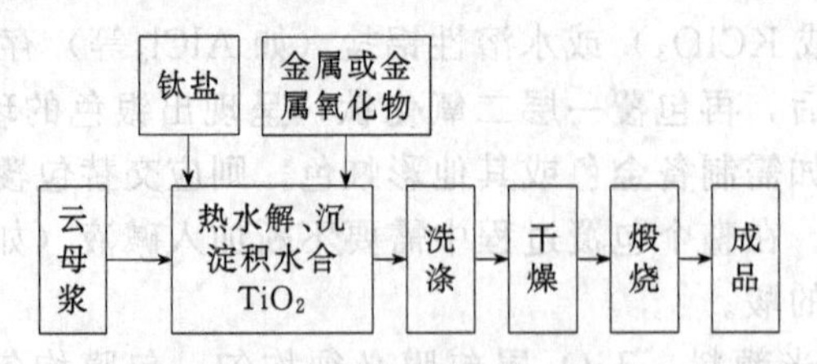

图 3.21 缓冲剂法工艺流程图

包覆时，钛盐的加入量应根据云母粉的比表面积和所要制备颜料的颜色而定。对于同一比表面积的云母粉，钛盐加入量不同，珠光颜料呈现的干涉色也不同。在制备过程中，金属或金属氧化物起缓冲剂的作用，当钛盐加水分解时，析出含水氧化钛沉积在云母粒子表面，生成的酸与金属反应生成盐。如果用 M 表示金属，X 表示金属的价数，则反应过程如下：

$$TiCl_4 + 4H_2O \xrightarrow{\text{加热}} H_4TiO_4 \downarrow + 4HCl$$

$$XHCl + M \xrightarrow{\text{加热}} MCl + \frac{X}{2}H_2 \uparrow$$

采用硫酸氧钛时：

$$TiOSO_4 + 3H_2O \xrightarrow{\text{加热}} H_4TiO_4 \downarrow + H_2SO_4$$

$$H_2SO_4 + M \xrightarrow{\text{加热}} MSO_4 + H_2 \uparrow$$

由于不断水解出的酸与金属或金属氧化物反应生成了盐，悬浮液的 pH 值得以缓冲，酸度相对稳定，含水氧化钛连续地沉积到云母薄片上形成均匀的薄膜。缓冲剂对钛盐的理论摩尔数最好在 1.0 以上；低于 1.0 时；副产的酸多，云母表面形成的氧化钛薄膜不均匀。

为了形成均匀的氧化钛薄膜，反应体系升温必须缓慢；最佳反应时间为 6h，其中升温时间为 3.5h 左右，保温时间 2.5h 左右。反应达完全后，溶液中残余的钛盐一般在 1.0×10^{-5} g/mL。此法生成的云母钛珠光颜料外观色泽好，粒子细而松散，手感好，化学分析银色珠光颜料含 TiO_2 21%。该制备工艺具有原料成本低、固体缓冲剂能够有效调整酸度、产品质量好、生产流程简便等特点。

以上四种工艺方法只是用钛盐水解产物包覆云母珠光粉的一般或原则工艺流程，具体详细的制备工艺方法大多为专利技术。

⑤ 着色云母制备工艺　干法着色工艺是将云母钛、着色剂和辅助试剂按一定配方进行混合后，焙烧制成着色云母钛珠光颜料。

制备着色云母钛珠光颜料时除了正确选择好着色剂、用量及配方外，焙烧气氛十分重要。不同的焙烧气氛将影响云母钛颜料的颜色。通过选择焙烧气氛（如氧化或还原气氛）可以控制无机着色剂中着色离子的价态。着色离子的价态不同，内部电子的运动状态不同，对可见光中选择性吸收波长存在差异，从而导致颜色的变化。如铁离子，当氧化物为 Fe_2O_3 时呈红色；为 FeO 时呈青色；而为 Fe_3O_4 时呈蓝黑色。因此，必须正确控制氧化还原的气氛和程度，以达到所需要的颜色。对于易发生价态变化的着色物质更应注意，如铁的氧化物，不同的焙烧气氛，其化合物中都含有铁的不同价态，只是各价态的比例发生变化。当氧化程度低时，Fe_2O_3 含量少，FeO 含量多，呈黄色；氧化程度高时，Fe_2O_3 含量多，FeO 含量少，则呈红色；但过高，则氧化为 Fe_3O_4，呈蓝黑色。氧化还原气氛的选择应考虑着色离子的初始价态，如氧化铬为 Cr_2O_3 时，着色为绿色，铬为 Cr^{3+}。为了防止其氧化为高价的铬，就应该保持还原气氛，即使有部分高价的铬，在还原气氛化下，也可以还原为 Cr^{3+}，使着色的云母钛比较纯正。当氧化铬为 CrO_3 时，着色为黄色，初态为 Cr^{6+}，就可以选择氧化气氛。若有 Cr^{3+} 存在，在氧化气氛下可将其氧化为 C^{6+}。由此可见，焙烧气氛的选择应视不同的着色剂、着色离子的不同初始价态以及要求的颜色而定。

影响云母珠光颜料质量的因素很多，主要有云母的粒度、形状、比表面积、表面的污染程度、水解反应的温度、时间、pH 值、浓度、焙烧的温度、气氛、时间和升温方式，钛盐的用量和用法等。着色云母钛是在云母包覆二氧化钛的基础上再用着色剂进行表面包覆处理的，因此，影响因素更多。

表征珠光云母的主要指标是光泽（反射率和折射率）、表面包覆率以及包覆层中二氧化钛的晶型等。

3.4.5 滑石

滑石（Telc）为TOT型（两层硅氧四面体层夹一层氢氧镁层）层状结构的含水镁硅酸盐矿物，结构单元层内电荷是平衡的，层间域无离子充填，结构单元层之间为微弱的分子键。其理论化学组成为MgO 31.68%；SiO_2 63.47%；H_2O 4.75%。

滑石具有良好的电绝缘性、耐热性、化学稳定性、润滑性、吸油性、遮盖力及机械加工性能，是一种应用广泛的填料或颜料。

天然质纯的滑石矿较少，大多伴生有绿泥石、蛇纹石、菱镁矿、白云石、透闪石等矿物。因此，用滑石矿制备填料和颜料需要进行选矿、细磨和超细粉碎加工；对应用于工程塑料、橡胶、电缆填料的滑石粉还要进行表面改性。

（1）选矿提纯

滑石的选矿提纯方法如下。

① 人工拣选　人工拣选是根据滑石和脉石矿物的滑腻性不同用人工进行挑选。滑石具有良好滑腻性，品位越高，滑腻性越好，凭手感极易鉴别。国内大部分滑石矿山常用人工拣选生产高级滑石块。

② 光电拣选　光电拣选是利用滑石和杂质矿物表面光学性质的不同而分选的方法。利用滑石在紫外线照射下发出白色荧光的特征，可利用光电分选机拣选出较纯净的滑石。一般采用索特克斯621型光选机，如美国塞浦路斯滑石公司用此法将滑石含量仅为30%的贫矿富集到滑石含量达69%，最后磨细到200目进行浮选，获得品位99%的化妆品级滑石。

③ 磁选　滑石精矿除要求具有一定的细度外，还要具有一定的白度。由于矿石中染色铁矿物的存在，有时用上述方法还不够，需要用磁选除去含铁矿物。采用湿式磁选可使滑石精矿含铁量从4%～5%降到1%以下。

④ 静电选矿　滑石矿中除滑石外，还含有菱镁矿、磁铁矿、黄铁矿、透闪石等矿物，嵌布粒度为0.5mm左右。在静电场中滑石带负电荷，菱镁矿带正电荷，而磁铁矿和黄铁矿均为良导体，因而在电场中很容易将上述矿物分开。

⑤ 浮选　滑石的天然可浮性好，用烃类油捕收剂即可浮选。常用的捕收剂是煤油，浮选油作为起泡剂。甲基异丁基甲醇（MIBC）生成的泡沫较脆，容易获得优质精矿。滑石浮选流程比较简单，只需一次粗选、一次扫选、2～4次精选就可获得最终精矿。

⑥ 选择性破碎和筛分　利用滑石和脉石矿物在选择性破碎和形状方面的差异，采用冲击破碎和交替使用矩形筛和方形筛连续筛分的方法，能够分离出大部分伴生的石英和一半以上的碳酸盐矿物。

（2）细磨与超细磨

滑石最终都是以粉体状态而被应用的，因此，细磨和超细磨是滑石所必需的加工技术之一。

滑石的莫式硬度为1，天然可碎和可磨性好。滑石的细磨，国内一般采用各种型号的雷蒙磨（即悬辊磨）和摆式磨粉机，主要生产200目和325目的产品；但如果设置精细分级设备，也可以生产500～1250目的产品。

超细滑石粉是当今世界用量较大的无机超细粉体产品之一，广泛应用于造纸、塑料、橡胶、涂料、化妆品等。目前超细滑石粉的加工主要采用干法工艺。湿法粉碎虽有研究，但工业上很少使用。干法生产设备主要有机械冲击磨、气流磨以及搅拌磨等。工业上使用的气流磨主要是流化床对喷式气流磨，产品细度（$d_{97}=3\sim10\mu m$）可达到1250～5000目。

机械冲击磨主要是LHJ型超细机械粉碎机，产品细度（$d_{97}=7\sim20\mu m$）可达到600～1500目。

(3) 表面改性

滑石粉用于聚丙烯、聚乙烯、尼龙等高聚物基复合材料的增强填料需要对其进行表面有机改性以改善滑石粉与聚合物的亲和性和滑石粉在高聚物基料中的分散状态，提高复合材料的物理性能。

滑石粉表面改性使用的表面改性剂主要有各种表面活性剂、石蜡、钛酸酯和锆铝酸盐偶联剂、硅烷偶联剂、磷酸酯等。改性主要采用干法改性工艺，改性机主要有连续式的流态化改性机、连续涡旋式粉体表面改性机（SLG 型）、高速加热混合机等。

3.4.6 硅微粉

硅微粉因其优良的耐温性、耐酸碱腐蚀以及导热性差、高绝缘、低膨胀、硬度大等特性，是电工、电子、橡胶行业不可或缺的功能填料之一。

硅微粉根据其用途可分为普通硅微粉（PG）、电工级硅微粉（DG）、电子级硅微粉(JG)；按其颗粒形态分为角形硅微粉和球形硅微粉；其中以石英矿或硅石为原料直接粉磨得到的硅微粉称为结晶硅微粉，以熔融石英为原料粉磨得到的硅微粉称为熔融硅微粉（RG）；对上述硅微粉进行有机表面改性后分别称为普通活性硅微（PGH）粉、电工级活性硅微粉（DGH)、电子级结晶型活性硅微粉（JGH)、电子级熔融型活性硅微粉（RGH）及球形硅微粉。表 3.11、3.12 分别为中国电子行业标准（SJ/T 10675—2002）规定的粒度分布和主要物理化学技术指标。

表 3.11 电工及电子级硅微粉的粒度分布要求

规格/目	中位粒径 $D_{50}/\mu m$	比表面积/(cm^2/g)	累积粒度
300	21.00～25.00	1700～2100	≤50μm≥75%
400	16.00～20.00	2100～2400	≤39μm≥75%
600	11.00～15.00	2400～3000	≤25μm≥75%
1000	8.00～10.00	3000～4000	≤10μm≥65%

表 3.12 电工及电子级硅微粉主要物理化学指标要求

项目	指标 \ 产品	PG	PGH	DG	DGH	JG	JGH	JG	JGH	RG	RGH	RG	RGH
						优等品		合格品		优等品		合格品	
含水量/%		≤0.10				≤0.08							
密度/($10^3 kg/m^3$)		2.65±0.05								2.20±0.05			
化学成分/%	灼烧失量/%	≤0.20		≤0.15		≤0.10				≤0.08			
	SiO_2/%	≥99.4		≥99.6		≥99.7		≥99.65		≥99.8		≥99.75	
	Fe_2O_3/%	≤0.030		≤0.020		≤0.010				≤0.008			
	Al_2O_3/%	≤0.20		≤0.15		≤0.10				——			
	憎水性/(min)	—	≥30	—	≥45	—	≥45	—	≥45	—	≥45	—	≥45
	无定形 SiO_2/%											≥98	≥95
水萃取液	电导率/(μS/cm)	——		≤30		≤5	≤10	≤10	≤15	≤5	≤10	≤10	≤15
	Na^+/(mg/kg)	——		≤20		≤2	≤3	≤5	≤8	≤2	≤3	≤5	≤8
	Cl^-/(mg/kg)	——		≤20		≤2	≤3	≤5	≤8	≤2	≤3	≤5	≤8
	pH 值	—				6.5～8.0				5.5～7.5			

硅微粉的加工技术主要是粉磨、球形化与表面改性。

(1) 粉磨

石英石或硅石或熔融石英，莫氏硬度高达 7 以上，磨耗较大。目前，325～2500 目(d_{97}=5～45μm)硅微分的生产，一般采用转筒式球磨机+分级机工艺，闭路连续方式生产。如图 3.22 所示，≤5mm 的石英砂通过提升设备输送至原料储备仓，经磁选变频给料机除铁后进入球磨机进行粉磨，粉碎后的物料通过管道吸送到微粉分级机进行第一次分级，大部分粗颗粒被分离，细粉夹带少量粗颗粒被上升气流带入涡轮分级级区进行第二次分级，合格的细粉经分级轮分级后经分级机上部排出后由旋风收集器、袋式收集器系统收集，粗颗粒由分级机下端经挡边皮带机返回磨机再次粉磨。

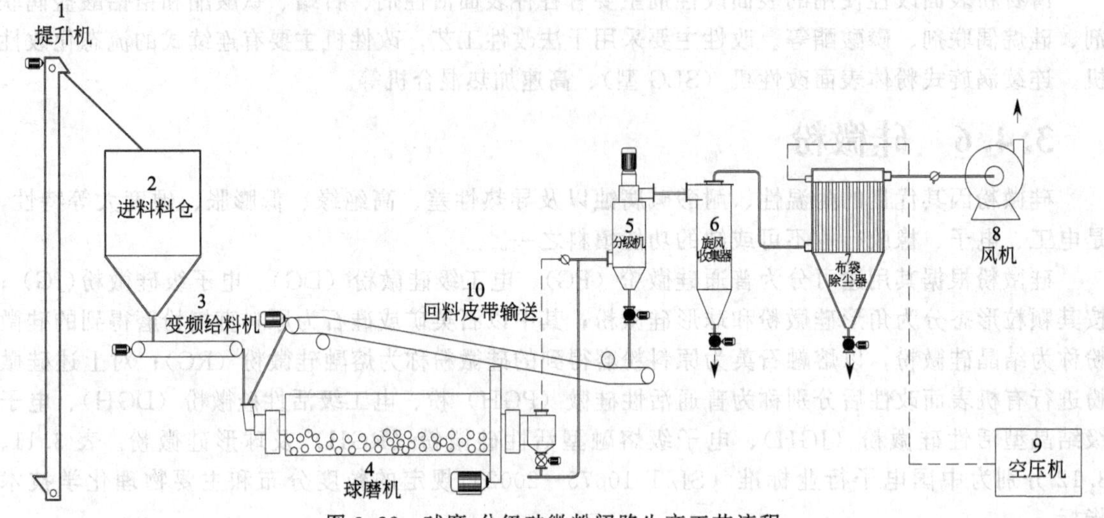

图 3.22 球磨-分级硅微粉闭路生产工艺流程

为了确保粉磨过程不产生污染，特别是铁质污染，采取以下技术措施：①球磨机采用陶瓷刚玉内衬，研磨介质采用陶瓷刚玉球或二氧化硅硅含量 99.8%以上的鹅卵石；②除提升机外，中间输料系统完全不与铁接触，进料、中间转料全部采用橡胶波状挡边皮带机；③中间送料管道全部采用内衬防护，不与铁接触；④分级轮采用陶瓷复合材料；⑤收集系统采用内衬防护，不与铁接触；⑥在原料入进料仓前以及球磨机入料和排料端分别设除铁装置；

对于规模较小的硅微粉生产线，也可以采用振动磨＋分级机生产工艺，其工艺流程与球磨机生产系统基本相似，不再赘述。

对于 2500 目以上（$D_{97}\leqslant 5\mu m$）的硅微粉可采用搅拌磨、砂磨机、球磨机湿法超细粉碎工艺。

（2）球形化

球形硅微粉因其粒形好（图 3.23）、纯度高、颗粒细、填充量大、应力小、介电性能优异、热膨胀系数低和热导率高等优越性能在大规模集成电路封装料以及航空、航天、涂料、催化剂、医药、特种陶瓷及日用化妆品等高新技术领域得到广泛应用。

目前集成电路（IC）封装材料的 97%采用环氧塑封料(EMC)，而在 EMC 的组成中，用量最多的是硅微粉，占环氧模塑料质量比达 70%～90%。与角形硅微粉相比，球形硅微粉的填充率高，环氧塑封料热膨胀系数更小、热导率也更低，应力集中小、强度高，生产的微电子器件使用性能更好。因此，颗粒球形化是硅微粉的主要发展趋势之一。

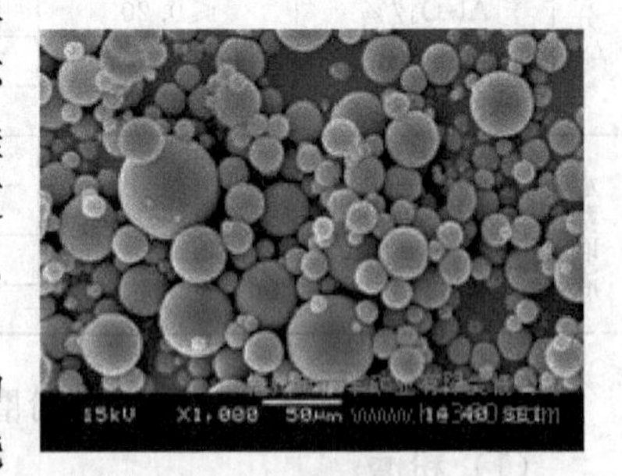

图 3.23 球形硅微粉

目前制备球形硅微粉的方法可分为物理法和化学法。物理法主要有火焰成球法、高温熔融喷射法、自蔓延低温燃烧法、等离子体法和高温煅烧球形化等；化学方法主要有气相法、水热合成法、溶胶-凝胶法、沉淀法、微乳液法等。化学法由于颗粒团聚较严重，产品比表面积较大，吸油值大，大量填充时与环氧树脂均混困难，因此，目前工业上主要采用物理法。

① 火焰成球法　火焰成球法的原料为结晶硅微粉或熔融硅微粉，其工艺过程为：将硅微粉送入燃气-氧气产生的高温场中，进行高温熔融、冷却成球，最终形成高纯度球形硅微粉。采用乙炔气、氢气、天然气等燃料气体作为熔融粉体的洁净无污染火焰为热源。影响产品球形度的主要因素是原料质量及火焰温度和颗粒的熔融时间。此种方法易于实现工业化大规模生产。火焰成球法主要生产设备包括：粉料输送系统、燃气量控制和混合装置、气体燃料高温火焰喷枪、冷却回收装置等。我国已有年产 1000 t 级的采用火焰成球法球形硅微粉工业化生产线，图 3.24 为其生产工艺示意图。

② 高温熔融喷射法　高温熔融喷射法是将高纯度石英在2100～2500℃下熔融为石英液体，经过喷雾、冷却后得到的球形硅微粉，其表面光滑，球形化率和非晶形率均可接近100%。高温熔融喷射法易保证球化率和无定形率，但该技术的难度是高温材料，黏稠的石英熔融液体雾化系统以及解决污染和进一步提纯的问题。

③ 等离子体法　等离子体技术的基本原理是利用等离子体的高温区将二氧化硅粉体熔化，由于液体表面张力的作用形成球形液滴，在快速冷却过程中形成球形化颗粒。此法能量高、传热快、冷却快，所制备的产品形貌可控、纯度高、无团聚。江苏省连云港市晶瑞石英工业开发研究院已建成 50t/a 的“高频等离子制备球形石英粉”中试生产线，图 3.25 所示为其中试生产工艺示意图。

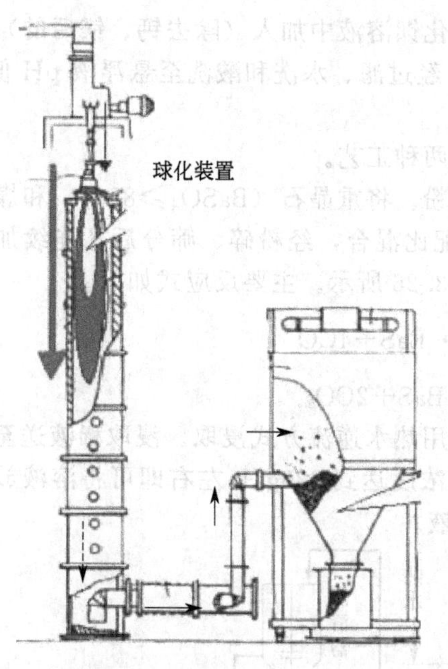

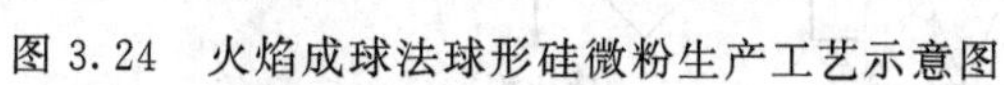

图 3.24　火焰成球法球形硅微粉生产工艺示意图

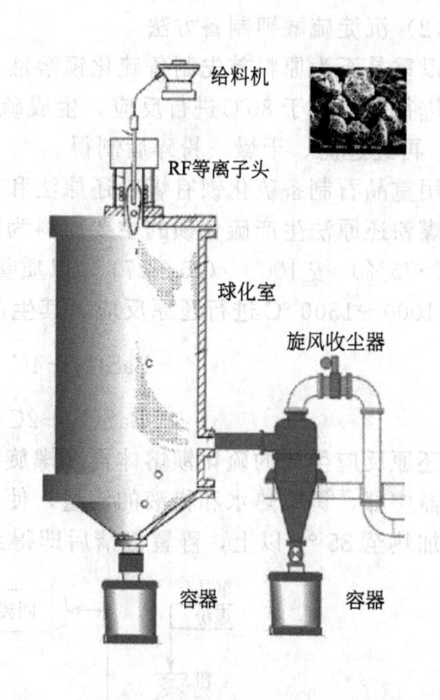

图 3.25　等离子体法球形硅微粉中试工艺示意图

(3) 表面改性

用于环氧树脂及其他聚合物和橡胶的硅微粉或石英粉，为了改善其表面与高聚物基料相容，以使填充材料的综合性能及可加工性能得到提高和改善，必须对其进行有机表面处理。

硅微粉的有机表面改性主要使用硅烷偶联剂（包括氨基、环氧基、甲基丙烯基、三甲基、甲基和乙烯基等）。硅烷偶联剂的—RO 官能团可在水中（包括填料表面所吸附的自由水）水解产生硅醇基，这一基团可与 SiO_2 进行化学结合或与表面原有的硅醚醇基结合为一体，成为均相体系。这样，既除去了 SiO_2 表面的水分，又与其中的氧原子形成硅醚键，从而使硅烷偶联剂的另一端所携带的与高分子聚合物具有很好的亲和性的有机官能团—R′牢固地覆盖在石英或二氧化硅颗粒表面，形成具有反应活性的包覆膜。有机官能团—R′和环氧树脂等高分子材料具有很好的亲和性，它能降低石英或二氧化硅粉体的表面能，提高与高聚物基料的润湿性，改善粉体与高聚物基料的相容性。此外，这种新的界面层的形成，可改善填充复合体系的流变性能。

影响石英粉及其他二氧化硅粉体表面处理效果的主要因素有：硅烷偶联剂的品种、用量、使用方法及处理时间、温度、pH 值等。除了硅烷偶联剂外，锆铝酸盐偶联剂以及聚合物等、脂肪酸（如硬脂酸）和聚乙烯蜡以及阳离子表面活性剂，如十六烷基三甲基溴化铵，也可用于某些用途的硅微粉的有机表面改性。

3.4.7 硫酸钡

以优质重晶石矿为原料采用机械研磨制备的硫酸钡和采用化学方法制备的沉淀硫酸钡和立德粉（由硫酸钡和硫化锌所组成，比例为 7∶3）因其高密度、高白度、较高的遮盖率、难溶于水和酸、无毒、无磁性以及能吸收 X 射线和 γ 射线广泛用于涂料、橡胶和塑料的填料或颜料。

（1）机械研磨法制备硫酸钡

重晶石矿莫氏硬度较低，而且密度大、脆性好，容易粉碎，因此，大多采用干法工艺。常用设备有机械冲击磨、气流磨、振动磨等。其中采用气流粉碎机可将重晶石粉碎到 $d_{97} \leqslant 3\mu m$。如果在湿式选矿提纯后接着进行超细粉碎加工，也可采用湿法超细粉碎工艺，设备可选用搅拌磨、砂磨机、振动磨、球磨机等。

（2）沉淀硫酸钡制备方法

以重晶石为原料首先制备硫化钡溶液，然后在硫化钡溶液中加入（除去钙、镁后的）芒硝溶液进行混合，于 80℃进行反应，生成硫酸钡沉淀，经过滤、水洗和酸洗至悬浮液 pH 值 5～6 后，再经过滤、干燥、粉碎后制得。

用重晶石制备硫化钡有煤粉还原法和氢气还原法两种工艺。

煤粉还原法生产硫化钡的主要原料为重晶石和煤粉。将重晶石（$BaSO_4 \geqslant 85\%$）和煤（固定碳＞75%）按 100∶（25～27）（以质量份计）的配比混合，经粉碎、筛分后，连续加入转炉在 1000～1300 ℃进行还原反应。其生产工艺如图 3.26 所示。主要反应式如下。

$$BaSO_4 + 4C \xrightarrow{1000\sim1300℃} BaS + 4CO$$

$$BaSO_4 + 2C \xrightarrow{600\sim800℃} BaS + 2CO_2$$

还原反应生成的硫化钡熔体再在螺旋浸取器中，用热水逆流方式浸取。浸取稀液送至螺旋浸取器中部，调节热水和稀液的流量，使硫化钡溶液浓度达到 220g/L 左右即可将溶液放入澄清器加热至 85 ℃以上，静置澄清后即得到硫化钡溶液。

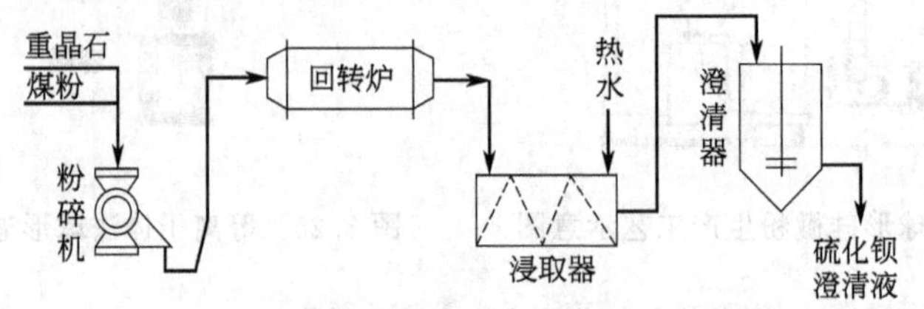

图 3.26 煤粉还原法生产硫化钡工艺流程

（3）表面改性

硫酸钡表面改性的目的是改善其在有机体系中的分散性，防止在涂料中使用时沉淀结块，同时增加漆膜的光泽、韧性、附着力等。

有多种方法可以对重晶石粉及其立德粉进行表面改性，如表面化学包覆、沉淀反应包膜，表面化学辅之以机械化学。根据不同应用领域可以选用表面活性剂、偶联剂、无机氧化物等各种表面改性剂。

采用硅烷偶联剂、锆铝酸盐偶联剂、非离子型表面活性剂以及一种含有 COOH、OH、SO_3官能团的表面改性剂（SA-101）对重晶石粉体进行表面改性试验的结果表明，用SA-101改性后的细磨重晶石粉不仅活化指数高、分散性和流动性好，而且应用效果较好，能够满足C03-1红醇酸调合漆的指标要求，可以代替沉淀硫酸钡。

用油酸钠对立德粉进行的表面改性研究表明，硫酸钡对油酸钠的吸附等温线类似于气体吸附中的BET二型等温线，是多层吸附，吸附量不断增加。无极限饱和值在平衡浓度较低时就有较高的吸附量。立德粉的吸附等温线和硫酸钡的一样，吸附也没有饱和值，而是随着平衡浓度的增加吸附量不断增加。除了在浓度为16～31mmol / L这一段外，其他浓度段的吸附量呈急剧上升趋势。根据立德粉的比表面积值13.557m^2/g和油酸钠分子的截面积0.3nm^2进行计算，浓度小于4.44mmol / L为化学吸附，该浓度以上为物理吸附，该段吸附是一层一层进行，最大吸附层可达8.7。

表面改性后立德粉/水/空气的接触角基本上在80°左右，说明改性立德粉表面为油酸钠所覆盖，呈现疏水性。表面改性后硫酸钡和立德粉在环己烷中的润湿热大于在水中的润湿热，说明改性后的硫酸钡和立德粉由极性变为非极性，由亲水变为疏水，符合极性固体在极性液体中的润湿热比在非极性液体中的大，而非极性固体的润湿热与此相反的规律。改性后硫酸钡和立德粉对水的润湿热呈现随浓度的增大而递减的趋势，说明其表面疏水性随浓度的增加而增大。

3.4.8 复合无机非金属矿物填料

复合无机非金属矿物填料是指由两种以上无机物组成的化学成分复杂的无机填料。复合无机非金属矿物填料按其形成方式可以分为天然复合无机填料和人工复合无机填料。现代新型高聚物基复合材料不仅要求非金属矿物填料具有增量和降低材料成本的功效，更重要的是能够改善填充材料的性能或具有补强和增强的功能。粒径微细化、化学成分和晶体结构复杂化、表面活性化被认为是提高无机填料的填充增强和其他性能的主要技术途径。由于不同种类无机填料的颗粒形状、化学组成和晶体结构及物理化学性质的不同，其对填充高聚物基复合材料的力学性能、热学性能、电学性能及加工性能等的影响也将不同，将两种以上无机填料进行复合和表面改性，使填料体系的体相结构复杂化和表面活性化，不同颗粒形状、化学组成和晶体结构的无机填料有机结合，在填充时取长补短、相互配合，可实现无机填料填充性能的优化。由于人工复合无机填料具有设计或调节填料化学组成、颗粒形状及晶体结构的优势，能够更好地满足复合材料高强度和高性能的要求，是未来无机填料主要的发展方向之一。

与单一的无机非金属矿物填料一样，为了改善其与高聚物基料的相容性，提高复合无机非金属矿物填料的填充增强性能，进一步发挥复合无机填料的特性，也必须对其进行表面改性或活化。表3.13是重质碳酸钙（d_{50}=5.3μm，d_{97}=15.0μm）、硅灰石（d_{50}=8.9μm，d_{97}=32.0μm）、简单混合的重质碳酸钙/硅灰石（d_{50}=7.1μm，d_{97}=24.0μm）、简单混合的改性重质碳酸钙/硅灰石、研磨复合后的重质碳酸钙/硅灰石（d_{50}=5.0μm，d_{97}=18.0μm）及研磨复合后的改性重质碳酸钙/硅灰石填料填充PVC材料的力学性能测试结果。

表3.13 重质碳酸钙/硅灰石复合填料填充PVC材料的力学性能

力学性能	纯PVC	碳酸钙		硅灰石		简单混合		研磨复合	
		未改性	改性	未改性	改性	未改性	改性	未改性	改性
拉伸强度/MPa	56.7	38.0	46.6	42.3	51.5	41.8	47.5	42.8	50.9
断裂伸长率/%	15.7	30.0	29.2	4.0	10.3	26.0	34.8	27.2	38.3
弯曲强度/MPa	79.7	67.6	71.0	69.1	74.5	68.8	71.5	70.6	74.3
冲击强度/(kJ/m^2)	127.0	84.0	100.0	65.0	87.3	80.4	93.9	82.8	98.6

由表3.31可见：①未改性重质碳酸钙填充PVC材料的冲击强度、断裂伸长率较高，即韧性

较好，但拉伸强度和弯曲强度稍低；而硅灰石填充PVC材料的拉伸强度、弯曲强度较高，但断裂伸长率较低；将重质碳酸钙、硅灰石简单混合后，填充材料的拉伸、弯曲、冲击强度及断裂伸长率都较高，综合力学性能好于任一单一填料填充，断裂伸长率甚至高于纯PVC；而用研磨复合后的重质碳酸钙/硅灰石复合填料填充，材料的拉伸、弯曲、冲击强度及断裂伸长率都高于简单混合的碳酸钙/硅灰石填料，说明超细研磨可以进一步提高重质碳酸钙/硅灰石复合填料填充PVC的力学性能。②表面改性后，除个别数据外，重质碳酸钙、硅灰石、简单混合以及研磨复合后的重质碳酸钙/硅灰石填料填充PVC材料的力学性能较表面改性前普遍提高，其中研磨复合后的重质碳酸钙/硅灰石填料经表面改性后，填充PVC材料的拉伸、弯曲、冲击强度、断裂伸长率等力学性能明显提高，冲击强度和拉伸强度分别提高18.93%和19.13%，断裂伸长率提高114.4%，断裂伸长率较纯PVC材料提高1.7倍。这说明表面改性活化能显著提高重质碳酸钙/硅灰石复合填料在PVC材料中的填充性能。③研磨复合20min后再改性与未经研磨直接改性比较，重质碳酸钙/硅灰石复合填料的拉伸强度、断裂伸长率、弯曲强度、冲击强度等力学性能明显提高。其填充增强的主要原理是复合活化增强和颗粒粒度、形状配合增强，即这两种不同的无机填料混合后化学组成的复杂化、研磨复合后的粒度减小和表面机械激活、改性后的表面活化和与高聚物基料的相容性以及在填充材料中的取向和堆砌效应的优化。

复合无机非金属矿物填料表面改性所用的表面改性剂依复合品种而定，如重质碳酸钙/硅灰石复合填料选用硬脂酸及钛酸酯偶联剂和铝酸酯偶联剂；煅烧高岭土/硅藻土复合填料选用硬脂酸及钛酸酯偶联剂或硅烷偶联剂；滑石/透闪石复合填料选用钛酸酯、铝酸酯或硅烷偶联剂和表面活性剂。同时，由于复合无机非金属矿物填料颗粒的表面各向异性，因此，常常要采用多种表面改性剂进行“复合”改性处理。

3.4.9 钛白粉的无机表面改性

钛白粉是性能最好的一种白色颜料，它有很高的对光散射能力，所以着色力高、遮盖力大、白度好。但是，钛白粉，尤其是锐钛型钛白粉也有缺陷，即具有“光化活性”。当其配制成涂料在户外应用时，往往在一定时期后出现失光，出现变色、粉化、剥落等破坏现象。用无机物处理可克服这种缺陷，并能显著提高其抗粉化性和保色性。用于处理钛白粉的无机物很多，例如铝、硅、铁、锌、锆、锑、镁、锰等金属的可水解的白色盐类或这些盐的混合物，但在工业产品中普遍采用的是铝、硅、钛等几种。

钛白粉的湿法无机表面改性工艺流程如图3.27所示。用氧化法或硫酸法生产的TiO_2经预先分散后送入包膜（覆）处理罐，在一定pH值条件下加入改性（处理）剂，对分散好的颜料进行包膜（或包覆），然后水洗除去包覆处理过程中生成的水溶性盐类和杂质，再经干燥、粉碎后即得表面包膜处理后的钛白产品，各工序的主要设备列于表3.14。

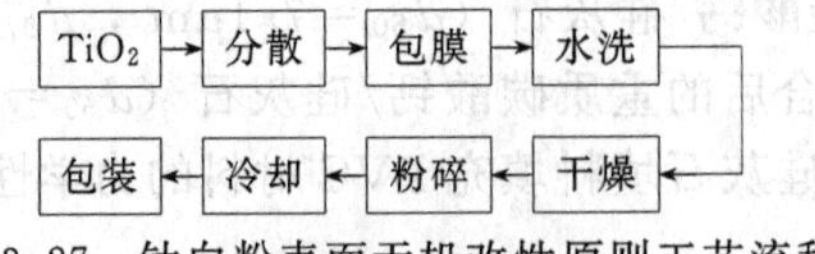

图3.27 钛白粉表面无机改性原则工艺流程

表3.14 钛白粉表面包覆处理主要工艺设备

工序	主要工艺设备
分散	打浆槽、砂磨机或振动磨、分级机（卧式螺旋离心分级机）、水力旋流器等
包覆	包覆（膜）罐反应罐
水洗	压滤机或真空转鼓过滤机等
干燥	带式干燥机、喷雾干燥机等
粉碎	气流粉碎机

针对不同的无机表面改性剂，所采用的工艺条件也有所不同。

(1) 氧化硅包覆工艺

二氧化硅的包袱量一般为钛白粉质量的1%～10%；浆液的pH值一般以8～11为宜，只有在碱性条件下才能获得完整致密的包膜；反应温度为80～100 ℃，低于100 ℃难以形成致密的包膜；Na_2SiO_3中碱金属离子浓度以0.1～0.3mol/L为宜，高于1mol/L会增大活性硅的凝聚倾向，消耗的中和酸要多。对于反应时间，如果生成活性硅的速率太快，就不可能使逐渐沉积到粒子表面形成表皮状包膜，而是生成许多SiO_2小球状粒子，进一步增加活性硅数量，小球状粒子争先吸附活性硅，结果形成一种复杂的混合物，致密硅的沉积过程长达数十小时，在实践中通常采用5h左右。此外，要严格保持均匀的反应条件，整个过程中必须有良好的搅拌，加入酸一般采用10%的H_2SO_4，在工业生产中最好用分布器多点加入，以避免pH值局部迅速降低，生成分散的游离硅胶。

(2) 氧化铝包覆工艺

先将包覆剂$Al_2(SO_4)_3$或$NaAlO_2$按TiO_2质量的1%～5%（以Al_2O_3计）配制成含Al_2O_3为40～100g/L的溶液，然后加入到分散好的TiO_2浆液中，搅拌均匀后，以碱或酸进行中和，碱或酸的浓度一般为10%，中和速率要缓慢而均匀，一般控制在1～2h内。当采用$Al_2(SO_4)_3$时，为了保持TiO_2的均匀分散，可同时加碱，保持pH=8.5～11，最后调至中性，使铝盐完全水解，处理温度有常温的，但一般控制在50～80 ℃，使生成的膜结构致密，也有加热至100 ℃的。反应速率：一般来说速率快则生成海绵状膜，使产品遮盖率高，但吸油率也高，要得到均匀致密的膜，常使中和反应缓慢延续至5h以上，继续搅拌0.5h后冷却。将加有$NaAlO_2$的TiO_2碱性浆液在pH=10.5～11.5下陈化约50min，然后加酸沉淀，可提高产品的水分散性。

(3) 混合包覆和二次包覆工艺

在无机物处理中，只采用三种金属水合氧化物或氢氧化物作为包覆剂，对TiO_2抗粉化性与保光性的提高是有限的。例如，单独采用铝，其保光性与抗粉化性不如铝、硅共同包膜的好；单独采用硅，浆液难以过滤，制得的颜料性能不佳，而铝、硅合用可以获得显著的效果。因此，在生产过程中总是应用硅、铝等两种或两种以上的处理剂，即混合包覆与两次包覆。

混合包覆又称为混合共沉淀包覆，是指在同一种酸性或碱性条件下，用中和法同时将两种以上包覆剂沉积到TiO_2粒子表面。两次包覆是指在一种条件下沉积一种以上包覆剂，然后在此条件或另加一个条件下，第二次再沉积一种以上包覆剂。典型的混合包覆过程如下：将含300g/L的TiO_2、pH=9～11的水浆液加入反应罐，在良好的搅拌下同时导入酸性和碱性两种液流。酸性液流分别含50g/L $MgSO_4$、100g/L的$TiOSO_4$，与50g/L H_2SO_4；碱性液流分别含：100g/L Na_2SiO_3，75g/L的$NaAlO_2$。加入的配方比与速率使浆液始终保持在pH=6～8之间。

二次包覆是一种常用的方法，前面提到的在一种碱性条件下沉淀致密状SiO_2，然后在酸性条件下沉积Al_2O_3，就是一种典型的二次包覆。较近的一种改进工艺是：首先在碱性条件下(pH=11)沉积SiO_2与Al_2O_3的致密包膜，然后调节pH值到3左右，进行酸性稳定化处理，时间为15～30min（时间过长如>1h，有可能引起第一次包膜溶解）。此后，使浆液pH回升到5～5.5，用Al_2O_3进行第二次包膜，这样改进了TiO_2的分散和光学性能。

目前最新发展了一种用SiO_2、、Al_2O_3或SiO_2/Al_2O_3包覆TiO_2的方法——化学气相沉积法。这种方法与传统的包覆方式不同，是在1300～1500℃高温下，管式反应器中，在流动的气氛下，首先$TiCl_4$与O_2反应生成TiO_2，然后与$SiCl_4/AlCl_3$的混合物混合。通过调节温度和反应物浓度来控制包覆的厚度和致密程度。这种方法的包覆机理有两步：首先，金属氧化物化学气相沉积在TiO_2颗粒的表面；然后，它们之间发生气相化学反应，生成氧化物SiO_2、Al_2

O_3或 SiO_2/Al_2O_3，这些氧化物通过烧结紧密结合在一起。这种方法虽然为 TiO_2颗粒的表面包覆提供了一种新的途径，但由于是在高温下通过气相来实现，实际应用时成本较高。

影响表面处理效果的主要因素有：料浆中粒子的分散状态；包覆（膜）过程的料浆浓度、改性（处理）剂的用量和用法以及料浆的 pH 值，包覆处理温度和处理时间等。其中良好分散(使料浆中的 TiO_2粒子尽可能保持原级颗粒是实现良好包膜的前提)，因为如果改性（处理）剂包覆在凝聚的大颗粒上，那么包膜将会在后续的粉碎作业中被破坏从而影响包膜产品的质量。因此，为了强化分散作用，除了研磨和分级外还要在分散作业中添加分散剂。料浆中酸碱度、反应温度、反应时间等是包覆（膜）处理的关键因素，对包膜质量有很大影响。因此，上述因素，尤其料浆的 pH 值应连续检测和控制。

利用湿法沉淀反应对其他无机颜料的表面包（覆）膜处理工艺，原则上与上述钛白粉的处理工艺相似，只是各工艺参数要通过试验进行调整。

4 摩擦材料

4.1 摩擦材料及分类

中华人民共和国机械工业标准（JB/T 5071—1991）将摩擦材料定义为：以提高摩擦磨损性能为目的，用于摩擦离合器与摩擦制动器的摩擦部分的材料。

摩擦材料按其摩擦特性分为高摩擦系数材料（摩阻材料或摩擦材料）及低摩擦系数材料（减摩材料）两大类。一般公认，在干摩擦条件下，对偶摩擦系数大于 0.2 的材料，称为摩擦材料。摩擦材料或摩阻材料的分类如图 4.1 所示。

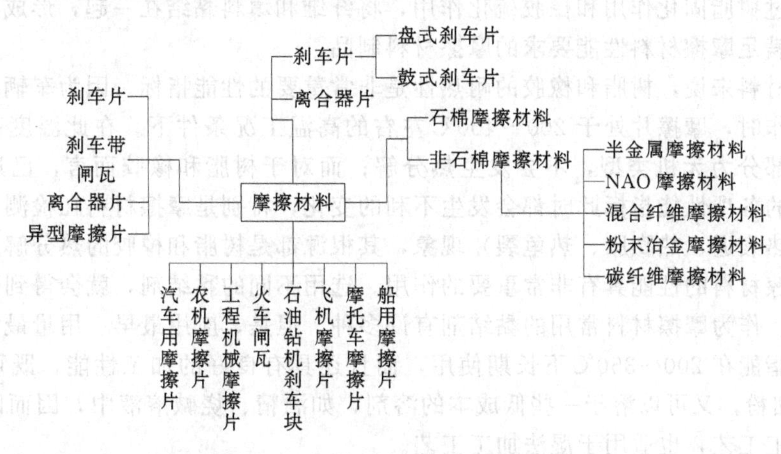

图 4.1 摩擦材料或摩阻材料的分类

按功能分：摩擦材料可分为传动与制动两大类摩擦材料。例如，作为传动用的离合器片，是通过离合器总成中离合器摩擦面片的贴合与分离将发动机产生的动力传递到驱动轮上，使车辆开始行走；制动作用的刹车片（盘式和鼓式刹车片）是通过车辆制动机构将刹车片紧贴在制动盘（或鼓）上，使行走中车辆减速或停下来。

按产品的形状分：摩擦材料可分为刹车片（盘式和鼓式刹车片）、刹车带、闸瓦、离合器片、异型摩擦片等。盘式片呈平面状；鼓式片呈弧形，闸瓦（包括火车闸瓦、石油钻机闸瓦）为弧形产品，但比弧形刹车片要厚得多，通常达到 25～35mm。刹车带通常用于农机和工程机械，属软质摩擦材料，一般盘绕成圆卷形的带状产品。离合器片一般为圆环形状产品。异型摩擦片多用于各种工程机械，如摩擦压力机、电葫芦等，有盆形、锥形、自行车鞍座形以及各种形状制品。

摩擦材料按材质的不同，可分为石棉摩擦材料和无石棉摩擦材料（即非石棉摩擦材料）。

石棉摩擦材料可分为以下几种。①石棉纤维摩擦材料，又称石棉绒质摩擦材料，制成各种刹车片、离合器片、火车合成闸瓦、石油钻机闸瓦、石棉绒质橡胶刹车带等。②石棉线质摩擦材料，主要生产缠绕型离合器片、短切石棉线段摩擦材料，即用于工程机械上的异型摩擦片。③石棉布质摩擦材料，主要制造层压类钻机闸瓦、刹车带、离合器面片等。④石棉编织摩擦材料，将石棉编织成厚带，制造油浸或树脂浸刹车带、石油钻机闸瓦等。

非石棉摩擦材料包括碳纤维摩擦材料、半金属摩擦材料、混合纤维摩擦材料、金属陶瓷摩擦材料（粉末冶金摩擦材料）等。

本章主要讨论摩擦材料结构与组成，并在技术要求的基础上重点介绍石棉基摩擦材料和胶体石墨和蛇纹石基减摩材料。

4.2 摩擦材料的结构、组成及技术要求

4.2.1 摩擦材料的结构与组成

摩擦材料属于高分子三元复合材料，它包括三部分：以高分子化合物为黏结剂；以无机或有机类纤维为增强组分；以填料为摩擦性能调节剂。

(1) 有机黏结剂

摩擦材料所用的黏结剂为酚醛树脂和合成橡胶，而以酚醛树脂为主。它们的特点和作用是当处于一定加热温度下时先呈软化而后进入黏流态，产生流动并均匀分布在材料中形成材料的基体，最后通过树脂固化作用和橡胶硫化作用，将纤维和填料黏结在一起，形成质地致密、有相当强度的能满足摩擦材料性能要求的摩擦材料制品。

对于摩擦材料来说，树脂和橡胶的耐热性是非常重要的性能指标。因为车辆和机械在进行制动和传动工作时，摩擦片处于200～400℃左右的高温工况条件下。在此温度范围内，纤维和填料的主要部分为无机类型，不会发生热分解；而对于树脂和橡胶而言，已进入热分解区域。摩擦材料的各项性能指标此时都会发生不利的变化，特别是摩擦材料在检测和使用过程中发生的三热（热衰退、热膨胀、热龟裂）现象，其根源都是树脂和橡胶的热分解。因此选择树脂与橡胶对摩擦材料的性能具有非常重要的作用。选用不同的黏结剂，就会得到不同的结构性能和摩擦性能。作为摩擦材料常用的黏结剂有许多种。但是，应用最早、用量最大的仍属酚醛树脂。酚醛树脂能在200～350℃下长期使用，而且还具有良好的加工性能，既可以被加工成200目左右的细粉，又可以溶于一些低成本的溶剂，如酒精、烧碱溶液中，因而既适用于摩擦材料的干法加工工艺，也适用于湿法加工工艺。

未经改性的酚醛树脂，即纯酚醛树脂，在国内摩擦行业中称之为2123树脂。它存在一些不足之处，如质地脆硬、韧性差。经过改性的酚醛树脂，可以改进摩擦材料的性能，如橡胶改性酚醛树脂和腰果壳油改性酚醛树脂，能降低摩擦材料的弹性模量和硬度，提高冲击强度；三聚氰胺改性酚醛树脂和硼改性的酚醛树脂，可提高树脂的耐热性；半金属摩擦材料则可采用环氧改性酚醛树脂，以提高摩擦片和钢纤维的黏结性。

在摩擦材料使用的黏结剂中，还有其他类型的黏结剂，如环氧树脂、糠醛树脂等。近年来，开始使用双组分材料对酚醛树脂进行改性，如采用橡胶与对二甲酰二乙基二混胺改性酚醛树脂除能提高摩擦材料耐热性外，对提高材料的耐磨性也有一定的作用。摩擦材料生产对黏结剂（树脂）的质量要求如下。

① 耐热性好，有较好的热分解温度和较低的热失重。

② 粉状树脂细度要高，一般为100～200号，以200号最为宜。

③ 游离酚含量低，以1%～3%为宜。

④ 适宜的固化速度（150℃下，40～60s）和流动距离（125℃下，40～80mm）。

大部分摩擦材料制品中，橡胶被用于辅助材料，目的是降低制品的硬度和弹性模量，提高韧性和冲击强度。在有些品种，例如城市公交汽车用的软质或半硬质刹车片或缠绕型离合器片、某些工程机械用摩擦片中，橡胶的用量比例高达6%以上或与树脂用量相当。也有超过树

脂用量比例的情况，如橡胶刹车带中，橡胶成为制品中有机黏结剂的主体成分。

摩擦材料所用的橡胶制品中，常用的是丁苯橡胶和丁腈橡胶。丁苯橡胶的价格便宜，耐磨性好，故使用最广泛。丁腈橡胶耐热性和拉伸强度均优于丁苯橡胶，但价格较高，一般用于性能要求较高的摩擦材料，如盘式刹车片或重负荷载重汽车的刹车片。天然橡胶虽然拉伸强度和伸长率均较好，但耐热性较差，价格又较高，故较少在摩擦材料中应用。

在干法生产工艺中，橡胶可单独以粉末状态应用于摩擦材料组分中，或与树脂在炼胶机上混炼均匀，经粉碎后进一步使用。在湿法工艺中，一般将橡胶和溶剂加工成胶浆液或以湿法捏合方式、浸渍纤维方式加入到组分中去。

(2) 纤维增强材料

纤维增强材料构成摩擦材料的基材，它赋予摩擦制品足够的机械强度，使其能承受摩擦片在生产过程中的磨削和铆接加工的负荷力以及使用过程中由于制动和传递所产生的冲击力、剪切力、压力、离合器片高速旋转的作用力，避免发生破坏和破裂。

有关国家标准和汽车制造厂商根据摩擦片的实际使用工况条件，对摩擦片提出了相应的机械强度要求，如抗冲强度、抗弯强度、抗压强度、抗剪强度、旋转破坏强度等。为了满足这些强度性能要求，要选用合适的纤维品种。在进行选择时，纤维的增强性能/价格比是很重要的选择原则，不但要有好的增强效果，还要有能被市场接受的成本价格，这对无石棉摩擦材料尤为重要。摩擦材料对其使用的纤维组分的要求如下。

① 增强效果好。

② 耐热性好，在摩擦工作温度下，不会发生熔融、碳化与热分解现象。

③ 具有基本的摩擦系数。

④ 硬度不宜过高。

⑤ 工艺（可操作）性能好。

由于摩擦材料制品在工作中长期处于高温工况下，一般有机纤维无法承受这种条件，因此多数采用无机纤维，包括天然矿物纤维类，如石棉、海泡石、硅灰石、水镁石等；人造矿棉和无机纤维类，如陶瓷纤维、硅酸铝纤维、岩棉、复合矿物纤维、玻璃纤维等；金属纤维类，如钢纤维、铜纤维、铝纤维等。除了无机纤维外，一些有机纤维也被应用在摩擦材料中，如芳纶属于高性能、高价格的一种耐热性及拉伸强度均优良的有机纤维。芳纶纤维在摩擦材料行业中应用较多，特别是用于要求性能较高的制品中。碳纤维则用在航空刹车片中，或用于一些对耐热性能和强度要求较高的摩擦材料制品中。其他一些有机纤维，如纤维素纤维、人造有机纤维或合成纤维、植物纤维也有应用，但主要作为辅助成分被少量应用。

石棉作为纤维增强材料至今仍具有不可完全取代的特性，它可以提供较高的机械强度及良好的耐热性、耐磨性和较好的黏结性、吸附性等，可使制品获得使用中所必需的各种物理机械性能指标。虽然石棉（石棉粉尘）对环境有害，但由于各种石棉代用材料也不断发现对环境有不同程度的危害，所以以石棉为增强的石棉系列摩擦材料，因其具有良好的综合性能与较低的价格，今后将会在摩擦材料生产中占有一定的地位。

在无石棉摩擦材料方面，根据上述要求，再加上成本价格的要求，可以认为，在各种非石棉纤维中很难找到任一种纤维能单独承担代替石棉的角色，较好满足多方面的性能要求。钢纤维虽在盘式刹车片中可用于主体纤维，但在鼓式刹车片、离合器片中，它无法单独担任增强组分的角色。因此，在无石棉摩擦材料组分中，最常采用的是多种纤维的组合使用。

(3) 填料

摩擦材料组分中的填料，主要是由摩擦性能调节剂和配合剂组成，使用填料的主要目的如下。

① 调节和改善制品的摩擦性能、物理性能和机械强度；

② 控制制品热膨胀系数、导热性、收缩率，增加产品尺寸的稳定性；

③ 改善制品的制动噪声；

④ 提高制品的制造工艺性能与加工性能；

⑤ 改善制品外观质量及密度；

⑥ 降低生产成本。

在摩擦材料的配方设计时，选用填料时要了解填料的性能及在摩擦材料中所起的作用。根据摩擦性能调节剂在摩擦材料中的作用，可将其分为“增摩填料与减摩填料”两类。摩擦材料本身属于摩阻材料，为能执行制动和传动功能要求较高的摩擦系数。因此，增摩材料是摩擦性能调节剂的主要部分。不同填料的增摩作用是不同的。由于摩擦材料中的树脂成分在220～250℃时，会生成低分子物质并开始发生热分解，摩擦系数开始出现热衰退。在增摩填料中，有的在较低的摩擦工作范围，即室温至250℃范围内，能提高制品的摩擦系数，如长石粉、铝矾土、铁粉等；有的填料能在250℃以上至400℃的较高工作温度区域，即树脂发生热分解的温度区域，具有较好的摩擦系数，如氧化铝、金红石、锆英石、萤石等。这些填料称之为高温摩擦性能调节剂。

增摩填料的莫氏硬度通常为3～9，硬度高的增摩效果显著。莫氏硬度高于5.5以上的填料，属硬质填料，增摩作用明显，但要控制其粒度和用量。

高硬度的填料用量过多以及填料的粒度过粗，就会造成磨损过大，对偶盘或鼓的损伤增加，制动噪声也会增大。重晶石及膨胀蛭石、硅藻土等填料可以降低制动噪声。

减摩填料一般为低硬度物质，特别是莫氏硬度低于2的矿物，如石墨、二硫化钼、滑石、云母等。目前常用的是石墨和二硫化钼。它们能降低摩擦系数又能减少对偶材料的磨损，从而提高摩擦材料的使用寿命。

摩擦材料是在热与较高压力的环境中工作的一种特殊材料，它要求所使用的主要填料组分必须有良好的耐热性，即热稳定性，包括热物理效应和热化学效应等。

摩擦材料中使用的填料的热导率可直接影响其制品的导热性能。导热性能好的填料可以使制品相对地提高耐热性。

填料的堆砌密度对摩擦材料的性能影响很大。摩擦材料的不同性能要求，对填料的堆砌密度的要求不同。例如，使用增量填料，仅仅是为了增加数量（质量）和降低生产成本。所以，在生产中希望加入的填料数量越多越好，这就希望填料堆砌达到最大密堆砌。填料在堆砌过程中，最大颗粒的堆砌决定了体系的总体积。体系中的颗粒之间存在大量空隙，如果将较细的颗粒填充到这些空隙中，其体系的总体积不会改变。而此时又加入更细的颗粒时，其颗粒之间仍存在空隙，这些空隙再被更细的颗粒填充，填充的颗粒越来越细，直至无穷小，此时体系的总体积等于填料的真实体积，填料的堆砌密度最大。此时在摩擦材料中使用的基体树脂量最少。相反，应用单一粒径的颗粒填料，就可以得到最小密堆砌体系，此时摩擦材料中使用的基体树脂量最多。

摩擦材料中使用的填料，一般均为固体填料。所以填料的颗粒大小和颗粒分布、颗粒形状决定了填料的不同性能。

表面积大小是填料最为重要的性质之一。填料的许多性能都与其表面积有关。制品中使用的其他表面活性剂、分散剂等，都可能被填料表面所吸附或与填料表面发生化学反应。

陶土、萤石、石灰粉、硅藻土、碳酸钙、方解石等矿物填料，既有一定的摩擦系数和良好的化学稳定性和热稳定性，价格又低，它们在组分中的加入量可达到5%～15%，可以改善摩擦片的性能和降低摩擦片的生产成本。

另外一些作为着色剂的填料配合剂，如炭黑、氧化铁、铁黑等，它们不仅有着色作用，同时也具有一定的摩擦系数。

硬脂酸、硬脂酸锌一类的物质被作为脱模剂使用。

有机摩擦粉，是摩擦材料生产中使用的一种具有特殊功能的有机类填料。常用的有机摩擦粉主要有腰果壳油摩擦粉。它是由腰果壳油经反应、固化、粉碎制成；另一种有机摩擦粉是橡胶屑，是用各种回收橡胶（废橡胶）经粉碎后制成。根据回收橡胶的不同，所制成的胶粉又分为“轮胎粉”与“杂胶粉”两类。在摩擦材料中使用的主要是轮胎粉。因为轮胎粉价格低，而且使用方便。

使用有机摩擦粉的摩擦材料制品的摩擦系数比较稳定，耐磨性较好，对制品的硬度和弹性模量也有所改善。但在摩擦材料组分中的用量要适当，否则会对制品的热性能产生负面影响。

4.2.2 摩擦材料的技术要求

摩擦材料是车辆和机械的离合器总成和制动器中的关键安全部件，在传动和制动过程中，应满足以下主要技术要求。

① 适宜而稳定的摩擦系数　摩擦系数是评价任何一种摩擦材料的最重要的性能指标，关系到摩擦片执行传动和制动功能的好坏。摩擦系数不是一个常数，而是受温度、压力、摩擦速度、表面状态及周围介质因素等影响而发生变化的一个系数。理想的摩擦系数应具有冷摩擦系数和可以控制的温度衰退。由于摩擦产生热量，升高了工作温度，导致了摩擦材料的摩擦系数发生变化。

温度是影响摩擦系数的最重要因素。摩擦材料在摩擦过程中，随着温度的迅速升高，一般当温度达到200℃以后，摩擦系数开始下降，当温度达到树脂和橡胶分解温度范围后，产生了摩擦系数的骤然降低。这种现象称为“热衰退”，严重的热衰退会导致制动效能变差和恶化，在实际应用中会降低摩擦力，即降低制动作用，这很危险也是必须要避免的。在摩擦材料中加入高温摩擦调节剂填料，是减少和克服“热衰退”的有效手段。经过热衰退的摩擦片，当温度逐渐降低时摩擦系数会逐渐恢复原来的正常情况，但有时也会出现摩擦系数的恢复高于原来正常的摩擦系数现象，即恢复过头。对这种摩擦系数恢复过头的现象，称之为“过恢复”。

摩擦系数通常随速度增加而降低，但过多的降低也不能忽视。汽车制动器衬片台架试验标准中就有制动力矩速度稳定性的要求。因此，当车辆行驶速度加快时，要防止制动效能的下降因素。

摩擦材料表面沾水时，摩擦系数也会降低；当表面的水膜消除，恢复到干燥状态后，摩擦系数就会恢复正常，称之为“涉水恢复性”。

摩擦材料表面沾有油污时，摩擦系数也会降低，但仍保持一定的摩擦力，使其仍具有一定的制动效能。

② 良好的耐磨性　摩擦材料的耐磨性是其使用寿命的反映，也是衡量摩擦材料耐用程度的重要技术经济指标。耐磨性越好，表明它的使用寿命越长。摩擦材料在工作过程中的磨损主要是由摩擦接触表面产生的剪切力造成的。

工作温度是影响磨损量的重要因素。当材料表面温度达到有机黏结剂的热分解温度范围时，有机黏结剂产生分解、碳化和失重现象；随温度的升高，这种现象加剧，黏结作用下降，磨损量急剧增大，称之为“热磨损”。

选用合适的减摩填料和耐热性好的树脂、橡胶，能有效减少材料的工作磨损，特别是热磨损，可延长其使用寿命。

摩擦材料的性能指标，有多种表示方法。GB 5763—2008“汽车制动器衬片”国家标准中规定的磨损指标是：测定材料样品在定速式试验机上从100～500℃温度范围的每挡温度（50℃为一挡）时的磨损率。磨损率系样品与对偶件表面进行相对滑动过程中作单位摩擦功时的体积磨损量，可由测定其摩擦力的滑动距离及样品因磨损的厚度减少进行计算。

③ 良好的机械强度和物理性能　摩擦材料制品在装配使用之前，需要进行钻孔、铆装、装配等机械加工，才能制成刹车片总成或离合器总成。在摩擦工作过程中，摩擦材料除了要承受很高的温度，还要承受较大的压力和剪切力。因此，要求摩擦材料必须具有足够的机械强度，以保证在加工或使用过程中不出现破损与碎裂。如对刹车片，要求有一定的抗冲击强度、铆接应力、抗压强度等；对于黏结型刹车片，如盘式片，还要具有足够的常温黏结强度与高温（200～250℃）黏结强度，以保证刹车片与钢背黏结牢固，可承受盘式刹车片制动过程中高剪切力，而不产生相互脱离，造成制动失效的严重后果。对于离合器片，则要求具有足够的抗冲强度、静弯曲强度、最大应力变值及旋转破坏强度。这是为了保证离合器片在运输、铆装过程中不致损坏，也是为了保障离合器片在高速旋转的工作条件下不发生破裂。

④ 制动噪声低　制动噪声关系到车辆行驶时的舒适性，而且对周围环境，特别是城市环境造成噪声污染。对于轿车和城市公交车来说，制动噪声是一项重要的性能指标要求。就轿车盘式片而言，摩擦性能良好的无噪声或低噪声刹车片成为首选产品。因此，制动噪声被人们所重视，有关国家标准规定，一般汽车制动时产生的噪声不应超过 85dB。

引起制动噪声的因素很多，因为制动刹车片只是制动总成的一个部件，制动时刹车片与刹车鼓（或盘）在高速相对运动下的强烈摩擦作用，彼此产生振动，从而产生不同程度的噪声。

造成摩擦材料制动噪声的主要因素是：材料的摩擦系数、材质、填料及使用条件等。

摩擦材料的摩擦系数越高，越易产生噪声。摩擦系数达到 0.45～0.5 或更高时，容易产生噪声；制品材质硬度高时易产生噪声；高硬度填料用量多时易产生噪声。刹车片经高温制动作用后，工作表面形成光亮而硬的碳化膜，又称釉质层，在制动摩擦时会产生高频振动及相应的噪声。因此，应适当控制摩擦系数：使其不要过高；降低制品的硬度，减少硬质填料用量；避免工作表面形成碳化层；使用减振垫或膜以降低振动频率，均有利于降低噪声。

⑤ 对偶面磨损较小　摩擦材料的传动和制动功能，都要通过与对偶件，即摩擦盘与制动鼓（或盘）在摩擦中实现。在摩擦过程中这一对摩擦偶件都会产生磨损，这是正常现象。但是作为消耗性材料的摩擦材料制品，除自身应该尽量小的磨损外，对偶件的磨损也要小，以延长对偶件的使用寿命。同时，在摩擦过程中不应该导致对偶件表面磨成较重的擦伤、划痕、沟槽等过度磨损情况。

4.3　石棉基摩擦材料

石棉摩擦材料是以石棉为增强材料，以有机高分子化合物为黏合剂，以填料（包括有机摩擦填料）为摩擦性能调节剂，经热压成型为主的工艺制成的复合材料。它作为动力机械的制动和传动部件被广泛应用于汽车、货车、拖拉机、飞机、舰艇及各种工程机械。

4.3.1　石棉摩擦制品原料

虽然目前石棉基摩擦材料的配方很多，但都是基于调整石棉纤维的品种及在制品中的形态（纤维、线或布）来调节制品的机械强度、调整黏结剂的品种及金属粉末以改善高温摩擦性能、改变摩擦调节剂品种及用量来改善摩擦系数和摩擦磨损的原则来设计配方。石棉基摩擦材料的一般配方见表 4.1。

表 4.1 石棉基摩擦材料的一般配方

制品类型		编织	模压	半金属
基材	石棉	40～70	40～70	20～60
	金属粉末	5		10～40
黏结剂		10～30	10～30	5～15
有机填料		约 10	5～20	5～20
无机填料		约 10	5～20	5～30
摩擦调节剂		约 10	5～20	5～20
其他			约 5	约 5

(1) 石棉

所用的石棉主要是蛇纹石石棉或温石棉。作为摩擦材料中基料及增强骨架的石棉，不但具有纤维的增强作用，而且有优良的耐热性能和摩擦性能，这是用其制备综合性能优良的摩擦材料的有利因素。

(2) 黏结剂

石棉摩擦材料中的黏结剂——树脂及橡胶，属有机高分子物质，它们与整个材料性能密切相关，直接影响材料的各种性能。

① 树脂　主要使用酚醛树脂及其改性产物。

酚醛树脂是由酚类（苯酚、甲酚、二甲酚）和醛类（甲醛、乙醛、糠醛）在酸或碱催化剂作用下合成的缩聚物。酚醛树脂具有良好的压缩强度、介电性能、耐水性、耐酸性及烧蚀性，但其延伸率低，硬度和脆性较大，对有些纤维（如玻璃纤维等）黏结性差，且不耐碱。因此，用酚醛树脂制备石棉基摩擦材料时，存在硬度过高（HB＞50）、冲击强度过低、容易生成硬而脆的摩擦残留表面致使产生热衰退及摩擦性能不稳定，而且在摩擦材料本身的界面易产生应力裂缝和界面裂缝，因此常将酚醛树脂改性后使用。常用的改性途径为：a. 用苯环或芳烷基取代易吸水及造成树脂强度不高的酚羟基，也可用有机硅或有机硼改性来封闭酚羟基；b. 引入其他组分，分隔包围酚羟基；c. 采用橡胶改性，可在生成反应时加入，也可在以后共混改性。

目前石棉基摩擦材料大量采用树脂-橡胶共混的基体，树脂改性后可增强与橡胶的相容性。将酚羟基等弱键改性或引入硅、硼等后，酚醛树脂热分解温度有很大提高。采用其他有机物改性时，即使分解温度有些下降，但改性酚醛树脂的耐热衰退性及耐磨性大都优于纯酚醛树脂。

我国石棉摩擦材料用酚醛树脂的改性剂和改性方法主要有：用苯胺、三聚氰胺、二甲苯等代替苯酚；用其他高聚物（如尼龙、聚乙烯醇、环氧树脂等）或油脂（如松香、腰果壳油等），以及引入硼酚醛、有机硅改性等。

② 橡胶　橡胶（包括天然橡胶和合成橡胶）是石棉摩擦材料常用的一类黏结剂。其特点是弹性、强度和低温摩擦性能好，缺点是不耐高温。各种橡胶配合剂，如硫化剂、促进剂、防老化剂及各种填料等，都可按摩擦材料的特点和一般橡胶工业的工艺要求选择使用。

天然橡胶是异戊二烯的高聚物，化学结构为顺式异构体。

合成橡胶是通过聚合方法合成的烯类高聚物，其结构和天然橡胶相同，都是在主链上有双键。在石棉摩擦材料中常用的合成橡胶是丁苯橡胶、丁腈橡胶和氯丁橡胶。

在石棉摩擦材料中，橡胶作黏结剂的应用方式有三种：a. 橡胶在汽油或其他溶剂中溶化成胶状浆，然后与石棉、填料等混合；b. 橡胶与石棉、填料在炼胶机上混炼（加树脂的也在此时加入）；c. 橡胶经过塑炼，扎成薄片，然后在溶剂中溶化，将所得胶浆与树脂掺和，再与石棉及填料等一起在混合机内混合。

(3) 填料

石棉摩擦材料仅采用树脂、橡胶等黏结剂和石棉等增强材料，虽有一定的摩擦系数和耐热性能，但高聚物在一定温度下要分解并产生气体和低分子化合物，使原来的干摩擦系统变成由气体、液体介质的混合摩擦系统而使摩擦系数下降。另外，石棉中的结晶水和化合水在高温时析出，结晶形态发生变化，也造成摩擦性能的不稳定。通过添加各种填料，可使材料在各种情况下摩擦系数稳定而耐磨，特别是能使摩擦系数-温度曲线和摩擦系数-速度曲线保持稳定。

填料是石棉摩擦材料的重要组成部分，对材料的摩擦性能起多方面的调节作用，因此，也称其为摩擦性能调节剂。

填料吸附在石棉表面并分散在软的基体中形成一种具有一定硬度的质点，使摩擦界面的宏观摩擦性能在各方面得到调节。可以在相当大的范围内通过各种配比使摩擦系数平稳、磨损降低以及使热衰退、湿摩擦性能、并改善表面自洁等性能。除了调节摩擦性能外，填料还可调节材料的刚度、硬度，控制热膨胀和收缩，改善热稳定性，降低蠕变性和提高可加工性能及改变外观和密度等。

摩擦材料的填料种类繁多，可分为矿物类、氧化物类、盐类、金属类和有机五大类。最常用的是矿物类和氧化物类填料。

矿物类填料包括石英、长石、滑石、重晶石、硅藻土、高岭土、硅灰石、海泡石、萤石、铬铁矿、铬矾土、石墨等；氧化物类包括氧化铁红、氧化铁黑、氧化锌、氧化镁、氧化铝、氧化铬等；盐类主要是硫酸钡和碳酸钙等；金属类有还原铁粉、铜粉、铜屑、铝粉等；有机类有腰果油摩擦粉、轮胎粉、焦炭粉、炭黑、酚醛微球、中空炭粒、松香钙、沥青等。

4.3.2 石棉摩擦材料的制备

石棉摩擦材料的生产工艺，根据其采用的树脂是液态还是固态而分为湿法和干法两种。湿法采用液态树脂为黏结剂，制备压缩料的各种组分在液态下混合（采用石棉线、布时是在浸胶机上浸渍黏结剂），经干燥后再加工、成型；干法是采用固态树脂为黏结剂，树脂经粉碎成粉末后与各种组分在干态下混合后热压成型。

（1）压缩料的制备

用于加工石棉摩擦材料的石棉、黏结剂及其他填料，通过各种加工工艺制成的混合料称为压缩料。压缩料分为湿法压缩料和干法压缩料两种。湿法压缩料所用树脂是液态的（如酒精溶液或乳化液）；干法压缩料所用树脂是干态的（如粉状、碎裂状）。因所用树脂状态不同，压缩料加工工艺和设备也有所不同。

① 湿法压缩料　采用石棉纤维作增强剂的湿法压缩料生产工艺流程如图 4.2 所示。树脂和各种原料按配方比例由各自的储存器 1、3 通过称量器 2 分别投入 Z 形双桨捏合机中，在常温下进行充分的混合后将湿胶料从捏合机卸入盛料车 5，送至辊压机 6 辊压成片，薄片状的胶料送至烘箱 7 进行干燥，经冷却后送入破碎机 8 碎成 6～10cm^2 的碎片待用。

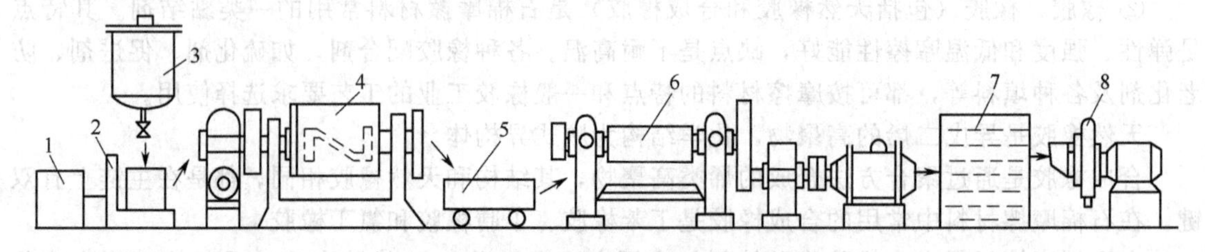

图 4.2　湿法纤维压缩料生产工艺流程

1、3—储存器；2—称量器；4—捏合机；5—盛料车；6—辊压机；7—烘箱；8—破碎机

混料前投料顺序为黏合剂—辅助材料—石棉。辊压后可使捏合成块的湿压缩料压成薄片以利干燥，同时可减少后续作业的粉尘。辊压机出片厚度为 1.5～2mm。该过程还可采用挤出法、松碎法，甚至可以将捏合机出料直接干燥。干燥除可排除压缩料中的挥发物（水、游离醛和酚等）外，还可

使热固性酚醛树脂继续进行缩聚。因此，干燥温度不能过高，时间也不宜过长。一般干燥温度60～80℃，挥发物含量达3%～7%为合适。辊压薄片的破碎可用锤式破碎机。

② 干法压缩料　干法压缩料制备工艺具有成本低、工艺简单、制品强度高、热稳定性好等特点，是一种新的压缩料制备工艺，得到了普遍采用。

干法压缩料所用树脂为热缩性酚醛树脂或改性热缩性酚醛树脂，制备过程均在干燥状态下进行，先将无机填料、橡胶及配合剂和树脂固化剂进行常温混合，然后在加热下将树脂粉一起进行热混炼，使黏结剂充分浸渍填料，并在固化剂作用下，使树脂进一步缩聚至所需半熔融阶段，经冷却并粉碎到一定细度后，与石棉纤维等按配比加入混合机中进行混料，即成干法压缩料。其生产工艺流程如图4.3所示。

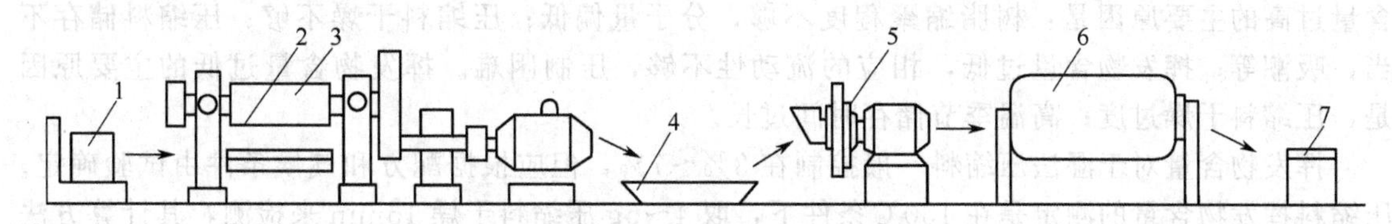

图4.3　干法压缩料生产工艺流程

1—称量筒；2、3—炼胶机前后辊轮；4—盛料盘；5—粉碎机；6—混料机；7—料筒

热混炼过程是在开放式炼胶机上进行。热辊筒温度由蒸气压来调节，一般为400kPa（$4kgf/cm^2$）。混合均匀的物料与树脂投入辊筒后，树脂很快熔化，它们一起在不同转速的二辊间受到挤压和撕扯，逐渐混合均匀，然后用切刀从辊筒上切下，以薄片状态落入盛料盘中冷却。因热缩性树脂在固化剂作用下逐渐进一步缩聚，使树脂及整个物料黏度增加，而且该过程随温度升高而加快，因此必须对辊筒落料进行强制冷却。冷却后将物料粉碎至80目以下，与石棉纤维及剩下的部分填料在混料机中混合均匀，制成干法压缩料。

近十多年来，在压缩料的制备工艺上有了改进。其核心是用密炼机代替开炼机。密炼机的采用被称为“密炼法”。密炼法生产配方与开炼法相同，混炼时加料顺序也基本相同，其工艺流程如图4.4所示。

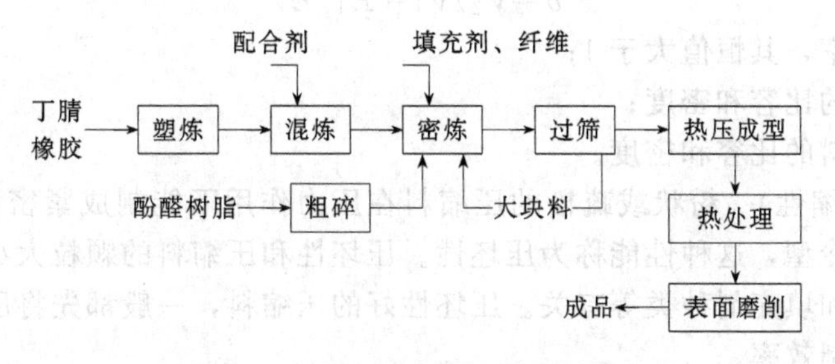

图4.4　密炼法生产刹车片工艺流程

先将塑炼好的橡胶与配合剂在开炼机或直接在密炼机中混合均匀，再与纤维、填料在密炼机中在不加压的情况下拌和均匀，然后加入粉碎的酚醛树脂，加压密炼数分钟。酚醛树脂的胶凝化速度大于丁腈橡胶的硫化速度，因此它最后的加入有利于安全、有效地将物料混合。在密炼过程中，物料在转子间、上下顶栓间、转子凸棱和密炼室侧壁间受到强烈的捏合、撕拉、挤压、剪切、搅拌作用，摩擦产生大量热量，使橡胶和树脂很快软化、熔融、被覆在其他组分表面或相互黏结起来，达到均匀混合、塑化的目的。多余热量则经密炼室圆柱面壳体、转子和卸料门的内腔处的冷却通道排出。密炼时温度可达130℃左右，必要时可加冷却水冷却，以防止物料被烧焦或固化。

与开炼法比较，密炼法所得的摩塑料均匀光滑，产品无游离胶片存在。密闭操作无尘、安全，生产效率高，成本低，可使用六级短棉，可使用较粗的粉状树脂（100目）。

③ 压缩料的工艺性能　压缩料的主要工艺性能包括流动性、挥发物含量、硬化速度、细度和均匀度、比容、压缩率和压坯形等，这些性能对于后续压制成型、效率及制品质量均有直接影响。

a. 流动性　是指在一定温度和压力条件下，物料充满磨具腔体的能力。流动性过大，压缩料溢出压模而流损，压制品废边过大过厚，有时使阴阳模面发生黏结或堵塞，也会使制品不密实而影响质量。流动性过小因不能充满模腔而容易出现砂眼、缺边等现象，甚至不能成型或受压不均，导致制品密度不均。

b. 挥发物含量　包括水分及其他易挥发的低分子有机物。压缩料挥发物过高则流动性也会过高，制品易出现气泡、膨胀、裂纹、分层或出现波纹、翘曲、收缩率增大等问题。挥发物含量过高的主要原因是：树脂缩聚程度不够，分子量偏低；压缩料干燥不够；压缩料储存不当，吸潮等；挥发物含量过低，相应的流动性不够，压制困难。挥发物含量过低的主要原因是：压缩料干燥过度；高温季节储存时间过长。

挥发物含量对于湿法压缩料一般控制在3%～7%，但应根据配方和气候条件由试验确定。压缩料挥发物含量的测定是在150℃条件下，取4～5g压缩料干燥15min来检测，其计算方法和测定水分方法相同。

c. 硬化速度　硬化速度是指热固性树脂在一定温度下转变为不熔不溶状态的速度，也称变定速度。硬化速度与树脂缩聚程度、固化剂及其用量等有关。树脂缩聚程度高，硬化速度快；反之则慢。固化剂用量高，硬化速度快；用量少，硬化速度慢。硬化速度过小，压制周期要延长；硬化速度过快，压缩料在成型前就可能硬化，造成废品。

d. 压缩料的细度和均匀度　细度适当，制品表面光泽好；物理机械性能好，压制时受热均匀，产品性能均匀一致。均匀度差的压缩料不能用于自动压机。

e. 比容　1g压缩料所占的容积称为比容。比容越小，越易于压制冷型和热压型，并减小模具加料腔的体积。

f. 压缩率　压缩料与制品两者的比容或制品与压缩料两者的密度的比值，称为压缩率，用下式表示

$$\sigma=V_2/V_1=E_1/E_2$$

式中　σ——压缩率，其恒值大于1；

V_1 和 E_1——制品的比容和密度；

V_2 和 E_2——压缩料的比容和密度。

g. 压坯性（压缩性）　粉状或疏松的压缩料在压力作用下能制成紧密而不易破裂的片状、条状或其他形状的冷型，这种性能称为压坯性。压坯性和压缩料的颗粒大小、均匀度、挥发物含量、脱模剂用量和填充剂种类等有关。压坯性好的压缩料，一般都先将压缩料预压成坯，以简化压模，提高压制效率。

(2) 压制成型

压制是将压缩料放入具有一定温度的压模中，然后闭模、加压，使其在压模中成型并硬化。对于摩擦材料来说，由于其制品外形简单，可利用多槽压模、筒式多层压模大批量生产及压制较大尺寸的产品。

压制成型的主要设备是压机，它提供成型时所需的压力和脱模时所需的脱模力。目前应用最广泛的是液压机。工作液有油和水两种。油压机比水压机结构复杂，但整体结构较紧凑，压力稳定，便于操作和自动化。

① 压制前的准备　压制前需要进行压模预热、压塑料的预成型及压缩料的预热。

压模预热不能超过成型所需温度。温度过高，引起模腔表面发蓝，压制时会严重粘模。因此，除必须降温至所需温度外，还要在模腔内涂覆脱模剂。

预成型是将压缩料压制成不松散、具有规则形状的冷型，一般在常温及较低温度下进行。预成型不改变压塑料原有性质，主要目的是减少干法压塑料粉尘扩散，缩小压模装料室的容积，便于压制复杂形状制品以及某些制品在夹具和硫化罐内加热成型等。在多数情况下，预成型这一工序可以省去。

压塑料预热是为了保证制品质量并有利于压制。对压塑料预热可以缩短其在压模内的加热时间，从而加快压制周期，减少制品内应力从而减少变形，排除了部分挥发物从而防止制品起泡、肿胀等；可以改进制品的物理性能和力学性能，特别是热稳定性；同时可以提高其在压制时的流动性。常用的预热方法有热板预热、烘箱预热、红外预热、高频预热等。

② 压制工艺条件　压塑料在受热时具有可塑性，并在压机压力下流动，填满整个压模模腔。同时压塑料在高温下树脂之间的活性官能团相互作用，或在交联剂（如六亚甲基四胺）的作用下发生化学变化，成为不能溶解或熔融的三相交联结构的分子团，此反应过程是不可逆的。随着分子量的变大及分子间的部分交联，压塑料的黏度从开始时的“黏流阶段”而变为“胶凝阶段”，此过程中压塑料处于流动、软化和半软化的可塑状态。该阶段时间较短，会很快地进入“硬化阶段”。压制时，要求硬化阶段长一些，使其交联程度均匀，以提高制品的力学性能。

热固性塑料的成型工艺是温度、压力和时间，它们对高分子化合物的变化起决定性的作用。黏度的变化主要依赖于成型温度，流动性决定于分子的活动能力和内摩擦力的大小。受热时分子的运动增加，使反应交联能力增强，形成交联结构。压力的作用是促使物料流动和增加其紧密性，使其很快硬化。由于热固性压塑料的硬化是一种化学反应，故时间的控制决定了反应的程度。图 4.5 和图 4.6 所示分别为成型压力、温度和时间与制品硬度和摩擦系数的关系。

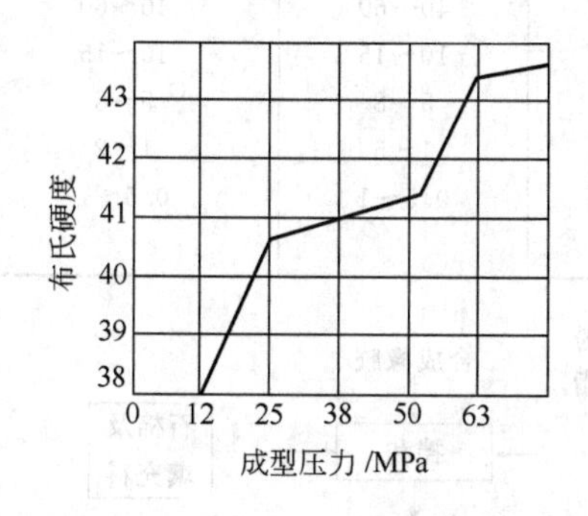

图 4.5　成型压力与制品硬度的关系

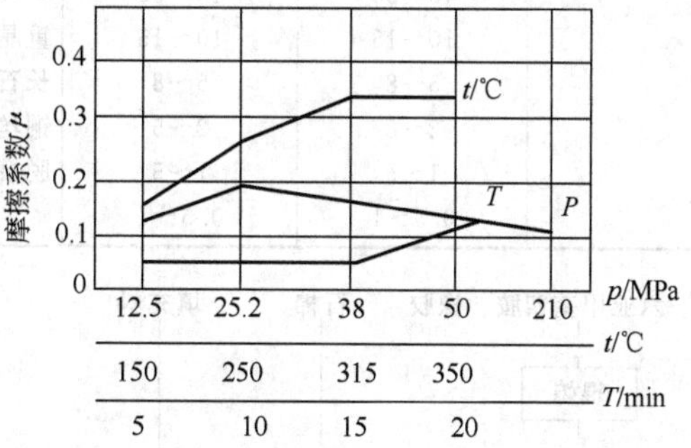

图 4.6　成型压力、温度和时间对制品摩擦系数的影响

（3）制品加工

经压制成型的制品需经进一步加工而成为成品，工艺包括热处理和机加工。

① 热处理　制品在一定温度下，进行一段时间的热烘，其目的是稳定和提高制品的物理机械性能、减少制品中的水分、消除制品内应力（防止翘曲变形）、减少干法制品的热膨胀系数。

热处理一般在电热烘箱（房）内进行。电烘箱一般设有鼓风机，以调节烘箱内各部位温度，使制品受热均匀。电热烘房是一种比电烘箱大得多的热处理设备，一般为砖砌，内衬保温隔热材料。

热处理在常压下进行，要求有合理的升温速度。一般平均每分钟升高 1℃，以防止升温过快造成制品起泡、变形。热处理时，一般在 120～130℃保温 6～12h。对耐热性要求很高的石棉摩擦材料，要求有较高的热处理温度和较长的保温时间（例如 230℃，30h）。这种材料的热处理需分若干阶段逐步提高热处理温度。

经热处理的制品要冷却至室温再进行机加工（有些制品的工序与此相反）。

② 机加工　机加工的目的：一是将压制成型的毛坯磨削成具有规定厚度和弧度要求的成品；二是通过机加工，除去光滑表面，使其成为糙面，发挥应有的摩擦性能。

机加工主要由砂轮、磨床完成。常用的设备有半自动离合器片双面磨床和解放型刹车片组合磨床（可一次完成内圈、外圆、倒角等工序）。

4.3.3　石棉摩擦材料的品种与配方

(1) 制动器衬片

制动器衬片，也称为刹车片，生产工艺分干法和湿法两种。成型方法有模压成型法、辊压法、水浆法等。干法工艺是将固体树脂粉碎成细粉状，与石棉纤维、填料在干态下混合（常添加橡胶），经模压预成型和热压固化制得。湿法工艺是将液态树脂与石棉纤维、填料在湿态下混合，或将含有填料的水乳液树脂浸渍石棉线、布或带制品，经烘干后模压成产品。重型及中型汽车刹车片的配方举例见表 4.2，生产工艺流程见图 4.7 和图 4.8。

表 4.2　重型及中型汽车制动器的配方举例

干法工艺配方			湿法工艺配方		
组　分	比例(质量分数)/%		组　分	比例(质量分数)/%	
	重型刹车片	中型刹车片		重型刹车片	中型刹车片
酚醛树脂	17～21	17～21	酚醛树脂(含量 65%)	33～35	30～35
丁苯橡胶或丁腈橡胶	2～8	2～6	橡胶胶乳(含量 45%)	3～6	3～6
六亚甲基四胺	1.7～2.5	1.7～2.5			
橡胶配合剂	0.1～1	0.1～1	橡胶配合剂	0.2～1	0.2～1
5 级石棉	40～50	40～50	4～5 级石棉	40～60	40～60
重晶石	10～15	10～15	重晶石	10～15	10～15
长石	5～8	5～8	长石	5～8	5～8
铜屑	2～8	2～5	铜丝	1～5	1～2
轮胎粉	1～5	1～5	脱模剂	0.5～1	0.5～1
脱模剂	0.5～1	0.5～1			

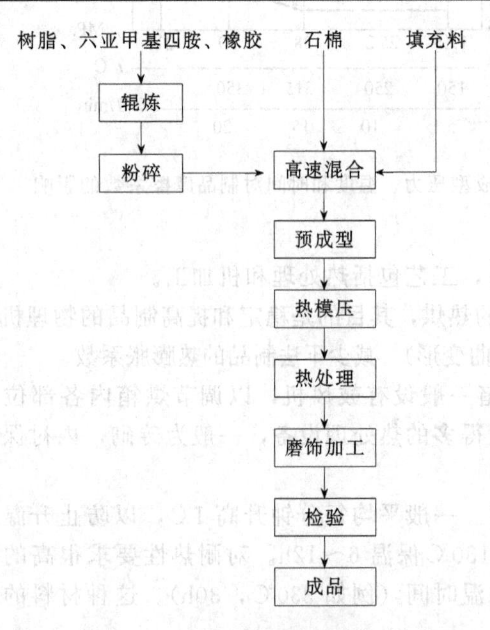

图 4.7　重型及中型汽车刹车片干法生产工艺流程

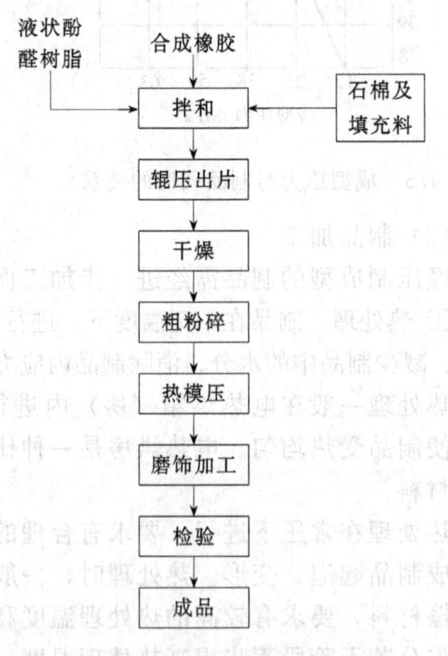

图 4.8　重型及中型汽车刹车片湿法生产工艺流程

轿车用刹车片常制成盘式制动器衬片。盘式制动器的特点是：散热容易；方向稳定性好，尤其在高速下制动；因速度变化而引起的制动效率的波动小；制动油压与制动力矩的关系近似曲线；涉水恢复性好；衬片易于更换。

盘式制动器衬片由于用于轿车，要求制动平稳可靠，即摩擦系数对于温度、速度、制动电压的稳定性好，无制动杂、噪声。

盘式制动器由金属片和摩擦片两部分组成，其摩擦面仅微鼓式制动器衬片的1/3～1/4，因此，单位面积承受压力和吸收能量都较高。轿车用盘式制动器衬片干法生产工艺流程及配方举例分别见图4.9和表4.3。

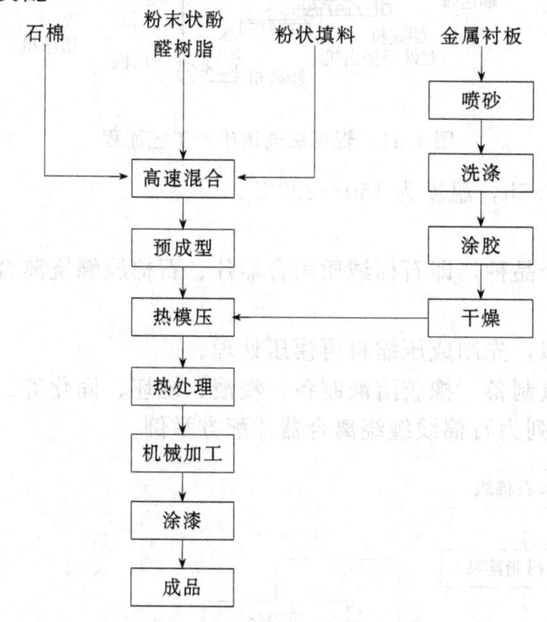

图4.9 轿车用盘式制动器衬片干法生产工艺流程

美国本迪斯公司（Bendix Co.）干法生产鼓式刹车片的工艺是：使用改性酚醛树脂，在FKM型混合机中混合，每批约30min，预压成型压力为2.8～4.1MPa，坯块面积为60cm×90cm。坯块在140～160℃下热压3～10min（视树脂品种而定），冷却后树脂仅发生部分固化，然后切条、粗磨、切断，经蒸汽预热后，在弯弧机上于170～190℃下弯成弧形，将刹车片置于弯形模腔内进行220～280℃热处理4～8h，再经内外圆加工、钻孔、印标后包装。

德国尤利特公司和美国瑞贝斯特公司采用水浆法生产刹车片；英国弗罗多公司采用水浆法生产离合器片。水浆法的基本工艺（图4.10）和配方是：打浆机中水与物料之比为2∶1，并含有13%六亚甲基四胺；打浆时间10min；温度75℃；脱水压力41.8MPa，时间10s，温度70℃，可排出94%的水分；经高频加热后坯体含水率1%。坯体模压压力41.8MPa，温度162℃，时间8min。热压固化后物料去烘房热处理，4h内升温到287℃，保温2h。将所得产品进行后加工，产品密度为1.91g/cm³。

表4.3 轿车用盘式制动器衬片配方举例

组分Ⅰ	比例（质量分数）/%	组分Ⅱ	比例（质量分数）/%
5级石棉	14～20	5级石棉	20～40
粉末状酚醛树脂	15～18	粉末状酚醛树脂	15～18
轮胎粉	4～7	轮胎粉	2～8
氧化锌	2.5～3.5	氧化锌	0.5～1
重晶石	10～15	重晶石	10～15
石墨	3～5	石墨	3～5
炭黑	4～7	炭黑	4～7
铝粉	25～10	还原铁粉	3～7

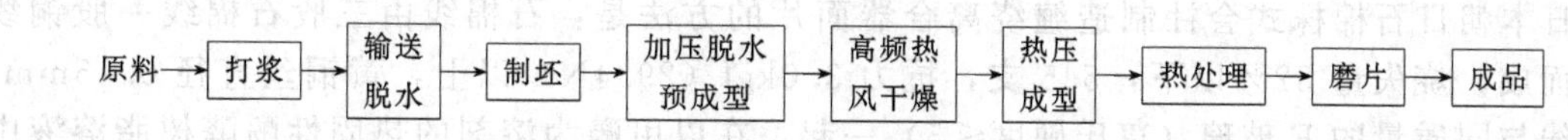

图4.10 水浆法生产摩擦材料工艺流程

辊压法也是目前一种较先进的生产工艺。将填料、石棉、树脂在Z形搅拌机中搅拌均匀，此时物料呈块状，将混拌料送入破碎机松解，破碎机外形似锤式破碎机。物料经松解后由团状变为纤维状。将松散的纤维状物料通过两个对辊，挤压成有一定密实度的质地均匀的带状，其生产工艺流程如图4.11所示。

辊压机上辊为平辊，宽度与产品一致，下辊为凹辊，两侧有挡圈，刮刀紧贴下辊，使产品与下辊分离，同时用喷枪向上辊喷出脱模剂，通过调节辊距来控制产品厚度。挤成的条片先切成6m左右的长条，再数条叠合切成产品所需的长度，切余碎料因尚未固化，可松解重新使用。切割后的毛坯要尽快送弯曲机，以防溶剂挥发造成弯曲时断裂。在弯曲机上毛坯被弯曲到所要求的弧度，之后存放一定时间。

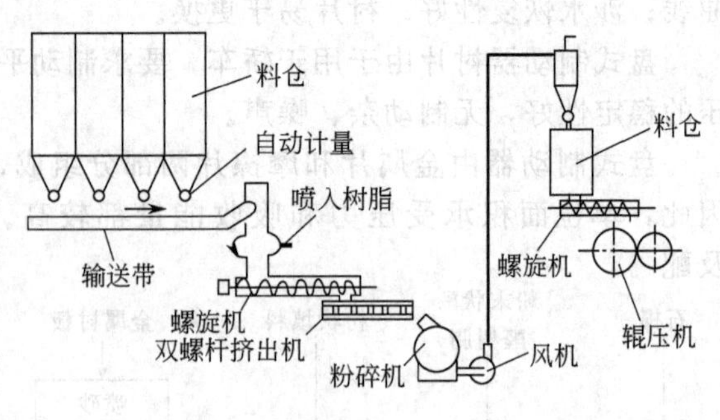

图4.11 辊压法连续生产工艺流程

热处理为一立式链带输送结构，由料框悬吊缓慢运行实现加热固化作业。热处理时间为2.5h，温度为150～230℃。

(2) 离合器面片

离合器面片根据材质和结构的不同分为三个品种，即石棉绒质离合器片、石棉线缠绕离合器片、石棉布缠绕离合器片。

绒质离合器面片加工方法与绒质刹车片类似，先制成压缩料再模压处理。

石棉线缠绕离合器片生产工艺包括树脂溶液制备、橡胶溶液制备、浸渍、绕坯、固化等工序。其生产工艺流程如图4.12所示。表4.4所列为石棉线缠绕离合器片配方举例。

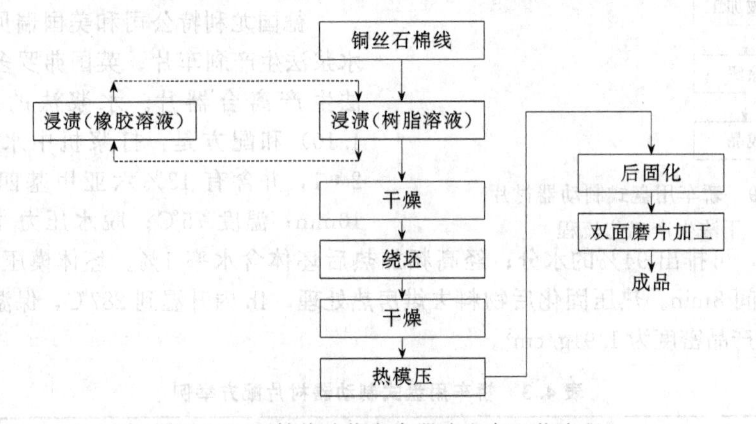

图4.12 石棉线缠绕离合器片生产工艺流程

表4.4 石棉线缠绕离合器片配方举例（铜丝石棉线）

组　分	比例(质量分数)/%	组　分	比例(质量分数)/%
丁苯橡胶(SBR1500型)	5～15	重晶石粉	10～20
粉末状酚醛树脂	8～20	硅灰石粉	20～30
硫黄	0.2～1.5	氧化铅	0.1～0.5
橡胶配合剂	0.05～0.1	汽油	20～60

日本朝日石棉株式会社制造缠绕离合器面片的方法是：石棉线由三股石棉线一股铜线捻制而成，烧失量32%以下，5.5支，抗力3.0kgf（29.4N）以上，黄铜丝直径0.15mm。石棉线与同质量的E玻璃（莫氏硬度≤5）一起，在以甲醇为溶剂的热固性酚醛树脂溶液中浸渍，浓度10%～15%。干燥后再浸渍以甲醛为溶剂及混有硫化剂S、ZnO，促进剂TMTD、$CaCO_3$的天然橡胶和合成橡胶溶液，浸胶速度为10m/min。干燥温度（70±10)℃，时间（50±10)min。干燥终点控制挥发物10%左右，干燥蒸气压0.588MPa，计量

公差±10g，缠绕速度 60r/min。生产能力：ϕ200mm 约为 2000 片/天；ϕ300mm 约为 1680 片/天；ϕ400mm 约为 720 片/天。热压机总吨位 150t、四层。合模后 1min 放气 20～40s，再热压 2.5min，温度（170±5）℃。热处理温度升至 170℃保持 25min，190℃保持 4h，研磨 3 次。砂轮分别为 40～60 号、60～80 号、80～120 号。防锈剂是 $NaNO_3$，最终干燥温度 105～110℃。

（3）湿式纸基摩擦材料

湿式纸基摩擦材料是一种专用于油介质中的新型摩擦材料，广泛应用于越野车、重型车辆、工程机械、农用机械、摩托车的液压变速器离合器及湿式制动中。由于摩擦发生在油介质中，摩擦片与摩擦副相间有油膜存在，使摩擦扭矩大幅度下降，因此油中摩擦材料首要的特点是破坏摩擦相面间的油膜，改善有效摩擦，保证湿式摩擦的额定摩擦扭矩值。

湿式摩擦材料可以分为四大类：烧结青铜基摩擦材料、软木橡胶基摩擦材料、石墨基摩擦材料、纸基（矿物纤维基）摩擦材料。目前，前两类材料已逐步被后两类材料所取代。

湿式摩擦材料比干式摩擦材料更有发展前途。这是因为：湿式摩擦材料具有较长的使用寿命；比干式摩擦材料散热性好，能吸收更多的能量；可制成很薄的薄片，占有空间小；污染比干式摩擦材料小。其中纸基摩擦材料具有更小的空间、更轻，且动摩擦系数高，动、静摩擦系数之比低，更有利于离合器的平稳接合。纸基摩擦材料的缺点是耐热性能和耐久性略低。

纸基摩擦材料是以造纸方式将矿物纤维（石棉、有机纤维、碳纤维等）加纸浆及部分合成纤维（如甲基纤维素），再添加摩擦性能调节剂及填料，用抄纸方法生产的纸状材料。以此为基体，经烘干后再浸渍树脂、橡胶等；经热压成型、固化、热处理等工艺，生产出具有一定孔隙度的纸基摩擦材料。其工艺过程见图 4.13。

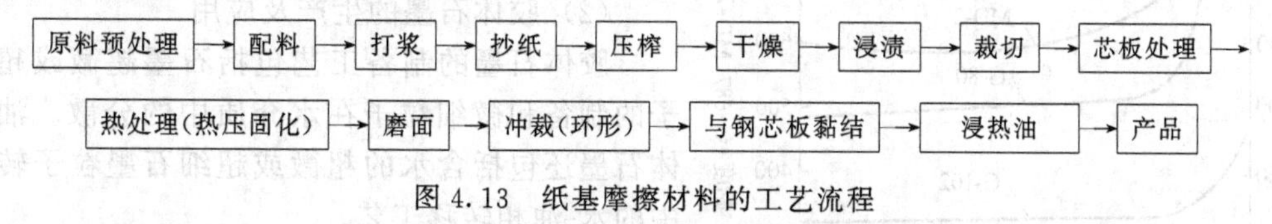

图 4.13　纸基摩擦材料的工艺流程

纸基中加入纤维素、纸浆是为了改善抄纸成膜的效果，用量比例较高，各约 20%～25%，与石棉纤维相当。

4.4　润滑减摩材料

石墨具有层状构造，同一层内碳原子间距小、结合力大；层间碳原子通过范德华力结合，层间距大，结合力小。当石墨在两个相对运动的物体之间受到剪切力时，会沿层间断裂而产生润滑性。石墨的这种特性决定了它是一种良好的润滑减摩材料。

4.4.1　胶体石墨

胶体石墨（石墨乳）是一类以超细鳞片石墨为固体分散相，以水或油、有机溶剂及树脂溶液为介质的固-液两相材料。胶体石墨中石墨粒子一般为 1～5μm。实际上处于悬浮状态，而石墨的低密度和鳞片状形态又有利于这种悬浮。

（1）胶体石墨的性质

① 石墨粒子的薄片涂膜特性　薄片状石墨粒子在石墨乳中能形成平行排列、非常致密的

很薄的涂膜层，牢固地附着在金属或其他物质表面。由于石墨具有上述特性，因而可通过分散于各种液相溶剂中，制成各种耐热性润滑剂、离型剂、导电涂料等。以水或有机盐与无机盐水溶液为分散剂的水基胶体石墨有拉丝石墨乳、金属热锻造石墨乳及显像管石墨乳等；以润滑油为分散剂的油剂胶体石墨有齿轮、轴瓦、汽缸、活塞用减摩润滑剂、玻璃制瓶用脱模离型剂等。

② 胶体石墨的稳定性　石墨粒子稳定分散的条件，除了粒子的粒度小之外，还必须加入亲水性分散剂（保护胶体），使石墨表面具有亲水性（见图 4.14）。为了使石墨粒子在水中分散成为稳定状态，水的 pH 值要保持在 10 左右。因此要加入电解质，使石墨粒子带上相同符号的电荷。一般石墨粒子带负电。在胶体石墨生产过程中大多使用碱性电解质，这种电解质称为解胶剂。如加入酸性物质，就会破坏石墨粒子分散的条件，这时粒子就会解聚，这种现象叫凝析。为了产生凝析而添加的物质叫凝析剂。

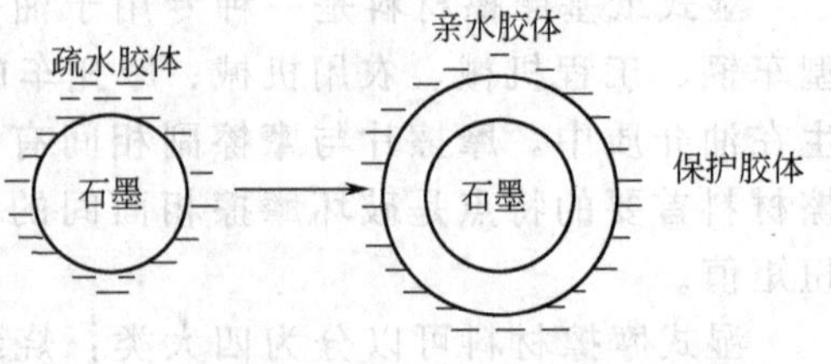

疏水胶体　亲水胶体　石墨　石墨　保护胶体

图 4.14　疏水性胶体与亲水性胶体示意

石墨离子具有较强的疏水性能，因此单独将石墨加入水中搅拌，不能获得稳定的分散液。为了使疏水的石墨粒子变得亲水，必须添加亲水性分散剂或保护胶体。常用的保护胶体有动物胶、阿拉伯胶、单宁、明矾、萘磺酸盐、聚乙烯醇等。除加入稳定剂外，还要加入合适的增稠剂，如琼脂、糊精、PVP（聚乙烯吡咯烷酮）等。

③ 胶体石墨的触变性　胶体石墨是一种触变性流体。显像管石墨乳、拉丝石墨乳、锻造石墨乳等均具有触变性。触变性使石墨乳的黏度随滚动时间的延长而下降，这种变化称为胶体石墨黏度经时的变化，如图 4.15 所示。一般来说，分散相浓度越高，粒子越小，越容易产生触变性。

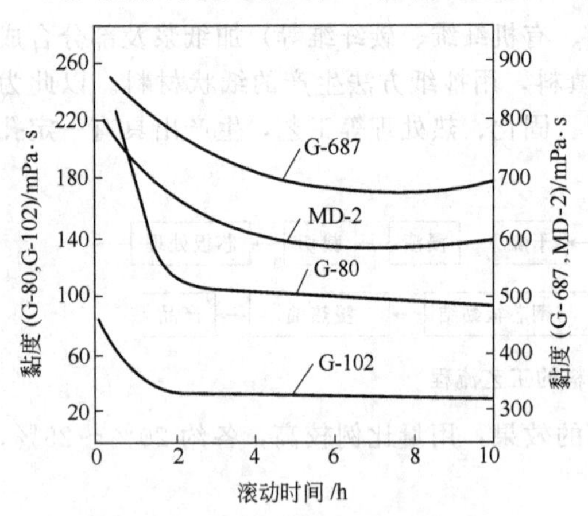

图 4.15　胶体石墨黏度经时变化曲线

（2）胶体石墨的生产及应用

胶体石墨的制备工艺包括石墨超微或超细粒子的制备和微细粒子在水介质中的分散。油基胶体石墨还包括含水的超微或超细石墨粒子转入油中的水-油相转移工艺。

依不同产品对石墨粒度要求的不同，加工工艺和设备也不相同。一般 $-1\mu m$ 的超微或超细石墨粉体采用湿法工艺，$-10\mu m$ 的超细石墨粉体采用干法工艺。

湿法粉碎工艺是将石墨与纯水和分散剂一起在振动磨、胶体磨、搅拌磨等磨机中进行研磨；研磨后加水稀释，用卧式离心分级机进行分级。分级后的超微粒子用凝析剂（凝聚剂）沉淀，再进行脱水捕集；捕集的底流固体物用解胶剂（分散剂）解凝胶，在分散机中搅拌，使其充分分散。分散后的合格粒级的石墨微粒再按产品品种性能的要求添加增强剂、增黏剂、稳定剂等，在搅拌机中配置成胶体石墨产品。

干法粉碎工艺是将石墨原料用气流粉碎机和高速机械冲击式粉碎机以及相应的干式精细分级机进行超细粉碎和精细分级后添加分散剂、涂膜增强剂、增黏剂等，配置成胶体石墨。

配置油剂石墨乳的水-油相转移工艺，是将含水的石墨超微粒子添加亲油分散剂（表面活性剂等）与润滑油进行分散处理，用高压釜蒸馏除去水分，制成油基胶体石墨。

胶体石墨的原则生产工艺流程如图 4.16 所示。

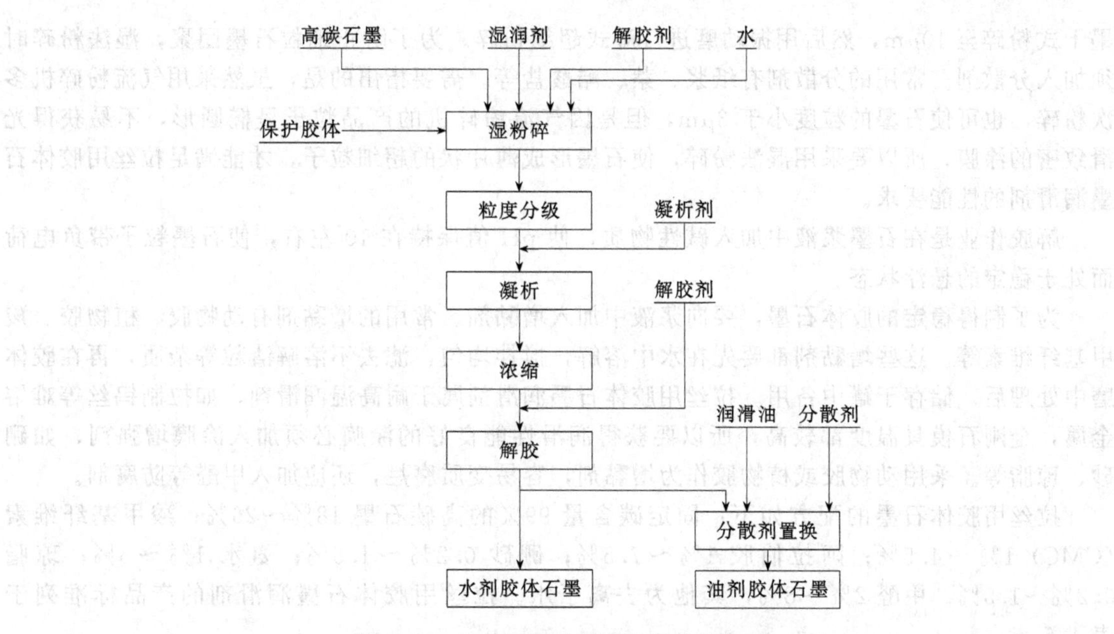

图 4.16 胶体石墨的原则生产工艺流程

以下分别就各种胶体石墨的具体制备工艺进行简要介绍。

(1) 拉丝用胶体石墨

作为拉丝加工时所用的润滑剂，大体可分为水基润滑剂、油剂润滑剂和干粉润滑剂。油基润滑剂在使用中容易产生油烟，污染工作环境，已逐步被水基润滑剂取代。

拉丝胶体石墨的制备工艺流程如图 4.17 所示。首先对鳞片石墨进行化学提纯，使含碳量达到 98%～99%。然后对石墨进行超细粉碎，使粒度小于 3～5μm。超细粉碎加工时，先将石

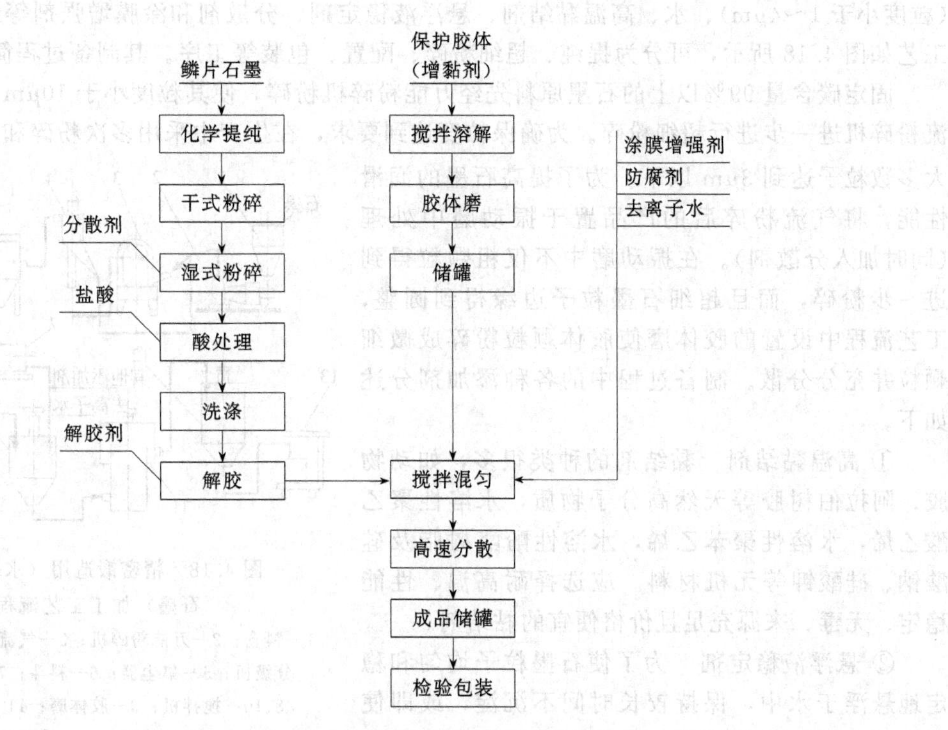

图 4.17 拉丝胶体石墨的制备工艺流程

墨干式粉碎至10μm，然后用振动磨进行湿式超细粉碎。为了防止细粒石墨团聚，湿法粉碎时须加入分散剂。常用的分散剂有纸浆、萘、醋酸盐等。需要指出的是，虽然采用气流粉碎机多次粉碎，也可使石墨的粒度小于3μm，但是因气流粉碎机的产品粒子呈椭圆形，不易获得光滑致密的涂膜，所以要采用湿法粉碎，使石墨形成薄片状的超细粒子，才能满足拉丝用胶体石墨润滑剂的性能要求。

解胶作业是在石墨浆液中加入碱性物质，使pH值保持在10左右，使石墨粒子带负电荷而处于稳定的悬浮状态。

为了制得稳定的胶体石墨，要向浆液中加入增黏剂。常用的增黏剂有动物胶、植物胶、羧甲基纤维素等。这些增黏剂都要先在水中溶解，搅拌均匀，滤去不溶解渣粒等杂质，再在胶体磨中处理后，储存于罐中备用。拉丝用胶体石墨润滑剂属于耐高温润滑剂，如拉制钨丝等难熔金属，金刚石模具温度都较高，所以要获得润滑性能良好的涂膜必须加入涂膜增强剂，如硼砂、琼脂等。采用动物胶或植物胶作为增黏剂，容易变质腐烂，还应加入甲醛等防腐剂。

拉丝用胶体石墨的配方如下：固定碳含量99%的高碳石墨18%～26%；羧甲基纤维素（CMC）1%～4.5%；阿拉伯胶1%～7.5%；硼砂0.2%～1.5%；氨水1%～6%；琼脂0.2%～1.5%；甲醛2%～8%，其他为去离子水。拉丝用胶体石墨润滑剂的产品标准列于表4.5。

表4.5 拉丝用胶体石墨润滑剂的产品标准

产品规格	S-0	S-1	产品规格	S-0	S-1
石墨含量/%	18～20	18～20	黏度/(Pa・s)	100～200	100～200
石墨粒径/μm	<3	<5	pH值	9～10	9～10
固体含量/%	21～23	21～23	灰分/%	1～1.5	1～1.5

（2）精密锻造用胶体石墨

精密锻造用胶体石墨又称为锻造石墨乳（润滑剂）或水基胶体石墨，是由高纯超细石墨粉（粒度小于1～4μm）、水、高温黏结剂、悬浮液稳定剂、分散剂和涂膜增强剂等组成。其生产工艺如图4.18所示，可分为提纯、超细粉碎、配置、包装等工序。其制备过程简述如下。

固定碳含量99%以上的石墨原料先经万能粉碎机粉碎，使其粒度小于10μm，然后进入气流粉碎机进一步进行超细粉碎。为确保粒度达到要求，在生产中采用多次粉碎和分级使产品中大多数粒子达到3μm以下。为了提高石墨的润滑性能，将气流粉碎后的产品置于振动磨中处理（同时加入分散剂）。在振动磨中不仅粗颗粒得到进一步粉碎，而且超细石墨粒子边缘得到圆整，工艺流程中设置的胶体磨使胶体颗粒粉碎成微细颗粒并充分分散。制备过程中的各种添加剂分述如下。

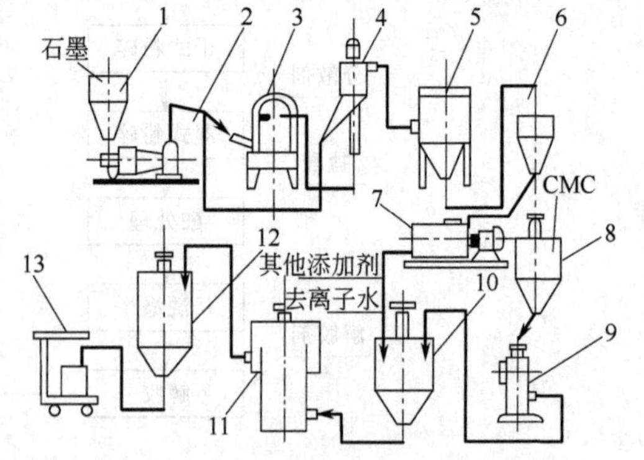

图4.18 精密锻造用（水基胶体石墨）加工工艺流程

1—料仓；2—万能粉碎机；3—气流磨；4—精细分级机；5—集尘器；6—料斗；7—振动磨；8、10—搅拌机；9—胶体磨；11—分散机；12—成品罐；13—计量包装

① 高温黏结剂　黏结剂的种类很多，如动物胶、阿拉伯树胶等天然高分子物质，水溶性聚乙酸乙烯，水溶性聚苯乙烯，水溶性酚醛树脂及硅酸钠、硅酸钾等无机材料。应选择耐高温、性能稳定、无毒、来源充足且价格便宜的黏结剂。

② 悬浮液稳定剂　为了使石墨粒子均匀和稳定地悬浮于水中，保持较长时间不沉淀，或即使时间过长发生了沉淀现象，但一经搅拌后仍能保

持悬浮状态，必须加入分散剂。对分散剂的要求是：非极性物质，易溶于水，不与系统中的其他添加剂发生化学反应。这种水溶性的胶体材料，既能使石墨保持良好的悬浮性能，又能保持适宜的润滑剂稠度。

③ 分散剂　主要有单宁、木质素、亚甲基萘、亚甲基双萘、烷基苯等磺酸盐类。

④ 涂膜增强剂　精密锻造用胶体石墨润滑剂是以水为基质的，将其涂覆在金属模具表面上时由于水溶液表面张力的影响，润滑剂很难在金属表面形成均匀薄层，因此必须加入一种有助于石墨在金属表面附着的助剂，称为涂膜增强剂。涂膜增强剂一般选用低熔点的硅酸盐和磷酸盐，使用时应进行软化点测试。低熔点玻璃粉也可作为涂膜增强剂。

精密锻造用胶体石墨润滑剂的几组工艺配方列于表 4.6。表 4.7 所示为几种国内外精密锻造用胶体石墨润滑剂的主要技术指标。

表 4.6　精密锻造用胶体石墨润滑剂的几组工艺配方

石墨含量/%	石墨品位(C)/%	石墨粒度/μm	黏结剂/%	分散剂/%	稳定剂/%	涂膜增强剂/%
18～25	98～99	2～5	4～8	0.5～1	0.5～1	
18～25	98～99	2～5	10～15	0.5～1	0.5～1	
18～25	98～99	2～5	4～8	0.5～1	0.8～1.5	镓玻璃粉 2
18～25	98～99	2～5	5～7	0.5～1	0.5～1	磷酸盐 2

表 4.7　几种国内外精密锻造用胶体石墨润滑剂的主要技术指标

技　术　指　标	中国 MD-2	德国 Delta 144	美国 Dug31
固体总含量/%	29.71	37.5	21.13
石墨中灰分含量/%	1.23	1.34	0.63
石墨含量/%	21.92	21.75	16.23
二氧化硅含量/%	4	0.23	1.45
密度/(g/cm³)	1.32	1.20	1.10
用水稀释 4 倍,8h 沉降度/%	5.55	12.29	7.29
用水稀释 20 倍,8h 沉降度/%	19.52	15.42	11.10

(3) 油剂胶体石墨

油剂胶体石墨主要作为液状润滑剂与常规润滑剂配合，主要用于航空、轮船、高速运转机器的润滑剂以及金属压延、玻璃器皿制造的高温润滑剂，是一种节能减摩剂。这种胶体石墨的生产工艺与水基胶体石墨基本相同。要求石墨为含碳高的优质鳞片石墨，石墨粒度为 0.5μm，分散介质常使用机油。

普通润滑油在黏度过低或摩擦面温度高时，油膜会变薄，使摩擦损失增加，甚至出现摩擦面磨损、黏着。添加固体润滑剂石墨后，石墨附着在摩擦面上，从而降低摩擦系数，提高润滑油承载能力、降低燃料消耗、延长发动机寿命。

油剂胶体石墨除需要进行石墨超细粉碎和精细分级外，还应防止一般润滑油中常加的抗凝剂、抗氧剂、洁净剂、增稠剂、抗压剂等与固体润滑剂之间产生相互影响。

节能减摩型油剂胶体石墨的生产工艺如下：

① 将固定碳含量 99%以上的高纯石墨粉碎至小于 1μm，使其顺利通过滤油器；

② 以热塑性聚合物为固体石墨颗粒载体，使其顺利进入润滑油中；常用的聚合物是由 N-乙烯基吡咯和可溶于油的丙烯酸酯聚合物的共聚物［二者摩尔比一般在 1∶(5～15) 之间］。该共聚物具有防止固体颗粒沉淀的作用，其用量至少等于固体颗粒的质量。

节能减摩型胶体石墨的主要成分为黏性润滑油，石墨约占 1%～5%，共聚物约占 2%～12%。

4.4.2　石墨轴承及自润滑材料

石墨轴承作为一种新型润滑轴承，由于其具有许多优良性能，近几十年来得到迅速发展，目前已被应用到许多应用领域。

(1) 石墨轴承的特性

① 良好的自润滑性能　由于石墨具有特殊的晶体结构，使其层与层易于离开和相对滑动，从而使石墨材料具有自润滑性。另外，石墨与金属材料之间有较强附着力，在与金属对磨时剥落的石墨容易附着在金属表面上，形成一层石墨膜，在设备运转时形成石墨与石墨的摩擦，使摩擦系数大大降低。因此，石墨轴承非常适合于不允许加润滑油的场合。

② 耐高温性能　碳素轴承和石墨轴承使用温度一般可达350℃，而电化石墨轴承使用温度可达450～500℃，在真空和保护气氛下可达1000℃，比一般金属轴承的耐高温性能好。另外，石墨在高温下使用时体积稳定，而且能耐急冷急热作用，使用过程中由摩擦产生的热量，能很快被流动的介质带走，避免过热。

③ 化学稳定性能　石墨轴承在烟酸、低浓度硫酸、醋酸、低浓度磷酸以及许多有机介质中使用时性能稳定。在超过一定温度和浓度时，强氧化性介质（如浓硝酸、硫酸等）对石墨轴承有较强的腐蚀作用，对某些能与石墨生成层间化合物的碱金属也不够稳定。

④ 机械强度　石墨轴承能进行各种机械加工，并可经受一定的冲击负荷作用，能确保整个设备的使用寿命和运行的可靠性。为进一步提高其强度，降低其脆性，可采用酚醛树脂、呋喃树脂、环氧树脂浸渍石墨轴承以提高其强度。

(2) 石墨轴承及自润滑材料的制备

石墨轴承是以天然鳞片石墨粉、人造石墨粉、石油焦炭粉、沥青焦炭粉等为原料，以熔化沥青为黏结剂，经混合、轧片、磨粉、压制、焙烧、石墨化以及合成树脂浸渍等工艺而制成。

下面简介一种制造自润滑材料（主要用于轴承）的方法：将含有润滑剂的膨胀石墨加入到聚醚或其他塑料基材中，然后采用喷射注模法、挤压法、压模法或浇注法制成轴承轴套、滑动片或泵叶片等。这种自润滑材料中石墨用量占基质总量的5%～15%，润滑剂用量为石墨用量的0.5～2倍。具体实例之一是将1kg膨胀石墨与2kg道康宁200聚硅氧烷液（或其他合成润滑油）于50℃下在热滚筒混合机混合10min，然后将这种充油石墨与填料（占30%）和树脂(70%）在双螺旋混合机中混合，将制成的团粒在喷射注塑机上模制成轴承零件。这种材料既有优良的耐干磨损性和较低的摩擦系数，又有很高的机械强度。

4.4.3 蛇纹石减磨材料

蛇纹石作为减磨材料源于前苏联。在20世纪70年代，前苏联的某地质勘探队意外发现了蛇纹石矿物具有抗磨修复作用。随后，以蛇纹石粉体为主要原料的机械摩擦副磨损表面自修复添加剂受到了广泛关注。

(1) 蛇纹石减磨材料特性

蛇纹石矿物是一种具有层状结构的含水镁硅酸盐矿物，其晶体结构单元层由“氢氧镁石”片与“硅氧四面体”片组成，其微细粉末形貌如图4.19所示。

蛇纹石膨胀系数与黑色金属相近且摩擦系数极低，微细蛇纹石加至润滑油中，在摩擦能作用下形成的修复膜不易脱落，有助于提高摩擦副抗磨、减摩性能。而且，蛇纹石作为减磨材料，不与油品发生化学反应，不会改变油的黏度和性质，使用安全。

蛇纹石减磨材料的特点是在机械装置不解体的情况下，在运行过程中完成铁基金属磨损部位的自修复，通过生成减摩性能优异的金属陶瓷保护层，避免摩擦副金属表面的直接接触，使摩擦表面硬度和光洁度提高，摩擦系数大幅度降低，延长设备的使用寿命。

蛇纹石减磨材料的减磨作用机理如下：蛇纹石属1∶1型三八面体层状含水硅酸盐，层与层之间以范德华力结合，结合力较弱，片层之间易于滑动，可以在磨损的犁沟处沿金属表面铺展。同时，蛇纹石存在许多活性基团如O—Si—O键、Si—O—Si键，含镁键类、羟基和氢键等，可以在摩擦产生的新鲜金属表面发生反应，形成化学键合，使自修复膜层与金属基体内的结合力增强。

陈文刚等采用MM-200摩擦磨损试验机研究了45#钢-45#钢摩擦副在含蛇纹石油润滑下的摩擦学行为，借助SEM及EDAX测试分析了自修复膜层的表面形貌及表面成分组成。结果表明，润滑油中添加蛇纹石，可以在金属表面形成自修复保护膜，阻碍了金属表面的直接接触，有效降低了金属摩擦副的磨损。图4.20为摩擦磨损试样的横截面微观SEM图。

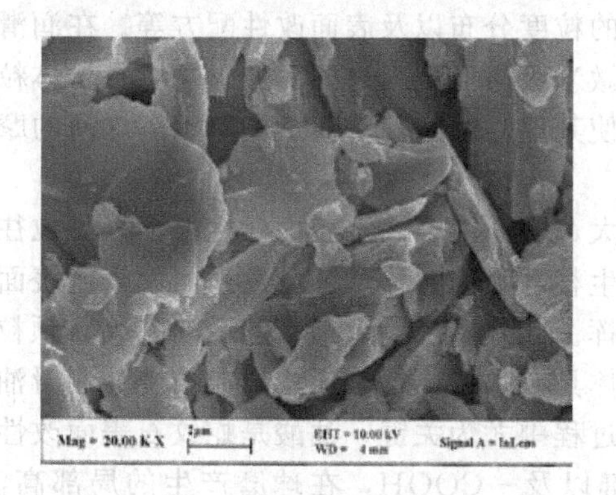

图4.19 蛇纹石微细粉末SEM图

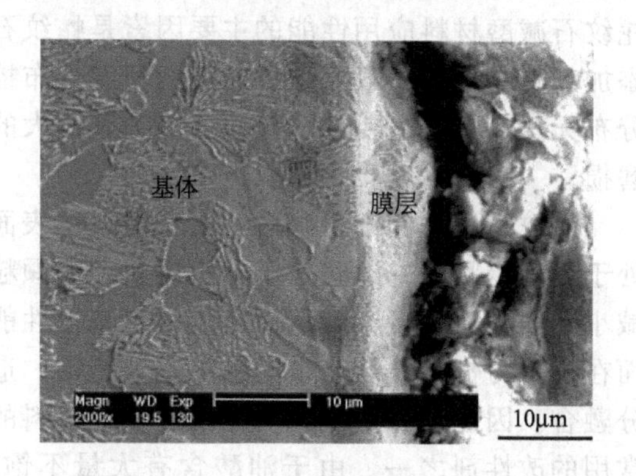

图4-20 自修复磨层横截面微观形貌

从图4.20中可以清楚地看到在基体表面生成了一层自修复膜层。膜层与基体之间无明显界面，与基体结合非常紧密。由于摩擦表面的不规则性以及自修复膜的不均匀性，在横截面上自修复膜层厚度也不均匀，最大厚度约为8μm。金属在摩擦时，由于摩擦副的相互作用，引起的力和热的脉冲将有助于添加剂在金属表面活化和相变快速进行。在较大的摩擦载荷或较高的滑动速度时有利于摩擦时快速的组织转变和相变的可能性。在微区加热可能导致合金元素的重新分布。所以，摩擦时，对于新相的形成最重要的是加热和变形过程，而材料的性能宏观和微观形貌机械冲击大小接触点存在的时间等是决定转变程度的因素。于鹤龙等将蛇纹石减磨材料应用到UMT-2型磨损试验机上进行研究。结果表明，摩擦副表面形成了一层含有Si、O、Al等元素的高硬度抗磨保护层，而这些元素是自修复添加剂主要原料蛇纹石的特征元素，这种自修复膜层的形成是其具有优异的摩擦学性能主要原因。高玉周等对蛇纹石自修复膜的成膜机制进行了研究，结果表明，摩擦能量对硅酸盐添加剂在磨损表面形成自修复膜层有很大影响。杨鹤等采用Falex型摩擦磨损实验机进行了长达400 h实验，验证了蛇纹石的金属磨损自修复剂在454钢摩擦副中可形成修复保护层，且修复层的C和O的质量分数较高，分别为3.79%和0.664%。庞宁等研究表明，当蛇纹石粉体用量为1%时，润滑油具有最佳的减磨性能；对比基础油，蛇纹石添加剂润滑油摩擦系数下降高达52%。张宝森等采用RFT-Ⅲ型往复摩擦磨损试验机评价蛇纹石减磨润滑剂对类气缸-缸套摩擦副的减摩抗磨性能，结果表明：蛇纹石润滑剂的减摩抗磨特性与载荷、速度有关；其作用机制为蛇纹石参与摩擦界面复杂的理化作用，促进碳向摩擦界面富集和氧化膜的形成，提高接触表面的润滑性能和磨损抗力。

（2）蛇纹石减磨材料的制备及应用

蛇纹石减磨材料的制备技术主要包括蛇纹石矿粉的超细研磨以及超细蛇纹石粉体的表面处理；应用技术主要包括超细蛇纹石粉体在润滑剂中的添加量和使用方法。图4.21为蛇纹石减磨材料的常规制备工艺流程。

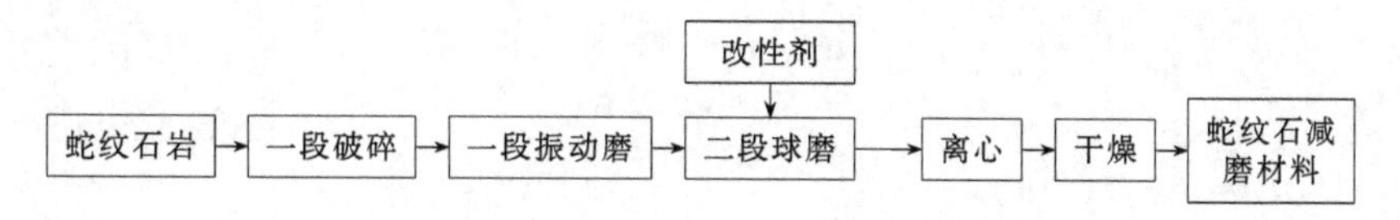

图4.21 蛇纹石减磨材料的常规制备工艺流程

如图4.21所示，首先采用颚式破碎机对天然蛇纹岩矿进行预破碎，粉碎至5 mm以下；然后采用振动磨，将蛇纹石粉体磨至200目以下。最后，利用球磨机对一段磨矿后的粉体进行进一步超细加工，得到平均粒径小于1μm的超细蛇纹石粉体。为保证蛇纹石粉体在润滑油中良好的分散性，采用改性剂或分散剂（油酸、聚乙烯吡咯烷酮、硅烷偶联剂等）在二段球磨的过程中对蛇纹石粉体进行表面修饰，最后经过离心、干燥、解聚等得到蛇纹石减磨材料。影响蛇纹石减磨材料应用性能的主要因素是蛇纹石粉体的粒度分布以及表面改性配方等。在润滑油添加剂材料中，一般要求添加剂的粒度分布控制在微米级与亚微米之间。如果蛇纹石粉体粒度分布无法满足产品要求，反而会因为其过大的粒径使其成为磨粒，从而加剧摩擦副之间的摩擦磨损。

蛇纹石经过超细粉碎后，由于材料比表面积增大，表面能升高，表面活性增强，颗粒往往处于不稳定状态。这些处于不稳定状态的颗粒会产生相互吸引，导致颗粒发生团聚，比表面积减小，表面活性变弱，从而影响材料减摩性能的发挥。此外，经过超细粉碎后的蛇纹石颗粒表面在机械力作用下会产生大量羟基及断键，造成粉体具有强的极性，无法与非极性的润滑油充分融合。因此，表面改性在蛇纹石减磨材料的制备过程中尤为关键。油酸是蛇纹石表面改性最常用的改性剂之一。由于油酸含有大量不饱和双键以及—COOH，在球磨产生的局部高温、高压等条件下，容易和蛇纹石微粒表面的羟基发生反应，从而起到接枝作用。接在微粒上长的碳链有机物，由于盘旋、交错，而对微粒产生包覆作用，使得蛇纹石微粒不容易发生团聚，从而具有较好的稳定性和亲油性。在进行蛇纹石粉体表面改性时，还要根据材料的比表面积，通过试验选择适宜的改性剂用量。改性剂用量不足会使得粉体表面无法充分覆盖及活化；用量过多，不仅提高成本，而且由于油酸等改性剂自身分子的不稳定性，会产生更大的高分子物质，反而削弱改性剂分子与蛇纹石微粒的作用效果。

曹娟等研究了乙烯吡咯烷酮、油酸和硅烷偶联剂（缩水甘油氧基丙基三甲氧基硅烷，KH560）三种分散剂表面修饰的蛇纹石粉体在基础油500SN中的分散性能，并对三种分散剂修饰的超细蛇纹石粉体作为添加剂加至基础油中，在四球摩擦副上做摩擦磨损性能的测试。结果表明，不同分散剂在基础油500SN中分散效果从高到低依次为：油酸＞乙烯吡咯烷酮＞KH560；乙烯吡咯烷酮、油酸和KH560修饰的蛇纹石粉体的油润滑添加剂的磨斑直径分别降低了17%、4.26%和12.8%，摩擦系数分别减小了35.5%、2.48%和16.9%；

李品以硅藻土、氯化镁、氢氧化钠溶液为原料，以高压釜为反应容器，采用水热合成法合成微纳米蛇纹石粉体，并将其应用于润滑剂添加剂。结果表明，合成蛇纹石粉体的优良摩擦学性能与其细小的粒度、层状结构、摩擦相变以及与摩擦副的物质交换有关；与基础油相比，合成蛇纹石微粉能很好地降低摩擦系数，最高能比基础油的摩擦系数降低67.9%且摩擦温度低于基础油摩擦温度，最高能比基础油的摩擦温度降低11.4%。

5 密封材料

密封材料是指工业装置上为防止介质泄漏或介质从外部浸入而在固定部分或运动部分所使用的材料。固定部分所用密封材料称为静密封件；运动部分所用的密封材料称为动密封件。静密封件包括各种垫片、垫圈等；动密封件包括各种垫圈及盘根等。

目前应用最为广泛的密封材料是石棉密封材料。石棉密封材料因原料来源广泛及结构简单、安装和更换方便、密封可靠、价格便宜，广泛应用于石油化工、机械、交通、电力、航空等领域。

石墨密封材料是由柔性石墨制成的一类新型密封材料。由于其具有优良的性能，近十几年发展很快，目前已有石墨纸、石墨盘根等多种石墨密封制品。

本章主要介绍石棉密封材料和石墨密封材料。

5.1 石棉基密封材料

目前应用的石棉密封材料品种很多，但大体上可以分为三大类。

① 垫片类　用于管道法兰和容器法兰上的板状和片状密封制品，如石棉橡胶板、耐油和增强石棉橡胶板、石棉胶乳板、缠绕式垫片、汽缸密封垫片、石棉石墨铜丝布、石棉橡胶铜丝布、钢架石棉复合板、四氟复合垫片等。

② 盘根类　用于泵、阀、釜上的模压成型密封制品，如油浸石棉盘根、橡胶石棉盘根、抗腐蚀石棉盘根、绒状石棉盘根、铅片盘根等。

③ 垫圈类　用于泵、阀、釜上的模压成型密封制品，如波形垫圈、自密封垫圈、石棉橡胶垫圈、石棉纤维环、旋塞衬套、石棉炉门圈等。

以下介绍几种有代表性的石棉密封制品及其生产工艺。

5.1.1 石棉垫片

(1) 石棉橡胶板

石棉橡胶板是以60%～80%石棉绒为增强材料，10%～15%橡胶为黏结材料，另加适量的橡胶配合剂扎制而成的板材。橡胶使石棉纤维黏合，使制品具有较高的拉伸强度和良好的弹性；橡胶和橡胶配合剂又能填充纤维与纤维之间空隙，使石棉橡胶板的致密性好。

石棉橡胶板具有良好的耐热、耐寒性，能耐一定的化学腐蚀，压缩性、回弹性能较好，应力松弛性能较低，容易加工成各种形态的密封垫片，因此，广泛应用于管道法兰、高压容器法兰、汽缸盖和各种接触面的密封。

石棉橡胶板根据产品性能和用途可分为高压板、中压板和低压板三种。

高压板：主要用于高温高压（温度450℃、压力60kgf/cm^2 以下）的水、饱和蒸汽、过热蒸汽、空气、煤气以及其他惰性气体的密封，也可用于常温高压下的汽油、煤油、润滑油和乙醇等的密封。

中压板：主要用在温度350℃、压力40kgf/cm^2 以下水管和蒸汽管道等的密封。

低压板：主要用于温度200℃、压力15kgf/cm^2 以下一般水暖设备及低压水管和蒸汽管道等的密封。

① 主要原材料及辅助材料　生产石棉橡胶板所用石棉绒的品种主要是根据产品的性能要求来选择的。一般多由三、四、五级棉及其混配来实现。其用量约占配方的60%～75%。生产过程中所用石棉又分为大料用石棉绒、薄料用石棉绒、皮料用石棉绒及纸边绒。

石棉橡胶板中黏结材料约占配方的8%～12%，用于橡胶材料的橡胶种类也必须针对具体的产品性能来合理选择。实际使用中常选择一种或几种橡胶，并将其与部分树脂混用，以达到组合其各方面特性的目的。石棉橡胶板中常用的橡胶品种是：天然胶、丁苯胶、丁腈胶、丙烯酸酯胶、硅橡胶和氟橡胶等。

石棉橡胶板中所用橡胶配合剂及填料约占配方的15%～30%。其中对填料的要求主要是品种和粒度，常用的橡胶配合剂和填料见表5.1。

表 5.1　石棉橡胶板中的配合剂和填料

种类		作用	举例
橡胶配合剂	硫化剂	使橡胶(或与树脂)分子间起交联式硫化作用	硫黄、一氯化硫、二氯化硫、硒、有机过氧化物、金属氧化物等
	硫化促进剂	促使硫化过程加速、改善制品性能	有机类如噻唑类、黄原酸类等
	防老化剂	增强制品的抗老化能力	石蜡、地蜡、DOD等
	软化剂	便于工艺操作，使无机配合剂能在胶料中分散	松香、古马隆树脂、硬脂酸锌、硬脂酸钡等
填料	补强填料	改善制品的物理性能	炭黑、石墨、滑石、高岭土、白炭黑、硫酸钡、碳酸钙、硅藻土、氧化铁、氧化锌、氧化镁等
	非补强填料		

除了上述原辅材料外，在石棉橡胶板生产过程中还要使用橡胶溶剂。该溶剂最终不含在制品中，仅是为了生产过程的方便。用作溶剂的物质要求其对橡胶溶解性好、化学性质稳定、无毒、无臭味、不吸湿（因水分影响橡胶黏结性），并有一定的蒸发速度和沸点范围。常用的溶剂有汽油、苯、乙酸乙酯等。

② 配方原则　石棉橡胶板的性能主要通过生胶及其配合剂的合理选取来决定。因此，橡胶制品的配方原则同样适用于石棉橡胶板。以下简要介绍耐热、耐油、耐酸碱和耐老化制品的配方原则。

a. 耐热制品　石棉橡胶板垫圈多用于150～510℃温度范围内。选用生胶时，除采用耐热性能好的生胶外，在满足制品性能前提下，以其含量较少为好。实际中常将天然橡胶与合成橡胶合用，以改善前者的耐热性。石棉纤维在制品中也是耐热组分，其用量以高为宜。常用的耐热填料有高岭土、硅藻土、石墨、氧化铁、白炭黑、硫酸钡等。为改善耐热性能，所用橡胶配合剂应尽量达到如下要求：采用无硫或低硫硫化体系（包括硫化剂、促进剂）；采用高效耐热型防老化剂，如苯基-β-萘胺或并采用几种防老化剂；尽可能不加软化剂。

b. 耐油制品　制品的耐油性实质是橡胶耐各种有机溶剂（矿物油、植物油）溶胀作用的能力。该溶胀作用遵守化学中“相似相溶”规则，如非极性的天然橡胶易溶于汽油中，而含极性基—CN的丁腈橡胶则易溶于酮类等极性溶剂中。因此，耐油制品在选用生胶时，尽量用氯丁橡胶、丁腈橡胶、丙烯酸酯橡胶、氟橡胶等。若将天然橡胶与上述橡胶混用，也可得到中等耐油性制品。另外，适当增大填料用量、提高硫化速度、少用（或不用）增塑剂，也可提高耐油性。

c. 耐酸碱制品　在酸碱介质中，橡胶可能会产生加成、取代、裂解等一系列反应，致使其分子分解从而失去弹性。因此，选择橡胶时其分子结构应高度饱和，且不存在活性基团。此外，分子间作用力强、空间排列紧密、定向以至结晶作用，都可提高耐化学腐蚀性能。适于制造耐酸制品的橡胶有丁基橡胶、氯化丁基橡胶、聚异丁烯橡胶等。尤其氟橡胶，具有较强的抗各种酸类介质的性能。

角闪石石棉具有较强的耐酸性，适于制造耐酸制品。填料一般采用炭黑、非晶质石墨、高岭土、沉淀硫酸钡、滑石粉、硅藻土等。

d. 耐老化制品　橡胶制品在使用中老化形式有三种，即链键断裂、三维结构进一步交联、新基团引入使其产生化学变化。老化的外在因素是氧及臭氧作用，其次是各种辐射及疲劳。具有耐臭氧氧化性能的橡胶有氯磺化聚乙烯、丙烯酸酯、氟橡胶、硅橡胶、乙丙橡胶等。此外，加入地蜡、石蜡和化学抗氧剂，也可改善其耐臭氧能力。

③ 生产工艺　按所使用的橡胶加工工艺来分，有清胶打浆、清胶浸浆和清胶拌料三种。

a. 清胶打浆法　橡胶先在开放式炼胶机（简称开炼机）上破料，稍经塑炼，待橡胶包辊之后，即投入硫黄混合。胶料混合均匀，减小辊距，压片，利用安装在炼胶机旁的扯片机将橡胶拉扯成橡胶小片。按一定的打浆工艺，使橡胶小片在打浆桶中成为胶状，再与石棉绒搅拌成胶料。

b. 清胶浸浆法　将上述橡胶小片浸泡在汽油中软化，再与石棉绒搅拌成胶料。

c. 清胶拌料法　橡胶先在炼胶机上破料，加入硫黄，控制温度约70℃，胶料混匀后压片，利用扯片机将橡胶扯成小片，直接与石棉绒、汽油等搅拌成胶料。

上述三种工艺以“清胶打浆”工艺的产品质量最好。以“清胶打浆”生产石棉橡胶板的工艺流程见图 5.1。其主要生产工序简述如下。

a. 打浆　橡胶小片、配合剂与一定比例的溶剂混合，在打浆机内搅拌，使胶片溶解在溶剂中，成为胶浆。打浆一般是在立式主轴和圆形筒体上分别固定有搅拌杆的立式搅拌机内进行。

b. 拌浆　将石棉绒、纸边绒、填料、着色剂、胶浆和溶剂汽油等投入图 5.2 所示的卧式

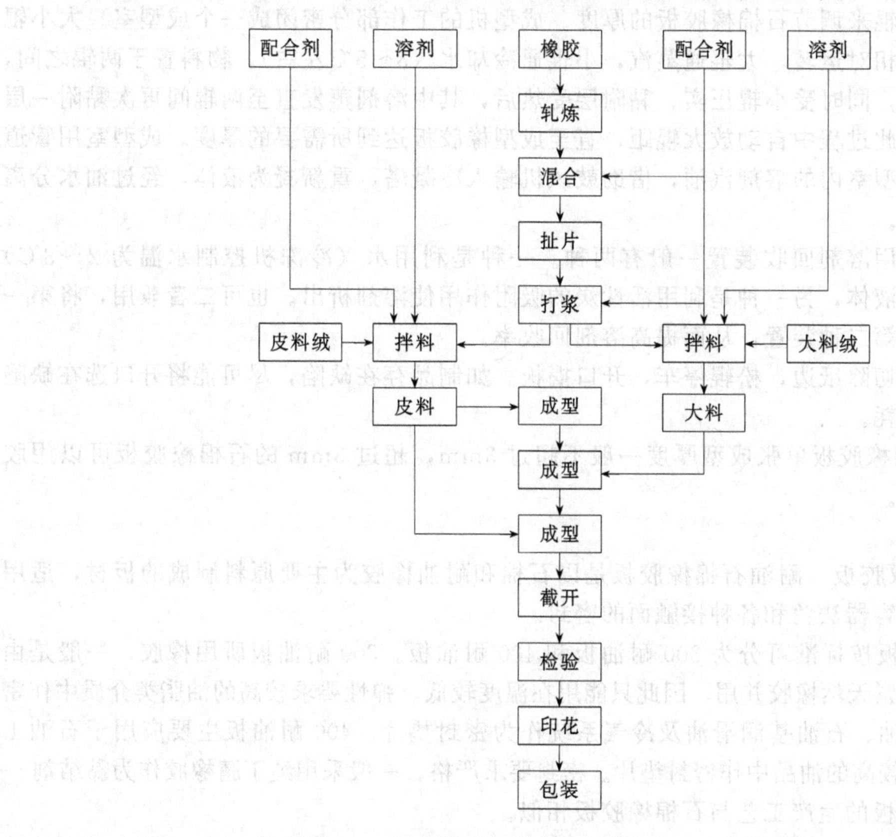

图 5.1　石棉橡胶板“清胶打浆”法生产工艺流程

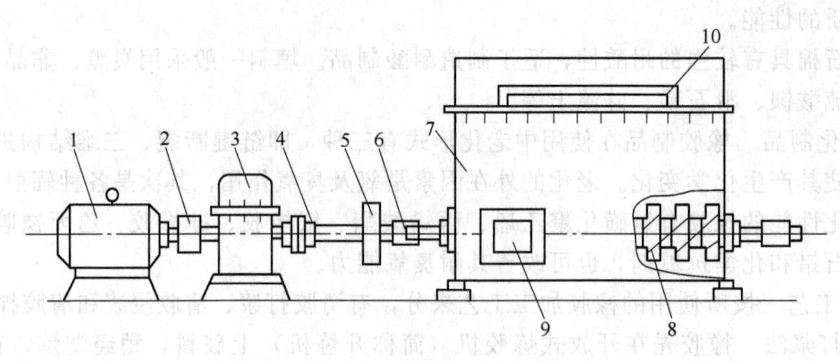

图 5.2　卧式搅拌机示意

1—电机；2—皮带轮；3—减速器；4—联轴节；5—齿轮；6—托瓦；7—搅拌机壳；8—搅拌齿；9—出料口；10—给料口

搅拌机中，搅拌成均匀的混合物料。混合料分皮料、大料和薄型料三种。皮料是用于石棉橡胶板两表面的料；大料指石棉橡胶板中间的料；薄型料不分皮料和大料，其性能要求较高，通常以改进石棉绒和胶料配方来满足。皮料拌制一般分三阶段。干炒，开动搅拌机，先将50%的石棉绒徐徐投入搅拌机，再陆续加入填料和着色剂，然后将余下的石棉绒投入，使石棉纤维与填料、着色剂混合均匀。湿炒，加少量胶浆和溶剂使石棉润湿，便于下道工序操作。湿拌，投入余下的胶浆，使石棉绒、配合剂胶浆得到搅拌，使之成为性能均匀的颗粒物料。

大料搅拌时可以只采用上述工序的一个或两个阶段。

c. 成型　石棉橡胶板的成型是在成型机上进行的。其工作部分由两个直径不同的平行中空辊筒组成。大辊的轴承固定在机架上，小辊的轴承则能和小辊一起作前后移动，即进辊和退辊。利用进辊和退辊来调节石棉橡胶板的厚度。成型机的工作部分密闭成一个成型室。大小辊筒以相同的线速度相对运转，大辊通蒸汽，小辊通冷却水（3～5℃左右）。物料置于两辊之间，受热黏附于大辊上，同时受小辊压实。黏附层受热后，其中溶剂蒸发直至两辊间再次黏附一层物料。压实小辊在此过程中自动放大辊距，直至成型橡胶板达到所需要的厚度。成型室用管道与冷凝塔相连，成型室内的溶剂汽油，借助鼓风机输入冷凝塔，重新凝为液体，经过油水分离器使溶剂与水分离。

石棉橡胶板所用溶剂回收装置一般有两种。一种是利用水（冷冻机控制水温为2～3℃）使溶剂气体冷凝为液体，另一种是利用活性炭的吸附作用使溶剂析出。也可二者兼用，将第一种装置的尾气送入第二种装置，从而提高溶剂回收率。

成型结束后，切除纸边，松辊停车，开口揭板。如制品存在缺陷，尽可能将开口选在缺陷处，以降低成品损耗。

d. 贴合　石棉橡胶板单张成型厚度一般不超过3mm，超过3mm的石棉橡胶板可以用胶浆贴合，然后轧压。

（2）其他

① 耐油石棉橡胶板　耐油石棉橡胶板是以石棉和耐油橡胶为主要原料制成的板材，适用于管道法兰、高压容器法兰和各种接触面的密封。

耐油石棉橡胶板按标准可分为300耐油板和400耐油板。300耐油板所用橡胶，一般是由50%丁腈橡胶和50%天然橡胶并用，因此只能用在温度较低、弹性要求较高的油脂类介质中作密封垫片，常用于燃油、石油基润滑油及冷气系统作为密封垫片。400耐油板主要应用于石油工业，在温度和压力较高的油品中作密封垫片。密封要求严格，一般采用纯丁腈橡胶作为黏结剂。

耐油石棉橡胶板的生产工艺与石棉橡胶板相似。

② 增强石棉橡胶板　增强石棉橡胶板是石棉橡胶板及耐油石棉橡胶板和一层或多层镀锌

钢丝网（或不锈钢丝网）组成的。一般分耐油和耐高温增强板两种。增强石棉橡胶板主要应用于普通石棉橡胶板和耐油橡胶板难以满足要求的高温、高压和超高温、超高压条件下设备、管道的密封及高速、小体积、大功率发动机的密封。

增强石棉橡胶板的生产工艺与石棉橡胶板或耐油石棉橡胶板相同。只是当石棉橡胶板（或耐油石棉橡胶板）成型到一定厚度时，将钢丝网均匀缓慢夹入，防止产品起壳，不使钢丝网歪斜，继续投料成型，钢丝网应夹在石棉橡胶板厚度的二等分、三等分处。为了增加钢丝网与物料的黏结能力，钢丝网表面应经过处理并均匀地涂上一层黏结剂。

③ 石棉胶乳板　石棉乳胶板是以石棉绒、乳胶、配合剂为主要原料，经打浆、抄取、硫化而成的密封材料。该材料具有柔软性好、拉伸强度高、压缩回弹性好、应力松弛小等优点，对水、蒸汽、油（包括石油系列产品）等介质有良好的密封效果，尤其在预应力低、被密封面加工精度不高、刚性差、面压分布不均等使用条件下，其密封性能更为显著，是一种应用十分广泛的密封材料。石棉胶乳板主要用于汽车、拖拉机等内燃机汽缸密封垫片的基材和缠绕式密封垫片的填充物，也可以替代传统的纸垫和软木垫用于发动机或其他机械装置的静密封垫片。

石棉乳胶板的生产工艺流程如图 5.3 所示，其生产工序要点如下。

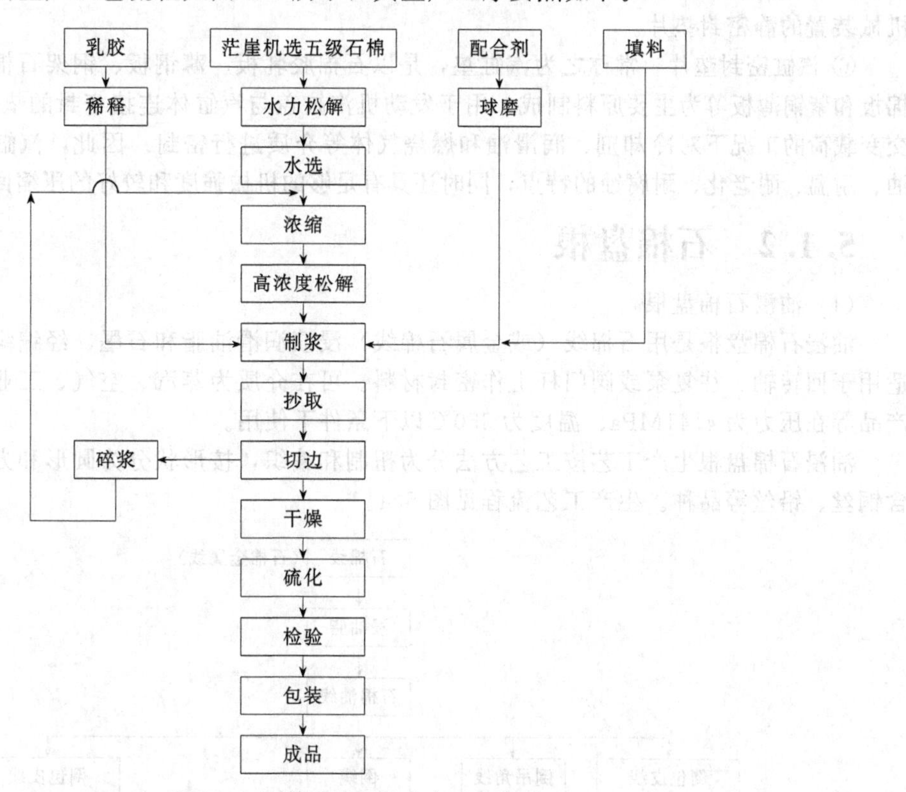

图 5.3　石棉乳胶板的生产工艺流程

a. 原棉处理　采用湿法抄取工艺，在抄取前，充分松开石棉绒，除去石棉绒里的砂粒、棉束、外来杂质和少量长纤维。

b. 制浆　将石棉绒、乳胶、配合剂等在水中高速搅拌下混合，使乳胶粒子和配合剂粒子均匀地沉积在石棉纤维上，制成适用于造纸用的浆料。

c. 抄取　采用圆网或长网造纸机抄取浆料制成湿纸坯，用双圆网侧流上浆工艺抄取的石棉胶乳板的横向拉伸强度可以达到同张石棉胶乳板纵向拉伸强度的80%左右。

d. 硫化　用户对石棉胶乳板有硫化要求时，将干燥的石棉胶乳板放在140℃、8～10MPa的平板硫化机上硫化8～10min。

生产胶乳板的主要原、辅材料名称及主要技术条件如下。

a. 五级石棉　石棉检验筛第三层筛余量≥60%；砂粒粉尘含量≤12%。

b. 乳胶　主要有丁腈乳胶、丁苯乳胶、天然乳胶和氯丁乳胶等。乳胶是橡胶粒子在水介质中的分散体，其主要技术指标：阴离子型 pH>7；干胶含量≥45%；胶粒直径<0.18μm。

c. 配合剂　包括硫化剂、促进剂、防老剂、分散剂、填料等。技术要求：粒度<10μm；在高速离心机作用下不与水分层；pH=7～8.5。

d. 石棉胶乳板典型配方（%）　石棉绒（五级）70～85；丁腈胶乳 10～14；氧化锌 3.5～4.5；硫黄 1；促进剂 1；防老剂 1；稳定剂、分散剂、填料适量。

④ 石棉橡胶板垫片　以耐油石棉橡胶板、石棉橡胶板、增强石棉橡胶板及钢架石棉复合板等为原料经加工制成的各种垫片。

⑤ 钢架石棉复合板　以金属材料（如薄钢板、冲击薄钢板或钢丝网等）作中心骨架芯板，二面以石棉胶乳板为基材，通过黏结剂黏合而成的密封材料。其表面涂有耐温防黏材料，具有机械强度高、压缩回弹性好和应力松弛小等特点，适用于水、蒸汽、燃气、油（包括石油系列产品）等介质的密封。主要用于内燃机汽缸密封垫片，也适用于制作管法兰和设备法兰及其他机械装置的静密封垫片。

⑥ 汽缸密封垫片　常称之为汽缸垫，是以石棉胶乳板、薄钢板、钢架石棉复合板、衬垫石棉板和紫铜薄板等为主要原料制成，用于发动机汽缸盖与汽缸体连接密封的垫片。它是在高温、交变载荷的工况下对冷却剂、润滑油和燃烧气体等介质进行密封。因此，汽缸垫具有耐水、耐油、耐温、耐老化、耐腐蚀的特点，同时还具有足够的机械强度和较好的压缩回弹性。

5.1.2　石棉盘根

（1）油浸石棉盘根

油浸石棉盘根是用石棉线（或金属石棉线）浸渍润滑油脂和石墨，经编织或扭制而成。它适用于回转轴、往复泵或阀门杆上作密封材料。可在介质为蒸汽、空气、工业用水、重质石油产品等在压力为 4.41MPa、温度为 350℃以下条件下使用。

油浸石棉盘根生产工艺按工艺方法分为扭制和编织，按形状分为圆形和方形，按材料分为含铜丝、铅丝等品种。生产工艺流程见图 5.4。

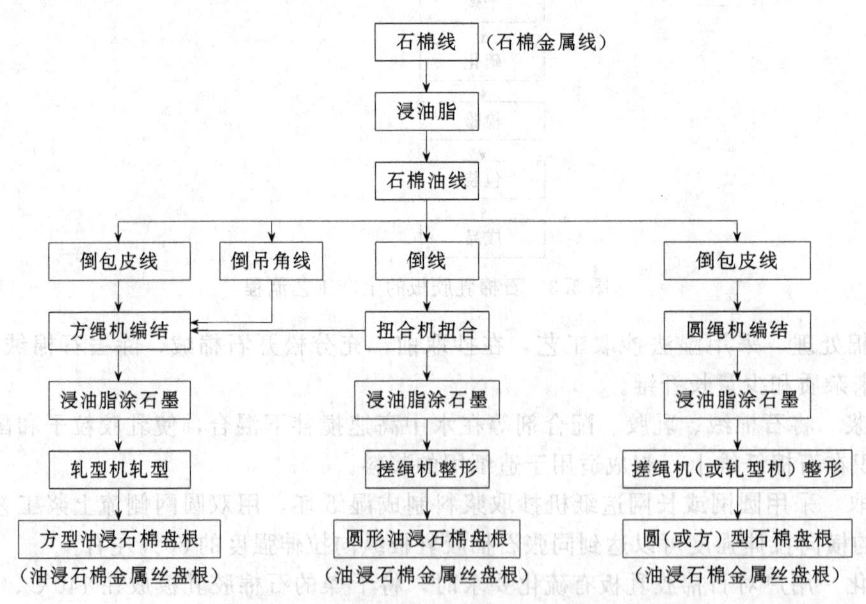

图 5.4　油浸石棉盘根生产工艺流程

编织型油浸石棉盘根生产工艺要点如下。

① 编织型油浸石棉盘根是用含油石棉线在石棉方绳编结机或石棉圆绳编结机上制成。

② 石棉圆绳编结机制成的盘根以石棉线或石棉方绳为芯子线。用石棉线在表面编织一层或多层（套编），成为圆形坚实而紧密的绳。

③ 石棉方绳编结机制成的盘根是以石棉线或石棉扭绳为芯子线和四角柱线，表面编织一层石棉线成为方形坚实而紧密的绳。

方绳除了上述编织外，还有穿心型、套编型。套编型具有致密、弯曲性能好等特点，密封性能也较好，但表层磨破后，易出现整层剥离趋势。穿心型具有密度均匀、表面光滑、耐磨性能好、密封性能好的特点，但工艺较复杂。

(2) 橡胶石棉盘根

橡胶石棉盘根采用石棉绒或石棉线，以橡胶为黏结剂，经折叠或编织制成。它适用于温度为 550℃ 以下，压力为 7.84MPa ($80kgf/cm^2$) 以下的阀门中作为密封材料。

石棉橡胶盘根品种较多，以工艺分为折叠型和编织型；以原料不同分可分为含铜丝、铅丝、橡胶芯、橡胶片等。为了改善其润滑性能，还可以制成浸油型、浸甘油型和浸四氟型的橡胶石棉盘根。

橡胶石棉盘根的主要原辅材料有石棉线、石棉布、橡胶、铜丝、铅丝、橡胶芯、橡胶片等。

图 5.5 和图 5.6 分别为折叠型和编织型橡胶石棉盘根的生产工艺流程。

在图 5.5 所示的工艺流程中，若仅用石棉线作经线和纬线则为普通橡胶石棉板；用石棉和铜丝线作经、纬线则为橡胶铜丝石棉盘根；用石棉线作经线，铅丝作纬线则为橡胶铅丝石棉盘根。

在图 5.6 所示的工艺流程中，若用石棉线编织则为普通橡胶石棉盘根；用石棉和铜丝编织则为橡胶铜丝石棉盘根；用铅丝石棉线编织则为橡胶铅丝石棉盘根。

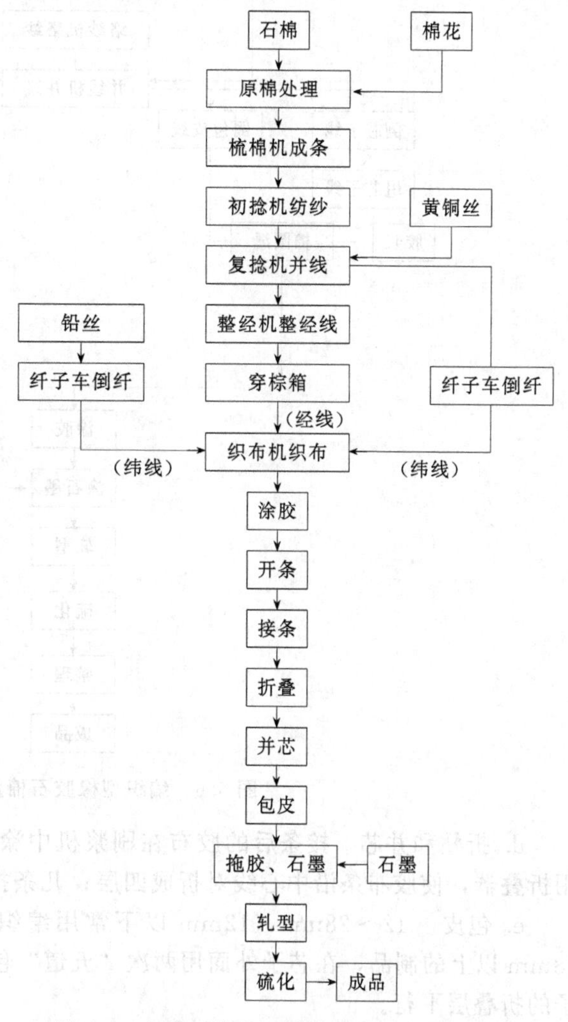

图 5.5 折叠型橡胶石棉盘根的生产工艺流程

① 折叠型盘根工艺要点　折叠型盘根工艺要点是涂胶、开条、接条、折叠和并芯、包皮、拖胶、硫化等。

a. 涂胶　石棉布采用立式涂胶机涂胶。耐油盘根采用耐油胶浆。胶布的含胶量和烧失量要求控制在一定范围内。

b. 开条　利用裁剪机沿胶布 45°裁剪，胶布条宽度公差不大于 1.5mm。各种规格盘根的布条宽度计算方法为：外层包裹用布条按制品规格乘 5；芯子用布条按制品规格乘 4；橡芯盘根用布条应减除橡芯截面积后再进行计算；28mm 以上的盘根需二次包皮，故需进行二步计算。

c. 接条　胶布头两条各均匀涂刷黏结胶浆，其宽度约为 10mm，将两布条斜口对齐（如不齐应修剪)，接口处在涂有黏结胶浆的棉布条（宽度约10～15mm，长度按接口处宽度）上，敷好后滚压，使接口牢固黏合。

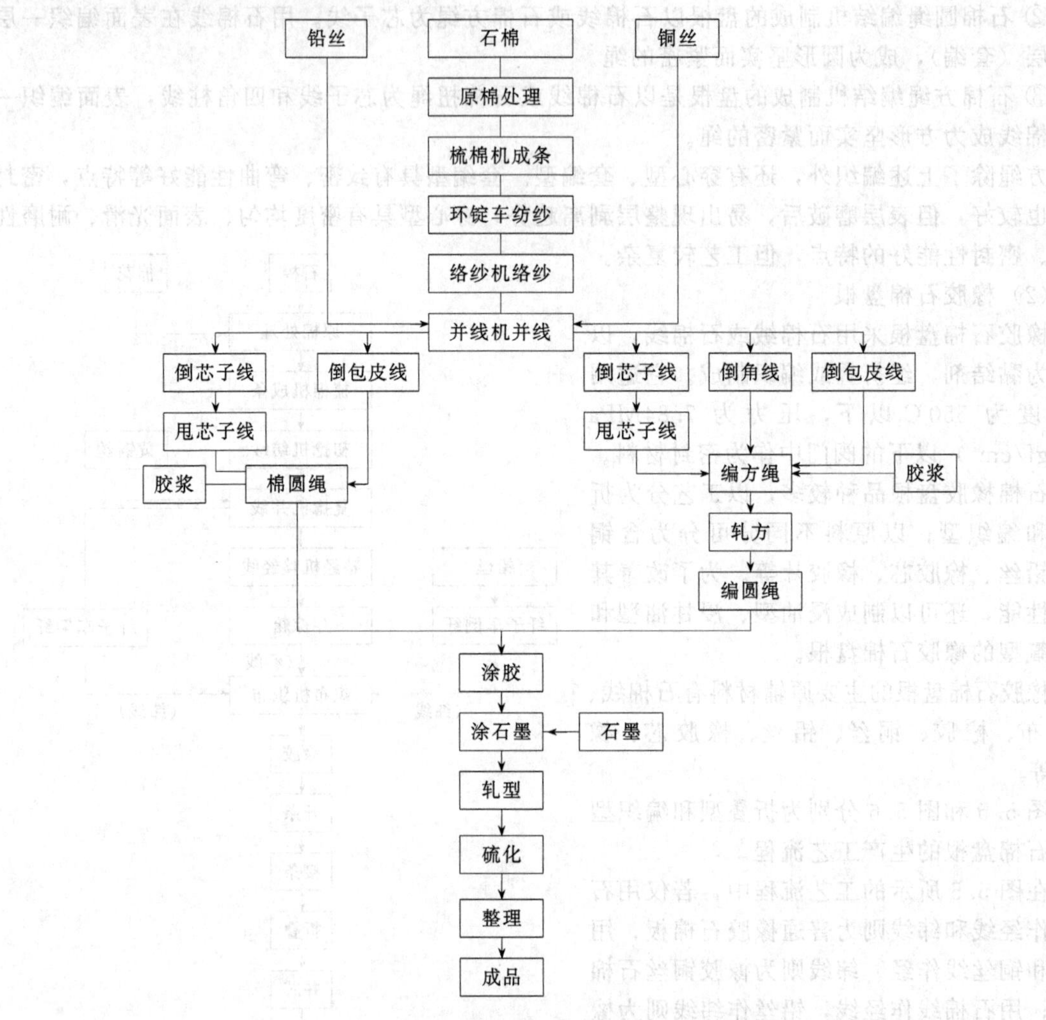

图 5.6 编织型橡胶石棉盘根的生产工艺流程

d. 折叠和并芯　接条后的胶布在刷浆机中涂刷黏结胶浆，通过干燥室，使汽油挥发。利用折叠器，使胶布条沿中心线对折成四层；几条折叠带通过并芯器、轧型机制成所需的芯子。

e. 包皮　12～28mm（12mm以下常用编织型）制品的芯子，外面裹以“五道”包皮；28mm以上的制品，在芯子外面用两次“五道”包皮。外包裹层中有两层重叠的一面，应以芯子的折叠层平行。

f. 拖胶　涂石墨及轧型。裹以包皮的半成品经过黏结胶浆桶、石墨箱，再连续通过三台轧型机，使半成品逐渐达到需要的规格。轧制时应保持边角整齐、无损伤、布层纹理清晰。

g. 硫化　分为散装硫化和盘卷硫化两种。采用直接蒸汽硫化法，蒸汽压力控制在0.2～0.3MPa。16mm以下的盘根硫化时间一般为2h；16～22mm者为2.5h；22mm以上者为3h。

② 编织型盘根工艺要点　编织型盘根是用石棉线在石棉方绳编织机或圆绳编织机上制成的。石棉方绳编织机为8锭编织机，分大、中、小三种，适宜编织的方绳规格分别为大于25mm、8～25mm和小于8mm。

石棉圆绳编织机分12锭、16锭、24锭和32锭，它们适宜编织的圆绳规格为6～8mm、7～20mm、19～50mm。

穿心编织机分为 12 锭、18 锭、24 锭、36 锭等几种，按锭子运行轨道分为 3 轨道、4 轨道和 6 轨道；按制品规格，选用不同锭数的编织机，一般可编 6～35mm 的方绳。

石棉方绳是以石棉线或石棉扭绳为芯子线和四角主线，表面编织一层石棉线，成为方形紧密而坚实的绳；石棉圆绳是以石棉线或石棉扭绳为芯子线，用石棉线在表面编织一层或多层成为圆形坚实而紧密的绳。为了使圆绳坚实而紧密，在工艺上一般都规定编织层数。

编织方绳时，石棉线先浸涂胶浆；编制圆绳时，每编织一层后，在编织层上浸涂胶浆。

为了增加密实性和黏合能力，胶浆浸涂之后应立即编织或再编织下一层，直至达到预定层数及规格。

5.1.3 橡胶石棉垫圈

石棉橡胶垫圈是以石棉铜丝布与耐油或耐热胶料黏合、模压、硫化而成。其形状主要有圆形、矩形、U 形、V 形和 Y 形以及各种异型截面。结构和形状合理的石棉垫圈具有弹性高、寿命长、安装使用方便等优点，适用于压力不大于 15MPa、温度 400℃以下阀杆、活塞等处的密封，可用在石油及其产品、水、饱和蒸汽、过热蒸汽等介质中，也可用在腐蚀性较小的其他介质中。

橡胶石棉垫圈的生产工艺流程见图 5.7。其生产工艺要点如下。

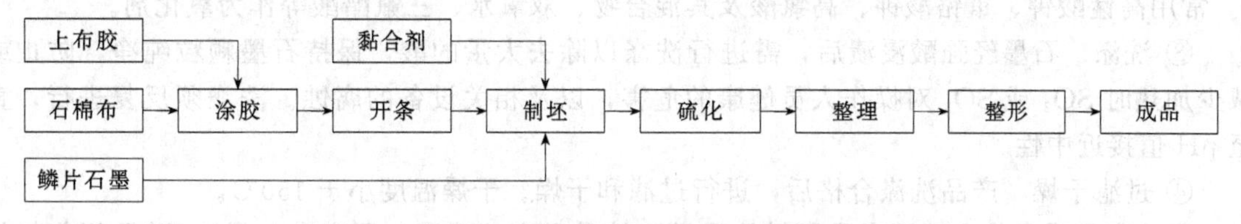

图 5.7 橡胶石棉垫圈生产工艺流程

① 主要原料为石棉布或铜丝石棉布。

② 耐油型橡胶石棉垫圈采用耐油胶浆，普通型橡胶石棉垫圈采用天然橡胶胶浆。

③ 热压硫化压制时，磨具温度控制在 130℃左右，单位面积压力约 10MPa，硫化时间一般为 20min。

④ 冷压整形。热压硫化后的垫圈应仔细修剪，再用鳞片石墨擦匀后，在冷模中整形。

5.2 石墨基密封材料

石墨密封材料主要是指柔性石墨制品，被称为第二代非金属密封材料。它克服了第一代（石棉/橡胶类）非金属密封材料的弱点，具有密封性强、耐高温、应力松弛低等特点。

柔性石墨是由可膨胀石墨或石墨酸、酸化石墨为原料制备的。因此，制备可膨胀石墨是制备柔性石墨和石墨密封材料的必要过程。以下从可膨胀石墨出发介绍材料的性能和生产工艺。

5.2.1 可膨胀石墨

可膨胀石墨是由天然晶质鳞片石墨，经酸性氧化剂处理后得到的一种石墨层间化合物，亦称为石墨酸、酸化石墨、氧化石墨。将可膨胀石墨置于 800～1000℃下数秒钟内，其体积迅速膨胀为一种蠕虫状物质，称之为膨胀石墨。其膨胀倍数达 100 以上（20～500mL/g）。这种膨胀石墨仍然保持天然石墨的性质，具有良好的可塑性、柔韧延展性和密封性。膨胀石墨可进一步加工制成纸、箔等制品，具有不同于普通石墨的柔韧性，称为柔性石墨。

可膨胀石墨的这种膨胀特性与石墨的晶体结构有关。天然鳞片石墨在进行氧化反应时，氧原子侵入到石墨晶格层面间，攫取了层间可自由活动的 π 电子，与碳原子相结合形成了层间化合物。它在受到高温加热时，由于高温脱氧作用，层间吸附物被迅速分解而产生一定能量（推力），这种推力足以克服层间范德华结合力，结果使石墨晶格层间的C—C键断裂，石墨的晶格层面沿C轴方向迅速膨胀。这时原来层叠比较紧密的鳞片状酸化石墨，变成了纤絮型蠕虫状的膨胀石墨。因石墨六角形骨架未被破坏，所以膨胀后石墨原有的理化性能并未损坏。

目前，可膨胀石墨生产工艺主要有强酸浸渍工艺和电解氧化工艺。

（1）强酸浸渍工艺

图5.8为强酸浸渍工艺流程。其工艺过程简述如下。

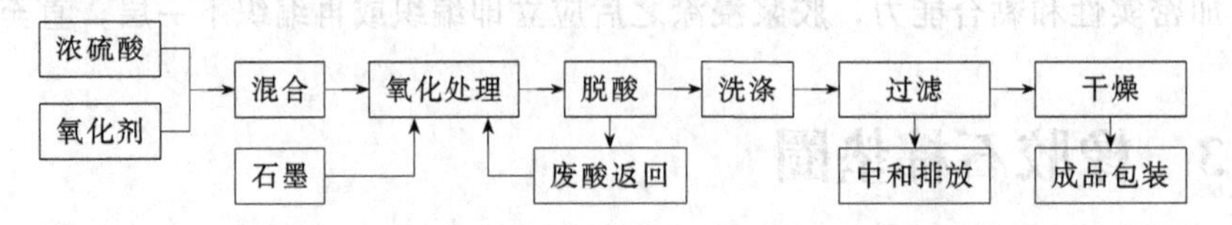

图5.8 可膨胀石墨强酸浸渍法生产工艺流程

① 原料选择 选用粒度16～200目、固定碳含量70%～99%以上的鳞片石墨。

② 浸渍 将石墨、浓硫酸和浓硝酸（或浓硝酸和磷酸）按一定比例混匀，浸泡一定时间（一般30min）。氧化介质（浓硫酸和浓硝酸）用量以浸没石墨为准，硫酸与硝酸的比例为9∶1。常用高锰酸钾、重铬酸钾、高氯酸及其混合物、双氧水、三氟醋酸等作为氧化剂。

③ 洗涤 石墨经强酸浸渍后，需进行洗涤以除去大量的酸，保持石墨颗粒纯净，防止或减少加热时SO_2或SO_3对操作人员健康的危害，以及相关设备的腐蚀。洗涤须反复进行，直至pH值接近中性。

④ 过滤干燥 产品洗涤合格后，进行过滤和干燥。干燥温度小于150℃。

影响产品质量的主要因素是原料的质量（结晶程度、粒度、固定碳含量）、酸及氧化剂的用量、酸处理时间以及残留化合物的含量等。

由于浓硫酸制备法容易导致产品中含硫量较高，而膨胀石墨作为密封材料使用时，残余硫是导致金属加速腐败和抗氧化性差的主要原因。因此，对于含硫量要求较高的场合，目前采用浓硝酸和磷酸法。

（2）电解氧化工艺

在电解氧化工艺中，最关键的设备是电解氧化装置。一种间歇式电解装置是将石墨粉置于一个圆柱形容器中，至少在一个方向上施压，将其压紧在阳极板上，然后再装一个阴极，构成一个电解氧化装置。阳极和阴极之间是微孔陶瓷板，阳极是由带孔的白金或铅制成。由于石墨与阳极紧密接触，所以导电效果较好。但由于石墨被压实，使反应时电解液浸入内部及内部生成的气体排出都有一定困难。

图5.9所示是一种连续电解装置。它由阳极室10、反应室5、阳极3a、阴极3b、搅拌器6

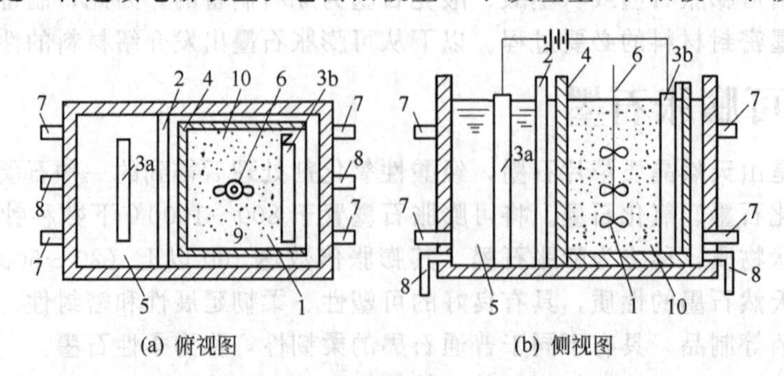

图5.9 连续电解装置构造

1—槽体；2—隔板；3a—阳极；3b—阴极；4—过滤薄膜；5—反应室；6—搅拌器；7—电解循环给入管；8—电解液排出管；9—石墨悬浮液；10—阳极室

和隔板薄膜等组成。阳极室 10 和反应室 5 经隔板 2 和过滤薄膜 4（聚氯乙烯孔质薄膜）相连通，反应室 5 内装有电解液（如硫酸溶液）和石墨悬浮液。在阳极和阴极接通外电源后的电场作用下，发生电解反应。电解液可通过过滤薄膜 4 和隔板 2 进入阳极室 10，但石墨颗粒被阻留在反应室 5 内。在反应过程中，搅拌器 6 不断搅拌以防石墨沉淀，并加速反应进行，电解液从电解循环给入管 7 循环给入并从电解液排出管 8 排出。如果石墨原料中无过细颗粒，可取消隔板 2 甚至连过滤薄膜 4 也可取消，这样石墨粒子与阳极和阴极接触机会相近，石墨在阳极被氧化，在阴极被还原同时进行。这种装置石墨、电解液可连续给入，反应完的石墨可连续排出。

操作条件：电解液浓度一般为 0.5～20mol/L；石墨粒度 42～80 目（其中 60 目占大多数）；电解温度为常温，但反应过程放热，为控制温度需用循环泵降温；阳极电流密度 50mA/cm^2 以下；电解反应时间与石墨粒度、电解液种类和浓度、搅拌强度等因素有关。

影响电解氧化产品质量的主要工艺因素是电解液浓度、电流密度、氧化时间等。

5.2.2 膨胀石墨

(1) 膨胀石墨的性能及应用

前已述及，可膨胀石墨在一定的温度条件下可以迅速膨胀为膨胀石墨。膨胀石墨具有优良的化学稳定性、耐热性、密封性、自润滑性、防辐射性及高热导率等特性，被广泛应用于机械、石油、化工、冶金、航空航天、航海、交通等工业领域，是一种理想的高级密封材料。

膨胀石墨的孔结构是其重要性质之一，图 5.10 所示为膨胀石墨的 SEM（扫描电镜）图。由图可见，膨胀石墨颗粒由若干微胞组成，其孔结构分为四级：第一级孔面本身又有丰富的微米级空隙，空隙的取向无规则，形成网络状结构，这是三级孔结构；三级孔壁内部又含有少量的微米尺度孔径的微观孔，将其划分为四级孔。对比 350mL/g 和 250mL/g 膨胀石墨的 SEM 的第一级孔图片可知，前者比后者形成的膨胀石墨微胞更长，若干石墨蠕虫微胞相互缠绕，形成了不同膨胀体积的膨胀石墨；由第二级孔图片比较可知，350mL/g 膨胀石墨形成的蠕虫具有更薄的外壁和更大的空腔结构；由第三级孔图片比较可知，350mL/g 膨胀石墨的外壁上形成了更多的微米级微孔结构，这些微孔与空腔相互连通。研究表明，不同膨胀体积的膨胀石墨有不同的蠕虫空腔和不同的微米级微孔结构，从而具有不同的吸附性质。图 5.11 所示为膨胀

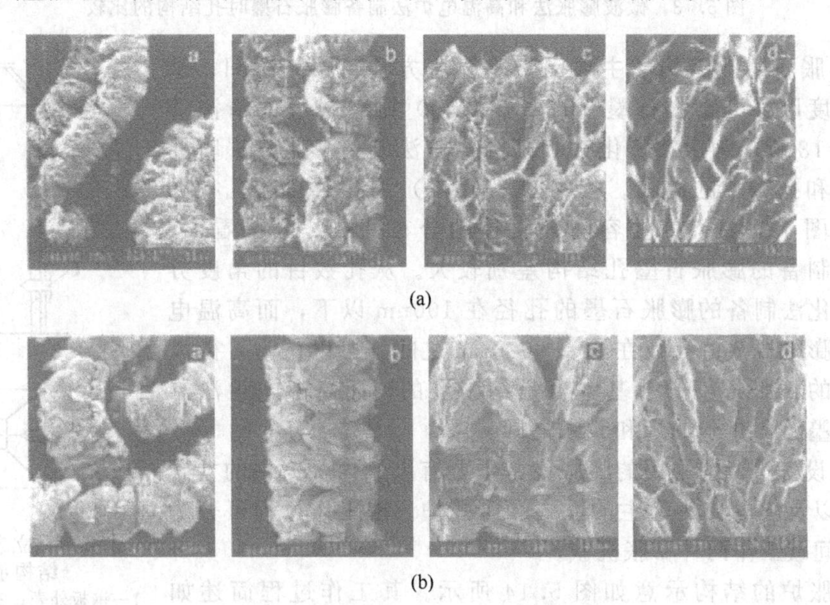

图 5.10 膨胀石墨的 SEM（扫描电镜）图

(a) 膨胀体积为 350mL/g；(b) 膨胀体积为 250mL/g

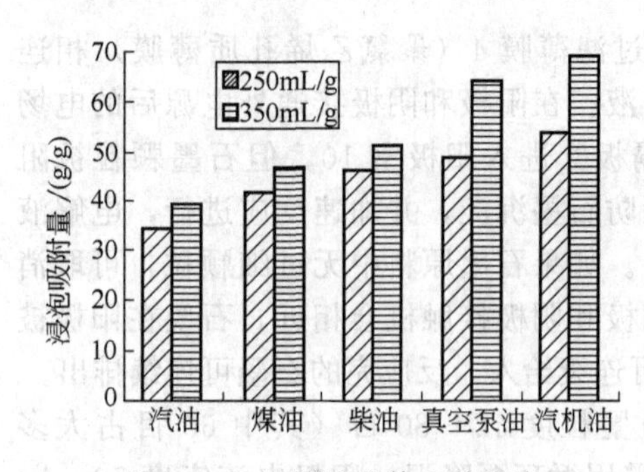

图 5.11　不同膨胀体积的膨胀石墨对油品的浸泡吸附量

体积分别为 250mL/g 和 350mL/g 的膨胀石墨吸附汽油、柴油、煤油、真空泵油、汽机油的实验结果。结果表明，不同膨胀体积的膨胀石墨，对 5 种工业油品的吸附量也不同，膨胀体积越大，吸附量也越大，而且吸附量随着实验油种平均分子量和黏度的增大而增大。

(2) 膨胀石墨生产工艺

膨胀石墨及其制品的生产工艺如图 5.12 所示，主要由加温膨胀、除渣、压延及制品工序组成。

① 膨胀方法　膨胀方法按使用能源可分为：电加热、气体燃料加热和微波、红外线、激光等热源加热膨胀法；按膨胀炉型分为：立式膨胀炉、卧式膨胀炉和微波膨胀炉。目前微波膨胀方法尚未大规模工业化。但已进行了系统的实验研究。

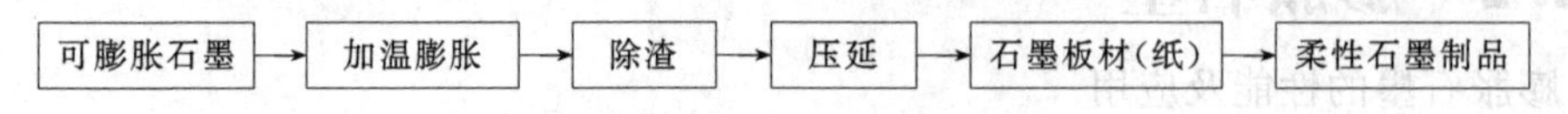

图 5.12　膨胀石墨及其制品生产工艺

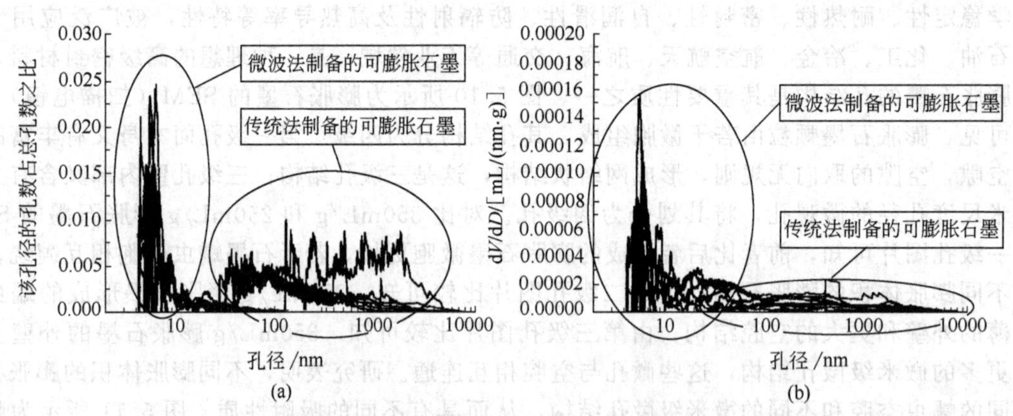

图 5.13　微波膨胀法和高温电炉法制备膨胀石墨时孔结构的比较

影响膨胀石墨孔结构的主要因素是膨胀方法、膨胀时间、鳞片石墨的细度以及可膨胀石墨（石墨插层物）制备过程的清洗等因素。图 5.13 所示为微波膨化法和高温电炉法制备膨胀石墨时孔结构（孔径和孔容）的比较。其中图 5.13(a) 为孔数目随孔径的分布曲线，图 5.13(b) 为孔容随孔直径的分布曲线。可以看出，两种膨化法制备的膨胀石墨孔结构差别较大。从孔数目的角度分析，微波膨化法制备的膨胀石墨的孔径在 100nm 以下，而高温电炉法制备的膨胀石墨的孔径在 30～8000nm 之间。可以认为，微波膨化法制备的膨胀石墨的孔基本上是纳米级的，而高温电炉法制备的膨胀石墨的孔介于纳米和微米之间。

② 膨胀设备　目前采用的膨胀设备主要有以燃煤气为主的立式炉、卧式炉以及以电加热为主的立式和卧式炉。按工作过程可分为连续工作和间歇工作两种膨胀机械。

立式膨胀炉的结构示意如图 5.14 所示。其工作过程简述如下：煤气喷射器向炉内喷射燃烧的火焰，石墨喷嘴向火焰喷射可膨胀石墨。二者瞬间接触，温度达 1000℃ 以上，石墨受热后层

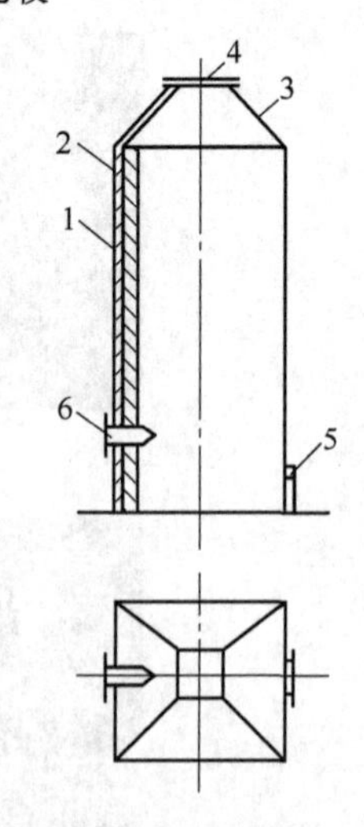

图 5.14　立式膨胀炉的结构示意

1—钢板外壳；2—耐火衬里；3—顶部锥体；4—抽气口；5—除渣门；6—煤气和石墨喷射管

间化合物被气化产生膨胀。膨胀好的“蠕虫状”石墨被抽风机从抽气口抽出，经过一套分离系统除掉未膨胀的石墨（“死虫”）后进入沉降室，再经过筛分除尘，进入下一套加工工序或包装。

图 5.15 所示是带式辐射膨胀炉的结构示意。这种炉型是靠输送带运载石墨物料进出炉子的，加热方式是靠辐射能源实现的。

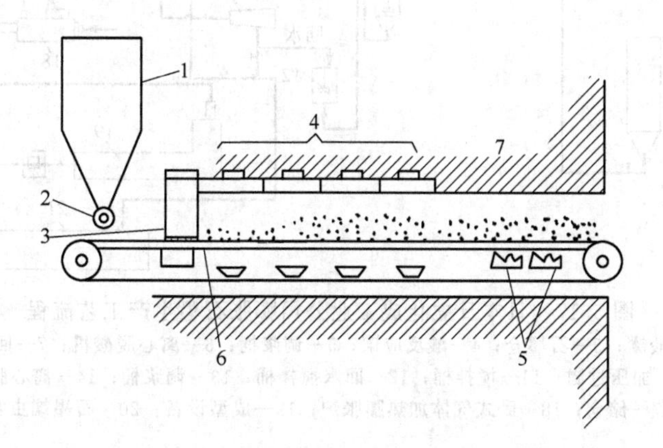

图 5.15 带式辐射膨胀炉的结构示意

1—料仓；2—轮式放料阀门；3—料层厚度控制门；4—辐射装置；5—冷却装置；6—传送带；7—机壳

图 5.16～图 5.18 所示分别为美国联合碳化物公司、日本日立化成工业公司及德国的膨胀石墨生产工艺流程，其主要生产设备列于表 5.2。

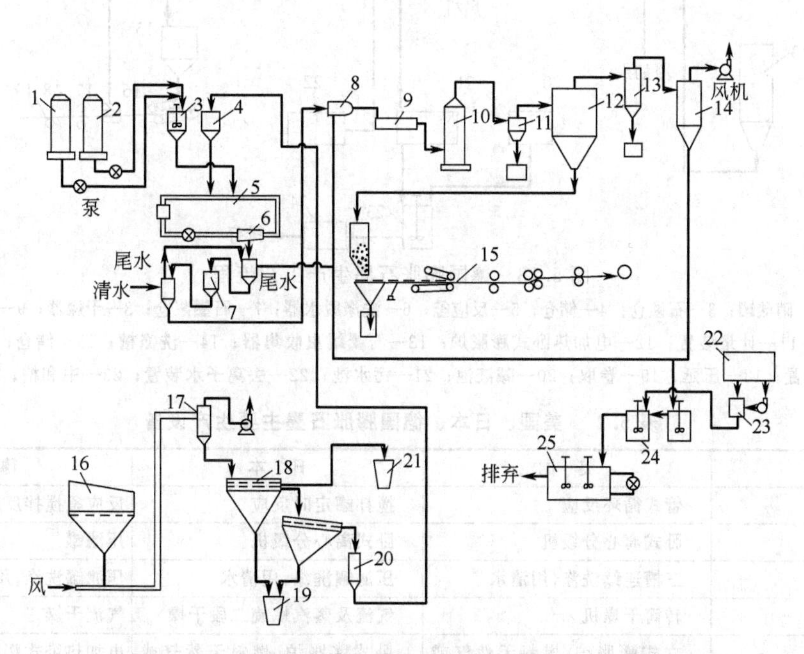

图 5.16 美国联合碳化物公司膨胀石墨生产工艺流程

1—硫酸罐；2—硝酸罐；3—混合槽；4—石墨储斗；5—连续循环酸化系统；6—离心脱酸机；7—三段连续洗涤槽；8—离心脱水机；9—转筒干燥机；10—立式加热膨胀炉；11—粗渣死虫收集器；12—石墨蠕虫沉降室；13—细虫及粉粒收集器；14—尾气洗涤桶；15—成型设备系统；16—拆仓料架；17—降料桶；18—振动筛；19—细粒石墨收集桶；20—石墨仓；21—粗渣收集桶；22—碱池；23—加热器；24—中和搅拌桶；25—尾水池

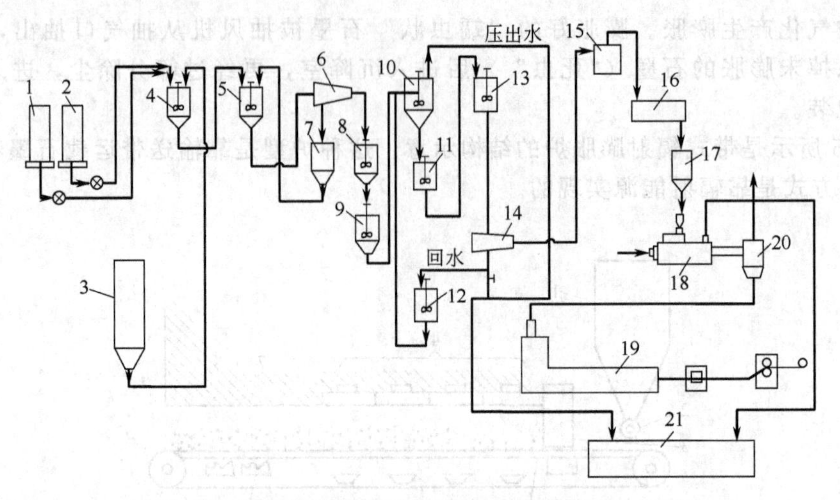

图 5.17 日本日立化成工业公司膨胀石墨生产工艺流程

1—硫酸罐；2—硝酸罐；3—石墨仓；4—酸反应罐；5—调浆桶；6—离心脱酸机；7—回酸槽；8—搅拌桶；9—储浆桶；10—洗涤桶、加压过滤；11—搅拌桶；12—回水搅拌桶；13—调浆桶；14—离心脱水机；15—箱式干燥器；16—搅动干燥器；17—储仓；18—卧式气体加热膨胀炉；19—成型设备；20—石墨蠕虫收集器；21—污水池

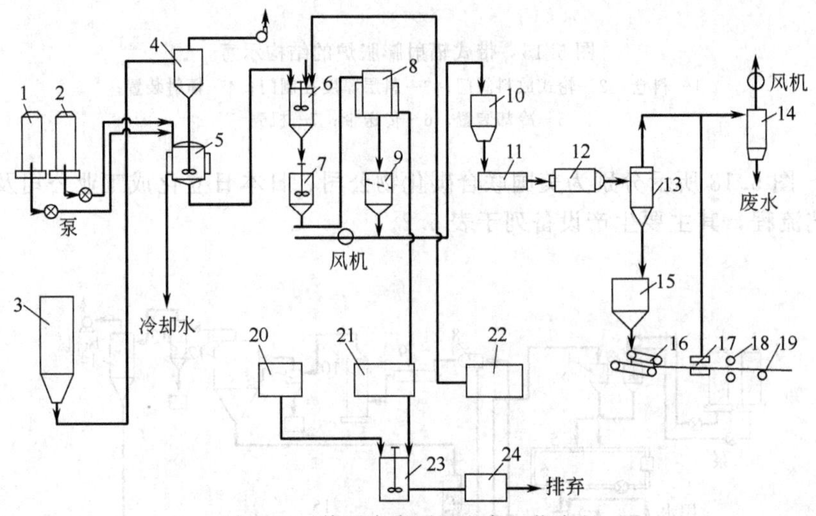

图 5.18 德国膨胀石墨生产工艺流程

1—硫酸罐；2—硝酸罐；3—石墨仓；4—储仓；5—反应釜；6—洗涤脱水器；7—石墨浆仓；8—干燥器；9—干燥器下料仓；10—储仓；11—计量装置；12—电加热卧式膨胀炉；13—石墨蠕虫收集器；14—洗涤槽；15—储仓；16—预压；17—加热装置；18—压延；19—卷取；20—碱液池；21—污水池；22—去离子水装置；23—中和槽；24—压滤机

表 5.2 美国、日本、德国膨胀石墨主要生产设备

项 目	美国	日本	德国
酸反应设备	管式循环反应	搅拌罐定时反应	反应釜搅拌反应
脱酸设备	卧式离心分级机	卧式离心分级机	压滤罐
洗涤设备	三槽连续洗涤，用清水	压滤罐洗涤，用清水	压滤罐洗涤，用去离子水
干燥设备	转筒干燥机	气流及蒸汽螺旋二段干燥	气流干燥
膨胀设备	立式膨胀炉，燃料天然气或液化石油气	卧式膨胀炉，燃料天然气或液化石油气	电加热卧式膨胀炉
石墨蠕虫分级设备	气动分级，可除去粗渣、死虫及粉尘	无	无
成型设备	卧式连续成型机纸宽 610mm	卧式连续成型机纸宽 610mm	卧式连续成型机纸宽 610mm
原料净化分级设备	振动筛	无	无

5.2.3 柔性石墨密封材料

(1) 柔性石墨密封材料的性能

柔性石墨是以膨胀石墨为原料，经加压成型的材料。柔性石墨克服了天然石墨硬而脆的缺点，具有柔韧性。柔性石墨的特性如下。

① 化学稳定性　耐腐蚀性强，在酸、碱、盐、有机溶剂、热油、油脂等介质中不发脆、不老化、不变质。经辐射后，材料性能和形状无明显变化，但在浓硝酸和浓硫酸中略有腐蚀。

② 热性能　使用温度范围宽，可在450℃下长期工作，高温、低温均可使用。在氧化气氛中使用，温度为200～600℃；在缺氧条件下，可在－200～1500℃下工作；在惰性气氛中使用，温度为200～2500℃。而且热膨胀系数小，在温度变化较大的情况下（受热冲击）仍有良好的密封性能。在低温下不发脆，不炸裂；高温下不蠕变，不软化，具有很好的热稳定性。热导率高，在温度为20℃时，柔性石墨的热导率，径向为6.447×10^5W/(m·K)，轴向为1.792×10^7W/(m·K)。与石棉垫片热导率相比，径向提高21.5倍，轴向提高595倍。

③ 摩擦和润滑性　自润滑性和不透气性好。柔性石墨保留了石墨的层状结构，层间分子力弱，在外力作用下，层间易滑动，摩擦系数小，只有0.08～0.15；质地柔软，邵尔硬度一般为10～25。在实际使用中对轴及轴套磨损极微，可用在高速运转的设备上，允许线速度达到40m/s，比石棉盘根提高5倍以上。

④ 密封性　密封效果好。具有柔韧性和弹性，回弹率达30%～60%；压缩率为42%～78%。密封材料的压缩回弹性同应力松弛率一样，同样反映了密封性能，其值越高，表明垫片受压后，如果螺栓有松动或法兰偏转产生位移后，垫片能自动回弹补偿的能力越好，即密封性好。由于膨胀石墨制品中有30%～50%的均匀微孔，故压缩率较高，而且具有较高的压缩回弹性。压缩率为12%时，膨胀石墨板回弹率可达70%，而石棉橡胶板为50%。

⑤ 渗透性　柔性石墨的不渗透性好。柔性石墨制成的0.125mm厚的板材，对氮透过率仅为2×10^{-4}cm^3/s，对液体的阻渗性能也较好。试验表明，在同样条件下石棉板材在内压0.4MPa下开始泄漏，而柔性石墨板材一直加到0.8MPa也不漏水。20～120℃冷却-加热循环试验也发现石棉板材次数有限就会泄漏，而石墨板材不会漏水。表5.3所列为柔性石墨和石棉的最小压紧力、垫片系数、泄漏率数值。由表5.3中可见，柔性石墨的m、y值远低于石棉垫片，说明柔性石墨的密封性能优于石棉，其使用寿命也比石棉长10倍以上。

表5.3　柔性石墨和石棉的对比

材　料	最小压紧力(y)	垫片系数(m)	泄　漏　率
柔性石墨	6MPa	<2	基本无泄漏
石棉	30MPa	3	10^{-3}cm^3/s

⑥ 应力松弛率　柔性石墨密封材料应力松弛率低。在工作状态下，受压垫片由于介质压力的波动或螺栓的松弛而引起法兰间隙增加。在垫片回弹补偿间隙时，引起内应力降低的程度就是应力松弛率。它反映了垫片在工作状态下密封能力的补偿性，是衡量密封材料性能的重要参数之一。柔性石墨材料的应力松弛率一般为石棉材料的1/3，即在100℃、22h的条件下，柔性石墨密封材料的应力松弛率小于10%。

此外，由于石墨经高温膨胀后，空隙增多，表面积增大上百倍，因此对液体和气体吸附能力增强。柔性石墨的这一性能被用于制作高性能吸附材料。

(2) 柔性石墨密封材料的种类

柔性石墨密封材料按其用途，主要分为两大类：一类用于各种泵、阀门、反应釜上的密封填料；另一类是用于各种管道法兰上的石墨垫片。

① 密封填料　密封填料是将切成适当宽度和长度的膨胀石墨带缠绕在不同规格的金属模中，在压力机上直接成型的预成填料，适用于各种截止阀、闸阀、调节阀、球阀、加热阀等。

② 密封垫片　通常可分为两种，一种是纯石墨垫片，它是用膨胀石墨粒料直接在金属模中压制成型，也可用膨胀石墨板材直接冲裁或切割而成；另一种是石墨缠绕垫，是以金属带和膨胀石墨重叠卷成，可以在较高压力下使用。

③ 石墨盘根　石墨盘根是用棉纤维或石墨纤维同石墨卷箔编织而成的密封材料。以棉纤维为芯的石墨盘根（SPM 型）适用于压力 12MPa、温度 200℃以下的管道、阀门、机泵等的密封，接触介质可为河水、自来水、地下水、海水、油类等。以石墨纤维为芯的石墨盘根（SPS 型）适用于压力 12MPa、温度 350℃以下的管道、阀门、机泵等的密封，接触介质除了各种水、油类外，还可以接触酸碱物质。

（3）柔性石墨密封材料的成型

为将柔性石墨材料进一步制成板、管、槽、棒等制品，就要将膨胀石墨加工成型。目前柔性石墨成型方法主要有碾压法、模压法、挤压法。

① 碾压成型法　碾压成型法主要用来生产柔性石墨纸箔和板材。有单层平板连续碾压和多层连续碾压两种。

单层平板连续碾压法不用任何黏结剂就可以将柔性石墨压制成板材，如图 5.19 所示，整个工艺过程是在装有滚轮碾压机的专用设备上进行的。

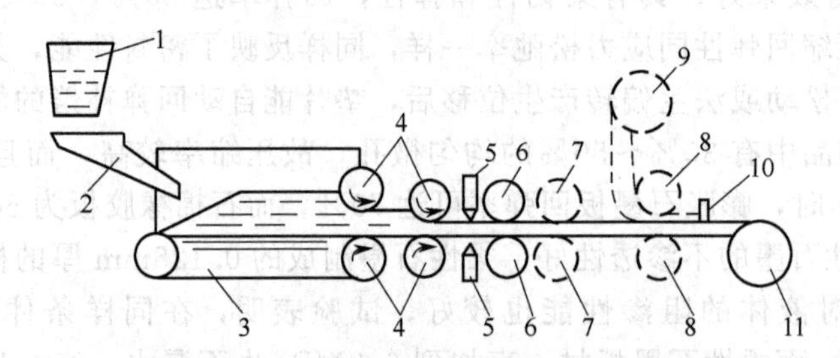

图 5.19　单层平板连续碾压工艺流程示意

1—膨胀石墨料斗；2—振动给料装置；3—石墨传送带；4—压力辊；5—加热器；6—辊筒；7—压花辊；8—复合压辊；9—复合卷辊；10—切割刀；11—成品板材卷辊

单层平板碾压设备的工作原理是：膨胀石墨料斗 1 通过振动给料装置 2 送到石墨传送带 3 上。传送带载有一定厚度的料层，进入两段压力辊 4 中，经两段有固定间隙的辊子碾压后，再经过加热器 5 高温加热，除去板材中的残存液体，并使未膨胀的颗粒最后膨胀，然后将碾压成型板材送入固定间隙的定尺辊筒 6 中，按规定尺寸进行最后一次碾压，以得到厚度均匀、密度符合要求的平滑板。最后的切割工序是通过切割刀 10 来完成的。裁成一定长宽的片、条或带等型材，由成品板材卷辊 11 卷起，如需在压好的板上加各种图案，可通过压花辊 7 来完成。

单层柔性石墨板，若一次成型太厚，其均匀性和密度都难以控制。可以将多层单板复合成多层厚板，从而提高其强度和耐热性能。复合板在单层之间要加有机黏结剂。然后按着厚度和形状的要求成型加工。这种成型是在如图 5.20 所示的多层平板碾压机上进行的。其工作原理是：从柔性石墨板缠绕辊 2 上，引出单层石墨板 5，经过黏结剂供给装置 6 中的黏结剂涂覆辊 11 和 12，在板 5 的两面都涂上黏结剂，向前延伸与 3、4 两个缠绕辊上的两个单层板汇合成三板合一（板间夹有黏结剂），一起进入 13、14 两组合成碾压辊中，碾压到一定厚度之后，进入加热装置 15。加热脱去液体和挥发性物质，再进入厚度尺寸控制辊筒 16 削去多余的厚度，送进焙烧装置 19 内焙烧。当黏结剂碳化后，再通过最后加压辊筒 20 和 21 加压，最后形成厚度、密度均达到要求的复合板材。

黏结剂的选择通常有两种情况。即合成耐热性高的板材时，选用硅酸盐类水溶液、胶体氧化铝、胶体二氧化硅和一价磷酸铝水溶液等无机黏结剂；合成耐热性要求不高的板材常选用酚醛树脂等有机黏结剂。

② 模压成型法　模压法是使用磨具压制成型的方法，分为单层平板模压和异型板模压两种。

采用这种模压法，最好使用厚度为0.2～0.4mm的单层柔性石墨板，橡胶板选用氨基橡胶，其厚度为80～90mm，板厚5～15mm为宜。橡胶板上铺垫的弹性薄板最好采用增强聚四氟乙烯板。

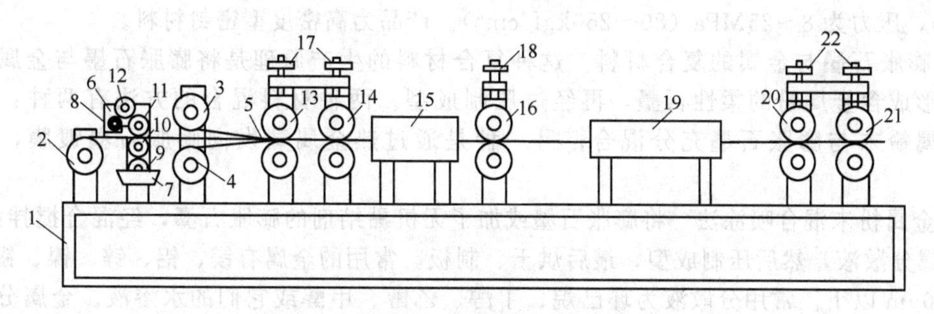

图5.20　多层平板连续碾压设备示意

1—机架；2～4—柔性石墨板缠绕辊；5—3个单层石墨板；6—黏结剂供给装置；7、8—黏结剂储存槽；9～12—黏结剂涂覆辊；13、14—合成碾压辊；15—加热装置；16—厚度尺寸控制辊筒；17、18、22—辊筒间隙调节手轮；19—焙烧装置；20、21—最后加压辊筒

(4) 柔性石墨复合材料

柔性石墨材料具有抗热震、耐腐蚀、密封不透性等突出特点，但也有抗拉强度低、韧性差、易粉碎等缺点。为改进这些不足，将膨胀石墨与其他材料，如树脂、金属等复合，制成柔性石墨复合材料，以提高其性能，满足各工业领域的要求。

① 膨胀石墨与黏结材料复合　这类复合材料有两种：一是膨胀石墨与有机热固性树脂的复合；一种是膨胀石墨与氧化石墨、硼酸等无机黏结剂的复合，分别简述如下。

a. 膨胀石墨/树脂复合材料　膨胀石墨膨胀倍数大于80时，压制成板材或其他型材不用加黏结剂即可成型。膨胀倍数小于80时，其自身黏结能力差，成型时要加黏结剂。常用的黏结剂有酚醛树脂、环氧树脂、蜜胺树脂等热固性有机黏结剂。使用时可制成粉末或液体，其用量占膨胀石墨质量的5%～10%。

生产时，先将膨胀石墨粉碎，使其松散密度达0.08～0.4g/cm^{3}之间，再将粉状（或液状）树脂加入并混合均匀，送入成型机中，用10～50MPa（100～500kgf/cm^2）压力压制成型，然后将成型体进行焙烧，使有机黏结剂硬化、碳化。这种复合材料在性能方面有很大提高，尤其是抗压强度比单一石墨制品提高2倍以上，可用于静密封，也可以满足动密封的要求。

b. 膨胀石墨/氧化石墨复合材料　膨胀石墨/树脂复合材料虽然性能有所提高，但存在耐热性能和抗腐蚀性能较差、成型性不太好、需要高温焙烧等。采用无机黏结剂则能克服这些不足。其中用氧化石墨（即酸化石墨）与膨胀石墨制成的复合材料，在密度、透气性和强度等方面具有优异的性能。其生产工艺是：将膨胀石墨与酸化石墨混合后加压成型，然后进行焙烧。如果将膨胀石墨与酸化石墨悬浮液混合，则要将混合物进行低温干燥，然后在8～25MPa（80～250kgf/cm^2）压力下成型，当酸化石墨碳氧原子比为2.4～3.5时，焙烧温度210℃即可达到炭化要求（而有机黏结剂则需在600～1000℃焙烧炭化）。这种制品在受压或受拉时，不会产生开裂和剥层现象，抗拉强度可达16～25MPa（160～250kgf/cm^2），密封系数为1.7～1.9，密度为1.6～2.2g/cm^{3}之间。因其不透气，受热不膨胀、不变形，因此多用于高档密封材料。无机黏结剂除了酸化石墨外，还常用硼酸、磷酸盐、硅酸盐等。

c. 膨胀石墨/硼复合材料 这种复合材料也属于无机黏结剂类型。它是在膨胀石墨中加入硼酸溶液并混合均匀，自然干燥，然后逐渐升温加压成型。其制备工艺过程如下：膨胀石墨混入硼酸后蒸馏脱除溶剂，然后热压成型。混入膨胀石墨中的硼酸需预先溶解于甲醇、乙醇、丙酮或水中成为一定浓度的溶液，该溶液的混入量为总质量的12%～15%，石墨加入量为85%～88%。混合后经蒸馏脱除溶剂。成型时需要热压，温度在600℃以上（有时可达1500℃），压力为8～25MPa（80～250kgf/cm^2）。产品为高密度型密封材料。

② 膨胀石墨与金属的复合材料 这种复合材料的生产原理是将膨胀石墨与金属粉均匀混合，形成含金属粉的柔性石墨，再经过压制成型。两种材料混合的方法有两种：一种是添加金属粉末与膨胀石墨充分混合；另一种是通过热金属蒸发向膨胀石墨镀膜，现分述如下。

a. 金属粉末混合喷涂法 将膨胀石墨或加了无机黏结剂的膨胀石墨，经混合搅拌配料后，喷涂金属分散液，然后压制成型，最后烘干、制板。常用的金属有镁、铝、锌、镍、锡等，粒度为100μm以下。常用分散液为环己烷、丁醇、乙醇、甲醇或它们的水溶液。金属分散剂为六偏磷酸钠，用量为0.1%～1%。金属粉浓度为20%左右。喷涂金属量约占膨胀石墨的1%～10%。由于金属粉在液相中得到很好的分散，使复合材料防腐性能显著提高。另外，还有一种直接加入金属粉末与膨胀石墨混合，然后压制成型的干混法。在膨胀石墨中加入2%～10%的铝粉，因铝粉与膨胀石墨的亲和力比铝粉颗粒之间还大，所以铝粉起了黏结剂的作用，压制的制件结构很致密，具有高强度、耐高温冲击性和防腐性能。

b. 金属蒸气真空镀膜法 这种方法的原理是利用在真空环境里，加热金属粉使其气化充满容器空间，当与膨胀石墨充分接触时，在石墨颗粒表面吸附一层薄金属膜，称为金属镀膜。再将这种镀上膜的石墨进行加压成型，即得到金属和柔性石墨复合材料。在这种方法中，金属的镀膜工艺是在真空镀膜机中完成的。常用的金属是锌、铅、铝、铜、锑、镁或它们的氧化物。由于这些金属自身的凝聚力强，也提高了柔性石墨的结合力，可以生产出强度较高的复合材料成型体，而且能防止单纯柔性石墨的腐蚀作用，作为耦合材料使用时，能延长使用寿命。

③ 多层夹芯复合板材 单一材质的低密度石墨板材与耦合面适应性好，但是机械强度低，使用时易折断。高密度石墨板材强度高，但弹性小，与耦合面适应性差，如果将这两种性能的材料复合起来，即内层用强度高的柔性石墨材料，外层用密度低的、压缩弹性比较好的柔性石墨板材，加压成型制成密封材料，则可发挥两种材料的组合优点，也可克服各自的缺点。这种具有新的应用性能的材料可以用辊压机成型，也可用模压机成型。

内层夹芯板材除可以用石墨材料外，也可以采用金属板材。当要求复合材料强度很高时，还可以夹带钩的金属板或金属网等材料。压制时，石墨材料之间也可以加黏结剂黏结。目前这种材料已用作发动机的汽缸垫。

6 保温隔热材料

6.1 概述

以减少热损失或蓄热为目的、具有节能和调温功能的非金属矿物材料，称之为非金属矿物保温隔热材料。这类材料具有保温隔热或蓄能调温等节能功能，因此，也称之为绝热材料，习惯上常称之为保温隔热材料。

绝热材料主要有工业保温（及保冷）以及建筑物保温节能两大类。从绝热材料生产的角度看，二者没有根本区别，但从绝热材料的类型及施工性能和材料的品种与规格上来看，则有显著区别。

保温隔热材料种类繁多按基础原料分无机和有机绝热材料两类；按密度分重质（400～600kg/m^3）、轻质（125～350kg/m^3）、超轻质（15～100kg/m^3）三类；按压缩性分软质（有弹性或无弹性）、半硬质及硬质三类；按结构形态分发泡型、多孔颗粒型、矿物纤维型等。

从材料科学的角度看，大部分保温隔热材料是复合材料。这些产品也可用于其他用途，如矿渣棉及岩棉或膨胀珍珠岩在农业、环保、吸声、装饰、轻型墙体材料和节能等方面也有广泛用途。石棉纺织制品更大量应用于摩擦材料及密封材料作为高性能增强材料；低密度多孔或纤维绝热材料又是良好的吸声材料。

6.2 矿物纤维型保温隔热材料

根据所使用矿物纤维的来源，矿物纤维型保温隔热材料可分为天然矿物纤维保温隔热材料和人造矿物纤维保温隔热材料。天然矿物纤维主要是石棉，其次是纤维水镁石及纤维海泡石；人造矿物纤维主要有矿棉（习惯上常指岩棉及矿渣棉）、玻璃棉、硅酸铝纤维等。本节主要介绍人造矿物纤维保温隔热材料，石棉保温隔热材料将在本章 6.3 节介绍。

6.2.1 岩棉及其制品

将玄武岩、安山岩或辉绿岩等矿石与少量的白云石或石灰石等助熔剂在冲天炉内1400～1500℃高温下加热成熔融状态、通过四辊高速离心机制成的纤维称为岩棉；同时，将水溶性树脂或硅溶胶类黏结剂喷射到纤维表面，经过沉降室及输送带加压成型，得到制品。在制品表面喷上防尘油膜，然后经烘干、贴面、缝合和固化等加工可制成各种岩棉定型绝热制品。

因岩棉本身不含游离碱，大于 0.5mm 的渣球含量平均仅为 2.76%（约为矿渣棉的 1/2）；岩棉的 pH 值为 7～9；岩棉制品多采用憎水性树脂作黏结剂，树脂固化度不低于 95%，故岩棉制品的吸湿率低、耐水性较好。岩棉纤维的不足之处是纤维的长度和柔软感不如长纤维矿渣棉，生产成本也较高。

岩棉制品的酸度系数可达 1.5～1.7，采用黏结剂不同，会得出不同的安全使用温度。一般采用酚醛树脂作黏结剂，用量不超过 2%，同时加大密实度，可使岩棉的使用温度达到

400℃。如采用硅溶胶等耐高温黏结剂，工作温度可达 600～650℃。密度通常为 90～150kg/m³。

岩棉及其制品的生产工艺流程如图 6.1 所示。工艺过程简述如下。

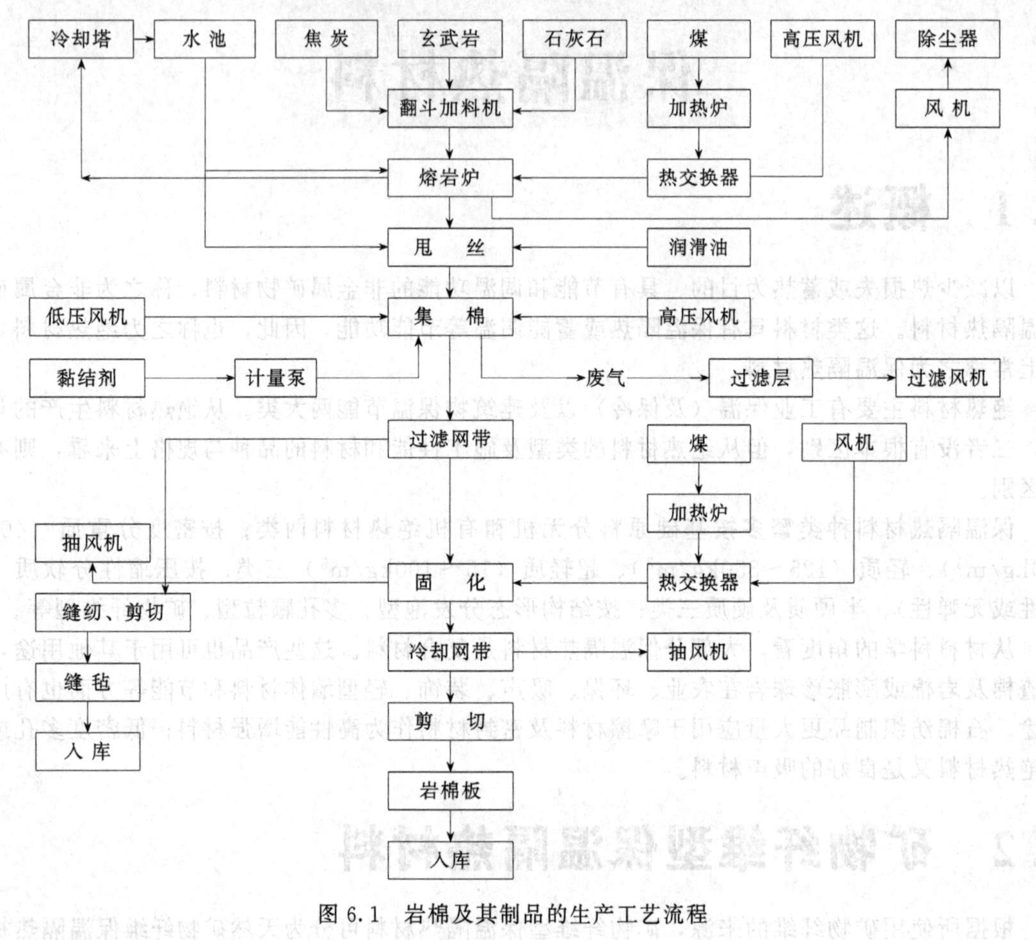

图 6.1 岩棉及其制品的生产工艺流程

（1）原料及燃料系统

原料为玄武岩和石灰石，要求其松散密度为 2000kg/m³，粒度 20～40mm。如果生产岩棉缝毡，还需要玻璃纤维布等材料，生产岩棉板需要黏结剂。

燃料为焦炭，采用二级冶金焦，其中灰分小于 13.5%～15%；抗碎模数大于 72，耐碎性不小于 10；挥发分小于 1.9%，焦末含量小于 4%，硫分小于 0.81%～1.0%；松散密度 450kg/m³，粒度 50～100mm，最小不小于 40mm。

原料和燃料的小时入炉量为：玄武岩：石灰石：焦炭＝40.5：22：19，分 10 批入炉。其中 5 批为原料（玄武岩和石灰石的混合物），5 批为燃料（焦炭）；原料和燃料均由提升料斗运至炉顶倒入炉内，要求原料交替入炉，炉料在炉内布料均匀。

（2）熔化系统

熔岩炉为水套冷却式，炉内熔融温度为 1450～1600℃。为保证熔融温度，熔岩炉燃烧用风经预热器预热至 400～500℃。由于玄武岩熔化过程中部分 Fe_3O_4 被还原，呈铁水状，故炉缸下部设有铁水流口和熔体流口。铁水由铁水流口间断流出，成纤熔体经熔体流口流出。

熔体流口设有水冷却的固定溜槽和活动溜槽，以保证熔体流以 30°～35°的布料角准确、稳定地流至高速离心机第一辊的辊轮表面。

鼓入熔岩炉的热风风量、风压、风温和冷却水的水量、水压、水温以及炉内物料的料位等均可通过计算机系统进行监测和控制。

(3) 成纤系统

用四辊离心机甩丝成纤。4 个辊轮分别由 4 个电动机拖动，它们的速度分别为 2500r/min、3460r/min、4650r/min、5200r/min。

离心机采用稀油循环润滑系统，甩丝辊采用空心水冷结构。润滑和冷却系统均可由转子流量计和温度计进行控制和监视。

循环冷却油的进油温度为 35℃，出油温度为 40℃。冷却水的进水温度为 30～40℃，出水温度为 60～80℃。

离心机装有离心雾化盘，工艺润滑油和黏结剂可以经离心雾化盘喷出，均匀地黏附在纤维上。由高速离心机甩丝成纤的岩棉，用 9-25No5A 型高压引棉风机和 4-72-11No8C 型低压引棉风机吹送至收集器。

(4) 纤维收集系统

收集器是由网带输送机和密闭的抽风箱组成。网带输送机输送速度为 0.5～5m/min，用调速电机调速。调速的目的是为了改变网带上棉层的厚度，以得到各种规格的岩棉产品。

收集器下部为抽风箱。通风管、过滤室与风机相连。风机连续抽风使收集器内部形成负压，保证纤维均匀地沉积于收集器网带上。选用离心机作为过滤风机，并配有手动调节阀，通过风量调节，使纤维沿网带的宽度方向均匀地降落，确保棉纵横向厚度一定。

过滤室的作用是对从收集器风箱中抽出来的废气进行过滤。过滤室分上下两层，上层装有三个矩形过滤箱。空气经过滤后已达到排放标准，由过滤风机抽出排入大气。过滤箱过滤下来的废棉沉积在过滤室下层，由人工定期进行清扫。

从收集器出来的散棉，通过过滤网带输送转运。如果制造缝毡，则在过渡带末端用人工将棉捆起来，送至缝毡加工工段；如果制造岩棉板，则直接送入固化炉。过滤网带输送速度与收集器网带速度同步，调速范围也为 0.5～5m/min。

(5) 缝毡系统

采用工业缝纫机将散棉缝成缝毡，并通过剪切系统将缝毡加工成要求的规格。

(6) 固化速度

固化炉内装有两条相对运转的板式输送机，将散棉压紧成板。两条板式输送机的间隙为 25～150mm，运输速度为 0.5～5m/min，可根据产品品种要求调节输送机之间的间隙和速度。固化炉以温度为 200～250℃、风速为 0.5～1.0m/s 的热风作为热源，使黏结剂聚合、固化。

(7) 冷却系统

岩棉经固化炉固化后须经冷却网带运输机进行冷却，冷却网带速度与固化炉板式输送机速度同步。冷却网带输送机下部为箱形结构，通过风管与风机相连，风机连续抽风，使岩棉冷却。

(8) 纵向横切系统

纵、横剪切系统由辊式输送机、纵切锯和横切锯组成。纵切锯是旋转式圆盘无齿刀片，圆盘转速为 1450r/min。横切锯亦是圆盘无齿刀片，其行程速度根据输送机的速度自动调整，以保证所切的岩棉板宽度一致。

6.2.2 矿渣棉及其制品

矿渣棉是以高炉矿渣和石灰石、白云石等为原料，在 1400～1500℃冲天炉或池窑中熔融，熔融物用喷吹或离心法成纤的一种人造矿物纤维。为了除去纤维中的沙砾和杂质，成型之前要用水洗槽和水力旋流器进行提纯。成型时采用加压和真空吸滤方法除去纤维中的大部分水（含水不超过10%），使产品很快成型，然后烘干。成型时若采用改性水玻璃等耐高温黏结剂，经过型压烘干的矿渣棉制品，可将使用温度提高到550～600℃。矿渣棉的一般生产工艺流程如图6.2所示。矿渣棉具有较强的耐碱性，但不耐强酸，pH值为7～9。一般矿渣棉制品可用于不受水湿的中低温部位。

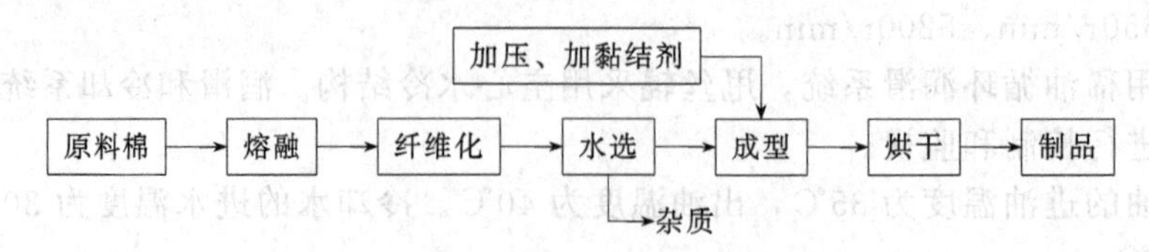

图6.2 矿渣棉的一般生产工艺流程

矿渣棉制品与前述岩棉制品的品种、加工方法相似。矿渣棉制品有板、缝合毡（垫）管壳、管筒（管套）和保温带等。矿渣棉制品的制造工艺一般是以矿渣棉为基材加上黏结剂、增强剂、防水剂等其他材料，经配料、混合、成型、干燥、后加工等工艺制备而成。

矿棉生产过程中，所采用的防水剂主要有矿物油、树脂混合液、防尘油、乳化石蜡、聚硅氧烷等。这些防水处理剂可以是溶剂或者水溶型，但以水溶型为主，处理方法如下。

① 对纤维进行防水处理。当灼热纤维从离心机喷出时，喷上矿物油和树脂混合液。

② 对制品进行防水处理。当制品成型时，在其表面喷上一层防尘油或者喷上一层乳化石蜡或聚硅氧烷类化合物，然后进行干燥，使防水剂牢固地附着在制品表面。

矿棉生产所用的黏结剂多为有机物质，如酚醛树脂、淀粉、钙性淀粉等。这种黏结剂耐温性有限，一般在200℃，在受热一面黏结剂会发生分解，同时释放一定量的气体，再加上重力和振动力的作用，保温材料就会产生变形、脱层和下沉现象。黏结剂的加入量必须严格控制，一般要小于3%。在矿棉制品生产过程中，可以选用改性水玻璃和溶剂类耐高温黏结剂，可使制品的使用温度提高到600～650℃。

在湿法生产时，黏结剂的使用方法与干法生产不同。在湿法生产中，黏结剂在搅拌作业、注模之前加入。这样，当制品在压制成型时，就有大量的水被排出。在这些被压出的水中，会有一定量的黏结剂，为了回收这部分黏结剂，可以在黏结剂加入后再加入一定量的凝聚剂，这时黏结剂变得不溶于水，成型时水被压走，而黏结剂黏附在纤维上。这样不仅可以避免黏结剂流失，更重要的是可以使黏结剂在纤维中分布均匀。

聚乙烯醇树脂在使用时首先要配成水溶液，然后再使用才能达到较好的黏结效果。聚乙烯醇树脂配置水溶液的过程是首先预浸，然后在水浴上加热使其溶解，并不断搅拌，在树脂完全溶解后，仍要不断搅拌至温度降到40℃以下，以防结皮。

水溶性酚醛树脂具有分子量低、渗透性能好、黏度低、流动性好等特点，可以实现纤维的接点黏结。

淀粉作为黏结剂历史悠久，因为它不仅具有一定的黏结性，更主要的是来源方便，价格低廉。为了提高淀粉对无机纤维的黏结能力，常常还要加入一定量黏结力较好的辅助黏结剂，如热塑性树脂乳液。同时为了防止淀粉中羟基吸收空气中水分和本身易霉烂的缺点，在配方中常加入一定量的憎水剂和防腐剂。

6.2.3 矿棉吸声板

半干法矿棉吸声板生产工艺见图6.3。

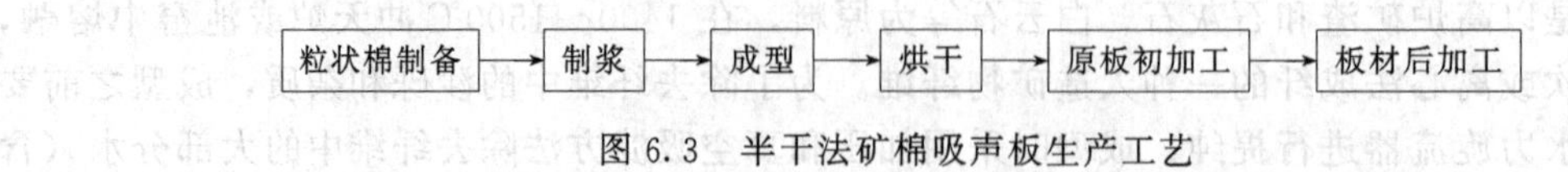

图6.3 半干法矿棉吸声板生产工艺

（1）主要原料

以岩棉或矿渣棉、玻璃棉等为基材；以玉米淀粉或木薯淀粉为黏结剂；以石蜡制成的乳质石蜡液（颗粒 0.5μm 以下，浓度 40%）为防水剂；以石棉为增强剂（有效纤维大于 73%，纤维长径比为 200）；以聚丙烯酰胺为凝聚剂（相对分子质量 30 万，浓度 15%）。必要时还可加入防腐剂、固着剂等。

（2）原棉粒状棉的制备

包括风选、造粒、筛分三个作业。商品棉入厂后，要先经解棉机将棉疏松，然后风选，目的是分离出渣球、渣块、焦炭等杂质。造粒作业是将风选后的矿棉送入造粒机，制成直径 10mm 左右的棉团。筛分作业是将棉团送入滚筒筛内筛分出碎棉及渣球，经滚动进一步促成棉团的形成。

（3）制浆

将上述各种原料按配合比称量，加入水中搅拌 30min。

（4）成型

料浆经管道送至成型机入口，此时料浆应保持流量和浓度稳定。成型机为双层网状输送带抄取机，料浆在圆网上沉积，再经脱水（滤水和真空吸水）及上网挤压成为一定厚度的毛坯板，按规定长度切断，分层码放在烘干窑前。抄取宽度为 1250mm，厚度可达 25mm，抄取速度可在 2～10m/min 范围内调整。

（5）烘干

板坯分层码入烘干窑内，窑内可装 6 层。板坯在各层的托辊上自动前进，并与进入窑内的干热空气接触，使板材产生强度并达到合格的含水率。窑内热风分两段输送：高温段热风温度 350℃，主要是淀粉糊化并脱水，使板材强度达到要求；低温段热风温度 250℃，进一步烘干板材。窑为钢结构，通过风机将热风送入窑内，热风可循环使用。烘干后的板材即为原板。

（6）原板初加工

原板尺寸为 1250mm×3000mm，须经切断成为小板，再经表面刨平、喷涂料、烘干成为半成品。在加工中出现的锯末和边角料要经废料打浆机制成废料浆，返回到原料配料制浆处全部加以利用。废料浆的利用不仅为了节约原料，减少消耗，对提高板材质量也是必不可少的。

（7）板材的后加工

矿棉吸声板可以制成普通型装饰板、沟槽型板及浮雕型板等多种形状。在该工序中，以上四种板的生产线都是以普通型板加工线为主线，着色烘干、成品包装是共用的。普通型板材的加工是用半成品板经滚压轧出大小形状不同的不透孔，目的是增加板的吸声效果，然后再进行板边精加工，着色、烘干即为成品。

6.2.4 硅酸铝耐火纤维

硅酸铝耐火纤维的生产工艺流程如图 6.4 所示。

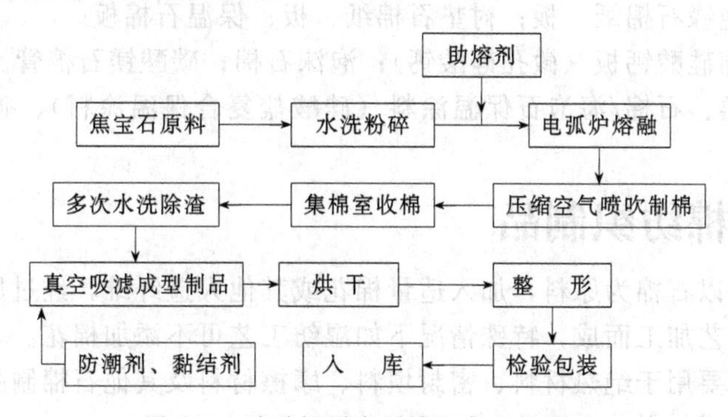

图 6.4 硅酸铝耐火纤维生产工艺流程

优质焦宝石，经过水洗粉碎后，在2000℃高温双极碳棒电弧熔炉中熔化成熔融液流。然后以高速气流喷吹液流拉升、分裂、膨胀成非晶质纤维（玻璃态），即硅酸铝纤维。这种原棉再经多次水洗除去渣质，加入适量黏结剂和防潮剂，通过加压和真空吸滤法成型制成各种制品。在硅酸铝纤维生产中所用的黏结剂主要是胶乳、甲基纤维素和磷酸铝高温黏结剂。防潮剂主要由各种树脂、水玻璃、硅溶胶、有机硅等不同原料配制而成。

硅酸铝纤维主要生产设备有电源变压器、电弧炉、空气压缩机等。

原料的选择与加工直接影响产品质量。在投入熔炉前，要去除原料中的杂质并将其粉碎成颗粒分布均匀的炉料，这样吹出的纤维杂质少，渣球含量低，化学成分可以控制在标准范围内。

纤维在成型的过程中，如果电流、电压波动，甚至短路和断弧，使电弧熔炉内料多少不均，料液流股粗细不均，从而使渣球含量增加。因此，生产时要准确调节电极的升降，将电流、电压控制在一定的范围内，并加入适量的助熔剂（硼砂）使料液达到最佳温度，料液产生一定的黏度（一般控制在0.5～1.5Pa·s范围）吹出的纤维质量较好。

喷嘴压力、气流速度也和纤维成型密切相关。实践证明0.55～0.65MPa是纤维成型的适宜压力，若压力调整不当，产品质量不稳定。

喷嘴的角度、喷嘴端面与料流之间的间隙也直接影响纤维质量。间隙过大，纤维变粗，渣球含量也增加。渣球含量超过5%将显著影响纤维制品的热导率以及纤维的柔软性和弹性。为了降低渣球的含量，在原棉的集棉管道中设置凹槽，使质量较大的渣球能及时下沉，在湿法制毡时再采取多级搅拌可以除去大部分渣球。

黏结剂的选择和用量对产品质量有重要影响。硅酸铝耐火纤维属于无机纤维，在制毡时加入适量的甲基纤维素和氧化镁，也可以加入水玻璃制成质地较硬的制品。由于用户对耐火材料有特殊要求，所以在生产硅酸铝纤维制品时有机黏结剂的加入量严格控制在2%以下。耐高温黏结剂磷酸铝在现场粘贴时使用效果也较好。

6.3 石棉基保温隔热材料

以石棉纤维为原料的绝热保温材料品种很多，石棉纺织品是其中之一。但是石棉纺织制品在工程绝热材料中已不占主导地位，主要用于摩擦材料、密封材料、机电设备或某些特殊绝热环境以及劳动保护品等方面。作为新型的工程绝热材料主要有泡沫石棉及微孔硅酸钙等。

石棉保温隔热材料共有以下几类。

① 织造类：石棉纱、线；石棉绳；石棉带、布；石棉被；石棉衣、手套；石棉盘根等。

② 造纸类：热绝缘石棉纸、板；衬垫石棉纸、板；保温石棉板。

③ 模制类：石棉硅酸钙板（微孔硅酸钙）；泡沫石棉；碳酸镁石棉管。

④ 涂料与散状类：石棉/海泡石保温涂料（硅酸盐复合保温涂料）、碳酸镁石棉涂料以及石棉绒、灰等。

6.3.1 石棉纺织制品

石棉纺织制品是以石棉为原料，加入适量棉花或其他人造纤维，经过原棉处理、混棉、梳棉、纺纱、编织等工艺加工而成，特殊情况下如湿纺工艺可不添加棉花。

石棉纺织制品主要用于绝热材料、密封填料、摩擦材料及其他石棉制品的基料，也可用于电解、食盐电解的隔膜材料。

石棉纺织常规工序有原棉处理、混棉及混花绒制备、纺纱、编织等作业。

(1) 原棉处理

对从矿山采购的商品棉进行松解、开棉、除尘、除杂等二次选矿加工。

(2) 混棉

混棉是将经过前述二次选矿加工后的石棉纤维按配方要求与棉花混合的作业，需要添加特种纤维时，通常也是在混棉中加入。混棉的目的是有利于纺织工艺的顺利进行，保证产品质量和产量，合理利用原料。经混棉后的产品称为混花绒，是生产石棉机纺和手工纺纱的原材料。主要设备有角顶帘混棉机-立式开棉机组、圆盘混棉机-立式开棉机组等。

图 6.5 为石棉混花绒工艺流程，图 6.6 为石棉纱、线生产工艺流程。

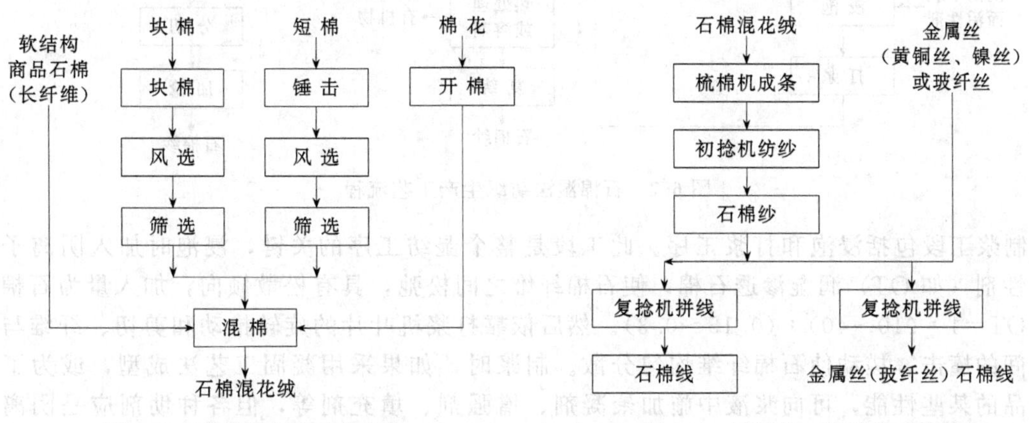

图 6.5 石棉混花绒工艺流程　　图 6.6 石棉纱、线生产工艺流程

(3) 纺纱

石棉纺纱工艺分为手工纺纱、机纺、湿纺三种。

① 手工纺纱　使用手纺车将石棉和棉花混合绒纺成石棉纱。其特点是可以使用短纤维石棉，成本低。

② 机纺　机纺工艺分原棉处理、混棉、梳棉、纺纱、捻线五个工段，其主要工艺设备见表 6.1。

表 6.1 石棉机纺工艺与设备（原料为石棉混花绒）

工艺阶段	工艺方法	工艺目的	主要设备
梳棉	梳理石棉/棉花混花绒，加工成棉条及棉卷	充分开松与混合混花绒，提高纤维的顺直度，除去杂质碎屑，将棉网制成棉条、卷	丹锡林梳棉机(单道式梳棉机)，双联式梳棉机(双道式梳棉机)
纺纱	加捻卷绕	使棉条互相捻合，紧密抱合，提高抗拉强度并绕在筒管上，便于下道工序使用	翼锭纺纱机，环锭纺纱机(1392S型、R811S型)
捻线	将两根或两根以上石棉线捻合成线	改善纱线品质及外观，改善条干不均，增加抗拉强度，提高耐磨性，便于调换品种。捻合时刻加入玻纤或金属丝，制成增强型	翼锭捻线机、环锭捻线机(1393S型、R812S型)

③ 湿纺　湿纺是在水介质中将石棉纤维制成石棉纱线的新工艺，也称为无尘纺织工艺。由湿纺生产的石棉布称为无尘布。湿纺生产过程可分为水选、制浆、成膜、纺纱和整理四个工(序) 段。图 6.7 为石棉湿法纺织工艺流程。

水选工段包括原料松解、筛选、净化、浓缩等作业，主要目的是将石棉绒松解并清除石棉绒中残存的杂质（如砂粒及其他外来杂质）及纤维束。

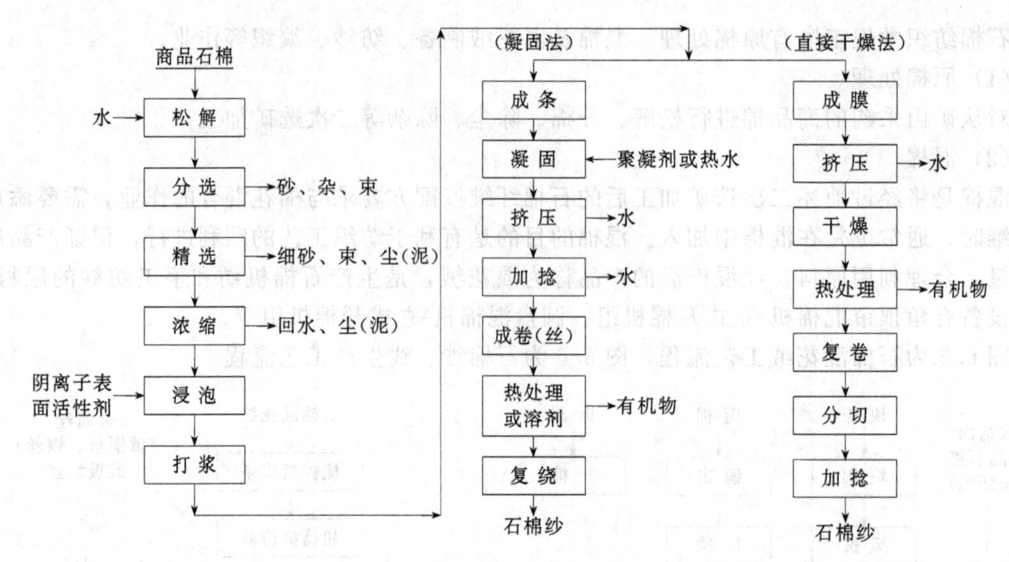

图 6.7　石棉湿法纺织生产工艺流程

制浆工段包括浸泡和打浆工序。此工段是整个湿纺工序的关键，浸泡时加入阴离子表面活性剂（如 OT）润湿渗透石棉，使石棉纤维之间松弛，具有松散倾向，加入量为石棉：水：OT＝1：(10～40)：(0.15～0.3)。然后依靠打浆机叶片的旋转推动和剪切、纤维与器壁之间的撞击、搓动使石棉纤维均匀分散。制浆时，如果采用凝固工艺法成型，或为了改善产品的某些性能，可向浆液中施加聚凝剂、增强剂、填充剂等，但各种助剂应是阴离子型的，否则将与呈负电性的石棉浆液发生不相容或凝聚现象，以致不能成膜纺纱。

成膜纺纱工段也叫成型工段，包括成膜（条）、凝固、脱水、干燥、纺纱等工序。用凝固法成膜纺纱是在一台机器上连续完成的。浆液先成型为膜条，然后浸入凝固液，促使膜条产生凝结作用，湿强度显著增加。凝固液可以是化学助剂（如硫酸铝、固色剂等），也可以是 80℃以上的热水。凝固后的膜条经压榨脱水，再用离心锭进行湿加捻，从而得到有一定细度、强度和捻度的湿纱条。干燥法成膜纺纱是在几台设备上分开完成的。浆液先成型为薄膜，经真空和压榨脱水，薄膜有了一些湿强度，接着将湿膜纸进行干燥、焙烧，可得到一定强度和韧性的膜纸，然后卷成直径 500mm 的大膜卷，再将大膜卷复退成直径 20mm 的小卷，在分切机上切割成厚度为 10～15mm 的膜饼。膜饼再送到纺纱机加捻成纱。为了提高纱线强度，加捻时可加入玻纤、棉纱线、化纤纱线，也可以加入金属丝线。

整理工段主要是对凝固法而言，包括成卷、后处理、复绕等工序。由于从离心纺纱罐中取出的湿纱穗卷绕疏松，卷装形式也不能适应后道工序，需要重新卷装。如果有些产品对纱条无后处理要求，则卷装后的纱条可直接供成品车间使用。如果有些产品使用温度较高，有一定的烧失量要求，则应对纱条进行后处理，即将纱条中残存的有机凝聚物全部除去（最终残余量不大于 2%）。除去方法有溶剂萃取法和高热去除法，可根据实际情况选用。经后处理的纱条（或绞纱）复绕成纱筒，供成品车间使用。

石棉湿纺工艺的特点是采用表面活性剂开松石棉，即化学法松解石棉，取代传统的机械法松解石棉。

对于湿纺工艺来说，石棉纤维表面电性是关键。只有表面电性为正的纤维才能吸附阴离子表面活性剂，才能适用于湿纺。若失去吸附阴离子表面活性剂的能力，就不具备化学松解石棉纤维的条件。

表面活性剂分子随浓度的变化而形成不同形态的胶束，这种性质对湿纺工艺的浸泡打浆有重要作用。阴离子表面活性剂 OT 之所以能够松解石棉，正是因为 OT 分子能够在纤维表面形成大量的胶束，依靠胶束间的斥力将纤维松解。在纤维松解以后，由于溶液中OT分子存在较高的平衡浓度，这些胶束仍能稳定不变，从而使石棉纤维呈均匀的分散状态。当水溶液中OT分子的平衡浓度处于临界胶束浓度时，石棉纤维表面上所形成的胶束将达到饱和状态。

润湿和渗透是相辅相成的。一般是先润湿、后渗透，渗透使润湿作用不断地扩大，润湿使渗透不断地深入。渗透是药剂沿石棉纤维之间的空隙润湿到纤维深部表面的过程。随着润湿作用的加强，渗透程度不断地加深。

试验结果表明，能不同程度地润湿渗透祁连石棉和加拿大石棉的阴离子表面活性剂有：磺化琥珀酸二-2-乙基己醇酯钠盐（快速渗透剂T，商品名OT），磺化琥珀酸二正戊酯钠盐，十二烷基苯磺酸钠，四聚丙烯磺酸钠，十六烷基磺酸钠，油酸钠三乙醇胺油酸酯等。其中以磺化琥珀酸二-2-乙基己醇酯钠盐（快速渗透剂T）效果最好。这是由于在OT的化学结构中，亲水基（极性基）在憎水基中部，亲水基由于具有支链，使它不仅具有较高的渗透能力，而且能强烈吸附在固体表面。因此，石棉湿纺工艺大多选用OT作为石棉化学松解的主要助剂。

将胶状石棉浆料凝聚成具有一定强度和细度的纱条，其工艺过程称为成型。成型工艺的方法很多，但目前能够实际应用于生产的主要有化学凝固法、热水凝固法、直接干燥法三种。

a. 化学凝固法　分散在水溶液中的石棉纤维，在OT的作用下形成了带负电性的胶状分散体，分散相便是包裹着石棉纤维的“石棉·R-SO_3^-”胶团，这些含有石棉“R-SO_3^-”胶团的胶状石棉浆液首先拉成膜条。当膜条浸入到加入强电解质（如硫酸铝、硫酸锌）溶液中后，遇到溶液中的Al^{3+}或Zn^{2+}中和胶团所带的负电荷，胶浆立即发生絮凝，从溶液中沉析出来。为了提高其湿强度，生产中常常是预先向石棉浆里添加肥皂（脂肪酸钠）或油酸钠。因为脂肪酸根和油酸根都是负离子，可以与石棉浆相容而不发生絮凝。当浆液拉成膜条进入硫酸铝溶液中，立即生成不溶于水的铝皂，沉积在石棉纤维表面，使膜条具有较好的湿强度。此外，也可用固色剂促使石棉胶体发生凝聚作用。固色剂为阳离子型高分子表面活性剂。石棉浆拉成膜条后浸入固色剂溶液，阴离子“石棉·R-SO_3^-”胶团与阳离子双氰胺甲醛树脂迅速结合，生成不溶于水的大分子网状聚合物——有机磺酸盐。该反应速率快、黏结性好。

凝固设备的形式有多种。图6.8是较为通用的典型成膜纺纱机结构简图。石棉浆（浓度3%～5%）由打浆工序制备，输送至成膜嘴。由于成膜辊1转动，石棉浆在成膜辊上按工艺要求的宽度和厚度，流延形成膜条4，并立即浸入凝固液5中。凝固液可以是硫酸铝（浓度约为2%），也可以是固色剂（浓度约为1.5%）。在瞬时间内膜条中的阴离子物质与凝固液中的阳离子物质迅速发生反应（反应时间约为1～4s），生成不溶于水的胶凝物质，沉积在石棉纤维上，相互黏结，使膜条具有较高的湿强度。凝结后的膜条由下导网8、上导网7夹持向前，经过三对压榨辊9的挤压，将膜条中的大部分水分除去（挤压后，膜条中的水分约为70%～80%），然后，膜条经纺纱杯11导入离心纺纱器12，进行加捻，并在加捻的过程中进一步离心脱水，从而得到有一定强度和细度的湿纱穗（含水量约为60%～70%）。

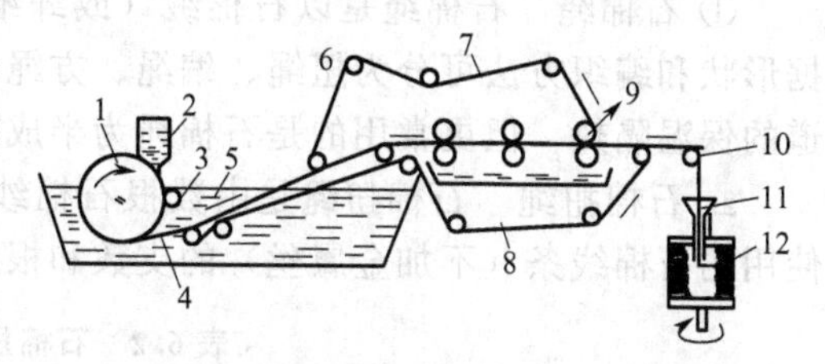

图6.8　较为通用的典型成膜纺纱机示意
1—成膜辊；2—石棉浆；3—清洁辊；4—膜条；5—凝固液；6—导辊；7—上导网；8—下导网；9—压榨辊；10—导条辊；11—纺纱杯；12—离心纺纱器

b. 热水凝固法　在胶状石棉浆中，胶团的第二层是OT的第二层吸附，即物理吸附。该吸附层不太牢固，处于动态平衡中。由于分子本身的热运动，一些被吸附OT分子会脱离纤维表面重新回到溶液中，这种现象称为解吸。由于OT浓度处于临界胶束浓度范围，在解吸的同时浆液中会有另一些OT分子重新被吸附在纤维表面上，这种现象称为重吸。解吸和重吸的不断进行，使浆液处于动态的吸附平衡。

将胶状石棉加入热水中，吸附平衡受到快速破坏，浆液中OT溶液的平衡浓度由于水稀释而急剧下降，解吸作用加剧，并成为不可逆。这时第二层吸附迅速瓦解，大部分纤维表面只第一层吸附，纤维胶团的外层呈憎水性，受水的排斥作用而有凝聚的趋向，再加上热的作用，分子的布朗运动加强，纤维碰撞机会增多，原来分散的纤维就发生凝结，形成膜条。

在热水凝固法中，石棉浆浓度为3%～5%，热水温度越高越好。车速范围约为15～25m/min，10支纱的抗压强度约0.3～0.6MPa。由于第一层的OT吸附分子仍然遗留在纱条里，烧失量约为18%～22%。如果要降低烧失量，可以用溶剂萃取或高温加热方式除去残余的OT分子。

c. 直接干燥法　在石棉浆中，石棉纤维被松解得很细，基本上实现微纤化，并均匀地分布在浆液中。如果能将均匀松散的微纤维分布形态保持至产品中，制得结构疏松、间隙密布的产品，该产品的保温隔热性能势必较好。直接干燥法工艺就是根据此设想而研制的。

第一步首先利用真空抽吸法，在成型过程中强制抽提石棉胶团中的水分，形成膜纸。这时纤维中的水虽大量排出，但OT二层吸附仍然保留，所以纤维之间就能保持高度分散的疏松状态，经干燥后膜纸比较疏松。

第二步是除去OT，改善产品质量。OT受热会发生分解，分解温度为252～400℃，此时，OT已基本分解。利用OT的这一特性，将干燥后的膜纸在350～400℃下瞬时焙烘，即将纤维已经吸收的二层OT全部去除。由于消除了活性作用，膜纸的质量有较大改善，抗拉强度增加约1.5～2倍，耐水耐磨性有所提高，手感柔软光洁。

在直接干燥法中，石棉浆的浓度较稠，约为6%～9%，膜纸的质量为6～12g/m^2。200mm宽的膜纸抗拉强度在0.15MPa以上，膜纸的烧失量在16%以下。

(4) 编织

编织是以石棉绒或石棉线（纱）为原料编织的石棉制品。包括石棉绳、石棉布、石棉带、石棉衣、石棉被等。

① 石棉绳　石棉绳是以石棉绒（或纤维绒）为芯，经扭合或编结而制成的绳状产品。根据形状和编织方法可分为扭绳、编绳、方绳和松绳等四种。石棉绳主要用于热力设备和热力管道的保温隔热，但更常用的是石棉绳为半成品制成各种密封材料。

a. 石棉扭绳　石棉扭绳是由数根石棉纱或石棉线捻成。生产各种规格的石棉扭绳时，所使用的石棉线条（不加金属丝）的支数和根数见表6.2。

表6.2　石棉扭绳扭合用线一般要求

成品规格/mm	线支数①	使用根数	成品规格/mm	线支数①	使用根数
3	8～9	5～7	13	4～5	48～52
4	8～9	7～9	16	4～5	76～80
5	7～8	9～11	19	4～5	106～110
6	7～8	11～13	22	4～5	140～146
8	7～8	18～20	25	4～5	175～185
10	4～5	28～30			

① 石棉纱线国家标准规定，每千克石棉纱线以100m长为1支。

石棉纱或石棉线浸涂耐热矿油和石墨后合捻的制品称为油浸石墨石棉扭绳。耐热矿油含量为线总质量的25%～30%，石墨含量为线总质量的5%～10%。石棉铜丝线也可制成油浸石墨石棉扭绳，用于1～2MPa蒸汽压力下的绝热材料。

b. 石棉圆绳　石棉圆绳是以不低于4支石棉纱线扭合做成芯子，外表以5支以上的石棉线编结而成的圆形绳。芯子的加工与扭绳相同，包皮的加工是在筒子机上进行。芯子和包皮筒子分别加工后，即可在编结机上编结成石棉圆绳。

为了使编结坚实和紧密，根据圆绳粗细，对编结层数规定如下：6～16mm 编 1 层；19～28mm 编 2 层；30～38mm 编 3 层以上；45～50mm 编 4 层以上。

c. 石棉方绳　石棉方绳由不低于 5 支石棉线编结而成。石棉方绳主要用于制造密封填料。按用途技术要求，从工艺上分为套编型、发辫型和串芯型三类。套编型方绳的工艺和设备同圆绳。芯子线可采用扭制圆形，也可采用编结方形，表层都是圆形编结，绳子断面呈圆形，再通过轧形机轧制成方形。发辫型编结一般是在 8 锭编织机上进行，这种编结方式致密性较差，特别是当支数较多时，绳子表面不平整、不结实，但因工艺和设备简单、产量高，目前仍广泛应用。串芯型工艺是指在编结结构中，每根石棉线都呈对角线穿过绳子芯部，其结构合理、质量较好，但工艺和设备较复杂，产量较低。

d. 石棉松绳　石棉松绳是使用石棉混花绒为芯，表皮编结包缠石棉纱线而成的圆形松软绳。其工艺过程是：将石棉和棉花加工处理（开松、净化等），然后混料，制成混花绒，再将混花绒开松、成网，制成绳芯，这些工序在松绳芯机上完成。混花绒制成绳芯后，在编织机上编结。

石棉绳的生产工艺流程如图 6.9 所示。

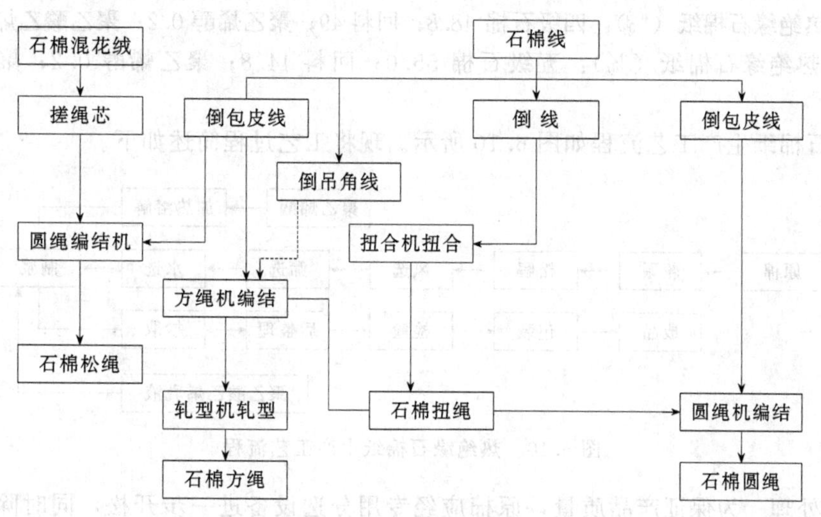

图 6.9　石棉绳生产工艺流程

② 石棉布和石棉带　石棉布和石棉带都是由两组相互垂直的石棉线（或纱）、金属丝石棉线或湿纺石棉线交织而成。沿织物的纵向排列的一组线（或纱）称为经线（纱）；沿横向排列的一组线（或纱）称为纬线（纱）。

保温工程中常用的石棉布规格为：厚度 1.5～3.0mm，宽度 500mm、900mm、1000mm 三种规格。性能指标：水分与石棉绳相同（小于 3.5%）。拉力强度：径向不低于 40kgf，纬向不低于 17kgf。烧失量与使用温度的关系与石棉绳相同，见表 6.3。

表 6.3　石棉绳、布、带烧失量与石棉含量及最高使用温度的关系

烧失量/%	石棉含量/%	最高使用温度/℃	烧失量/%	石棉含量/%	最高使用温度/℃
15	99～100	400	27	85～90	290
18	95～99	400	31	80～85	230
23	90～95	390	36	75～80	250

石棉布主要用于热力管道的阀门、法兰以及经常拆卸的热力设备的保温。此外，还用于复制其他石棉制品，如普通和高级防护衣着、复合密封材料、耐腐蚀密封材料等。石棉带除作为保温材料外，经处理后可用于煤油气化炉灯芯、复制石棉刹车带等。

③ 石棉被　石棉被是使用不同级别的石棉与少量棉花混合，在双联式梳棉机中经过自动喂棉、预梳、初梳工序，使纤维开松、梳理、混合成一定厚度的棉网，再用石棉布将棉网包缝起来。石棉被主要用于机场、油库、油码头、机车油库等处必备的灭火材料，也可做成一定形状覆盖在热力设备上作为绝热保温材料。石棉被主要技术指标为：烧失量＜28％或＜32％；规格1200mm×1200mm或按用户要求；质量5～5.5kg/条。

④ 石棉衣着　石棉衣着是一类阻燃绝热材料。它是由石棉布缝制而成，有些衣着制品面层还采用物理法或电化学法镀上一层铝箔材料，以增强反射绝热功能和保持光洁美观。常用的制品有石棉衣、裤、帽罩、手套等，被广泛用于高温熔炉、玻璃、炼焦、热轧、渗碳、冶金等工业和锅炉等高温作业以及可能伤害人体的蓄电池室与气焊、电焊、电镀场合和电解工厂和消防场所。

6.3.2　石棉保温制品

(1) 石棉纸

热绝缘石棉纸是以石棉纤维和黏合剂为原料，经打浆、抄取工艺制成的绝热材料。主要原材料及配方如下。

0.3mm热绝缘石棉纸（％）：四级石棉48.8；回料49；聚乙烯醇0.2；聚乙酸乙烯乳液2。

0.8mm热绝缘石棉纸（％）：五级石棉55.0；回料44.8；聚乙烯醇0.2；聚乙酸乙烯乳液1。

热绝缘石棉纸生产工艺流程如图6.10所示。现将工艺过程简述如下。

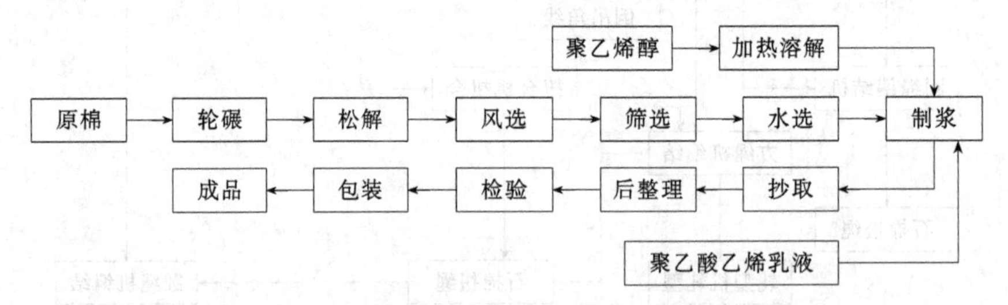

图6.10　热绝缘石棉纸生产工艺流程

① 原棉处理　为保证产品质量，原棉应经专用分选设备进一步开松，同时除去原棉中的砂粒、粉尘及其他外来杂质。

② 制浆　处理好的原棉按配方比例投入打浆机，在一定量水中高速搅拌、混合均匀，并在浆机低刀的作用下对原棉进行湿式松解和切短少量过长纤维，制成石棉料浆。

③ 抄取　采用单网或双网造纸机抄取成所需厚度的湿纸坯。

④ 整理　即后处理工序，主要是将抄取好的湿坯干燥、平整、切边等，使其符合产品规格。

绝缘石棉纸具有隔热、保温、不燃性能，主要用于电机工业、铝浇铸隔膜、电器罩壳及工业设备的隔热和保温，其主要技术物理性能列于表6.4。

表6.4　热绝缘石棉纸的技术物理性能

指　标		规格/mm				
		0.20	0.30	0.50	0.80	1.00
密度/(g/cm³)	≤	1.1	1.1	1.1	1.25	1.25
烧失量/％	≤	18	18	18	18	18
含水率/％	≤	3.5	3.5	3.5	3.5	3.5
抗拉强度/kPa	纵向≥	78	98	196	275	343
	横向≥	29	49	78	167	216

(2) 保温板

热绝缘石棉板是用石棉纤维、黏结剂和填料制成。所用配料主要是陶土、聚乙烯醇、桃胶液等。其生产工艺有抄取法和压制法两种。压制法是将原材料和配料，加 3 倍左右的水，在拌和机内搅拌均匀，然后定量浇坯，加压成型（图 6.11）。抄取法生产的主要工序与绝热石棉纸相同。

热绝缘石棉板（石棉保温板）按加工工艺不同分为抄取板（厚度 1～20mm）和压制板（厚度 5mm、6mm、8mm、10mm、12mm、16mm、20mm、25mm）。这两种绝热板的配方如下。

抄取板（%）：五级石棉 38.0；六级石棉 24.2；回料 35；聚乙烯醇（PVA）0.15；桃胶液 2.65。

压制板（%）：五级石棉 17.0；六级石棉 25.0；回料 36；陶土 20；桃胶液 2.0。

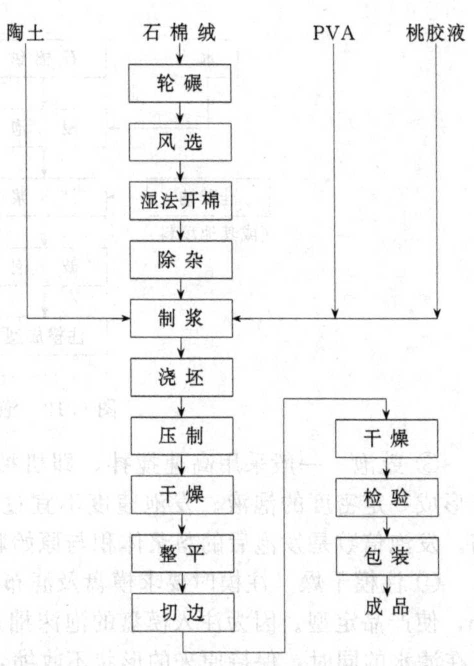

图 6.11 压制法生产石棉保温板工艺流程

建材行业标准 JC/T 69—2000 将石棉纸板按用途分为两类。用于隔热、保温类石棉纸板，代号为 A-1；用于包覆式密封垫片内衬材料的石棉纸板，代号为 A-2。其物理性能的规定如表 6.5 所示。

表 6.5 热绝缘石棉板的技术物理性能（JC/T 69—2000）

项目		性能要求		项目		性能要求	
		A-1	A-2			A-1	A-2
密度/(g/cm³)	≤	1.5		水分/%	≤	3.0	
烧失量/%	≤	18		横向拉伸强度/MPa	≤	0.8	2.0

(3) 泡沫石棉

泡沫石棉是将石棉纤维在阴离子表面活性剂的作用下充分松解制浆、发泡、成型、干燥制成的网状结构的多孔毡状保温材料，使用温度为－50～500℃。泡沫石棉具有保温性能好、容重小、隔热、防冻、防震、吸声、耐老化、柔软、挠度大等特点，而且施工简便、成本低，可任意裁剪，无粉尘飞扬，不刺激皮肤，手感好，拆卸后可重复使用。泡沫石棉广泛应用于民用建筑及冶金、电力、化工、石油、船舶等工业部门，作为建筑和各种锅炉、热力管道、车船、冷冻设备等的保温、隔热、绝冷、吸声材料。

泡沫石棉的生产工艺流程如图 6.12 所示。该生产工艺的关键是松解、鼓泡、成型干燥和后处理。现简述如下。

① 浸泡 目的是提高石棉纤维的松散分散度，为下道工序提供优良的浆料。浸泡时，首先将石棉、水、OT 按最佳比例送进浸泡池内，池内装有缓慢搅拌装置，以配合化学开棉进行机械搅拌。这里的化学开棉原理与石棉湿纺工艺相同。浸泡时间为 8～24h，依棉种不同而不同。

② 打浆 浸泡后的石棉浆，加水稀释到一定浓度时进行机械搅拌，使石棉纤维充分松解后成为具有一定黏度的胶状石棉浆，外加剂视具体情况可适量加入。打浆时的配方大约是：水∶石棉∶OT∶硅酸钠＝20∶1∶0.1∶0.1。

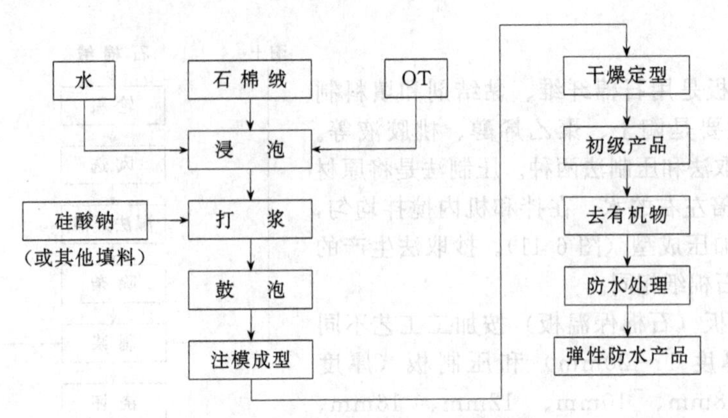

图 6.12 泡沫石棉的生产工艺流程

③ 鼓泡 一般采用高速搅拌，即机械鼓泡法，也有将压缩空气鼓进搅拌的石棉浆液中，以形成一定密度的泡液。发泡速度不宜过快，发泡倍数不宜过大，否则干燥定型时易消泡收缩。发泡倍数是发泡后的料浆体积与原始料浆之比。

④ 注模干燥 注模时要求模盘及滤布要有良好的滤水性。干燥过程要求首先低温控制3～4h，使产品定型。因为注入模盘的泡沫棉进入窑炉后，开始滤水很快，此时控制低温就是为了在滤水的同时，保持原来的形状不收缩，不凹陷。升入中温后再维持约 3～4h，使产品中水分慢蒸发。过了这段中温过渡阶段，然后再升入高温，直至产品彻底烘干。

⑤ 清除有机质及防水处理 这道工序一般都是专利，具体方法之一是：经过上述工序制造好的普通泡沫石棉初级产品，进入除有机质、防水处理工序，即将泡沫置于一个封闭的容器内，同时加入防水剂，在隔绝空气的条件下升温 200～450℃，经过 2～3h 后，取出产品即为弹性疏水产品。这道工序开始时因有机质挥发，有异味溢出，随着过程的进展，最后产品完全失去异味。

泡沫石棉原料的选择如下。

① 石棉 根据实验研究，富镁型石棉更适用于制取泡沫石棉。由于富镁纤维中 MgO/SiO_2 大于或等于 1，纤维表面有多余的 Mg^{2+}，从而其正电位较高，对渗透剂（阴离子）的吸附量较大，这是纤维成糊的一个重要条件。泡沫石棉对原料具有强烈的选择性，需要通过大量的对比试验与配方调整来做出经济而可靠的选择。

② 渗透剂 温石棉表面带正电荷，必须选用阴离子表面活性剂作渗透剂。目前国内普遍选用 OT（磺化琥珀酸二-2-乙基己醇酯钠盐）。

③ 发泡剂 高泡洗衣粉（含十二烷基苯磺酸钠）是制取泡沫石棉的发泡剂，但实际生产中往往不用再加发泡剂，因为 OT 不仅有良好渗透能力，而且有良好发泡性能。

④ 黏结剂 生产泡棉时不加黏结剂，产品就没有弹性，也不耐水。实践证明，用聚乙酸乙烯乳液作黏结剂，效果良好。其他还可以用水玻璃酚醛乳液、丁腈乳胶。因为它们易在泡沫石棉的微细泡孔表面形成一层封闭的薄膜，从而保证其具有良好的弹性、耐水性和隔热性。

⑤ 填料 泡棉中可添加多种非金属矿物填料，如云母、高岭土、膨润土、硅藻土、硅灰石、石墨等。

⑥ 防水剂 常用有机硅（三氯硅甲烷）作防水剂处理产品。由于石棉纤维表面存在着活性很大的极性基团（—OH），所以有很强的吸水性。但这种活性基因可与有机硅氧烷形成氢键，与有机硅化合物末端的活性键起化学反应，生成牢固的憎水膜，从而改变了泡棉的吸水性，使其获得良好的憎水效果。

泡沫石棉一般按表 6.6 的规定进行等级划分。表 6.7 所示为国产泡沫石棉产品的技术性能。

表 6.6 泡沫石棉的物理性能（ZBQ 61002—89）

产品等级	密度/(kg/m³) ≤	热导率(平均温度 343K，冷热板温度 28K)/[W/(m·K)] ≤	含水率/% ≤	压缩回弹率/% ≥
优等品	30	0.046	2.0	80
一等品	40	0.053	3.0	50
合格品	50	0.059	4.0	30

表 6.7 国产泡沫石棉产品的技术性能

项目	产品类型	
	普通泡沫石棉	弹性防水泡沫石棉(改性泡沫石棉)
密度/(g/cm³)	25～50	20±5,30±5,40±5
常温时热导率/[W/(m·K)]	0.0406～0.0557	0.0348～0.0450
比热容/[kJ/(kg·K)]	0.963～1.633	—
传热系数/[kW/(m²·K)]	0.313～0.615	—
吸声系数(800～4000Hz)	0.53～0.95	0.56～0.96
抗拉强度/MPa	0.03～0.08	0.03～0.08
含水率/%	0.5～1.8	0.5～1.6
吸湿率/%	5～13.4	2～3
压缩回弹率/%	30～80	>95
耐火性	可燃,无烟气异味	不燃,无烟气异味
化学稳定性	较差	良好
耐水性	普通型差,普通弹性型良好	很好
疏水性	差	优良
安全使用温度/℃	0～500	-273～550
外观	白、灰白、灰黑色,柔软,泡沫细而均匀、平整	白、灰白、灰黑色,柔软,泡沫细而均匀、平整

6.4 多孔型保温隔热材料

6.4.1 膨胀珍珠岩及其绝热制品

膨胀珍珠岩是由珍珠岩烧胀而成的一种散粒状、轻质和吸声性能好的绝热材料。外观呈白色，微孔结构，散粒状构造。微孔尺寸为 100nm～10μm。颗粒尺寸为 0.15～2.50mm。常温热导率 0.042～0.076 W/(m·K)。安全使用温度-200～1000℃，化学性质稳定，是一种优质绝热材料。

以膨胀珍珠岩为主要原材料，用水泥、石膏、石灰、水玻璃、沥青、合成高分子树脂将其胶结成整体而成的具有规则形状的材料，称为膨胀珍珠岩绝热制品。由于这类制品资源丰富、生产简便、耐高温、耐酸碱、热导率小，因此被广泛应用于建筑、冶金、石油、化工、电力等领域的各种绝热工程。

(1) 珍珠岩及其膨胀机理

珍珠岩（Perlite）是酸性含水火山玻璃质岩石的总称，主要包括珍珠岩、黑曜岩、松脂岩三种岩石。因含色素离子不同而呈现黄白、肉红、暗绿、棕褐、灰黑等颜色。条痕白色，碎片及薄的边缘部分透明至半透明玻璃结构。莫氏硬度 5.5～7，密度为 2.2～2.4g/cm³，折射率 1.486～0.506，耐火度 1300～1380℃。在显微镜下可见含少量长石、石英斑晶及极少量磁铁矿和黑云母。其化学成分为（%）：SiO_2 73.41，Al_2O_3 12.34，Fe_2O_3 1.33，Na_2O 2.95，K_2O 5.33，H_2O 6.48。

珍珠岩最突出的物理性能是其膨胀性，其烧成制品称膨胀珍珠岩。将珍珠岩原料破碎至一定粒度，在骤然加温1000～1300℃下，其体积迅速膨胀4～30倍，成为膨胀珍珠岩。

玻璃质材料，如凝灰岩、珍珠岩、黑曜岩等，均没有固定的熔点，只存在一个“软化温度范围”。当这类物质受热时，从固态逐渐软化过渡到黏流态，再到流态。在软化温度范围内，物质具有很高的黏滞性，既能发生显著的形变而不破裂，又可阻止气体外逸。此时，由于其内的化学结合水发生蒸发，将在上述黏流体中生成大量气泡，随着气泡不断生成与长大，黏滞的珍珠岩软化体发生显著的体积膨胀。若在气孔长大到一定程度，但尚未合并之时迅速冷却，这些气泡将保留于膨胀的珍珠岩颗粒内部，形成微孔构造。

(2) 原材料技术要求

工业上生产膨胀珍珠岩除要求珍珠岩的 SiO_2 应占70%左右，H_2O 占4%～6%，Fe_2O_3 + FeO 含量小于2.0%外，主要是通过其物理性质——膨胀倍数划分质量等级。

膨胀倍数是珍珠岩最重要的物理技术指标。一般地，珍珠岩膨胀倍数 k_0 >7～10，黑曜岩 k_0 >3。由于实验室测定膨胀倍数的高温马弗炉与工业上焙烧用的立式或卧式炉的加热方式、焙烧条件不同，所以膨胀倍数相差较大。应将实验室测定的膨胀倍数 k 换算成工业生产的膨胀倍数，经验换算公式为：$k_0=5.2(k-0.8)$，见表6.8。

表6.8 实验室焙烧膨胀倍数 k 与工业焙烧膨胀倍数 k_0 对比

等级	堆积密度/(kg/m³)	k/倍	k_0/倍	Fe_2O_3+FeO	用途
Ⅰ	≤80	≥3.5	≥15	<1.0	生产优质膨胀珍珠岩
Ⅱ	≤150	≥3.5	≥8	<1.0	轻骨料
Ⅲ	≤250	≥3.5	≥2.0		泡沫玻璃

对于珍珠岩原矿，其质量分级标准见表6.9。其矿砂的技术要求见表6.10。

表6.9 珍珠岩矿石的质量分级标准

等级	膨胀倍数 k_0	外观特征	折射率	全铁含量/%
Ⅰ(优质)	≥20	具有明亮的玻璃光泽或松脂光泽，碎片透明	一般<1.5	一般<1.0
Ⅱ(中等)	10～20	具有玻璃光泽或松脂光泽	一般>1.5	一般>1.0
Ⅲ(劣质)	<10	光泽较灰暗，局部呈土状光泽，碎片不透明，有的呈角砾构造或显著流纹		

表6.10 膨胀珍珠岩用矿砂技术要求

指标名称			性能要求		
			Ⅰ级	Ⅱ级	Ⅲ级
化学组成		SiO_2/%	≥68		
		Fe_2O_3+FeO/%	<1.5	1.5～2.0	>2.0
烧失量/%			3.0～9.0		
吸附水含量/%			<2.0		
杂质(包括斑晶、夹石)含量/%			<3.0	3.0～5.0	5.0～8.0
实验室膨胀倍数 k_0		珍珠岩/倍	>5.0	3.5～5.0	3.5～5.0
		松脂岩/倍	>7.0	5.0～7.0	5.0～7.0
膨胀珍珠岩堆积密度/(kg/m³)			≤80	80～150	150～250
粒度	0.25～0.50mm	0.25mm筛通过量/%	≤5.0		
		0.50mm筛通过量/%	≤2.0		
	0.25～0.50mm	0.25mm筛通过量/%		≤5.0	
		0.84mm筛通过量/%		≤2.0	
	0.25～0.50mm	0.8mm筛通过量/%			≤7.0
		0.84mm筛通过量/%			≤2.0

(3) 膨胀珍珠岩生产工艺

膨胀珍珠岩的生产工艺流程为：原料→破碎→筛分→储料仓→预热→焙烧→产品。图6.13所示为采用回转窑生产膨胀珍珠岩的工艺流程。现将各工序及其影响因素简述如下。

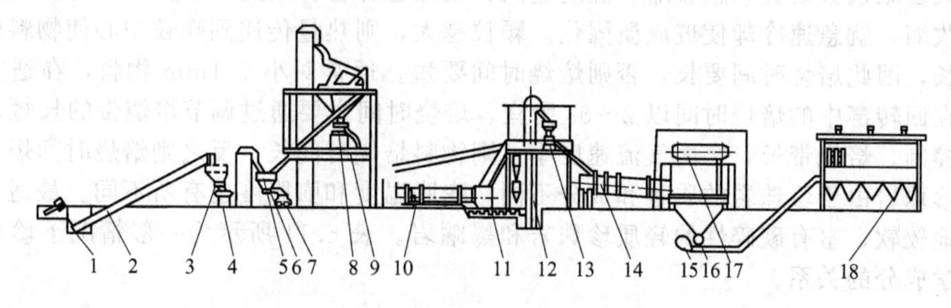

图6.13　膨胀珍珠岩生产工艺流程

1—颚式破碎机；2—皮带输送机；3—给料机；4—圆锥破碎机；5—储料罐；6—给料机；7—辊式破碎机；8—振动筛；9—给料机；10—预热炉；11—螺旋给料机；12—斗式提升机；13—储料仓；14—回转焙烧窑；15—风机；16—卸料机；17—废气锅炉；18—成品仓

① 破碎　三段破碎。选用的设备及给、排料粒度如下：第一段破碎采用500mm×250mm颚式破碎机，最大给料粒度200mm，排料粒度50mm；第二段选ϕ900mm圆锥破碎机，入料粒度80mm，排料5mm；第三段选用ϕ800mm辊式破碎机，入料粒度5mm，排料粒度小于1mm。

② 预热　主要除去吸附水和部分岩浆喷出地表后遇冷来不及逸散仍包裹在玻璃质中的结合水，后者是珍珠岩膨胀的原动力，应使之保持在一个合理的有效含水量数值上，由预热工艺来实现这个目的。一级预热温度控制400～500℃，此时残存含水量大约为2%。

珍珠岩矿石中所含水分以两种形态存在。一种是吸附水，这种水在高温焙烧时产生很大的蒸汽压力而使颗粒炸裂，增加产品的粉化率，因而是不利的，因此在焙烧前必须除掉。这种水在较低的温度下即可除去。另一种是岩浆喷出地表后遇冷没来得及逸散仍包裹在玻璃质中的结合水。这种水在高温时汽化，产生很大的压力，在玻璃质中膨胀而形成膨胀珍珠岩，因而研究这种水与矿石膨胀的关系是很重要的。

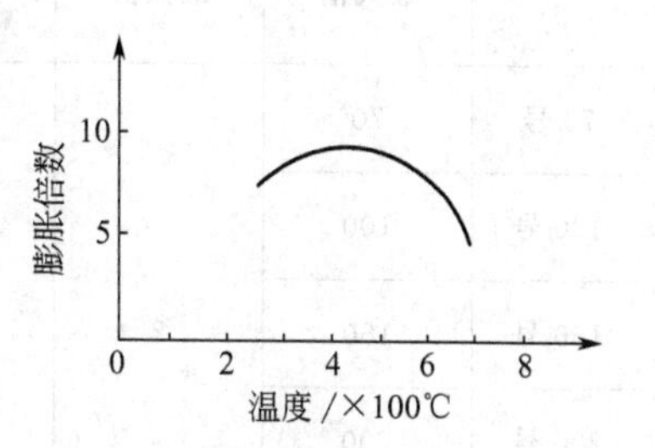

图6.14　珍珠岩预热温度与膨胀倍数的关系

实际上，并不是所有的结合水都有利于矿石的膨胀，只有当物料中含某一个数值的结合水膨胀效果才最好，称这部分使膨胀最充分的含水量为“有效含水量”。实践表明这一“有效含水量”为2%左右。物料含水量大时，高温焙烧水分汽化产生的压力过大，将冲破颗粒中玻璃质薄弱的地方，产生裂隙炸裂、粉化，使产品容重增大。当含水量小时，高温焙烧时没有足够的水变成气态，气体压力小，膨胀不充分，也使产品容重增加，因而要通过预热控制矿石中有效含水量。珍珠岩预热温度与膨胀倍数的关系如图6.14所示。

③ 焙烧　属于生产膨胀珍珠岩的关键。除了图6.13所示的回转窑外，目前还采用立式窑电膨胀炉和不转动的窑。燃料有重油、煤气和液化石油气，近年也有直接燃煤的窑。

影响珍珠岩焙烧的主要因素有膨胀温度和膨胀时间，焙烧温度与矿石软化温度有关。软化温度高，焙烧温度高。反之，则低些。一般的，膨胀温度$T=1180\sim1250$℃。在这一温度范围内，矿石颗粒的软化程度与其内部有效水分的汽化相适应，颗粒能最大限度膨胀，产品容重最小。若焙烧温度过高，则矿石软化过度，甚至熔化，黏度很小，包裹不住压力很大的水蒸气，因此膨胀不好，产品容重大，已膨胀的颗粒也产生体积萎缩现象，颗粒变黄。此外，熔融的物料还易粘在窑壁上，造成结窑。若焙烧温度过低，矿石软化不够，水分汽化所产生的压力不大，有些颗粒没有膨胀，颗粒有裂纹，颜色变黑。

膨胀时间主要由焙烧温度和矿石粒度来决定。通常，焙烧温度高，则焙烧时间应短，否则在达到最大膨胀系数后会急剧收缩。温度越高，收缩越厉害。因此，应使颗粒达到最大膨胀而尚未引起收缩，就急速冷却使玻璃质固化。颗粒越大，则热量传递到颗粒中心使物料软化膨胀的时间越长，因此焙烧时间要长，否则焙烧时间要短。通常对小于 1mm 物料，在适宜的焙烧温度下，在回转窑中的焙烧时间以 2～3s 为宜。焙烧时间主要通过调节焙烧带的长短、窑内气流速度来控制。焙烧带长，窑内气流速度小，则物料焙烧时间长，反之则焙烧时间短。

膨胀珍珠岩由于珍珠岩的质量和成分不同，膨胀温度和膨胀度也有所不同。最适合膨胀的原矿是质地较软，富有破碎性的轻质珍珠岩和黑曜岩。表 6.11 所示为一般情况下珍珠岩膨胀温度与化学成分的关系。

表 6.11　珍珠岩膨胀温度与化学成分的关系　　单位：%

膨胀温度/℃	SiO_2	Al_2O_3	Na_2O+K_2O	H_2O(烧失量)
>1200	>74	>12	<5	<20
700～900	平均 70	>14	>8	>3

（4）膨胀珍珠岩的技术要求

国家建材行业标准（JC 209—92）将膨胀珍珠岩产品按堆积密度分为 70、100、150、200、250 五个标号，各标号产品按物理性能分为优等品、一等品和合格品三个等级，详见表 6.12。其化学成分要求：SiO_2 70 %左右，$Fe_2O_3+FeO<1.5\%$（优质）。

表 6.12　膨胀珍珠岩产品的标号及质量指标

标号	堆积密度/(kg/m³) 最大值	质量含水率/% 最大值	粒度/% 5mm 筛孔筛余量 最大值	粒度/% 0.15mm 筛孔通过量 最大值 优等品	一等品	合格品	热导率/[W/(m·K)] 平均温度(298±5)K 温度梯度 5～10K/cm 最大值 优等品	一等品	合格品
70 号	70	2	2	2	4	6	0.047 (0.040)	0.049 (0.042)	0.051 (0.044)
100 号	100						0.052 (0.045)	0.054 (0.046)	0.056 (0.048)
150 号	150						0.058 (0.050)	0.060 (0.052)	0.062 (0.053)
200 号	200						0.064 (0.055)	0.066 (0.057)	0.058 (0.058)
250 号	250						0.070 (0.060)	0.072 (0.062)	0.074 (0.064)

（5）膨胀珍珠岩制品

膨胀珍珠岩制品是以膨胀珍珠岩为骨料，掺入适量的水、水泥、水玻璃、磷酸盐等黏结剂，经搅拌、成型、干燥、焙烧或养护而成的具有一定形状和功能的产品，如板、管、瓦、砖等。各种制品通常按所用的黏结剂分类和命名，如水泥膨胀珍珠岩制品、水玻璃膨胀珍珠岩制品、沥青膨胀珍珠岩制品等。

膨胀珍珠岩制品生产工艺主要是根据其制品的性能要求，如容重、热导率、机械强度、耐酸碱性、吸声、防水等，选择合适的黏结剂，确定最优的配合比、成型方法、烧成和养护条件来确定。

生产膨胀珍珠岩制品所用主要原（材）料的质量要求见表 6.13，主要生产设备列于表 6.14。

表 6.13 膨胀珍珠岩制品原（材）料的质量要求

原(材)料类别	作　用	质量要求	备　注
膨胀珍珠岩(骨料)	制品的主体材料	容重 60～120kg/m³,粒度 0.05～1.5mm(其中小于 0.5mm 的质量小于10%)	也可用蛭石等其他骨料
辅料(黏结剂)	黏结松散的膨胀珍珠岩颗粒,便于加工成一定形状和使其具有一定的机械强度	在该制品的使用条件下性能稳定,如高温不熔、在水或潮湿环境下不水解、在酸碱条件下不腐蚀等	常用的黏结剂为无机(如水泥、水玻璃等)和有机(如沥青、聚合物胶液等)黏结剂

表 6.14 膨胀珍珠岩制品的主要生产设备

工　序	作　用	主要生产设备
搅拌	使原、辅材料充分、均匀混合	强力(强制式)搅拌机
成型	控制压缩比和制品形状,提高制品强度	模具、夹板锤等
烧成或养护	使制品性能稳定和强度提高	窑或一定温度的养护场所

以下具体介绍各种膨胀珍珠岩制品的配方和生产工艺。

① 水泥膨胀珍珠岩制品　生产水泥膨胀珍珠岩制品所用的膨胀珍珠岩容重 80～170kg/m³，辅料有硅酸盐水泥、低钙硫铝酸盐水泥、矾土水泥等，标号为 400～500 号。以不同种类水泥为黏结剂的水泥膨胀珍珠岩制品典型配方见表 6.15。

表 6.15 水泥膨胀珍珠岩制品典型配方

黏结剂名称	膨胀珍珠岩容重/(kg/m³)	体积配合比①	水灰比	压缩比②
硅酸盐水泥(标号＞400)	80～150	1∶10～1∶14.5	2.1	1.6～1.8
低钙硫铝酸盐水泥	100～170	1∶(3～10)	0.7～1.7	1.5～1.8
矾土水泥(标号≥400)	60～130	1∶(8～10)	1.6～1.7	1.5～2.0

① 黏结剂与膨胀珍珠岩的体积配合比。

② 所用材料的松散体积与制品体积之比。

生产工艺流程如图 6.15 所示。

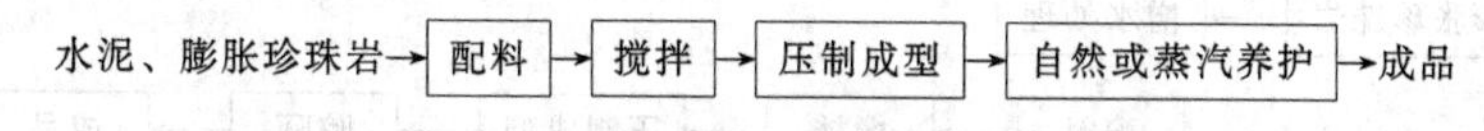

图 6.15 水泥膨胀珍珠岩生产工艺流程

② 水玻璃膨胀珍珠岩制品　生产水玻璃膨胀珍珠岩制品所用原材料的质量要求如下。

膨胀珍珠岩：容重≤120kg/m³。

水玻璃：模数 2.4～3；密度 1.38～1.42g/cm³；浓度 38～42°Bé（波美度）。

赤泥：制铝工业废料，化学成分为 SiO_2 ＞22%，Al_2O_3＜6%，Fe_2O_3＞8%，CaO＜48%，H_2O＜3%。

生产防火用水玻璃膨胀珍珠岩制品的典型配方见表 6.16。

表 6.16 生产防火用水玻璃膨胀珍珠岩制品的典型配方

材　料	压缩比/%	质量分数/%	产品质量指标①	备　注
膨胀珍珠岩	1.8	43.6	干容重 240～300kg/m³;压强 0.6～1.7MPa;常温热导率 0.047～0.08W/(m·K);高温热导率 0.071～0.115W/(m·K)	黏结剂与膨胀珍珠岩的质量比为(1～1.3)∶(0.4～1);促凝剂(氟硅酸钠)用量为水玻璃用量的 10%～14%
水玻璃	1.8	54.6		
赤泥	1.8			

① 最高使用温度 600～650℃。

生产工艺流程如图 6.16 所示。

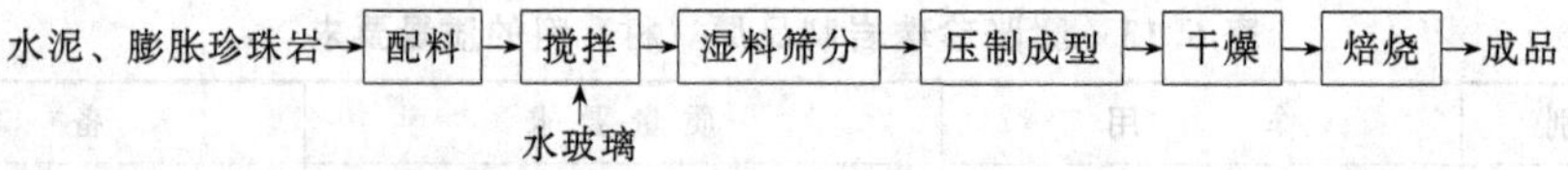

水泥、膨胀珍珠岩→配料→搅拌→湿料筛分→压制成型→干燥→焙烧→成品

（搅拌←水玻璃）

图 6.16 水玻璃膨胀珍珠岩生产工艺流程

③ 沥青膨胀珍珠岩制品 沥青膨胀珍珠岩制品所用原、辅材料质量要求及配合比见表 6.17。

表 6.17 沥青膨胀珍珠岩制品所用原、辅材料质量要求及配合比

材料	质量要求	配合比
膨胀珍珠岩	容重小于 $80kg/cm^3$	1∶1
沥青(热熔性或乳化型)	3 号或 5 号石油沥青	

生产工艺流程如图 6.17 所示。

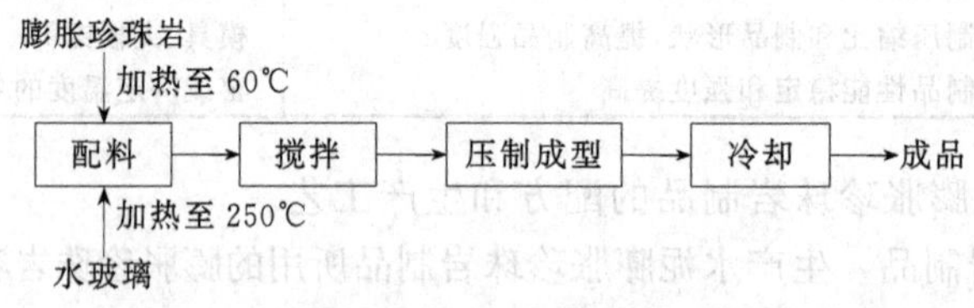

图 6.17 沥青膨胀珍珠岩制品生产工艺流程

④ 乳化沥青膨胀珍珠岩制品 乳化沥青膨胀珍珠岩制品的典型配方及原、辅料质量要求见表 6.18。

表 6.18 乳化沥青膨胀珍珠岩制品的典型配方及原、辅料质量要求

材料名称	质量要求	配合比	产品质量指标
膨胀珍珠岩	容重 60～$90kg/m^3$；常温热导率 0.03～0.04W/(m·K)；粒度：4～7 目，≤5%；90 目，≤80%	质量比 1∶3，压缩比 1.6～2.1	容重＜$300kg/m^3$；常温热导率 0.07W/(m·K)；压强＞0.2MPa
乳化沥青	密度 $1.1g/cm^3$；细度小于 20 目；沥青含量 60%～70%		

生产工艺流程如图 6.18 所示。

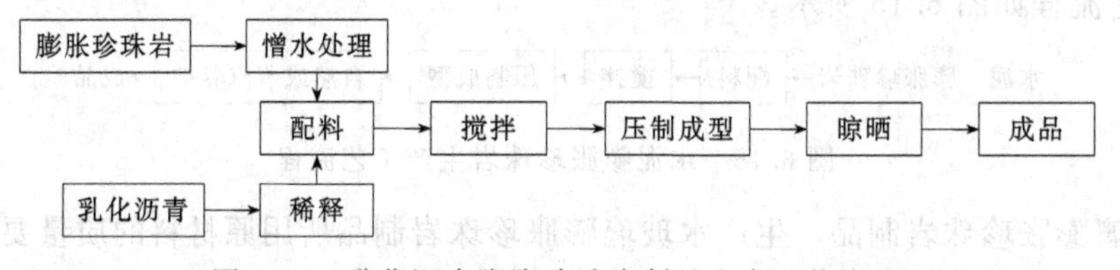

图 6.18 乳化沥青膨胀珍珠岩制品生产工艺流程

⑤ 膨胀珍珠岩制品绝热制品的技术要求 中华人民共和国国家标准 GB/T 10303—2001 将膨胀珍珠岩制品绝热制品按相对密度分为 200 号、300 号、350 号，按质量又分为优等品和合格品，其物理性能指标应符合表 6.19 的要求。

表 6.19 物理性能指标要求要求（GB/T 10303—2001）

项目		指标				
		200 号		250 号		350 号
		优等品	合格品	优等品	合格品	合格品
密度/(kg/m^3)		≤200		≤250		≤350
热导率/[W/(m·K)]	298K±2K	≤0.060	≤0.068	≤0.068	≤0.072	≤0.087
	623K±2K(工业窑炉应用要求)	≤0.10	≤0.11	≤0.11	≤0.12	≤0.12
抗压强度/MPa		≥0.40	≥0.30	≥0.50	≥0.40	≥0.40
抗折强度/MPa		≥0.20	—	≥0.25	—	—
质量含水率/%		≤2	≤5	≤2	≤5	≤10

6.4.2 膨胀蛭石及其制品

膨胀蛭石是一种以蛭石为原料，以烘干、破碎、焙烧或化学方法在短时间内急剧膨胀成约8～15倍，由许多薄片组成的层状结构松散颗粒。膨胀蛭石具有保湿、隔热、吸声、耐冻、抗菌、防火、吸水等特性，而且无味、无毒、不腐烂变质、抗菌等特性，但不耐酸，介电特性也较差。其主要性能见表6.20。

由于良好的保温隔热和吸声等特性，膨胀蛭石是一种优质的保温、绝热和隔声材料，而且使用方便，被广泛地用于建筑、冶金、化工、轻工、机械、电力、石油、环保及交通运输等领域。

表6.20 膨胀蛭石的主要性能

性能	指标	性能		指标
容量(表观密度)/(kg/m³)	80～200	吸水率①/%	质量吸水率	246
热导率/[W/(m·K)]	0.047～0.081		体积吸水率	37.6
耐火度/℃	1300～1350	抗冻性		−20℃时15次冻融粒度不变
最高使用温度/℃	900	抗菌性		良好
安全使用温度/℃	900	吸声性③		0.53～0.63
吸湿率②/%	≤2	耐腐蚀性		耐碱

① 表观密度80kg/m³，浸水15min。
② 相对湿度100%，24h。
③ 声音频率512Hz。

蛭石是一种层状结构的硅酸盐矿物。颜色呈金黄、黄褐、绿色到褐绿、暗绿、黑色不等，外观多呈片状、鳞片状或单斜假晶，片状解理完全。受热时迅速膨胀、扭曲，形似水蛭。

蛭石膨胀原理：蛭石属含水铝(镁)硅酸盐矿物，化学式可写为$(Mg,Fe,Al)_3[(Si,Al)_4O_{10}(OH)]\cdot 4H_2O$。结构由两层Si-(Al)-O四面体夹一层Al-(Mg)-O八面体组成结构单元层，层间可交换阳离子Mg、Ca、Na、K和H_2O。当受热时，层间水蒸发产生蒸汽压力，使各结构单元层迅速撑开，体积发生膨胀，层间形成细小的空气间隔层而降低对热流的传导。

(1) 原材料技术要求

蛭石原矿中，蛭石矿物的含量一般为30%～80%，精选后的蛭石矿物，其化学成分如表6.21所示。

表6.21 蛭石的化学成分 单位：%

成分	SiO_2	Al_2O_3	Fe_2O_3	MgO	CaO	Na_2O	K_2O	H_2O
含量	38～42	9～17	5～18	11～23	0.2～2	0.5～5	0.1～9	5～12

生产膨胀蛭石对蛭石的技术要求，主要是其片径大小和堆积密度。

根据蛭石的片径大小可以分为六个型号，见表6.22。

表6.22 蛭石原料粒度

类别编号	特号	1号	2号	3号	4号	5号
粒度/mm	8～16	4～8	2～4	1～2	0.5～1	<0.5

根据膨胀后的堆积密度和杂质含量，将蛭石原料分为6个等级，见表6.23。

表 6.23 蛭石原料的技术要求

技术指标	级别					
	优质	1级	2级	3级	4级	5级
膨胀后堆积密度/(kg/m^3)	56～80	72～100	88～130	110～160	130～200	160～280
含杂率/%	<1	<4	<5	<5	<7	<7
混级率/%	<10	<10	<10	<15	<20	<20

一般而言，片径越大的颗粒，膨胀倍数越大，膨胀后的容重越小，热导率越低。

（2）膨胀蛭石生产工艺

膨胀蛭石的生产有焙烧法和化学法两种方法。目前工业生产中多采用焙烧法。加工工艺大致可分为预热（烘干）、煅烧、冷却三个步骤。其生产工艺过程包括选矿、破碎、筛分、烘干、焙烧和速冷等工序。

① 选矿与破碎筛分　在对蛭石原矿进行破碎之前，一般需先进行选矿。选矿的目的是将焙烧时不膨胀或膨胀性很小的矿物及其他杂质分离出去。这些杂质主要是长石、石英、角闪石、霞石和碳酸盐类矿物以及原生云母和水化性很差的变体云母。蛭石的选矿可分为人工拣选、干法选矿和湿法选矿三种。干法一般采用风选，因为蛭石的容重较低。湿法包括水洗（选）、浮选等。

为了适应焙烧工艺的要求，确保膨胀蛭石的质量，满足不同用途对粒度的需要，要对蛭石原料进行破碎，使其达到所要求的粒级。生产上一般采用颚式破碎机或锤式破碎机。

破碎后的蛭石，需按要求的粒度进行筛分。筛分一般采用振动筛，也可采用圆筒筛。

② 预热或干燥　目的是减少蛭石原料的含湿（水）量，因为原料含水量过大影响膨胀蛭石产品的质量。一般采用烘干的方式进行预热。

蛭石的含水量对膨胀时间和膨胀温度有较大影响，含水率高将使膨胀过程延长，产品的粉化率提高。而蛭石原矿一般都含水分6%～12%，有时甚至更高，因此在焙烧前和破碎筛分之后进行预热干燥。干燥方式包括自然干燥和热力干燥两道工序，前者是利用日晒和自然风干，使其含水量降到5%以下。

③ 煅烧　煅烧是生产膨胀蛭石的关键工序。煅烧工艺直接影响膨胀蛭石的产品质量，从而影响其应用性能。经过预热后的蛭石原料在煅烧窑内急剧煅烧时的温度一般为850～1000℃。在该温度下，蛭石骤然受热（0.5～1min），失去层间水，使体积膨胀8～15倍，最高可达30倍。常用的煅烧设备主要是立窑、管式窑和回转窑。国内目前主要采用立窑，因为立窑构造简单、造价低、投资少。

为达到蛭石的最佳膨胀，生产过程中必须保证根据原料所确定的煅烧温度稳定性。窑温控制通过观测安装在窑内高温带上部高温计的温度变化及时调节，窑温的升降主要靠燃烧室燃料的燃烧状况进行调整。以煤为燃料的立窑，在窑体两侧砌有两个对称的燃烧室。正常生产以一个燃烧室为主，另一个作备用或调节窑温时使用。

保持窑温稳定对膨胀蛭石的质量至关重要。若窑温达不到规定温度或物料在窑内的停留时间不够，蛭石不能充分膨胀；窑温超过规定温度或在窑内的停留时间过长，蛭石就会发脆，粉末含量增加，膨胀倍数缩小，表观密度增大，膨胀蛭石质量变差，同时也会使煅烧的热利用率降低。

此外，蛭石的膨胀倍数还与其粒度、煅烧温度以及煅烧时间等有关。它们之间的关系见表6.24～表6.26。

一般情况下，蛭石的粒度增大，厚度减小，其膨胀倍数提高。在一定温度范围内，其膨胀倍数随煅烧温度的升高而增大，但当煅烧温度超过900℃时，膨胀倍数反而降低。但在实际生产中，为使蛭石膨胀充分一定要加热到1000℃。实验表明，蛭石最适宜的煅烧时间为45s，同时煅烧时间与粉末含量成正比。

表 6.24 蛭石粒度与膨胀倍数、表观密度及粉末含量的关系

粒径/mm	膨胀前表观密度/(kg/m^3)	膨胀后表观密度/(kg/m^3)	膨胀倍数	粉末含量/%
1.2～5	1280	150	6	1.9
5～10	1120	120	7.6	1.7
10～20	1110	110	7.5	1.6

表 6.25 蛭石煅烧温度与膨胀倍数、表观密度及粉末含量的关系

煅烧温度/℃	膨胀后表观密度/(kg/m^3)	膨胀倍数	粉末含量/%	煅烧温度/℃	膨胀后表观密度/(kg/m^3)	膨胀倍数	粉末含量/%
200	480	2.4	0.23	700	230	5	1.1
300	350	3.1	0.43	800	220	6.2	1.2
400	300	3.4	0.44	900	125	6.5	1.6
500	300	3.5	0.56	950	120	7.5	1.8
600	275	4	0.88	1000	136	7.2	2.1

表 6.26 蛭石煅烧时间与膨胀倍数、表观密度及粉末含量的关系

煅烧时间/s	膨胀倍数	粉末含量/%	煅烧时间/s	膨胀倍数	粉末含量/%
10	5.5	0.7	50	6	1.7
25	5.7	1.5	60	6	1.6
35	6.2	1.4	80	6.6	2.2
45	6.8	1.37			

④ 冷却　为保证膨胀蛭石的最终强度，使其不脆化，煅烧后应立即进行冷却，冷却方式以自然冷却为主，冷却速度视原料性质而定。

蛭石经煅烧膨胀后进行自然冷却的作用类似于金属热处理后的油冷和水冷。一般从煅烧窑出来的膨胀蛭石应急速脱离高温环境进行冷却才能保持膨胀蛭石的强度而不变脆。

煅烧（热物理）法是目前广泛采用的方法。除此之外，还有化学膨胀或剥分法。所谓化学膨胀法是利用蛭石的阳离子交换性能，用含一定阳离子的溶液处理，使其膨胀。这种方法可使蛭石的原体积膨胀30～40倍。

(3) 膨胀蛭石的技术要求

建材行业标准（JC 441—91）根据粒径分布，将膨胀蛭石分为1～5号五个类别（表6.27）以及优等品（≤100kg/m^3）、一等品（≤200kg/m^3）和二等品（≤300kg/m^3）三个品级。其物理性能要求列于表6.28。

表 6.27 膨胀蛭石的分类及累计筛余　　单位：%

类别	筛孔直径/mm						
	10	5	2.5	1.25	0.63	0.25	0.16
1号	30～80		80～100				
2号	0～10			90～100			
3号		0～10	40～90		90～100		
4号			0～10			90～100	
5号				0～5		60～98	90～100

表 6.28 膨胀蛭石的物理性能指标

项目		等级		
		优等品	一等品	合格品
堆积密度/(kg/m^3)	≤	100	200	300
热导率/[W/(m·K)]	≤	0.062	0.078	0.095
含水率/%	≤	3	3	3

（4）膨胀蛭石制品

膨胀蛭石可以与各类胶黏剂黏合制成各种制品，如水泥膨胀蛭石制品、水泥蛭石保温层、水玻璃膨胀蛭石制品、沥青膨胀蛭石制品、石棉蛭石制品、蛭石防火板、膨胀蛭石灰浆等。

膨胀蛭石制品的生产工艺与膨胀珍珠岩一样，也是以膨胀蛭石为骨料，再加入相应的黏结剂，经过搅拌、成型、干燥、煅烧或养护，最后得到各种规格的硬质定型制品。膨胀蛭石制品的种类很多，按所用胶黏剂的性质可以分为无机胶黏剂类、有机胶黏剂类和无机-有机胶黏剂类三大类膨胀蛭石制品。按所使用的骨料种类划分，又可分为单一骨料膨胀蛭石制品和多种骨料或掺和骨料膨胀蛭石制品两类。各类膨胀蛭石的品种、用途见表 6.29。

表 6.29　膨胀蛭石制品的品种、用途

品种		主要用途	特点
无机胶黏剂	水泥膨胀蛭石制品	工业与民用建筑中围护结构及热工设备和各种工业管道的保温、隔热、吸声材料	体轻，热导率小，施工方便，经济耐用
	水玻璃膨胀蛭石制品	工业与民用建筑中围护结构及热工设备、冷藏设备和各种工业管道、高温窑炉的保温、隔热、吸声材料	表观密度轻、热导率小，无毒、无味、不燃、抗菌，施工方便
有机胶黏剂	沥青膨胀蛭石制品	冷库工程、冷冻设备、管道及屋面等	轻质、保温、隔热、憎水、耐腐蚀
无机-有机胶黏剂	石棉膨胀蛭石制品	各种保温、隔热、吸声之处	表观密度轻，强度较高

膨胀蛭石产品质量的好坏和性能优劣，常取决于工艺操作、用料配合比、胶结料的选择、膨胀蛭石骨料的粒度及分布等因素。

① 水泥膨胀蛭石制品　水泥膨胀蛭石制品是膨胀蛭石制品中用途较为广泛的一种。它是以膨胀蛭石为主体材料，加入适量的水泥，搅拌均匀，经压制成型，在一定条件下养护而成的一种制品，一般包括砖、板、管壳及其他异型制品。所用黏结剂以硅酸盐水泥（425 号或 525 号）为主，也可以使用矾土水泥或火山灰水泥。对膨胀蛭石轻骨料的要求为粒度 5～15mm，表观密度 115～380kg/m^3。

除膨胀蛭石外，有时尚需添加适量的陶粒等辅助材料。陶粒粒径一般为 5～20mm。

生产优质水泥膨胀蛭石制品的核心技术在于原材料配比、水灰比以及合理的颗粒级配。恰当的原材料配比是保证制品质量的关键。在一定范围内，制品表观密度与水泥用量成正比，制品的保温、隔热性能随着水泥掺量的增加而降低，而强度随水泥的增加而提高。因此，在满足制品所需强度要求的前提下，水泥用量应尽可能减少，以提高制品的保温、隔热、吸声性能。一般情况下，原材料的体积配合比控制在水泥∶膨胀蛭石为 1∶3～1∶10，常用配比为 1∶6。

水灰比的选择十分重要和复杂，在确定水灰比时，要按照水泥和膨胀蛭石的具体情况，经过试验确定。一般情况下水灰比约为 2，常用水灰比为 2.2。

在确定的配合比和水灰比条件下，颗粒级配对制品的质量有重大影响。若小颗粒蛭石含量多，由于比表面积增大，用水量就需加大；若大颗粒含量多，为了填充大的空隙，水泥用量则需相应增加，故要得到理想的制品，就必须优化膨胀蛭石的颗粒级配。一般情况下，颗粒级配在 0.3～1.2mm、1.2～5mm、5～10mm 范围内进行调整。

上述工艺参数确定之后，即可按照配比先将水泥和膨胀蛭石拌和均匀，然后按水灰比计量加水搅拌，入模加压成型，压缩率一般为 25%～35%。成型后的制品卸模后在温度（25±5)℃、湿度为 60%～70%的环境中养护 20 天。

② 水玻璃膨胀蛭石制品　水玻璃膨胀蛭石制品是以膨胀蛭石为主体材料，以水玻璃为黏结剂，氟硅酸钠为促凝剂，按一定比例配合，经搅拌、浇注、成型、焙烧而成的一种制品。通常情况下，水玻璃与膨胀蛭石的配比为2∶1，氟硅酸钠为水玻璃用量的13%。水玻璃相对密度小于1.27为宜，制品的抗压强度为0.9MPa。当水玻璃相对密度小于1.27时，制品的强度会大幅度下降。膨胀蛭石的粒度及分布对制品的技术性能尤其是吸声性能有较大影响。生产过程中，有时添加适量的陶粒、黏土砖粉、石棉、硅藻土等辅助材料。陶粒的粒度一般要求5～20mm。

水玻璃膨胀蛭石制品的生产工艺过程为：按照配比计量，先将水玻璃和氟硅酸钠拌和，然后再将膨胀蛭石加入拌匀、成型。卸模后将制品置于25℃以上的环境中进行养护。养护温度对制品的性能有较大影响。在较高温度下，水玻璃和促凝剂能够较快地进行反应，水分排出快，硬化过程缩短，制品强度高；反之，水玻璃和促凝剂反应缓慢，硬化时间延长。当环境湿度大时，养护制品中的水分较难排出。故在条件许可的情况下，最好对水玻璃制品进行热处理，以使结构密实、提高强度。热处理温度一般为450℃。

③ 沥青膨胀蛭石制品　沥青膨胀蛭石制品是以膨胀蛭石和热沥青经拌和浇注成型、压制加工而成的一种制品。原材料质量要求为膨胀蛭石表观密度≤120kg/m^3，沥青为4号、5号（通常掺入量各占1/2)。其配方按质量比，沥青胶料占20%～25%，膨胀蛭石占75%～80%。

④ 其他膨胀蛭石制品　目前生产的膨胀蛭石制品还有石棉硅藻土水玻璃蛭石制品、矿棉膨胀蛭石制品、膨胀珍珠岩膨胀蛭石制品、云母膨胀蛭石制品、耐火黏土水玻璃蛭石制品、石棉蛭石制品等。

石棉硅藻土水玻璃蛭石制品是以膨胀蛭石为主，掺适量的石棉、硅藻土，然后与水玻璃胶结料及氟硅酸钠促凝剂混合、搅拌、压制而成。

矿棉膨胀蛭石制品是在矿棉中掺加20%～25%的膨胀蛭石作为主体材料，以淀粉、膨润土或水玻璃为胶结材料，压制成型、烘干而成的一种保温材料。

膨胀珍珠岩膨胀蛭石制品是将膨胀珍珠岩和膨胀蛭石混合在一起作为主体材料制作的保温绝热吸声制品。

云母膨胀蛭石制品是使云母工业废料代替部分膨胀蛭石制作的保温绝热吸声材料，它扩大了以膨胀蛭石为基料的制品的原料来源，同时也为云母加工废弃物的应用提供了一条重要途径。

6.5 微孔硅酸钙及其制品

微孔硅酸钙是一种新型微孔状绝热材料，具有容重轻、热导率低、强度高等特点，广泛用于绝热保温材料。纤维增强硅钙板还广泛用于建筑、船舶的隔热防火材料。

微孔硅酸钙于1940年前后由美国欧文斯科宁（Owence corning）玻璃纤维公司首先发明和使用，产品名称kaylo，应用于工业和建筑保温。其后英国、日本及前苏联等国家也相继进行研发和生产，其中以日本发展最快。日本1952年正式生产，随后制定了相应的国家标准。日本现已能生产密度为100～130kg/m^{3}的超轻制品。在日本的保温隔热工业中使用的绝热材料中硅酸钙约占70%。

我国1970年后开始生产托贝莫来石型微孔硅酸钙（最高使用温度650℃）产品，主要采用浇注法成型；1980年后改为压制法成型，制品密度降到230kg/m^{3}以下；而硬硅石高温型（使用温度1000℃）产品1990年才开始生产。

微孔硅酸钙保温隔热材料从开始应用至今，材质上由有石棉硅酸钙发展到无石棉硅酸钙；性能上由一般硅酸钙发展到超轻硅酸钙和高强度硅酸钙。

6.5.1 微孔硅酸钙材料的组成

微孔硅酸钙的主要原料是硅藻土或其他硅质原料（石英砂、膨润土、沸石等）、增强纤维（石棉、针状硅灰石和纤维海泡石等天然矿物纤维或人造纤维）、石灰、硅酸钠（水玻璃）等。它的主体材料是活性高的硅藻土和石灰，在其中加入作为增强剂的石棉或其他天然或人造纤维。由于所用的原料及生产工艺和处理条件不同，得到的产品也不同。在 $CaO-SiO_2-H_2O$ 系中，目前已知的矿物达 20 余种，但在工业上广泛应用的保温材料仅有两种结晶构造：一种是托贝莫来石型或雪钙硅石（tobermorite），其分子式是以 $5CaO \cdot 6SiO_2 \cdot 5H_2O$ 为主；另一种是硬硅钙石型（xontlite），其分子式是以 $6CaO \cdot 6SiO_2 \cdot H_2O$ 为主。

由于原料及反应条件不同，耐热温度有较大的差距，后者的耐热性能比前者好。在国家标准中，后者称为Ⅰ号，耐热 1000℃；前者称为Ⅱ号，耐热 650℃。

雪钙硅石型微孔硅酸钙的硅质原料主要采用硅藻土，要求细度不小于 180 目，SiO_2 含量大于 65%；硬硅钙石型微孔硅酸钙的硅质原料一般采用高纯的石英粉，要求细度不小于 180 目，SiO_2 含量大于 98%，其他原材料则与雪钙硅石型微孔硅酸钙相同。

6.5.2 生产工艺

目前生产微孔硅酸钙的方法，按水化硅酸钙形成原理可分为静态法、动态法和动态-静态联合法。按其成型方法又有浇注成型、压滤成型和抄取成型之分。

静态法是将硅质原料和钙质原料在大气压静止状态下凝胶，用压制法或抄取法成型，然后送入高压釜内，在蒸压条件下形成水化硅酸钙，烘干后即得成品。用静态法生产的微孔硅酸钙，为托贝莫来石型。

动态法工艺与静态法工艺的主要区别在于水热反应是在带有搅拌装置的高温、高压反应釜中进行，凝胶与结晶反应在同一釜中一次完成。水热反应是在搅拌的动态条件下进行的。用动态法生产的硅酸钙制品，可以是托贝莫来石型，也可以是硬硅钙石型或混合型。

动态-静态联合法工艺流程是在上述两种工艺流程的基础上发展起来的，也称为二次反应法。图 6.19～图 6.21 分别为静态法、动态法和二次反应法生产工艺流程。

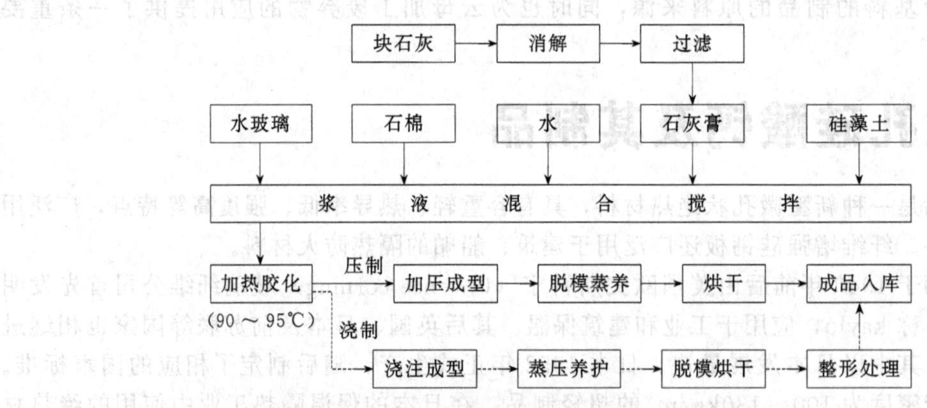

图 6.19 微孔硅酸钙静态法生产工艺流程

现将静态法微孔硅酸钙的原、辅料配方及工艺过程简述如下。

① 配料　配料比例计算如下。

石灰膏：用量 A（CaO 含量为 C）；

硅藻土：用量 B（SiO_2 含量为 D，$B=1.34AC/D$）；

石棉：用量为（$AC+B$）×11%；

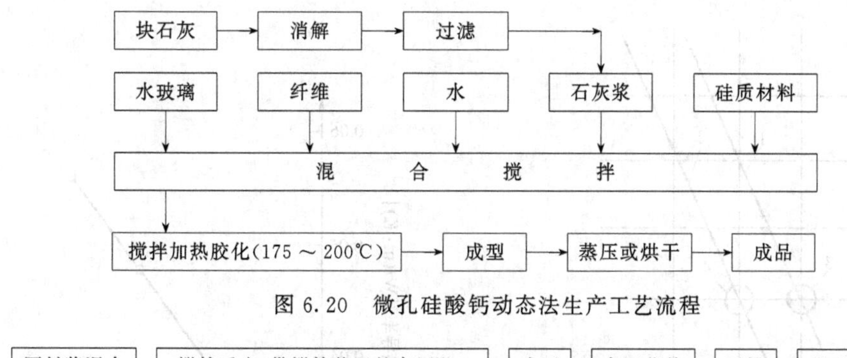

图 6.20 微孔硅酸钙动态法生产工艺流程

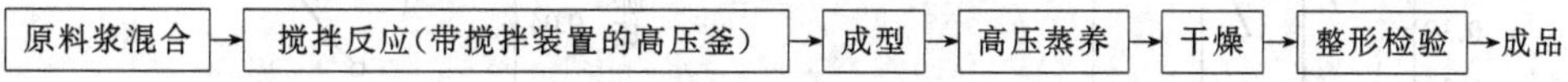

原料浆混合 → 搅拌反应(带搅拌装置的高压釜) → 成型 → 高压蒸养 → 干燥 → 整形检验 → 成品

图 6.21 微孔硅酸钙二次反应法生产工艺流程

水玻璃：用量为 $(AC+B)\times 5\%$(浓度 40°Bé，模数 2.5～3)；

水：用量为 $(AC+B)\times(550\sim650)\%-A(1-C)$。

② 料浆制备和成型 制备料浆有加热凝胶法和泥浆法，制备保温材料主要是用前一种方法。这种方法是将硅质材料、石灰质材料、增强纤维在大量水中搅拌混合，并加入助凝剂，在大气压下通入蒸汽加热混合搅拌，使之反应“膨胀”成硅酸钙凝胶体，然后将凝胶体成型。

生产微孔硅酸钙保温制品最常用的成型方法是压制法，有时也用浇注法。成型后的制品再经高压釜（压力为 1000kPa，温度 183℃）湿热作用下蒸养 8～16h，使凝胶加速发展完成水化硅酸钙的结晶过程。压制成型和浇注成型各有特点。浇注成型，模具简单，生产成本较低，但养护后制品必须经过整形阶段，但仍有结构松紧不均、外形残缺的现象。压制成型需要专用的压力机和造价较昂贵的模具，但蒸养后制品外形完整，结构均匀，故生产中多采用压制法。

微孔硅酸钙的生成机理：微孔硅酸钙保温材料多采用硅藻土。硅藻土中无定形的二氧化硅在 100℃以下的温水中，容易与石灰中的氧化钙反应，生产具有较高强度的硅酸钙。制作配料的关键在于硅藻土中 SiO_2 与石灰中 CaO 之比。CaO/SiO_2 的摩尔比应等于 0.8～0.83，方能使反应充分进行。制品中加入石棉、针状硅灰石和纤维海泡石等天然矿物纤维或人造纤维（如玻璃纤维）的目的是提高制品的抗拉强度。加入水玻璃的作用在于促进凝胶过程，缩短活性氧化钙与石灰反应的凝固时间。

静态法的优点是工艺简单，但生产周期长，产品表观密度较难突破 170kg/m³ 的下限。

动态法与静态法的主要区别在于：料胶化是在 175～220℃的饱和蒸汽中进行。在胶化过程中，边加热边搅拌，大约经过 8～10h。初期形成的水化硅酸钙溶胶发生结晶，逐渐形成具有针刺状晶形的托贝莫来石或硬硅钙石晶体。倒出后直接进行压滤成型、烘干即得产品。料浆胶化设备一般采用带搅拌装置的立式蒸压釜。

用动态法可制取表观密度小于 100kg/m³ 的产品，而且生产周期短，不需要大量的蒸压釜。因此，该方法已成为微孔硅酸钙的主流生产方法。

6.5.3 产品性能与质量标准

① 密度与强度 微孔硅酸钙的密度与强度基本上呈线性正相关关系。如果密度过小，抗压强度和抗弯强度将难以保证有效支撑，破碎率将增加，甚至会失去使用价值。制品的密度与强度主要由成型时的压缩量控制，但与生产方法也有很大的关系。如图 6.22 所示，密度相同的产品，动态法产品的抗压强度要显著高于静态法；而强度相同的制品，静态法产品的密度要大得多。为了提高制品的抗弯强度，还可以适当提高增强纤维的用量，提高压缩比，制成纤维增强硅酸钙板。

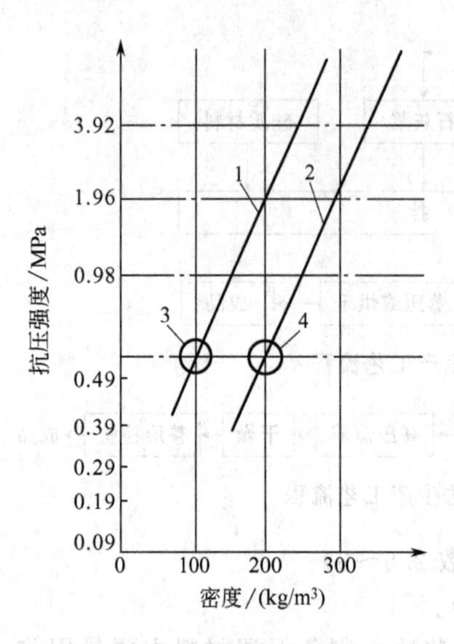

图 6.22 强度与密度的关系
1—动态法；2—静态法；3—动态法保温材料制品；4—静态法保温材料制品

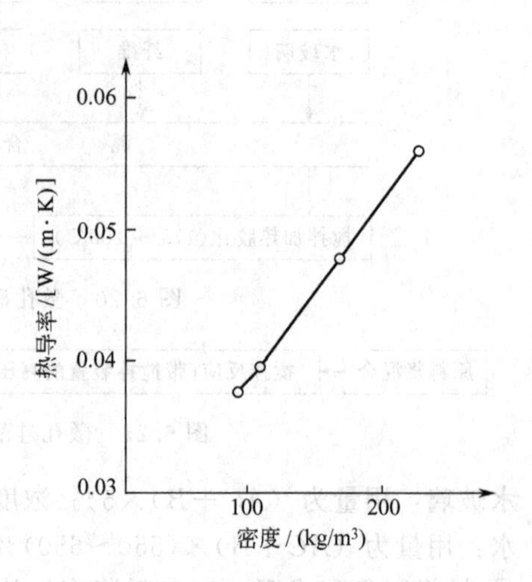

图 6.23 热导率与密度的关系

② 热导率 图 6.23 所示为产品的热导率与密度的关系。由于微孔硅酸钙内的空隙尺寸极小，基本上不存在对流的可能性，因此热导率与密度之间存在几乎线性的关系。因此，在强度符合要求的情况下，降低制品的表观密度可以得到较低热导率的微孔硅酸钙制品。

③ 耐热性 一般要求微孔硅酸钙在最高使用温度下的线收缩率不高于 2%。图 6.24 所示为几种微孔硅酸钙制品在最高使用温度下的线收缩率。由此可见，样品 1 和样品 2（硬硅钙石型）在 1000℃以下是安全的，而托贝莫来石型的线收缩率较大，即使在 650℃以下使用，也可能出现裂缝。

④ 耐腐蚀性 微孔硅酸钙制品中可能会存在少量的游离碱组分，因此，当受到酸性气体或溶液的侵蚀时，会发生腐蚀。另外，由于微孔的尺寸小，毛细作用力较大，有较强的吸湿性或吸水性。为了降低吸湿率，提高耐腐蚀性，可采用喷涂或浸渍憎水剂的方法进行处理。经 0.1%可溶性硅树脂浸渍后的微孔硅酸钙制品，憎水率可达 98%以上。几种硬硅钙石型微孔硅酸钙的吸水率曲线如图 6.25 所示，由此可见，经过憎水处理的产品，吸水率显著下降。

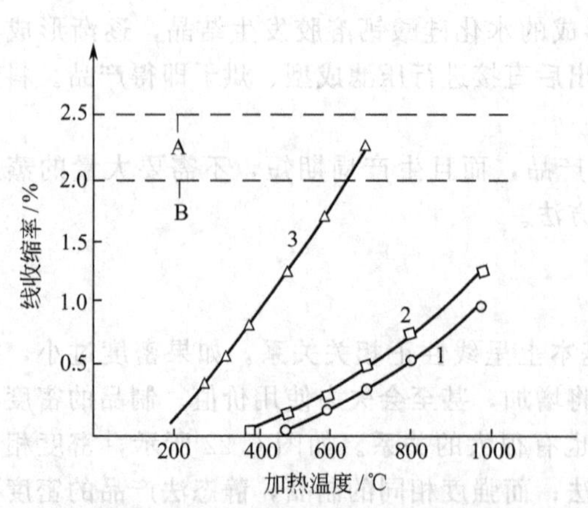

图 6.24 硅酸钙制品的线收缩率与温度变化的关系
1—超轻微孔硅酸钙加热 3h；2—超轻微孔硅酸钙加热 24h；3—普通托贝莫来石型加热 3h

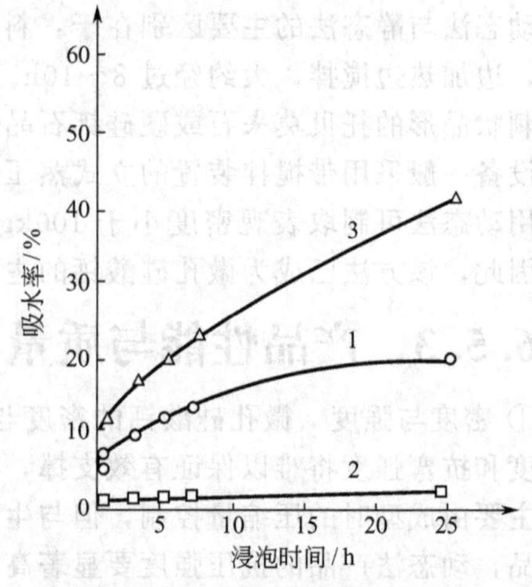

图 6.25 吸水率与吸水时间的关系
1—超轻型微孔硅酸钙制品；2—经憎水处理的超轻型微孔硅酸钙制品；3—普通型微孔硅酸钙制品

我国制定的硅酸钙绝热材料的物理性能指标要求（GB 10699—1998）如表 6.30 所示。

表 6.30 硅酸钙绝热材料的物理性能指标（GB 10699—1998）

物理性能			Ⅰ型(650℃)			Ⅱ(1000℃)			
			240 号	220 号	170 号	270 号	220 号	170 号	140 号
密度/(kg/m³)		≤	240	220	170	270	220	170	140
质量含水率/%		≤	7.5			7.5			
抗压强度/MPa	平均值	≥	0.50		0.40	0.50		0.40	
	单块值	≥	0.40		0.32	0.40		0.32	
抗折强度/MPa	平均值	≥	0.30		0.20	0.30		0.20	
	单块值	≥	0.24		0.16	0.24		0.16	
不同平均温度下的热导率/[W/(m·K)]	373K(100℃)	≤	0.065		0.058	0.065		0.058	
	473K(200℃)	≤	0.075		0.069	0.075		0.069	
	573K(300℃)	≤	0.087		0.081	0.087		0.081	
	673K(400℃)	≤	0.100		0.095	0.100		0.095	
	773K(500℃)	≤	0.115		0.112	0.115		0.112	
	873K(600℃)	≤	0.130		0.130	0.130		0.130	
最高使用温度	均温灼烧试验温度/K		923(650℃)			1273(1000℃)			
	线收缩率/%	≤	2			2			
	裂缝		无贯穿裂缝			无			
	剩余抗压强度/MPa	≥	0.40		0.32	0.40		0.32	

对于用于建筑物隔墙板、吊顶板和其他工程的防火隔热材料的纤维增强硅酸钙板，我国建材行业标准（JC/T 564—2000）规定的物理力学性能标准如表 6.31 所示。

表 6.31 纤维增强硅酸钙板物理力学性能

项目			类别		
			D0.8	D1.0	D1.3
密度 D/(g/cm³)			$0.75<D\leqslant0.9$	$0.90<D\leqslant1.2$	$1.2<D\leqslant1.4$
抗折强度/MPa	e(厚度)=5,6,8		8	9	12
	e(厚度)=10,12,15		6	7	9
	e(厚度)≥20		5	6	8
螺钉拔出力/(N/mm)		≥	60	70	80
热导率/[W/(m·K)]		≤	0.25	0.29	0.30
含水率/%		≤	10		
湿胀率/%		≤	0.25		
不燃性			符合 GB 8624A 级		

6.6 相变储能材料

相变材料（Phase Change Materials，PCMs）或称为蓄能调温材料，属于能源材料的范畴。广义来说，是指能被利用其在物态变化所吸收（放出）的热能用于储能或节能的材料。狭义来说，是指那些在相态变化时，储能密度高，性能稳定，相变温度合适和性价比优良，能够用于相变储能技术的材料。在相变温度范围内，相态发生变化时吸收或放出的能量称为相变潜热。利用相变材料这种蓄热、放热作用，可以调整、控制物体周围环境的温度，这样能够在物体周围形成温度基本恒定的微气候。相变材料的这种吸热和放热过程是自动、可逆、无限次的。

6.6.1 相变储能材料的分类及特点

具有合适的相变温度和较大相变潜热的物质，一般情况下均可作为相变储能材料，但实际上必须综合考虑材料的物理和化学稳定性、熔融材料凝固时的过冷度和对容器材料的腐蚀性、安全性及价格水平。相变材料按照组成成分可分为有机类和无机类；按照相变温度可分为高温相变材料（120～850℃）和低温相变材料（0～120℃）两类；按照相变形式、相变过程可以分为固-固相变、固-液相变和固-气相变及液-气相变四大类。由于固-气相变及液-气相变在相变过程中伴随大量气体的存在，使材料体积变化很大。因此，尽管它们相变潜热较大，但在实际中很少应用。常用的就是固-液和固-固相变材料。

固-液相变材料又可以细分为：①无机相变材料　结晶水合盐、无机熔盐、定型复合相变材料（由相变材料和高分子支撑和封装材料组成的复合储能材料，它可在相变过程中始终保持固态）、功能热流体；②金属及其合金相变材料　Al-Si、Al-Si-Mg、Al-Si-Cu 等；③有机相变材料　石蜡、脂肪酸、其他有机酸；④有机与无机混合相变材料；⑤复合相变材料。

固-固相变材料，包括无机盐类、多元醇类和交联高密度聚乙烯等。

(1) 固-液相变材料

固-液相变材料在温度高于相变点时，吸收热量，物相由固相变为液相。当温度下降，低于相变点时，放出热量，物相由液相变为固相，可以重复多次。它具有成本低、相变潜热大、相变温度范围较宽等优点。典型的固-液相变材料是水合盐和有机物两类。

水合盐类固-液相变材料的相变温度一般在 0～150℃之间不等，有较大的熔解热和固定的熔点，具有使用范围广、热导率大、熔解热较大、储热密度大、相变体积变化小，一般呈中性，毒性小、价格便宜等优点，使用较多的主要有碱基碱土金属的卤化物、硝酸盐、硫酸盐、磷酸盐、碳酸盐及乙酸盐等。但是，这类材料同时存在两个问题：一是过冷现象，即物质到冷凝点时并不结晶，而必须达到“冷凝点”以下的一定温度才开始结晶，解决过冷的办法通常是加成核剂；另一个问题是出现相分离，即加热使结晶水合物变成无机盐和水时，某些盐类有部分不完全溶解于自身的结晶水，而沉于容器底部，冷却时也不与结晶水结合，从而形成分层，导致储能能力下降，解决相分离的办法主要有加增稠剂和晶体结构改变剂以及采用薄层结构盛装容器，并对其进行摇晃或搅动。经加热-冷却循环后混合物的分离和过冷现象，一直是结晶水合盐类相变储能材料需要攻克的主要难题。

有机固液相变材料常用的有石蜡、烷烃、脂肪酸或盐类、醇类等。另外，高分子类有聚烯烃类、聚多元醇类、聚烯酸类、聚酰胺类以及其他一些高分子也可以用于固液相变材料，其中典型的有尿素、C_nH_{2n+2}、C_nH_{2n}、$C_{10}H_8$、CFC、PE、PEG、PMA、PA 等。一般来说，同系有机物的相变温度和相变焓会随着其碳链的增长而增大，这样可以得到具有一系列相变温度的储能材料。由于高分子化合物类的相变材料是具有一定分子量分布的混合物，并且由于其分子链较长，结晶并不完全，因此它的相变过程有一个熔融温度范围。有机类相变材料的优点是固体状态成型性较好、一般不容易出现过冷现象和相分离，材料的腐蚀性较小，性能稳定、毒性较小。但同时该类材料也存在如下缺点：热导率小、密度较小、单位体积的储能能力较小，价格较高，并且有机物一般熔点较低，不适于高温场合中应用，易挥发、易燃烧甚至爆炸或被空气中的氧气缓慢氧化而老化。为了得到相变温度适当、性能优越的相变材料，常常必须将几种有机相变材料复合以形成二元或多元相变材料，有时也将有机相变材料与无机相变材料复合，以弥补两者的不足，得到性能和适用性更好的相变材料。

固-液相变材料是目前研究中相对成熟的相变材料，对这些材料的物理化学特性以及防过冷相分离等问题都有文献报道，因其具有储能密度大、储能过程近似恒温、体积变化小、过程易控制等优点，是目前发展较快、应用较多的相变材料。

由于固-液相变材料的特点，为克服其由固相因吸热变为液相时液体不渗出及由液相因放热变为固相时有空间容纳其体积膨胀，必须要有一种载体或包裹材料容纳之。因此，实用性相变储能材料实质上是一种包裹或负载型的复合相变材料，如微胶囊相变复合材料（将固-液相变材料封装在高分子微胶囊或微球内）、无机/有机相变复合材料（将固-液相变材料负载或封装在孔道矿物材料，如硅藻土、蛋白土、凹凸棒石、膨胀珍珠岩、膨润土等中）以及金属泡沫/有机相变复合材料。

（2）固-固相变材料

固-固相变材料主要是通过晶体有序-无序结构转变完成储放热的，因此在相变过程中无液相产生，相变前后体积变化小，无毒，无腐蚀，对容器的材料和制作技术要求不高，过冷度小，热效率高，是一类有良好应用前景的储能材料。目前研究的固-固相变材料主要有无机盐类、多元醇类和交联高密度聚乙烯。

无机盐类相变材料主要是利用固体状态下晶型的转化或变化进行吸热和放热，主要有层状钙钛矿、Li_2SO_4、KHF_2等代表性物质，通常它们的相变温度较高，适合于高温范围内的储能和温控。

多元醇类是目前国内研究较多的一类具有较大技术和经济潜力的固-固相变储能材料，相变焓较大，相变温度较高（40～200℃），适合于中、高温储能应用。多元醇有较宽的相变温度、较高的相转变焓、固-固转变不生成液态。转变时体积变化小，过冷度低，无腐蚀，热效率高。该类材料主要有季戊四醇（PE）、新戊二醇（NPG）、三羟甲基氨基甲烷、三羟甲基乙烷、三甲醇丙烷、2-氨基-2-甲基-1,3-丙二醇（AMP）等。该类材料的相变热与多元醇每一分子中所含的羟基数目有关，每一分子所含羟基数越多，则相变焓越大。为了得到具有不同温度范围的混合储热材料，满足各种情况下对储热温度的相应要求，可将多元醇中两种或者三种按不同比例混合，以适应对温度有不同要求的应用。但是它们也存在成本高、过冷、塑晶、热传导能力欠佳问题等，限制了其应用。

高密度聚乙烯的熔点一般都在125℃以上，但通常在100℃以上就会发生软化，经过辐射交联或化学交联之后，其软化点可提高到150℃以上，而晶体的转变却发生在120～135℃之间；而且这种材料的使用寿命长、性能稳定，无过冷和析出现象，易于加工成各种形状，易于与发热体表面紧密结合，热导率高，具有较大的实际应用价值。

6.6.2 多孔非金属矿复合相变储能材料的制备及性能

复合相变材料已成为相变材料研究的热点。目前，复合固-液相变材料存在的主要问题是相变材料易渗漏（耐久性不好）以及载体成本较高。利用性能稳定、价格低廉的天然多孔矿物与有机相变材料复合，可以克服相变材料容易泄漏、化学及物理稳定性能差、价格较高等缺陷。天然矿物作为有机相变物质的储藏介质或包裹载体，可以使固-液相变物质在由固态变为液体时不至于泄漏，液态变为固态时有膨胀空间，因而使其材相变性能更为稳定，便于实现相变材料的实用化。常用的用于制备蓄能调温复合材料的矿物包括硅藻土、蛋白土、膨润土、石墨、珍珠岩等。

（1）硅藻土及蛋白土复合相变蓄能材料

硅藻土是一种生物成因的硅质沉积岩，主要化学成分为 SiO_2；具有松散、质轻、多孔且孔道呈有规律分布等特性，孔径主要集中于几纳米到数十纳米，化学性质稳定，比表面积和孔体积较大，吸附固定性能好；是一种天然纳米孔结构无定形硅质矿物材料。硅藻土的高比表面积、大孔体积可以提高相变材料的负载量，从而提高相变潜热。此外，硅藻土的孔分布特性可以更好地吸附、固定相变材料分子，从而改善和提高复合相变材料的耐久性。硅藻土是一种储量丰富、容易开采和加工的天然硅质矿物，来源广泛，生产成本较低。

硅藻原土中往往含有较多的有机质等杂质，为了获得更大的比表面积与孔体积，在制备硅藻土相变材料时，需要对硅藻土进行预煅烧处理。采用熔融共混法，以改性煅烧硅藻土为基体，以石蜡等有机物为相变物质，在液体石蜡占液-固石蜡混合物的30%；石蜡占复合相变材料质量57%条件下制备的复合相变材料的相变温度为33.04℃，相变焓为89.54J/g。图6.26所示为硅藻原土（a）、煅烧硅藻土（b）以及硅藻土复合相变蓄能材料（c、d）的SEM图片。

图6.26 硅藻原土（a）、煅烧硅藻土（b）以及硅藻土复合相变相变蓄能材料（c、d）的SEM图片

以聚乙二醇为相变物质，硅藻土为载体材料制备的聚乙二醇/硅藻土定形相变蓄能材料，当聚乙二醇负载量达到50%时，相变温度为27.7℃，相变潜热为87.09J/g。以赤藻糖醇（Erythritol）为相变物质，硅藻土为载体，采用真空自发浸渗工艺的赤藻糖醇/硅藻土复合相变储能材料，其相变热能够达到纯赤藻糖醇理论相变热（294.4J/g）的83%。以石膏、水泥、硅藻土和珍珠岩等为载体，采用吸附法制备的不同有机相变物质的定型复合相变蓄能材料，其相变温度介于20～35℃，相变潜热在38～126J/g，在其工作温度范围内，具有良好的热稳定性和化学稳定性；研究表明，采用脂肪酸酯基复合相变物质与硅藻土制备的复合相变储热材料，其储能效率均有不同程度提高。研究结果表明，采用熔融吸附法制备的辛酸-月桂酸/硅藻土复合材料相变潜热可达辛酸-月桂酸二元脂肪酸的57%，相变温度为16.74℃；以真空渗入法将硬脂酸丁酯与硅藻土进行复合制备的硬脂酸丁酯/硅藻土复合相变材料，其导热性比硬脂酸丁酯要好；硅藻土对硬脂酸丁酯热导率的增强效果不仅受硅藻土热导率的影响，还受到复合材料内部结构特征的明显影响。以月桂酸/葵酸（7∶3）为相变材料，硅藻土为载体制备的复合相变储热材料，当硅藻土与相变材料的质量比为1.75∶1时，复合蓄热材料的相变温度为21.31℃，相变潜热为153.71J/g。采用溶液插层法制备的石蜡/改性硅藻土复合相变蓄能材料，在石蜡负载量为65%时，相变温度为53.7℃，相变潜热为147.93J/g，复合材料具有良好的热稳定性和兼容性。以硬脂酸为相变材料，改性硅藻土为载体，无水乙醇为溶剂，采用溶

液插层法制备的硬脂酸/改性硅藻土复合相变蓄能材料，当复合相变蓄能材料中硬脂酸的质量分数为65%时，相变温度为61.6℃，相变潜热为142.87J/g。

蛋白土是一种含水非晶质或胶质的活性二氧化硅的多孔硅质矿物材料，其主要化学组成为$SiO_2 \cdot H_2O$，孔径较小，比表面积较大。

采用熔融共混法，以煅烧蛋白土为基体，石蜡为相变物质，制备的复合材料相变温度为24.94℃，相变潜热为62.09J/g，颗粒均匀分布在蛋白土与熔融石蜡构成的基体之中；载体蛋白土和相变材料石蜡之间以分子间作用力的物理吸附结合，结构稳定。图6.27所示为蛋白土原土（a）、煅烧蛋白土（b）以及蛋白土复合相变蓄能材料（c、d）的SEM图。

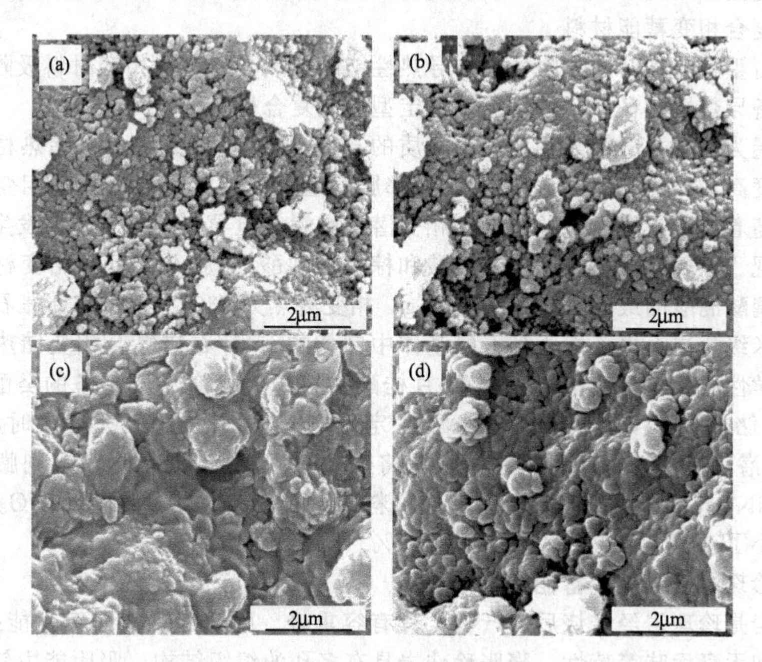

图6.27 蛋白土原土（a）、煅烧蛋白土（b）以及蛋白土复合相变蓄能材料（c、d）的SEM图

在蛋白土吸附有机相变材料之前，对蛋白土原土进行预先焙烧、酸浸、改性等有利于提高蛋白土复合相变蓄能材料的应用性能。焙烧、酸浸和改性可显著提高蛋白土的比表面积和对相变材料的吸附量。不同预处理条件下制备的蛋白土基复合相变材料的相变性能如表6.32所示。

表6.32 不同预处理条件下制备的蛋白土基复合相变材料的相变性能

蛋白土处理方法	相变材料		相变温度/℃	相变潜热/(J/g)
	种类	质量分数/%		
酸浸	A	39.2	24.91	64.31
改性	B	41.7	24.94	62.09
改性	B	41.7	27.10	67.72

注：相变材料A为：液蜡，十八烷；相变材料B为：聚乙二醇，十八烷。

（2）膨润土复合相变蓄能材料

膨润土是一种以蒙脱石为主要矿物成分的黏土矿物，具有较大的比表面积和孔容，而且具有较强的阳离子交换能力与吸附能力。利用蒙脱石层状晶体结构与吸附性能，可以制备结构与相变性能稳定的复合相变蓄能材料。

利用液相插层法制备了硬脂酸/膨润土复合相变储热材料，其相变温度比硬脂酸略低，相变潜热与材料中硬脂酸的质量分数和硬脂酸的相变潜热乘积相当，500次冷热循环证明其稳定性良好。张正国等将膨润土进行有机改性后制备的硬脂酸丁酯/膨润土复合相变材料，在20～70℃之间具有良好的稳定性和导热性；以不同比例用十六烷基三甲基溴化铵改性膨润土，利用有机改性膨润土为基体制备了新戊二醇/膨润土复合储能材料，相变温度为56.4℃，相变潜热可达66.18J/g。将膨润土进行有机改性后用无水乙醇将改性膨润土进行分散，再将十二醇加入到悬浮体系中，制备的十二醇/蒙脱土复合相变储能材料具有良好的稳定性和导热性能，经80次冷热循环后，相变温度和相变潜热变化均较小，将蒙脱土水凝胶和石蜡相变材料按一定比例复合可以制备石蜡/蒙脱土纳米复合相变材料。采用微波加热和熔融插层法制备的十八烷/膨润土复合相变储热材料，相变温度与十八烷接近，具有良好的结构和性能稳定性。

（3）石墨复合相变蓄能材料

利用膨胀石墨具有良好的吸附性能与导热性能的特点，将有机相变材料吸附在石墨微孔结构中，可以制备导热性能良好、结构稳定的定型蓄能复合材料。

以膨胀石墨为基体，石蜡为相变储热介质的石蜡/膨胀石墨复合相变储热材料，热稳定性良好，储热密度高，导热性能好。聚乙二醇/膨胀石墨相变储能复合材料的相变温度与聚乙二醇基本相同，随着聚乙二醇含量的增加，相变潜热增大，但导热性能下降，发生固液相变时没有泄漏现象出现。以熔融混合法制取月桂酸和棕榈酸混酸/膨胀石墨复合相变材料，膨胀石墨对月桂酸和棕榈酸混酸的最大吸附量为15g/g，相变潜热为139.4J/g。将膨胀石墨在超声波作用下解离到微米级片层石墨，加入到石蜡基体中制备的石墨/石蜡复合相变储热材料，具有储热速率快、化学性质稳定等性能。以癸酸-月桂酸共熔物为相变物质制备的癸酸-月桂酸/膨胀石墨定形相变储能材料，当癸酸-月桂酸在定形相变材料中占80.47%时，相变温度为19.50℃，相变潜热为93.18J/g。用水溶液法将$NaNO_3$-$LiNO_3$混合盐渗入到膨胀石墨中，制备的$NaNO_3$-$LiNO_3$/膨胀石墨复合相变储能材料，膨胀石墨的引入使得$NaNO_3$-$LiNO_3$混合盐的相变温度减小了1.3℃，热导率提高了37.6%。

（4）膨胀珍珠岩复合相变蓄能材料

膨胀珍珠岩是珍珠岩经焙烧后的产物，具有容重轻、耐火性强、隔声性能好、空隙微细、化学性质稳定和无毒无味等特性。膨胀珍珠岩具有多孔的组织结构，吸附能力较强，是有机相变材料的适宜载体材料。

石蜡/膨胀珍珠岩复合相变材料，石蜡被吸附到膨胀珍珠岩孔道中，且分布均匀，经过乳液覆膜后基本无泄漏，理化性质稳定；再用石蜡包裹制备脂肪酸/膨胀珍珠岩/石蜡复合相变材料，并将其掺入砂浆中制备相变砂浆，有效改善砂浆的热性能。用真空吸附法将两种三元有机相变材料（十二酸/十六酸/十四酸、十六醇/十二酸/十六酸）吸附于膨胀珍珠岩微孔中，制备了膨胀珍珠岩复合相变材料，其相变温度分别为28.55℃、25.77℃，相变焓分别为79.45kJ/kg、80.49kJ/kg，二者的相变焓较大，且其相变温度正好处在人体最舒适温度区间。以月桂酸为相变物质制备的月桂酸/膨胀珍珠岩复合相变材料和以脂肪酸为相变物质制备的脂肪酸/膨胀珍珠岩复合相变材料，相变温度接近人体体表温度，相变潜热较大，而且具有良好的热稳定性。

（5）其他复合相变蓄能材料

累托石是一种具有特殊结构的层状硅酸盐黏土矿物。累托石应用于制备复合相变材料时主要基于以下性质：①高温稳定性　累托石的耐火度高达1650℃，并能在500℃下保持结构稳定；②高分散性和高塑性　累托石遇水极易分散，成膜平整，加入少量碱处理后，分散效果更佳，并能长期保持悬浮；累托石塑性指数高达50，易粘接成型，烘干或烧结不产生裂纹；③吸附性和阳离子交换　累托石结构中蒙脱石层间有水化阳离子，可以大量地被其他单一或复合离子取代，如钠、铝、硅及季铵盐等，还能吸附各种无机离子、有机分子和气体分子，并且这种吸附和交换是可逆的；④层间孔径和电荷密度可调控　在使用不同处理剂进行离子交换后，累托石层间可形成大孔径层柱状二维通道结构，并且这种结构具有高度的稳定性，其层间电荷密度可根据所需活性进行适当调整；⑤结构层分离性 累托石是易分离成纳米级微片的天然矿物材之一，经适当处理，累托石间层结构可分离成类云母和类蒙脱石的纳米粒，产生纳米材料的新特性。以钠化改型-有机改性后的有机交联累托石为载体制备的饱和脂肪酸/有机累托石复合相变材料，热导率达到 1.86W/(m·℃)，远大于纯脂肪酸；相变潜热为 59.521J/g，热稳定性良好。

凹凸棒土是一种层链状过渡结构、以含水富镁硅酸盐为主的黏土类矿物。因其特殊的形态、结构与理化特性而具有较强的吸附作用。以硬脂酸为相变材料，以凹凸棒石为载体制备的硬脂酸/凹凸棒石复合相变储热材料具有良好的热稳定性与储热性能。

石膏是单斜晶系矿物，主要成分是硫酸钙（$CaSO_4$）。石膏及其制品的微孔结构和加热脱水性，使之具优良的隔声、隔热和防火性能。以石膏为载体，硬脂酸钠作为助剂制备的石蜡/石膏复合相变材料，石蜡的容留量达到 23.1%，相变潜热基本等于石蜡的相变潜热和石蜡在复合相变材料中的容留量之乘积，相变温度比石蜡有所降低。

6.6.3 相变储能材料的应用

随着世界经济的快速发展，人类对能源的需求越来越高，而地球上的能源是有限的，所以相变储能材料对能源的合理使用和节约方面具有广泛的应用前景。

在墙体中加入相变材料，可以加强墙体的保温隔热性能，节省采暖能耗，这方面已经有商业化应用。美国 Los Alamos 国家实验室（LANL）的研究结果显示，使用相变墙能使建筑的逐时负荷趋于均匀化，因此可使空调设备减少约 30%。美国管道系统公司 Pipe Systems Inc. 用 $CaCl_2$-$6H_2O$ 作为相变材料制成储热管，用来储存太阳能和回收工业中的余热，据称 100 根长 15cm、直径 9cm 的聚乙烯储热管就能满足一个家庭所有房间的取暖需要。美国的太阳能公司（Solar Inc.）利用 $Na_2SO_4 \cdot 10H_2O$ 相变材料来储存太阳能。加拿大 Athienitis 等在被动式太阳房中使用相变墙板，结果显示房间的温度在白天比常规墙板房间温度低 4℃，而夜间其放热可以延续 7h 以上，夜间相变墙板的表面温度可比普通墙板高 3.2℃。

1999 年俄亥俄州戴顿大学研究所研制了一种新型建筑材料——固液共晶相变材料，它的固液共晶温度是 23.3℃。当温度高于 23.3℃，晶相熔化，积蓄热量，一旦气温低于这个温度时，结晶固化再现晶相结构，同时释放出热量。在墙板或轻型混凝土预制板中浇注这种相变材料，可以保持室内适宜的温度。日本的 Takeshi Konda 等则将 PCM 压入交联聚乙烯中制成 PCM 小球，然后再把这种小球加到其他多孔材料，如石膏板中，从而得到具有储热能力的 PCM 石膏板。采用石蜡/蒙脱土纳米复合相变材料的墙体，与一般墙体相比，可以减缓室外热量向室内的传输。15h 的模拟结果表明，室内温度降低 1.5K，热舒适性有所提高。美国 Triangle 公司研究制成一系列产品蓄热调温纺织品，用于保温内衣、夹克、毛毯等。

我国相变材料的应用研究也取得了显著进展，目前已应用到室内墙体、地板等的蓄热保温，并制定了相应的相变建筑材料行业标准。自 20 世纪 90 年代我国就开展了蓄热调温纺织品的研究工作，2000 年研制出相变物质含量在 16%以上的蓄热调温纤维。相变储能材料在电子器件冷却，工业余热利用等方面都有应用。

7

电功能材料

非金属矿物电功能材料是指利用非金属矿物的导电或绝缘性能制备的导电、绝缘、抗静电材料。在非金属矿物中，石墨的导电性最好（体积电阻率低），因此导电功能材料主要是石墨制品（如石墨电极、电刷、彩色显像管石墨乳等）；抗静电非金属矿物材料实际上也是一种导电材料。非金属矿物或岩石大多为体积电阻率高的绝缘体，如云母、石英、石棉、滑石等，因此，绝缘功能材料主要是云母制品、石棉制品、硅微粉/环氧树脂电工料和电子塑封料等。非金属矿导电功能材料广泛应用于冶金、电工电子、电力电气、机械、纺织等领域。本章主要介绍石墨、云母、石棉、硅灰石基电功能材料以及以硅微粉为主要组分的电子塑封料。

7.1 石墨基电功能材料

7.1.1 石墨电极

石墨电极分为人造石墨电极和天然石墨电极两类。

(1) 人造石墨电极

人造石墨电极的主要原料是石油焦、无烟煤、冶金焦和沥青焦及煤沥青等，现简述如下。

① 石油焦　石油焦是生产石墨沥青的重要原料，具有灰分低（一般小于1%）、高温下易石墨化的特点，是炼油工业的副产品渣油经缩聚反应，使其中的烷烃、环烷烃、芳香烃、树脂质及沥青质在一定温度、压力下经一定时间焦化而成。焦化工艺有釜式焦化、平炉焦化、延迟焦化、接触焦化和硫化焦化等，且以延迟焦化和硫化焦化应用较广泛。

② 无烟煤　用于生产石墨电极的无烟煤必须是灰粉含量低、含硫量少、机械强度高、热稳定性好的优质煤。要求其煅烧后仍有较高的强度。

③ 冶金焦和沥青焦　冶金焦大量用于生产炭块及电极糊等产品，又是焙烧炉的填充料及石墨化炉的电阻料。沥青焦是生产石墨电极的原料之一，它与冶金焦有一定联系。冶金焦是从焦煤干馏得到，在干馏时可获得煤焦油，煤焦油分馏而得沥青，沥青在高温下焦化而成沥青焦。冶金焦要求灰分、硫分、挥发分及水分低，有较高机械强度及较好导电性。沥青焦结构比石油焦致密，总孔隙小，耐磨性及机械强度比石油焦高，但灰分一般比石油焦高。为提高石墨电极制品的机械强度，一般加入20%～25%的沥青焦。

④ 煤沥青　煤沥青是炼焦工业所得煤焦油经分馏后得到的残渣，一般是用于炭和石墨制品的黏结剂。煤沥青用不同溶剂处理后可得到高分子、中分子和低分子三种组分。

石墨电极的生产工艺主要包括以下工序。

① 预先煅烧　将各种炭质原料在隔绝空气的条件下进行高温干馏。它是炭和石墨制品生产的第一道热处理工序。其目的是排除原料中的挥发分及水分，提高原料的密度、强度、导电性能及化学稳定性。煅烧温度一般为1200～1300℃，应不低于成型后的焙烧温度(1000～1250℃)。

煅烧设备主要是回转窑和罐式窑。回转窑机械化程度高、氧化损耗低，但投资较大，操作技术要求较高。

② 配料 各种炭和石墨制品都是由炭质固体原料（大颗粒）及填料（小颗粒）加入一定量黏结剂黏结而成。石墨电极的配料主要包括以下几方面。

a. 原料选择 生产普通功率电炉炼钢使用的电极可采用一般质量的石油焦为原料。生产高功率电炉炼钢用电极则需要优质石油焦（针状焦）为原料，才能得到比电阻低、热膨胀系数小的电极。

b. 粒度组成选择 为得到较高的堆积密度和较小的孔隙度，炭和石墨制品配方由大颗粒、中颗粒、球墨粉等几种不同大小的颗粒料组成。大颗粒在坯料中起骨架作用，小颗粒则用于充填间隙。

c. 黏结剂的选择 目前基本上采用沥青作黏结剂。沥青是一种热塑性材料，与固体碳素材料有很好的浸润性。沥青按软化点不同分为软沥青（软化点50℃左右）、中沥青（软化点70℃左右）及硬沥青（软化点80℃以上）。国内目前主要使用中沥青。

③ 混捏 碳素原料与黏结剂在一定温度下混合，捏合成可塑性糊状，这一工序称为混捏。其作用是使大小不同的颗粒均匀混合，互相填充间隙，以提高材料的密实度；并使所有颗粒表面敷上一层液体黏结剂，颗粒相互黏结，赋予糊料弹性，便于成型；同时黏结剂渗入颗粒空隙，使糊料进一步密实。

常用的混捏设备有单轴搅拌混捏锅、双轴搅拌混捏锅及双轴搅拌连续混捏锅。

④ 压型 常用的压型方法有挤压和模压。因石墨电极形状细长，所以模压成型很少用。挤压成型生产效率较高，而且压出产品的轴向密度分布较均匀，适合于生产石墨电极的长条形棒料。

挤压成型一般分五个工序：凉料、装料、预压、挤压、产品冷却。为保证产品质量，需适当掌握凉料温度、料室温度、挤压嘴温度、预压压力、挤压压力及挤出速度等。挤压成型设备有油压机和水压机两种。

⑤ 生制品焙烧 生制品的焙烧是在特殊的加热炉内隔绝空气（用焦粉或石英砂埋盖生制品），按一定升温速度加热到1000～1250℃，焙烧周期长达15～30天。其目的是使黏结剂碳化，将碳素原料与沥青碳化后的沥青焦牢固地连成整体。

焙烧过程中，黏结剂的分解、挥发、缩聚与焦化按几个阶段进行。

a. 黏结剂软化到挥发分大量排除阶段。此阶段升温速度要慢，一般每小时升温2～3℃。

b. 黏结剂焦化阶段。中沥青焦化过程从500℃开始至800℃左右基本完成。

c. 高温焦化。为使焦化完善，一般加热到1200℃左右。

d. 冷却阶段。此阶段降温不宜过快，以避免产品因内外温差大产生裂纹。

生制品焙烧是在倒焰窑、隧道窑及环式炉中进行。

⑥ 浸渍 成型后的生制品焙烧后，由于沥青部分挥发，内部产生气孔，密度和强度等下降。为了提高产品的密度和强度，需要在焙烧后对半成品进行沥青浸渍处理。浸渍后进行二次焙烧，使沥青焦化。

影响浸渍质量的工艺参数有浸渍前产品的预热稳定、浸渍时的加热温度、浸渍前抽真空时间及真空度、浸渍时所加压力大小及加压时间等。其中主要是加热温度、抽真空时的真空度、加压压力及加压时间等。浸渍工艺的主要设备是浸渍罐（高压釜）。浸渍罐的加压可用压缩空气和高压氮气。

⑦ 石墨化 石墨化是在高温下将无定形碳转化为三维有序排列的石墨的过程。无定形碳的石墨化是人造石墨电极的主要工序。

经过焙烧形成焦炭的碳元素主体虽然是六角环形平面状大分子结构的无定形碳，但许多平面状大分子之间位置并不呈有序排列，因而不显出石墨晶体的性质。

高温加热是无定形碳转化为石墨的主要条件。一般情况下，容易石墨化的石油焦加热到1700℃才进入三维有序排列的转化期，而沥青焦所需的温度更高。

影响石墨化过程的主要因素是温度。温度越高，进入石墨化稳定状态需要的时间越短，在几分钟或十几分钟即可达到一定的石墨化程度；在温度较低下石墨化时，需要较长时间才能达到稳定状态。

无定形碳的石墨化要在2000℃以上的高温下进行，因此必须采用电加热方式。工业化石墨化炉可分为直接加热和间接加热两种。按运行方式又分为间歇式和连续式。

直接加热法是直流电流直接通过被石墨化的半成品，半成品既是通过电流产生热量的导体，又是被加热到高温的对象。工业上应用最多的直接加热石墨化炉称为爱契生石墨化炉。这种炉中半成品与少量的电阻料（焦粒）共同通过电炉炉芯。炉芯周围有很厚的保温层。而被称为LGW法的卡斯特纳炉则不用电阻料，只有半成品在炉内直接通电加热，其结构示意如图7.1所示。

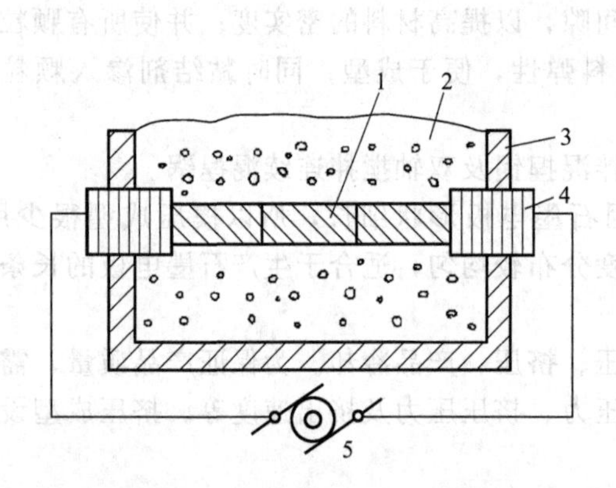

图7.1 卡斯特纳石墨化炉示意

1—装入的半成品；2—保温料；3—炉头墙；4—导电电源；5—电源

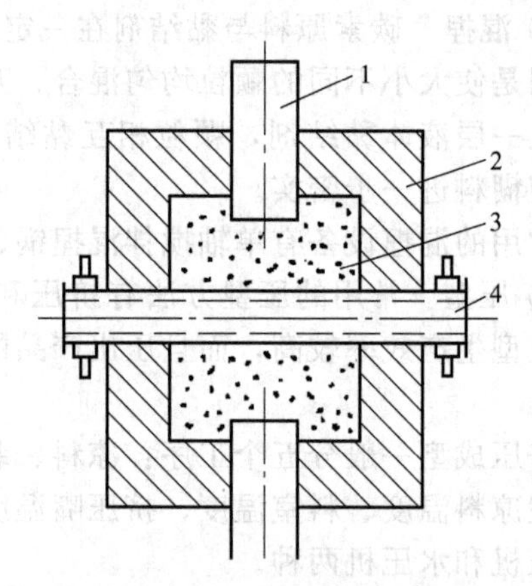

图7.2 间接加热的管式石墨化炉

1—导电电极；2—炉体外墙；3—焦粒电阻料；4—炉管

间接加热的石墨化炉有一个固定的高温区，它也是由电流的热效应产生的，最简单的间接加热的管式石墨化炉如图7.2所示。这是一种用焦粒作电阻发热体的管式炉，被石墨化的半成品连续通过一根埋在焦粒中的石墨管而实现石墨化。

（2）天然石墨电极

冶金工业最初使用的是天然石墨电极。但由于人造石墨电极灰分少，各项性能指标较好，因此逐步代替了天然石墨电极。但新研制的天然石墨电极的某些性能优于人造石墨电极，而且不需要复杂的石墨化工序，显著节能。因此天然石墨电极又得到了广泛应用。

天然石墨电极用高碳鳞片石墨为原料、中温煤沥青为黏结剂加工而成，其制备过程除了不需要石墨化外，其他工序与人造石墨电极相同，其生产工艺流程见图7.3。

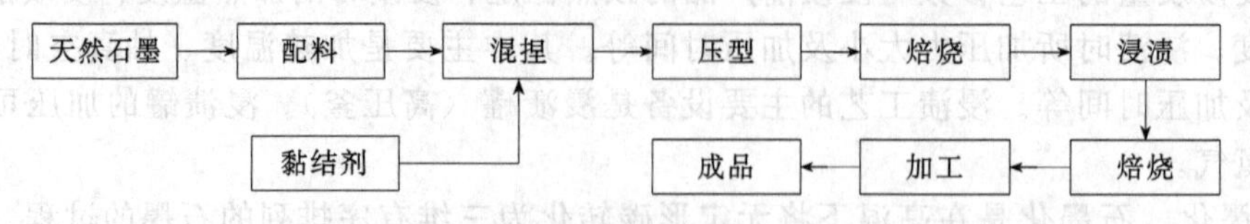

图7.3 天然石墨电极生产工艺流程

根据电极产品的规格不同，将不同粒度的石墨进行配料。生产时原料先进行干混，混匀后适当加热，再加入一定数量的沥青进行湿混，使黏结剂与原料混匀，成为可塑性好的糊料。将糊料送入电极挤压机的料缸中经预压排除空气，再压制成型。成型后生坯送入焙烧炉中焙烧，使黏结剂煤沥青在一定温度下裂解，并产生聚合反应，使碳原子之间形成焦炭网络，将石墨粉紧密连接起来，形成一个具有一定机械强度和理化性能的整体。焙烧按一定升温曲线升温至1300℃，需要时间219～240h。采用冶金焦和石英砂混合体作为充填和覆盖料。浸渍后的二次焙烧条件基本与第一次相同，时间稍短一些。浸渍过程是将一次焙烧产品送入预热炉中，在260～320℃温度下预热3～5h，然后入浸渍罐。浸渍时，液态沥青在一定的真空度、压力、温度条件下进入制品的微孔中，然后用冷水冷却后出罐，一个周期约6h。浸渍后的电极经二次焙烧后加工成为最终产品。

7.1.2 显像管用石墨乳

显像管用胶体石墨乳，又称为显像管用胶体石墨涂料，是用于显像管的导电性涂料。石墨是优良的电导体，石墨乳形成的涂膜也具有良好导电性，它是电真空管内导电的基础。这种导电膜色黑且不透明，具有吸热和吸辐射能力大、二次电子放射能小、气体吸收量大、热膨胀率小等特性。胶体石墨涂料用于显像管的阴极方向，主要涂于显像管的内壁，防止二次电子放射，使光反射小，起屏蔽作用。如图7.4所示，根据在显像管涂覆的部位不同，显像管石墨乳可分为黑底石墨乳、销钉石墨乳、锥体内涂石墨乳、外涂石墨乳和管颈石墨乳。

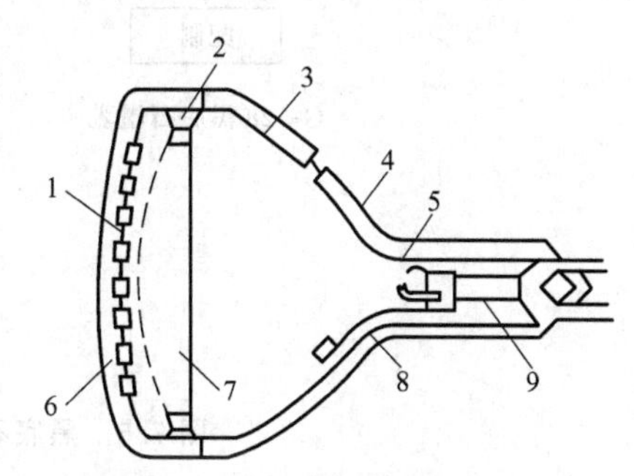

图7.4 显像管石墨乳涂覆位置

1—黑底石墨乳；2—销钉石墨乳；3—锥体内涂石墨乳；4—外涂石墨乳；5—管颈石墨乳；6—荧光屏；7—荫罩；8—锥体；9—电子枪

制备工艺大致可分为湿式粉碎和干式粉碎两种。湿式粉碎工艺主要生产黑底和管颈石墨乳；干式粉碎工艺主要生产外涂石墨乳、锥体石墨乳和销钉石墨乳。

(1) 黑底石墨乳和管颈石墨乳生产工艺

黑底石墨乳和管颈石墨乳的生产工艺如图7.5所示。过程简述如下。

① 黑底石墨乳　将经过提纯的高碳石墨和辅助材料（0.5%～1%的分散剂）搅拌均匀后给入双筒振动磨中研磨，给料粒度为通过200目筛，研磨浆料浓度为33%～36%；研磨20h后用隔膜泵送入粗分级；分级后的粗粒石墨返回再磨，细粒石墨再用精细分级机进行分级，其分离粒度上限为1μm。分离出的小于1μm的石墨浆液浓度很小。由于微细粒石墨带电，在水中呈分散状态，必须加酸使微细粒子放电进行凝聚，然后才能较快进行沉降。为了加速沉降，采用高速离心法，即用高速离心机捕集微细粒石墨。加酸凝聚后的微细粒石墨，在配置前加入碱性物质，使pH值达到10左右，进行解胶，并用振动磨进行强烈机械处理使微细粒石墨重新带电，恢复分散状态。一般来说，胶体石墨经解胶后即可成为最终产品，而用于显像管的涂料还需加入增黏剂和增强剂，并在搅拌机中进行较长时间的搅拌。

② 管颈石墨乳　管颈石墨乳要求有较高的涂膜强度，以免在电子枪装入时碰撞涂膜。所以，在生产管颈石墨乳时需要加入涂膜增强剂和增黏剂。采用的原料是精细分级后的超细石墨，其粒度范围为1～4μm。石墨胶浆在搅拌机中加入解胶剂和去离子水进行搅拌，用板框压滤机进行脱水，滤饼再入振动磨进行强力机械处理，并在振动磨中加入涂膜增强剂与石墨一起进行研磨。增黏剂和涂膜增强剂可以采用羧甲基纤维素或其他对玻璃有良好附着作用的高分子物质。

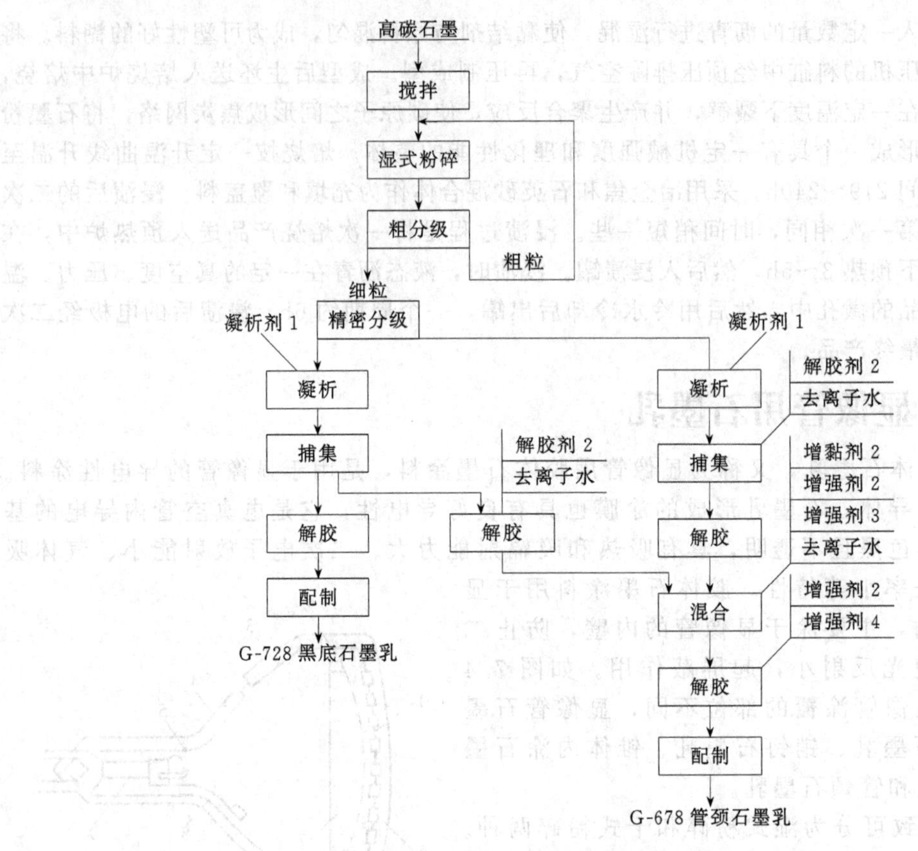

图 7.5　黑底石墨乳和管颈石墨乳生产工艺流程

(2) 外涂石墨乳、锥体石墨乳和销钉石墨乳生产工艺

外涂石墨乳、锥体石墨乳和销钉石墨乳生产工艺如图 7.6 所示，采用干法生产工艺。经过粉碎机粉碎后的微细石墨粒子，在连续精细分级机中进行分级。细粉用旋风分离器和袋式收尘器收集，粗粉返回粉碎机再粉碎。将收集的超细石墨粉按比例在混合机中混合，然后加入分散剂进行润湿处理，在搅拌机中加入防腐剂和增强剂配制成销钉石墨乳。锥体石墨乳是将粒度组成大部分小于 10μm，其中 3～4μm 占 80%以上的超细石墨粉用振动磨进行强力机械处理使石墨粒子带电，最后在搅拌机中加入分散剂和增强剂配制而成。外涂石墨乳由于粒度要求较粗，所以经干式粉碎和旋风收集器收集的石墨原料，其粒度小于 30μm，直接加入搅拌机中，并加入辅助材料进行湿式处理，最后加入消泡剂和润湿剂进行搅拌，配制成最终产品。

外涂石墨乳所用石墨，除了天然鳞片石墨外，还需加入土状石墨或人造石墨。目的是增加涂膜黑度。

图 7.7 所示为涂覆彩管锥内表面的低阻内导电石墨涂料的制备工艺。将提前溶解的甘醇酸纤维素钠与石墨、分散剂混合，给入捏合机里捏合 8h，充分混匀；然后将混合料给入搅拌槽，分别加入黏结剂、增稠剂、成膜剂搅匀；将充分搅拌的混合料加到振动磨中，振动分散 4h，排到装有钢球的滚筒磨中滚磨 4h 后进入干净的搅拌槽中，加入流平剂、防霉剂搅匀，取样化验合格后筛分、包装入库。内导电石墨涂料要求石墨固定碳含量大于 99%，粒度小于 10μm；电阻率小于 0.08Ω・cm；在 6 个月内不分层、不沉淀、不结块，25℃下黏度保持在 25～30mPa・s之间；附着力强，使用棋盘格法，100%不剥落；放气性良好，无有毒有害气体产生。

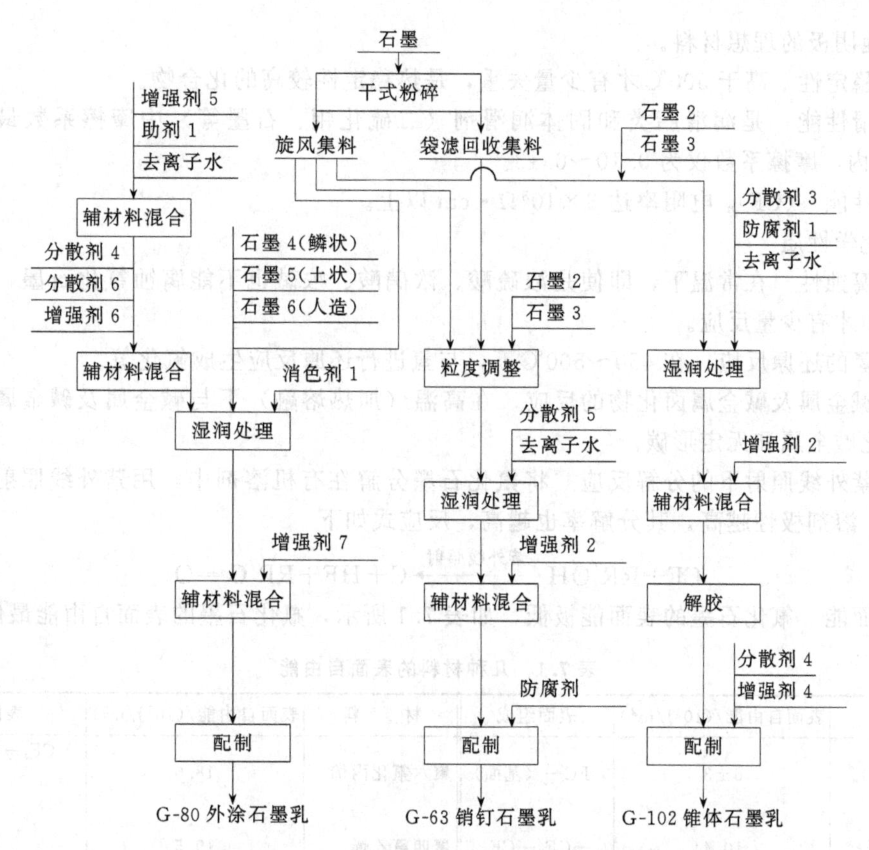

图 7.6 外涂石墨乳、锥体石墨乳和销钉石墨乳生产工艺流程

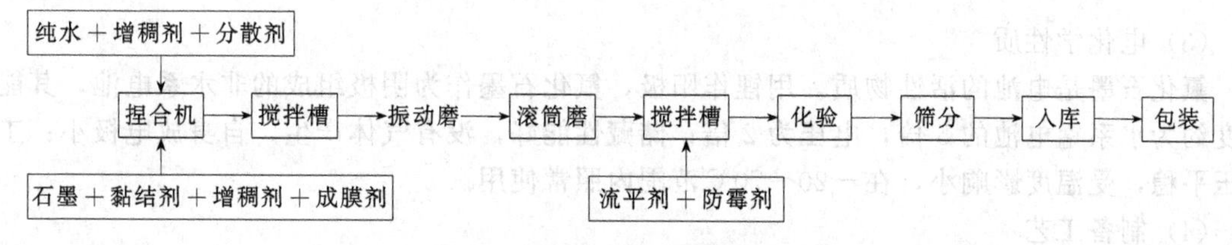

图 7.7 内导电涂料制备工艺流程

7.1.3 氟化石墨

与天然石墨不同，氟化石墨电绝缘性好。氟化石墨是将石墨粉在预先干燥的活化条件下，加热到 374～600℃通入被 N_2 稀释的氟而得。目前它具有两种稳定的化合物，一种为聚单氟碳，化学式为 $(CF)_n$；另一种为聚单氟二碳，化学式为 $(C_2F)_n$。由于氟的原子半径小，电负性又高，其化合物显示独特性质，因而氟及其化合物插入到石墨层间制成的氟系层间化合物，具有其他层间化合物所不具有的独特性质。

(1) 物理性质

① C/F 原子比　氟化石墨性能随分子结构中的 C/F 原子的比值而异。C/F 比值≤1 称之为高氟化度氟化石墨；C/F 比值>1 称之为低氟化度氟化石墨。

高氟化度氟化石墨呈雪白色，具有优良的热稳定性，几乎是电的绝缘体。对于强氧化剂，碱和酸都具有很强的耐腐蚀性及优良的润滑性。其润滑性能比二硫化钼和鳞片石墨本身都好，即使在 400℃干燥空气中仍具有润滑性。

低氟化度氟化石墨呈灰黑色，热稳定性较差，一般不作为润滑剂。研究表明，它是制造高能无水电池阴极的理想材料。

② 热稳定性　高于500℃才有少量失重，是热稳定性较高的化合物。

③ 润滑性能　是润滑脂类和固体润滑剂（二硫化钼、石墨等）中摩擦系数最低的，在27～344℃内，摩擦系数仅为0.10～0.13。

④ 电性能　$(CF)_n$ 电阻率达 $3\times10^3\Omega\cdot cm$ 以上。

(2) 化学性质

① 耐腐蚀性　在常温下，即使是浓硫酸、浓硝酸、浓碱也不能腐蚀氟化石墨，只有在热酸、热碱中才有少量反应。

② 与氢的还原反应　在450～500℃下，与氢进行还原反应生成氟化氢。

③ 与碱金属及碱金属卤化物的反应　在高温（加热熔融）下与碱金属及碱金属卤化物反应生成氟化碱金属和无定形碳。

④ 在紫外线照射下的分解反应　将氟化石墨分解在有机溶剂中，用紫外线照射，就可以发生分解，溶剂极性越高，其分解率也越高，反应式如下

$$CF+RR'OH\xrightarrow{\text{紫外线照射}}C+HF+RR'C=O$$

⑤ 表面能　氟化石墨的表面能极低，如表7.1所示，氟化石墨的表面自由能最低。

表7.1　几种材料的表面自由能

材　料	表面自由能/($10^3J/m^2$)	表面组成	材　料	表面自由能/($10^3J/m^2$)	表面组成
氟化石墨$(CF)_n$	6±3	FC<（基面）	聚六氟化丙烯	18.0	CF_3—CF_2—C(F)<
高氟十二碳烯酸	10.4	—CF_2—CF_3	聚四氟乙烯	19.5	>CF_2

(3) 电化学性质

氟化石墨是电池的活性物质。用锂作阳极，氟化石墨作为阴极组成的非水系电池，其能量密度约为水系锰电池的5倍，电压为2倍；储藏性能好，没有气体产生，自身放电极小；工作电压平稳，受温度影响小，在－20～70℃范围内照常使用。

(4) 制备工艺

目前氟化石墨的制备工艺主要有以下几种。

① 直接合成工艺　石墨与气体氟在350～600℃内在反应器中加热合成，是最早采用的合成方法。设备为立式振动反应器或氟化器，能自动控制加热温度、氟气和惰性气体的给入。

② 催化剂合成工艺　在石墨与氟的反应系统中加入微量金属氟化物（LiF、MgF_2、AlF_3和CuF_2）作催化剂，合成可在300℃以下进行。由于微量金属氟化物的加入，使氟化石墨性质有所改变，电导率提高一个数量级。要求石墨和氟气纯度均在99.4%以上，催化剂纯度大于98%。所用设备与直接合成法相同。

③ 固体氟化物合成工艺　上述两种方法所用气体氟毒性和腐蚀剂极强，反应又需高温。固体合成工艺是用含氟固体聚合物（如四氟乙烯、六氟丙烯、聚乙酸乙烯树脂萤石和乙烯基萤石等制成的聚合物）与石墨混合，在氦、氖、氩、氮等惰性气氛下，加热至320～600℃，在管式电炉中的石英管内制得氟化石墨。其原则工艺流程如图7.8所示。石墨与水悬浮液和聚四

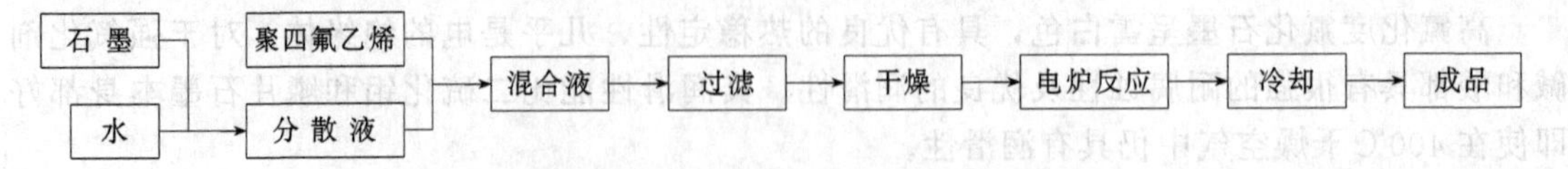

图7.8　氟化石墨固体合成工艺流程

氟乙烯按1：10的比例混合后，经过滤干燥进入管式电炉加热，经30min到1h取出冷却。

④ 电解法合成工艺　用电解氟化的方法，将石墨在无水氢氟酸中电解，生成新的氟化石墨。即在电场中，在阳极和阴极之间，使石墨与氢氟酸进行循环电解生成氟化石墨。

电解装置由镍板制成的阳极和阴极、循环管和循环泵、聚四氟乙烯制成的多孔隙隔板、排气管、直流电源等组成。在两电极的电解区内盛有石墨和氢氟酸悬浮液，在循环泵作用下成闭路循环流动。悬浮液中，石墨固体含量10%，氢氟酸含水1%，在氩气氛电解槽内温度−20℃，施加电压8V，平均电流密度$5A/cm^2$。两极板间距约5mm，其间放置隔板后，阳极和阴极距隔板分别为2mm和3mm，在隔板与隔板之间形成闭路循环。反应完毕，排出含石墨的氢氟酸悬浮液并过滤分离出氟化石墨，液体返回再用，边排放边加入新的待反应悬浮液。

7.2　云母基电功能材料

7.2.1　云母纸

云母纸是以碎云母或云母粉为原料，经制浆、抄造、成型、压榨等工艺制成的可代替天然片云母作为工业电气绝缘材料的云母制品。它具有许多优良性能，如厚度均匀、介电强度波动小、电晕起始电压高而且稳定、导热性好，因而在使用时温度低等。由于云母纸均质性好，又没有片云母的搭接现象，因而做制备时胶易浸透而残留空隙少。

云母纸的制备工艺包括云母纸浆的制备（简称制浆）和抄造。其中关键在于云母纸浆的制备。

(1) 云母纸浆的制备

目前制备云母纸浆的方法主要有煅烧化学制浆法、水力制浆法、胶辊粉碎法和超声波粉碎法，以前两种方法应用较多。

① 煅烧化学制浆法　将经过分选的碎云母，经高温煅烧脱除云母结构中的部分结晶水，使云母片沿着垂直于解理面的方向产生膨胀，质地变软，再经化学方法处理，使云母片充分地分裂解离，再经洗涤分级成浆。这种方法叫做煅烧化学制浆法，用这种方法制浆、抄造的云母纸叫做粉云母纸。制浆过程包括云母原料的处理、云母煅烧及云母浆的制备等工序，现分别简述如下。

a. 云母原料的分选和干燥　天然云母纸所用的原料主要是天然碎云母和片云母加工的边角料。分选的目的主要是除去不适于制造云母纸的黏结片、黑云母、绿云母以及与云母伴生在一起的其他杂质和外来杂质。为保证云母的煅烧质量，还必须除去厚度大于1.2mm的厚云母片。分选后的云母在圆筒筛或振动筛中加水清洗，以除去云母料中的泥沙等杂质并筛去尺寸太小的细料，使云母料净化。净化后的云母含有20%～25%的水分，必须除去，使附着水含量降到2%以下。干燥在特制的带式烘干机上进行，以蒸汽为热源。

b. 云母的煅烧　将云母装入一特定的电炉中，加热至700～800℃，并保持50～80min，以除去云母晶体中的结晶水，得到优质的制浆用云母料。云母的煅烧，目前大多采用间接加热式回转窑。经过煅烧后的云母熟料，需进行筛选，以除去原来夹在云母层间的泥沙、易燃物的灰分和直径小于6mm的云母碎片。云母的煅烧质量将影响云母纸的电气性能、柔软性、耐折度、抗拉强度和云母的成浆率。

c. 粉云母浆的制备　对煅烧好的云母（熟料）进行化学处理，使之成为能分散于水中呈均匀悬浮的鳞片状浆料，并经洗涤除去其中的水溶性杂质，以满足造纸工艺的要求。工业上常用的制浆方法有酸碱法、碳酸铵法和酸法。

酸碱法是将云母熟料不经冷却就浸入浓度为2%～10%的碳酸钠溶液中5～30min，然后投入浓度为2%～3%的盐酸或硫酸溶液中10～60min。由于碳酸钠与盐酸或硫酸的中和反应，产生大量的二氧化碳气体，促使已初步膨胀的云母片剧烈膨胀，然后经机械搅拌、加水洗涤成云母浆。

碳酸铵法是将云母熟料浸渍在碳酸铵溶液中，然后取出饱和溶液的云母熟料，放到反应釜中加热到100～400℃，使碳酸铵分解为二氧化碳和氨气，气体作用于云母片，使云母碎裂成浆。

酸法是将云母熟料浸渍在2%～5%的稀酸（硫酸、盐酸或磷酸）中加热处理成浆，再经洗涤、分级、浓缩而成。加热方式可采用直接加热，即将蒸汽直接通入反应锅内的云母熟料与酸液中，同时强烈搅拌。所得浆料鳞片比较多，成浆率较高。使用硫酸时，浓度为2%～4%，固液比1∶(8～12)，加热温度90～100℃，加热时间30～40min。经过酸处理后的浆状物，放入盛有冷水的不锈钢浆槽中稀释、冷却，然后经传送装置输入回转式圆筛中进行分级，粗粒从筛上流出，合格的料浆经筛下流入离心机进行脱水浓缩。

此外，还有热水法、王水法、甲醛法等。国内主要采用硫酸法制浆，成浆率可达60%～70%。

② 水力制浆法　水力制浆法的工艺流程是：碎云母的分选(除杂质)→水选→水力制浆→水力旋流分级→脱水浓缩。

水力制浆法是用高压喷射水流在特制的腔体内将云母片剥离成细小鳞片，然后进行选矿，将适用于造纸的云母鳞片分选出来。这种水力制浆法又称为生法。用这种方法制得的云母纸浆抄造而成的天然云母纸称为生云母纸，简称生纸。

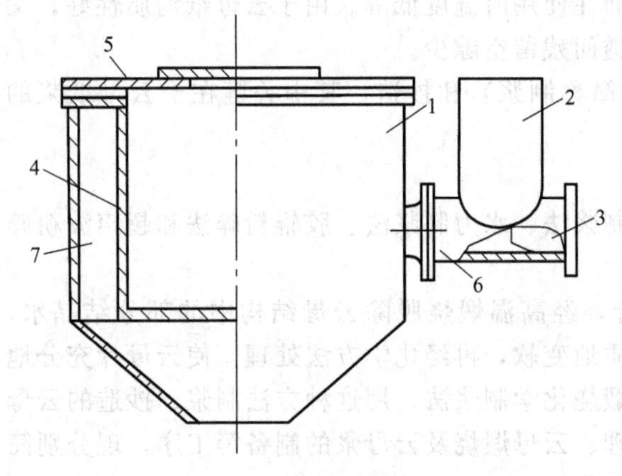

图7.9　水力制浆机示意

1—机壳；2—进料筒；3—喷嘴；4—芯筒；5—盖板；6—进水管；7—芯网

水力制浆系统由循环水池、高压水泵、进料器、浓缩分级筛、水力分级器和水力制浆机等组成。国内采用的水力制浆机如图7.9所示。高压喷射水流将云母片沿切线方向带入制浆机的环形空间；在水力的作用下，进行分剥破碎，其云母浆鳞片通过芯筒上的小孔或溢流口排出，而孔眼的大小和数量是根据对云母鳞片的要求和保持流量平衡来确定的。一般孔径为1.1～1.3mm。

云母片在制浆机的环形破碎腔内成浆的过程一般受到以下几种力的作用：

a. 云母片与携带它的高压喷射水流的速度差所形成的切向力；

b. 高压喷射水流对云母片的冲击力；

c. 云母与制浆机芯筒内表面的冲击力；

d. 云母片与制浆器壁的摩擦力；

e. 云母片间的碰撞力；

f. 云母片通过孔眼时产生形变的剪切力。

在这几种力中，以碎云母片与制浆机芯筒内壁的冲击破碎力为主。

云母鳞片的分级通常采用水力旋流器。旋流器锥角10°～20°，直径200～300mm，与之配合的水泵压力一般不超过20kPa。分级合格的云母浆经固定筛脱去大部分水后送至储浆池，筛孔一般为120～200目。

③ 合成云母纸的水力制浆　合成云母纸是一种耐高温（达1000℃）的新型绝缘材料，具有比天然云母纸更优异的性能和更广泛的用途。最常见的是合成氟金云母纸，其纸浆以水力制浆法效果最好。但由于合成云母比天然云母硬、脆、层间有玻璃体、镁橄榄石等较硬的杂质，

因此所用水力制浆机在结构及水力参数的选择上进行了如下改造：

a. 适当缩小内外芯筒的环形空间以利于充分剥离破碎云母；

b. 增大外芯筒内表面的摩擦系数以提高云母碎片的剥离破碎效率；

c. 外芯筒壁不开小孔以减少高压水流的压头损失和防止杂质堵塞孔眼；

d. 将云母碎片的剥离破碎和分级初步结合起来；

e. 所用流体压力比天然云母水力制浆高60%以上，流量则减少1/3～1/2；

f. 采用软化水制浆。

合成云母纸水力制浆机如图7.10所示。

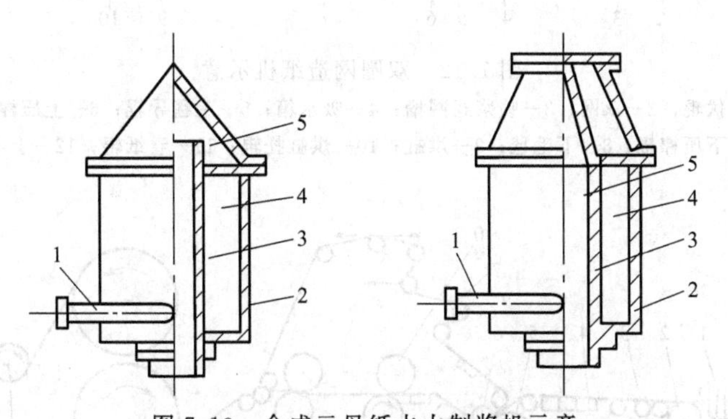

图7.10 合成云母纸水力制浆机示意

1—进水料管；2—外芯筒；3—内芯筒；4—破碎环形腔；5—浆液排出小孔

④ 大鳞片云母纸的制浆 大鳞片云母纸是一种既有粉云母纸的优点，又有大片云母优点的绝缘材料。它是采用比一般云母纸中的鳞片大得多的云母鳞片制成的。常用的制浆方法也是水力制浆法。它与一般再生云母纸水力制浆工艺比较有以下特点：

a. 原料的选取与净化有严格的要求；

b. 增加水力制浆机外芯筒内表面的摩擦系数；

c. 所用云母鳞片的大小和厚度由调整水力旋流器的工作参数和分级筛的网目来实现。

(2) 云母纸的抄造

① 云母纸的抄造工艺与设备 云母纸的抄造工艺与设备总体上与其他各类纸板的制造工艺与设备大体相同，但由于云母纸的特性，所用造纸机也有其特点。国内云母纸的造纸机主要有圆网造纸机和长网造纸机两类，以圆网造纸机为多。圆网造纸机又分为单圆网和双圆网两种，其结构分别如图7.11和图7.12所示。长网造纸机如图7.13所示。

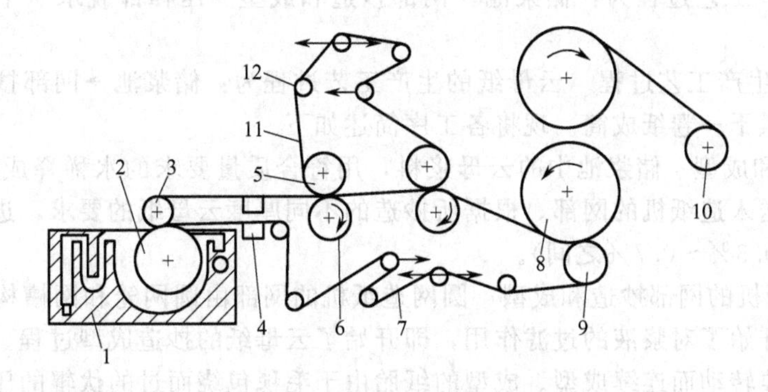

图7.11 单圆网造纸机示意

1—顺流溢浆式网槽；2—铜网；3—伏辊；4—吸水箱；5—上压榨辊；6—下压榨辊；7—下毛毯；8—烘缸；9—烘缸托辊；10—卷纸辊；11—上毛毯；12—毛毯导辊

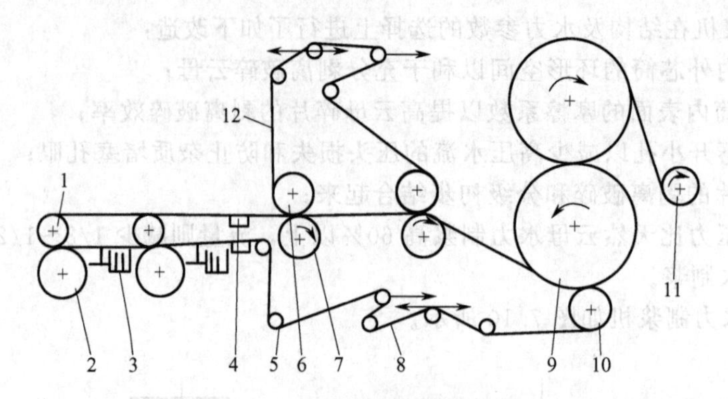

图 7.12 双圆网造纸机示意

1—伏辊；2—双网；3—喷浆式网槽；4—吸水箱；5—毛毯导辊；6—上压榨辊；7—下压榨辊；8—下毛毯；9—烘缸；10—烘缸托辊；11—卷纸辊；12—上毛毯

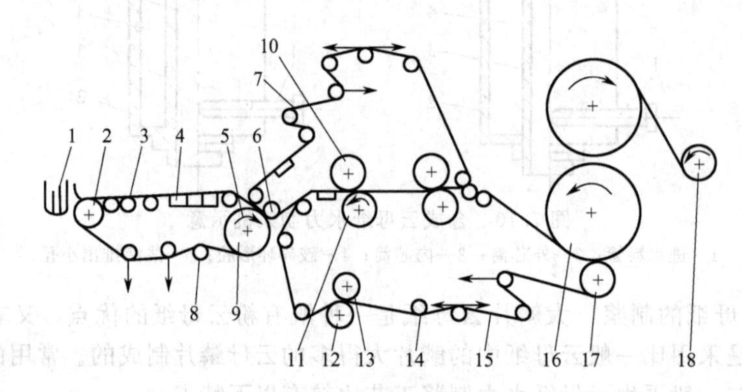

图 7.13 长网造纸机示意

1—流浆箱；2—胸辊；3—案辊；4—吸水箱；5—下伏辊；6—上伏辊；7—上毯；8—导网辊；9—铜网；10—上压榨辊；11—下压榨辊；12—下挤水辊；13—上挤水辊；14—毛毯导辊；15—下毛毯；16—烘缸；17—烘缸托辊；18—卷纸辊

造纸机由网部、压榨部、烘干部、整饰部和卷取部、传动部和辅助设备等部分组成。网部、压榨部合起来称为纸机的湿部；烘干部、整饰部和卷取部称为纸机的干部。造纸机的辅助设备包括储浆池、调节器和监测仪表、纸浆精选设备、输浆泵、水泵、真空泵、空气压缩机、损纸处理设备和通风设备等。

云母纸的生产工艺过程为：储浆池→网部抄造和成型→压榨部脱水→干燥部烘干→卷纸成筒。

② 云母纸的生产工艺过程　云母纸的生产工艺过程为：储浆池→网部抄造和成型→压榨部脱水→干燥部烘干→卷纸成筒。现将各工序简述如下。

a. 网部抄造和成型　储浆池中的云母浆料，用符合质量要求的水稀释成浓度2%～3%的浆液，由提浆泵送入造纸机的网部。根据所抄造的不同厚度云母纸的要求，进一步稀释到合适的浓度（一般在0.3%～0.7%之间）。

ⅰ. 圆网造纸机的网部抄造和成型　圆网造纸机的网部由圆网笼和网槽构成。当圆网笼一转入浆液中，就开始了对浆液的过滤作用，即开始了云母纸的抄造成型过程。云母纸胎随着圆网笼在网槽内不停转动而连续成型。成型的纸胎由于毛毯包绕而过的伏辊的压力作用及比表面积远远大于圆网笼毛毯的黏附作用，使得湿纸胎被黏附在毛毯上，被毛毯托住，再经过真空吸水箱、压榨部进一步脱水。经测定，云母纸抄造过程中在网部脱去的水分约为95%～98%。

ⅱ. 长网抄纸机的网部抄造和成型　长网抄纸机的网部由流浆箱、铜网、胸辊、定幅板、案辊、吸水箱、伏辊、导网辊、校正辊及张紧辊等组成。纸胎在网面上的形成可以看成是云母鳞片逐渐地沉积在网面上相互重叠的结果。浆料在网案上的脱水，在案辊部分是利用浆料的静压力和案辊转动时的抽吸力进行脱水，大部分水在此脱去。当案辊部分的脱水能力不大时，则在网案的吸水箱内保持一定的真空度，当纸胎经过吸水箱时，即进行强制脱水。

根据抄造云母纸的品种和厚度，常采用60～80目的铜网作筛网。

b. 压榨部脱水　云母纸机的压榨部由真空吸水箱、挤水辊、毛毯导辊、张紧辊和压榨辊等组成。湿云母纸在进入压榨前，先经过真空吸水箱脱水，以降低进入压榨时的水分。

云母纸在压榨部由于受到相当大的线压力，不仅脱去水分（经过两段压榨后，约脱去0.7%的水分），同时还减少了叠合纸页的云母鳞片间的空隙，使形成云母纸的云母鳞片紧密叠合，从而提高了纸的电性能和抗拉强度。

抄造云母纸所用的毛毯叫做纸毛毯。它呈环形，其作用是：主动压榨辊通过毛毯带动网部和压榨部的各种辊筒连续运转，并使它们保持合适的速度；利用比表面积远大于圆网的毛毯的作用，将云母湿胎黏附在毛毯上，并送往压榨部脱水，毛毯吸收水分，然后滤出排掉。

c. 云母纸的干燥　云母纸在制造过程中的干燥是为了最后除去水分使之成为干度适宜、适用于电机电器的绝缘材料。为了保证云母纸的绝缘性能，成品纸的水分含量应在0.2%～0.5%之间。

云母纸制造机的干燥由上下两只烘缸、烘干托辊、蒸汽管路和传动部分等组成。

云母纸在干燥部的干燥过程中，由于水分的蒸发，有较多的水蒸气产生，如不及时将其排出厂房外，将会凝结成水滴，不仅会降低烘干效率，而且水滴在纸上会造成斑点或破洞。因此须装通风设备，将干燥过程中产生的蒸汽及时排除。

d. 云母纸的卷取　云母纸的卷取是造纸过程的最后一道工序。纸的卷取是由卷纸机来完成，它的作用是将造纸机的成纸卷成筒，以便分切复卷。

7.2.2 云母纸制品

(1) 云母纸制品的主要类型

不论是煅烧型云母纸，还是非煅烧型云母纸，其机械强度都较低，一般不能直接使用，需要黏结剂、补强材料制成各种制品，才能满足应用的要求。云母纸制品包括粉云母带、柔软粉云母板、塑料粉云母板、换向器粉云母板、衬垫粉云母板、粉云母箔以及新型耐热云母纸制品。

① 云母带　是指具有补强材料的带状柔软云母材料，适用于制作电机线圈绝缘等。

② 柔软云母板　指在不加热的情况下具有足够的柔软性、可以缠绕和包卷在适当部位上的云母板。缠包后其柔软性可以保持，也可以不保持。适用于制作电机的槽绝缘及匝间绝缘。

③ 塑料云母板　指加热时能成型和模塑的硬质云母板，通常不打磨，常用热固性黏结剂黏结，适于制作管、环及其他零件。

④ 换向器云母板　指用于换向器片间绝缘的在一面或两面经磨平或不经打磨的硬质云母板，适于作直流电机换向器铜片间绝缘。

⑤ 衬垫云母板　指用胶黏剂黏合薄片云母或云母纸，经烘压制成的板状绝缘材料。适于作电机、电器的衬垫绝缘，如垫圈、垫片、阀型避雷器零件等。

⑥ 电热设备用云母板　指能在较高温度下使用的云母板。通常不打磨。适于电热设备绝缘。

⑦ 云母箔片　指加热时能成型的带有补强材料的箔页状材料，常用热固性黏结剂黏结，适于作电机、电器的卷烘式绝缘和零件，如筒、管、槽衬及磁极绝缘等。

(2) 云母纸制品的原材料

云母纸制品除了需用云母纸外，还需用各种黏结材料和补强材料。

① 胶黏剂　胶黏剂必须具有良好的电气绝缘性、防潮性、耐水性、耐腐蚀性、热稳定性以及良好的工艺性和胶结能力与优异的力学性能。云母带和柔软云母板用的胶黏剂在室温下应具有良好的柔软性和弹性。换向器云母板和衬垫云母板用的胶黏剂固化后应具有一定硬度和耐磨性。塑型云母板和云母箔用的胶黏剂应具有可塑性。耐热云母板用的胶黏剂应具有耐热性。

常用的胶黏剂有1410沥青云母胶、1430醇酸胶、虫胶、1450改性有机硅胶、1153改性有机硅胶、耐热有机硅胶及无机胶、桐油酸酐环氧胶（TOA胶）、酸性聚酯钛环氧胶、改性钛环氧胶、聚酯环氧胶、硼胺环氧胶等。

② 补强材料　云母纸制品所用的玻璃布的成分是硼硅酸盐玻璃，碱金属氧化物含量不大于0.5%，润滑剂含量不大于2.5%。玻璃布的布面应平整，不应有影响使用的布面起毛、污渍、破损等织疵。此外，还有云母带纸、聚酯薄膜、全芳香族聚酰胺纤维纸等。

(3) 云母纸制品的制备方法

① 粉云母带　粉云母带壳分为多胶粉云母带（胶含量在35%以上，适于模压或液压一次成型）、少胶单面补强粉云母带（胶含量5%左右，适于真空压力浸渍成型）、无溶剂粉云母带、三合一粉云母带及防火粉云母带等。

上述各种粉云母带的制造过程大体相近，首先配制好具有一定固体量的胶黏剂，如制造多胶带时固体量为53%～60%，黏度用4号黏度环控制，并将粉云母纸烘干除潮。

将补强材料、粉云母纸盒胶黏剂装在支架上与胶槽中，烘箱温度根据胶黏剂种类确定，如桐油酸酐环氧粉云母带的烘焙温度为90～110℃，而硼胺固化剂环氧胶粉云母带烘焙温度为150～160℃。开动机器，下玻璃布上胶，覆上粉云母纸及上层玻璃布后，通过烘箱干燥，经冷却滚动即可收卷。

② 柔软粉云母带　所用原料为0.05～0.1mm的粉云母纸，厚度为0.04～0.08mm的补强材料（玻璃布、聚酯薄膜、云母带纸）及各类胶黏剂（醇酸树脂、环氧树脂、有机硅等）。

首先配制成一定固体量的胶黏剂，可采用粉云母带生产装置，但需在开卷操作部分增加一个支架及在收卷部分设一剪床，将云母纸与上胶补强材料经复合辊压并裁成要求的尺寸。根据成品厚度搭配毛坯，在110～130℃温度下烘焙，并按图7.14的顺序排列摆料，准备压制。

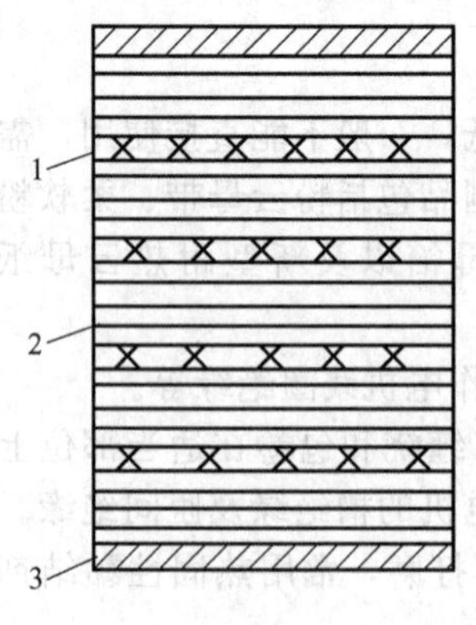

图7.14　粉云母板压制前的排列顺序

1—粉云母板毛坯；2—电缆纸；3—钢板

在温度140～150℃（不加压力）下预热30～50min，放气5min赶走挥发物，以1.0～2.0MPa的压力，压制5～30min，冷却到室温出料，切边、送检、包装。

③ 换向器粉云母板　原材料为厚0.05～0.10mm粉云母纸及胶黏剂（虫胶及环氧类胶，以后者居多）。

先将配制好的胶黏剂喷在粉云母纸上或浸渍粉云母纸，再在带速为2～3.5m/min、80～120℃的温度下烘干，剪成需要的尺寸，即制成毛坯。

将烘干的粉云母板毛坯，按厚度要求叠成板坯，即可在粉云母板间直接用2mm厚的不锈钢板作为间隔，不锈钢板要涂脱模剂。一般摆料顺序与柔软粉云母板相似。

压制条件依采用的胶黏剂不同而异。一般在150℃、0.3MPa下压制15min；在160℃、0.6MPa下压制30min；在170℃、1.6MPa下压制50min；在室温、1.6MPa下压制30min，最后冷却出料。

④ 塑型云母板　原材料为0.05～0.10mm粉云母纸，0.025～0.06mm玻璃布及胶黏剂（虫胶、醇酸树脂、环氧树脂、有机硅等）。

先将玻璃布平铺于工作台上，均匀地刷上配制好的胶黏剂，平放云母纸，再刷胶黏剂，根据制品的厚度而增加粉云母纸的张数。如果是双面补强，则再加上一层玻璃布。然后将此帖制好的板坯、放在铁丝网上进行烘焙，在80～90℃烘1h，140～150℃烘2h。

将烘干的毛坯按厚度要求叠合成板坯。压制条件为：140～160℃温度下预热20～40min，放气5min以赶走挥发物。然后在1.5～2.0MPa压力下压制15～20min。

⑤ 衬垫粉云母板　采用厚度为0.05～0.10mm的云母纸与胶黏剂（虫胶型、环氧型）经烘焙压制而成。

先将胶黏剂稀释到一定浓度，在上胶机上将粉云母纸上胶，在80～120℃烘焙制成坯料，再将坯料按不同厚度要求进行称量摆料。将摆好的坯料放在压机上，在（130±5)℃温度下预热25min，放气赶走挥发物5min，然后在（140±5)℃温度及1.5～2.0MPa压力下热压30min，最后冷却出料。

⑥ 粉云母箔　采用厚度为0.05～0.10mm的云母纸、胶黏剂（虫胶、树脂、环氧树脂等）与单面补强（厚度为0.05～0.10mm的玻璃布）经烘焙压制而成。

将胶黏剂配成一定的浓度，涂刷在补强材料上，放上云母纸，再刷胶。按粉云母箔的厚度要求确定云母纸的张数，然后将坯料在100～120℃温度下烘焙15～20min。将烘干的坯料按厚度叠成板坯，摆料顺序见图7.15。压制条件依所用胶黏剂种类不同而异。用虫胶作胶黏剂时，需在120～140℃温度下预热20min，然后在120～140℃温度下热压15～20min；采用醇酸作胶黏剂时，需在（155±5)℃温度下预热30min，(130±5)℃温度、0.98MPa压力下热压5min。

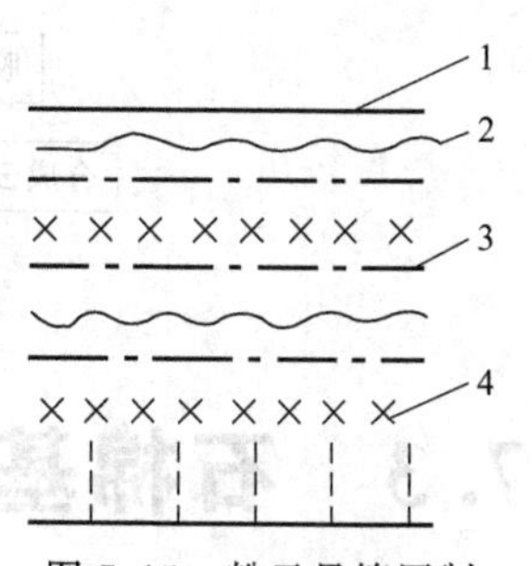

图7.15　粉云母箔压制前的排列顺序

1—钢板；2—卷稿纸；3—聚酯薄膜；4—板坯

⑦ 电热设备用粉云母板　随着科学技术的发展，电器设备对绝缘材料的耐热要求不断提高。云母本身可耐热600℃以上，如果要提高云母纸制品的耐热温度，就必须从胶黏剂着手。常用的胶黏剂分为无机胶黏剂、有机胶黏剂（特殊型）和有机与无机混合胶黏剂等三种，相应制成的热云母板也有以下三种。

a. 有机耐热粉云母板　云母纸厚度0.05～0.10mm，胶黏剂（如有机硅）用甲苯稀释成固体量10%～20%的溶液，并加入一定量的催化剂和适量的醇类物质。用配好的胶浸渍或涂刷粉云母纸，以80～120℃的温度烘焙5～20min，制成坯料。将坯料叠成要求的厚度，在150～200℃温度下，以5.0～15.0MPa的压力压制30～120min，制成耐热粉云母板。为了提高耐热粉云母板的发烟性能，要进行必要的热处理，一般处理温度为250～300℃，处理时间为3h。

b. 有机无机混合耐热粉云母板　将有机胶黏剂溶液喷或涂在0.1mm粉云母纸上，在110℃烘焙40min，再用50%焦磷酸铝（用前述有机胶黏剂溶液稀释而成）喷刷于另外的粉云母纸上，分别在150℃、200℃、250℃、300℃烘焙1h，制成坯料。

将上述两种不同坯料，交换叠成要求的厚度，放在热板上，在200℃下，以10MPa压力加压1h后再升到300℃保持3h，然后冷却到100℃解除压力。

c. 无机耐热粉云母板　无机耐热粉云母板所用的无机胶黏剂有磷酸铵类、磷酸铝类、多磷酸铝类、硼酸盐类等。其制造条件列于表7.2。

⑧ 合成云母纸制品　合成云母纸也可像天然云母纸一样，制成上述各种制品。合成的氟金云母纸与天然云母纸相比，具有承受温度高（可承受900～1000℃高温及急冷、急热的冲击）以及不需添加任何有机胶黏剂（完全依靠云母平行面之间的表面结合力——范德华力和静

电力）即可结合在一起的优点。一般是制成无机黏结层压板。所选用的无机胶黏剂一般是硅酸盐、磷酸盐、硼酸盐或它们的混合盐类。

表 7.2 无机耐热粉云母板的制造条件

项 目	磷酸铵	磷酸铝	多磷酸铝	磷酸铵与硼酸铵
配方	15%～20%磷酸铵水溶液	19.1%的85%磷酸；14.3%的磷酸铝；66.6%的水	多磷酸铝水溶液	1%～10%的磷酸铵；1%～10%的硼酸铵
焙烧温度及时间	105～120℃，5～10min	120℃，5～10min	110℃，40min	100～120℃，10～20min
压制工艺	压力6.9～9.8MPa；温度200℃；时间30min	压力3.4MPa；温度300℃；时间120min	压力4.8MPa；温度200℃；时间120min	压力2.9～6.9MPa；温度200～300℃；时间30min

合成云母纸层压板的制造工艺如图7.16所示。将上述无机黏结剂按一定的配方制成水溶液，用浸渍、喷涂等方法施于云母纸上，经干燥、预固化后，将干燥云母纸按所需的层压板厚度叠放，送入压机热压，冷却后取出（有的还需经过焙烧），即制成合成云母纸层压板。这种材料具有良好的力学和绝缘性能，可以进行冲、铣、切等机械加工，耐潮湿、重量轻，是一种新型耐高温绝缘材料。

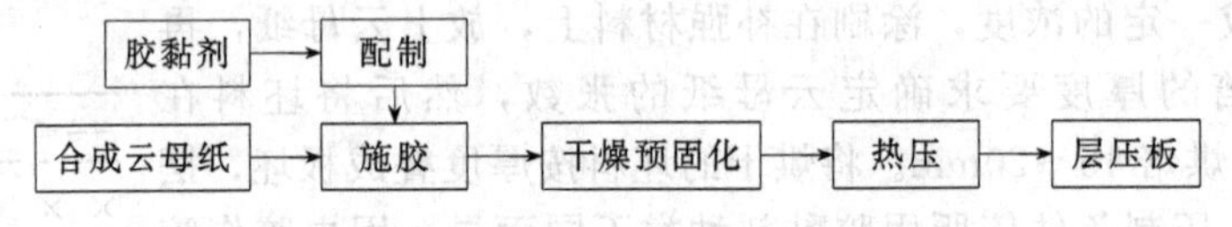

图 7.16 合成云母纸层压板的生产工艺流程

7.3 石棉基电绝缘材料

石棉电绝缘功能材料主要包括石棉绝缘带、电绝缘石棉纸、电绝缘石棉橡胶板、石棉绝缘套管等。

7.3.1 石棉绝缘带

石棉绝缘带是由两组相互垂直的石棉线（或湿纺石棉线）、石棉纱（或湿纺石棉纱）在石棉织带机上交织而成。它主要用于电机工业中，如直流电机、电动机的线圈和转子线型电动机、短路环等地方的包缠电绝缘材料，也可作为热管道和热设备的包扎热绝缘材料。

石棉绝缘带的经纬纱、线均采用长纤维石棉纺制，其生产工艺与普通石棉带相似，只是绝缘带的规格、经纬密度、抗拉强度要求有所差别。另外，要求烧失量不大于32%，干燥状态下每米绝缘带的电阻值应大于$1\times10^{8}\Omega$。

7.3.2 电绝缘石棉纸

电绝缘石棉纸是用石棉纤维和黏结材料经过打浆、抄取成型制成的耐热绝缘材料。电绝缘石棉纸依其使用要求不同，有Ⅰ号和Ⅱ号两个牌号。Ⅰ号绝缘石棉纸能经受较高的电压（1200～2000V），主要用于大型电机磁极线圈匝间电绝缘材料；Ⅱ号点绝缘石棉纸能经受一般电压（500～1000V），主要用于电器开关、仪表等隔弧绝缘材料。

电绝缘石棉纸的主要原辅材料有：机3级石棉、机4级石棉、电绝缘石棉纸边角料、聚乙烯醇（约占0.2%）、聚乙酸乙烯乳液（约3.8%～4.0%）。

电绝缘石棉纸原则生产工艺流程见图7.17，主要生产工艺简述如下。

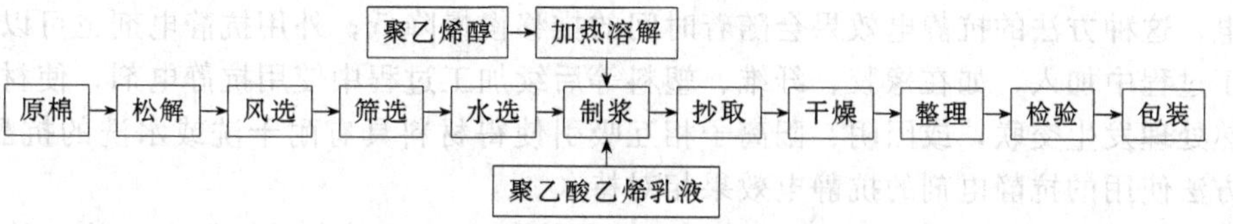

聚乙烯醇 → 加热溶解 → 制浆
原棉 → 松解 → 风选 → 筛选 → 水选 → 制浆 → 抄取 → 干燥 → 整理 → 检验 → 包装
聚乙酸乙烯乳液 → 制浆

图 7.17　电绝缘石棉纸生产工艺流程

① 原棉处理　电绝缘石棉纸对石棉纤维的纯度要求很高，所以原棉不仅要经过专用分选设备的精选，而且还要经过水选或磁选，目的在于进一步松解石棉，特别是原棉中尚未完全开松的棉束，同时除去原棉中的砂、粉及其他外来杂质，尤其是要最大限度地除去和降低原棉中金属氧化物的含量，以提高石棉的纯度，确保产品质量。

② 制浆　经过精加工的原棉按配方投入浆机，在水中高速搅拌，并利用浆机底刀的作用对原棉进行进一步的湿式松解，切断少量过长纤维，制成石棉浆料。

③ 抄取　采用单网或双网造纸机抄取成型，制成一定厚度规格的电绝缘石棉纸湿坯。

④ 整理　将抄取成型的湿纸坯，进行干燥、整平、切边等加工，制成合格产品。

7.3.3　绝缘石棉橡胶板

绝缘石棉橡胶板是以石棉、橡胶为主要原料制成的板状绝缘材料，主要用于电机磁板线圈匝间绝缘。在线圈绕制成型时，绝缘石棉橡胶板有良好的延伸性能和一定的抗拉强度。

绝缘石棉橡胶板属于A级绝缘材料，当用于直流牵引电动机磁板匝间绝缘时，在180℃的工作温度下，有良好的绝缘性能。绝缘石棉橡胶板厚度要求为0.2～0.4mm，击穿电压不小于8kV/mm。

配方中应选用含铁量低的石棉和绝缘性好的橡胶，如乙丙橡胶、丁基橡胶、氯化聚乙烯、硅橡胶等，尤以硅橡胶最好；填料选用高电阻材料，如高岭土、滑石粉、云母粉等；配合剂也应选电阻较大者。在绝缘石棉橡胶制品的原材料加工和制造过程中，要防止混入尘埃、水分、杂质（金属碎屑和可溶性盐类等）。

绝缘石棉橡胶板的典型配方如下：橡胶30，硫黄0.55，氧化锌0.80，硬脂酸0.30，促进剂0.6，防老化剂1.0，填料24，石棉线135，溶剂170，着色剂4。

绝缘石棉橡胶板的生产工艺流程与普通石棉橡胶板相似。

7.4　抗静电材料

7.4.1　概述

不同特性的两种物体相互摩擦或紧密接触后迅速脱离时，它们对电子的吸引力大小不同而发生电子转移，电荷停留在物体的内部或表面呈相对静止状态，这种电荷就称为静电。在一般情况下，每个人在生活和生产过程中都会遇到静电现象，这与每个人的身体条件、衣着状况和周围环境状况等有密切关系。人们身上存在不同的静电现象，这些静电可能会给生活和生产过程中带来不便和麻烦。因此，对于工业中的许多领域，特别是在某些特定领域，如电子计算机机房地板、特种包装和周转箱、工业包装膜、矿山用管材等，静电产生的危害依然亟待解决。

预防静电产生和危害的材料称之为抗静电材料。预防静电危害的最根本、最重要的方法就是减小材料的电阻率。减小材料电阻率的方法主要如下。

① 外用抗静电剂法　外用抗静电剂可以通过浸渍、喷洒、涂覆的方法使抗静电剂包覆在材料表面以达到预防静电的效果，如在衣服、唱片等表面用简易的喷洒型抗静电剂或淋洗剂来

预防静电，这种方法的抗静电效果会随着时间的推移慢慢降低；外用抗静电剂也可以在物体的后续加工过程中加入，如在橡胶、纤维、塑料等后续加工过程中使用抗静电剂，使材料表面或因经过热处理发生交联，或因阴、阳离子相互吸引使得材料具有耐干洗或水洗的抗静电性能，用这种方法使用的抗静电剂的抗静电效果相对持久。

② 内用抗静电剂法　内用抗静电剂法是在物体的加工过程中添加具有抗静电效果的功能填料，以达到抗静电的目的，如在橡胶、纸张、纤维、涂料和塑料的加工过程中，将具有抗静电性能的材料用掺和法加到液体或固体原料中去。使用内部添加法加入的抗静电剂与外部涂覆法相比具有更持久的抗静电效果。但这种方法对所添加的抗静电剂的可加工性、成型性和与原材料的相容性有较高要求，并且加入后也不能影响原材料的耐腐蚀性、力学、热学、摩擦等性能，有些对毒性也有较高要求。

③ 与导电性材料混用法　将高分子材料与导电材料混用，使其成为始终都具有抗静电性能的导电材料。具有导电性能的材料有金属（如不锈钢丝）、石墨、金属涂层材料、导电性的金属化合物、导电性炭黑聚合物及某些复合材料等。通常在绝缘体中，混入0.05%～2%导电性材料，就能得到持久的抗静电效果。

③ 其他　电镀法、涂层法、表面改性法等。表面改性法可以在材料的表面形成具有抗静电作用的亲水性高聚物皮层，或在材料表面用亲水性单体进行接枝聚合，还可以用热处理、辐射、放电处理等方法来提高表面的导静电性能。

防静电制品多采用上述②和③所介绍的方法，即通过对电阻率很高的高分子材料，添加抗静电剂、混入炭黑等方法，促使静电的泄漏，预防静电的聚集。

近十年来，纳米抗静电材料日趋活跃，主要背景是现代社会大量使用高分子材料。在塑料加工领域，热塑性工程塑料的加工温度特别高，加工条件异常苛刻，迫切要求开发出具有稳定性好、成型性高的性能优良的抗静电材料；在纺织工业中，要求抗静电添加剂具有较高的热稳定性，作为熔融纺丝合成纤维且具有更好的实用性和抗静电性的内部抗静电剂。在许多应用条件下，人们对产品的颜色和透明度有一定要求，而炭黑及金属等传统导电填料则不可避免地影响了最终产品的质量，而纳米级金属氧化物粉体的浅色透明特征正好填补这一空白，可制得浅色、高透明度的抗静电材料。

本节主要介绍纳米金属氧化物/非金属矿物复合抗静电材料。

7.4.2　纳米 SnO_2/硅灰石复合抗静电材料

硅灰石矿物纤维作为功能性填料已被广泛地应用于尼龙(PA)、聚丙烯（PP）、热塑性烯烃（TPO）、聚氨酯(PU)、环氧树脂、酚醛树脂等多种塑料产品中，不仅在常规产品中作为增强填料使用，而且应用于航空航天、国防军事等领域。制成的产品有电路板、电气设备、电器外壳、电工工具、防火板、摩擦片等数百种产品。将纳米 SnO_2 与硅灰石复合，增加了硅灰石的抗静电功能，使其具有填充增强功能和抗静电两种功能。

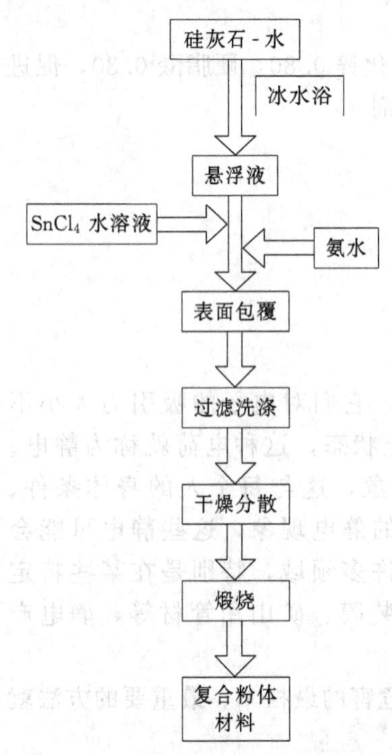

图 7.18　纳米 SnO_2/硅灰石复合抗静电材料的制备工艺流程

纳米 SnO_2/硅灰石复合抗静电材料的制备工艺如图7.18所示。纳米 SnO_2/硅灰石复合抗静电材料的硅灰石粉体需要在1000℃下进行预煅烧。影响复合材料电阻率的主要工艺因素是纳米 SnO_2 包覆量以及包覆反应温度、反应时间、溶液 pH 值等。

图 7.19 所示为 SnO_2包覆量对纳米 SnO_2/硅灰石复合抗静电材料电阻率的影响。结果表明，当 SnO_2包覆量为复合材料质量的 1.2%时电阻率最小。

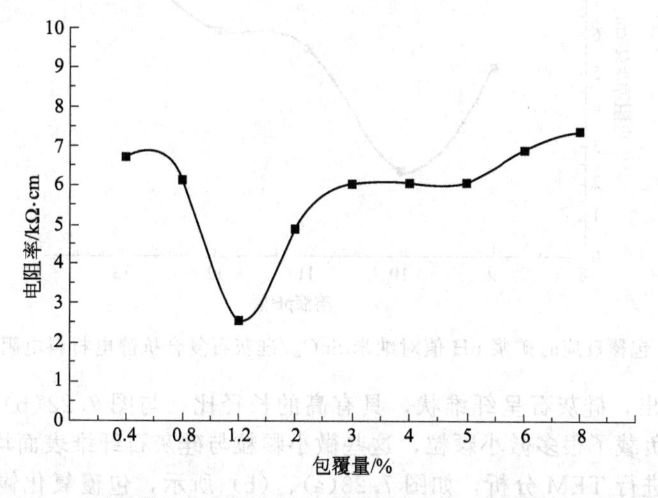

图 7.19 SnO_2包覆量对复对纳米 SnO_2/硅灰石复合抗静电材料电阻率的影响

图 7.20 所示为包覆反应温度（a）和时间（b）对纳米 SnO_2/硅灰石复合抗静电材料电阻率的影响。结果表明，反应温度与反应时间对复合材料电阻率的影响不大，反应温度为 25℃，反应时间 30min 左右复合材料电阻率最小。

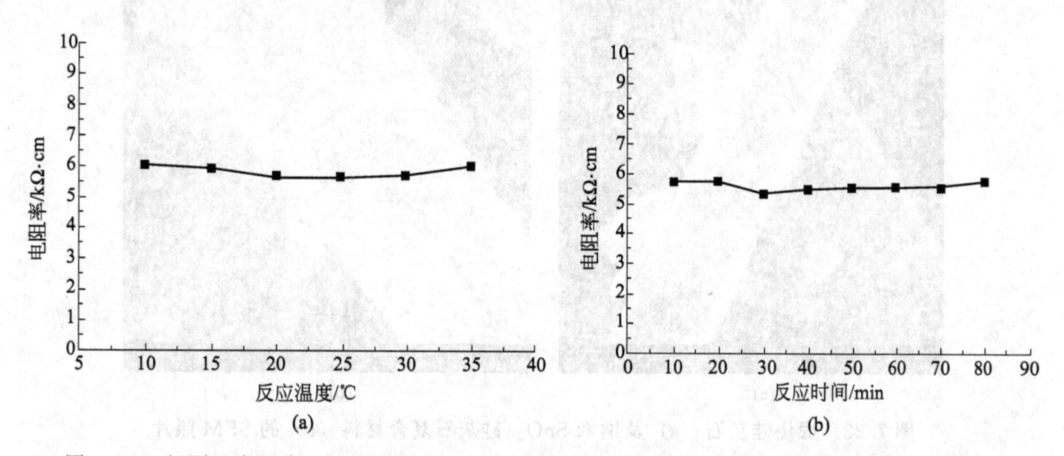

图 7.20 包覆反应温度（a）和时间（b）对纳米 SnO_2/硅灰石复合抗静电材料电阻率的影响

图 7.21 所示为包覆反应时矿浆 pH 值对纳米 SnO_2/硅灰石复合抗静电材料电阻率的影响。结果表明，溶液 pH 值对复合粉体电阻率的影响较大。当 pH 值为 10 时复合材料的电阻率较小，为 2.369kΩ·cm。

表 7.3 所示为煅烧硅灰石和纳米 SnO_2/硅灰石复合抗静电材料的电阻率及其他物理性能。

表 7.3 煅烧硅灰石和纳米 SnO_2/硅灰石复合材料的电阻率及其他物理性能

样品	电阻率 /Ω·cm	粒度/μm		白度	比表面积/(m^2/g)
		D_{50}	D_{97}		
煅烧硅灰石	3.845	6.54	24.93	84.3	4.3
纳米 SnO_2/硅灰石复合材料	2.533	7.01	31.54	88.7	4.7

图 7.22 所示为煅烧硅灰石和纳米 SnO_2/硅灰石复合抗静电材料的 SEM 与 TEM 照片。如

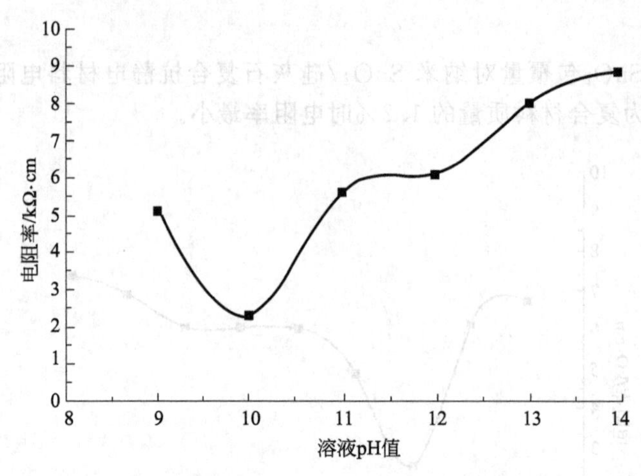

图 7.21　包覆反应时矿浆 pH 值对纳米 SnO_2/硅灰石复合抗静电材料电阻率的影响

图 7.22(a) 可以看出，硅灰石呈纤维状，具有高的长径比；与图 7.22(b) 相比，图 7.23(d) 中硅灰石纤维表面负载了很多微小颗粒，这些微小颗粒与硅灰石纤维表面均匀紧密结合。对包覆前后的粉体材料进行 TEM 分析，如图 7.23(a)、(b) 所示，包覆氧化锡后的硅灰石纤维表面均匀地平铺了厚度在 10nm 左右的氧化锡薄膜。

图 7.22　煅烧硅灰石（a）及纳米 SnO_2/硅灰石复合材料（b）的 SEM 照片

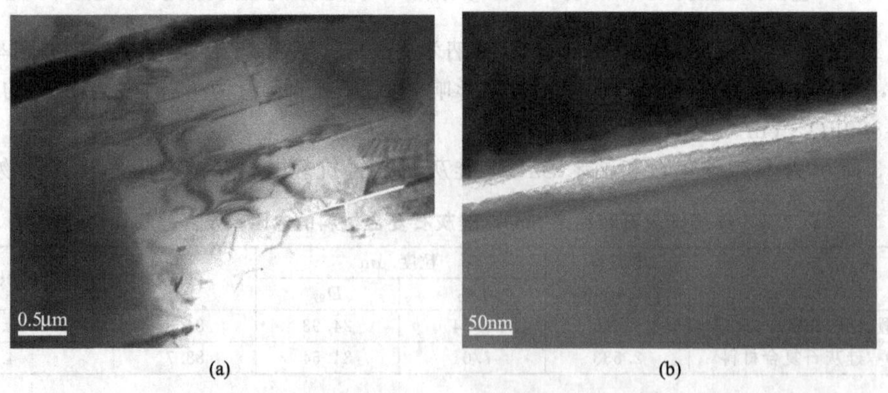

图 7.23　煅烧硅灰石（a）及纳米 SnO_2/硅灰石复合材料（b）的 TEM 照片

7.4.3 其他纳米金属氧化物/非金属矿复合抗静电材料

(1) 云母复合抗静电材料

采用化学共沉淀法，制备的SnO_2-Sb_2O_3复合金属导电物（ATO）/云母粉复合抗静电材料的体积电阻率小于40Ω·cm。以NaOH为沉淀剂、$Na_5P_3O_{10}$为分散助剂，以325目云母粉为原料采用化学共沉淀法制备的表面包覆一层掺杂SnO_2-Sb_2O_3/云母复合导电粉末，其体积电阻率为35Ω·cm，平均粒径为40μm，颜色呈浅灰色。化学沉淀法制备SnO_2-Sb_2O_3/云母粉抗静电材料的工艺如图7.24所示。其工艺流程简述如下：云母置于水中调浆并进行预处理一段时间，加入沉淀剂进行一次反应。然后，以$Na_5P_3O_{10}$为分散助剂进行二次反应。最后，经过陈化、后处理、干燥、煅烧及冷却等步骤，即得ATO/云母复合抗静电材料。

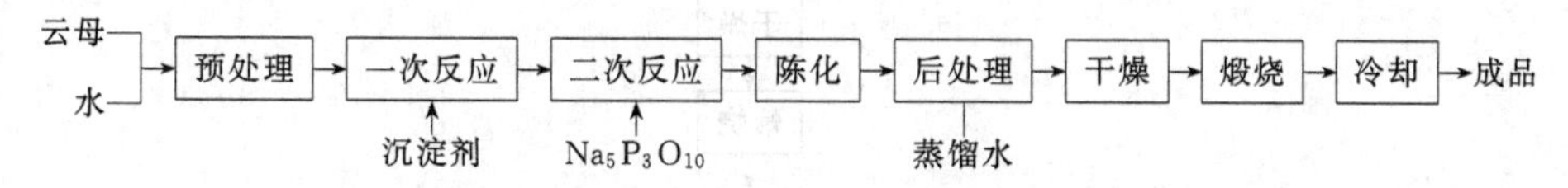

图7.24 化学沉淀法制备ATO/云母粉抗静电材料工艺流程图

(2) 重晶石复合抗静电材料

采用化学共沉淀法，制备的ATO/重晶石复合抗静电材料的体积电阻率为1.5×10^3 Ω·cm。图7.25所示为ATO/重晶石复合抗静电材料的SEM照片。化学沉淀法制备ATO/重晶石抗静电材料的工艺如图7.26所示。其工艺流程简述如下：重晶石粉置于少量的蒸馏水中（固含量为40%），置于磁力搅拌器上搅拌，60℃恒温。同时缓慢滴入$SnCl_4\cdot5H_2O$（浓度0.1mol/L）与$SnCl_3$的混合溶液。反应完之后，60℃恒温静置2.5～3h，然后过滤、洗涤，尽可能地除去游离的Cl^-。烘干、焙烧、研磨，即得Sb-SnO_2/重晶石复合抗静电材料。

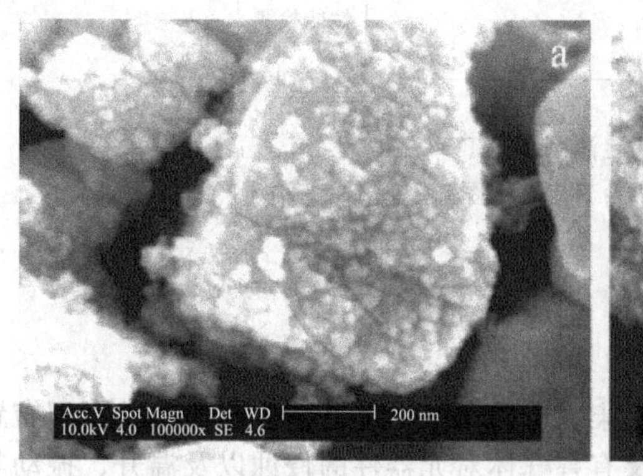

图7.25 ATO/重晶石复合抗静电材料的SEM照片

(3) 石英复合抗静电材料

采用化学共沉淀法，制备的ATO/石英复合抗静电材料的体积电阻率为253Ω·cm，平均粒径5.7μm；化学沉淀法制备ATO/石英抗静电材料的工艺如图7.27所示。其工艺流程简述如下：取适量的石英粉置于一个500 mL的烧杯中，加蒸馏水（悬浮液质量浓度为40 %）搅拌；然后将烧杯放入恒温磁力搅拌器中加热到设定温度。将按设定比例配好的$SnCl_4$/$SbCl_3$盐酸溶液装入酸式滴定管。滴定时要均匀地向烧杯滴加$SnCl_4$/$SbCl_3$酸性溶液，并用NaOH溶液（质量浓度为40%左右）调节溶液pH值，使其维持在相应的pH值范围。滴定应控制在15～20min内完成，之后在相应的温度下搅拌10min，使水解反应完全。取出烧杯静置20～

30min；然后过滤、洗涤，尽可能地除去游离的Cl^-。烘干、研磨，再置于瓷舟中在设定温度下焙烧30min，冷却，即得ATO/石英复合抗静电材料。

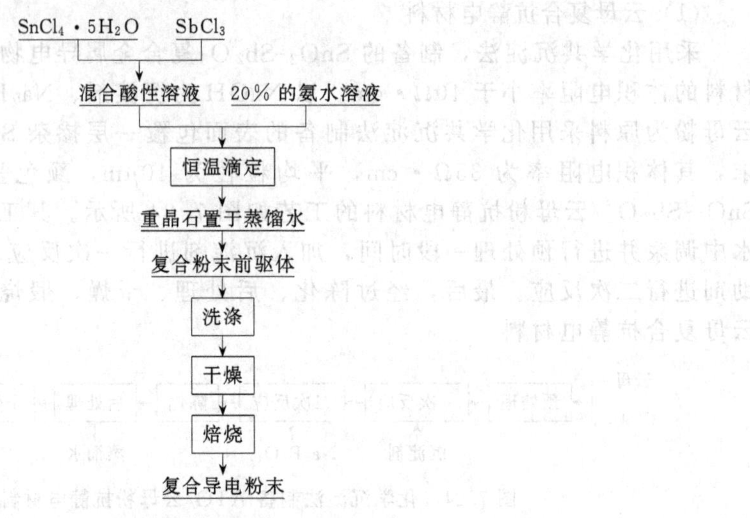

图7.26　化学沉淀法制备ATO/重晶石抗静电材料工艺流程图

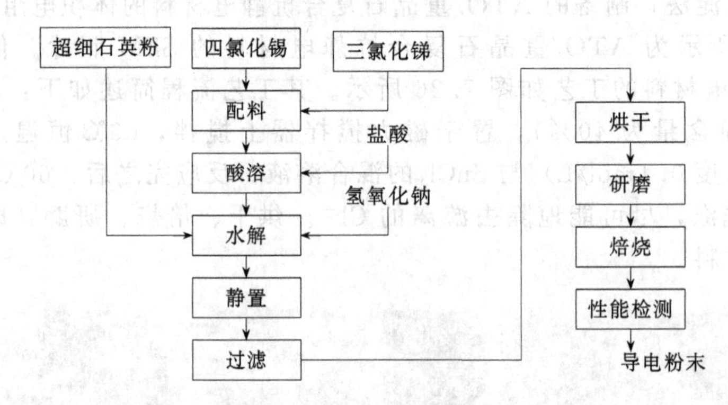

图7.27　化学沉淀法制备ATO/石英抗静电材料工艺流程图

7.5　电子塑封材料

电子封装材料是用于将构成电子元器件或集成电路的各个部件按规定的要求合理布置、组装、连接并与环境隔离，以防止水分、尘埃及有害气体对元器件的侵蚀以及温升、振动与其他外力作用损伤元器件和线路、稳定元件使用性能的材料。电子封装可分为塑料封装、陶瓷封装和金属封装，其中陶瓷封装和金属封装为气密性封装，主要用于航天、航空及军事领域，而塑料封装不仅成本低，而且可以自动化生产，占目前集成电路与电子元器件封装的90%以上。高性能电子塑封材料必须具有低的介电常数和介电损耗因子，高耐热性、高导热、高绝缘，与芯片和硅等元器件匹配且可调的热线胀系数以及优异的化学稳定性和机械性能，这些功能性的实现离不开电子塑封功能填料的引入。

电子塑封料中，环氧塑封料（CMC）是国内外集成电路封装的主流。目前95%以上的微电子器件都是环氧塑封器件。环氧塑封料是以环氧树脂为基体、硅微粉为填料、酚醛树脂为固化剂及添加少量助剂的复合材料。表7.4所示为环氧塑封料常见的配方。

表 7.4 环氧塑封料配方

主要组分	比例/%(质量分数)	功能
环氧树脂	7～30	基体树脂,流动成型
酚醛树脂	3.5～15	固化剂
促进剂	0.5～1	促进环氧树脂与固化剂反应
填料/硅微粉	60～90	降低膨胀系数和成本,提高散热性能
脱模剂	<1	润滑、脱模
阻燃剂	1～5	阻燃
着色剂	<1	着色
偶联剂	0.5～1	增加填充剂与树脂间的粘接
应力吸收剂	<5	吸收应力和保护器件
黏结剂	<1	增加黏结力

硅微粉因其硬度高、热导率大、线热膨胀系数低、绝缘性能好等特点，是环氧树脂塑封料中应用最为广泛的填料，占电子塑封料配料的 60%～90%。其结构分为结晶型与熔融型。图 7.28 所示为结晶 SiO_2(a) 与熔融 SiO_2 (b) 分子结构示意图。结晶型 SiO_2主要是将含铀量低的石英石直接机械超细粉碎加工而成（铀等放射性元素会对集成电路产生软误差），结晶型 SiO_2价格便宜，热导率高，但是热膨胀系数相对较大。熔融型 SiO_2 主要通过将石英石在 1900～2500℃高温条件下熔融煅烧制备而成。熔融性 SiO_2热膨胀系数低，有利于降低材料结构应力。但与结晶型硅微粉相比，其热膨胀系数较低，价格高。

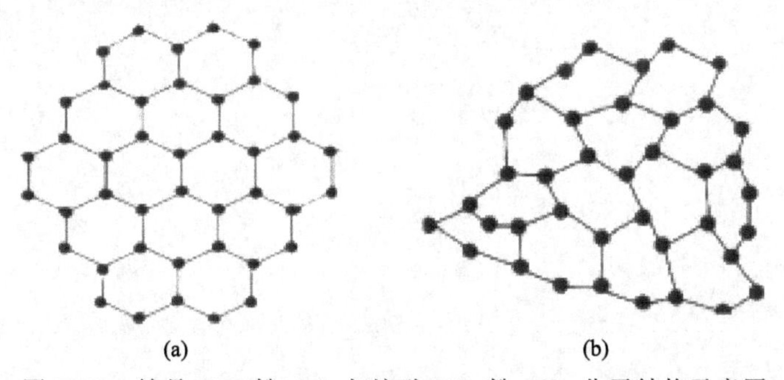

图 7.28 结晶 SiO_2粉 (a) 与熔融 SiO_2粉 (b) 分子结构示意图

按照颗粒的形状，硅微粉又可分为角形和球形两种。球形硅微粉因其形状相对规则，可以提高填充量，可达到 90%以上。球形硅微粉制备有两种方法：一种是通过将普通硅石熔融喷射而成；另一种是通过正硅酸乙酯、四氯化硅的水解方法进行制备，通过化学方法制备的球形硅微粉的铀含量低，有利于保证集成电路的可靠性。另外，球形颗粒可以有利于提高环氧塑封料的流动性能，从而进一步降低环氧塑封料的热膨胀系数；最后，球形硅微粉摩擦系数小，应力集中小，可以减少环氧塑封料生产和集成电路封装时对设备和模具的磨损，因此高端器件封装用的环氧塑封料多以球形硅微粉作为填充剂。

图 7.29 为典型电子级超细硅微粉生产工艺流程图。其工艺流程简述如下：采用纯度较高的结晶型石英砂或熔融石英为原料，采用干法研磨-气流分级闭路循环的工艺破碎，对物料进行超细粉碎，通过分级器、布袋除尘器分离和收集合格产品。为保证纯度，对粒度合格物料需先酸处理，除去暴露在颗粒表面的金属物质；然后用高纯水水洗，将已离子化的金属物质与产品分离，所得活性硅微粉表面改性后用压滤机作为脱水处理和用电加热石英干燥器烘干。

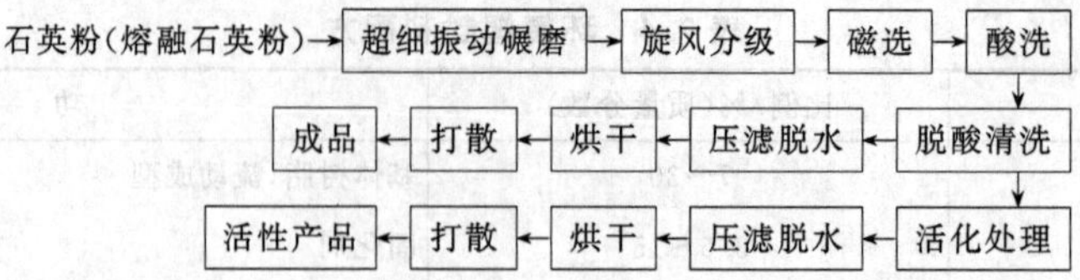

石英粉(熔融石英粉)→超细振动碾磨→旋风分级→磁选→酸洗→脱酸清洗→压滤脱水→烘干→打散→成品

脱酸清洗→活化处理→压滤脱水→烘干→打散→活性产品

图 7.29　典型电子级超细硅微粉生产工艺流程图

为了更好地使硅微粉与高分子聚合物融合，硅微粉作为电子塑封料填料使用时，还必须对SiO_2进行表面有机改性，其目的是将表面原来的极性改为非极性，使之具有憎水、亲有机溶剂的性质，浸润性好，从而增强填料与高分子聚合物界面之间的结合力，提高有机复合材料的力学性能，增加填充量，降低生产成本。其中最常用的方法是采用硅烷偶联剂对硅微粉进行有机改性。影响硅微粉表面改性效果的主要因素有：硅烷偶联剂的品种、用量、使用方法以及处理的时间、温度、pH 值等。用于环氧树脂填料用硅微粉的硅烷偶联剂，常选用氨基硅烷、甲基丙烯酰氧基硅烷等。硅烷偶联剂的用量，与偶联剂的品种和石英粉的比表面积有关。一般硅烷偶联剂的用量选定为硅微粉质量的 0.10％～1.50％。具体用量需要通过用量试验才能确定最佳值。

8 胶凝与流变特性调节材料

胶凝与流变特性调节材料一般分为无机和有机两大类。本书讨论的是无机胶凝与流变调节材料。当与水或水溶液拌和后所形成的浆体，经过一系列物理、化学作用后能够逐渐硬化形成具有一定强度的人造石的粉体材料称为胶凝材料；当均匀分散于水溶液中能够调节溶液的黏度以及流体的剪切应力和应变特性的粉体材料称为流变特性调节材料。

无机胶凝材料一般可以分为水硬性胶凝材料和气硬性胶凝材料。气硬性胶凝材料只能在空气中硬化，不能在水中硬化，如石灰、石膏、镁质胶凝材料等。水硬性胶凝材料既能在空气中硬化，又能在水中硬化，这类材料常统称为水泥。本书只讨论属于非金属矿物材料的气硬性无机胶凝材料，如石膏、石灰胶凝材料以及膨润土、凹凸棒土、海泡石等黏土矿物流变特性调节材料。非金属矿物胶凝与流变特性调节材料是现代工业和社会中必不可少的材料，广泛应用于石油、化工、建筑、建材、轻工等领域。

8.1 石膏基胶凝材料

石膏基矿物材料广泛用于建筑、建材、工业填料、雕塑、医疗等领域。在这些领域中大多使用经过加工后的熟石膏粉。以下主要介绍β型半水石膏、α型半水石膏、过烧石膏和多相石膏等的加工与应用。

8.1.1 β型半水石膏（建筑石膏）

建筑石膏又称熟石膏，它是以β型半水石膏为主要成分，不预加任何外加剂的粉状胶结料，可用来制作粉刷石膏、抹灰石膏、石膏砂浆、石膏砌块、石膏墙板、天花板、装饰吸声板及其他建筑制品，是一种应用广泛的建筑材料。

(1) β型半水石膏的形成机理

目前，关于β型半水石膏的形成机理按其形成过程有一次形成机理和二次形成机理二种观点。所谓一次形成机理，即由二水石膏直接脱水而成

$$CaSO_4 \cdot 2H_2O \longrightarrow \beta\text{-}CaSO_4 \cdot \frac{1}{2}H_2O$$

所谓二次形成机理，即由二水石膏直接脱水形成Ⅲ形无水石膏后，立即吸附脱离出来的水分转变为半水石膏

$$CaSO_4 \cdot 2H_2O \longrightarrow \beta\text{-}CaSO_4\,\text{Ⅲ} \xrightarrow{+H_2O} \beta\text{-}CaSO_4 \cdot \frac{1}{2}H_2O$$

(2) β型半水石膏的生产工艺

β型半水石膏的生产工艺可概括为石膏矿石破碎、煅烧、粉磨三大工序。在工业生产中，因煅烧工艺的不同，其工序的顺序有所不同。如采用直火顺流式回转窑煅烧时，其工艺的顺序是：(预) 均化—破碎—煅烧—粉磨；而采用炒锅煅烧时，其工艺顺序是：破碎—(预) 均化—粉磨—煅烧（图8.1)。

破碎设备常用颚式破碎机、辊式破碎机、反击式破碎机、锤式粉碎机等。

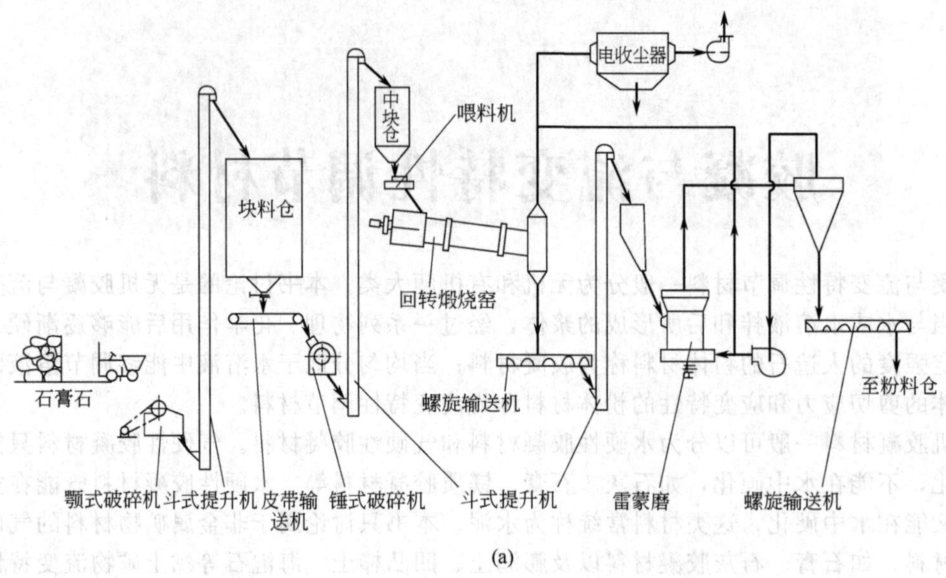

(a)

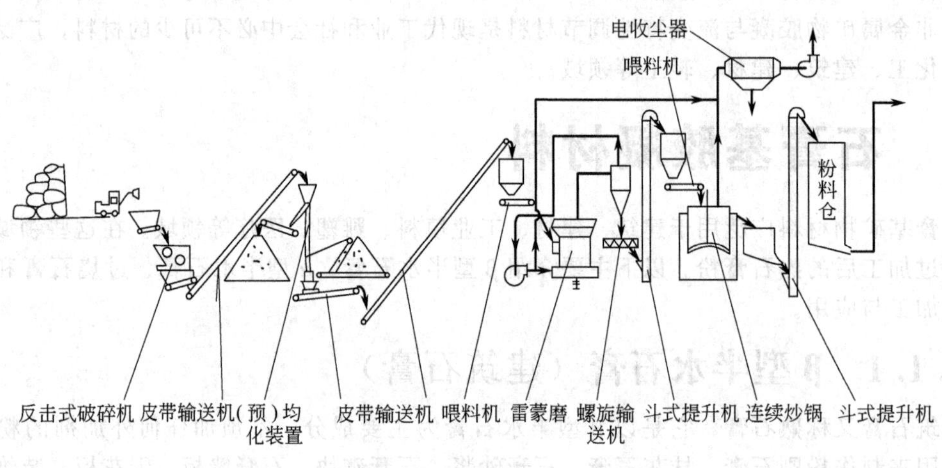

(b)

图 8.1 β型半水石膏生产工艺流程

(a) 先煅烧后磨细；(b) 先磨细后煅烧

常用的粉磨设备是雷蒙磨（悬辊式磨粉机）、离心自磨机、球磨机、立式磨、振动磨等。

煅烧设备有直接煅烧窑和间接煅烧窑两类。前者包括回转煅烧窑、沸腾炉（闪蒸式煅烧设备）及高温风扫磨等；后者包括各种立式煅烧炉（间歇式、连续式、埋入式炒锅等）、卧式煅烧炉等。

回转窑分为逆流式和顺流式两种。逆流式是将石膏粉从一端给入，热气从另一端通入，石膏粉与热气以逆流方式进行热交换。石膏粉入窑处温度较低（160～220℃），所以开始经受的热负荷较弱，煅烧过程逐渐完成，所需时间约15min。顺流式回转窑是将石膏与热气从同一端给入，二者沿同一方向运行，因给料口温度高，物料一入窑即受到较强热负荷作用。

高温风扫磨是粉磨和煅烧石膏同时进行的设备。－25mm（或－80mm）石膏块给入磨机后，即处于研磨和热气的双重作用下，几秒钟内即完成对石膏的粉磨和煅烧，热气流将细粉带出磨机，进入旋风器，分出细粉。

闪蒸式煅烧设备是在石膏粉与热气接触的瞬时被煅烧，煅烧好的石膏在旋风器中被回收。这种设备煅烧进行得极快，几乎在1s左右，因此，要求给料要很细，通常为－0.2mm，热气温度600～800℃，这样得到的熟石膏反应活性最大。

间接煅烧法的物料不与热介质直接接触，而是通过传热面使石膏煅烧。该法热交换差，煅烧时间较长，烧成的石膏反应活性较低，初凝时间大于10min。但该法避免了热介质对石膏粉的污染，故产品比较纯。

卧式煅烧炉是一个两端呈锥形的筒体，该筒体在热气炉内旋转，物料从一端给入，产品从另一端排出。

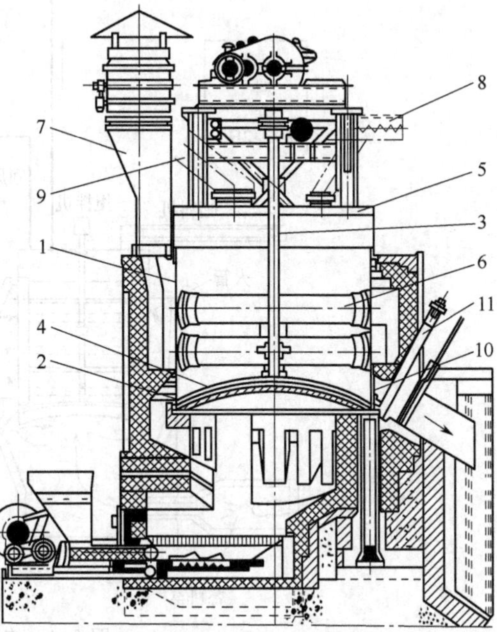

立式煅烧炉又称石膏炒锅，由一个封底的筒形立式炉体（内装搅拌、排料装置），与封底下的燃烧炉组成，热气包围筒体，物料在筒内受热煅烧。间歇式炒锅的结构如图8.2所示。

20世纪60年代以后，英国和北美研制成功了连续式炒锅，如图8.3所示。连续式炒锅的结构与间歇式炒锅的结构基本上相同，不同之处是熟石膏的卸料装置。连续式炒锅在达到控制温度后，自动保持该温度。石膏从炒锅上部加入，脱水后沉入锅底。由于脱水后的熟石膏粉具有很好的流动性，因此在上部石膏的压力作用下通过熟料管排出。连续式炒锅锅内温度是一个重要的工艺参数，一般控制在140～190℃范围内，在此范围内调节温度既可改变炒锅的生产能力，又可得到不同质量的β型半水石膏。炒锅内物料温度可以通过调整燃烧室温度和石膏的入料量来控制。

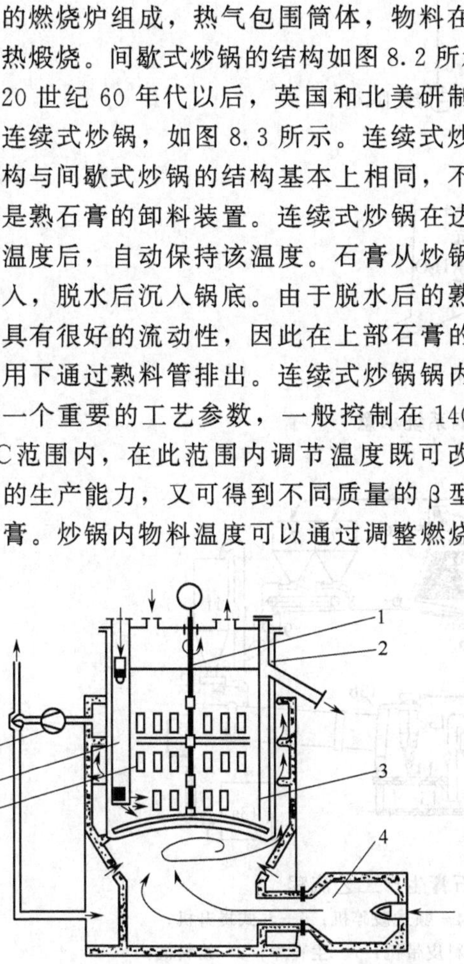

图8.2 间歇式炒锅的结构

1—直立用筒体；2—球面底板；3—搅拌轴；4—叶片；5—盖罩；6—火管；7—烟囱；8—螺旋输送机；9—水蒸气排出管；10—检查口；11—成品石膏出料闸门

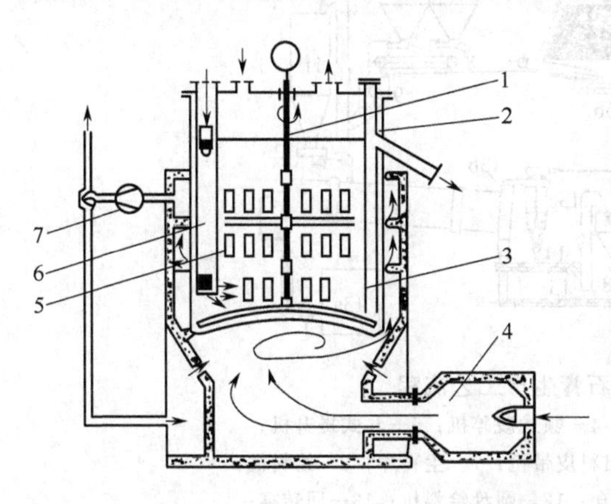

图8.3 带有埋入式加热装置的连续式炒锅结构

1—搅拌器；2—炒锅外壳；3—熟石膏粉出料管；4—燃烧室；5—横火管；6—埋入式加热装置；7—排气风扇

间歇式炒锅能够均匀加热和连续脱水，可以根据每锅原料性质的不同，调节出料温度，设备造价较低。缺点是热效率低，产量低，生产成本高，且每一次进出料都会造成一次炒锅急冷急热，导致炒锅筒体和锅底的破坏。连续式炒锅的优点是加入的石膏不与炽热炒锅表面接触，而与处在恒温下的石膏颗粒接触。二水石膏在饱和蒸汽环境中于适宜的条件下进行脱水，能保证所制得的半水石膏具有良好的晶体结构，且生产能力、热效率、炒锅使用寿命都有提高，缺点是不易根据原料性质变化调节煅烧温度，设备造价较高。

连续式炒锅系统组成与间歇式炒锅基本相同。只有出料系统不同，在锅内加一根排料管，根据溢流原理，当物料高于排料口时就会自动溢流出去，图8.4是其典型的系统配置图。

① 直接煅烧工艺　采用回转窑直接煅烧生产建筑石膏的典型生产工艺如图8.5所示。其中包括了原矿储存和精选、破碎、煅烧、冷却、均化、磨粉、包装和储存等工序。

采用含75%左右$CaSO_4 \cdot 2H_2O$的石膏为主要原料，经过粗碎控制粒径在300～350mm进入工厂，由铲斗车1将石膏石送入下料斗2经板式给料机3均匀送入颚式破碎机4。出料粒度控制在50～60mm，进入均化工序。由斗式提升机5送来的块料进入进料皮带6a上。该皮

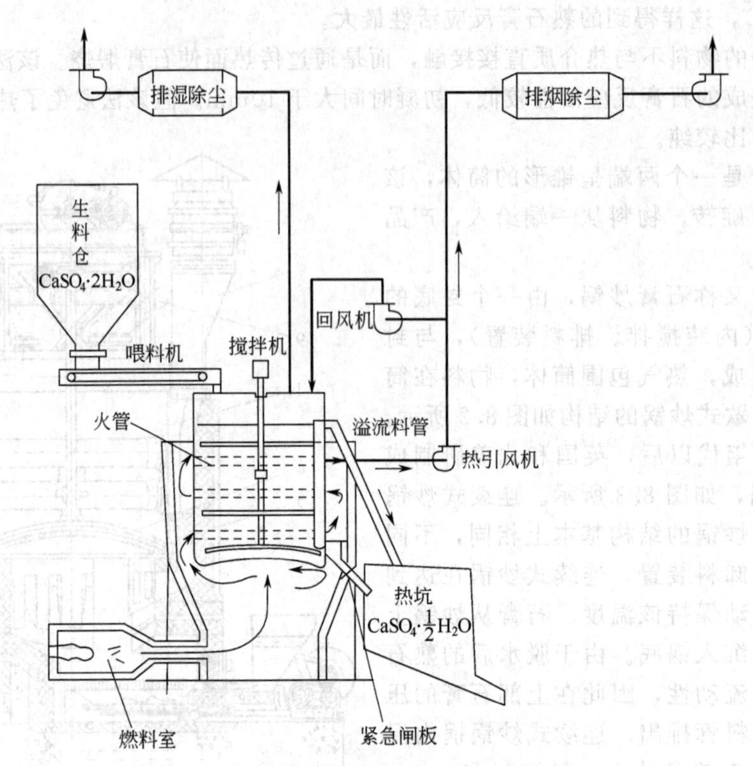

图 8.4　连续式炒锅系统示意

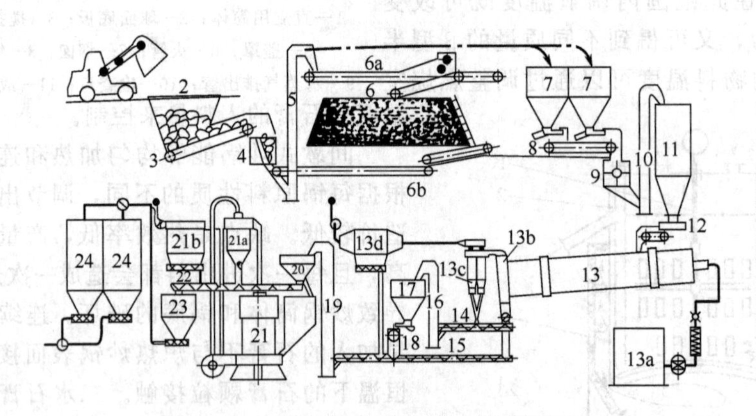

图 8.5　回转窑干法煅烧石膏生产工艺流程

1—铲斗车；2—下料斗；3—板式给料机；4—颚式破碎机；5—斗式提升机；6—均化场；6a—进料皮带机；6b—地坑中出料皮带机；7—生料库；8—给料机；9—锤式破碎机；10—斗式提升机；11—料仓；12—圆盘给料机；13—回转窑；13a—能源供给装置；13b—密闭下料罩；13c—旋风除尘器；13d—静电除尘器；14、15、20—螺旋输送机；16—斗式提升机；17—旁路储仓；18—螺旋绞刀；19—斗式提升机；20—选粉机；21—磨机；21a—粉料收集器；21b—袋式收尘器；23—螺旋泵；24—储仓

带机上设有移动卸料车和铺料皮带，将物料沿均化库长度方向一层层地铺料。每次所铺料层厚度依所需均化的不同品位的石膏量计算后确定。取料则由取料机的钉耙在已铺好的物料的垂直面处沿料堆休止角作往复运动耙取。这种“横铺直取”的方法能使物料达到要求的均化效果。地坑中出料皮带机 6b 上的物料由斗式提升机 5 进入生料库 7（如均化库场地大，则不需要生料库）。均化后的生石膏块经给料机 8 均匀地喂入锤式破碎机 9，破碎成 10～25mm 的物料。

进入煅烧与粉磨工序。

经锤式破碎机破碎后的物料经斗式提升机 10、料仓 11、圆盘给料机 12 进入回转窑 13 脱水后磨细。回转窑 13 为 ϕ2.2m×12m，产量为 10t/h。由于生石膏脱水所需温度不高，需往燃烧室的高温烟气中掺入冷空气，在混合室中使烟气温度由 1100℃降至 750～800℃，然后送入回转窑。回转窑用重油或油渣作燃料，燃料由转杯式燃烧器喷出燃烧。在燃烧室喷火口处用二次助燃风（也称二次空气）补充燃烧时空气量的不足。能源供给装置 13a，包括油库、齿轮油泵及油加热器等。

回转窑的出口端设有带叶轮给料机的密闭下料罩 13b，熟石膏颗粒由此进入螺旋输送机 15，也可经过螺旋输送机 14 进入旁路储仓门。螺旋输送机 15 将熟石膏送至斗式提升机 19 再进入选粉机 20。经选粉机选出的合格熟石膏粉由螺旋输送机 22、螺旋泵 23 送至熟石膏粉料储仓 24。不合格的物料送至粉磨机 21 磨细成粒度合格的熟石膏粉，粉磨过程中产生的粉尘由粉料收集器 21a 与袋式收尘器 21b 收集后，粉料进入螺旋输送机 22，除尘后的气体排入大气。

旁路中间仓（储仓）17 设置的目的是为了平衡回转窑与粉磨机的产量，也作为回转窑临时检修缓冲之用。当磨机不能接纳回转窑的来料或回转窑需要检修时，就将回转窑烧制的熟石膏储存在中间仓 17 中待用。也有人把中间仓称为平衡缓冲仓。13c 为旋风收尘器，13d 为静电除尘器，经收尘器收集的固体颗粒分别进入粉料输送机（螺旋输送机）14、15 中。所有的熟石膏收尘器、除尘器及全部烟气管道均外包 10cm 厚的岩锦毡，防止结露。静电除尘器 13d 先升温至 120℃时才能启动，以免烟气中的水蒸气遇冷结露，使半水石膏还原成二水石膏，影响建筑石膏制品的凝结时间，或者黏附凝结在设备上，影响正常生产。

回转窑通过控制给料量、供油量、一次风量、二次助燃空气量等来实现温度和压力的自动控制。熟石膏粉一般需要在储仓 24 中储存 7d，以便陈化而得到质量均匀稳定的建筑石膏。

② 间接煅烧工艺 采用炒锅生产半水石膏的（间接煅烧）工艺流程如图 8.6 所示。间歇式炒锅进入正常煅烧状态后，开动搅拌器，逐渐往锅内加料，加料速度不宜过急，以免搅拌电机负荷太大。石膏煅烧时炉膛内的最高温度为 950～1000℃。煅烧时，料温随时间而变化。温度变化可分为三个阶段：第一阶段，随着加热时间延长，进入炒锅时的二水石膏颗粒升温，在此阶段，二水石膏表面的吸附水被蒸发掉，晶体结构出现变化趋势；第二阶段为恒温阶段，温度约在 90～130℃范围内，此时虽然加热时间延续，但炒锅内的二水石膏颗粒温度变化不大，且二水石膏晶格发生变化，一部分二水石膏脱去结晶水变成半水石膏（炒锅内石膏处于沸腾状态）；第三阶段为继续升温阶段，随加热时间延续，料温不断升高，在升温过程中伴随着第二次脱水，即在第二阶段未脱水的部分二水石膏在此升温阶段脱水成半水石膏。

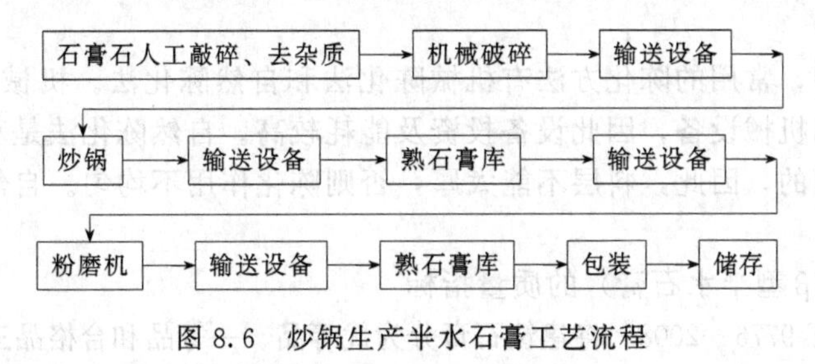

图 8.6 炒锅生产半水石膏工艺流程

(3) 影响β型半水石膏性能的主要因素

影响β型半水石膏性能的主要因素有原料纯度与杂质、粉磨、煅烧、陈化等。

① 原料的纯度与杂质 生产β型半水石膏的原料是二水石膏。通常对原矿质量的评价是 $CaSO_4 \cdot 2H_2O$ 含量。为确保质量，建筑石膏国家标准［GB/T 9776—2008］规定三级以上石膏（即 $CaSO_4 \cdot 2H_2O$ 含量≥75%的石膏）可以作为生产β型半水石膏的原料。

石膏原料中含有碳酸盐、黏土、硫酸盐等各种杂质。一般来说，石膏中含黏土矿物类杂质越多，产品的机械强度越低；碳酸盐类、硬石膏和石英等杂质，在石膏煅烧温度范围内都是惰性物质，其本身密实度大、吸水性差，所以它们的存在可降低标准稠度需水量，如含量适当，不仅可提高制品的密实度和硬度，还可提高制品的强度；K^+、Na^+、Cl^-等易溶性盐类的存在，可提高产品在水中的溶解度，加快其水化和硬化的过程，同时也增加了建筑石膏硬化体结晶接触点的不稳定性，使接触点的强度降低，而且使制品在潮湿环境中容易析出“盐霜”，因此其含量必须有所限制。石膏中的杂质对石膏的分解有利有弊。一般用于建筑制品的β型半水石膏对原料纯度的要求不必太高，但要注意杂质的种类和相对含量，最好根据用途的要求合理使用石膏资源，以达到节约能源，降低原料成本之目的。

② 粉磨与煅烧　石膏煅烧的质量与粉磨的细度密切相关。一般来说，煅烧温度偏低，石膏脱水不完全，产物中存在较多的二水石膏，容易产生快凝等现象；煅烧温度偏高，（超过200℃），部分半水石膏将转变为可溶性硬石膏（$CaSO_4$ Ⅲ），凝结较快，硬化后的制品强度较低，膨胀率较大。如果煅烧温度过高，很可能出现硬石膏Ⅱ，使水化活性显著降低。

石膏的粒度分布对煅烧过程和煅烧产物的相组成影响很大。粒度均匀的原料，煅烧后容易形成单一的相；原料的粒级差别越大，则煅烧成单组分半水石膏越困难。

半水石膏的细度是产品质量的重要指标之一。在一定范围内，制品的强度随细度的提高而提高；超过一定值后，强度反而会降低。这是因为颗粒越细，越易溶解，其过饱和度也越大。当随着细度的增加，过饱和度超过一定值后，石膏硬化体就会产生较大的结晶应力，破坏硬化体结构，引起强度的下降。因此半水石膏的细度一般在100～200目即可。研究表明，β型半水石膏的性能不仅与细度有关，而且与粒度分布有关，良好的颗粒级配可使β型半水石膏的性能有较大的提高。

③ 陈化　刚刚煅烧好的熟石膏，由于含有一定量的可溶性无水石膏和少量性质不稳定的二水石膏，物相组成不稳，内含能量较高，分散度大，吸附活性高，从而出现熟石膏的标准稠度需水量大、强度低、凝结时间不稳定等现象，因此需要陈化。陈化是将新炒制或煅烧的熟石膏进行一段时间的储存或湿热处理，使物理性能得到一定程度的改善。因此，陈化是提高熟石膏产品质量的工艺措施之一。

在陈化中，熟石膏主要发生以下两种类型的相变：

a. 可溶性无水石膏$CaSO_4$Ⅲ 吸收水分转变成半水石膏；

b. 残存的二水石膏继续脱水转变成半水石膏。

熟石膏陈化效果的好坏，与所选用的陈化方法、陈化过程的长短、料层厚度、颗粒大小及环境湿度等有关。

实际工业生产中，常用的陈化方法有机械陈化法和自然陈化法。机械陈化法陈化时间短、效率高，但需要增加机械设备，因此设备投资及能耗较高。自然陈化法是利用自然条件来达到稳定熟石膏质量的目的，因此，料层不能太厚，否则陈化作用不均匀。自然陈化周期长、效率低，但简单实用。

(4) 建筑石膏（β型半水石膏）的质量指标

国家标准［GB/T 9776—2008］将建筑石膏分为优等品、一等品和合格品三个等级（表8.1）。

表8.1　建筑石膏（β型半水石膏）的质量要求

技术要求		等级		
		优等品	一等品	合格品
抗折强度/MPa	≥	2.5	2.1	1.8
抗压强度/MPa	≥	5.0	4.0	3.0
细度，0.2mm方孔筛筛余/%	≤	5.0	10.0	15.0

8.1.2 α型半水石膏（高强石膏）

一般认为α型半水石膏为高强石膏，其制品具有硬度大、强度高（干燥抗压强度可达100MPa以上）、耐磨性好、轮廓清晰、仿真性好等优点，这种熟石膏主要用于制作工业和医用模型，其应用涉及航空、汽车、橡胶、塑料、船舶、铸造、机械、医用等领域。

(1) α型半水石膏的生产方法和设备

采用湿法煅烧，如在高压釜中进行的水蒸气压下煅烧获得或在大气压下沸点高于100℃的盐溶液中进行煅烧均可生产出α型半水石膏。其制备工艺方法分为块状法、液相法和造粒法三种。

① 块状法　块状法又称加压水蒸气法：工艺流程如图8.7所示，具体包括破碎、蒸压、粉磨、炒制、包装等工序。石膏石经破碎后筛分，控制粒度为30～50mm，将块状石膏装入匣子后送入高压釜，通入高压蒸汽进行蒸压，控制压力为200～800kPa，加热时间为1.5～10h。蒸压完成后放出冷凝水，打开蒸压釜的门，物料进入烘干房进行干燥（或在蒸压釜夹层中通入蒸汽进行干燥），然后将块状石膏进行预粉碎，进入炒锅在常压下干燥后，磨细到合适粒度即得α型半水石膏。当蒸压过程中实际压力为200kPa时，需加热8h；当压力为300kPa，需加热1.6h。此法生产的α型半水石膏产品质量好，但要求石膏原料具有致密结构。

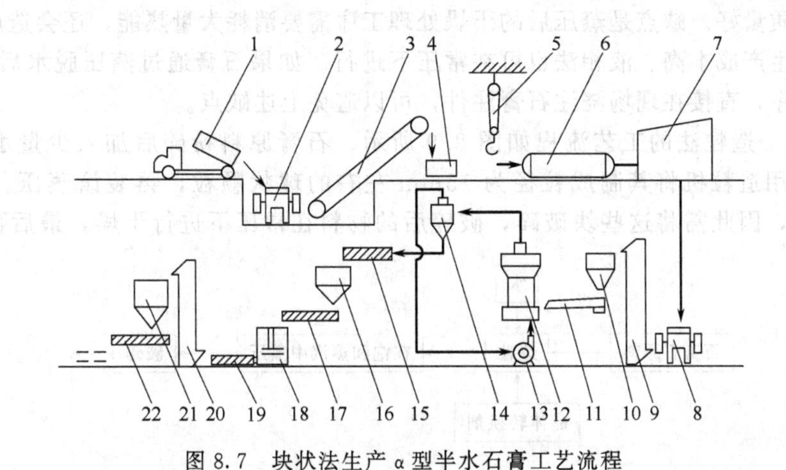

图8.7　块状法生产α型半水石膏工艺流程

1—矿车；2—破碎机；3—皮带运输机；4—蒸压匣子；5—移动吊车；6—蒸压罐；7—烘干房；8—破碎机；9、20—斗式提升机；10—调节料仓；11—电磁振动喂料机；12—摆式抽碎机；13—风机；14—降粉机；15—螺旋输送机；16—储料仓；17、19—螺旋输送机；18—间歇式炒锅；21—成品料仓；22—包装螺旋

蒸汽产生的压力有两种形式。一种形式为“供压法”，即压力由蒸压釜外部供给的饱和高压蒸汽所产生的压力；另一种形式为“自行汽蒸法”，即石膏在封闭的蒸压釜内受热脱水后的蒸汽自行产生压力。干燥方式也有三种。一种是在同一设备中蒸压、干燥；第二种是在蒸压釜中蒸压后，在另一设备中干燥（干燥设备或是旋转式蒸压釜，或是炒锅，或是其他形式的干燥设备）；第三种是在高压釜中蒸压后进行一定程度的干燥，然后在另一设备中继续干燥。

无论采用哪种生产工艺，α型半水石膏通过蒸压工序获得后必须立即进行干燥，如果经蒸压工序处理后放置时间过长，则α型半水石膏极易在此阶段内重新水化生成二水石膏，从而影响产品的质量。

用天然二水石膏制备α型半水石膏大都采用块状法生产工艺。

② 液相法　液相法也称加压水溶液法：工艺流程如图8.8所示，将二水石膏粉碎后加水、外加剂在泥浆混料器中搅拌均匀制成料浆，在蒸压釜中加压200～500kPa、加热120～140℃、

搅拌 1～3h，然后对混合石膏浆体清洗、甩干，清洗温度 85～100℃，最后干燥粉碎即得 α 型半水石膏。清洗温度不能过低，否则会导致 α 型半水石膏水化影响质量。在此过程中，向二水石膏中加入晶型转化剂（琥珀酸、枸杞酸、棕榈酸、水溶蛋白质等，制成 0.01%～0.2% 的水溶液）有助于生成板状、短柱状半水石膏。

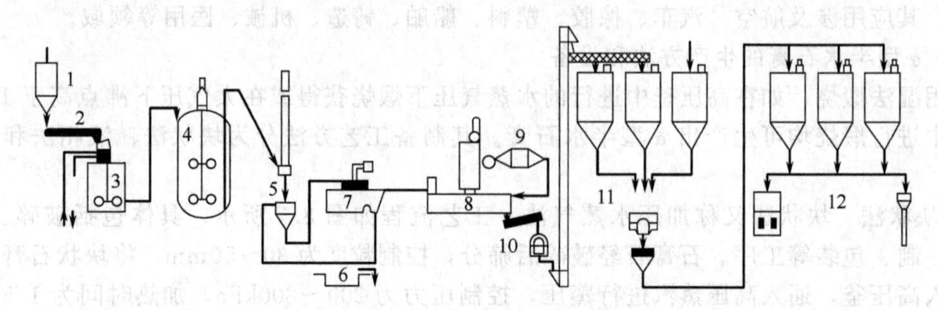

图 8.8 液相法生产 α 型半水石膏工艺流程

1—细粉状石膏原料仓；2—计量器；3—泥浆混料器；4—高压釜；5—甩干器；6—沉淀池；7—压力过滤器；8—干燥器；9—热汽发生炉；10—细粉碎机；11—石膏混料器；12—包装机

液相法脱水的优点是二水石膏在液相中受热均匀，而且生长的 α 型半水石膏晶体粗大、致密，强度高，质量好。缺点是蒸压后的干燥处理工序需要消耗大量热能，还会造成部分半水石膏损失，因此生产成本高。液相法也可在常压下进行。如果石膏通过蒸压脱水后不进行甩干、干燥、粉磨工序，直接在现场浇注石膏注件，可以避免上述缺点。

③ 造粒法　造粒法的工艺流程如图 8.9 所示。石膏原料粉碎后加入少量水和晶型转化剂混合，然后用造粒机将其制成粒径为 15mm 左右的球状颗粒，再装筐蒸压。蒸压后球状颗粒会结成块，因此需将这些块破碎，破碎后的物料在常压下进行干燥，最后再进行粉磨。

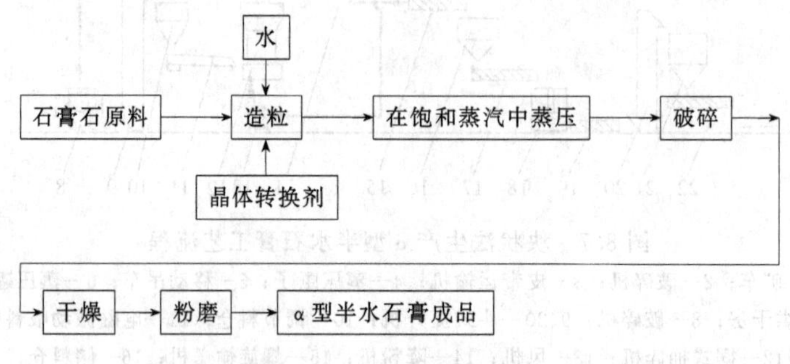

图 8.9 造粒法生产 α 型半水石膏工艺流程

造粒法由于加水量少，所以在干燥时消耗的能量较少，又由于掺入晶体转化剂数量较少，因此不需要清洗，物料损失也较少。造粒法的生产成本低于液相法，但其产品质量不如液相法。

为了获得特殊的性能，常将 α 型半水石膏和 β 型半水石膏混合起来使用，于是发明了联合生产法，这种方法一步就可生产出 α 型和 β 型半水石膏的混合物。在这种生产方法中，α 型半水石膏在一台回转窑内干燥，并用其煅烧制备 β 型半水石膏，然后再将这两种类型的半水石膏混合。

(2) 影响 α 型半水石膏性能的主要因素

影响 α 型半水石膏性能的主要因素有转化温度与转化时间、媒晶剂、原始结晶形态、制备工艺条件、溶液的浓度、pH 值、溶液的运动速度、粉磨与颗粒级配等。

二水石膏在水溶液中转化为半水硫酸钙并稳定存在的主要条件是温度。当温度达到

107℃（理论值），二水石膏开始分解转化为半水石膏，此时蒸汽压力是平衡的，而且二水石膏和半水石膏会保持平衡状态。然而这仅仅是一个平衡温度，实践表明只有二水石膏的温度远远超过平衡温度时，才能很快完成二水石膏的脱水过程。另外，从分解原理来看温度升高会加快二水石膏的分解，尤其是在媒晶剂（晶形转化剂）存在的条件下，更有利于上述转化过程。但转化温度过高会导致半水石膏脱水变成无水石膏，因此釜内液相温度一般控制在135～145℃。

转化时间（恒温时间）也是一个重要影响因素。当纯水作为介质时，二水石膏分解后基本按原有结晶习性进行结晶。当一种或多种媒晶剂存在时，由于媒晶剂对二水石膏的转化起抑制作用，改变原有的结晶习性，使结晶中心减少，结晶速度迟缓，晶体粗大。表 8.2 是实际生产中 α 型半水石膏转化温度与时间的关系。

表 8.2 α 型半水石膏的转化温度与时间的关系

转化温度/℃	恒温时间/min	结晶形态	凝固时间		结晶水/%	干燥抗压强度/MPa
			初凝/min	终凝/min		
135	120	晶体形状不规则	3	10	9.35	36.7
140	120	粒状晶体和大量聚合团	10	15	5.39	62
145	120	粒状大晶体	11	14	5.72	55
140	30	发育不完善的结晶体	无法测定	无法测定	15.84	—
140	60	粒状晶体但轮廓模糊	10	12	5.68	50
140	180	大部分结晶聚合体			5.25	56

二水石膏在纯水中经"水热法"处理，其结晶形态为针状小晶体。但在有机或无机盐（媒晶剂）存在情况下，结晶形态不同。不同媒晶剂会使半水石膏的晶体形态和大小以及性能出现不同变化，因而影响其强度。此外，二水石膏的原始结晶形态也对媒晶剂的作用和 α 型半水石膏的强度有一定影响。表 8.3 所列为不同原始结晶形态的二水石膏在同种媒晶剂作用下产品强度的影响。

表 8.3 同种类媒晶剂对不同二水石膏生产的 α 型半水石膏强度的影响

二水石膏名称	媒晶剂	结晶形态	水膏比/%	干燥抗压强度/MPa
纤维二水石膏	SLS	短柱状	30	70.8
雪花二水石膏	SLS	无规则粒状	36	45.9
雪花二水石膏	HP	短柱状	35	52.7
纤维二水石膏	HP	棒状	40	39.6

不同制作条件可获得不同的半水石膏变体，而且结晶形态也有明显差异。为了获得 α 型超高强石膏，首先要使物料在大量的水溶液中进行"水热处理"，使其充分溶解重结晶。这是一个先决条件。再添加合适的媒晶剂，在适当的溶液浓度和 pH 值等条件下就可以获得有较高强度的 α 型超高强石膏。

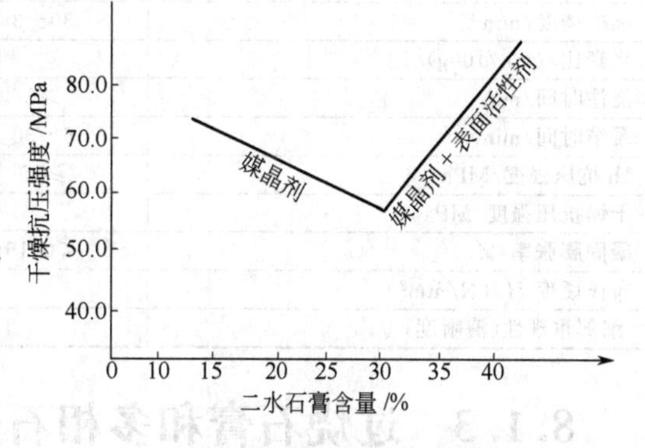

图 8.10 二水石膏在溶液中的浓度与 α 型半水石膏强度的关系

图 8.10 所示为二水石膏在溶液中的浓度与制品强度的关系。图示左侧表明，随着溶液中二水石膏含量的增加，制品强度下降。当二水石膏含量从 15% 提高到 30%，其干燥抗压强度从 70.8MPa 下降到 57.4MPa，说明随着溶液中二水石膏含量的增加，添加单一的媒晶剂还不能达到预期的效果。要提高溶液中二水石膏的含量，

不仅要提高二水石膏的溶解度和提高其饱和度，同时还要抑制结晶中心的增加并减小粒子间的相互干扰，促使晶体缓慢发育长大。因此，除添加媒晶剂外，尚需添加一种表面活性剂。图8.10所示右侧表明，由于添加了表面活性剂，二水石膏含量从30%提高到35%，制品强度提高到74.5MPa，高于15%浓度时的干燥抗压强度。

为了使α型半水石膏在溶液中更好地定向生长，不仅要选择具有提高二水石膏溶解度和有助于α型半水石膏晶体很好发育功能的媒晶剂，还要控制媒晶剂的酸碱度，也即溶液的pH值。当溶液处于碱性时，α型半水石膏晶体向纵向发展，在酸性条件下，则向横向发展。

实践证明当溶液的pH值在9～10时，半水石膏晶体呈纤维状，其长径比可达100∶1（称之为石膏晶须）。当溶液的pH值在2～3时，半水石膏晶体呈短柱状，这是制作α型超高强模型石膏所需的最佳结晶形态。

α型半水石膏比β型半水石膏制品强度高的一个主要原因是颗粒的比表面积较β型半水石膏小，从而降低了水膏比。但α型半水石膏结晶原粒晶体大，粒子间的孔隙也大，有相当一部分水填充在孔隙中，这对进一步降低水膏比不利。因此要制作一种强度、硬度、耐磨性等均较好的制品，一般要将干燥好的α型半水石膏再进行粉磨，并调整其颗粒级配。表8.4是粉磨前后颗粒分布及物理性能对比。从对比数据可见，α型半水石膏经粉磨处理后粒径分布变细，从而降低了孔隙率，提高了制品密实度，强度显著提高。

表8.4 粉磨前后颗粒分布及物理性能对比

粒径/μm	粒径分布								水膏比/%	密度/(g/cm³)	孔隙率/%	布式硬度(HB)	凝固膨胀率/%	抗压强度/MPa
	60～40	30～20	10～9	8～7	6～5	4～3	2～1	<1						
粉磨前	16.5	49.4	13.4	17.5	2.1	0.4	0	0	31	1.87	22.15	19.7	0.75	66.23
粉磨后	0	0	9.0	11.2	10.6	35.4	31.8	0.8	22	2.04	15.36	23.16	0.54	91.86

(3) α型半水石膏的质量指标

α型半水石膏主要用于制作工业模具。由于不同模具有不同的要求，因此，对于α型半水石膏很难有一个统一的测试标准。目前大多数国家都制定了标准，中国由于α型半水石膏发展较晚，目前检测标准主要参照ISO 6873—1986（E），布氏硬度参照DIN 13911。

α-高强石膏产品的暂行技术指标见表8.5。

表8.5 α-高强石膏产品的暂行技术指标

技术指标	ISO 6873	α-齿科超硬石膏	α-高强模型石膏	低膨胀石膏
标准稠度/mm	30±3	30±3	30±3	30±3
水膏比/(mL/100g)		21～22	27～29	32～42
浇注时间/min	>3	>3	>3	>3
凝结时间/min	6～30	6～10	8～15	120～180
1h抗压强度/MPa	≥35	40～50	30～34	—
干燥抗压强度/MPa		88～98	60～70	≥30
凝固膨胀率/%	<0.15	0.06～0.14	0.1～0.7	0.015～0.03
布氏硬度 H/(N/mm²)		190～230	200	—
细部重现性(清晰度)	0.02mm台阶至少两试样不断			—

8.1.3 过烧石膏和多相石膏的生产方法与设备

干法煅烧温度350～900℃之间（工业上通常控制在450～700℃）可以生产过烧石膏，即Ⅱ型无水石膏，它包括三种变体：AⅡ-S（慢溶硬石膏）、AⅡ-U（不溶硬石膏）、AⅡ-E（地板石膏）。在过烧石膏和建筑石膏中，这三种变体之间必然存在一定的比例，比例大小取决于二水石膏的性质和煅烧方法。

过烧石膏或硬石膏主要用作水泥调凝剂、膨胀剂、胶结料及墙体材料等。

由于煅烧温度高，只能使用回转窑、流化床煅烧炉。工业上应用较多的是逆流式直接煅烧回转窑，在炉体高温带应砌耐火材料，或衬以耐火钢板。采用顺流式回转窑时可二窑串联，第一窑生产出半水石膏后进入第二窑，也可用同一窑进行二次煅烧。

多相石膏是指二水石膏通过一定的温度煅烧后，所获得的产品中同时具有过烧石膏和半水石膏。另一种方法是分别制取过烧石膏和β型半水石膏，然后将它们混合在一起成为多相石膏。事实上，在工业化生产过程中，要制取含量为100%的半水石膏是十分困难的，因此一般所指的建筑石膏通常是以β型半水石膏为主，还含有硬石膏（过烧石膏）和未分解的二水石膏的混合体。从组成上来说，也可称之为多相石膏。

多相石膏有三种生产方式：一种为逆流式回转窑煅烧方式（窑内物料流向与气体流向相反）；传输窑（或称履带窑）煅烧方式；混合生产方式（即分别在不同的设备中煅烧制取过烧石膏和β型半水石膏，然后将它们混合成多相石膏）。图 8.11、图 8.12 分别为逆流式回转窑煅烧工艺和履带式窑煅烧工艺流程。

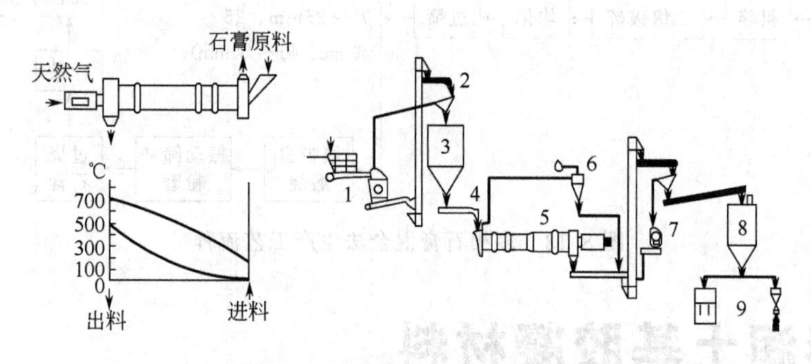

图 8.11 逆流式回转窑煅烧工艺流程

1—破碎机；2—振动筛；3—料仓；4—计量器；5—逆流式回转窑；
6—除尘器；7—粉碎机；8—成品仓；9—包装机

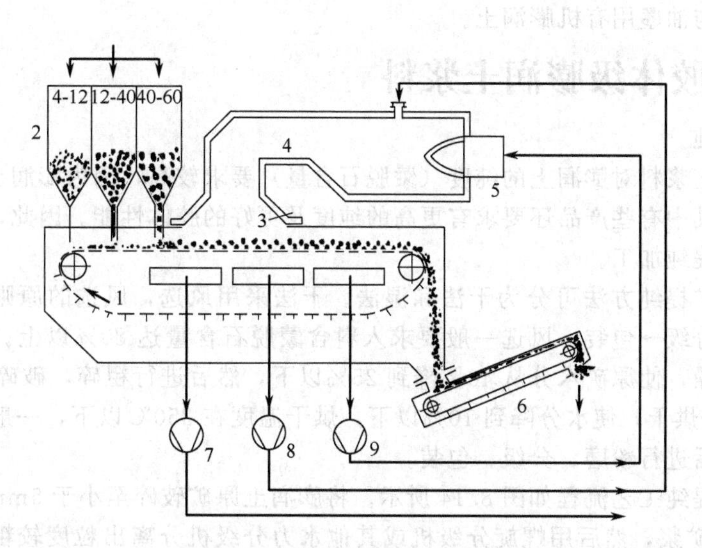

图 8.12 履带式窑煅烧工艺流程

1—传输带；2—给料仓；3—石膏料层；4—煅烧罩；5—烧嘴；6—出料器；
7—废气排出风机；8—循环风风机；9—冷却风风机

逆流式回转窑与顺流式回转窑基本相同，区别在于窑内物料与热气流的流动同向还是逆向，它们的进料口也正好相反。

用履带式窑煅烧多相石膏时，将二水石膏破碎到 4～60mm，分成 3 个粒级，第一级 4～12mm；第二级 12～40mm；第三级 40～60mm。分级后再进行煅烧。送料时最小的颗粒在底部，履带以 20～25m/h 的运行速度通过窑中燃烧带，用风机鼓入空气带走石膏的热量。石膏料层顶层的温度高达 700℃，底层温度为 300℃。煅烧时不需要搅拌石膏。大约能有一半热气流被作为废气排出，排出的废气温度为 100℃。加入二次循环的热空气温度为 270℃，冷却热空气的温度为 230℃，热效率大于 70%。煅烧后的石膏经过粉磨后成为多相石膏成品。多相石膏混合法生产工艺流程见图 8.13。

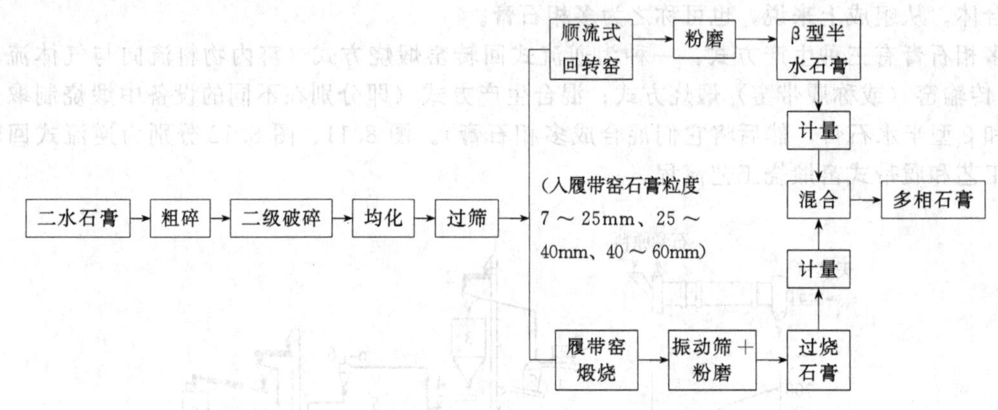

图 8.13　多相石膏混合法生产工艺流程

8.2　膨润土基胶凝材料

在石油、化工、轻工等工业领域广泛应用膨润土基胶凝或流变材料，如钻井泥浆、牙膏载体、化妆品凝胶、油漆（涂料）增稠剂、吸附剂、净化剂等。以下主要介绍胶体级浆料、膨润土凝胶以及涂料与油墨用有机膨润土。

8.2.1　胶体级膨润土浆料

(1) 原料提纯

胶体级膨润土浆料对膨润土的纯度（蒙脱石含量）要求较高，因为膨润土的胶体性能与其纯度密切相关。其中有些产品还要求有更高的纯度及更好的胶体性能。因此，胶体级膨润土浆料原料一般应经提纯加工。

膨润土的选矿提纯方法可分为干法和湿法。干法采用风选，风选的原则流程：原矿→干燥→磨粉→风选分级→包装。风选一般要求入料含蒙脱石含量达 80%以上。首先将矿石存放在料场上自然干燥，使原矿水分从 40%降到 25%以下，然后进行粗碎，破碎产品粒度为 30～40mm，并进一步烘干，使水分降到 10%以下，烘干温度在 250℃以下，一般用气流干燥和流态化干燥。烘干后进行粉磨、分级、包装。

膨润土湿法提纯工艺流程如图 8.14 所示。将膨润土原矿破碎至小于 5mm，加水搅拌制成含量 25%左右的矿浆，然后用螺旋分级机或其他水力分级机分离出粒度较粗的砂粒和碳酸盐矿物，悬浮液进入高速旋转的离心沉降分离机，如卧式螺旋卸料沉降式离心机，进一步分离细粒碳酸盐和长石等杂质，得到粒度小于 5μm，膨胀倍数 20 以上的高纯度蒙脱石或膨润土浆料，将这种浆料过滤、干燥和打散解聚后即得到高纯度膨润土产品。离心分离后的沉降物除了含有少部分细粒碳酸盐和长石等杂质外，还含有较多的能够满足活性白土生产要求的膨润土，因此，将其与一定量酸反应后可生产活性白土。

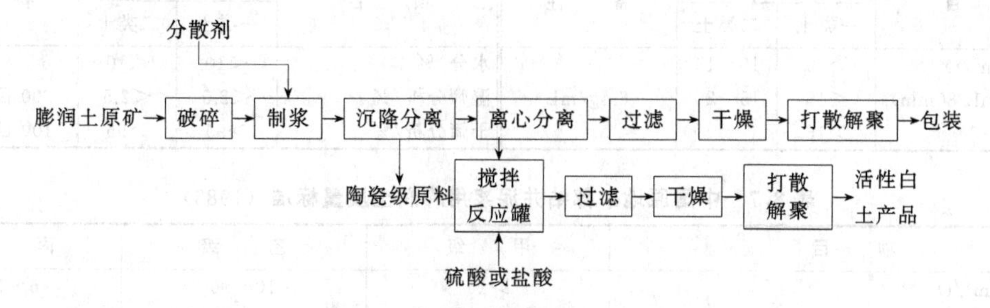

图 8.14 膨润土湿法提纯工艺流程

由于采用物理法提纯膨润土难以去除很细的方石英及 Fe_2O_3，所以要制取更高纯度的膨润土还需要采用化学提纯法。

化学提纯法是利用化学试剂与膨润土中的杂质矿物发生反应而将其除掉的方法，通常是利用强碱除去方石英，其反应原理是

$$2NaOH + SiO_2 \longrightarrow Na_2SiO_3 + H_2O$$

对吉林省某地膨润土的提纯实验结果表明，选用20%的 NaOH 溶液，以适当的比例（根据膨润土中方石英的含量）加入原土中，在温度为80℃、反应时间为2.5h时即可除去膨润土中的方石英。提纯样品的蒙脱石含量可达到95%以上。

利用连二亚硫酸钠（俗称保险粉）或次硫酸盐去除 Fe_2O_3，以提高膨润土白度。其反应机理如下。

$$Fe_2O_3 + Na_2S_2O_4 + H_2SO_4 \longrightarrow Na_2SO_4 + 2FeSO_3 + H_2O$$

在实际提纯工艺过程中常常会同时采用物理方法和化学方法进行提纯。图 8.15 所示为一项膨润土提纯工艺的英国专利技术。其主要工艺过程简述如下：

① 对膨润土原矿进行粉碎；

② 原矿粉碎后用连二亚硫酸钠或次硫酸盐漂白，消除氧化铁污染；

③ 在60℃下用碱处理膨润土悬浮液中的游离氧化铁；

④ 将处理过的膨润土悬浮液脱水，脱水后将固相物质加水重新制成悬浮液；

⑤ 将新配置的悬浮液给入均化器在剪切、摩擦和冲击作用进行均化；

⑥ 悬浮液干燥和粉碎。

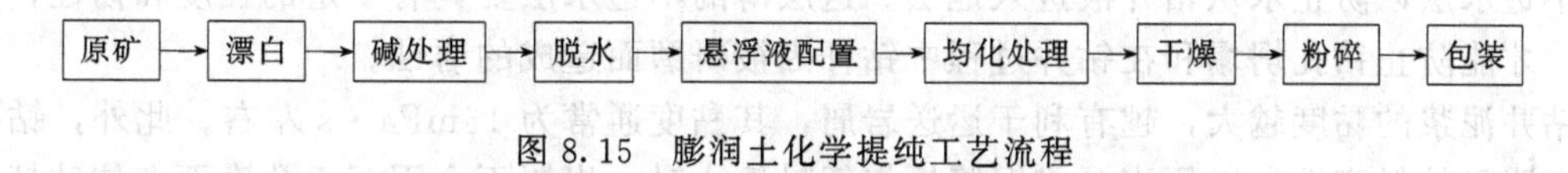

图 8.15 膨润土化学提纯工艺流程

采用上述工艺可以获得较纯的膨润土，而且膨润土的回收率较高。

（2）膨润土钻井泥浆

典型的膨润土胶体级浆料是广泛使用的钻井泥浆。适合钻井泥浆用的膨润土称为造浆土。它是由优质的钠基膨润土或人工钠基膨润土加工而成的。表 8.6～表 8.8 所示为中国和美国钻井泥浆用膨润土质量标准。

一般钻井泥浆可分为水性和油包水泥浆两大类。水性泥浆，包括加碱泥浆、淡水泥浆、盐水泥浆、低固相泥浆等。油包水泥浆，随基础油而异，一般常用的为长碳链与短碳链复合覆盖的有机膨润土加柴油。

表 8.6 中国原石油部钻井泥浆用膨润土质量标准

项目	指标		备注	项目	指标		备注
	一类土	二类土			一类土	二类土	
造浆率/(m^3/t)	＞16	10～15		水分/%	＜10	＜10	
失水量/(mL/30min)	＜15	15～20	6.4g/mL	湿筛分析/%	＜2.5	＜2.5	200 目筛余量
	＞16			干筛分析/%	＞95	＞95	100 目筛余量

表 8.7 中国原地矿部钻井泥浆用膨润土质量标准（1983）

项目	甲级	乙级	丙级
造浆率/(m^3/t)	＞16	10～16	6～10
动切力(屈服值)/×0.1Pa	＜15×塑性指数	＜15×塑性指数	＜15×塑性指数
失水量/(mL/30min)	＜13.5	＜13.5	＜13.5
湿筛余量/%	＜4	＜4	＜4
水分/%	＜10	＜10	＜10

表 8.8 美国钻井泥浆用膨润土质量标准

API 钻井用膨润土质量标准(1990)		API 钻井用未处理膨润土质量标准(1990)		OCMA 钻井用膨润土质量标准(1990)	
项目	指标	项目	指标	项目	指标
悬浮液①性能		悬浮液②性能		悬浮液③性能	
旋转黏度计读数(600r/min 条件下)	≥30	屈服值(4788Pa)	≤1.5×塑性黏度	旋转黏度计读数(600r/min 条件下)	≥30
屈服值(4788Pa)	≤2×塑性黏度	塑性黏度/(MPa·s)	≥10	屈服值(4788Pa)	≤6×塑性黏度
		失水量/(mL/30min)	≤12.5		
失水量/(mL/300min)	≤15.0			失水量/(mL/300min)	≤16.0
湿筛分析				湿筛分析	
200 目筛余量(质量分数)/%	≤4.0			200 目筛余量(质量分数)/%	≤2.5
水分(工厂装运时)/%	≤4.0			水分(工厂装运时)/%	≤13.0

① 22.5g 膨润土 350mL 水的悬浮液。

② 25g 膨润土 350mL 水的悬浮液。

③ 22.5g 膨润土 350mL 水的悬浮液。

通常在旋转法钻井过程中，井孔内要一直保有泥浆。泥浆通过中空的钻杆由泵打到孔底，从钻头的空隙流出；再经过井孔壁与钻杆间的环形空间升到地表并流入泥浆池，其作用是清除岩屑，并排除气体。然后再从泥浆池下到井孔里，限制地层中的水进入钻孔，并在孔壁上形成一层不透水层以防止水从钻井液进入地层。这层薄的不透水层要具有一定的强度和韧性，只有这样，才能防止钻孔坍塌和在钻井过程中钻杆因被研磨而造成的磨蚀。

钻井泥浆的黏度越大，越有利于运送岩屑，其黏度通常为 15mPa·s 左右。此外，钻井泥浆要有明显的触变性，以便当泵或泥浆搅拌暂时停止时，岩屑不会因沉于孔底而卡住钻杆。当出现泥浆在钻孔过程中电解质浓度变化很大的情况时，则要求其黏度和触变性的改变不大，即使在深孔钻进中温度升高时，对泥浆也不会有大的影响。

在钻井液中加入膨润土可获得所要求的性质，因此，在钻井时广泛应用膨润土泥浆。钻井用膨润土的质量主要是测定 1t 膨润土在淡水和盐水中获得黏度通常为 15mPa·s 的泥浆吨数；测定搅拌后和搅拌后停放 10min 的不同凝胶强度，测定造壁性能——黏度为 15mPa·s 的膨润土在 0.7MPa 压力下通过滤纸的失水度和按照美国石油工业研究所失水试验的标准测定泥饼的厚度和特征。

美国怀俄明地区的一些膨润土在世界各地广泛地用于钻井液的配料。这种以钠离子为可交换阳离子的膨润土具有特别重要的性能，即由相当大的薄片组成的蒙脱石族矿物在水中易于分散为很薄的片。由于蒙脱石族的这一特性，其造浆率通常超过16m^3/t。中国新疆和丰的膨润土造浆率26～35m^3/t。一般只要5%的膨润土就能使泥浆达到所要求的黏度。

有关泥浆增效处理剂，一般为Na_2CO_3、NaOH、$Na_2Al_2O_4$、植物胶类（如雷公篙、桃胶）、聚丙烯酰胺等。主要为分散剂，其次为聚合物。

为降低泥浆的动切力和提高泥浆的耐盐性，多采用聚合物膨润土泥浆，其制备方法是先计算各种原料的数量，再按一定顺序混合。一种含膨润土、聚合物、苛性钠、甲基基团含量为30%～31%的碳酰胺树脂KC-11和水的聚合物膨润土钻井泥浆，其特点是可以改善泥浆的质量，降低其动剪力并提高其耐盐性，泥浆中所含的聚合物为聚丙烯酰胺。其配合比为（质量分数,%）：膨润土1～6；聚丙烯酰胺0.05～0.75；KC-11 1～5；苛性钠0.1～0.5；其余为水。具体配方举例如下。

① 向900g水中加入10g膨润土，搅拌至得到均质悬浮体；向73g水中添加1g苛性钠，再加入1g相对分子质量为3×10^4的聚丙烯酰胺，接着于90℃温度下搅拌4h之后将制得的聚合物浆液存放至温度于室温；向聚合物浆液中添加5g含30%甲基基团的KC-11，接着搅拌5min；之后，将它与膨润土悬浮液混合，并进行搅拌直至制成均质的聚合物膨润土泥浆。制成的每千克聚合物膨润土泥浆具有以下组成（质量分数,%）：膨润土1；聚丙烯酰胺0.1；苛性钠0.1；KC-11 0.5；水98.3。

② 向900g水中加入10g膨润土，搅拌至得到均质悬浮体；向73g水中添加1g苛性钠，再加入1g相对分子质量为3×10^4的聚丙烯酰胺，接着于90℃温度下搅拌4h之后将制得的聚合物浆液存放至温度于室温；向聚合物浆液中添加10g含30%甲基基团的KC-11，接着搅拌5min；之后，将它与膨润土悬浮液混合，并进行搅拌直至制成均质的聚合物膨润土泥浆。制成的每千克聚合物膨润土泥浆具有以下组成（质量分数，%）：膨润土1；聚丙烯酰胺0.1；苛性钠0.1；KC-11 1.0；水97.8。

有些钻井泥浆含有沥青、木质素、苛性钠、膨润土、柴油和水，用硫酸盐木质素作为木质组分，各组分为（质量分数,%）：膨润土1.5～5.0；硫酸盐木质素3.4～10.2；苛性钠0.29～0.85；塔沥青1.2～3.6；柴油2.4～7.2；其余为水。

为了制备钻井泥浆，必须预先准备膨润土泥浆，然后用沥青和硫酸盐木质素为基的复合试剂使泥浆稳定。以沥青和硫酸盐木质素为基的复合试剂（KPTCN）的制备工艺如下。

将计量好的硫酸盐木质素在1h内溶解在1.0%～2.0%苛性钠溶液中。同时用柴油作溶剂制备30%～33%的沥青溶液。之后在强烈搅拌下向硫酸盐木质素的碱性水溶液中逐渐加入柴油塔沥青溶液。在0.75～1h内制成复合试剂。

硫酸盐木质素的最大溶解度为12%，也即为了溶解12份木质素至少需要1份苛性钠。在这种情况下溶液的pH=9.4。沥青在柴油中的溶解度是30%～33%。当沥青浓度大于33%时，混合物的黏度迅速增大。表8.9所示为以沥青和硫酸盐木质素为基的复合试剂配方和性能。

表8.9 复合试剂配方和性能

试剂编号	复合试剂各组分含量(质量分数)/%					复合试剂的性能指标					
	硫酸盐木质素	苛性钠	沥青	柴油	水	密度/(kg/m^3)	黏度/mPa·s	渗透性	CHC/Pa 1min	CHC/Pa 10min	pH值
1	8.0	0.8	5.0	10	76.2	1030	18.0	40.0	0	0	10.1
2	8.0	0.8	6.0	12.0	73.2	1030	18.0	40.0	0	0	10.1
3	8.0	0.8	7.0	14.0	70.2	1030	19.0	40.0	0	0	10.0
4	8.0	0.8	8.0	16.0	67.2	1030	20.0	40.0	0.14	0.24	10.0

续表

试剂编号	复合试剂各组分含量(质量分数)/%					复合试剂的性能指标					
	硫酸盐木质素	苛性钠	沥青	柴油	水	密度/(kg/m³)	黏度/mPa·s	渗透性	CHC/Pa		pH值
									1min	10min	
5	10.0	0.8	5.0	10.0	74.2	1030	21.0	40.0	0.14	0.25	9.7
6	10.0	0.8	6.0	12.0	71.2	1030	22.0	40.0	0.15	0.25	9.7
7	10.0	0.8	7.0	14.0	67.2	1030	22.0	40.0	0.15	0.27	9.6
8	10.0	0.8	8.0	16.0	65.2	1030	22.0	40.0	0.15	0.27	9.6
9	12.0	1.1	5.0	10.0	72.2	1030	23.0	22.0	0.16	0.28	9.5
10	12.0	1.1	6.0	12.0	69.2	1030	23.0	22.0	0.16	0.28	9.5
11	12.0	1.1	7.0	14.0	66.2	1030	23.0	21.0	0.16	0.28	9.5
12	12.0	1.1	8.0	16.0	63.2	1030	23.0	20.0	0.16	0.28	9.5
13	14.0	1.3	5.0	10.0	69.7	1030	23.0	17.0	0.14	0.24	9.5
14	14.0	1.3	6.0	12.0	66.7	1030	23.0	14.0	0.16	0.28	9.5
15	14.0	1.3	7.0	14.0	63.7	1030	23.0	10.0	0.16	0.28	9.5
16	14.0	1.3	8.0	16.0	60.7	1030	23.0	9.0	0.16	0.28	9.5
17	15.0	1.3	5.0	10.0	68.7	1030	22.0	2.0	0.15	0.25	9.5
18	15.0	1.3	6.0	12.0	65.7	1030	22.0	2.0	0.15	0.25	9.5
19	15.0	1.3	7.0	14.0	62.7	1030	22.0	1.0	0.15	0.25	9.5
20	15.0	1.3	8.0	16.0	59.7	1030	22.0	1.0	0.15	0.25	9.5
21	16.0	1.5	5.0	10.0	67.7	1030	35.0	3.0	1.8	2.06	9.6
22	16.0	1.5	6.0	12.0	64.5	1030	35.0	1.0	1.8	2.06	9.6
23	16.0	1.5	7.0	14.0	61.5	1030	H/T	1.0	>30	>30	9.6
24	16.0	1.5	8.0	16.0	58.5	1030	H/T	1.0	>30	>30	9.6
25	17.0	1.5	5.0	10.0	66.5	1040	93.0	1.0	14.12	18.24	9.6
26	17.0	1.5	6.0	12.0	63.5	1040	100	1.0	16.04	20.42	9.6
27	17.0	1.5	7.0	14.0	60.5	1040	H/T	1.0	>30	>30	9.6
28	17.0	1.5	8.0	16.0	57.5	1040	H/T	1.0	>30	>30	9.6

复合试剂对钻井泥浆性能的影响见表 8.10。由表中数据可见，含有 5%膨润土粉的钻井泥浆的渗透性随着复合试剂从 20%增加到 60%而急剧下降，这符合各组分部分浓度的改变：硫酸盐木质素从 3.4 增加到 10.2；沥青从 1.2 增加到 3.6。

表 8.10 复合试剂对钻井泥浆性能的影响

泥浆编号	泥浆的组成/%	复合试剂含量(质量分数)/%		泥浆性能指标					
		硫酸盐木质素	沥青	密度/(kg/m³)	黏度/mPa·s	渗透性	CHC/Pa		pH值
							1min	10min	
1	膨润土粉 5;水 95	—	—	1040	15.0	19.0	0	0	9.35
2	膨润土粉 5;复合试剂 10;水 85	1.7	0.6	1040	17.0	16.0	0	0	9.45
3	膨润土粉 5;复合试剂 30;水 65	3.4	1.2	1040	18.0	8.0	0	0	9.70
4	膨润土粉 5;复合试剂 30;水 65	5.1	1.8	1040	20.0	6.0	0.12	0.24	9.70
5	膨润土粉 5;复合试剂 40;水 55	6.8	2.4	1040	20.0	5.0	0.12	0.24	10.0
6	膨润土粉 5;复合试剂 50;水 45	8.5	3.0	1040	20.0	3.0	0.13	0.26	10.20
7	膨润土粉 5;复合试剂 60;水 35	10.2	3.6	1050	25.0	3.0	0.18	0.32	10.25
8	膨润土粉 5;复合试剂 70;水 25	11.9	4.2	1050	54.0	3.0	7.80	9.98	10.42
9	膨润土粉 5;复合试剂 80;水 15	13.6	4.8	1050	75.0	2.0	10.40	11.72	10.54
10	膨润土粉 5;复合试剂 90;水 5	15.3	5.4	1050	77.0	1.0	10.88	12.36	10.60
11	膨润土粉 5;复合试剂 95	16.2	5.7	1050	80.0	1.0	12.70	14.13	10.62

(3) 膨润土印花糊料

纺织印染行业中活性染料常用的印花糊料为海藻酸钠。由于海藻酸钠黏度大、质量不稳定，应用中常出现粘网、拖带和错位而影响产品质量。另外，由于近海石油工业的发展，使海藻酸钠资源日趋减少，而纺织工业和食品工业的发展对海藻酸钠的需求与日俱增，海藻酸钠供不应求，迫使人们设法寻求来源广和价格低廉的代用品。经提纯的优质膨润土，在水溶液中有较强的胶体性能，黏度适中，悬浮性、保水性和触变性好，它与染料或部分海藻酸钠混合，仍可起到相同或优于海藻酸钠的作用。这就是膨润土印花糊料的开发背景。

① 制备工艺　原则制备工艺流程如图 8.16 所示。

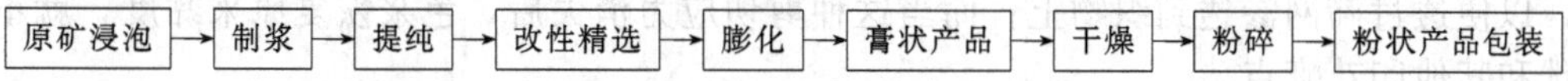

原矿浸泡 → 制浆 → 提纯 → 改性精选 → 膨化 → 膏状产品 → 干燥 → 粉碎 → 粉状产品包装

图 8.16　膨润土糊料的制备工艺流程

因矿石松软，原矿不必预先粉碎，可直接加水浸泡。制浆的水/土比值不小于 4～6。然后采用自然沉降或旋流器（离心分离机）进行初选。首次分离后，浆中矿物粒度尚不能满足印染工艺的要求，需加入分散剂再次分离精选。常用分散剂为硅酸钠、氢氧化铵、六偏磷酸钠、尿素等。一般采用六偏磷酸钠和尿素效果较好，加入量为 0.3%～0.8%。精选后的产品粒度 90%以上小于 10μm，蒙脱石含量大于 60%～70%。精选后的蒙脱石及伴生矿物还需进行改性处理，以降低 Ca^{2+}、Mg^{2+} 含量。因为 Ca^{2+}、Mg^{2+} 与海藻酸钠混合，易形成皂钙和皂镁而产生沉淀。采用六偏磷酸钠、氯化铵进行处理，置换蒙脱石中的 Ca^{2+}、Mg^{2+}，使金属离子的含量降到 1%以下，以防止染料中出现羧基盐的沉淀，保持糊料和色浆性能的均一性，避免印刷品出现色斑和花点等。由于阳离子成分改变，浆液的水化性能也得到了改善，膨润土的分散性更好，悬浮性也有了明显提高。当浆液调整到一定浓度时，再加入膨化剂（磺酸盐型）、表面活性剂和磷酸三钠等，加入量为 1%～3%。然后在高速剪切应力作用下，随着矿物晶层动电电位的增大，颗粒电荷量增多，蒙脱石矿物就会明显地发生变化，片（层）状微细颗粒迅速变成搭接的网状结构，钙基膨润土改性成钠基膨润土，浆液也由流动的糊状或浆状变成滞流的膏状，不再复原，即成为可用于印花制浆的膨润土糊料（膏状产品）。这种产品表面上呈现膨松状态。电镜扫描蒙脱石均呈朵状胀开错落排列，膨胀容由原矿的 5.69～6.9mL/g 提高到 15.56～30mL/g；胶质价由 47～60mL/15g 提高到 100mL/15g。膏状膨润土糊料产品久放不沉，不发霉、不变质、松软细腻；若经压滤、干燥、粉碎至 325 目，可制成粉状产品，它的使用性能与膏状产品相同。整个制备工艺过程都是在常压下进行。

② 膨润土印花糊料的性能

a. 物理性能　膨润土糊料为白色粉体，无毒、无刺激，加水调成糊，成乳白色、油脂光泽，不溶物 3%～6%，含水量 10%，易溶于水，吸水性强。经 X 射线衍射分析，$d_{001}=1.24\sim1.27$nm；膨胀容 1.556～30mL/g；胶质价 100mL/15g；吸蓝量 100～104g/100g；平均粒度 $<10\mu m$ 占 93%左右，$<2\mu m$ 占 73%～80%。

b. 化学性能　膨润土糊料对碱和氧化剂均比较稳定，并且本身也是一种良好的缓冲剂，加入少量酸碱 pH 值不会发生明显变化。如果加入少量强酸，H^+ 就与膨润土糊料中的阳离子起交换作用，抑制了弱酸质子的传递作用，H^+ 被颗粒吸附或有等量的阳离子进入溶液，生成中性或近中性的盐，使溶液的 pH 值保持不变；反之，如加入少许强碱，则阳离子就与膨润土糊料所吸附的 H^+ 起交换反应，H^+ 进入溶液与 OH^- 结合成水，使溶液 pH 值保持不变。

c. 黏度　膨润土在水溶液中均匀分散后，表现出一种胶体性能。胶体的黏度在印染中十分重要。黏度的大小随着溶液的浓度、搅拌的速度和时间的不同而不同。膨润土糊料浓度为 23%～25%，搅拌 40～60min，转速 1000～1500r/min，黏度可达到 110～150mPa·s 的最佳值。印染用海藻酸钠浓度为 5%～8%，黏度 5800～7900mPa·s，印花时引起错位和粘网。加入膨润土糊料，黏度调至 4000～50000mPa·s，配成色浆后，黏度 400～450mPa·s，印染过程即能顺利进行。

d. 稳定性　膨润土膏状糊料经数月存放不沉淀；配入辅料后，在车间放置 4～5 天仍能保持原有状态；配成的色浆，其稳定性能更好。由于色浆中的活性染料是一种活性反应物质，与有机的海藻酸钠混合后，工厂生产中一般要求当天使用完毕；而与膨润土糊料混合，存放4～5天再使用，色泽、色牢度均无变化。

e. 触变性　选用膨润土糊料配浆，浆液的触变性明显。稍加搅动，浆液略有变稀并具有流动性；搅动停止，又可恢复原来的黏稠状态。在印花过程中，当往复刮印时，色浆要求黏度降低，以便透过筛网渗透到织物上；而当这种剪切应力消失后，色浆恢复原来黏度，就不会出现飞溅和其他印花疵点。

f. 保水性　即膨润土糊料的水合能力。它是为了防止色浆在织物上出现渗花扩张，而对糊料要求的一种性能。将膨润土糊料引入色浆后，利用滤纸进行渗水性试验，经30min浸试，水痕扩散不足1mm，这样就提高了印刷制品中花形轮廓的清晰度。

③ 膨润土糊料的其他用途　将膨润土糊料与其他辅料按一定比例混合，在均化器中高速搅拌。其方式有干粉状掺和再加水混合、膏状与浆状辅料混合和干粉与浆状辅料混合三种。混合时水土比为4∶1和5∶1，转速900～1400r/min。制浆后再配合各种染料、防染盐等助剂制成色浆，则可上机用于织物印花。

将膨润土糊料与淀粉配合（代替35%淀粉）用于纺织业轻纱上浆，不改变原上浆工艺流程和设备，所浆经纱外观及手感良好，单纱强力、上浆率均达到100%淀粉浆纱的技术指标。

8.2.2 膨润土凝胶

无机矿物凝胶系采用三八面体富镁皂石和特殊的二八面体蒙脱石经精制而得的胶体类产品。独特的层状镁铝硅酸盐结构，使它具有高度的亲水性，在水溶液中可形成非牛顿液体类型的触变性凝胶。这种矿物无机凝胶对悬浮液的稳定性具有重要影响。由于它在水介质中的高度分散，形成空间网状结构，并使自由水转变为束缚水，从而使其本身获得较高黏度。这种黏度与剪切速度变化的关系密切。在高剪切力下，呈低黏滞性悬浮液；在低剪切力或静置状态下，又恢复到初始的均相塑性体状态。工业上利用这种触变体系，可来控制日用化工膏体产品的流变性，触变性、扩散性、黏滞性和稠度。

无机矿物凝胶具有增稠、触变、抗电解质盐类、抗酸性能好，耐酸、碱，性能稳定等特点，因而广泛应用于日化、制药、洗涤、陶瓷、玻璃、造纸、铸造、电池等行业。

(1) 用于化妆品的凝胶（JDF凝胶）

用于化妆品的膨润土凝胶（JDF凝胶）的制备工艺如图8.17所示。

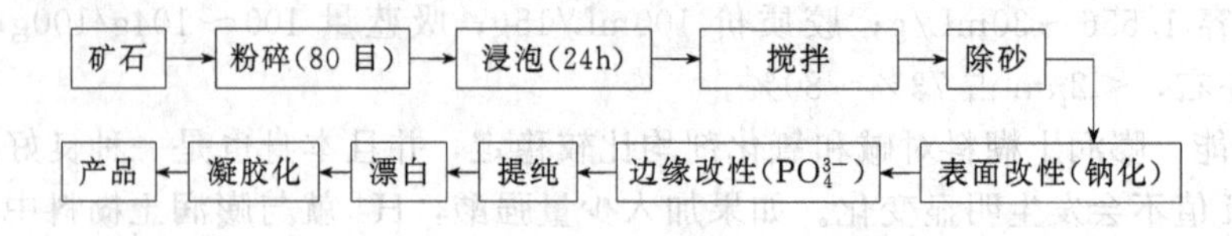

图8.17　膨润土凝胶的制备工艺流程

JDF产品的主要性能：吸蓝量98.77mmol/100g；阳离子交换总量70.37mmol/100g；膨胀容85（溶胶液）；pH＝8.74；白度78%；粒径：－2μm 81.2%，2～5μm 9.0%，5～10μm 5.5%，10～15μm 2.4%，＋15μm 1.9%。

(2) SM凝胶（牙膏载体）

SM凝胶的生产工艺流程如图8.18所示。

SM凝胶的主要性能：水分（片状、粉状）≤8%；5%表观黏度：LV型5～12mPa·s，HV型≥15mPa·s；pH值7.5～10（可调）；白度75%；产品干粉200～320目含量>95%。

SM凝胶有较高的离子交换能力及吸附能力。与极性溶剂（甘油、山梨醇）有较好的配伍性，具有稳定W/O（水/油）、O/W（油/水）胶的性能。

8.2.3 有机膨润土

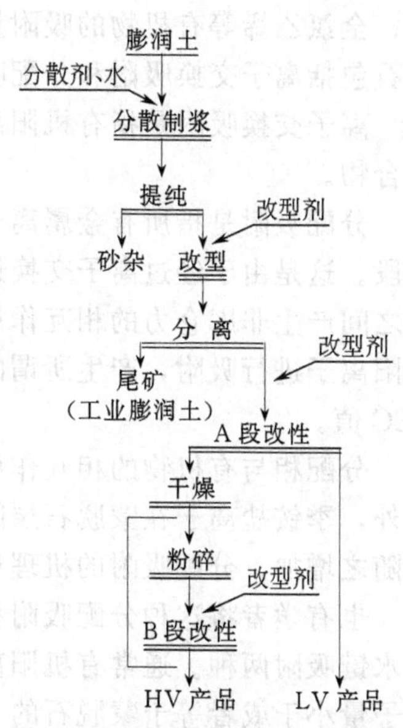

图 8.18 SM凝胶生产工艺流程

用有机阳离子置换蒙脱石类黏土矿粒中晶体层间原有的阳离子，使其结构改变。这种经有机物插层改性后的膨润土，称为有机膨润土。有机铵阳离子置换蒙脱石中的可交换阳离子，并覆盖于蒙脱石的表面，堵塞了水的吸附中心，使其失去吸水的作用，变成疏水亲油的有机膨润土配合物。这种置换反应后的膨润土在有机溶剂中也能显示出优良的分散、膨胀、吸附、黏结和触变等特性。有机膨润土广泛应用于涂料、石油钻井、油墨、灭火剂、高温润滑剂等领域。

(1) 制备原理

膨润土的有机改性处理反应式为：

$$\text{膨润土X}+[R_1-\overset{R_2}{\underset{R_3}{N}}-R_4]Y \longrightarrow \text{膨润土}[R_1-\overset{R_2}{\underset{R_3}{N}}-R_4]+XY$$

式中，X为 Na^+、Ca^+、H^+；Y为 Cl^-（Br^-）；R_1～R_4 为含1～25个碳的烷基，R_4可为芳香基。

蒙脱石结构中的铝氧八面体层的部分 Al^{3+} 被 Mg^{2+} 所取代，使蒙脱石层带上负电荷，为了平衡这些负电荷，常有一些金属离子（如 Na^+、K^+、Ca^{2+} 等）嵌入蒙脱石层间，这些离子被其他金属离子（如 Cu^{2+}、Ru^{2+}、Fe^{3+} 等）交换，也能与有机离子（如季铵盐离子）发生离子交换反应，将这些有机阳离子引入蒙脱石层间。有机阳离子的引入，使蒙脱石层间距增大。图8.19所示为十六烷基三甲基铵阳离子（$HDTMA^+$）交换蒙脱石层间 Ca^{2+} 示意图。由图可见，离子交换后蒙脱石的层间距增大了。

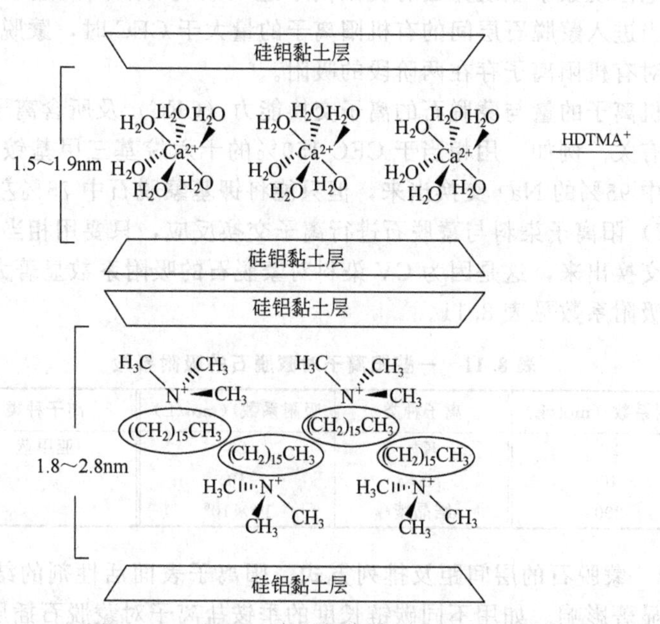

图 8.19 $HDTMA^+$ 交换蒙脱石层间 Ca^{2+} 示意

① 蒙脱石与有机阳离子的反应机理 实验结果表明，有机阳离子与蒙脱石进行离子交换反应时，进入蒙脱石层间的量可能大于蒙脱石的阳离子交换容量（CMC）。研究发现，十六烷基三甲基铵阳离子（HDTMA）经离子交换进入蒙脱石层间后，蒙脱石对水溶液中的苯、二甲

苯、全氯乙烯等有机物的吸附量比原来的蒙脱石多 10～30 倍。据此推测，有机阳离子进入蒙脱石包括离子交换吸附和分配吸附两个吸附阶段或吸附方式。

离子交换吸附是指有机阳离子与蒙脱石层中的金属离子进行等物质量的离子交换形成中性复合物。

分配吸附是指所有金属离子被完全置换后有机阳离子仍能继续进入蒙脱石层间的（吸附）阶段。这是由于经过离子交换进入蒙脱石层间的有机阳离子在蒙脱石层间形成了分配相，有机物之间产生非库仑力的相互作用，使有机阳离子与蒙脱石中的金属离子交换完全后能继续对有机阳离子进行吸附，产生所谓的分配吸附，这种分配吸附使蒙脱石吸附有机阳离子的量大于其 CEC 值。

分配相与有机物的相互作用与季铵盐中的烷基大小有关，烷基越大，额外的吸附量越大。另外，季铵盐离子在蒙脱石层间所形成的分配相随季铵盐阳离子的增加对中性有机分子的吸附也随之增加。分配吸附的机理也许是解释蒙脱石能对有机阳离子进行两阶段吸附的原因。

也有学者将这种分配吸附称为疏水键吸附，认为蒙脱石对有机物的吸附有离子交换吸附和疏水键吸附两种。通常有机阳离子与蒙脱石的离子交换反应在水溶液中进行，当加入的有机阳离子量小于或者等于蒙脱石的 CEC 时，所有的有机阳离子基本上都是通过离子交换吸附在蒙脱石中。即使在高强度的盐溶液中也很难置换出有机阳离子。而当加入的有机阳离子量大于蒙脱石的 CEC 时，已存在于蒙脱石层间的有机物通过疏水键吸附溶液中的有机物形成带电复合物。这种吸附作用与有机阳离子在黏土矿物层间的排列方式有关。

研究发现，季铵阳离子与蒙脱石层间金属离子的交换反应是不可逆的，高浓度的金属离子也不能将季铵阳离子置换出来。

蒙脱石在吸附有机阳离子的过程中，随着进入蒙脱石层间的有机阳离子的增加，蒙脱石的电动势由负值向正值变化。当进入蒙脱石层间的有机阳离子与蒙脱石的 CEC 相等时，蒙脱石表现出零电位。在电泳现象中表现为当有机阳离子进入蒙脱石层间的量小于 CEC 时，蒙脱石颗粒向正极移动。当进入蒙脱石层间的有机阳离子的量大于 CEC 时，蒙脱石颗粒向负极移动，这也证明了蒙脱石对有机阳离子存在两阶段的吸附。

蒙脱石吸附有机离子的量与蒙脱石的离子交换能力（CEC）及所含离子的种类有关，也与有机阳离子的种类有关。例如，用相当于 CEC 150％的十六烷基三甲基铵阳离子（HDTMA）可以将钠基蒙脱石中 95％的 Na^+ 交换出来，但只能将钾基蒙脱石中 75％左右的 K^+ 交换出来。如果用结晶紫（CV）阳离子染料与蒙脱石进行离子交换反应，只要用相当于 CEC 的量就能将所有的无机阳离子交换出来，这是因为 CV 染料对蒙脱石的吸附系数显著大于无机离子。一些阳离子对蒙脱石的吸附系数见表 8.11。

表 8.11 一些阳离子对蒙脱石的吸附系数

离子种类	吸附系数/(mol/L)	离子种类	吸附系数/(mol/L)	离子种类	吸附系数/(mol/L)
Mg^{2+}	20	K^+	20	亚甲蓝	30×10^8
Ca^{2+}	40	Na^+	10		
Cs^{2+}	200	结晶紫	10×10^6		

② 有机阳离子—蒙脱石的层间距及排列方式　阳离子表面活性剂的结构对有机膨润土或蒙脱石的层间距有显著影响。如用不同碳链长度的季铵盐离子对蒙脱石插层，其层间距满足如下关系式

$$d_{001}=1.27(n-1)+2r_M+r_{C-N}(1+\sin\theta)$$

式中，d_{001} 为该型蒙脱石的层间距；$(n-1)$ 为季铵盐链中亚甲基的数目；r_M 为端甲基的范德华半径（0.3nm）；r_{C-N} 为 C—N 键长（0.14nm）；θ 为 C—N—C 键角。

蒙脱石与不同链长的有机盐酸盐进行反应时，蒙脱石的层间随着烷基胺碳链长度的增加而增大。如用十二胺和十八铵盐在同样条件下分别插层蒙脱石，得到 C_{18} 改性蒙脱石的 d_{001} = 2.254nm；而 C_{12} 改性蒙脱石的 d_{001} = 1.796nm。分别用单长链十八烷基三甲基铵（OTMAB）与双长链季铵盐（双十八烷基二甲基氯化铵，DSDMAC）对蒙脱石插层，然后用 XRD 测定有机蒙脱石的层间距的结果表明，前者插层后蒙脱石的层间距可达 3.73nm，后者只有 2.05nm。

有机膨润土的层间距一般随改性时所用表面活性剂浓度的增加而增大，但当加入的表面活性剂量超过原土的阳离子交换容量（74.64mmol/100g 土）时，层间距就不再随表面活性剂加入量的增加而增大。

有机阳离子在蒙脱石层间的排列方式与烷基链长度及层间电荷密度等有关。长链烷基铵阳离子（如十六烷基三甲基铵，HDTMA）在蒙脱石层间的排列比较复杂，如图 8.20 所示，有机相可以成单层平卧［图 8.20(a)］、双层平卧［图 8.20(b)］、倾斜单层［图 8.20(c)］、假三层［图 8.20(d)］和倾斜双层等排列方式。排列方式随 HDTMA 浓度的增大呈单层平卧→双层平卧→倾斜单层→假三层→倾斜双层方式演化；而且在高浓度条件下，还可以有一种以上的排列方式存在，这可能是层间电荷密度不同所致。例如，HDTMA 的烷基链可以平卧的单层（0.41nm）、双层（0.81nm）、准三层（1.21nm），甚至倾斜、立式等方式排列在黏土层间。对于常见的低电荷密度的蒙脱石，有机相最多由两层烷基链组成，但高电荷密度的蒙脱石可形成准三层烷基链有机相。同样条件下，当用单长链季铵盐（如十八烷基三甲基铵）插层时，碳链在层间作斜向排列，而双长链季铵盐则可垂直于硅酸盐层片作直向排列。

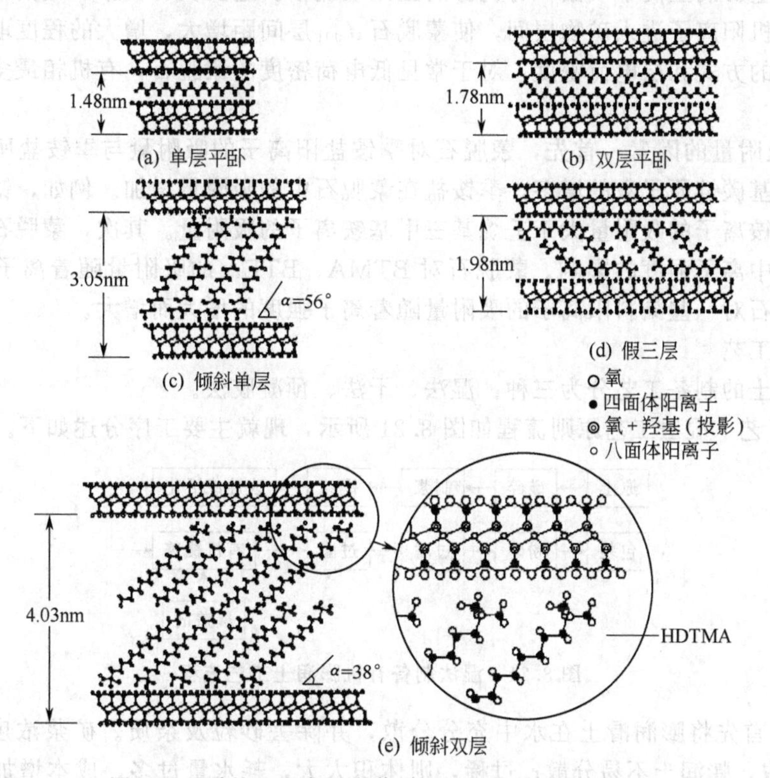

图 8.20 季铵盐阳离子在蒙脱石层间的排列方式示意

在短链季铵盐有机阳离子中，有机阳离子孤立地吸附在黏土表面上，相互不接触。由于有机阳离子具有较低的水合作用，每一阳离子周围只被一二层的水分子所包围，硅氧表面不易形成水膜而暴露在外。这类有机黏土矿物有很高的比表面积。

利用长链季铵盐有机阳离子（如十六烷基三甲基铵，HDTMA）制成的有机土中，阳离子的N端被吸附在带负电荷的黏土表面，烷基链相互挤在一起形成一有机相。这一有机相的厚度取决于黏土矿物的层电荷及R基团的相对大小。如十六烷基三甲基铵阳离子可以单层［d_{001}=1.37nm］、双层［d_{001}=1.77nm］、准三层［d_{001}=2.17nm］或倾斜方式［d_{001}=2.21nm］排列。单层排列的有机阳离子两面都与黏土层接触，双层排列的有机阳离子只有一面与黏土层相接触，而三层或倾斜排列的有机阳离子大部分与黏土层没有直接接触，因而可明显改变有机土对无机污染物的吸附能力。

有机阳离子被吸附在蒙脱石层间的上下层面上，带正电荷的一端指向被吸附的层面，非极性的一端背离层面。有机阳离子上下层面的夹角θ及链长L与层间距离d_{001}之间的关系为$d_{001}=L\sin\theta+0.96$。据此可以判断不同碳链的季铵盐离子在有机膨润土中的排列方式（见表8.12）。

表8.12 三种季铵盐离子在有机膨润土中的排列方式

项　目	A	B	C
L/nm	2.35	2.60	4.75
d_{001}/nm	2.003	2.246	4.013
θ/(°)	26.53	29.64	39.99
季铵盐离子在有机土中的排列方式	平躺	半斜立	斜立
有机土的形貌	稍有结块	疏松	疏松

注：A为十六烷基三甲基铵、B为十八烷基三甲基铵、C为十八烷基二甲基铵。

季铵盐离子引入膨润土层间对膨润土的形貌影响不大。钠基膨润土和有机膨润土都呈现团聚状态，但钠基膨润土离子较紧，有机膨润土比较疏松。这反映有机膨润土憎水，不吸潮。

总之，有机阳离子进入矿物层间，使蒙脱石d_{001}层间距增大，增大的程度取决于有机阳离子在层间排列的方式和层电荷密度，对于常见低电荷密度的蒙脱石，有机相最多由二层烷基链组成。

③ 影响吸附量的因素　首先，蒙脱石对季铵盐阳离子的吸附量与季铵盐所带烷基的链长有关。随着烷基碳链原子数的增多，季铵盐在蒙脱石中的吸附量增加。例如，钠型蒙脱石对十六烷基三甲基铵离子的吸附量大于壬烷基三甲基铵离子的吸附量。其次，蒙脱石吸附有机阳离子的量受溶液中离子强度的影响。蒙脱石对BTMA、BTEA的吸附量随着离子强度的增大而下降，但蒙脱石对一些染料阳离子的吸附量随着离子强度的增大而增大。

（2）制备工艺

有机膨润土的制备工艺分为三种：湿法、干法、预凝胶法。

① 湿法工艺　湿法工艺原则流程如图8.21所示，现就主要工序分述如下。

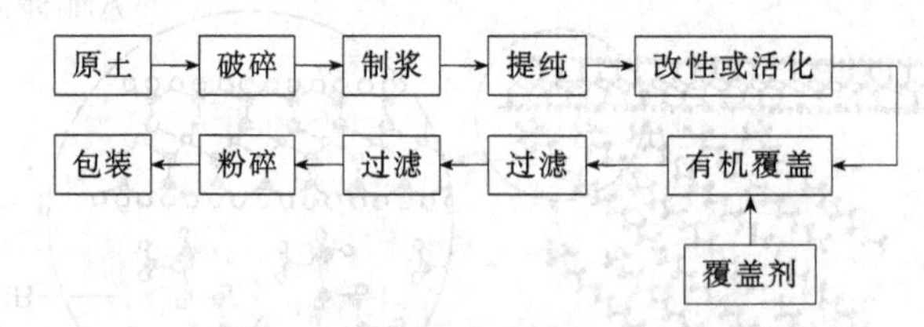

图8.21　湿法制备有机膨润土工艺流程

a. 制浆　首先将膨润滑土在水中充分分散，并除去砂粒及杂质。矿浆浓度通常为1%～7%。矿浆太浓，膨润土不易分散；过稀，则体积太大，耗水量过多，成本增加。为使膨润土很好分散，可边加料、边搅拌，有时还要加分散剂。

b. 提纯　如原土纯度不高，在进行有机插层覆盖之前还要进行选矿提纯。

c. 改型或活化　从理论上讲，各种黏土矿物，如蒙脱石、皂石等都可作有机土原料，但以钠基膨润土和锂基膨润土最好。作为有机土原料，可交换性阳离子的数量应尽可能高。对于钙基膨润土或钠钙基膨润土，必须首先进行改型处理，所用的改型剂通常为Na_2CO_3。为了增强膨润土与有机覆盖（插层）剂分子的作用，在覆盖之前，一般用无机酸（硫酸或盐酸）或氢离子交换树脂对膨润土进行活化处理。

d. 插层覆盖 将浓度5%左右的膨润土矿浆，加热到38～80℃，在不断搅拌下，徐徐加入有机覆盖剂，再连续搅拌30～60min，使其充分反应。反应完毕，停止加热和搅拌，将悬浮液洗涤过滤、烘干并粉碎至通过200目筛。

② 干法工艺 干法生产有机膨润土工艺流程如图8.22所示。将含水量20%～30%的精选钠基膨润土与有机覆盖剂直接混合，用专门的加热混合器混合均匀，再加以挤压，制成含有一定水分的有机膨润土。也可以进一步加以干燥，粉碎成粉状商品；或将含一定水的有机膨润土直接分散于有机溶剂（如柴油）中，制成凝胶，成乳胶体产品。

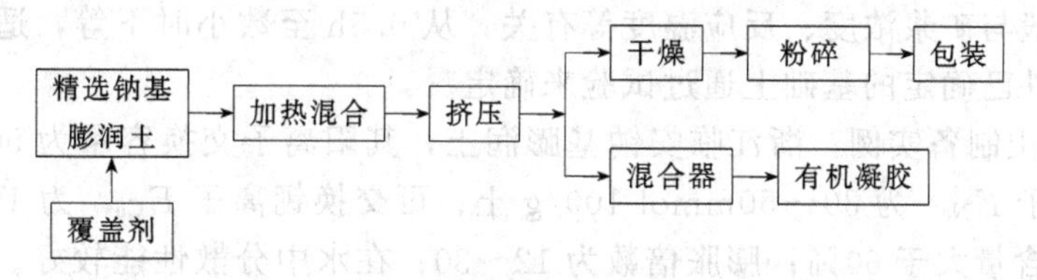

图8.22 干法制备有机膨润土工艺流程

③ 预凝胶法工艺 预凝胶法制备有机膨润土工艺流程如图8.23所示。先将膨润土分散、改型提纯，然后进行有机（插层）覆盖。在有机（插层）覆盖过程中，加入疏水有机溶剂（如矿物油），把疏水的有机膨润土复合物萃取进入有机相，分离出水相，再蒸发除去残留水分，直接制成有机膨润土预凝胶。

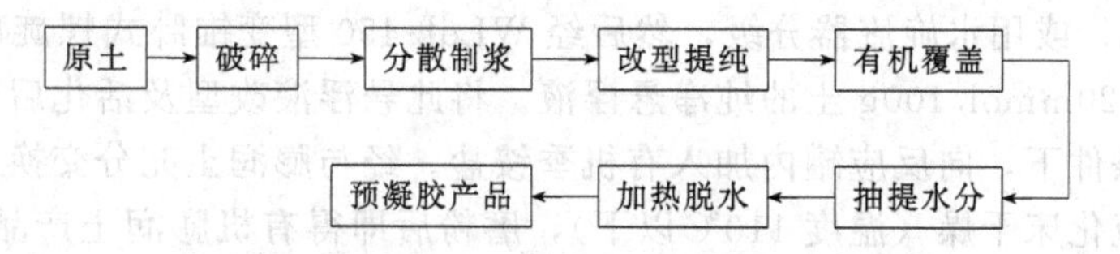

图8.23 预凝胶法制备有机膨润土工艺流程

影响有机膨润土质量的主要因素有：膨润土的质量（类型、纯度、交换容量等），有机插层覆盖剂的结构、用量、用法，制备工艺条件（矿浆浓度、反应温度、反应时间等）。

首先，对生产有机膨润土的原料有较严格的要求，其蒙脱石含量大于90%～95%，小于2μm粒级含量大于95%，层间可交换阳离子以Na^+为主，层间电荷低、阳离子交换容量大于0.8mmol/g的膨润土适合制取有机土。层间电荷高的蒙脱石，如切托型蒙脱石就不适于制备有机土。介于低层间电荷和高层间电荷之间的蒙脱石，选用适当有机插层覆盖剂和制备工艺，也可生产出质量较好的有机膨润土。

有机插层覆盖剂的结构、用量、用法直接影响有机膨润土的质量。有机插层覆盖剂的结构类型和碳链长度不同，亲油性有明显差别，因而直接影响有机膨润土的应用性能和用途。有机铵盐对蒙脱石的亲和力与其分子量有关，分子量愈大，愈易为蒙脱石吸附，这是因为高级铵盐除和蒙脱石的可交换阳离子交换反应外，还兼有分子吸附作用。因此，制备有机膨润土选用的季铵盐，其长碳烷基碳原子数一般应大于12。常用季铵盐有以下几种：双十八烷基铵盐，如$[(C_{18}H_{37})_2N(CH_3)_2]^+Cl^-$；ODB为二甲基双十八烷基苄基氯化铵$[C_{18}H_{37}N(CH_3)_2C_6H_5CH_2]^+Cl^-$；OT为三甲基十八烷基氯化铵$[C_{18}H_{37}N(CH_3)]^+Cl^-$；$[R_2N(CH_3)_2]^+Cl^-$，R为十二、十四、十六、十八烷基，其中以双十八烷基铵盐的性能最佳。目前我国用的覆盖剂一般是二甲基十八烷基苄基氯化铵及三甲基十八烷基氯化铵等18个碳原子类有机铵盐。研究表明，混合使用两种以上插层覆盖剂，在某些性能和用途方面较使用单一插层覆盖剂的效果要好。

有机膨润土悬浮液的稳定性和插层覆盖剂用量有很大关系。当插层覆盖剂用量和蒙脱石的阳离子交换容量相等时，可交换阳离子全部被有机铵盐离子交换出来，此时悬浮液的黏度最大，如继续增加有机覆盖剂的用量，悬浮液黏度变小。因此，覆盖剂用量应适当，以满足阳离子交换容量为原则，过大和过小都不能获得最大的黏度值。

制备有机膨润土时，矿浆浓度以膨润土的充分分散为合适，过高的浓度导致膨润土分散不开，影响其与有机铵盐离子的交换反应，过低的浓度虽有助于分散，但耗水量大，使生产成本增加。矿浆浓度一般为5%～7%。

温度是影响有机铵阳离子与膨润土中可交换阳离子进行交换反应的重要因素。温度一定要适当，一般适宜的温度为65℃左右。

反应时间一般与矿浆浓度、反应温度等有关，从0.5h至数小时不等，适宜的反应时间最好在其他工艺条件已确定的基础上通过试验来确定。

④ 有机膨润土制备实例　浙江临安钠基膨润土，其阳离子交换容量为50～75mmol/100g土；可交换钠离子E_{Na^+}为30～50mmol 100/g土；可交换钙离子$E_{Ca^{2+}}$为10～20mmol/100g土；－2μm粒级含量大于60%；膨胀倍数为12～30；在水中分散性能较好。原矿化学组成为(%)：SiO_2 66.81～71.5；Al_2O_3 13.37～16.77；Fe_2O_3 0.90～1.98；MgO 1.02～2.59；CaO 1.44～2.12；Na_2O 1.77～2.50；K_2O 1.15～2.79；TiO_2 0.03～0.12；烧失量4.78～10.4。差热、X射线以及动电电位测试分析表明，该钠基膨润土属怀俄明型。原土含有20%～40%的碎屑等杂质。

制备工艺过程如下：将80～120目膨润土原料制备成5%～10%的水悬浮液。首先用沉降法自然沉降4～6h，或用水旋流器分级，然后经WLdb-450型变锥卧式螺旋离心机提纯，得到交换容量为90～120mmol/100g土的纯净悬浮液。将此悬浮液改型及活化后，在一定温度、浓度、搅拌速度等条件下，向反应罐内加入有机季铵盐。经与膨润土充分交换反应后，用板框压滤机脱水、振动流化床干燥（温度110℃以下），磨粉后即得有机膨润土产品。其工艺流程为：原料→制浆→分级→离心提纯→改型活化→有机插层覆盖→过滤脱水→干燥→粉磨。用二甲基十八烷基苄基氯化铵及三甲基十八烷基氯化铵等作为插层覆盖剂。插层覆盖剂的用量以达到覆盖面积的80%～85%为适宜用量。

改型活化工序与有机插层覆盖同时进行，活化剂为无机酸，用量为膨润土投料量的2%左右。有机插层覆盖在60～70℃温度下进行，反应时间为2h。边反应，边搅拌。

最终产品的动力黏度大于1.2Pa·s，稠度小于75，胶体率大于95%。

(3) 产品性能与标准

有机膨润土的主要技术性能指标是粒度、颜色、黏度、水分等。有机膨润土国家标准(GB/T 27798—2011) 将有机膨润土按功能和组分分为高黏度有机膨润土、易分散有机膨润土、自活化有机膨润土和高纯度有机膨润土四类。各类有机膨润土按插层剂亲水亲油平衡值不同分为低极性（Ⅰ型）、中极性（Ⅱ型）和高极性（Ⅲ型）三个型号。其主要质量指标要求分别列于表8.13～表8.16。表8.17为美国NL化学品公司Benton产品主要技术指标。表8.18为浙江丰虹黏土化工有限公司HFGEL系列有机膨润土的质量指标。

表8.13　高黏度有机膨润土的质量指标

试验项目		Ⅰ型		Ⅱ型		Ⅲ型	
		一级品	二级品	一级品	二级品	一级品	二级品
表观黏度/(Pa·s)	≥	2.5	1.0	3.0	1.0	2.5	1.0
通过率(75μm,干筛)/%	≥	95					
水分(105℃)/%	≤	3.5					

表 8.14 易分散有机膨润土的质量指标

试验项目		Ⅰ型	Ⅱ型	Ⅲ型
剪切稀释指数	≥	5.5	6.0	5.0
通过率(75μm,干筛)/%	≥		95	
水分(105℃)/%	≤		3.5	

表 8.15 自活化有机膨润土的质量指标

试验项目		Ⅰ型		Ⅱ型		Ⅲ型	
		一级品	二级品	一级品	二级品	一级品	二级品
胶体率/%	≥	70	60	98	95	95	92
分散体粒度($D50$)/μm	≤	8	15	8	15	8	15
通过率(75μm,干筛)/%	≥			95			
水分(105℃)/%	≤			3.5			

表 8.16 高纯度有机膨润土的质量指标

项 目		Ⅰ型		Ⅱ型		Ⅲ型	
		一级品	二级品	一级品	二级品	一级品	二级品
物相		X射线衍射分析中不得检出除有机蒙脱石、石英和方英石以外其他矿物成分					
表观黏度/(Pa·s)	≥	2.5		3.0		2.5	
石英含量/%	≤	1.0	1.5	1.0	1.5	1.0	1.5
方英石含量/%	≤	1.0	1.5	1.0	1.5	1.0	1.5
通过率(75μm,干筛)/%	≥			95			
水分(105℃)/%	≤			3.5			

表 8.17 美国 NL 化学品公司 Benton 产品主要技术指标

技术指标	27	34	38	SD-1	SD-2	SD-3
色泽	乳白色	极浅奶黄色	乳白色	极浅奶黄色	极浅奶黄色	极浅奶黄色
外观	细粉	细粉	细粉	细粉	细粉	细粉
含水量/%	≯3	≯3	≯3			
颗粒度/μm				<1	<1	<1
密度/g/cm^3	1.80	1.70	1.70	1.47	1.62	1.60
松密度/g/cm^3				0.24	0.12	0.305

表 8.18 浙江丰虹黏土化工有限公司 HFGEL 系列有机膨润土的质量标准

产品型号	颜色	干粉粒度 200目≥/%	烧失量 /%	充分分散细度/μm	表观密度 /(g/cm^3)	密度 /(g/cm^3)	备注
HFGEL-110	米白色	95	≥35	<1	0.45	1.8	广谱活化型
HFGEL-120	白色	95	≥36	<1	0.45	1.9	
HFGEL-127	白色	95	≥38	<1	0.45	1.9	
HFGEL-140	米白色	95	≥39	<1	0.44	1.7	广谱、易分散型
HFGEL-160	米白色	95	≥41.5	<1	0.42	1.6	

8.3 其他胶凝材料

除了膨润土基胶凝材料外，其他黏土矿物胶凝材料还有海泡石胶凝材料、凹凸棒石胶凝材料及累托石胶凝材料。

8.3.1 凹凸棒石胶凝材料

与膨润土类似，凹凸棒石黏土的应用可分为胶体级产品和吸附功能产品两大类。本节主要介绍具有胶凝和流变特性的胶体级产品。

（1）胶体级产品的应用

胶体级凹凸棒石产品主要应用于深海石油钻井和地热钻井以及涂料、油墨等领域。

① 深海石油钻井和地热钻井　凹凸棒石具有优良的低固相抗盐性和热稳定性，而且泥浆中含2%～3%的黏土能使泥浆具有较好的流变性能，耐盐耐碱，耐温250℃以上，是一种多用性触变增稠剂，广泛应用于海洋、石油、地热工程等钻探中，动力黏度为15mPa·s的饱和盐水造浆率为12.5m^3/t，含水不超过15%，筛余量200目标准筛不超过8%且不污染水质、无毒。

② 稠化剂　在水基涂料、乳胶漆或油溶性树脂漆中作增稠剂、防沉剂、防凹剂和匀化剂。能使涂层具有良好的遮盖率、速凝、抗磨、耐冲洗等性能，且光泽好。还可用于润滑脂稠化剂，以及乙醇、异丙醇、辛醇、酮、醚、酯、亚麻油、大豆油、液体聚酯的稠化。

以凹凸棒石为主要填料组分的水基或胶乳内外墙涂料已经得到应用。这种涂料具有良好的隔热性、防腐性和防锈性，不起泡。

③ 胶黏剂和密封剂　用于淀粉基瓦楞纸胶黏剂的增稠剂，也是以微晶蜡和丙烯酸树脂、氯丁橡胶、油等为基础的接头密封材料添加剂。适用于汽车无凹陷密封及建筑玻璃密封件。

④ 悬浮液和乳化稳定剂　凹凸棒石可有效地防止固液相多相体系物料的沉降分离，可用于肥料悬浮液及各类农药乳剂、油状乳液等方面。在化妆品、石墨乳或粉剂、树脂粉剂、农药粉剂等方面也能起到有效的保护作用。

⑤ 黏结剂　作铸造型砂黏结剂，或造粒、分子筛、化妆品、去污粉、洗衣粉的黏结剂。用于球团矿黏结剂时性能优于膨润土。

（2）胶体级产品的加工

凹凸棒石胶体性与吸附性的优劣，首先取决于纯度的高低。因此，选矿提纯是首要的加工方法。凹凸棒石原矿纯度大于50%的矿床很少，只有品位高于70%时，其饱和盐水造浆率才可达到17m^3/t，原土脱色率才能达到100%。

凹凸棒石的选矿提纯方法有干法和湿法两种，干法一般很难得到高纯度的凹凸棒石精矿；要获得高纯度精矿，一般要采用湿法选矿。湿法选矿方法主要采用重选、选择性絮凝法、载体浮选法、液-液提取及选择性吸附等方法。

① 干法　干法加工胶体级凹凸棒石类似于膨润土选矿与人工钠化膨润土的制备技术。其原则工艺流程如图8.24所示。

原矿 → 干燥 → 磨粉 → 分级除杂 → （初级产品＋水）拌和 → 挤压 → 干燥 → 研磨 → 胶体产品

图8.24　干法加工胶体级凹凸棒石的工艺流程

挤压或研磨的目的是将凹凸棒石微晶纤维集合体撕开解离，以增加其孔隙度和表面积，从而提高界面黏度和吸附能力。在液固比为0.54（体积）下混合，以压力为0.73MPa的挤压器挤压，通常不加药剂。如果添加适量分散剂和活性剂，特别是用MgO会取得更好的效果，但药剂品种要与其用途相适应。

经挤压后的黏度可提高54%（淡水中），在3%NaCl溶液中可提高33%，脱色力可提高35%左右或更高些，过滤澄清指数可提高50%。

经挤压、干燥后的研磨作业，要按用途选择工艺设备，控制不同粒径或进行造粒。生产胶体级产品一般要采用超细粉碎机，如气流磨、高速机械冲击磨、搅拌磨等。

② 湿法　与膨润土相似，由于凹凸棒石的膨胀性、胶体性和高黏度将给脱水干燥带来很大困难。采用高分子絮凝剂在一定程度上可以改善上述困难，但通常仍不很理想，而且有时对

产品的应用性能有害。因此，如何实现高浓度（减少水量）、低黏度（提高分选效率）对凹凸棒石的选矿提纯是至关重要的。

磷酸盐作为分散剂已广泛应用于黏土矿物的选矿提纯，磷酸盐可以降低矿浆的黏度，而添加氧化镁则可以提高胶体级黏土的黏度。但是，当向含某些磷酸盐（例如焦亚磷酸四钠，$Na_4P_3O_7$）分散剂的黏土浆液中再加入与分散剂等量的氧化镁或氧化铝或镁、铝的氢氧化物时，体系的黏度反而会降低，从而可以在较高的矿浆浓度下实现除砂分离。产生这种现象的原因尚未见研究报道。但在含焦亚磷酸四钠的矿浆中加入其他碱金属氢氧化物时，如氢氧化钙、氢氧化钡、氧化钡或氢氧化锂等并不产生上述效果。而使用六偏磷酸钠之类常用的分散剂时，氧化镁和氧化铝也不能起到降低黏度的作用。

该方法既适用于原矿的分选，也适用于已经初选的凹凸棒石原料。分选产物可经过干燥，但要保留7%的自由水分，以保持其胶体性能。用常规的方法分选时含固量约8%～12%，而用此方法可使含固量达到15%～30%，通常在20%～25%左右。分散剂焦亚磷酸四钠的用量为矿粉质量的1%～3%，视物料成分、性能而定。氧化镁的用量与分散剂相近。典型的凹凸棒石原料分选可使用2%焦亚磷酸四钠及1%的氧化镁，矿浆浓度20%，并在高剪切力下搅拌分散。这种体系能保持1个月以上的均匀低黏度分散，因此采用自由沉降即可除去杂质，而采用常规的离心或水力分级也可实现分离，其产物粒度小于2～3μm。

所使用的氧化镁是轻质氧化镁，其特点是可以水化。水合氧化铝可以是铝胶、铝溶液或氢氧化铝。

这种加工工艺可以获得较高纯度的产品，但由于黏度降低，一般并不适用于要求高黏度的胶体级产品，而更适合吸附级产品，如助滤剂、吸附脱色及催化剂等，因为它们要求较低的黏度和较高的纯度。

③ 高黏度级胶体产品的制备　为了提高凹凸棒石胶体产品的胶体性能，除前述选矿和挤压方法外，还可以结合使用以下方法。

a. 添加氧化镁等水化镁盐　用于钻井泥浆的凹凸棒石黏土，添加1%氧化镁可显著改善胶体黏土的黏稠性并获得更黏稠的固水分散相，产品的黏度也明显提高。

b. 加热增稠改性　将经过分选除杂后的凹凸棒石在水中搅拌分散状态下加热，利用热能提高矿物溶解度及水化能力，可促进矿物分散解离与膨胀，从而获得黏稠度明显改善的胶体。如果同时向体系中加入一价金属离子得到盐类，如Na_2CO_3等，还可利用Na^+与黏土多价金属阳离子的交换能力，进一步获得膨胀的黏稠状糊料体系。这种方法适用于生产膏状或胶体状产品，如凹凸棒石印花糊料。这种产品在制备过程中也可以使用高压均浆器处理，通过辅以剪切挤压提高颗粒的分散度及体系的黏度。

8.3.2 海泡石胶凝材料

(1) 海泡石胶凝特性及其应用

海泡石具有增稠性和触变性，且吸附能力强，并能适当提高黏度和悬浮性、保稠性、保湿性、润滑性等，能增强化妆品、护肤品的附着力，以及不裂、不脱、灭菌性能。因此，很适用于化妆品。在牙膏中可以代替部分磨耗物，吸附细菌。

海泡石具有流变性和高黏度的悬浮性，改善它的表面性质可在非极性溶剂中形成稳定的悬浮液。因此，海泡石适用于作为塑料溶胶中的增稠剂。用表面活性剂改善海泡石的表面性质，使其与聚酯相适应。作为增稠剂和触变剂用在液态聚酯树脂中，可防止颜料沉淀和应用后期聚酯树脂均质差等缺点。在涂料中加入一定量的海泡石，可使其在储存期间避免颜料沉淀。由于其黏度特性，易于使用刷子、滚筒、空气式真空喷涂设备，它还能产生遮蔽力而使制品具有良好的光泽、去污和抗摩擦、抗弯曲性，以及抗流淌性、平滑性和热稳定性，而且霉菌不易生长；黏性也不会因硬水和温度的影响而改变。此外，活化改性海泡石，也可作为具有有机载体油漆的增稠剂和触变剂。海泡石用于矿物油脂中，能充分分散在油脂中提高油脂的黏度。

海泡石可用作石油钻井中的抗盐黏土，在美国石油协会 API 标准中为该类产品制定了质量指标和试验规范。用湖南永和海泡石黏土在多处油田进行的实钻泥浆试验结果表明，使用海泡石泥浆有利于防塌，减少井内事故。

(2) 海泡石胶凝材料的加工

海泡石胶凝材料的加工主要是将海泡石原矿进行选矿提纯、粉碎研磨和相应的表面处理。

① 选矿提纯　天然优质海泡石黏土矿并不多，目前我国发现的海泡石矿大多是中低品位矿石。由于海泡石越纯，其物理化学及工艺性能就越佳，使用属性就越容易控制，使用范围就越广。因此，选矿提纯不仅可以充分利用中、低品位海泡石矿，而且可以提升海泡石的应用性能和应用价值，进一步开拓海泡石的应用领域。

海泡石的选矿提纯方法有湿法和干法二种，但大多数采用湿法。湿法选矿提纯工艺以控制分散、重力和离心力及选择性絮凝分离等物理方法为主，辅之以利于分离的化学药剂的综合选矿提纯工艺。海泡石含量为 21.8%～35% 的海泡石原矿经选矿提纯后海泡石含量可富集到 90% 以上。

② 挤压加工　将海泡石的纤维束分离、撕开，以增加其孔隙体积和比表面积，达到提高黏度、脱色和过滤能力的目的。具体加工过程是将已粉碎和提纯的海泡石与水混合，通过挤压机挤压，然后送入干燥机进行干燥。干燥温度视海泡石的用途而异，但不能过高。海泡石经挤压后，黏度、脱色力和过滤能力均有较大的提高。其中在淡水中的黏度能提高 54%，在 3% NaCl 溶液中能提高 33%；在低水分和高压力挤压下，脱色力一般可提高 35% 左右，当挤压力达到 716.768kPa（$7.309kgf/cm^2$）时，脱色力可显著提高；当压力超过此界限后，脱色率提高反而变缓；用于过滤时滤液的澄清度可提高 50% 左右。

③ 研磨粉碎　将干燥后的海泡石黏土根据用途和对产品细度要求的不同，选用不同类型的粉碎和分级机进行加工。细粒吸附级产品的研磨常用辊式磨，如悬辊磨和涡旋磨等磨机；胶体级超细粉体的加工一般采用气流磨和高速机械式冲击磨机。

④ 表面处理　由于海泡石表面的亲水性，使其不易被树脂等有机基料润湿和分散，因此，为了改善海泡石在有机相中的分散性能，通常要采用偶联剂或表面活性剂对海泡石进行表面改性。改性的原理主要是利用海泡石表面的酸性中心和活性 Si—OH 基团。

a. 硅烷偶联剂处理　有机硅烷水解后产生的硅醇可与海泡石表面的—OH 基发生醚化反应，从而使有机硅烷被接枝到海泡石粒子表面。如在盐酸-异丙醇介质中用甲基乙烯基二氯硅烷对海泡石进行表面处理，在其表面可接枝含 4～6 个硅原子的乙烯基衍生物。Si-69 除偶联作用外，还兼具软化和增黏作用，并起硫化剂作用，能提高胶料的拉伸强度、耐磨、耐疲劳、弹性和加工性，Si-69 改性的海泡石已用于 NR 的 SBR 等橡胶的改性。

b. 钛酸酯偶联剂处理　目前用于海泡石表面改性的主要是三异硬脂酰基钛酸异丙酯（KR-TTS）。

c. 有机酸和醛处理　有机酸可与海泡石表面的 Si—OH 基发生酯化反应，从而可在其表面引入不同碳链长度的烃基。利用醛与海泡石表面 Si—OH 基发生缩合反应，亦可在海泡石表面引入不同的碳氢链，从而改善在有机相中的分散性能。已用于海泡石表面改性的醛有丙烯醛、庚醛、癸醛等。

d. 吡啶及其衍生物处理　海泡石表面存在的 Bronsted 酸活性中心能与吡啶及其他衍生物中吡啶环上的氮原子配位，用带有活性基团的砒啶衍生物处理海泡石可在海泡石表面吸附上含有活性基团的有机分子，借助于活性基团与高分子基质的进一步反应，可提高海泡石在有机相中的分散性能。用于海泡石表面改性的吡啶衍生物有 4-乙烯基吡啶和 4-氨甲基吡啶。4-乙烯基吡啶改性海泡石用于填充乙丙橡胶，4-氨甲基吡啶改性海泡石用于填充 ECO。

e. 阳离子表面活性剂处理 由于海泡石具有较强的吸附能力，用阳离子表面活性剂处理海泡石后，表面活性剂定向吸附于海泡石表面，能改善海泡石的疏水性能和在树脂中的分散性能。

8.3.3 累托石胶凝材料

(1) 累托石胶凝特性及其应用

累托石是一种晶体结构特殊的铝硅酸盐矿物，是由类云母单元层和类蒙脱石单元层有规则地交替堆积而成。类云母层的层间阳离子主要有 Na^+、K^+、Ca^{2+} 三种，按此将累托石分为钠累托石、钾累托石和钙累托石三种类型。

累托石具有良好的胶体性能，在水中易分散成极细的微粒，粒径可小于 1μm，微粒表面有较高的负电荷，并具有相当好的造浆性能（造浆率高，失水量小，抗温性能优良，水化时间短，泥浆性能稳定），因此，经过选矿提纯等加工后的累托石是优良的胶凝和流变材料，广泛用于抗高温淡水泥浆材料以及建筑内墙涂料，铸钢涂料以及电器仪表、仪器等机械制造业中的金属防护涂料悬浮剂和耐高温填料。

(2) 累托石胶凝的加工

纯度是影响累托石胶体性能的主要因素之一，因此，累托石胶凝材料的加工主要是对海泡石原矿进行选矿提纯和相应的表面处理。

由于累托石具有优良的水化性能，吸水后膨胀松散。在分选前对累托石原矿进行擦洗、捣浆预处理，在机械搅拌作用下就可以使累托石矿物与其他脉石矿物较充分解离，实现分选。为了使矿物充分分散，通常使用水玻璃、六偏磷酸钠、焦磷酸钠、多聚磷酸钠等分散剂。

不同用途的累托石精矿质量要求也不同，因而选别方法和流程也不同。为了获得高品位的累托石精矿，必须加强累托石的解离，强化选别过程。

湖北钟祥累托石选矿原则工艺流程见图 8.25。矿石中主要矿物为累托石，含量 45%～50%，黄铁矿含量 25%～30%，水云母含量 9%，还有少量绿泥石、叶蜡石、石英和炭质等。为了使累托石和其他矿物充分解离，采用擦洗、搅拌、捣浆等工艺，对矿石进行预处理。累托石选矿的关键是除去黄铁矿杂质，在选别粗粒黄铁矿时采用摇床，螺旋溜槽，对一部分细粒黄铁矿，采用离心选矿机分选。

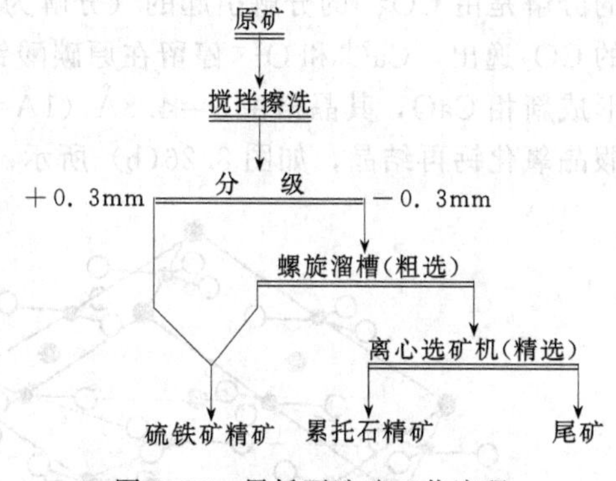

图 8.25 累托石选矿工艺流程

8.3.4 石灰

(1) 石灰及其用途与分类

石灰是以碳酸钙为主要成分的原料，如石灰石，经过适当煅烧加工、分解和排除二氧化碳后的产物，其主要成分是氧化钙，又称生石灰；也将生石灰消化以后的产物——熟石灰包括在“石灰”这一范畴。

自古以来，石灰在许多行业都是不可或缺的。石灰广泛应用于钢铁、化工、建材、建筑、农业、环保等领域。石灰是石灰石煅烧过程中由碳酸钙分解而成：

$$CaCO_3 \rightleftharpoons CaO + CO_2\uparrow - 178.02(kJ)$$

石灰石的煅烧是一种吸热反应，而且是可逆反应，石灰石在窑中不仅进行着分解过程，也进行着还原过程，1 个大气压下分解温度约为 900℃。分解完全后每 100 份质量的 $CaCO_3$ 可以得到 56 份质量的 CaO 和 44 份质量的 CO_2。

根据使用性质不同，可以分为气硬性石灰和水硬性石灰两种。气硬性石灰由碳酸钙含量较高、黏土含量小于 8%的石灰石煅烧而成；水硬性石灰由黏土含量大于 8%的石灰石煅烧而成，具有明显的水硬性质。

根据成品加工方法的不同，可将石灰分成块状生石灰、磨细生石灰、消石灰、石灰浆四种。块状生石灰是由原料煅烧而得的产品，主要成分为 CaO；磨细生石灰是由块状生石灰为原料磨细而得的产品，主要成分也为 CaO；消石灰是生石灰用适量水消化而得的产品，也称熟石灰，主要成分为 $Ca(OH)_2$；石灰浆是生石灰用过量水（约为生石灰体积的 3～4 倍）消化而得的可塑浆体，也称石灰膏，主要成分为 $Ca(OH)_2$ 和水；如果水分加得更多，所得到的白色悬浊液，称为石灰乳；在 15℃时溶有 0.3%$Ca(OH)_2$ 的透明液体，称为石灰水。

根据消化速率不同，石灰可分为三种：①快速消化石灰，消化速率在 10min 以内；②中速消化石灰，消化速率在 10～30min 之内；③慢速消化石灰，消化速率在 30min 以上。

(2) 石灰的活性与其结构的关系

“活性”是指石灰与水反应的能力。它由两大因素决定：①内比表面积；②晶格变形程度。原材料的结构、煅烧温度、煅烧时间以及煅烧时环境的状态（在真空下或空气中煅烧）对其活性有显著影响。

碳酸钙结晶格子中可以区分阳离子 Ca^{2+} 和阴离子团 CO_3^{2-}，如图 8.26(a) 所示。$CaCO_3$ 的分解是由 CO_3^{2-} 的分解引起的（分解为 CO_2 和 O^{2-}）。这是煅烧过程的第一个阶段。分解后的 CO_2 逸出，Ca^{2+} 和 O^{2-} 停留在原碳酸钙的位置上形成假晶的氧化钙；接着 Ca^{2+} 和 O^{2-} 化合形成新相 CaO，其晶格由 $\alpha=4.8Å$ (1Å=1nm) 的面心立方体组成，这是煅烧的第二个阶段：假晶氧化钙再结晶，如图 8.26(b) 所示。

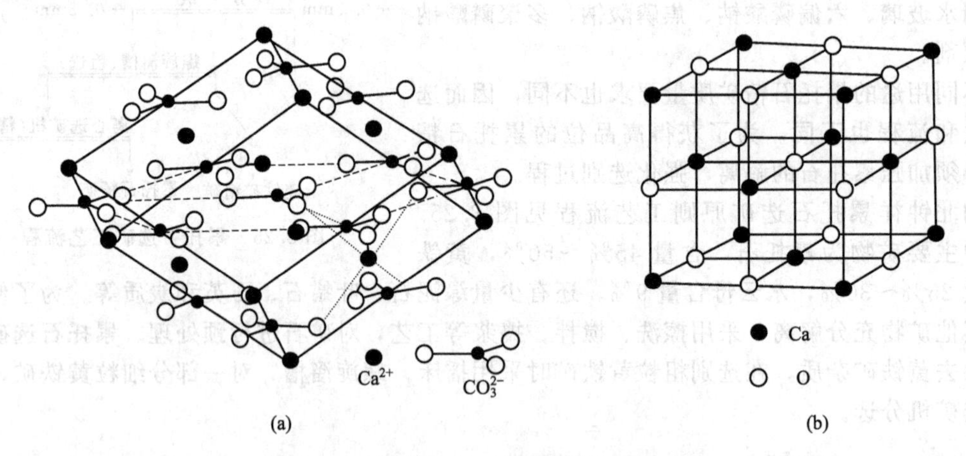

图 8.26　碳酸钙 (a) 和氧化钙的结构 (b)

800℃煅烧时，CO_2 从石灰石中逸出，这时石灰石的体积实际上没有改变，形成的氧化钙具有良好的多孔性，内比表面积大，密度为 1.57g/cm³，与理论值相近，颗粒尺寸约为 0.3μm，且所有颗粒尺寸大致相同；随煅烧温度升高内表面积减小，颗粒增大：900℃时颗粒尺寸约为 0.5～0.6μm；1000℃时颗粒尺寸约为 1.0～2.0μm；1100℃时颗粒尺寸约为 2.5μm；1200℃时初始颗粒尺寸增大到 6～13μm，然后开始烧结，很难确定它们的大小；1400℃得到完全烧结，这就是所谓“死烧”，也即煅烧的第三阶段，这时 CaO 与水的作用就非常困难了。

由此可见，石灰的结构及物理特性，对于其与水的反应能力有显著影响。与其他胶凝材料（如石膏、水泥）比较，由于石灰这种特有的结构及物理化学性质，在水化反应方面显出许多特点，其中尤其是 CaO 激烈的放热和显著的体积膨胀。影响水化反应能力的因素很多，如煅烧温度、水化温度以及掺入外加剂等。

① 煅烧温度 如前所述，在不同温度下煅烧的石灰，其结构与理化特性有较大差别，主要表现在CaO的内表面和晶粒大小上。因此，其水化过程也呈现出差别。图8.27所示为不同煅烧温度下石灰的水化温度和水化速率的变化。有15%欠烧得石灰，当与水拌和5min后就达到最高温度；而有15%过烧得石灰，经27min才达到最高温度，而且后者的最高温度远远低于前者。

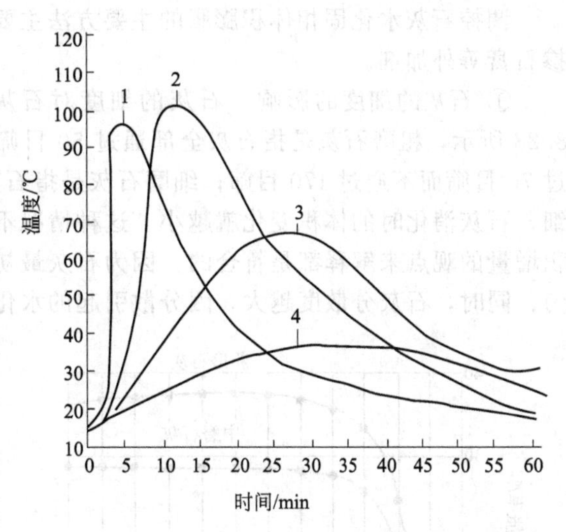

图8.27 各种石灰水化时的温度变化

1—15%欠烧的石灰；2—煅烧正常的石灰；3—15%过烧的石灰；4—含32%MgO的苦土石灰

含有一定量“欠烧”的石灰，其水化能力比含有一定量“过烧”石灰的水化能力大的原因并不是“欠烧”的那一部分有水化反应能力(该部分仍然是碳酸钙，不具任何水化能力)，而是因为实际生产中，入窑石灰石的粒度较大，颗粒表面达到分解温度时，其中心温度不一定达到。如果石灰石颗粒中心达到分解温度，其表面部分就可能超过（即过烧）。因此，含有一定量欠烧的石灰，往往是较低温度下煅烧的，具有较大的内比表面积，CaO晶粒较小，其水化能力就大。相反，含有一定量“过烧”的石灰，往往是较高温度下煅烧的，具有较小的内比表面积，CaO晶粒较大，其水化能力就小。在石灰分类中，根据石灰的水化速率分为快速、中速和慢速石灰，实质上就是由于其煅烧温度不同，其结构具有不同的物理特性。试验表明，CaO晶粒大小显著影响石灰石水化反应速率，在室温下，0.3μm的CaO颗粒的消化速率要比10μm的CaO颗粒的消化速率大120倍左右，而1μm的石灰的水化要比10μm的快30倍。

② 水化温度 水化反应的速率随水化温度的提高而显著增加。在0～100℃范围内，温度每升高10℃，其消化速率增加一倍，即当温度由20℃升高到100℃时，水化反应速率提高$2^8=256$倍。

③ 外加剂 在水中加入各种外加剂，对石灰的水化反应速率具有明显的影响，例如氯盐能加快石灰的消化速率，而磷酸盐、草酸盐、硫酸盐和碳酸盐等就能延缓消化速率。通常，外加剂与石灰能生成比$Ca(OH)_2$易溶的化合物，就能加速石灰的消化；反之，与石灰能生成比$Ca(OH)_2$难溶的化合物，就会延缓石灰的消化。但是，如果生成的化合物大大超过$Ca(OH)_2$的溶解度，则由于钙离子进入溶液的能力减小，从而使石灰的消化速率反而减慢。

(3) 石灰的水化反应及水化时的体积变化

石灰与水作用后，迅速水化生成氢氧化钙，并放出大量热量，其反应式如下：

$$CaO+H_2O \rightleftharpoons Ca(OH)_2 \pm 64.9kJ/mol$$

该反应为可逆反应，反应方向决定于温度及周围介质水蒸气的压力。常温下，反应向右进行，在547℃时，反应向左进行；当其水蒸气分压力达到1.013×10^5Pa时，较低温度下也能部分分解。因此，要注意控制温度和周围介质中蒸气压，才能保证反应向右方进行。

石灰和水进行水化反应时，就石灰-水体系来讲，反应后的总体积不仅没有增加，还略有减缩，但是，其固相的绝对体积显著增加。原因主要是：反应产物的转移速率大大小于水化反应速率；石灰在水化过程中，粒子分散，比表面积增大。这时，在分散粒子的表面上吸附的水分子具有某种固体的性质，因此，这种吸附的水分子可以视为固相体积的增加，固相体积的增加导致孔隙体积的增量效应。

调控石灰水化固相体积膨胀的主要方法主要是：改变石灰的细度、水灰比、水化温度以及掺石膏等外加剂。

① 石灰的细度的影响　石灰的细度对石灰消化时产生的体积膨胀有明显的影响。如图 8.28 所示，粗磨石灰是指石灰全部通过 50 目筛而不通过 70 目筛；中磨石灰是指石灰全部通过 70 目筛而不通过 170 目筛；细磨石灰是指石灰全部通过 170 目筛。试验表明，石灰磨得越细，石灰消化时的体积变化就越小。这种情况不论是用物质转移的观点来解释，还是用空隙体积增量的观点来解释都是符合的。因为石灰最初的分散度越大，物质转移在整个体积内就越均匀；同时，石灰分散度越大，因分散引起的水化反应产物空隙体积增量也就越小。

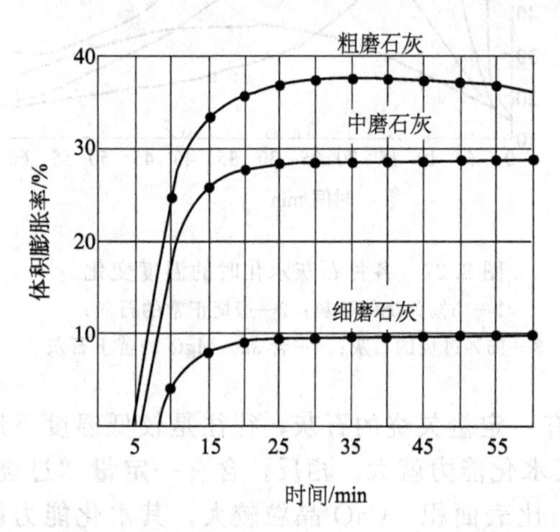

图 8.28　石灰细度对石灰消化时体积膨胀的影响

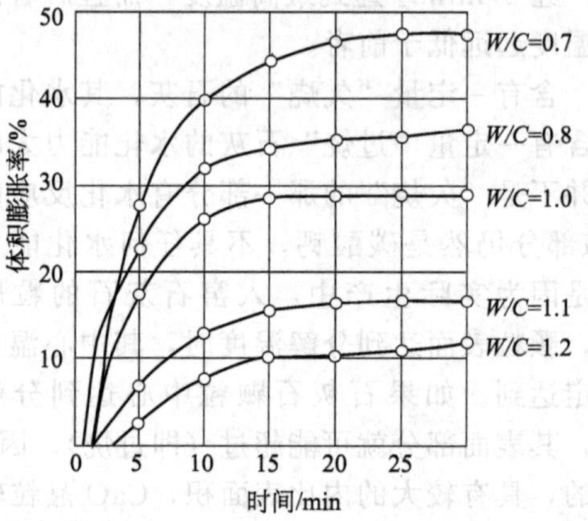

图 8.29　水灰比对石灰消化时体积膨胀的影响

② 水灰比的影响　水灰比对石灰消化时体积变化的影响大致如图 8.29 所示。随着水灰比的增大，体积膨胀减小。但是，随着水化比增大，石灰浆体硬化后的强度降低。在石灰制品的生产过程中，为了避免石灰浆体的膨胀，同时又要达到强度指标要求，必须通过试验确定一个适宜的水化比。

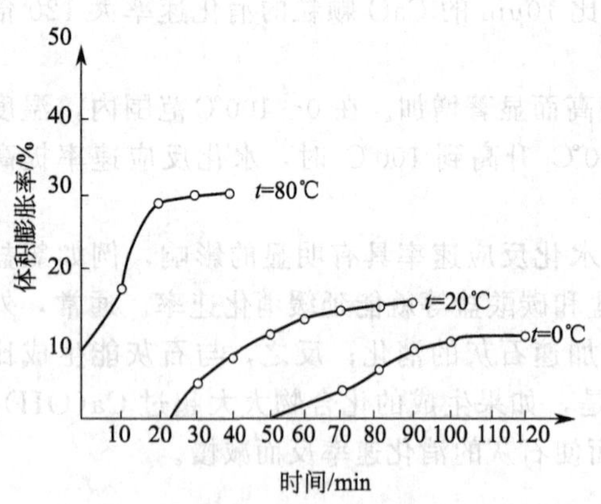

图 8.30　介质温度对石灰水灰比为 1.0 水化时固相体积变化的影响

③ 水化温度　石灰消化时的介质温度对石灰浆体的体积变化有显著影响。如图 8.30 所示，随着介质温度的升高，石灰浆体的体积明显增大；同时，由于水化速度加快，膨胀的极限值将在更早的时间内达到。

④ 外加剂的影响　当水灰比为 1：0，介质温度 80℃时，掺 5%的生石膏，可使石灰浆体的膨胀控制在 1%左右。

石膏抑制石灰浆体体积膨胀的原因，一方面是由于它是一种石灰水化抑制剂，可以延缓石灰的水化速率，从而使石灰水化速率与水化产物转移速率相适应；另一方面，由于石膏的存在，压缩了水化时吸附水扩散层的厚度，从而减少了空隙体积增量。

(4) 石灰在水化作用下的溶解与分散

当磨细生石灰与水拌和后，在其颗粒表面上立即开始水化，生成氢氧化钙。由于反应产物能溶解于水，所以立即进入溶液内并离解成钙离子和氢氧根离子：

$$Ca(OH)_2 \longrightarrow Ca^{2+} + 2OH^-$$

由于石灰表层的最初水化物进到溶液内，石灰粒子的新表面层就露出来，它继续与水发生化学反应，反应的产物在进行溶解。此过程一直进行到液体变成饱和溶液为止。

众所周知，氢氧化钙的溶解度并不大，而且随着温度的提高而减小，如表8.19所示。

表8.19 不同温度下$Ca(OH)_2$在纯水中的溶解度 单位：$gCaO/1000gH_2O$

温度/℃	饱和溶液浓度/%	温度/℃	饱和溶液浓度/%	温度/℃	饱和溶液浓度/%
0	1.300	50	0.917	125	0.380
15	1.220	60	0.818	150	0.247
25	1.130	81	0.657	200	0.050
40	1.000	99	0.523	250	0.037

由于清氢氧化钙在水中溶解很少，因此，达到饱和溶液时所消耗的石灰是极小的一部分。

当达到氢氧化钙饱和溶液后，水对未消化石灰的作用并未停止。这一方面是水分子和OH^-沿着石灰粒子的微细裂纹向内深入，并在裂纹的两壁形成吸附层。由于这种吸附层降低石灰粒子内部的表面张力，因此，在热运动作用下，将加速石灰粒子沿着这些裂纹形成更细的颗粒，这种分散称之为吸附分散。另一方面，水分子或OH^-直接与CaO反应，形成$Ca(OH)_2$晶体。显然，这时$Ca(OH)_2$晶体的形成不是通过溶解，而是通过OH^-直接与Ca^{2+}、O^{2-}的重新排列实现的。当CaO转变为$Ca(OH)_2$时，固相体积增大，这种膨胀也会使石灰粒子分散，此种分散称之为化学分散。

石灰在水化作用下的吸附分散和化学分散过程中，明显存在以下几个特点：

① 呈现出强烈的放热特应，浆液温度快速上升，如果不及时引出热量，会造成物料膨胀；

② 由于吸附分散和化学分散的结果，形成大量胶体尺寸的新产物，因而固相的比表面积急剧增大，标准磨细度的石灰，其比表面积一般为0.2～0.4m^2/g（用透气法测定）；而消石灰的比表面积达10～30m^2/g，比表面几乎增大100倍。

③ 固相体积明显增大。

④ 石灰粒子分散后形成胶体粒子。在固体核周围吸附了一层Ca^{2+}和OH^-构成的吸附层，最外层是一群OH^-构成的反离子扩散层。这层离子时水和离子层，保有很大一部分水，这样，与石灰拌和的水一部分与CaO结合生成$Ca(OH)_2$，另一部分进入扩散层，从而使石灰浆体迅速稠化，失去流动性。于是，粒子在分子力的作用下相互粘接起来，并逐渐形成一个聚集结构的空间网。在这个空间网内，分布着吸附水和游离水。同时，该凝聚结构将随着扩散层的进一步压缩和胶体体系的进一步紧密而加强，直至硬化。

（5）石灰浆体结晶结构的形成与条件

磨细生石灰在适当条件下可以像其他胶凝材料那样凝结和硬化。但由于石灰水化迅速，并伴随有激烈的放热和显著的体积膨胀，使其凝聚结构向结晶结构转变过程中遭到破坏，同时，结晶结构形成后也因为结晶接触点的溶解和结晶内应力等结构破坏因素的作用，造成浆体硬化体强度下降。因此，在实践中需要确定适当的水灰比，注意导出水化热，抑制石灰水化的体积膨胀以及避免在凝结后重新搅拌，石灰就有可能像水泥、石膏等胶凝材料那样凝结和硬化。

（6）石灰浆体的干燥硬化与碳酸化

在建筑业中使用的石灰浆体是通过干燥硬化和碳酸化而获得强度的。

① 石灰浆体的干燥硬化　生石灰在水的作用下，水化成氢氧化钙，形成消石灰浆，当与集料（砂子）拌和使用后，由于水分的蒸发，引起溶液某种程度的过饱和，氢氧化钙再结晶成较粗的颗粒，将砂子粘接在一起，促使浆体硬化，但这种硬化体的强度不高。

石灰浆体在干燥过程中，由于水分的蒸发形成孔隙网，留在空隙内的自由水因表面张力在最窄处具有凹形弯月面，从而产生毛细管压力，使石灰粒子更加紧密而获得附加强度。这种强度类似于黏土失水后而获得的强度，而且当浆体再遇水时，其强度又会丧失。

② 硬化石灰浆体的碳酸化　硬化石灰浆体从空气中吸收二氧化碳，可以生成难溶的碳酸

钙。碳酸钙的晶粒或是相互共生，或与石灰粒子或砂粒共生，在自然条件下具有较好的稳定性，从而提高了硬化石灰浆体的强度。这个强度可以称之为碳酸化强度。

硬化石灰浆体的自然碳化是个缓慢过程。年代越久，碳酸化程度越高。古代留下的一些石灰砌筑的建筑物，至今仍有很高的强度，并非因为古代石灰质量特别好，主要是因为长年累月的碳酸化所致。

研究表明，碳酸化反应，只是在有水的存在下才能进行。当使用干燥 CO_2 作用于完全干燥的石灰水合物粉末时，碳酸化作用几乎不进行，所以碳酸化反应应该用下式表达较为正确：

$$Ca(OH)_2+CO_2+nH_2O \longrightarrow CaCO_3+(n+1)H_2O$$

影响碳酸化速率的主要因素是 CO_2 的浓度以及环境湿度。增大与石灰浆体反应的 CO_2 浓度和适宜的碳化环境湿度，可以加快碳酸化速率和提高碳化物强度。

8.3.5 镁质胶凝材料

镁质胶凝材料一般指菱苦土（主要成分为 MgO）、苛性白云石（主要成分是 MgO 和碳酸钙）。菱苦土的主要原料是菱镁矿（其主要成分是 $MgCO_3$）。苛性白云石的主要成分为天然白云石（其主要成分是 $CaCO_3$ 和 $MgCO_3$）。

除了上述两种原料外，蛇纹石（$3MgO \cdot 2SiO_2 \cdot 2H_2O$）以及冶炼轻质镁合金的熔渣等也可作为镁质胶凝材料的原料。镁质胶凝材料一般是将菱镁矿或白云石经煅烧和细磨而成。碳酸镁一般在 400℃开始分解，到 600～800℃分解反应剧烈进行。实际生产时，菱镁矿的煅烧温度为 800～850℃，分解 1kg $MgCO_3$ 的热量为 14.4×10^5kJ。

生产苛性白云石时，要使白云石中的 $MgCO_3$ 充分分解又避免其中的 $CaCO_3$ 分解。在 CO_2 的气体压力保持 1.013×10^5Pa 时，煅烧温度一般控制在 600 ～800℃为宜，这是得到的镁质胶凝材料主要是活性 MgO 和惰性的 $CaCO_3$。

氧化镁的活性与煅烧温度密切相关。在 450～700℃煅烧并磨到一定细度的 MgO，常温下数分钟内就完全水化；而 1000℃ 煅烧的白云石，在常温下水化其中 95％的 MgO 需要 1800h。图 8.31 与图 8.32 分别为 $MgCO_3$ 和 $Mg(OH)_2$ 为原料生产的氧化镁的晶格尺寸及比表面积与煅烧温度的关系。可见氧化镁的晶格尺寸随煅烧温度的升高变小。比表面积在在 400℃之前随煅烧温度的升高增加，400℃时最大，此后随煅烧温度的升高显著减小。MgO 与水拌和后按下式反应：

$$MgO+H_2O \longrightarrow Mg(OH)_2$$

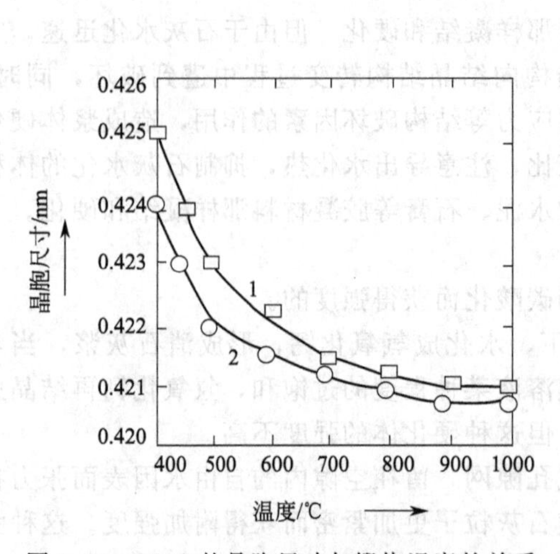

图 8.31 MgO 的晶胞尺寸与煅烧温度的关系

1— $MgCO_3$；2—$Mg(OH)_2$

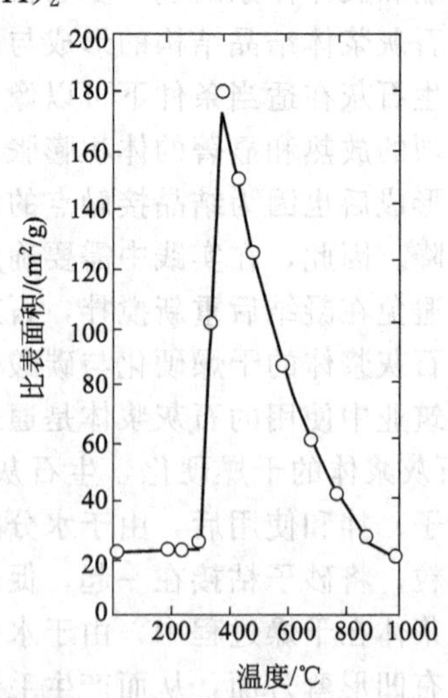

图 8.32 氧化镁的比表面积随煅烧温度的变化

MgO 的水化速率与煅烧温度相关。如表 8.20 所示，以 $MgCO_3$为原料经煅烧生产的 MgO 的水化反应速率随煅烧温度的升高显著下降。

研究表明，MgO 的水化速率与其比表面积正相关，比表面积越大，其水化速率越快，强度的发展也快，但是其结构强度的最终值却随比表面积的增大而降低。

表 8.20 MgO 的水化速率与煅烧温度的关系

水化时间/d	水化速率/%		
	800℃	1200℃	1400℃
1	75.40	6.49	4.72
3	100.00	23.40	9.27
30	—	94.76	32.80

9 吸附、催化与环保材料

非金属矿物吸附、催化与环保材料是一类重要的功能材料。这类材料广泛应用于化工、环保、石油、食品、医药等领域，在现代新材料产业及环保产业发展中起重要作用。本章主要介绍以硅藻土、膨润土、沸石、凹凸棒石、石墨等为基本原料的吸附、催化与环保材料。

9.1 概述

非金属矿物吸附、催化与环保材料是一类具有重要的功能材料，是以多孔或层状结构非金属矿物为原料，采用现代材料制备与复合改性技术加工的具有良好吸附或负载、脱色、助滤、废水处理和空气净化等功能的材料。这类非金属矿物材料具有以下特点。

① 层状结构或多孔结构　孔径或层间距从几 Å 到数千 Å（1Å＝0.1nm），可以提供特殊的物理化学吸附或微化学反应区域。

② 较大的比表面积和优良的吸附性能　天然沸石 500～1000m^2/g；海泡石≥50m^2/g；凹凸棒石≥30m^2/g；硅藻土 20～100m^2/g；蒙脱石≥100m^2/g。

③ 离子交换性　可以在晶层间进行特殊的离子交换反应。

④ 优良的吸水性和保湿性、调湿性。

⑤ 化学稳定性好，可回收和再利用或循环利用。

⑥ 其他　负离子释放、远红外辐射、阻燃、绝热、隔声等。

非金属矿物生态环境材料是与生态环境具有良好协调性或直接具有防治污染和修复生态环境的一类材料。该类功能材料原料来源广、加工成本低、二次污染少，重复利用性高，处理工艺相对简单，具有良好的发展前景。

9.2 硅藻土吸附、催化与环保材料

硅藻精土及其硅藻矿物材料是重要的助滤、吸附、催化剂载体以及水处理、室内调湿与空气净化功能材料，广泛应用于轻工、食品、化工、建材、石油、生化制剂以及环境保护等领域。

9.2.1 硅藻精土

(1) 硅藻精土的性质

天然高纯度的硅藻土矿很少见。多数硅藻土矿程度不同地含有石英、长石等碎屑矿物、氧化铁类矿物、黏土类矿物以及有机物等杂质。因此，要提高其吸附、催化等性能，要对其进行选矿加工。这种选矿提纯后的硅藻土称为硅藻精土（见图 9.1）。硅藻精土中的硅藻含量较高，一般达到 85%以上，晶质 SiO_2的含量及氧化铁类矿物、黏土类矿物以及有机质的含量减少。

如图 9.2 所示，由于硅藻壳体中的黏土矿物被脱除，硅藻孔道被疏通，与原土相比，硅藻精土具有更大的比表面积和孔体积。对吉林省长白山地区硅藻土的选矿提纯试验结果表明，原硅藻土的比表面积为 19.11m^2/g，精硅藻土为 32.43m^2/g，精硅藻土的比表面积明显大于原

硅藻土。因此其应用性能更好。

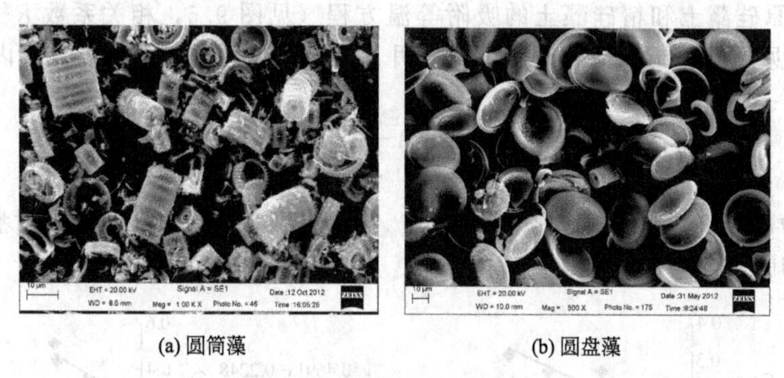

(a) 圆筒藻　　(b) 圆盘藻

图 9.1　硅藻精土的 SEM 照片

(a)　　(b)

图 9.2　原土硅藻壳体（a）与精土硅藻壳体（b）的 SEM 照片

图 9.3 所示为吉林省长白山地区硅藻原土和硅藻精土对罗丹明 B 水溶液的吸附量与时间关系曲线。由图可见，硅藻土对罗丹明 B 的吸附非常迅速，几乎在混合后的 20min 内就达到峰值，吸附 40min 后吸附量趋于一定值，从曲线上看，提纯后的硅藻精土的吸附性明显好于硅藻原土。图 9.4 为原硅藻土和精硅藻土对罗丹明 B 水溶液的吸附等温线，原硅藻土的吸附等温线为Ⅳ型，其在平衡浓度较低时是凸的，表明吸附质和吸附剂有相当强的亲和力，在平衡浓度为 0.8mg/L 左右，硅藻土表面吸满了单分子层，随着平衡浓度的增加逐渐产生多分子层吸附，吸附量又逐渐增大，最后由于微孔中均充满吸附质液体，吸附量不再增加，等温线又趋平缓。精硅藻土的吸附等温线形状如反“S”，是典型的第Ⅱ类型吸附等温线，其在平衡浓度 1mg/L 左右形成单分子层吸附，随着平衡浓度的增加逐渐产生多分子层吸附，当平衡浓度增加到一定值时，吸附量又急剧上升，这是因为精硅藻土孔径较大，在浓度较高时，罗丹明 B 在其内孔表面完成吸附单层后，仍留有空隙，罗丹明 B 分子继续进入内孔，吸附于第一层已吸附罗丹明 B 的表面，在内孔发生凝聚。

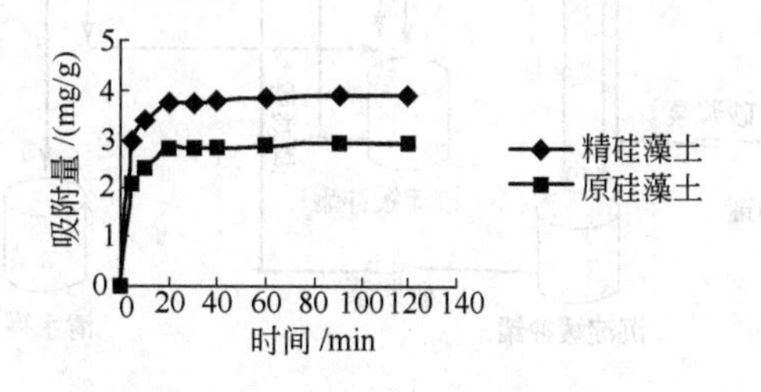

图 9.3　硅藻原土和硅藻精土吸附量随时间的变化

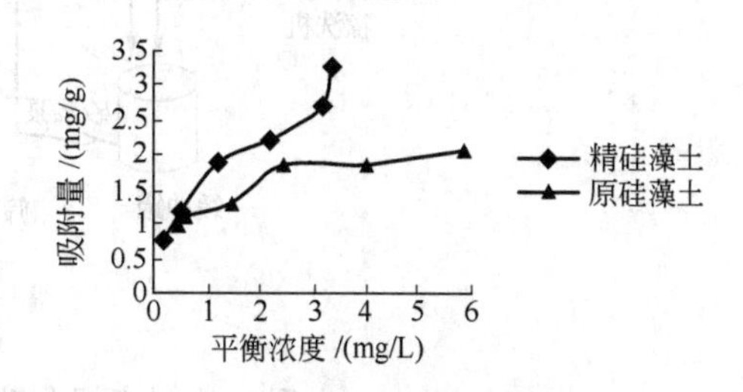

图 9.4　硅藻原土和硅藻精土的吸附等温线

在图 9.4 吸附等温线中分别找出不同平衡浓度（c）及所对应的吸附量（Q），以 $\lg Q$ 对 $\lg c$ 作图，得出原硅藻土和精硅藻土的吸附等温方程（见图 9.5，相关系数 R^2 分别为 0.9556 和 0.9843），可见原硅藻土和精硅藻土对罗丹明 B 的吸附，在考察的浓度范围内都较好地符合 Freundlich 方程：

$$\lg Q=\lg A+1/n\lg c \tag{9.1}$$

$$Q=Ac^{1/n} \tag{9.2}$$

式中，Q 为硅藻土吸附量；c 为平衡浓度；A 为硅藻土单位浓度时的吸附量；$1/n$ 表示不同平衡浓度时的吸附能力。

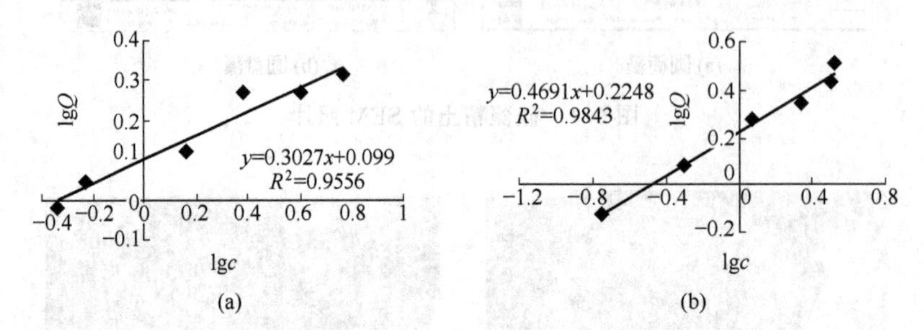

图 9.5　硅藻原土（a）和硅藻精土（b）吸附等温方程

根据 Freundlich 方程式(9.1)，并结合图 9.5 中的等温方程曲线，可计算得出原硅藻土和精硅藻土的吸附等温方程分别为：$Q_{原}=1.26c^{1/3.3}$；$Q_{精}=1.68c^{1/2.1}$。

Freundlich 等温方程为经验方程，它具有一定的理论依据，经常被用来描述低浓度气体或低浓度溶液中吸附平衡，并且认为，当 n 介于 2～10 之间时，易于吸附；当 $n<0.5$ 时，则难以吸附。上述硅藻原土和硅藻精土的吸附等温方程中的 n 值分别为 3.3 和 2.1。

硅藻精土除了直接用于功能填料、磨料、吸附剂之外，还是高性能硅藻矿物材料，如助滤剂、催化剂载体、水处理剂、室内空气净化和调湿材料、沥青改性剂等的原料。

（2）硅藻精土的加工工艺

硅藻精土是以硅藻土矿为原料，通过选矿制备。硅藻土矿选矿工艺，即选矿方法和工艺流程，依硅藻原土中所含杂质矿物的种类、性质以及产品的纯度要求而定。

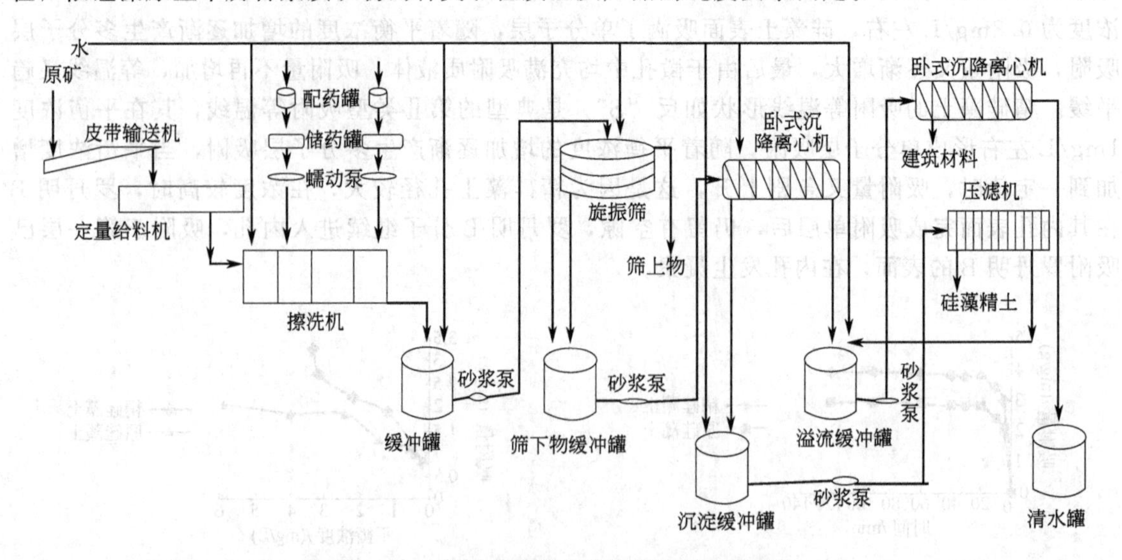

图 9.6　中低品位硅藻土矿物理选矿工艺流程

对于主要含石英、长石类碎屑矿物，黏土含量很少、硅藻含量较高的硅藻原土，一般采用简单的旋风分离法，即在干燥和选择性粉碎后采用旋风分离器或空气离心分选机进行选别；也可采用湿式重力沉降或离心沉降的方法进行选别，原则工艺流程是：硅藻原土→擦洗制浆→重力沉降或离心沉降。如果原土中含有铁质矿物，可在重力或离心沉降后增设磁选除铁作业。

含黏土硅藻土和黏土质硅藻原土的选矿提纯是硅藻土选矿的重点和难点所在，重点在于绝大多数硅藻土矿床属含黏土硅藻土和黏土质硅藻土，难点在于硅藻壳体与黏土颗粒的解离和分选。目前在工业上应用的一种成功的工艺是：擦洗制浆→稀释→沉淀分离→负压脱水→热风干燥→精细分级→硅藻精土。沉淀分离有两种工艺：一是重力沟槽沉降；二是离心沉降。图 9.6 所示为该选矿工艺的流程。

重力沉降工艺如下：首先用擦洗搅拌机将原土加水搅拌成浓矿浆，其矿浆浓度（固含量）为 30%～45%；加水稀释矿浆至 10%～20%的浓度后给人高速分散机内，同时按原土质量加入 0.003%～0.005%分散剂茶碱和 0.1%～0.2%、模数大于 3.2 的水玻璃；然后将矿浆以 1～1.5m/min 的流速依次送入初分离器、二次分离器、精分离器中沉淀分离，矿浆在各分离器中的浓度依次为 10%～20%、10%～18%和 7%～10%；收集湿硅藻精土进行过滤干燥后即得硅藻精土。

该工艺稀释作业加入的水玻璃成分可用六偏磷酸钠代替，其量是 0.02%～0.04%；沉淀分离为流动与静止交叉进行，以便使黏土和碎屑矿物与硅藻彻底分离，获取高纯度硅藻精土。沉淀分离设备由三级分离器组成，其中初分离器由其内设有控制板的沉降沟池以及粗砂池构成；二次分离器由其内设有控制板、其底部设为曲凹面的多条平行沟池组合而成；精分离器由其内设有控制闸板，两端各设有放浆沟和排泥沟的带多个拐角的沉降沟池构成。

该工艺可对各种不同硅藻含量的含黏土硅藻土和黏土质低品位硅藻原土进行精选，精土硅藻含量可达到 85%以上，而且回收率较高。此外，选矿废水经澄清处理后可循环使用，不污染环境。

对于纯度要求很高的硅藻精土，在用物理方法精选后还应采用化学方法进一步提纯。目前化学提纯主要采用酸浸法，一般使用硫酸、盐酸，加温反应一定时间，使硅藻土中含 Al_2O_3、Fe_2O_3、CaO、MgO 黏土矿物杂质与酸作用，生成可溶性盐类，然后压滤、洗涤并干燥，即得到较高纯度的硅藻精土。酸浸法可将硅藻土的二氧化硅含量提高到 90%以上，Al_2O_3降低到 1%以下，Fe_2O_3、CaO、MgO 均降低到 0.3%以下。酸浸法的缺点是废酸水量较大，应经处理才能排放。

对于有机质含量较高的黏土质硅藻土，如我国云南寻甸硅藻土矿，采用煅烧工艺可以显著提高硅藻土的纯度。

9.2.2 硅藻土助滤剂

硅藻土助滤剂是以硅藻土为基本原料制成的一种粉体产品，是提高液体过滤速度、改善澄清度的良好过滤材料，广泛应用于啤酒、饮料、食品、医药等的过滤和澄清。

硅藻土助滤剂产品已成系列化，目前市场有 3 大类，12～14 个品种，150 多个规格。硅藻土助滤剂按生产工艺不同分为干燥品、煅烧品和熔剂煅烧品。

（1）干燥品

将提纯净化、预干燥、粉碎后的硅藻土原料，在 600～800℃的温度下干燥，然后再粉碎而成。这种产品粒度很细，适用于精密过滤，常与其他助滤剂配合使用，干燥品多为淡黄色，也有乳白和淡灰色。

（2）煅烧品

将提纯净化、干燥、粉碎后的硅藻土原料给入回转窑，在 800～1200℃的温度下煅烧，然后粉碎、分级，即得煅烧品。与干燥品相比，煅烧品的渗透率高三倍以上。煅烧品多呈浅红色。

（3）熔剂煅烧品

经提纯净化、干燥粉碎后的硅藻土原料加入少量碳酸钠、氯化钠等助熔类物质，在900～1200℃的温度下煅烧、粉碎和粒度分级配比后即得熔剂煅烧品。熔剂煅烧品的渗透率明显提高，为干燥品的20倍以上。熔剂煅烧品多呈白色，当 Fe_2O_3 含量高或助熔剂用量少时呈浅粉红色。

硅藻土助滤剂的加工工艺可分为干法和湿法两种。干法生产的机械化和自动化程度高，适用于大规模生产，其主要加工工序是：硅藻土预干燥→煅烧→粉碎分级→包装。干燥一般采用热风炉和旋风式干燥机，煅烧设备一般采用回转窑，用油和天然气作燃料；煅烧后的产品用冲击式粉碎机粉碎后进行多段干式离心和旋风分级，得到不同等级和不同用途的硅藻土助滤剂。湿法生产线规模一般较小，目前已很少采用。

煅烧是硅藻土助滤剂生产过程中最重要的环节。加入 Na_2CO_3 或 NaCl 助熔剂，可以提高煅烧效果。高温下助熔剂与 SiO_2 表面起反应生成 $x Na_2O \cdot y SiO_2$ 无水硅酸钠，最终成为玻璃化状态。硅藻土助滤剂煅烧的目的是：①将硅藻土微小的粒子烧结成较大的颗粒，增大粒径，减小比表面积（见表9.1），加入助熔剂煅烧的助滤剂比表面积小于原土的1/10，因此在过滤中会在滤饼中形成充分大的孔隙；这些孔隙不仅增大，孔链也在增长，其结果是给过滤带来较高的滤速；②将硅藻土中妨碍过滤的有机质烧掉，并降低被过滤物体中的可溶物；③使硅藻土原土在选矿提纯和脱水干燥过程中没有除掉的杂质，如铝硅酸盐等，在煅烧时熔成渣子，能在煅烧后产品的分级过程中除去。

天然硅藻土助滤剂的滤液澄清度高，但滤液流速低，而煅烧品助滤剂的过滤速率较快，但滤液的澄清度较差。

表9.1 煅烧对硅藻土助滤剂比表面积的影响

样品名称	煅烧温度/℃	保温时间/h	比表面积/(m^2/g)								
			吉林长白			吉林抚松	云南腾冲	云南寻甸	浙江嵊州	山东临朐	四川米易
			1号矿	2号矿	3号矿						
原土			19.7	23.1	21.4	22.1	32.4	28.9	45.7	64.5	36.4
干燥品(过120目筛)			20.3	23.9	22.1	22.3	33.1	29.3	46.3	65.1	36.8
煅烧品	600	2	16.4	17.1	17.9	18.6	37.7	26.8	42.7	59.7	32.1
	800	2	14.8	13.2	15.6	14.9	15.3	15.7	22.1	36.5	18.2
	1000	2	6.3	6.7	6.1	7.7	9.2	10.8	8.9	9.7	10.6
助熔煅烧品(Na_2CO_3,6%)	1000	2	1.4	1.9	1.7	2.1	2.4	2.3	1.6	2.4	1.8

在煅烧硅藻土时，常加入漂白剂。常用的漂白剂有正磷酸或其他磷酸和含氧盐。漂白剂可以另外加入，也可以代替助熔剂。漂白剂加入量为硅藻土干重的5%～12%。

9.2.3 硅藻土催化剂载体

（1）硅藻颗粒结构与载体性能的关系

硅藻土的主要成分是非晶质 SiO_2，具有良好的化学稳定性和热稳定性，这是作为催化剂载体的两个基本属性。特别重要的是硅藻颗粒具有特殊的微孔结构及由非晶质 SiO_2 构成的壳壁。分布在壳壁上的小孔能为均匀吸附催化剂活性组分提供良好的条件。硅藻土本身还具有良好的渗透性能，当流体通过时能获得较大的流速。

工业上硅藻土主要用于钒催化剂载体。钒催化剂对硅藻土的基本要求如下。

① 有足够的机械强度，以承受反应过程中机械或热的冲击。有足够的抗压强度，以抵抗

催化剂使用过程中逐渐沉积在细孔里的液浊物的破裂作用。

② 有足够的比表面积和细孔结构，以便在表面上能够均匀地支载活性组分。

③ 有足够的稳定性，以抵抗活性组分、反应物和反应产物的化学侵蚀，并能经受催化剂的再生处理。

④ 不含有任何可使催化剂中毒的物质。

⑤ 原料价廉易得，运输方便。

实践证明，硅藻土中硅藻含量高并不一定就是生产催化剂载体的理想材料，要从催化剂的活性、选择性、使用寿命、机械强度等综合考虑。研究认为直链藻的硅藻结构及其形态最适合于钒催化剂的活性与使用寿命的要求。直链藻的空隙率在硅藻土中最高，其孔体积、主要孔径和比表面积均大于其他硅藻土原因是其内表面积较其他硅藻属种大。这正是直链硅藻作为良好的钒催化剂的主要原因之一。此外，直链藻的壳体较完整，不易裂解，并伴有部分与壳体瓣面相连（未断开）的链状群体。这些形态特征也是钒催化剂载体所希望的。

实际上，天然硅藻土的机械强度较差，并含有各种杂质，所以一般不宜直接作为催化剂载体，而需经过选矿提纯，除去过量的 Fe_2O_3、Al_2O_3、CaO、MgO 及有机物等杂质，或者通过高温处理，使其结构得到稳定后才能使用。加工后的硅藻精土比表面积、孔容增大，SiO_2 含量增加，杂质含量减少，更符合钒催化剂载体的要求。

（2）硅藻土基钒催化剂的制备及应用

以硅藻土为载体制备钒催化剂时可采用浸渍法和机械混合法。在制备 SO_2 氧化制硫酸催化剂时一般采用机械混合法。将经过水洗与酸处理后以及过滤、洗涤和干燥后的硅藻精土与 $V_2O_5+K_2SO_4$ 混合液进行混合碾料，并补充硅胶或硫黄，加入适量水，然后挤条成型，经干燥和焙烧后再过筛得到钒催化剂产品。图 9.7 所示为钒催化剂生产工艺示意。

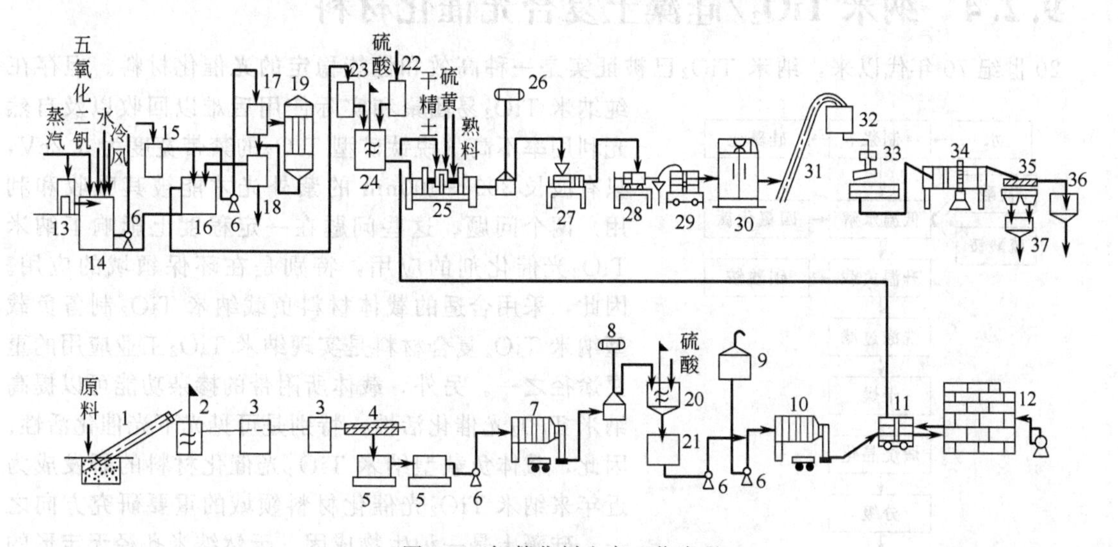

图 9.7 钒催化剂生产工艺流程

1—皮带输送机；2—打浆机；3—沉砂槽；4、35—转筒筛；5—储浆桶；6—泵；7、10—过滤机；8、26—吊车；9—热水桶；11、29—干燥机；12—干燥窑；13—化碱桶；14—化钒桶；15—澄清桶；16—钒水储槽；17—高位槽；18—钒水包装桶；19—蒸发器；20—酸处理桶；21—冲洗桶；22—硫酸计量槽；23—钒水计量槽；24—中和桶；25—混捏机；27—捆料桶；28—挤条机；30—干燥箱；31—小爬车；32、36—储斗；33—振动筛；34—合金转窑；37—碎条下料机

以硅藻土为载体的钒催化剂的实际应用见表 9.2。

表 9.2 硅藻土作为工业催化剂的主要用途

反应类型	催化过程	活性组分
氧化	苯氧化制苯酐或马来酸酐	V_2O_5、MoO_3、WO_3
	正丁烯氧化制马来酸酐	V_2O_5-P_2O_5
	萘氧化成萘醌、邻苯二甲酸酐、马来酸酐	V_2O_5、V_2O_5-K_2SO_4
	邻二甲苯氧化制邻甲基苯甲醛、邻苯二甲醛	V_2O_5、V_2O_5-MoO_3、V_2O_5-Co_2O_3
	邻苯二甲酸酐	V_2O_5-CeO_2、MoO_3、MoO_3-P_2O_5
	SO_2 氧化成 SO_3	碱金属硫酸盐
	丁烯氧化制丁烯二酸酐	P、Co、Zn、Fe、碱金属
	丙烯胺氧化制丙烯腈	Sn-Mo-Bi-Fe-Co-In-W
加氢	苯加氢制环已烷	Ni、Co
	腈加氢制亚胺或伯胺；脂肪类、油类及脂肪酸类、醛酮中的羰基、伯胺、豆油及乙醇加氢以及芳香烃高压加氢等	Ni
脱氢	甲醇脱氢制甲醛	ZnO、Cu
	异丙醇脱氢	Cu、Zn、Mn
	乙醇脱氢制乙醛	Cu-Mg
水合	乙烯水合制乙醇、丙烯水合制异丙醇	H_2PO_4
还原	高级醇还原	Ni
	芳香族、硝基化合物还原	$Ni(NO_3)_2$
合成	氯乙烯合成	HgCl、KCl
	F-T 合成醛、醇、酮	Co
	合成汽油	Co-Th
	乙酸乙烯合成	Pd
其他	蒸汽转化烃类为 $CO+H_2$	Ni、Co
	丙烯聚合	H_3PO_4
	芳烃烷基化	H_3PO_4
	脱硫	Ni

9.2.4 纳米 TiO_2/硅藻土复合光催化材料

20 世纪 70 年代以来，纳米 TiO_2 已被证实是一种高效和性能稳定的光催化材料。但存在纯纳米 TiO_2 易团聚和实际使用后难以回收以及自然光利用率不高（锐钛矿型 TiO_2 的禁带宽度为 3.2eV，只有波长 300～400nm 的紫外光才能被其吸收和利用）两个问题。这些问题在一定程度上影响了纳米 TiO_2 光催化剂的应用，特别是在环保领域的应用。因此，采用合适的载体材料负载纳米 TiO_2 制备负载型纳米 TiO_2 复合材料是实现纳米 TiO_2 工业应用的重要途径之一。另外，载体所附带的掺杂功能可以提高纳米 TiO_2 光催化活性，特别是可见光下光催化活性。因此，载体负载型纳米 TiO_2 光催化材料的研发成为近年来纳米 TiO_2 光催化材料领域的重要研究方向之一。硅藻土是一种生物成因、天然纳米孔径无定形的硅质矿物材料。它松散、质轻、多孔、比表面积大，空隙呈有规律分布，主要成分为 SiO_2，具有独特的微过滤、吸附、调湿等功能，其成分和结构适合作为纳米 TiO_2 的负载材料。作者等人以选矿提纯后的硅藻精土或煅烧硅藻土（硅藻土助滤剂）为载体，以 $TiCl_4$ 为前驱体，采用低温水解均匀沉淀和连续控温煅烧晶化方法制备了纳米 TiO_2/硅藻土复合光催化材料，其制备工艺流程如图 9.8 所示。

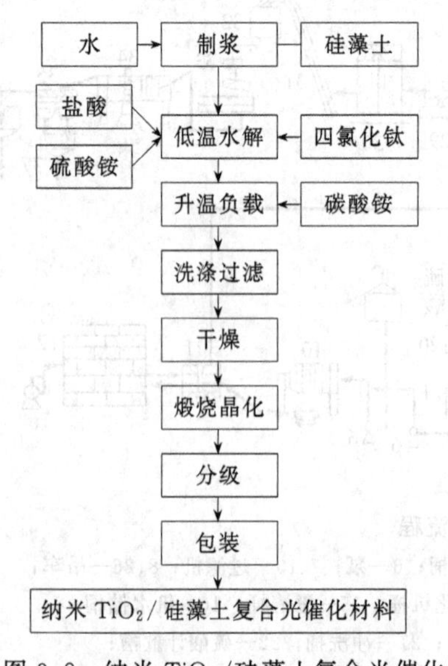

图 9.8 纳米 TiO_2/硅藻土复合光催化材料制备工艺流程

图 9.9(a) 是提纯后硅藻精土的扫描电镜图，图 9.9(b) 是硅藻精土负载 TiO_2的扫描电镜图。可以看到，与图 9.9(a) 相比，图 9.9(b) 硅藻精土中圆筒形硅藻颗粒表面负载了许多微小颗粒，这些微颗粒均匀地沉积在硅藻体微孔的内部及孔口的四周，明显可见负载后的硅藻体表面的微孔仍然存在着，只是孔径变小了。图 9.10 是纳米 TiO_2/硅藻精土复合材料的 TEM 图，清晰可见均匀负载在硅藻土载体表面的纳米 TiO_2粒子，TiO_2粒子近似球形，大小为10～20nm。

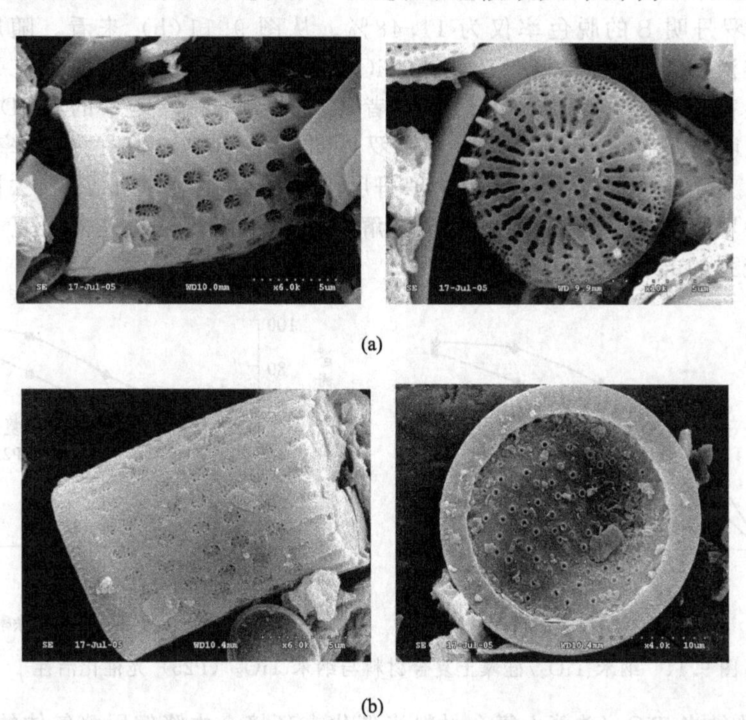

图 9.9 硅藻精土 (a)、纳米 TiO_2/硅藻精土复合材料 (b) 的 SEM 图

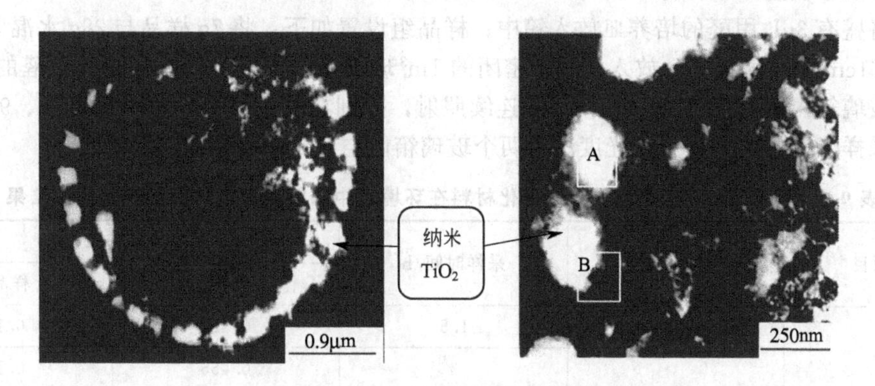

图 9.10 纳米 TiO_2/硅藻精土复合材料的 TEM 图

纳米 TiO_2/硅藻土复合光催化材料的主要技术性能指标如表 9.3 所示。

表 9.3 纳米 TiO_2/硅藻土复合光催化材料的主要技术性能指标

性能	技术指标	备注
主要化学成分/%	SiO_2 50～70；TiO_2 25～45；Al_2O_3 1.0 ～2.0；Fe_2O_3<1.0	可根据应用需要调节 TiO_2的含量(在硅藻土上的负载量)
物相组成/%	非晶质 SiO_2 50～70；锐钛型二氧化钛 25 ～45；其他约 5	
平均粒度/μm	7～11	325 目筛余量≤0.5%
比表面积/(m^2/g)	20～36	
平均孔径/nm	约 10	

纳米 TiO_2/硅藻土复合光催化材料的光催化实验结果见图 9.11。其中图 9.11(a) 为罗丹明 B 的降解率；图 9.11(b) 为溶液中 COD 的去除率。由图 9.11(a) 可见，纳米 TiO_2/硅藻土复合材料对罗丹明 B 的脱色率要明显高于 P25（一种德国产的纳米二氧化钛），在紫外光照 20min 情况时，二者差值是 5%。为了更好地说明问题，研究中还做了空白实验。从结果来看，在不加催化剂的情况下，紫外光照对罗丹明 B 的脱色效果影响很小，20min 时罗丹明 B 的脱色率仅为 11.48%。从图 9.11(b) 来看，随反应时间的延长，罗丹明 B 溶液 COD 逐渐被降低。纳米 TiO_2/硅藻土复合材料对罗丹明 B 溶液中 COD 的去除率要明显高于 P25，到 20min 时，二者的差值为 8%，体系的 COD 几乎降为零。空白实验结果表明，不加催化剂时紫外光对罗丹明 B 溶液中 COD 的去除率不大，20min 时只有 12.27%。可见，反应 20min 后，罗丹明 B 溶液的脱色率和 COD 去除率都达到了 90%以上，水中罗丹明 B 实现了基本完全降解，说明纳米 TiO_2/硅藻土复合材料对罗丹明 B 溶液具有较强的光催化降解性。

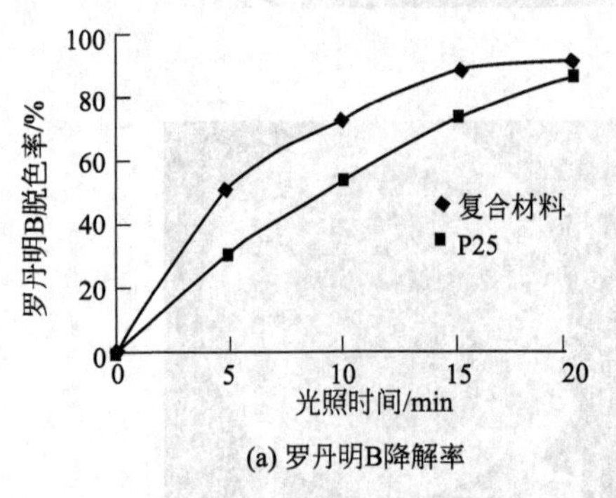

(a) 罗丹明B降解率

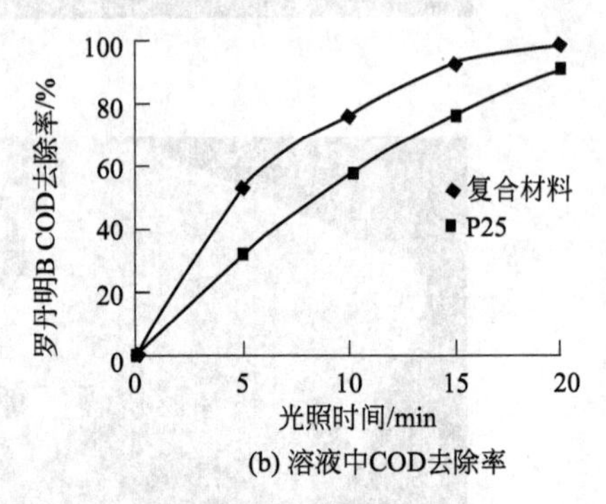

(b) 溶液中COD去除率

图 9.11 纳米 TiO_2/硅藻土复合材料与纳米 TiO_2（P25）光催化活性

表 9.4 所示为纳米 TiO_2/硅藻土复合材料光催化在环境仓中降解甲醛气体的实验室检测结果。其中对照组设置如下：将 4 块 61cm×61cm 不涂样品的玻璃板，放入一个密闭的 $1m^3$ 玻璃箱内，同时将盛有 3μL 甲醛的培养皿放入箱中；样品组设置如下：将 7g 样品与 28g 水混匀，涂在 4 块 61cm×61cm 的玻璃板上，放入另一个密闭的 $1m^3$ 玻璃箱内，同时将盛有 3μL 甲醛的培养皿放入箱中；玻璃箱内装有 30W 日光灯，24h 连续照射，分别在放入 1.5h、3h、5h、7h、9h、24h 后利用大气采样仪取样，并用分光光度法对两个玻璃箱内空气中甲醛浓度进行测定。

表 9.4 纳米 TiO_2/硅藻土复合光催化材料在环境仓中降解甲醛气体的实验室检测结果

检验项目	开灯时间/h	采样时间/h	检测值/(mg/m^3)	
			对照组	样品组
甲醛	24	1.5	0.420	0.188
		3	0.455	0.125
		5	0.445	0.100
		7	0.427	0.091
		9	0.385	0.080
		24	0.391	0.076

由表可见，对照组从 1.5～24h 的取样中，甲醛浓度在 $0.42mg/m^3$ 左右变化不大，而样品组从 1.5～24h 的取样中，甲醛浓度从 $0.188mg/m^3$ 降至 $0.076mg/m^3$。与对照组 24h 的甲醛浓度（$0.391mg/m^3$）相比，甲醛降解率达到 80.77%，说明复合材料对甲醛气体具有良好的降解效果。目前，纳米 TiO_2/硅藻土复合光催化材料已经实现产业化，并广泛应用于木质百叶

窗、硅藻土壁材、内墙涂料等各类装饰装修建筑材料中。经权威部门检测，三种应用纳米TiO_2/硅藻土复合光催化材料的产品24h对甲醛的降解效率均达到80%以上。

9.2.5 硅藻土负载纳米零价铁复合材料

与常规铁粉相比，纳米零价铁材料具有比表面积大、反应活性高的特性，可用来降解多种环境污染物，尤其是在处理许多难以生物降解的有机、无机污染废水，例如含氯有机污染物、重金属离子、有机染料等环境问题上，具有良好的应用前景。但是，纳米零价铁粒子间由于自身彼此间具有较强的磁性引力，易发生颗粒团聚，团聚后的材料与污染物的有效接触面积减少，进而反应活性下降。除此之外，纯纳米零价铁材料由于粒度小，化学性质不稳定，易氧化，难储存，而且还原反应后产生的大量铁离子会进入环境中，产生次生污染问题。这些因素都为纳米零价铁材料的工业化推广应用提出了严峻挑战。为了解决这些应用问题，科学家们提出了将这种纳米活性材料负载到多种载体材料上，通过载体的负载效应，一方面可以解决纳米铁分散问题，另一方面可以增加反应活性位点，有效地提高材料的降解性能。而且，这些载体材料一般具有大量的孔结构，可以有效地提高材料的处理效率，有利于材料在污水处理领域的产业化应用。硅藻土由于其独特的孔结构以及优良的理化特性，被视为一种优良的纳米零价铁载体。作者等人以吉林省临江市二、三级硅藻土为原料，以物理提纯处理后的硅藻精土为载体，采用离心还原法制备了硅藻精土负载纳米零价铁复合材料，其制备工艺如图9.12所示。

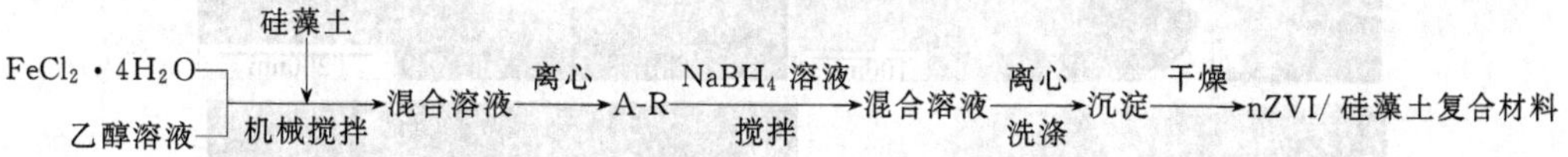

图9.12 纳米零价铁/硅藻土复合材料制备工艺

其工艺过程简述如下：将$FeCl_2\cdot 4H_2O$加入到乙醇溶液中（95%乙醇：水=75：25），搅拌使其充分溶解。将硅藻精土添加到上述配置好的乙醇溶液中搅拌30min，通过离心进行固液分离，离心沉淀物标记为A1－R。然后，将$NaBH_4$溶解到去离子水中，配成浓度为0.2mol/L的溶液，将配置好的$NaBH_4$溶液逐滴加入上述A1－R中，并不断搅拌。最后，将获得的悬浮液进行离心分离，并用乙醇溶液清洗2～3次，样品在50℃下干燥，即得到纳米零价铁（nanosized Zero-Valent Iron，nZVI）/硅藻土复合材料，标记为nZVI/DE-C。负载过程中还原反应方程式如下：

$$Fe^{2+} + 2BH^{4-} + 6H_2O \longrightarrow Fe^0 + 2B(OH)_3 + 7H_2\uparrow$$

图9.13为nZVI与离心-还原法制备的nZVI/DE-C样品的高分辨率透射电镜（TEM）图。由图9.13(a)可知，纯纳米铁颗粒大致呈球形，粒径在40～60nm，呈链条状；图9.13(b)与图9.13(c)为纳米铁在硅藻颗粒表面的分散情况，由图可知，纳米铁在硅藻颗粒表面分散性良好，纳米铁粒径为30～50nm；图9.13(d)为纳米铁在硅藻颗粒孔道中的负载情况，有少量纳米铁均匀分散负载在孔壁上，粒径为15～35nm；图9.13(e)与图9.13(f)分别为硅藻颗粒边缘与碎硅藻颗粒边缘纳米铁负载情况，载体的边缘具有不规则形状，同样有利于小颗粒纳米铁负载。与单纯的纳米铁颗粒相比，负载型纳米铁的颗粒分散性更好，而且颗粒粒度也明显减小。其可能的机理是，硅藻颗粒表面及孔道为铁纳米粒子非均匀成核提供了良好的环境，从而有效地抑制了纳米铁初级颗粒间的接触与继续长大，避免了颗粒间静磁吸引造成的团聚现象，使形成的大部分铁纳米粒子细小而且均匀分散。

硅藻土负载纳米零价铁复合材料的降解效果实验结果见图9.14。由图可知，硅藻土负载纳米铁复合材料nZVI/DE-C与纯纳米铁的降解反应速率最快，5min之内就达到了平衡；而常规铁粉则反应较慢，需要2h，降解反应才可基本完成。硅藻土负载纳米铁复合材料nZVI/

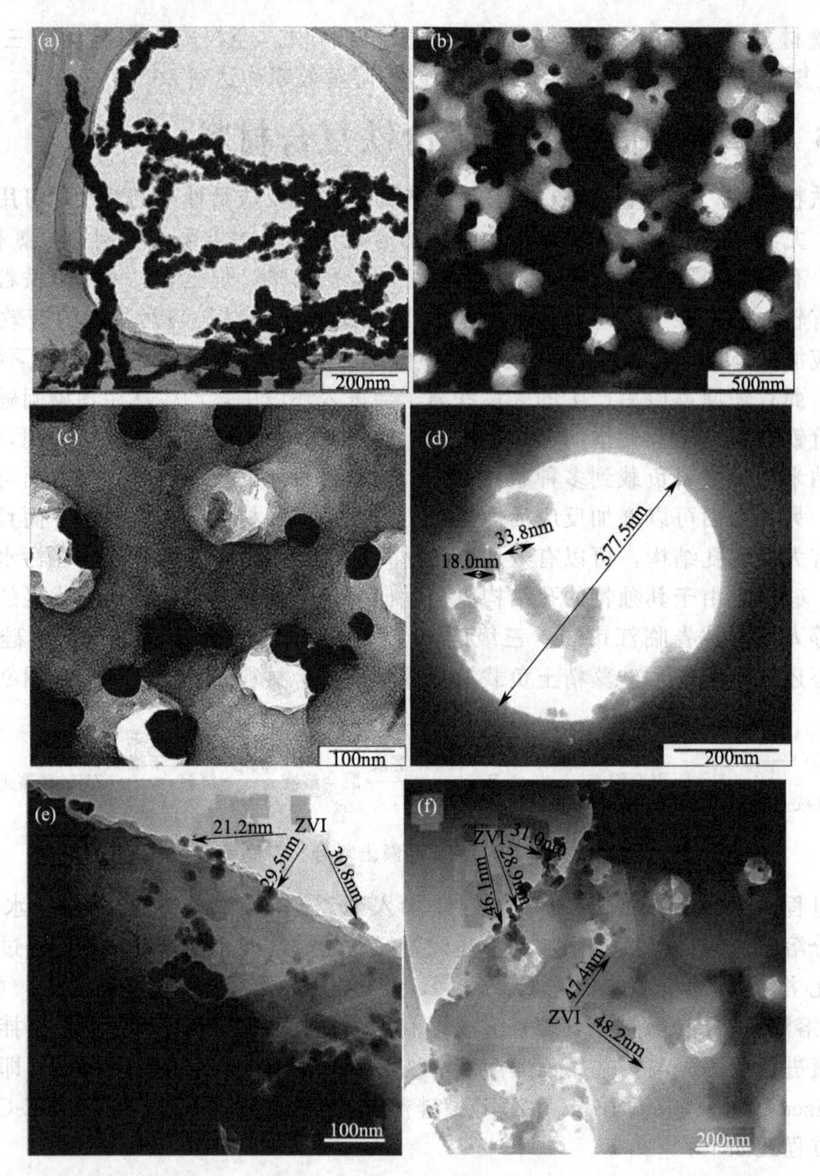

图 9.13　纯纳米零价铁（a）以及离心-还原法制备的 nZVI/DE-C［(b)～(f)］的 TEM 图

DE-C 单位质量催化剂对于西玛津最大降解量分别为 0.97mg/g，明显高于商业铁粉与纯纳米铁，说明硅藻土负载纳米铁复合材料对西玛津废水具有较强的催化降解性能。

9.2.6　农药与化肥载体

硅藻土具有独特的有序排列的微孔结构，孔体积大，吸附能力强，因此在喷施载药时，药剂很容易向载体内部纳米微孔中渗透扩散，均匀分布在硅藻土中，所以药效期长。而且，硅藻土化学性质极为稳定，不与农药发生化学反应，能保持农药的固有特性，使药效得以发挥，是一种效果优良的农药载体材料。作为农药载体用的硅藻土，颜色不限，具体技术指标要求如表 9.5 所示。

表 9.5　农药载体用硅藻土的技术指标

项目	水分/%	粒度/目	pH 值	吸油率/%	吸湿率/%	悬浮率/%	润湿性/s
指标	＜5	400	＞5.5	＞78	≤5	≥46	≤350

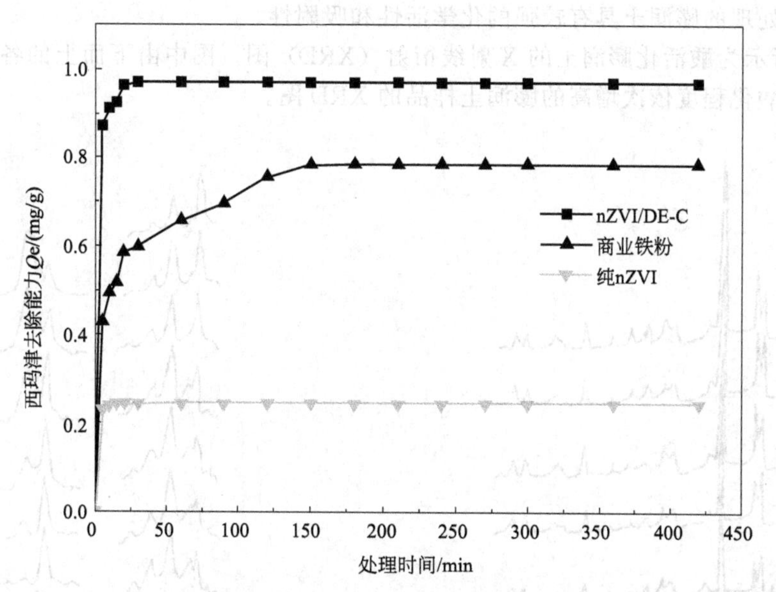

图 9.14 纯纳米铁、商业铁粉以及硅藻土负载纳米铁复合材料降解西玛津效果对比

作为农药载体的硅藻土基本生产工艺流程如图 9.15 所示。

王泽民等进行了以低品位硅藻土代替膨润土作为农药载体的研究表明，采用硅藻土载体，可以降低粒剂农药的成本，而且性能优于以膨润土作为载体的农药。

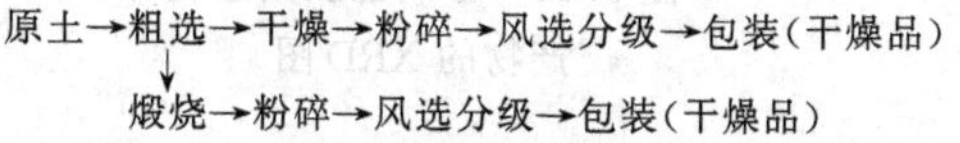

原土→粗选→干燥→粉碎→风选分级→包装（干燥品）
↓
煅烧→粉碎→风选分级→包装（干燥品）

图 9.15 农药载体用硅藻土生产流程

硅藻土不仅是优良农药载体材料，同时也是一种良好的化肥载体材料。研究表明，以硅藻土为主的复合型硅酸盐矿物固氮剂（称为 DE 固氮剂），固氮效果良好。硅藻土作载体可减少氮挥发损失、减轻土壤板结、克服施肥量增加与作物增产不同步等问题，同时又减轻了面源污染。

9.3 膨润土吸附、催化与环保材料

本节主要介绍活性白土、柱撑膨润土、钠化膨润土、锂化膨润土以及膨润土防渗材料、核废料处理材料和治沙材料。

9.3.1 活性白土

（1）活性白土的性质与用途

经过酸活化处理的膨润土称为活性白土又称漂白土、酸化膨润土，分子式为 $H_2Al_2(SiO_3)_4 \cdot nH_2O$，是一种具有微孔网络结构，比表面积很大的多孔型白色或灰白色粉末，具有强的吸附性。

酸活化反应，实际上是一个溶解杂质、离子交换以及部分结构被破坏的过程。在酸活化过程中，一些矿物杂质，如碳酸盐类等被酸溶解后，提高了原料中蒙脱石的含量；小半径高活性的 H^+ 取代蒙脱石层间可交换阳离子 Ca^{2+}、Mg^{2+}、K^+、Na^+ 等，改变蒙脱石矿物晶体的表面电位，增加其吸附性能；在不改变蒙脱石层状结构骨架的情况下，强酸将蒙脱石八面体层边缘的部分 Mg^{2+}、Al^{3+}、Fe^{2+}、Fe^{3+}，以及四面体层中边缘部分的 Si^{4+} 溶出，使蒙脱石晶格“松解”，晶体层两端孔道增大，增加其比表面积，可从原土 $80m^2/g$ 增至 $200\sim400m^2/g$。因此，经酸溶化处理的膨润土具有较强的化学活性和吸附性。

图 9.16 所示为酸活化膨润土的 X 射线衍射（XRD）图。图中由下而上的各曲线分别代表膨润土原土和酸化程度依次增高的膨润土样品的 XRD 图。

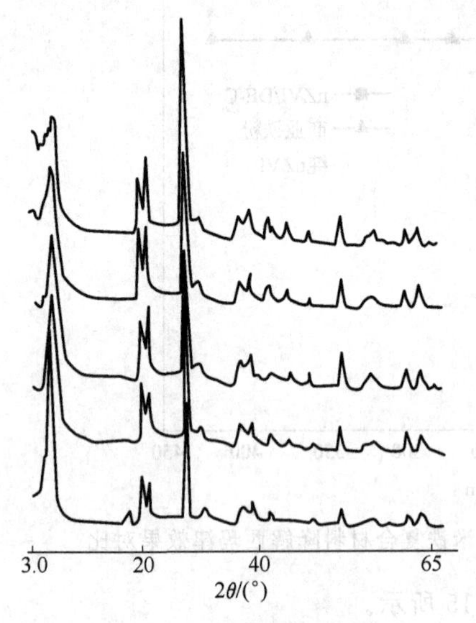

图 9.16 膨润土及其酸化产物的 XRD 图

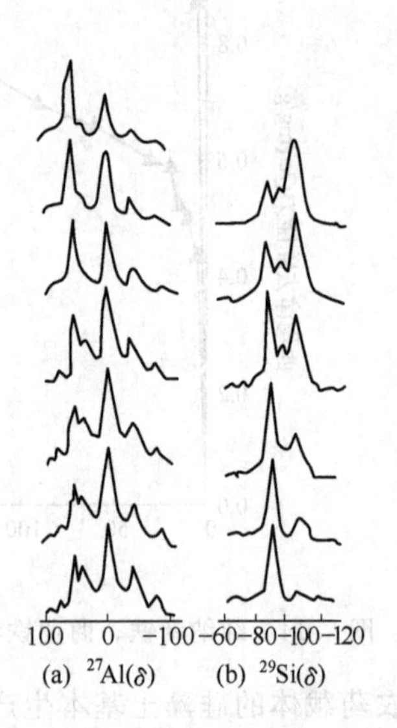

图 9.17 膨润土及其酸化产物的 ^{27}Al 和 ^{29}Si MASNMR 谱

由图 9.16 可见，随着酸浓度的增加，其酸化产物的 X 射线衍射特征表现为主要特征衍射峰（001）的衍射强度明显降低，谱峰宽化并出现分裂现象。这表明随着酸浓度的增加，活化膨润土的结晶程度降低，结构受到一定破坏。

图 9.17 为浙江仇山钙基膨润土及其酸化后产物的魔角旋转核磁共振（MASNMR）图。图中由下而上的各曲线分别代表膨润土原土和酸化程度依次增高的膨润土样品的 MASNMR 谱图。结果表明，在膨润土的酸化过程中，随着蒙脱石的溶解，形成了两种新的含硅酸盐结构组元：$(SiO)_3SiOH$ 和 $Q^4(OAl)$。当浓度大于或等于 10%时，$Q^4(OAl)$ 成为体系的主要含硅结构组元。膨润土及其酸化产物的 ^{27}Al MASNMR 谱图中位于 $\delta 54.0$ 的 $Al^{Ⅳ}$ 信号应源自八面体片中的 $Al^{Ⅳ}$，这种四配位（$Al^{Ⅳ}$）的形成机理可解释为在酸处理过程中，当蒙脱石铝氧八面体中相邻的一对 Al^{3+} 被溶掉时，有一对共用的羟基被“带走”，因此该 Al^{3+} 对中的另一个 Al^{3+} 将由六配位转变为四配位。

活性白土最主要的性质是其脱色力、脱色率及活性度。

膨润土经酸处理活化后具有良好的脱色性能。脱色力是评价酸性膨润土（活性白土）或膨润土脱色性能的一种技术指标。脱色力是一种相对值，即在相同测试条件下，选择一种脱色力适中的标准土（一般采用浙江余杭仇山土——脱色力 114，或原地矿部科技司审定的酸性膨润土的标准原土——脱色力 110），与试样对同一种菜油介质进行脱色。在脱色效果相同的条件下，标准土用量 m_1 与试样 m_2 之比乘以标准土的脱色力值即为试样的脱色力。

采用一定量的酸活化膨润土对煤油沥青溶液进行脱色，脱色前溶液的吸光度 A_0 与脱色后溶液的吸光度 A_1 之差与 A_0 之比称为试样的脱色率，以百分数表示，即

$$脱色率=\frac{A_1-A_0}{A_0}\times 100\%$$

脱色率越高，表明活性白土的脱色性能越好。

用 0.1mol/L NaOH 溶液中和 100g 漂白土，0.1mol/L NaOH 溶液的消耗量即为该活性土

的活性度。其单位是 mL NaOH/100g 土。NaOH 消耗越多，活性土的活性越高。

活性白土主要用于动植物油的脱色和净化、葡萄酒和果汁的澄清、啤酒的稳定化处理、糖化处理、糖汁净化以及石油、油脂、石蜡、石蜡油（煤油）的精炼、脱色和净化和纺织工业的漂白剂等领域。

国内生产的活性白土技术指标见表 9.6。

表 9.6 原化工部、浙江、辽宁活性白土技术指标

项目	原化工部 HG/T 2569—94								浙江 Q/HG 64—84		辽宁 Q 463—80	
	Ⅰ类				Ⅱ类		Ⅲ类					
	H 型		T 型						CS-1020	CS-1040	一级品	二级品
	一等品	合格品	一等品	合格品	一等品	合格品	一等品	合格品				
脱色力，脱色率/% ≥	70	60	85	75	90	80	90	80	(100)	(150)	92	90
活性度 ≥	220	200	140		100				190	180	220	200
游离酸(以 H_2SO_4 计)/% ≤	0.20				0.50		0.20		0.20		0.20	
水分/%	8.0		10.0		12.0				12	11	8	
粒度(通过 75μm 筛网) ≥	90				95				93	95	90	
过滤速度/(mL/min) ≥	4.0	—	4.0	—	4.0	—	4.0	—				
堆积密度/(g/cm³)	0.7～1.1											
重金属(以 Pb 计)/% ≤	—						0.005					
砷(As 计)/% ≤	—						0.0005					

(2) 活性白土生产工艺

目前国内外生产活性白土的生产工艺主要有三种：湿法、干法、半湿（或半干）法。干法是将一定细度的膨润土（120～200 目）浸渍于硫酸、盐酸或磷酸溶液中充分混合，经过挤压后干燥，然后粉碎即得到活性白土产品。湿法活化是将膨润土与酸溶液混合后在一定的水溶液下加热搅拌一定时间，过滤并用水将过滤后的膨润土洗涤至中性，然后干燥、研磨即得活性白土产品。湿法生产的活性白土的脱色力和活性度等指标均较高，质量稳定。目前国内大多采用该工艺。

湿法生产活性白土的原则工艺流程如图 9.18 所示。

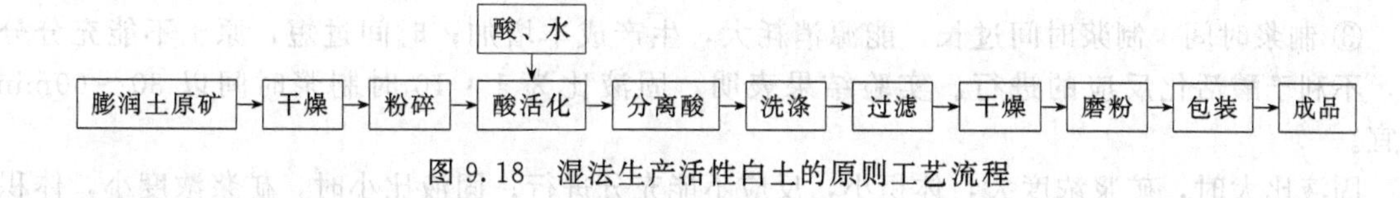

图 9.18 湿法生产活性白土的原则工艺流程

具体作业如下。

① 原料准备　将膨润土（一般为钙基膨润土）干燥至水分小于 15%，去除夹石，粉碎至 100～200 目，已经风化的膨润土不必粉碎。如含砂量大，需去除砂粒。

② 酸化　通常用盐酸或硫酸活化，也可能用有机酸。对于含方解石的膨润土，最好采用盐酸活化。在膨润土浆料中加入一定量的酸，加温搅拌一定时间。影响活化效果的主要因素是酸的用量、矿浆浓度、活化时间、温度以及搅拌条件等。酸的用量一般约为（300～600）kg/1000kg 膨润土；水土比一般为（3～10）：1，活化温度 50～100℃；反应时间视操作条件而定，一般为 2～8h；活化时需要不断搅拌。

③ 洗涤　活化完毕，要多次洗涤直到洗液呈中性为止。由于膨润土粒度细，不易沉降，为加速沉降，可加入适量高效絮凝剂。

④ 过滤　采用压滤或真空吸滤工艺脱除洗涤后的活性白土浆液中的大部分水分。

⑤ 干燥　通常要求干燥后产品的水分小于 8%。

⑥ 磨粉　一般使用雷蒙磨、振动磨等将干燥后的活性白土磨细至 200 目。如果干燥后的

产品为粉体产品，则可以不再粉磨。

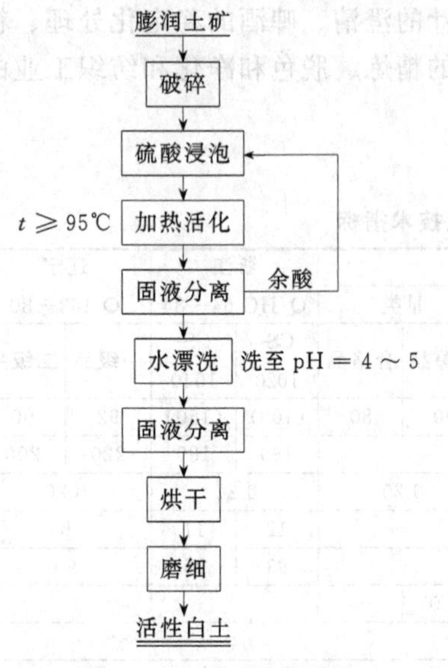

图 9.19　循环活化酸处理工艺流程

传统的活性白土生产工艺的干燥作业与磨粉作业是分开的。随着干燥技术的进步和多功能干燥机及闪蒸干燥机等兼有干燥和粉碎解聚二重功能的新型干燥设备的工业化，可使活化膨润土的干燥过程和粉碎解聚过程一体化。

干法工艺的前面作业与湿法相同，但脱酸是用焙烧挥发，没有洗涤作业。干法生产节水，并避免了含酸废水排放，但产品中的水溶性杂质，如 Al、K、Na、Ca、Mg、Fe 等盐类没有除去，影响产品质量。

半湿法生产活性白土是利用 5％的硫酸水溶液，在高压釜中，于 200～250℃和 15～20atm[1] 下活化膨润土 4h。由于所用的酸浓度低，洗涤产品耗水少，但是高温高压操作，限制了其推广应用。

湿法酸化中，酸液可以循环使用，即循环活化法，并与热活化共同作用，既可以节约成本，又可以使膨润土的活化效果更好。其工艺流程如图 9.19 所示。

（3）影响膨润土酸活化效果的主要因素

影响膨润土酸活化产品质量的因素较多，如膨润土的质量、加料顺序、固液比、活化剂、反应酸度、时间、温度、搅拌速度以及漂洗时间等。以下分别简述之。

① 原土质量　膨润土原土中蒙脱石含量越高，含砂量越少，则产品的活性度越高，吸附性越强，脱色率也越高。原料粒度对活性度的影响也很大，粒度过大，酸液不能将颗粒浸透，使颗粒中心未参加活化反应，造成物料活化不充分；粒度太小又浪费动力，增加成本；一般 200 目（74μm）左右的物料既可完全活化，磨粉成本又较低。

② 加料顺序　因为膨润土的膨胀容较大，如果采用水—土—酸的加料顺序则会出现投料量少、产量小、消耗大等诸多问题。所以，采用水—酸—土加料顺序，只要条件控制较好，可以生产出质量合格的产品。

③ 制浆时间　制浆时间过长，能源消耗大，生产成本增加；时间过短，原土不能充分分散，不利于酸活化反应的进行。实验结果表明，固液比为 1∶10 时制浆时间以 30～60min 为宜。

固液比大时，矿浆浓度大，体积小，反应不能充分进行；固液比小时，矿浆浓度小，体积大，不经济。一般选择固液比为 1∶10 效果较好。但也有例外。

④ 活化剂　采用不同的活化剂对膨润土进行活化，其活化效果不同。实验结果表明，醋酸和磷酸的活化效果较差；硝酸和王水的活化效果虽然较好，但由于反应过程中有氧化氮产生，会对环境造成严重污染，所以不可取；用盐酸和硫酸活化，产品质量较好；而用硫酸和盐酸复合活化效果更好。

⑤ 反应酸度　产品质量随活化反应酸度的提高而提高，但超过一定酸度之后产品质量开始下降。反应酸度随原土质量及活化剂不同而有差别。实验表明河北某地低品位膨润土的活化，用 30％的硫酸活化效果较好；广西宁明膨润土的实验结果表明，酸浓度 10％～15％时效果较好（见图 9.20），酸度范围以 pH 值 2～3 为合适，拜泉膨润土在较低的酸浓度下就可以活化并增白。当硫酸浓度低于 12％时活化不充分，脱色率和活性度都较低，当硫酸浓度大于 18％时，对脱色率的影响不大，但会造成活化过度。当硫酸浓度达到 24％时不仅造成活化过

[1] 1atm＝101325Pa。

度，而且脱色率也下降，这是因为随着硫酸浓度的增大，从膨润土中溶解下来的 Ca^{2+}、Mg^{2+}、K^{+}、Na^{+}、Al^{3+} 等活泼离子增加，这些离子将与 H^{+} 进行竞争交换吸附，导致 H^{+} 的吸附量下降，活性度降低。如果继续加大硫酸的浓度，会使蒙脱石的骨架结构塌陷，比表面积和孔体积减小，导致脱色率降低。

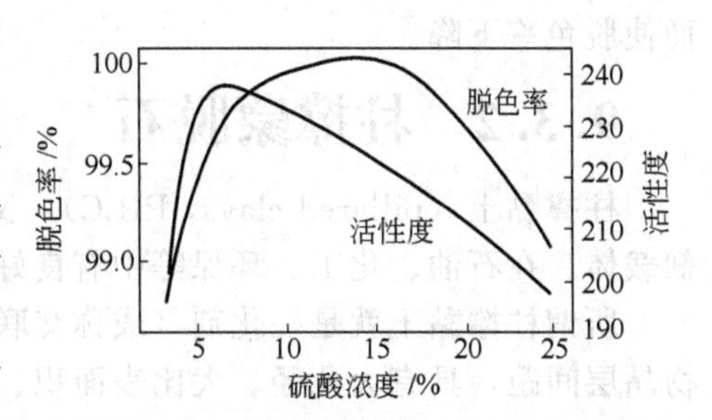

图 9.20 酸浓度和活性度与脱色率的关系

⑥ 反应（活化）时间 一般酸活化时间的延长可提高反应的完全程度，提高产品质量，但并非时间越长越好。将活性白土再次酸化效果并不好，原因在于已建立的离子交换平衡被破坏，引起产品质量下降。对吉林九台膨润土进行酸活化处理实验的结果表明，在硫酸浓度为25%，反应温度为90℃，固液比为1∶2的条件下，随着反应时间的延长，膨润土的活性度和脱色率迅速增加（表 9.7）。这是由于膨润土的层间离子首先交换，紧接着八面体中的离子被交换，提高了活性，脱色率增大；随着反应时间的进一步延长，四面体中的铝离子也进行交换，但比八面体的离子交换更难，所以活性度和脱色率的增加趋于平缓；但时间太长就会破坏膨润土的结构骨架，活性度和脱色率反而下降。活化时间以1h为最适宜。见表 9.8。

表 9.7 不同反应时间膨润土的活化效果

反应时间/h	活性度/(mmol/g)	脱色率/%	反应时间/h	活性度/(mmol/g)	脱色率/%
2	168	81.5	5	226	95.4
3	209	87.7	6	227	95.0
4	225	95.3	7	226	94.8

表 9.8 活化时间对活性白土化学成分、脱色力及比表面积的影响

活化时间/min	化学成分/%					脱色力	比表面积/(m^2/g)
	SiO_2	Al_2O_3	Fe_2O_3	CaO	MgO		
20	69.86	13.56	1.28	1.68	3.40	48	327
40	72.00	11.79	1.06	1.27	3.02	64	398
60	77.06	10.32	1.00	0.90	2.60	148	580
90	76.84	10.32	0.99	0.90	2.60	142	567

⑦ 反应温度 膨润土酸活化时的反应温度过低，反应速度太慢，不利于反应完全；提高温度可使反应速度加快，活化度和脱色率明显提高；但是温度太高，能耗过大，并且活性度和脱色率的变化不大（表 9.9），因此反应温度一般控制在70～95℃。

表 9.9 不同反应温度下制备的活性白土主要化学成分和物性指标

活化温度/℃	化学成分/%					脱色力	比表面积/(m^2/g)
	SiO_2	Al_2O_3	Fe_2O_3	CaO	MgO		
19	71.59	13.26	1.21	1.62	3.32	36	301
60	73.68	11.53	1.14	1.32	2.98	74	383
90	78.01	10.28	1.02	0.92	2.61	152	592
100	76.76	11.26	0.96	0.80	2.72	110	478

⑧ 干燥温度 干燥温度太低，干燥速度太慢；但干燥温度太高会使已活化的膨润土活性降低，一般以大于100℃而不超过220℃为宜，以150～200℃为最好。

除了上述因素之外，洗涤或漂洗条件也将影响酸活化膨润土的质量指标。考虑到降低生产成本，一般用常温清水进行洗涤，洗至pH值为4～5即可。酸活化膨润土的活性度随洗涤次数的增加而下降，脱色率则随洗涤次数的增加而提高，但洗涤过分也会因离子交换平衡被破坏而使脱色率下降。

9.3.2 柱撑蒙脱石

柱撑黏土（pillared clays，PILC），又称交联蒙脱石，作为一种新型的离子-分子筛、催化剂载体，在石油、化工、环保等中有良好的应用前景。

所谓柱撑黏土就是柱化剂（或称交联剂）在黏土矿物层间呈“柱状”支撑，增加了黏土矿物晶层间距，具有大孔径、大比表面积、微孔量高、表面酸性强、耐热性好等特点，是一种新型的类沸石层柱状催化剂。在柱撑研究中，对蒙脱石的柱撑研究相对较多。

自 1997 年 Brindly 和 Sempels 用羟基铝作柱化剂成功研制出柱撑蒙脱石（Al-PILC）以来，多核金属阳离子已成为最理想的柱化剂，先后研制出 Zr-PILC（以羟基锆作柱化剂）、羟基铬、羟基钛、羟基 Al-Cr、羟基 Al-Zr、羟基 Al-M（M 为过渡金属阳离子）、羟基 Al-Ga、羟基 Nb-Ta 等作柱化剂的柱撑黏土。至今，Al-PILC 的热稳定性最好，并且有较强的酸性。

合成柱撑蒙脱石的工艺流程为：原料→浸泡→提纯→改型→交联→洗涤→干燥→焙烧→成品。

柱撑蒙脱石的合成利用了蒙脱石在极性分子作用下层间距所具有的可膨胀性及层间阳离子的可交换性，将大的有机或无机阳离子柱化剂或交联剂引入其层间，像柱子一样撑开黏土的层结构，并牢固地连在一起，其过程如图 9.21 所示。

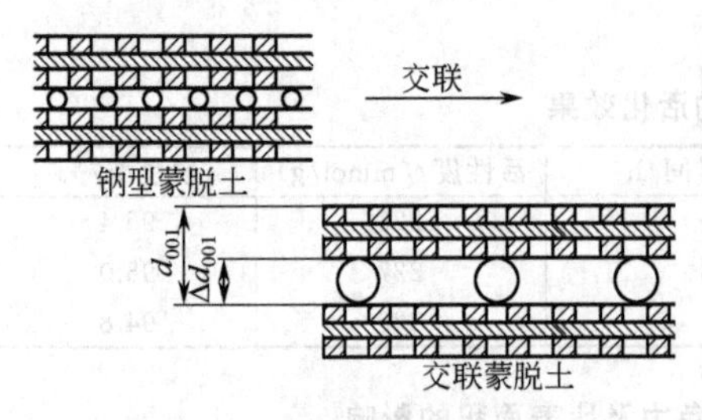

图 9.21　蒙脱石柱撑过程示意

作为新型的耐高温催化剂及催化剂载体——柱撑蒙脱石必须在一定温度下保持足够的强度，即高温下，“柱子”不“塌陷”，也就是热稳定性好，这是衡量柱撑蒙脱石质量的重要指标。柱撑蒙脱石经焙烧后，水化的柱撑体逐渐失去所携带的水分子，形成更稳定的氧化物型大阳离子团，固定于蒙脱石的层间域，并形成永久性的空洞或通道。

以下简单介绍几种柱撑膨润土的制备工艺。

（1）钛交联膨润土

钛交联膨润土具有比较优良的酯化催化性能，在相同条件下，其酯化催化性能优于传统催化剂硫酸。

制备工艺：将膨润土提纯并钠化后制成一定固液比的浆料，然后加入一定量的 $Ti(SO_4)_2$ 固体，搅拌均匀后静置老化一段时间，然后其烘干即得到钛交联膨润土。

将上述方法得到的钛交联膨润土研磨后用一定浓度的 H_2SO_4 浸渍，将浸渍 H_2SO_4 后的膨润土浆液过滤烘干即得到酯化催化剂。

交联反应的进行程度可以用反应后膨润土的酯催化性能来衡量，而酯催化性能可以用酯化反应的转化率来评价。

影响膨润土酯化催化性能的主要因素是浆液浓度（液固比）、交联剂用量、老化时间、酸浸时间、干燥（焙烧）温度等。

① 液固比　液固比越大，越有利于交联反应的进行，膨润土的酯催化性能也就越好。

② 交联剂用量　随着交联剂用量的增加，钛交联膨润土的酯催化作用不断增强，但达到一定量后，酯化转化率将下降，合适的用量为 6%～8%。

③ 老化时间　如图 9.22 所示，老化时间与钛交联膨润土的酯催化性能成反比，时间越长，性能越差。

④ 酸浸渍时间　如图 9.23 所示，浸渍时间与钛交联膨润土的酯催化性能也成反比，时间越长，性能越差。

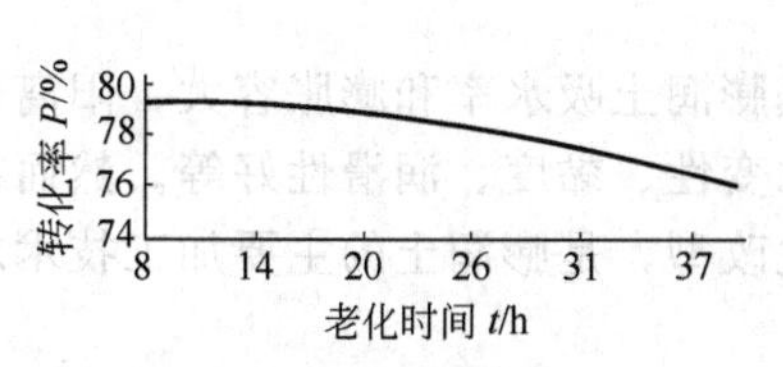

图 9.22 老化时间与钛交联膨润土的酯化催化性能

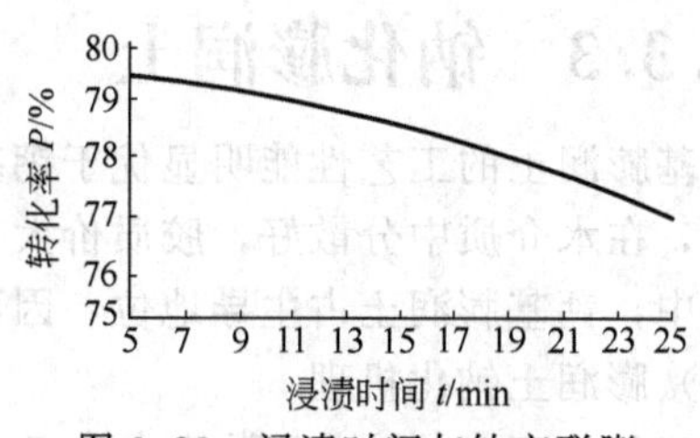

图 9.23 浸渍时间与钛交联膨润土的酯化催化性能

⑤ 焙烧温度　焙烧温度在200℃以下时对催化剂的酯催化性能影响不大，但当焙烧温度超过300℃后，随着焙烧温度的增加，催化剂的催化性能急剧下降，其原因主要是催化剂中催化活性组分的活性随着焙烧温度的提高，逐渐降低。因此，催化剂的焙烧温度不宜过高。

（2）羟基锆交联膨润土

利用锆氧化物取代钛改性膨润土，可以制备出羟基锆交联膨润土。实验结果表明，羟基锆交联膨润土具有比较优良的酯化催化性能，其酯化催化转化率可达79.81%。

羟基锆交联膨润土的制备工艺与钛交联膨润土相似。

柱撑蒙脱石作为一种新型离子-分子筛、高效催化剂，具有广阔的工业应用前景。但是由于这项研究对条件的依赖性很大，各国的开发研究仍处于实验室阶段，尚有许多问题有待解决。例如，微孔孔径的分布、降低结炭量、具有催化活性的金属离子如何进入到柱撑蒙脱石层间、如何保存已制好的柱撑蒙脱石产品等问题。

（3）柱撑蒙脱石的化学性质

目前开发的铝交联蒙脱石（AL-CLM）的化学组成及其特性见表9.10。

表 9.10 铝交联蒙脱石的化学组成及其特性

项　目	交联蒙脱石类型		
	AL-CLM-H	AL-CLM-L	Pd-AL-CLM
Al_2O_3 含量/%	14.05	22.52	19.22
Fe_2O_3 含量/%	1.95	1.89	1.36
SiO_2 含量/%	73.39	61.05	68.33
阳离子交换容量/(mmol/g)	0.75	1.34	Pd 0.59
层间距(d_{001})/nm			1.86
300℃	1.88	1.84	
400℃	1.58～1.77	1.84	
500℃	1.57	1.73	
比表面积/(m^2/g)			386
300℃	236	384	
400℃	198	373	
500℃	191	345	
孔体积/(cm^3/g)			0.24

表9.11所示为用BET（氮吸附）法测定的未柱撑及柱撑蒙脱石的孔结构及微孔含量数据。柱撑后，蒙脱石的比表面积显著增大，平均孔径减小，微孔含量显著提高。

表 9.11 未柱撑及柱撑蒙脱石的孔结构及微孔含量

样品名称	比表面积/(m^2/g)	孔隙体积/(cm^3/g)	平均孔径/nm	微孔表面积/(m^2/g)	微孔含量/%
未柱撑蒙脱石(Mt)	56	0.08	4.05	0	0
柱撑蒙脱石(PMt)	254	0.217	1.86	75	18.9

9.3.3 钠化膨润土

钠基膨润土的工艺性能明显优于钙基膨润土。钠基膨润土吸水率和膨胀容大，阳离子交换容量高，在水介质中分散好，胶质价大，胶体悬浮液触变性、黏度、润滑性好等。然而在膨润土矿床中，钙基膨润土占主导地位，因而膨润土的钠化改型，是膨润土的主要加工技术之一。

(1) 膨润土钠化机理

由于黏土对 Ca^{2+} 的吸附能力大于对 Na^{+} 的吸附能力，因此自然界中膨润土大多为钙基土。但是，膨润土对阳离子的吸附顺序并不是一成不变的，当膨润土-水体系中存在两种离子时就存在着一个吸附-解吸平衡，即离子吸附与交换过程。如当膨润土-水系统中同时含有 Ca^{2+} 和 Na^{+} 时就会发生如下离子交换平衡。

$$\text{Ca-膨润土} + 2Na^{+} \rightleftharpoons 2Na\text{-膨润土} + Ca^{2+}$$

平衡的移动方向主要受以下两个因素影响。

① 阳离子的相对浓度　当 Na^{+} 和 Ca^{2+} 的质量浓度比为 2∶1 时，平衡逆向移动，即以 Ca^{2+} 的吸附为主，此时膨润土显示钙基膨润土的性质；但当 Na^{+} 与 Ca^{2+} 的质量浓度比大于 2∶1 时，平衡正向移动，钙基膨润土中的 Ca^{2+} 被溶液中的 Na^{+} 所置换而生成钠基膨润土。

② 体系的化学环境　若体系中含有易与 Ca^{2+} 形成难溶化合物的阴离子或阴离子团时，平衡就会向 Ca^{2+} 解吸附的方向移动，即生成钠基膨润土。

这种吸附-解吸平衡的移动决定了膨润土以钙基膨润土还是钠基膨润土形式存在，同时也决定了膨润土-水体系的悬浮性和稳定性。

决定膨润土-水体系稳定性的主要因素是系统的 ζ 电位和颗粒分散度。提高膨润土的分散度能提高系统形成胶体的能力，即提高系统的稳定性。因此，应尽量降低膨润土的粒度并使体系处于搅动状态。系统的 ζ 电位主要取决于膨润土吸附的阳离子种类。在相同质量浓度下，系统的 ζ 电位大小与阳离子的种类关系正好与上述的阳离子交换顺序相反，即钙基膨润土的 ζ 电位小于钠基膨润土的 ζ 电位。系统的 ζ 电位越大，胶粒之间静电斥力越大，相互聚结沉淀的可能性越小，系统的稳定性就越好。所以，钠基膨润土一般比钙基膨润土有更好的悬浮稳定性。

(2) 钠化剂

目前钙基膨润土进行钠化或改性主要以 Na_2CO_3 为改型剂，也可采用 NaF、氟硅酸钠、水玻璃、NaCl、NaOH、Na_2SO_4 等作为钠化剂、$MgCl_2$ 钠化助剂。还可以采用复合钠化或改型剂，如氟硅酸钠-水玻璃、水玻璃-$MgCl_2$、硅酸钠、焦磷酸钠、磷酸三钠、六偏磷酸钠、聚丙烯酸钠等。

(3) 钠化工艺

膨润土钠化改型是用 Na^{+} 将蒙脱石晶层中可置换的阳离子 Ca^{2+} 或 Mg^{2+} 置换出来。一般方法是在钙基膨润土中加入钠盐（通常是 Na_2CO_3），使其发生离子变换反应，主要有悬浮液法（湿法）、堆场钠化法（陈化法）、挤压法等。

① 悬浮液法　在配浆的同时向水中加入钙基膨润土和 Na_2CO_3，长时间预水化，以使混合更加均匀，钠化更完全。

② 堆场钠化法　在原矿堆场中，将 2%～4%的 Na_2CO_3 撒在含水量大于 25%的膨润土原矿中，翻动拌和，混匀碾压，老化 7～10 天，然后干燥粉碎。

③ 挤压法　其中包括轮碾挤压法、双螺旋挤压法、阻流挤压法和对辊挤压法等。在人工钠化过程中，除了要有一定浓度的钠离子外，还须施加一定的剪切应力，使聚结的颗粒分开，增加比表面积，加速离子交换过程。在挤压中一部分机械能转变为热能，使膨润土的温度升高，促进了 Na^{+} 与 Ca^{2+} 的交换。挤压还可使蒙脱石晶体结构遭到破坏，产生断键，暴露出硅

离子、铝离子以及氧离子吸附水，有利于蒙脱石的水化。断键同时增加了原土颗粒表面的负电荷，使钠化的进行较为完全。

除了上述人工钠化工艺外，还有联合加工工艺。采用该工艺可同时生产酸化土、钠化土和有机膨润土，如图 9.24 所示；还可以联合进行膨润土的提纯、活化与钠化改型（图 9.25）。

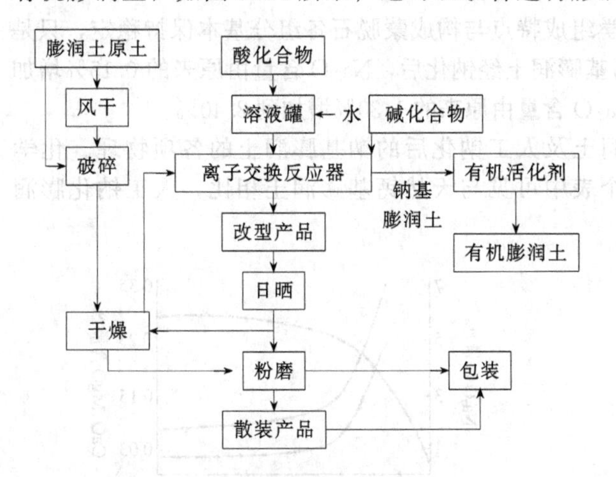

图 9.24 膨润土酸化、钠化和有机化联合加工工艺

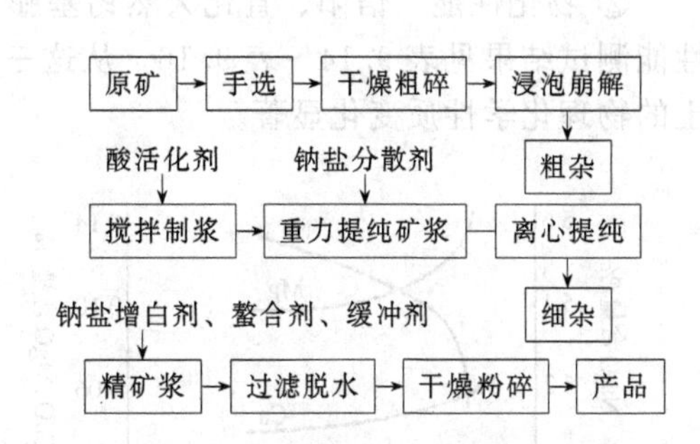

图 9.25 膨润土提纯、活化与钠化联合加工工艺

(4) 影响钠化效果的主要因素

影响膨润土人工钠化效果的主要因素有工艺因素（钠化剂类型和用量，钠化温度和时间）及原土性质等。以下讨论主要工艺因素的影响。

① 钠化剂类型　表 9.12 和表 9.13 所示为用 NaF、Na_2CO_3 和 NaOH 分别对酸性膨润土和钙基膨润土进行钠化处理的实验结果。结果表明 NaF 的改型（钠化）效果要好于 Na_2CO_3 和 NaOH。

表 9.12　不同钠化剂钠化酸性膨润土的效果比较

钠化剂	阳离子交换容量/(mmol/g)	钠土成分/%		
		Na_2O	CaO	MgO
NaF	92.8	4.13	0.0037	0.584
Na_2CO_3	87.6	3.97	0.285	0.962
NaOH	78.5	3.32	0.221	0.944

表 9.13　不同钠化剂钠化钙基膨润土的效果比较

钠化剂	阳离子交换容量/(mmol/g)	钠土成分/%		
		Na_2O	CaO	MgO
NaF	77.5	2.94	0.983	1.86
Na_2CO_3	70.3	2.03	1.77	1.80
NaOH	67.8	1.92	1.85	1.86

② 钠化剂用量　一般情况下，随着钠化剂用量的增加，钠化效果也会提高，但当用量达到一定值时趋于稳定。用量太大，反而导致钠化效果下降。最佳用量是保证钠化反应顺利进行的必要条件。严格来讲添加的钠化剂应略大于 Ca^{2+}、Mg^{2+} 等的浓度，不宜过大。

③ 钠化温度　随着钠化温度的升高，膨润土的钠化速率加快，但温度达到一定值时趋于稳定。钠化温度对钠化的影响如图 9.26 所示。

④ 钠化时间　钠化时间越长，钠化效果越好。这是由于在钠化过程中，Na^+ 的水化能力

较强，能在刚钠化的晶层表面形成厚厚的水化膜，阻止颗粒内部的继续钠化。因此，需要经过较长时间并且间歇对反应液进行处理才能钠化完全。但一定时间以后，钠化反应趋于平衡，钠化膨润土的性能不再提高。钠化时间对钠化的影响如图 9.27 所示。

(5) 人工钠化土的物理化学性质

① 化学成分　人工钠化膨润土产品的化学组成特点与构成蒙脱石各组分基本保持稳定，只是 Na_2O 和 CaO 的含量发生了变化。信阳天然钙基膨润土经钠化后，Na_2O 含量由原来的 0.15%增加到 1.95%；宣化天然钙基膨润土经钠化后，Na_2O 含量由原来的 1.30%增加到 2.40%。

② 物化性能　信阳、宣化天然钙基膨润土及人工钠化后的钠基膨润土的各项物理、化学性能测试结果见表 9.14～表 9.16。从这三个表中可见与天然钙基膨润土相比，人工钠化膨润土的物理化学性质变化显著。

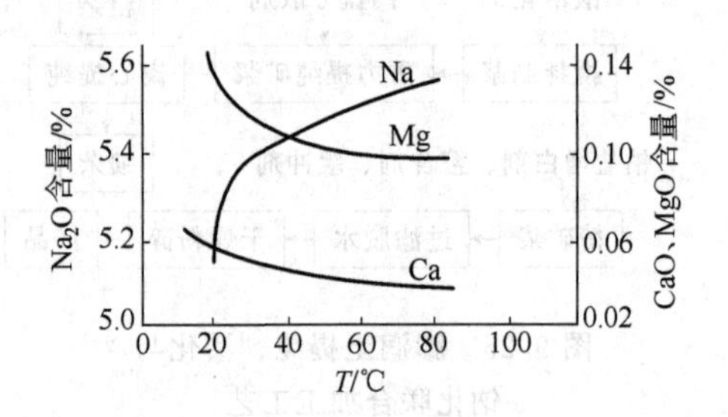

图 9.26　钠化温度对钠化的影响

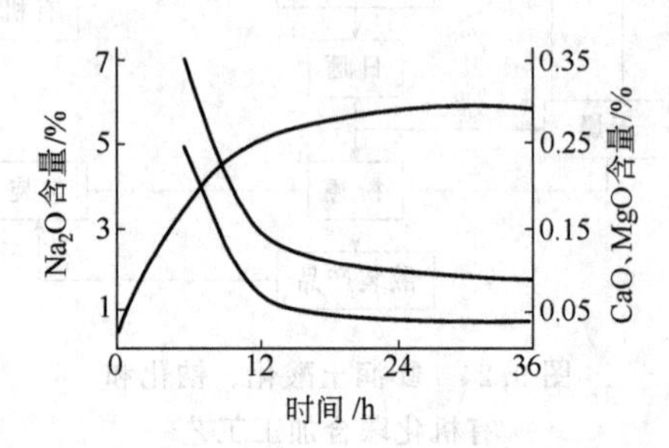

图 9.27　钠化时间对钠化效果的影响

表 9.14　膨润土的物理化学性质

项　目		河南信阳		河北宣化	
		天然钙基膨润土	人工钠化膨润土	天然钙基膨润土	人工钠化膨润土
蒙脱石含量(质量分数)/%		61.9	69.30	60.83	60.60
pH 值		8.10	10.20	10.00	10.56
交换容量 CEC/(mmol/g)		7.034	8.422	8.527	8.988
交换阳离子/(mmol/g)	K^+	0.55	0.98	1.15	1.23
	Na^+	4.62	52.72	21.20	48.16
	Ca^{2+}	53.43	15.85	35.35	19.06
	Mg^{2+}	10.68	11.94	29.15	20.62
盐基总量 ΣE/(mmol/g)		69.29	81.49	86.86	89.07
ΣE/CEC		0.98	0.97	0.97	0.99
比值	Na^+/Ca^{2+}	0.09	3.33	0.60	2.53
	$(K^++Na^+)/(Ca^{2+}+Mg^{2+})$	0.08	1.93	0.35	1.25
(Na^+ 含量/CEC)/%		6.57	62.6	24.86	53.58
不同时间的吸水率/%	10min	100	47	132	74
	2h	173	129.5	150	162
	12h	185	283.5	153	231.5
	24h	195	356	165	253
吸水比(W_p)①		57.80	36.29	88.00	45.68
重量法吸水率/%		296.94	475.52	172.37	333.69
CO_2(质量分数)/%		0.45	2.91	7.33	8.48
$CaCO_3$(质量分数)/%		3.429	4.55	14.67	9.69

① W_p 为前 10min 吸水量和 2h 的吸水量的比。

表 9.15 膨润土易溶盐化学成分分析结果 单位：/(mmol/g)

项目		河南信阳		河北宣化	
		天然钙基膨润土	人工钠化膨润土	天然钙基膨润土	人工钠化膨润土
阳离子	Ca^{2+}	9.62	136.87	3.01	134.87
	Mg^{2+}	7.90	64.44	8.87	81.23
	Na^{+}	42.32	552.92	67.08	453.10
	K^{+}	1.17	2.34	0.56	35.71
	总量	61.01	756.57	80.53	704.91
阴离子	HCO_3^{-}	68.95	101.90	6.10	274.54
	CO_3^{2-}	43.21	379.62	92.43	568.39
	SO_4^{2-}	23.05	1405.17	29.30	504.79
	Cl^{-}	6.03	17.73	5.32	12.41
	总量	141.24	1604.42	133.15	1378.13
总盐量		202.25	2360.99	213.68	2083.04

表 9.16 膨润土的悬浮性能

地区	样品名称	胶质价/(mL/g)	膨胀力/(kgf/cm^2)	膨胀容/(mL/g)
河南信阳	天然钙基膨润土	6.33	10	3.20
	人工钠化膨润土	6.67	90	14.5
河北宣化	天然钙基膨润土	2.57	7	3.00
	人工钠化膨润土	6.67	21	10.5

注：1kgf=9.80665N。

9.3.4 锂化膨润土

锂基膨润土能够在有机溶剂中成胶，代替有机膨润土。锂基膨润土在水中、低级醇及低级酮中有优良的膨胀性、增稠性和悬浮性，因而被广泛用于建筑涂料、乳胶漆、铸造涂料等产品中取代各种有机纤维素悬浮剂。我国目前生产的锂基膨润土主要用于铸造耐火涂料的悬浮剂。然而，天然锂基膨润土资源很少，因此，人工锂化是制备锂基膨润土的主要方法之一。

人工锂化是用锂离子置换蒙脱石层间可交换 Ca^{2+}、Mg^{2+} 等阳离子，将钙基膨润土改型为锂基膨润土。其反应机理为：

$$Ca(Mg)\text{-膨润土} + Li_2CO_3 \longrightarrow Li\text{-膨润土} + Ca(\text{或 } Mg)CO_3 \downarrow$$

$$Ca(Mg)\text{-膨润土} + LiCl \longrightarrow Li\text{-膨润土} + Ca(\text{或 } Mg)Cl_2 \downarrow$$

一般用 Li_2CO_3 进行改型。

锂基膨润土的制备工艺为：提纯膨润土加水制成膏浆→加酸活化→加改型剂（碳酸锂溶液)→混碾→陈化→过滤→干燥（温度小于 120℃)→粉磨包装。

锂盐的加入量直接关系到改型效果，根据膨润土原料的阳离子交换容量确定锂盐的加入量，一般不超过 5%。在一定范围内，随锂盐加入量的增加制得的改型膨润土的膨胀值增大；但锂盐加入量超过一定值后，膨胀值不再增加。

9.3.5 其他膨润土吸附材料

不少研究者在实验室制备出不同吸附性能的膨润土吸附材料。如胡福欣等人（1999）研究了在不同添加剂（$MgCl_2$、$AlCl_3$、$MgCl_2$-$CaCl_2$）配比条件下控制 pH 值为 7～9，通过静态吸附，筛选出对含铬废水具有良好吸附性能的改型膨润土。结果表明，以 $AlCl_3$ 和 $MgCl_2$-$CaCl_2$ 为添加剂制得的改型膨润土除铬效果良好。孙家寿（1995）将膨润土经镁、铝等修饰并活化而制得的 BMA 型或 BCM 型吸附剂对磷、铬、COD、酚、油的静态吸附量分别为3.5～5.2mg/g、6.3～9.1mg/g、110～575mg/g、37～47mg/g、350～700mg/g。黄颖（1998）以经过活化处理的膨润土为载体，用沉淀法混合负载钛和铝，再经硫酸处理制得SO_4-Ti-Al-O膨润土固体酸，其对羧酸反应的催化活性良好。彭勇军（1998）采用硫酸铝对膨润土进行改型制得除臭剂。试验表明，聚合铝离子进入蒙脱石层间并加大了层间距，当改型膨润土投入臭水中时，该聚合铝离子进入水中形成混凝剂，并空出了更大的层间，导致大量生臭有机物被吸附，达到除臭的目的。童筠（2003）选用$CaCl_2$、$MgSO_4$、Na_2SO_4、$CaSO_4$等，黄向红等（2003）以无水$AlCl_3$为原料，并以处理过的膨润土为载体，采用液固溶剂法制备固体酸催化剂。陈杰等（2002）制备了一种TiO_2-Ag-改型膨润土复合催化剂，用该催化剂对染料废水进行了光催化氧化处理，取得了较好的实验结果。此外，李博文等（2001）通过阳离子交换技术制得载银膨润土。测试表明，载银膨润土有优良的抗菌性能，而且经过400℃处理后仍表现出好的抗菌效果。静态释放试验表明，银的释出有明显的缓释特点，制备银膨润土的工艺路线如下：膨润土加水→悬浮液→加入硝酸银混合→磁力搅拌→离子交换→离心脱液→洗涤→干燥→载银膨润土。

9.3.6 农药与化肥载体

膨润土比表面积大，吸附性能强，在水中能吸附大量水分子而膨裂成极细的粒子形成稳定的悬浮液，因此，适宜作为农药可湿性粉剂、颗粒剂、水分散粒剂的载体以及悬浮剂的分散剂和增稠剂，以调节制剂的流动性和分散性。

由于膨润土颗粒表面电负性强，对于非离子型和阴离子型农药的吸附较弱，因此需要进行有机改性以提高其吸附能力。采用有机季铵盐阳离子改性得到的有机改性黏土具有层间距大、表面疏水性强、吸附量大等优点，是目前农药控制释放技术中报道最多的黏土类载体，用于粉状制剂中可延缓多种农药的释放速率，延长持效期，同时可以提高农药的光稳定性，减少农药在土壤中的迁移。通常，有机改性黏土对农药的吸附越强，农药的释放速率越慢。农药的释放速率评价多采用水中释放方法和土壤层释放方法，其中水中释放动力学可采用Ritger等提出的控制释放模型进行处理，得到50%农药活性成分释放到水中所需的时间（t_{50}），用于评价载体对农药的控制释放效果。表9.17列出了采用膨润土及有机膨润土作为农药载体时缓释效果的代表性研究结果。

表9.17 膨润土及有机膨润土对农药的缓释效果

改性剂	农药品种	缓释效果
双十八烷基二甲基铵阳离子	灭草松	水中48 h释放率为20%（质量百分数,下同）
十六烷基三甲基铵阳离子	非草隆	水中释放,t_{50}=2400h
十六烷基三甲基铵阳离子	环嗪酮	水中释放,t_{50}=69.6h
十八烷基三甲基铵阳离子	甲磺草胺	土壤层淋洗10次后释放量不足3%
十六烷基三甲基铵阳离子	乙草胺	水中释放,t_{50}=15h
十六烷基三甲基铵阳离子	西玛津	水中15d释放量不足10%
聚双烷基二甲基铵阳离子	灭草烟	土壤层淋洗8次后释放量不足30%
十六烷基三甲基铵阳离子、羟基铁阳离子	2,4-滴	水中释放,t_{50}=73.8h

膨润土用于化肥载体，不仅可以改善化肥的物理性状，增加肥料的运输、储存过程中的稳定性，而且可以减少肥料在土壤中养分的损失，控制肥料中养分的释放，提高肥料的利用率，从而提高肥料增产的效率。

目前日本以膨润土作为载体的缓释N、P、K肥料，以色列用膨润土作为载体的缓释锌肥。国内采用膨润土用于复混肥的载体，这种复混肥能满足大田作物对养分的需要。

膨润土用于化肥载体时具有以下特点：①增加抗压强度，减少养分的流失；②控制肥料中养分的释放，提高肥料利用率；③增加作物产量。胡多朝等研究了膨润土作为尿素载体的结果表明：膨润土具有良好的固氮效果，可使氮素不易流失。丁述理等通过 X 射线衍射分析的方法证明蒙脱石作为尿素载体时具有缓释性能，可以提高肥效，减少化肥流失。

9.4 沸石吸附、催化与环保材料

9.4.1 沸石吸附、催化与环保材料的应用

由于沸石具有独特的内部结构和物理化学特性，作为吸附、催化和环保材料在石油化工、轻工、环保等领域得到广泛应用。

① 石油和化工　可用于催化剂及其载体，以沸石为基本原料的催化剂应用非常广泛，主要领域为：用于石油炼制过程中的裂化催化、液压催化和氢化裂化；用于石油化工中的异构化、重整、烷基化、歧化和转烷基化等；在环保工业中用斜发沸石作催化剂可使环乙醇异构化为羧甲基戊烷；在 H_2S 气氛中使碳氢化合物加氢脱蜡等。

另外，用ⅡB族金属离子（锌等）交换处理的毛沸石作催化剂，可使石油脱硫并提高辛烷值；用 HCl 处理的丝光沸石作催化剂，可促进正丁烷的异构化；用 NH_4^+ 交换后的丝光沸石对异丙苯有较高的分解活性；H 型丝光沸石可直接用于高分子单体的聚合剂。

沸石可用于干燥剂、吸附剂和气体分离剂应用于石化领域，如用天然沸石制成的干燥剂和吸附剂可选择性吸收 HCl、H_2S、Cl_2、CO、CO_2 及氯甲烷等气体，可分离天然气中的 H_2O、CO_2 和 SO_2 等，提高天然气质量，可分离空气中的 O_2、N_2，制取富氧气体和氮气，也可除掉其他有用气体中的痕量 N_2。利用沸石的吸附性能，还可回收合成氨厂废气中的氨；吸附硫酸厂废气中的 H_2S 等。利用沸石的离子交换性，以 Na^+ 和 K^+ 离子置换法可从海水中提取钾。其中斜发沸石对钾有特殊的选择交换性能，用饱和 NaCl 溶液在 100℃下将斜发沸石改型成 Na 型沸石，其离子交换容量可进一步提高，从而改善提钾效果。

② 水处理　废水中含 Hg^{2+}、Cd^{2+}、Pb^{2+}、Zn^{2+}、Cu^{2+}、Ni^{2+}、Cr^{3+}、As^{3+} 等重金属阳离子和有机污染物，斜发沸石、丝光沸石因对这些杂质具有强烈吸附作用而用于净化材料，沸石还可净化废水中的 $H_2PO_4^{2-}$、HPO_4^{2-}、PO_4^{3-} 等以及污水中的氨态氮 NH_3-N 等有害杂质。沸石的离子交换作用还被用来从工业废水中回收某些金属。沸石还可在改善水质方面加以应用。天然沸石可吸附硬水中的阳离子，使水软化。斜发沸石作离子交换吸附剂，经硫酸铝钾再生系列处理，可降低高氟水中的氟含量，并使之达到饮用水标准；另外，用银交换的沸石可以淡化海水。

③ 空气净化　沸石作为具有微孔孔道和空隙结构，并具有离子交换性和吸附选择性的多孔矿物材料，可成为纳米尺度单元物质在一维、二维和三维空间排列并生成组装材料的媒介。复合纳米单元物质性质和沸石孔道特性的沸石纳米孔-金属离子及簇团组装材料为其在净化室内空气方面实现应用打下了良好基础。

现代生活条件下，人们停留在室内的时间越来越长，因此室内与人相关的局部环境的空气质量对人生活与健康的影响比室外大气的影响更为重要。然而，局部环境中的人类直接与间接活动、室内装饰和使用物品等因素导致的污染源引入以及通风不畅等因素使局部环境的空气常常处于污染状态，由此形成了对人们身体健康及正常工作与生活的严重危害。目前，根治和消除局部环境的空气污染一直受到广泛关注。局部环境空气中的主要污染物包括因人类代谢活动和食物腐败等因素形成的异味气体（硫化氢、胺、硫醇等）和有害细菌（大肠杆菌和金黄色葡萄球菌等）以及因室内装饰装修材料和家具材料中添加剂释放形成的甲醛、苯、苯系物和氨气等有害气体，很显然，对局部环境空气污染的治理应能同时去除有害气体和有害细菌。

以沸石为载体，通过孔道吸附作用活化、抗菌组分在纳米孔道中组装并稳定固化等技术制备的具有无机抗菌和快速吸附除味功能的无机抗菌型除味剂可成为居室、卫生间、汽车驾驶室和电冰箱等局部环境空气的净化产品。

④ 其他　沸石还可用于核废料处理，如斜发沸石和丝光沸石具有耐辐射功能，且对^{137}Cs、^{90}Sr有高的选择性交换能力，因而可用于除去核废物中半衰期较长的^{137}Cs、^{90}Sr，并通过熔化沸石将放射性物质长久固定在沸石晶格内，从而控制放射性污染。

9.4.2　活性沸石

将天然沸石粉碎到一定粒度，然后置于盐酸或硫酸溶液中浸渍处理，中和后再进行煮沸，最后将产品干燥、焙烧。经过这样加工处理后的沸石称为活性沸石，其吸附性能显著提高，具体处理过程如下。

(1) 粉碎

将沸石原矿粉碎到5～80目。若颗粒大于5目，酸只能浸渍晶体表面而难以浸渍晶体内部结构，以致不能将内部结构孔道中的杂质或可溶性物质浸出，影响其比表面积和吸附性能。

(2) 酸处理

用浓度4%～10%的盐酸或硫酸等进行处理。酸浓度过低，浸出杂质和易溶物的效果差；酸浓度过高，会造成中和困难和操作不方便。浸渍处理时间以10～20h为宜。

(3) 中和及水煮沸

酸处理后的沸石需用碳酸钠（或碳酸钾）、苛性钠（或苛性钾）等中和，在中和、洗涤后再用水煮沸30～60min。

(4) 干燥和焙烧

经上述处理的沸石，在焙烧之前先进行干燥。若不经干燥直接焙烧，因残留于晶体内部孔道的水急速蒸发以及急速高温处理会使沸石结构受到破坏，从而影响其吸附性能。干燥温度以350～580℃为宜。

(5) 再粉碎

将焙烧好的沸石再粉碎至30～50目，即得到吸附性能与活性炭相当的活性沸石。表9.18是经过酸处理的活性沸石对NH_3及空气的吸附效果。

表9.18　酸处理的活性沸石对NH_3及空气的吸附效果

吸附剂	气体种类	气体浓度/%		吸附剂	气体种类	气体浓度/%	
		入口	出口			入口	出口
活性沸石	NH_3	30	0.05	活性炭	NH_3	30	0.075
	空气	40	0.08		空气	40	0.120

9.4.3　改型与人工合成沸石

天然沸石经过适当的化学改型处理，可使其本来就有的离子交换能力更强，使吸附离子较差的沸石变成吸附能力较强的新型沸石。目前改型与人工合成沸石最具代表性的品种有：P型沸石、H型沸石、Na型沸石、Cu型沸石、Ca型沸石以及八面沸石，人工合成A型沸石、X型沸石和Y型沸石等。以下重点介绍P型沸石和八面型沸石，其他改型沸石和人造沸石只作简单介绍。

(1) P型（LGZ-1型）沸石

P型（LGZ-1型）沸石是直接用天然沸石改型后制备的一种洗涤剂助剂。

作为洗涤剂，其主要性能是能够吸附Ca^{2+}、Mg^{2+}离子，但由于天然沸石中大多是高硅型的，硅铝比高，使其CEC较低，如浙江缙云沸石在500×10^{-6}的硬水中对Ca^{2+}的交换量仅

35mg $CaCO_3$/g。因此，提高对钙离子的交换量和白度，是沸石作为洗涤剂助剂的前提条件。

① 制备工艺　P型沸石制备方法的核心是用无机酸进行处理，经水热处理后，使天然沸石改型成为具有立方体心（孔）相的P型沸石。其原则制备工艺流程如图9.28所示。

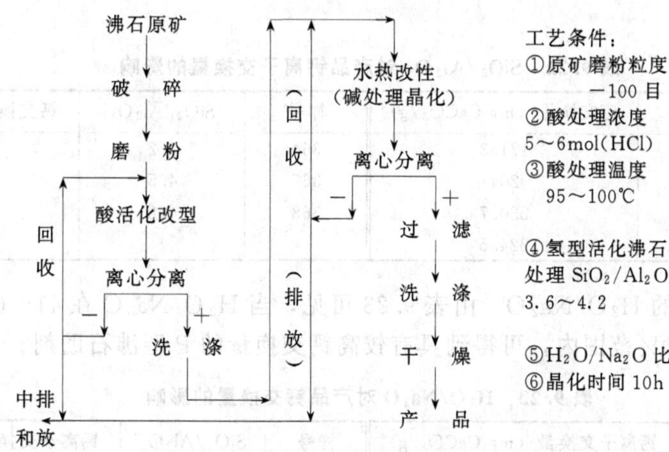

图9.28　用天然沸石制备P型沸石工艺流程

主要制备工艺条件如下：原矿细度通过100目筛；酸处理浓度5～6mol/L（盐酸）；酸处理温度95～100℃；氢型活化沸石碱处理 SiO_2/Al_2O_3 比为3.6～4.2；H_2O/Na_2O 比为5～58；晶化时间10h。

② 影响产品质量的主要因素

a. 酸种类及浓度　使用HCl或 H_2SO_4、NH_4Cl、EDTA等处理，以HCl最佳，其浓度与产物钙交换量和白度的关系如表9.19所示。

表9.19　HCl浓度与产物钙交换量和白度的关系

样号	HCl浓度/(mol/L)	钙交换量/(mg $CaCO_3$/g)	白度
439	4	162.2	87.2
427	5	218.8	93.3
417	5.5	217.9	95.1
412	6	221.2	96.4

b. 酸处理时间　95～100℃温度下HCl处理时间与钙交换量的关系列于表9.20。

表9.20　HCl处理时间与钙交换量的关系

样号	处理时间/h	钙交换量/(mg $CaCO_3$/g)	样号	处理时间/h	钙交换量/(mg $CaCO_3$/g)
452	4	210.2	412	8	221.2
444	6	218.4	146	12	220

c. 原料粒度　原料粒度对产品钙交换量影响的结果列于表9.21。由表可见，在20～200目范围内，产品的钙交换量与原料粒度关系不大。

表9.21　原料粒度对产品钙交换量的影响

样号	原料粒度/目	钙交换量/(mg $CaCO_3$/g)	样号	原料粒度/目	钙交换量/(mg $CaCO_3$/g)
227	≤20	224.2	215	≤100	220.3
225	≤60	227	216	≤200	225.1
220	≤80	222.9			

d. 碱处理体系中的 SiO_2/Al_2O_3　SiO_2/Al_2O_3 是沸石分子筛骨架的基本组分，不同硅铝比决定了沸石分子筛的基本特性区别。因此，适当的硅铝比是制备 P 型沸石的必要条件之一。通常采用偏铝酸钠和氢氧化钠来控制这一比值，其添加量与最终比值有一定的函数关系。表 9.22 所列为 SiO_2/Al_2O_3 比在 3.0～4.8 之间的钙交换量。结果表明适宜的 SiO_2/Al_2O_3 比为 3.6～4.2。

表 9.22　SiO_2/Al_2O_3 对产品钙离子交换量的影响

样号	SiO_2/Al_2O_3	钙交换量/(mg $CaCO_3$/g)	样号	SiO_2/Al_2O_3	钙交换量/(mg $CaCO_3$/g)
180	3.0	171.3	364	4.2	217.1
185	3.3	201	367	4.5	196.9
183	3.6	220.7	368	4.8	190
192	3.9	224.5			

e. 碱处理体系中的 H_2O/Na_2O　由表 9.23 可见，当 H_2O/Na_2O 在 41～65 之间，即体系中的含量在 6.3%～10%范围内，可得到具有较高钙交换量的 P 型沸石助剂。

表 9.23　H_2O/Na_2O 对产品钙交换量的影响

样号	SiO_2/Al_2O_3	钙离子交换量/(mg $CaCO_3$/g)	样号	SiO_2/Al_2O_3	钙离子交换量/(mg $CaCO_3$/g)
179	41	220.4	477	58	232.9
181	45	222.1	479	65	219.4
476	51	219.5	478	74	160.1

f. 晶化时间　在碱处理体系中，当晶化温度为 95～100℃时，不同晶化时间对产品钙交换量和粒度的影响见表 9.24。由表可见，晶化时间大于 8h 时，钙交换量达到稳定值，而其粒度分布随晶化时间的延长而更加微细。

表 9.24　不同晶化时间对产品钙交换量和粒度的影响

样号	晶化时间/h	钙交换量/(mg $CaCO_3$/g)	粒度分布/μm	
			≤4	≤7
480	6	174		
482-A	8	214	98.2	69.3
482-B	10	212		
482-C	12	218	97.4	72.1

③ P 型沸石的主要性能指标　钙交换容量大于 210mg $CaCO_3$/g（105℃烘干）；粒度分布 $-4\mu m>90\%$，$-2\mu m>70\%$；白度>95。

P 型沸石作为助洗剂能代替肥皂中 5%的脂肪酸，能以 1.5∶1 的比例取代洗衣粉中 30%左右的三聚磷酸钠而不影响原配方的去污能力。

（2）八面沸石

目前探明的沸石很大部分为斜发沸石，其不足之处是比表面积和孔径小。将斜发沸石改型为八面沸石，则可应用于化工、石油精炼等领域，显著提高这种天然沸石的使用价值。

斜发沸石改型为八面沸石，其矿物结构发生变化，由单斜晶系变为立方晶系，晶格参数及硅铝比均发生较大变化。这一改型过程的机理实际上是沸石再结晶过程，即硅酸盐阳离子再形成的过程。斜发沸石在 NaOH 和 NaCl 的水溶液中，固相晶态的斜发沸石软化，受到介质中 OH^- 的作用而发生解聚，生成沸石结构单元，晶核进一步有序化，生成八面沸石晶体，反应机理如下

$$Na_6 \cdot Al_6 \cdot Si_{30}O_{72} \cdot 24H_2O \xrightarrow[\triangle]{NaOH+NaCl} 3[Na_2O \cdot Al_2O_3 \cdot 4SiO_2 \cdot 6H_2O]+18SiO_2+6H_2O$$

制备八面沸石的工艺流程见图 9.29。改型的条件比较严格，当反应中碱液浓度低时（<2mol），易生成 P 型沸石（钙十次沸石型）；当反应中碱液浓度过高时（>4mol）时，则生成羟基方钠石。因此，反应的碱液浓度、助剂和水的用量均需严格控制。最佳条件为（每千克矿样）：NaOH 0.55kg，NaCl 0.6kg，水 3.0kg。反应时间 4h。改型前后样品的性能见表 9.25。

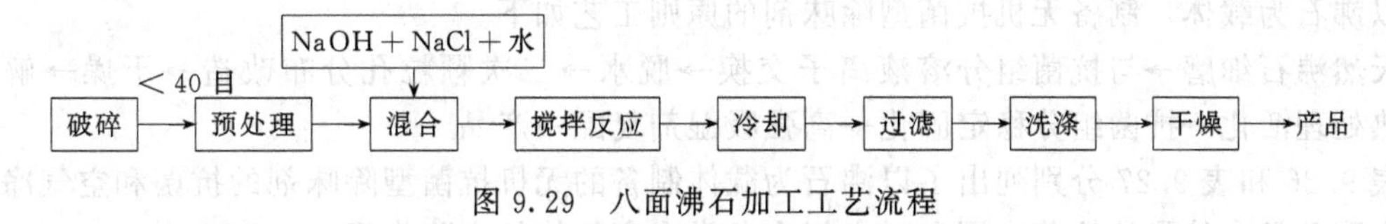

图 9.29 八面沸石加工工艺流程

表 9.25 沸石改型前后性能比较

样 品	晶系	晶格参数/Å	Si/Al	SiO_2/Al_2O_3（质量比）	Na_2O 含量/%	比表面积/(m^2/g)	孔体积/(cm^3/g)	苯吸附量/(mg/g)
改型前（斜发或丝光沸石）	单斜	a_0＝7.45 b_0＝17.85 c_0＝15.86	5.08	10.17	2.83	45	0.033	29
改型后（八面沸石）	立方	24.65	2.52	4.87	9.61	470	0.255	200

（3）Na 型沸石

Na 型沸石的生成方法是：将天然丝光沸石用过量的钠盐溶液（NaCl、Na_2SO_4、$NaNO_3$）处理，保持 Na^+ 交换率在 75%以上，再经成型、90～110℃下干燥，最后在 350～600℃温度下加热活化。Na 型沸石对气体的吸附容量较大。

（4）Cu 型沸石

在用 Cu^{2+} 交换制取铜型沸石时，常因沸石中含有 H^+ 而使 Cu^{2+} 交换受阻。因此，交换前，需将沸石在浓氨水中浸渍，使 NH_4^+ 先置换沸石中的 H^+。制备 Cu 沸石主要采用硝酸铜、硫酸铜和氯化铜，以硝酸铜为最佳，铜的交换率达到 50%以上。经交换后的沸石可拌水成型并在适当的温度下活化备用。也可用少量硬脂酸铝、石墨等作黏结剂，或用氯化铝和硅藻土等载体成型。

（5）NH_4 型沸石

将天然沸石用 2mol 的 NH_4Cl 溶液处理，然后用 2mol 的 KCl 溶液作洗涤剂，能使阳离子交换容量达到 145mmol/100g。

（6）H 型沸石

将天然丝光沸石用稀酸（HCl、H_2SO_4、HNO_3、$HClO_4$ 等）处理，使 H^+ 交换率至少达到 20%以上。成型后再在 90～110℃下干燥，最后在 350～600℃温度下加热活化。H 型沸石具有较高的吸附速度和阳离子交换容量。

（7）Ca 型沸石

将天然沸石用 2mol 的 CaCl 溶液处理，然后用 2mol 的 NH_4Cl 溶液作洗涤剂，能使阳离子交换容量达到 59mmol/100g。

（8）合成沸石

天然沸石是合成 4A 沸石众多原料的一种，与其他原料，如高岭土、煤系高岭岩、膨润土等相比，它具有产品质量好、合成工艺简单、常温操作和容易实现工业化等优点。改型与人工合成沸石是天然沸石重要的加工与改造技术。

天然沸石原料的纯度和质量对其作为原料合成 4A 沸石有较大影响，因此一般用选矿后的纯化产品作为合成原料。原则工艺为：纯化天然沸石→加 NaOH 溶液升温至 90℃碱溶→降温至 30℃→加水和 $NaAlO_2$ 溶液搅拌→加温至 90℃晶化→洗涤、过滤→产品。采用纯化天然沸石（含斜发沸石和蒙脱石）合成4A沸石的研究表明，反应混合物 SiO_2/Al_2O_3、H_2O/NaO、碱溶时 NaOH 浓度和碱溶时间以及引入晶种等是合成4A沸石的关键。

9.4.4 无机抗菌型除味剂

以沸石为载体，制备无机抗菌型除味剂的原则工艺如下。

天然沸石细磨→与抗菌组分溶液离子交换→脱水→二次颗粒孔分布改造→干燥→解聚打散→热处理活化→抗菌组分稳定固化→高强吸湿剂复配→产品

表9.26和表9.27分别列出了以沸石为载体制备的无机抗菌型除味剂的抗菌和空气净化功能，表明其具有较强的抗菌作用和对空气中各类有害气体的去除作用。

表9.26 无机抗菌型除味剂的抗菌性能

细菌名称	1%浓度的接触灭菌率/%		菌落总数/(cfu/mg)
	大肠杆菌	金黄色葡萄球菌	
指标	100	99.4	<10

表9.27 无机抗菌型除味剂的气体去除作用

气　体	指　标	作用时间/min				
		0	10	30	60	90
氨气(NH_3)	剩余浓度/$\times10^{-6}$	25.0	4.2	1.4	0.6	0.2
	去除率/%	0	83.2	94.4	97.6	99.2
硫化氢(H_2S)	剩余浓度/$\times10^{-6}$	25.0	2.1	0.5	0.1	<0.1
	去除率/%	0	91.6	98.0	99.6	>99.6
甲醛(HCHO)	剩余浓度/$\times10^{-6}$	25.0	2.4	0.7	0.3	0.1
	去除率/%	0	90.4	97.2	98.8	99.6
苯(C_6H_6)	剩余浓度/$\times10^{-6}$	25.0	1.9	0.6	0.2	<0.1
	去除率/%	0	92.4	97.6	99.2	>99.6

9.4.5 沸石负载 TiO_2 复合材料

沸石是纳米 TiO_2 等光催化剂的良好载体，作者等人以天然辉沸石为载体，以四氯化钛溶液为前驱体，采用四氯化钛水解沉淀和煅烧晶化方法制备了 TiO_2/沸石复合光催化材料。图9.30为沸石载体及 TiO_2/沸石复合光催化材料的SEM图、EDS图及TEM图。

由图9.30(a)可见，沸石原矿表面相对平滑，无明显颗粒。当 TiO_2 负载于沸石时，在沸石表面可以明显看到细小颗粒分布，如图9.30(c)；沸石原矿及沸石负载 TiO_2 复合材料的微观结构通过表面能谱（EDS）和TEM进一步进行了测试。由图9.30(b)可知，未负载沸石表面主要元素为O，Al，Ca和Si，而沸石负载 TiO_2 复合材料表面出现元素Ti（23.59 wt%），进一步说明 TiO_2 的存在；通过TEM图片对比，如图9.30(e)和图9.30(f)，可以明显看出，TiO_2 纳米颗粒或者簇分布在沸石颗粒边缘处。

由于沸石具有独特的孔结构和离子交换性能，可以吸附和交换废水中的重金属离子，从而起到净化污水的作用；另一方面，TiO_2 半导体材料在紫外光的照射下，表面生成的空穴电子对具有强氧化还原能力，可以将有毒高价重金属离子还原成低价无毒或低毒态，结合沸石的吸附、离子交换能力和 TiO_2 的光催化降解能力，可以达到可持续净化重金属污染水体的目的。采用沸石负载 TiO_2 复合光催化材料，在无光和紫外线照射的条件下，研究了该光催化材料吸

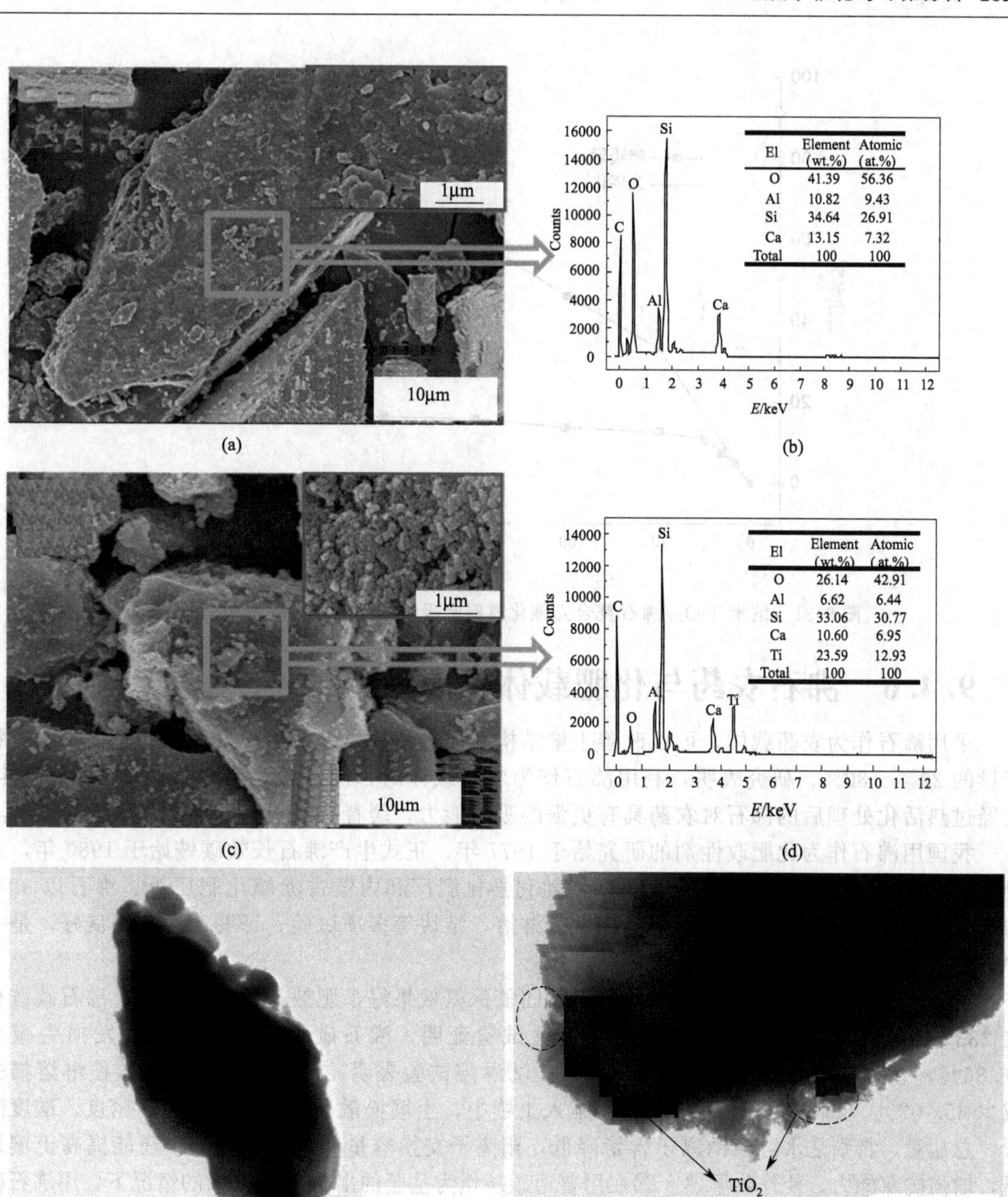

图 9.30 沸石载体及 TiO_2/沸石复合光催化材料的 SEM 图、EDS 图、TEM 图

(a) 沸石原矿 SEM 图及其能谱 (b)、(c) 沸石负载 TiO_2 复合材料 SEM 图及其能谱 (d)；沸石原矿 (e) 及沸石负载 TiO_2 复合材料 (f) TEM 图

附和还原净化水中的 Cr(Ⅵ) 的能力，结果如图 9.31 所示。

由图 9.31 可见，在 0～30min 范围内，纳米 TiO_2/沸石复合光催化材料对水中 Cr(Ⅵ) 的暗吸附效率迅速升高，90min 时吸附基本达到平衡；而在紫外线照射下，在 180min 范围内，纳米 TiO_2/沸石复合光催化材料对水中 Cr(Ⅵ) 的去除率一直增加，去除率大大高于单纯吸附效果，说明纳米 TiO_2/沸石复合光催化材料具有良好的水中 Cr(Ⅵ) 可持续降解效果。

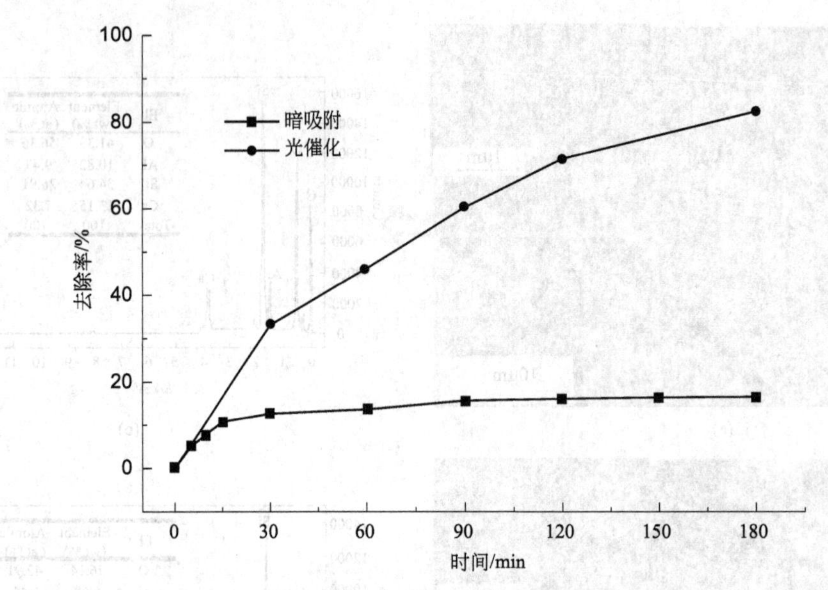

图 9.31 纳米 TiO_2/沸石复合光催化材料暗吸附和光催化去除水中 Cr(Ⅵ)

9.4.6 沸石农药与化肥载体

采用沸石作为农药载体，可以改善土壤结构和促进植物更好地生长发育，并且提高农作物产量的 20%～30%。研究表明，利用沸石作为农药载体时，沸石粒度应以 20～40 目为最佳，且经过热活化处理后的沸石对农药具有更强的吸附能力，缓释效果更为明显。

我国用沸石作为化肥改性剂的研究始于 1977 年，正式生产沸石长效碳铵始于 1980 年，主要生产厂家有黑龙江省的纳河县化肥厂、勃利县化肥厂和内蒙古赤峰化肥厂等。沸石以 30% 的用量掺入碳酸氢铵中，通过吸附、挥发、淋溶、结块等多项试验，证明改性效果良好，是一种能显著提高氮利用率的新型长效氮肥。

沸石作为农药载体的性能特点如下。①固氮保氨效果好，肥效持久。据测定，沸石碳铵存放 233 d 后氮的含量仍达 11.78%。挥发性试验证明，沸石碳铵比普通碳铵挥发损失减少 21.86%，直观表现为氨味小、不刺鼻和眼。②淋溶试验表明，沸石碳铵比普通碳铵淋溶损失减少 65. 02%。③长期松散不结块。④施入土壤中，土壤松散、不板结，容重、密度、酸度降低，总盐量，特别是水溶性钠离子含量降低，阳离子交换容量和持水性提高，还能提高土壤地温，增强抗寒能力，使作物早熟。⑤在用普通碳铵作为基肥的出苗率仅 50%的情况下，用沸石碳铵作为底肥的出苗率高达 95%。⑥经大田试验，稻谷增产 5%～20%，小麦增产 13.1%～48.0%，玉米增产 14% ，马铃薯增产 10.0%～25.8%。

9.5 凹凸棒石吸附、催化与环保材料

凹凸棒石用于吸附功能的产品类型很多，按加工方法可分为热活化改性、挤压改性、界面活化改性、酸处理改性等。其中挤压改性与膨润土的改型工艺相似。以下主要介绍热活化改性、界面活化改性、酸处理改性。

9.5.1 热活化改性

通过煅烧活化凹凸棒石脱去吸附水、沸石水及部分或大部分结合水，可变为多孔的干草堆状结构，使空隙度、比表面积增大，吸附性能提高。

凹凸棒石加热到200℃以前，失去吸附水；在200～400℃下煅烧一定时间，可大大提高凹凸棒石的吸附性能。其机理是凹凸棒石在低温下煅烧后，矿物内部纤维间的吸附水和结构孔道内的沸石水被脱除，从而增大了比表面积。研究结果表明，开始时随着煅烧温度的升高，凹凸棒石的比表面积显著提高，在250℃左右比表面积最大，此后随着温度的升高，比表面积反而急剧下降。安徽省嘉山县凹凸棒石黏土的比表面积与煅烧温度的关系列于表9.28。

表9.28 安徽省嘉山县凹凸棒石黏土的比表面积与煅烧温度的关系

煅烧温度/℃	失水/%	比表面积(BET)/(m^2/g)	煅烧温度/℃	失水/%	比表面积(BET)/(m^2/g)
未烧	0	71.1	250	12.5	320
130	8.5	217	320	16.7	282
200	10.0	268	400	18.9	241

经不同温度处理后的凹凸棒石的应用性能不同（图9.32）。经120℃以下温度干燥处理后的凹凸棒石胶体性能最佳；经120～250℃处理的凹凸棒石对气体的吸附性能最佳；经400℃以下温度处理的凹凸棒石对液体的吸附性最佳；经400～700℃处理的凹凸棒石脱色性能最好。

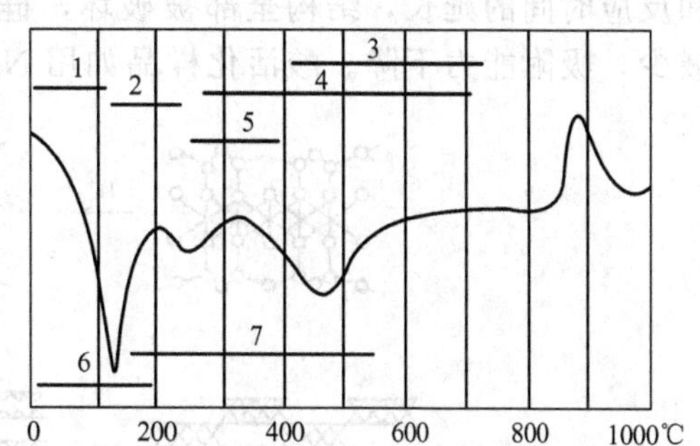

图9.32 凹凸棒石的热效应

1—最佳胶体性能；2—最佳气体吸附性能；3—显示最佳脱色效率；4—失水分解；5—最佳吸附性能；6—吸附自由水；7—结合水

煅烧产品除作为吸附材料外，还可用于活性填料。

9.5.2 界面活化改性

阳离子、阴离子和非离子型表面活性剂对凹凸棒石黏土的活化都有一定效果，其中阳离子表面活性剂用得最多。如四元铵盐，包括脂肪铵醋酸盐、红油、脂肪族硫酸盐、烷基芳基磺酸盐、烷醇铵、铵氧化物及其他脂肪胺及铵类衍生物，都是有效的表面活性剂。有类似作用的其他表面活性剂还有甘醇及各种聚合物、硅油、偶联剂等。使用表面活性剂的主要目的是提高其分散性、选择性吸附性能和脱色性及与基料的相容性。

制备疏水体系用的凹凸棒石改性黏土可称为有机凹凸棒石黏土。通常使用季铵盐或磷化合物作为表面活化改性剂，原土应经过煅烧活化（200～550℃）。有机凹凸棒石黏土与有机膨润土的用途和性能不同，是一种高效吸附剂。它能有效除去液体中的无机和有机杂质，用于水的净化、脱色漂白、去除溶解或胶粒状染色体、毒素、金属阳离子类微生物和农药等。

制备有机凹凸棒石黏土用的改性剂为三甲基氯化铵、十六烷基三甲基溴化铵、甲基三（C_6～C_{10}）氯化铵、四丙基氯化铵水化物、十八烷基甲基双羟乙基氯化铵、甲基油脂基乙基酰铵-2-牛脂基咪唑甲酯等。制备工艺分湿法和干法两种，工艺流程如图9.33所示。

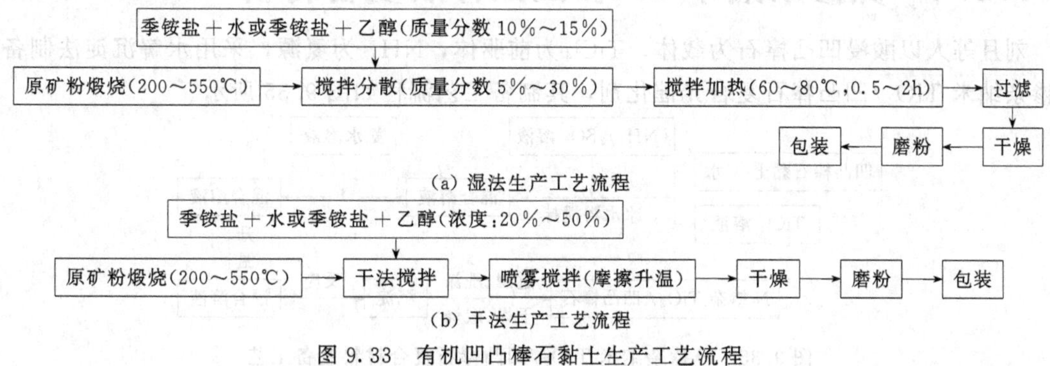

图9.33 有机凹凸棒石黏土生产工艺流程

9.5.3 酸活化改性

酸活化是凹凸棒石吸附材料的重要制备方法之一。其基本原理和工艺与用膨润土制备活性白土相似。不同浓度的酸及不同处理时间所得产品性能、用途不同，其中以2～3mol/L HCl处理时可获得较高的吸附脱色效果。

酸处理主要溶出了Al^{3+}、Fe^{3+}、Mg^{2+}等离子，从而破坏了凹凸棒石的2∶1型结构，对硅酸盐中的Si^{2+}（SiO_2）不起作用而残留在固相中。过程的机理是：酸处理首先是除去有机物，进而以H^+取代交换性阳离子，再进一步造成了八面体层的逐步溶解，最初表现为纤维束解离，进而在硅酸盐四面体层间形成了微孔，但仍维持着矿物的格架，并含有由酸分解作用而形成的硅烷醇基团（见图9.34），同时表面积和孔隙度增加。所形成的二氧化硅环绕并保护着未遭破坏的硅酸盐核，使矿物仍基本保持其纤维状态。随着酸处理浓度的增大和反应时间的延长，结构全部被破坏，硅烷醇基团的凝聚作用加强，从而使孔隙及表面积减少，吸附能力下降。酸活化样品如用Na_2CO_3进行处理，则孔隙将会消失。

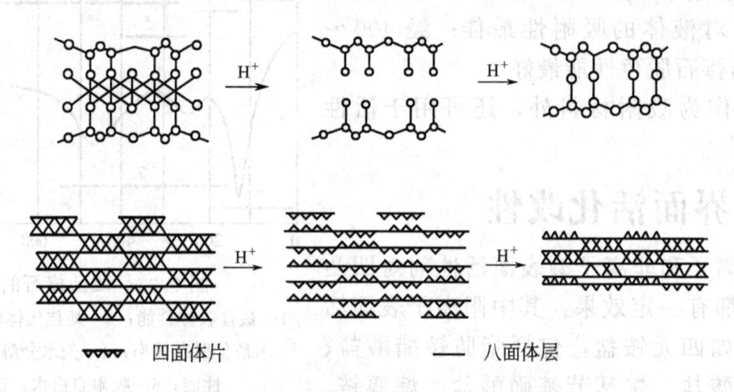

图9.34 酸处理凹凸棒石的作用机理

凹凸棒石经酸处理后实际上已成为一种活性二氧化硅材料。如果采用较低浓度处理，可制得另一类吸附材料。例如，用1mol/L稀盐酸在常温下搅拌处理1h，再脱水干燥、粉碎后制得改性土，将改性土在溶液中分散，加入一定浓度的过渡金属盐溶液（例如用Ti、V、Cr、Mn、Fe、Co、Ni、Cu等过渡元素的硫酸盐配置成0.5～5.0mol/L浓度的溶液），采用浸渍法与改性土反应2h以上，再干燥、焙烧，并粉碎至325目，即可制成一种凹凸棒石催化氧化剂。过渡金属的外围电子具有$(n-1)d^{2\sim10}ns^{1\sim2}$结构，在它们的化合态除s电子可成键外，有些d电子也能成键，所以有多种连续氧化态。多价就成为过渡元素最主要的化学特征。利用这一特性，可与凹凸棒石黏土一起加工成有多种用途的催化剂。

9.5.4 氮掺杂纳米TiO_2/凹凸棒石复合材料

刘月等人以酸浸凹凸棒石为载体，$TiCl_4$为前驱体，NH_4^+为氮源，采用水解沉淀法制备了N掺杂纳米TiO_2/凹凸棒石复合光催化剂，其制备工艺流程如图9.35所示。

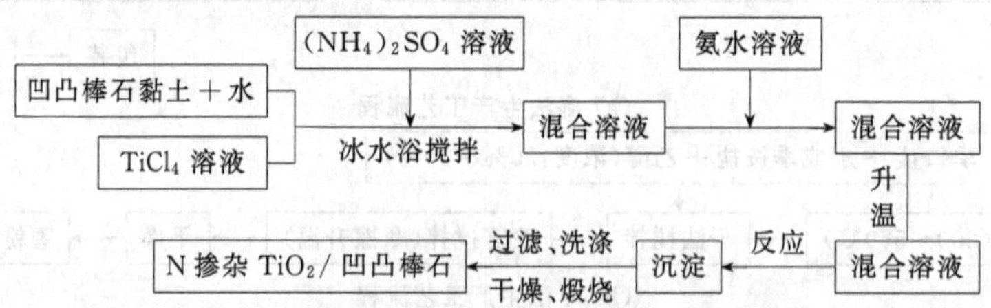

图9.35 N掺杂纳米TiO_2/凹凸棒石复合材料制备工艺

图9.36所示为凹凸棒石载体以及氮掺杂纳米TiO_2/凹凸棒石复合光催化剂的TEM图。

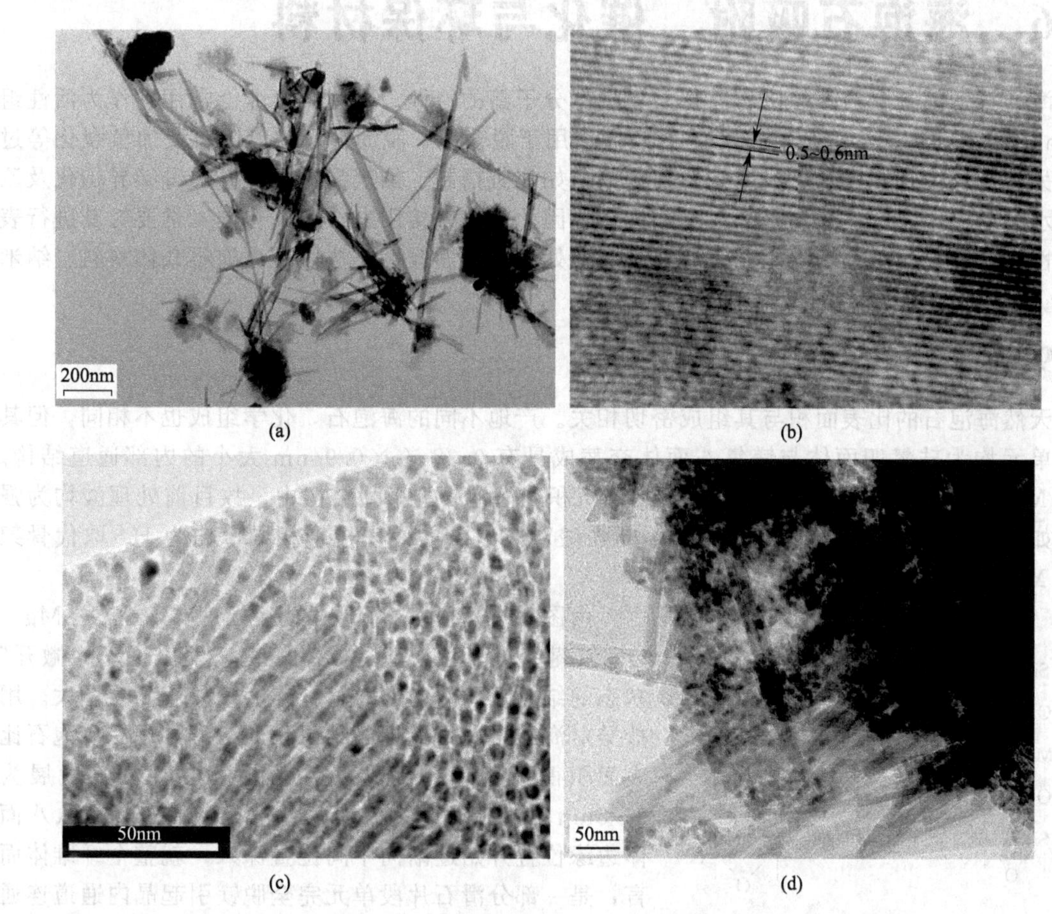

图9.36　凹凸棒石（a）、酸浸凹凸棒石（b）及氮掺杂纳米TiO_2/凹凸棒石复合光催化材料（c）、（d）的TEM图

表9.29为凹凸棒石包覆TiO_2前后的孔径及孔体积。由此表可见包覆后凹凸棒石孔径不变，孔体积减小。

表9.29　凹凸棒石包覆TiO_2前后的孔径及孔体积

样品	孔体积/(mL/g)	孔径/nm
凹凸棒石	0.073	0.573
N掺杂TiO_2/凹凸棒石	0.046	0.573

表9.30为光源40W白炽灯，环境温度20℃、相对湿度80%、降解时间为48h时，不同初始浓度下N掺杂TiO_2/凹凸棒石复合材料去除甲醛的降解率。由此表可知，在不同甲醛浓度下，制备出的复合材料都可以对甲醛产生持续降解的作用，使甲醛浓度降低到对人体无害的限定值以下。

表9.30　不同初始浓度降解甲醛的最终浓度

初始浓度/(mg/m^3)	0.86	1.63	2.43	3.21
甲醛降解率/%	91.3	95.8	95.2	96.5
最终浓度/(mg/m^3)	0.070	0.076	0.078	0.081

9.6 海泡石吸附、催化与环保材料

海泡石不仅具有较高的比表面积，且具有分子筛的特性。因此，工业上常用它作为活性组分 Zn、Cu、Mo、W、Fe、Ca 和 Ni 的载体，用于脱金属、脱沥青、加氢脱硫及加氢裂化等过程。另外，也被直接用于一些反应的催化剂，如加氢精制、加氢裂化、环己烯骨架异构化及乙醇脱水等反应。但是，天然海泡石酸性极弱，因此很少直接用来作为催化剂，常要对其进行表面改性后才能应用。本章主要介绍海泡石的酸处理与表面改性方法以及海泡石载体材料、纳米 TiO_2/海泡石复合光催化材料。

9.6.1 酸处理

天然海泡石的比表面积与其组成密切相关。产地不同的海泡石，化学组成也不相同，但其结构单元均为硅氧四面体与镁氧八面体交替成具有 0.38nm×0.94nm 大小的内部通道结构。由于 Mg^{2+} 是一弱碱，遇弱酸会生成沉淀而沉积于海泡石的微孔结构中，故目前处理酸均为强酸（如 HNO_3、H_2SO_4 及 HCl 等）。不同强酸对海泡石的处理机理相同，均为 H^+ 取代骨架中的 Mg^{2+}，可用图 9.37 表示。

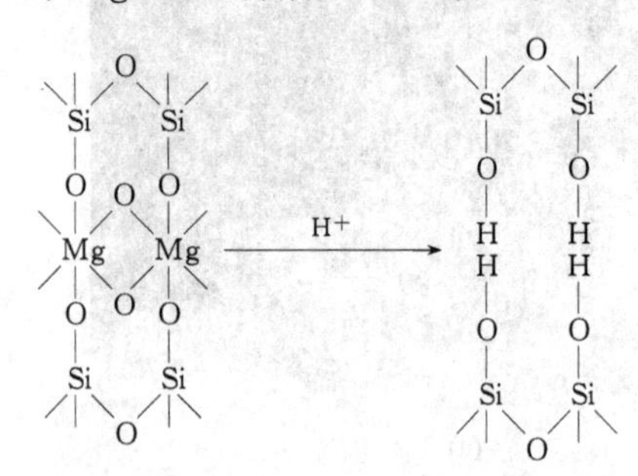

图 9.37 强酸对海泡石的处理机理示意

由图 9.37 可见，海泡石经酸处理其 Si—O—Mg—O—Si 键变成了两个 Si—O—H 键，即出现了“撇开”状态的结构，此时内部通道被连通，故表面积增大。用盐酸对海泡石进行处理的结果表明，酸处理使海泡石比表面积得到显著提高，孔径由微孔（<2nm）发展为 2～5nm 的中孔；脱镁历程就单位晶胞而言，是从八面体边缘位置开始逐渐向中间位置深入；就整个纤维体而言，是一部分滑石片段单元完全脱镁引起晶内通道连通并向中孔发展。不完全脱镁产物具有宏观上的不均匀性，完全脱镁产物保持了未脱水缩合的结构状态。吡啶吸附红外光谱表明，天然海泡石与酸改性海泡石都只在 $1450cm^{-1}$、$1490cm^{-1}$ 及 $1613cm^{-1}$ 处有吸收峰，而在 $1450cm^{-1}$ 处未出现吸收峰，表明与天然海泡石相比，经酸处理的海泡石表面仍然只存在 L 酸。对 NH_3 的微分吸附热研究表明，经酸处理后海泡石表面酸中心热稳定性有所增强；甲基环己烷裂化反应表明酸改性前后海泡石极弱的表面酸性导致其很难使烃类形成碳正离子，但在已形成正碳离子的体系中海泡石中的 L 酸对芳烃歧化反应有一定的促进作用，且这种改性后的海泡石能抑制 REY 分子筛骨架的破坏，在水蒸气条件下，能降低 REY 分子筛表面酸密度，并对氢转移生焦反应有所抑制。海泡石对钒破坏 REY 分子筛的抑制作用可归因于 Mg^{2+} 优先与 V_2O_5 结合形成 $Mg_3(VO_4)_2$ 而失去危害性。

海泡石的比表面积与脱镁率密切相关。用盐酸处理海泡石的结果表明，当脱镁率为 36% 时，改性海泡石的比表面积可达 $554.4m^2/g$。随着脱镁率的提高，海泡石的微孔向中孔和大孔方向扩展，晶体结构也相应变为硅氧四面体结构。这种扩展或转变过程是不均匀的，其机理可用图 9.38 表示。

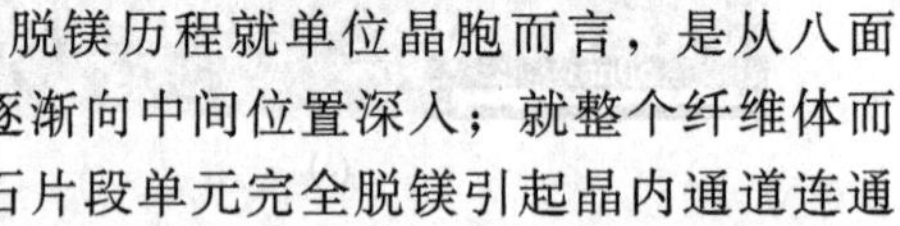

酸处理

为孔壁；空白区为孔

图 9.38 海泡石的通道扩展机理

海泡石对 Pd^{2+} 及 Cd^{2+} 的吸附容量与海泡石的比表面积密切相关。比表面积越大，海泡石的吸附容量也越大。酸强度对 Pd^{2+}、Cd^{2+} 的吸附也有较大影响，当 pH 值从 2.5 增至 3.5 时，Pd^{2+} 吸附曲线有明显的突跃；从 Cd^{2+} 的吸附曲线看，pH 值在 1～5 时，吸附率随 pH 值增加而增大。由于海泡石的表面存在大量的 S—OH 及

M—OH 等基团，即海泡石的表面有永久性电荷，受酸的影响，这些基团可以质子化或解离。随着溶液酸性的增加，表面基团逐步质子化而带正电荷，这就增加了海泡石与阳离子间的排斥力，从而降低了海泡石对阳离子的吸附性能。

在酸处理过程中，酸浓度、处理时间及处理温度对海泡石的结构有较大影响。酸浓度越大，处理温度及时间越长，脱镁产物越接近硅氧四面体；反之，海泡石晶型并无较大改变。就 BET 比表面积看，浓度为 1mol/L 与 2mol/L 的 H_2SO_4 对海泡石的影响差别不大，然而孔容和孔径却差别较大。天然海泡石经 873K 焙烧后 BET 比表面积下降为原来的 50%，表明海泡石的热稳定性较差。而经 1mol/L 的 H_2SO_4 处理后的海泡石经 873K 焙烧后 BET 比表面积比天然海泡石高，而孔容与孔径与未经焙烧的海泡石相比并无较大差异，表明酸改性使海泡石的热稳定性增加。此外，随着焙烧温度的升高，海泡石的比表面积迅速下降。说明，一方面随着镁的溶解，不断产生新的内表面，比表面积增大；另一方面新生的 Si—OH 基团间相互作用不断加强，甚至彼此形成缩合物使表面积降低。

环己烯骨架异构化（CSI）反应表明，酸处理海泡石较天然海泡石能更有效地催化 CSI 反应。经 1mol/L H_2SO_4 处理的海泡石活性比天然海泡石高 6 倍，且催化活性与表面酸性几乎成线性关系。用 HNO_3 对海泡石进行改性发现，经酸处理的海泡石在 773K 以上的高温时，其比表面积会急剧下降，这是由于经高温处理后，海泡石的内部结构已发生折叠，造成对中孔和微孔的严重性封闭所致，从而对获得高比表面积的催化剂不利。经 473K 处理的海泡石具有最大的比表面积。由此可见，经酸处理的海泡石为获得更高的比表面积和理想的孔分布，应选择一个适宜的处理温度。

综上所述，不同酸对海泡石的处理机制相同——均取决于 H^+ 对 Mg^{2+} 的取代作用(而与阴离子关系不大)，故不同强酸对海泡石的影响基本相同。用强酸处理海泡石的主要作用如下：

① 提高海泡石的比表面和抗热性，用来制备高比表面积的催化剂和催化剂载体；

② 改变孔径分布，调整孔径大小，使之对特定的反应具有适宜孔径和高的比表面积；

③ 增加表面酸中心数量，这对需酸中心催化骨架异构化及歧化反应十分有利。

9.6.2 离子交换改性

如 H^+ 取代 Mg^{2+} 一样，金属离子也可进入海泡石晶格取代镁，其取代机理如图 9.39 所示。离子交换改性克服了酸处理使海泡石结构变化的后果，却不能增加海泡石的比表面积，然而金属离子取代八面体边缘的镁离子可使海泡石产生中等强度的酸性或碱性。将 Al^{3+} 引进海泡石时发现，海泡石的结构在 Al^{3+} 取代前后并无较大改变，然后吡啶吸附研究表明，Al^{3+} 的引入不仅能增加海泡石表面 L 酸中心数量，而且能诱发 B 酸中心。乙醇脱水实验表明铝交换海泡石催化剂的催化活性是天然海泡石活性的 200 倍。

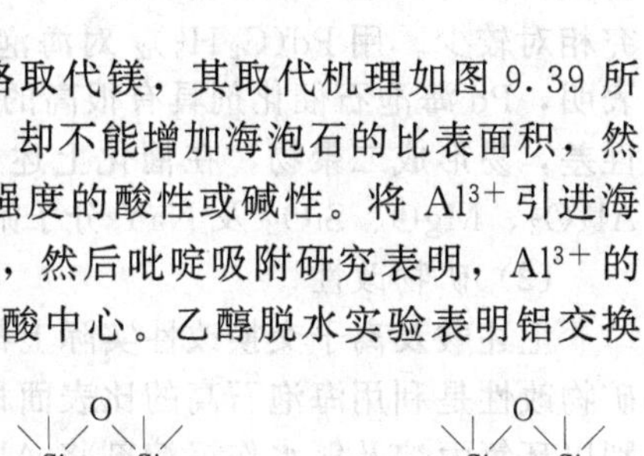

将 Cu^{2+} 引入海泡石，结果表明海泡石的表面酸性及结构并无重大的变化，这可能是由于 Mg^{2+} 及 Cu^{2+} 直径相近之故。但当将 Cu-海泡石进行脱水处理时，发现有两种不同晶格铜参与脱水过程：一种铜一步失去与其配位的两个水分子；另一种则分两步脱水。与天然海泡石的脱水过程比较，后一种 Cu^{2+} 可能是诱发酸中心的来源。用 B^{3+} 及 Al^{3+} 对海泡石进行改性并用作 CSI 反应的催化剂的研究结果表明，用 BF_3-甲醇溶液改性的海泡石具有比 Al-海泡石更高的活性和选择性，然而活化能并无多大差别。众所周知，硼和铝均为第三主族元素，尽管其离子态电荷相同，但硼具有较铝更小的离子半径。故 B^{3+} 具有较 Al^{3+} 更强的极

图 9.39 海泡石晶格离子交换机理

化能力，因此硼能诱发更多的活性中心。一般来说电荷越高，离子半径越小，交换后的 M-海泡石酸性越强，故高价金属离子的引入一直是研究的目标。用 V 对海泡石进行改性时发现，它们不仅能取代八面体中 Mg^{2+}，而且部分取代硅氧四面体中的硅。

综上所述，高价金属离子的引入能诱发强的表面酸性，其主要原因如下。

① 高价金属离子配位数多，难饱和，易接受外来电子（L 酸中心）。

② 高价金属离子半径小，电荷密度高，极化能力强，易诱发周围的水或羟基等基团产生形变（B 酸中心）。另外，高温处理时，B 酸与 L 酸可相互转化，所以对引进不同价态的阳离子来说，离子价态高的离子能诱发更强的酸中心；对同族金属阳离子而言，离子半径越小，电荷密度越高，交换后海泡石的酸性亦越强。

与之相反，低价金属离子的引入能产生强碱中心。用离子交换法制备碱金属海泡石催化剂，发现碱金属-海泡石的碱性与碱金属的电负性成反比关系，即金属的电负性越低，交换海泡石的碱性越强；反之则碱性越弱。一般认为金属的电负性越小，其接受电子的能力越弱。给电子能力越强，故八面体中 O 原子的电荷密度亦越高，相应的碱金属-海泡石碱性也越强。故碱金属-海泡石的碱性大小顺序为 Cs-海泡石＞Rb-海泡石＞K-海泡石＞Na-海泡石＞Li-海泡石。丙二腈与酮之间的缩合反应表明碱金属-海泡石催化剂具有很高的活性，且活性与碱金属离子的半径成正比关系，C-海泡石的催化活性甚至比 Cs-分子筛高。腈酮间的缩合反应显然需在强碱中心进行，可见，用低价的碱金属离子对海泡石处理可制得强碱性的海泡石催化剂。

总之，高价金属离子 M^{n+} （$n>2$）取代海泡石骨架中的 Mg^{2+} 能增加海泡石表面的酸性；同价金属离子 M^{2+} 取代 Mg^{2+} 时，海泡石的结构及表面酸性无显著变化；当海泡石中的 Mg^{2+} 被低价的碱金属阳离子取代时则增加了海泡石表面的碱性。

9.6.3 有机金属配合物改性

（1）有机金属配合物改性

有机金属配合物对黏土的改性通常是由配位体与黏土层中的金属阳离子通过键合或取代部分阳离子而使有机金属得以固定，它对制备低负载量、高分散度的贵金属催化剂有较大的经济价值。但有机金属配合物易形成多聚体及其制备条件苛刻，故用金属配合物对海泡石的改性研究相对较少。用 $Pd(C_2H_5)_2$ 对海泡石进行改性，并将其用于苯乙烯的二聚合反应的研究结果表明，Pd 海泡石催化剂具有很高的催化活性。研究也发现，配合物 $Pd(C_3H_5)_2$ 的水合物稳定性差，易形成二聚物，在催化上述反应时易还原成 Pd(1) 物相。另外，经 Pd 配合物处理的 Al_2O_3、MgO、SiO_2 及 NaY 分子筛对上述反应无活性。

（2）矿物改性

上述酸及离子交换改性实际上都是将海泡石结构单元中的镁替换成不同的离子或配合物。矿物改性是利用海泡石高的比表面积将矿物沉积于海泡石的表面及微孔中的一种处理方法。分别以环氧丙烷及氨水作沉淀剂将 $AlPO_4$ 沉积到海泡石的结构中。研究结果表明，$AlPO_4$ 的引入不仅能提高海泡石的表面酸性，而且孔结构也得到不同程度的调整；$AlPO_4$-海泡石对催化反应有较高活性和良好的选择性，且反应条件温和。

（3）热处理改性

热处理一般是用热空气在滚动干燥机内快速焙烧。热处理后海泡石的性质取决于焙烧温度、失水与相变等。在 100～300℃加热，可以提高海泡石的吸附能力，而加热到 300℃以后，海泡石的吸附能力减弱。

9.6.4 纳米 TiO_2/海泡石复合光催化材料

TiO_2/海泡石复合材料或催化剂一般采用水解沉淀法和溶胶-凝胶法制备。

（1）水解沉淀法制备纳米 TiO_2/海泡石复合材料

贺洋等通过先将海泡石提纯，然后以提纯海泡石为载体，以四氯化钛为前驱体，采用水解沉淀法在海泡石粉体上负载纳米 TiO_2，用 X 射线衍射仪和扫描电子显微镜等对 TiO_2/海泡石复合结构进行了表征；并以甲醛为降解对象，考察了 TiO_2复合材料的光催化性能。结果表明，纳米 TiO_2/海泡石复合粉体在 650℃煅烧后 TiO_2为锐钛矿型，在紫外线照射下，对甲醛气体具有良好的降解效果。宋兵采用四氯化钛水解沉淀法制备了 Cu^{2+}掺杂纳米 TiO_2/海泡石复合光催化材料，具体制备方法如下。

冰水浴下，将海泡石与清水按一定比例制浆，搅拌均匀后加入一定量的浓盐酸，用恒流泵均匀加入 $TiCl_4$溶液；并将一定浓度的 $CuCl_2$溶液均匀加入溶液中；反应一定时间后添加硫酸铵溶液混合搅拌，将反应物升温至一定温度；用一定体积比（$NH_3 \cdot H_2O/H_2O$）的稀 $NH_3 \cdot H_2O$ 调节 pH 值，保温搅拌 1h 后，将反应物过滤、洗液、干燥和煅烧晶化，即得到 Cu 掺杂纳米 TiO_2/海泡石复合光催化材料。

图 9.40 所示为海泡石精矿、无掺杂的纳米 TiO_2/海泡石复合材料、Cu^{2+} 掺杂量为 0.1% 的纳米 TiO_2/海泡石复合材料和纯锐钛矿纳米 TiO_2产品 P25 在紫外线和可见光下的吸光度。结果表明，纳米 TiO_2/海泡石复合材料在 200～380nm 之间的紫外线区的吸收曲线基本上与 P25 的曲线重合，而在 380～622.5nm 之间的紫外线及可见光区，复合材料的吸收光谱相对于 P25 发生了明显的红移，复合材料的可吸收光谱范围明显变大；0.1%Cu^{2+} 掺杂后，复合材料的可吸收光谱在 200～400nm 波长之间的吸光度与无掺杂样品基本相同，但在 400～622.5nm 波长之间的可见光区，Cu^{2+} 掺杂后样品的吸光度明显得到了提升，也即 Cu^{2+} 掺杂提高了 TiO^2 对可见光吸收率，进一步提高了复合材料对可见光的利用率。

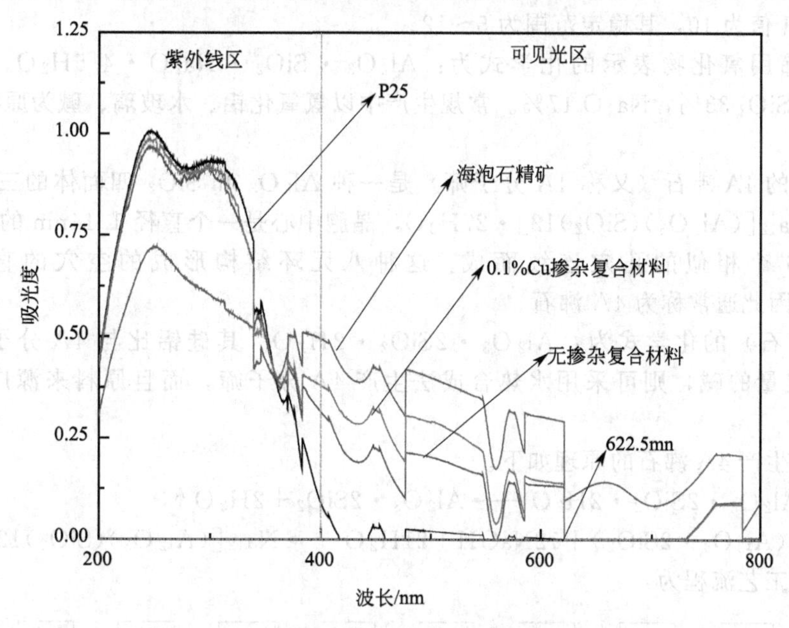

图 9.40　样品的在紫外线和可见光区的吸光度

XRD 分析结合 Scherrer 公式计算得出，不掺杂和掺杂 0.1% 的 Cu^{2+} 海泡石复合材料中，TiO_2的晶粒尺寸分别为 44.32nm 和 69.54nm。适量 Cu^{2+} 掺杂可减小 TiO_2的晶粒尺寸。

（2）溶胶-凝胶法制备纳米 TiO_2/海泡石复合材料

李计元等以钛酸丁酯为原料，海泡石为载体，采用溶胶-凝胶法合成 TiO_2/海泡石光催化剂，经 XRD 分析表明，TiO_2以锐钛矿型结构分布在海泡石表面。通过亚甲基蓝溶液降解脱色实验，检验了试样的光催化性。实验表明，200mL 的浓度不大于 20mg/L 的亚甲基蓝溶液中，光催化剂投加量为 2g 时，光催化效果最好。催化反应在很短时间内即能达到较高的脱色率，150min 后的脱色率可达到 96%以上。

9.6.5 海泡石农药与化肥载体

海泡石适宜作为高浓度可湿性粉剂、水分散粒剂的载体和浓度较高的颗粒剂基质。用海泡石制成的颗粒剂还具有缓释功能。干燥的海泡石能浮于水面的这一性能有可能被用来制造水面漂浮颗粒剂的载体。海泡石用于农药载体的要求是：纯度高、含砂量低，比表面积和吸附容量大，Fe_2O_3 含量低。

湖南省地质科研所经过大量实验证明，低品位海泡石原矿是一种优良的化肥载体材料。该项研究成果包括海泡石长效碳铵、粒状和粉状复混肥 3 种产品。这 3 种产品不仅保留了碳铵、复混肥原有功效，还增加了 6 项新的功能：①肥效持久，海泡石能吸收氮肥挥发出来的氨和氨态氮，然后缓慢地释放；②不易结块，由于海泡石具有较强的流变性，可以防止化肥结块而长期保持分散状态；③能增加土壤钾、氮的潜在供应能力；④能改良沙性和沙化土壤；⑤制造成本低；⑥增加作物产量。

9.7 高岭土基吸附与催化材料

9.7.1 4A 沸石

4A 沸石为白色立方形晶体，无毒、无味、无腐蚀性，不溶于水和有机溶剂，能溶于强酸和强碱中，pH 值为 10，其稳定范围为 5～12。

4A 分子筛用氧化物表示的化学式为：$Al_2O_3 \cdot SiO_2 \cdot Na_2O \cdot 4.5H_2O$。化学成分为 Al_2O_3 28%，SiO_2 33%，Na_2O 17%。常规生产中以氢氧化铝、水玻璃、碱为原料，采用水热合成法。

人工合成的 4A 沸石（又称 4A 分子筛）是一种 Al_2O_3 和 SiO_2 四面体的三维架状结构。晶胞组成为 $Na_{12}[(Al_2O_3)(SiO_2)12] \cdot 27H_2O$，晶胞中心是一个直径 1.14nm 的空穴，它由 1 个八元环与 6 个相似的孔穴连续而成。这种八元环结构形成的空穴的直径为 4.12Å (0.412nm)，因此通常称为 4A 沸石。

高岭土（石）的化学式为：$Al_2O_3 \cdot 2SiO_2 \cdot 2H_2O$。其硅铝比与 4A 分子筛相近。因此，加入一定量的碱，则可采用水热合成法生产 4A 分子筛，而且原料来源广泛，生产成本较低。

用高岭土生产 4A 沸石的原理如下。

① 煅烧 $Al_2O_3 \cdot 2SiO_2 \cdot 2H_2O \longrightarrow Al_2O_3 \cdot 2SiO_2 + 2H_2O\uparrow$

② 合成 $6(Al_2O_3 \cdot 2SiO_2) + 12NaOH + 21H_2O \longrightarrow Na_{12}[(Al_2O_3)(SiO_2)12] \cdot 27H_2O$

原则生产工艺流程为：

原矿 → 煅烧 → 浸出 → 老化 → 晶化 → 过滤 → 干燥 → 包装

生产 4A 沸石的高岭土，要求高岭石含量大于 95%，而且铁、钛等杂质含量低，炭质易于脱除（不含石墨化碳），中、低温煅烧后白度较高；$SiO_2/Al_2O_3 = 1.6 \sim 2.4$，一般 $SiO_2/Al_2O_3 = 1.9 \sim 2.0$ 最佳。因此，原料一定要精选提纯。

高岭土煅烧的粒度要求大于 325 目（小于 45μm），煅烧温度一般为 650～800℃，此时，高岭石脱去结晶水，并发生相变生成活性偏高岭石。当煅烧温度超过 950℃，固相反应生成硅尖晶石，难以合成 4A 沸石。

浸出是将煅烧后偏高岭石粉体严格加入计算好的碱量和水量，在70℃下反应生成硅铝酸盐凝胶的过程。浸出（合成）作业需要强烈搅拌，使矿粒与碱充分接触，均匀分散，时间为1～1.5h，此时浆料的黏度约500mPa·s。

老化和晶化是硅铝酸盐凝胶形成4A分子筛晶体的过程。此时搅拌速度要小，以免破坏晶体。晶化条件为：90℃，3～3.5h，物料黏度小于500mPa·s。

在整个工艺过程中，碱是十分重要的因素。它控制着硅酸盐阴离子的聚合度和各组分的平衡，所以碱用量一般要适当过量，以确保反应向生成4A分子筛的方向进行。一般要求碱度（H_2O/Na_2O）在28～38之间。在过滤洗涤时，多余的碱将留在母液中，经蒸发浓缩、检测碱度后，返回浸出作业回用。

合成4A沸石的质量指标为：钙交换能力≥290mg $CaCO_3$/g干沸石，白度≥95，粒度≤4μm，pH≤11（1%溶液，25℃）。

为了去除铁杂质，提高最终产品的白度，可在浸出反应过程中加入铁配合剂。这种配合剂应无毒、无味、无刺激性，且只配合FeO。其余的单质铁在碱性溶液中逐渐氧化成氧化亚铁，同时被配合剂配合，形成一种可溶性的稳定的化合物，在过滤分离时将其除去。

除了4A沸石外，用高岭土还可以合成其他种类的沸石，如3A、5A、X型、P型、Y型沸石等。其中3A和5A沸石实质上是将制取的4A沸石在和钾或钙离子进行交换反应而得到的沸石。

4A沸石等合成沸石主要用于化工、石油精炼及助洗剂或洗涤剂。

9.7.2 石油精炼催化剂

目前，石油催化裂化催化剂普遍采用的是沸石分子筛催化剂。

各种分子筛催化裂化剂都是由活性组分和基质组成的。基质由载体和黏结剂两部分组成，活性组分以Y型分子筛为主。按其结构组成可分为稀土Y型分子筛（REY）、稀土氢型Y型分子筛（REHY）、超稳Y型分子筛（USY）。REY、REHY、USY分子筛都是由钠Y型分子筛（NaY）制成。但NaY分子筛没有酸性，不能作为催化剂，只有经镧、铈等稀土深度交换后才有活性。由于三价稀土离子有较强的极化作用，能产生较多的质子酸，同时稀土离子半径小、电荷密度大，置换到分子筛内部形成很强的局部静电场，对烯烃的吸附能力较强，促进吸收及碳化为正碳离子。因此，REY分子筛有较好的裂化活性。REHY分子筛，由于其骨架中稀土含量大幅度降低，从而降低了酸性中心的密度，抑制了双分子的氢转移反应，减少了缩合生胶量，提高了焦炭选择性，从而使催化裂化技术在REY基础上前进了一步。USY分子筛是将NaY分子筛经NH_4^+交换后在特定的热水蒸气条件下进行趋稳化处理。其结果不仅Na^+被H^+取代，而且部分骨架铝也被脱除，从而生成高硅铝比的分子筛。硅铝比增大，酸密度就小，酸强度也强，因而抑制了氢转移反应，焦炭选择性也得到改善，因此用于渣油裂化催化剂。

制备USY分子筛催化剂的主要原料是高岭土。图9.41所示为恩格哈特公司（Engelhard）公司生产USY分子筛催化剂的基本工艺流程。恩格哈特是目前世界上主要催化裂化剂生产厂商。据介绍，该公司对各工序中间产品和成品控制十分严格。焙烧后的高岭土微球每批都要进行分析检测，每批微球都要进行晶化试验。

兰州炼油化工公司研究院根据我国实际情况，开发了全白土（高岭土）型的LB-2催化剂。工业试验表明，该催化剂具有活性高、水热稳定性好、抗重金属污染能力强、焦炭选择性好、辛烷值较高等特点，属新一代渣油催化裂化剂。该催化剂的制备工艺过程见图9.42。

该催化剂生产原料为：高岭土（苏州中国高岭土公司S-2）；水玻璃：工业品（SiO_2 250g/L，

模数 3.0±0.1)；硫酸铵，工业品［(241±7)g/L，pH＝3.5±0.5］；NaOH 溶液，工业品［Na_2O(167±2)g/L］；高碱偏铝酸钠，工业品［Na_2O(283±2)g/L，Al_2O_3(42.5±1)g/L］；$ReCl_3$ 溶液，工业品［(50±2)g/L］；盐酸溶液，工业品［5%～10%（质量分数）］。催化剂生产的关键在于晶化工序。连续晶化结果表明，在高岭土焙烧质量稳定的前提下，可制得结晶度大于 25%，硅铝比不小于 4.6 的晶化产物。

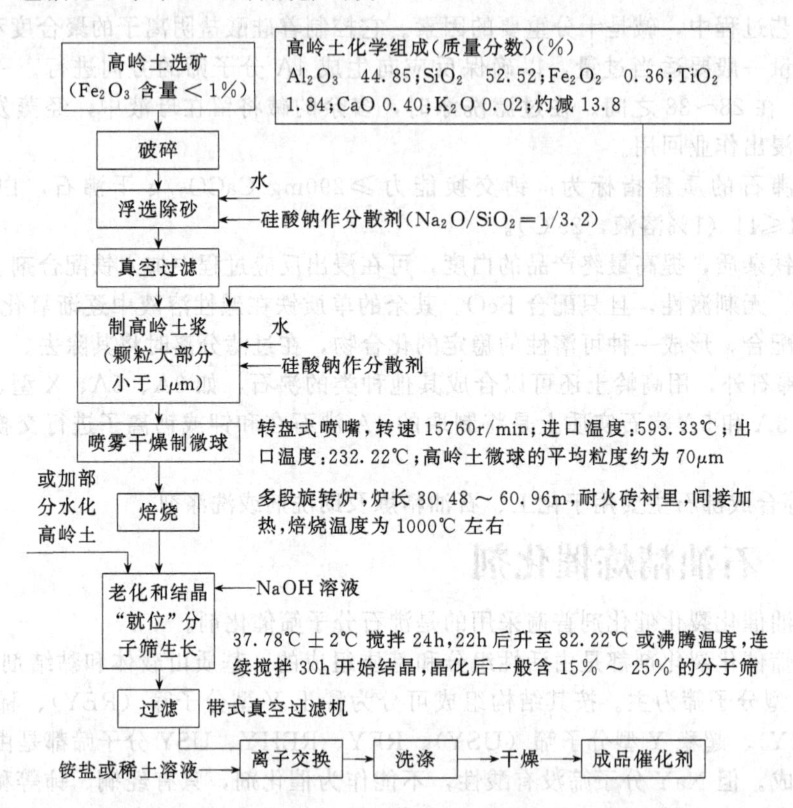

图 9.41 恩格哈特公司（Engelhard）公司 USY 分子筛催化剂的基本生产工艺流程

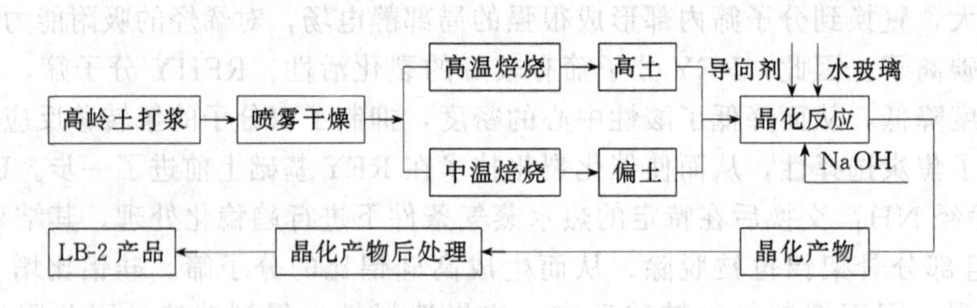

图 9.42 LB-2 催化剂生产工艺流程

9.8 电气石基环保材料

9.8.1 电气石的主要应用领域

电气石具有压电性和热电性等独特的物理化学性能，因此，具有远红外波段的电磁辐射、产生负离子以及抗菌、除臭等功能。近年来广泛应用于功能纤维、纺织、服装、涂装材料、饮水净化、建材、日用品以及复合材料等领域。

温度和压力等的变化能引起电气石晶体的电势差，使周围的空气发生电离，被击中的电子附着于邻近的水和氧分子并使它转化为空气负离子。产生的负离子在空气中移动，将负电荷输送给细菌、灰尘、烟雾微粒以及水滴等。电荷与这些微粒相结合聚集成球而下沉，从而达到净化空气的目的。在纤维内添加电气石超细粉末后，其纤维动态和静态的负离子数可达 1500～3500 个/cm^3，相当于在都市公园内环境下的负离子含量。因此，电气石超细粉体可以作为高附加值的化纤产品的填料，在涤纶熔体中添加电气石超细粉体后，可赋予涤纶纤维四大特性和功能，即远红外保暖功能、除臭功能、负氧离子发射功能（能在室温下产生负离子）及一定的抗菌功能，被称之为“奇异纤维”。此外，电气石超细粉体还可以单中空、多中空、特殊异型的截面形式提高纤维与空气接触的面积，提高和强化“奇异”效果，用于医疗纺织品的内芯以及床上用品、汽车的座椅等；以棉型和中长、毛型短纤维的形式纺成纱线，可用于室内装潢、服装等产品。

除了功能纤维之外，电气石还应用于以下领域：

① 抗菌除臭墙纸、地板、天花板、家具、内墙涂料和混凝土等；

② 抗菌保鲜包装材料，如塑料薄膜、箱体和包装纸及纸箱等；

③ 香烟过滤嘴的填料；

④ 水体和空气净化材料；

⑤ 牙膏、化妆品等的添加剂；

⑥ 抗菌涂料或涂层材料，用于电子设备、家用电器和日用生活品等；

⑦ 具有抗菌、杀菌、除臭等功能的远红外辐射复合陶瓷。

9.8.2 电气石的加工

迄今为止，已发现的天然高纯度的电气石资源很少，高纯度结晶完好的电气石可用于宝石材料。多数电气石矿石中不同程度地含有石英、长石、石榴石、云母等矿物。因此，在某些工业用途方面要对电气石进行选矿提纯。

电气石，尤其是黑电气石一般都具有磁性，因此可采用干式或湿式磁选的方法与石英、长石、白云母等矿物进行分离。由于目前市场的用量还较少，因此，主要以手选为主，尚未大规模的采用机械选矿工艺。

绝大多数应用领域要求对电气石进行粉碎加工。在功能纤维、涂料或涂层材料等应用的电气石必须进行超微细或超细加工。目前电气石的细磨（加工 150～325 目细粉）主要使用悬辊式盘磨机（即雷蒙磨）。由于电气石的硬度高而且韧性大，超细粉碎主要采用湿法工艺。超细粉碎设备大多采用湿式搅拌磨、砂磨机或研磨剥片机。

用于功能纤维填料的电气石粉体一般要求 $d_{97}\leqslant 2\mu m$，最大粒子小于 3～5μm，表面与化纤基料（如聚酯）相容性好，负离子释放量越高越好（一般应达到 2000 个/cm^3 以上）。因此，除原料纯度要较高外，还须对电气石原料进行超细粉碎和表面处理。对于纯度较低的电气石矿在进行超细粉碎和表面处理之前还应进行选矿提纯。

用于涂料和涂层材料填料和颜料的电气石粉体一般要求 $d_{97}\leqslant 10\mu m$，最大粒子小于 15～20μm，在基料中的分散性好，负离子释放量越高越好（一般应达到 2000 个/cm^3 以上）。因此，除原料纯度要较高外，也要对电气石原料进行超细粉碎和适当表面处理。

（1）超细粉碎

图 9.43 所示为国内年产 500t/年超细和活性电气石粉体中试生产线工艺流程图。该生产线采用湿式超细粉碎和表面改性工艺，在表面处理后再进行干燥。改性后的超细电气石干燥时不形成硬团聚，干粉的分散性好。在超细粉碎作业中使用氧化锆珠作研磨介质。最终产品细度经国家非金属矿制品质量监督检测中心检验，$d_{50}\leqslant 0.5\mu m$，$d_{97}\leqslant 2\sim 3\mu m$，最大粒径 5μm（见表 9.31）。

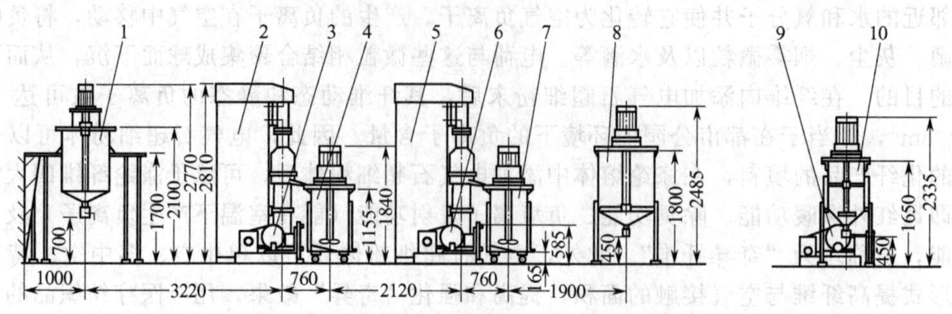

图 9.43 电气石超细粉碎工业试验工艺流程（单位：mm）

1—配浆桶；2—第 1 段研磨机；3—隔膜泵；4—接料及矿浆循环桶；5—第 2 段研磨机；6—隔膜泵；7—接料及矿浆循环桶；8—储浆桶；9—隔膜泵；10—可控温搅拌反应罐

表 9.31 中试样品的粒度分析结果（国家非金属矿制品质量监督检测中心）

项目		样号				
		D02-HV	D04-Z	D09-Z	D10-Z	D10-V
平均位径(50%)/μm		0.57	0.37	0.38	0.36	0.32
粒度分布累加含量/%	≤0.5μm	43.5	66.8	65.7	68.5	79.1
	≤0.8μm	69.8	82.7	80.3	85.3	90.4
	≤1.2μm	84.0	90.2	90.1	93.9	96.5
	≤2.0μm	93.7	93.2	93.7	98.5	97.7
	≤3.0μm	96.6	98.6	96.2	99.0	99.0
	≤5.0μm	98.5	100.0	98.9	100.0	100.0

电气石表面处理的目的主要是为了改进其与化纤及其他聚合物基料的相容性。改性剂配方以具体的用途而定。图 9.43 所示的改性设备为用导热油加热的可控温搅拌反应罐。

（2）表面包覆改性

电气石的颜色一般较深。富含铁的电气石呈黑色；富含锂、锰的电气石呈玫瑰色，也呈蓝色；富含镁的电气石常呈褐色；富含铬的电气石呈深绿色；在色泽上不能满足上述应用领域，特别是涂料和化学纤维应用的要求。以下介绍的是一种电气石微粉的表面 TiO_2 包覆改性增白方法，可以满足涂料、涂层材料、功能纤维等对超细电气石功能粉体白度等的要求。

其工艺过程为：

① 将电气石粉体加水制浆，加酸调节溶液 pH 值至 1.5～3.5；同时加入 $SnCl_2$ 或 ZnO；

② 将电气石料浆加热至 55～95℃，加入钛盐溶液，同时添加 NaOH 或尿素溶液，以保持料浆 pH 值为 2.5～3，在反应釜或反应罐中对电气石粉体进行表面 TiO_2 沉淀包覆反应，反应时间为 2～6h；

③ 将包覆反应产物进行过滤、洗涤、干燥和焙烧。

电气石原料的粒度为 $d_{97}=2\sim45\mu m$；料浆质量比为：电气石粉体：水＝1：(6～15)；用于调节浆液 pH 值的酸为硫酸或其他无机酸；$SnCl_2$ 或 ZnO 的加入量电气石粉体质量的 0.1%～1.0%。

所加的钛盐溶液为 $TiCl_4$ 或 $TiOSO_4$，用量以 TiO_2 计为电气石粉体质量的 30%～150%。

焙烧温度为 500～900℃，恒温焙烧时间为 0.5～2.0h。

图 9.44 为电气石微粉的表面 TiO_2 包覆改性增白的工艺流程。

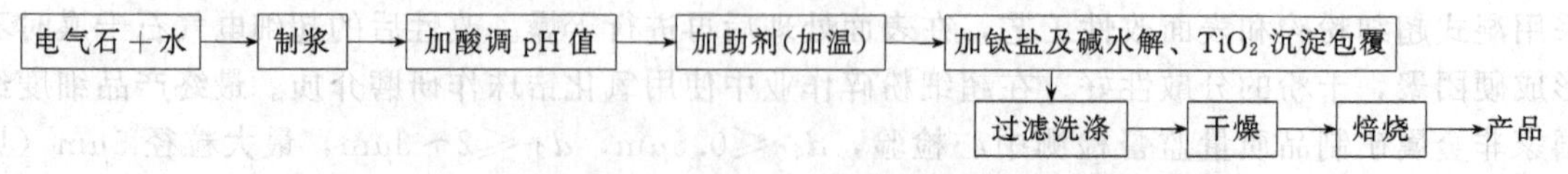

图 9.44 电气石微粉的表面 TiO_2 包覆改性增白的工艺流程

用本方法进行包覆改性后的电气石粉体，其白度可以提高到 60 以上。同时，因表面包覆了锐钛型 TiO_2 层，其遮盖力和抗菌性能均有显著提高。

中国专利 ZL02156763.8 公开了一种电气石粉体的表面 TiO_2 包覆改性增白方法：将电气石粉体加水制成浆，同时加酸调节 pH 值至 1.5～3.5，然后加入钛盐溶液和助剂，用碱溶液调节 pH 值使钛盐水解产生 $TiO_2 \cdot H_2O$ 并在电气石粉体表面进行沉淀反应，最后将沉淀反应产物进行过滤、洗涤、干燥和焙烧即得到表面 TiO_2 包覆改性增白的电气石粉体产品。该方法可显著提高电气石粉体的白度，同时增强电气石粉体的遮盖力和抗菌性能。

另外，中国专利 ZL201010132845.8 将电气石粉体加水搅拌制浆，加酸调节 pH 值后对浆料降温，然后依次加入 $TiCl_4$ 溶液，硫酸铵溶液进行反应；将反应物升至一定温度后加入碳酸铵溶液调节反应物的 pH 值并陈化；最后将反应物过滤、洗涤、干燥和煅烧，制取电气石/纳米 TiO_2 复合功能材料。这种电气石/纳米 TiO_2 复合功能材料中电气石颗粒表面上负载复合了主要晶型为锐钛型的纳米 TiO_2 粒子，晶粒尺寸为 10～50nm。这种复合材料 除了具有释放负离子、远红外辐射功能外，还具有优良的光催化性能，紫外线下 20min 内对罗丹明 B 溶液的光催化降解率达到 90%以上；日光灯下，24h 内对甲醛的降解去除率大于 80%；对甲苯的降解去除率大于 35%。

9.9 交联累托石

累托石是蒙脱石层与云母层 1∶1 规则间层结构。用无机聚合物进行交联，无机聚合物取代蒙脱石层间的水化阳离子，生成“层柱”结构，而无交换性和膨胀性的云母层便形成了“层柱”支撑的固定上下层面，形成的孔和通道不易塌陷。累托石层间距 d_{001} 由 2.38nm 增大到 3.79nm，当加热到 800℃时，其结构稳定不变。

交联累托石是催化剂载体，也是吸附剂的重要材料。累托石催化剂载体内比表面积大，活性大；既是活性剂，又是载体；定向性好，转化率高；反应过程中，可抗 600～700℃的热蒸汽，热稳定性好；抗重金属（钒、镍）的污染性好。

合成交联累托石（羟基铝交联累托石，氧化钛交联累托石）的工艺流程见图 9.45。将选矿提纯的累托石（纯度＞70%），再一步提纯，除去 Fe、V、Ni、S 等有害元素，用 NaCl 改型，再用无机交联剂在 500℃下交联，调整酸度、孔体积、孔大小和孔形状，过滤洗涤后加入适量的硅藻土、高岭土等原料，用喷雾塔加工成 80μm 颗粒，即成为催化剂载体。

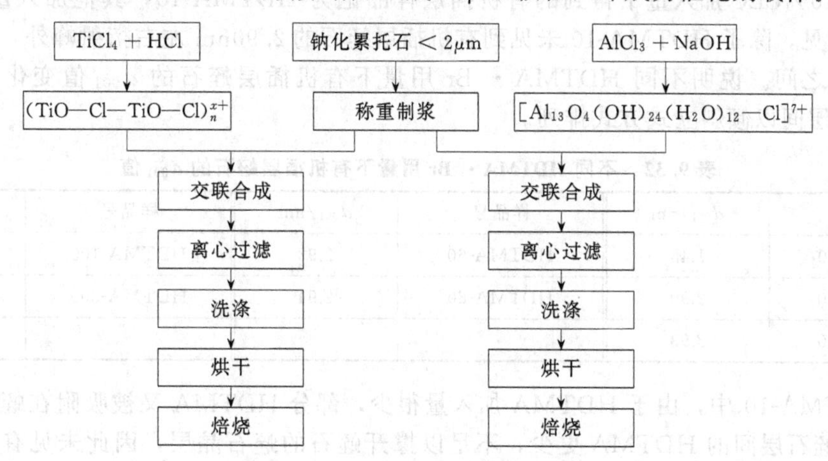

图 9.45 交联累托石合成工艺流程

9.10 有机插层蛭石

蛭石属于层状结构的硅酸盐矿物。与膨润土一样，也可以用来制备有机插层材料。蛭石具有高层电荷的特点，可以通过离子交换吸附更多的有机阳离子，因此，有机插层蛭石具有有机碳含量高的特点，这有利于它通过分配过程对水中非离子型有机污染物的吸附。

蛭石插层功能材料目前仅限于实验室研究，尚未产业化。以下简单介绍有机插层蛭石的实验室制备工艺和样品的性能研究。

有机插层蛭石的实验室制备过程是：蛭石细磨→加水搅拌分散→加入有机插层剂搅拌反应→过滤洗涤→干燥。插层剂采用十六烷基三甲基溴化铵（HDTMA）。

X射线衍射表明，由于有机阳离子进入蛭石层间，蛭石的 d_{001} 值从 1.45nm 增加到 2.90nm，而且（001）峰衍射强度极高，其他衍射强度很弱。$HDTMA^+$ 的结构为直链型，其长度为 2.35nm。蛭石晶体层间域厚度等于实测的 d_{001} 值减去蛭石硅酸盐层厚度（0.93nm），即为 1.97nm，说明 $HDTMA^+$ 在蛭石晶层层间以倾斜方式排列，倾角大约为 57°。

实验结果表明，在 HDTMA 用量较低的情况下（相当于 10%～20%CEC 的加入量），加入的 HDTMA 完全被蛭石吸附；在用量较高的情况下，只有部分 HDTMA 被蛭石吸附。蛭石中被交换出来的 Na^+ 含量最高，其次是 Ca^{2+}、Mg^{2+} 和 K^+，虽然 Ca^{2+} 也是晶层层间的主要阳离子之一，但在 10%～20% CEC 加入量时交换出来的 Ca^{2+} 含量很低，而 Na^+ 始终具有较高的含量，说明 HDTMA 优先置换 Na^+。比较被交换出来的阳离子合计数与进入蛭石层间的 $HDTMA^+$，得出在 10%～40%用量下两者基本相等，属于计量离子交换反应，但在更大的用量下，前者明显低于后者，说明除了离子交换反应外，还有部分 $HDTMA^+$ 是以 HDTMA·Br 分子形式进入蛭石层间域的；而且用量越大，分子吸附所占比例越高。

基于以上实验结果，离子交换反应机制可表示为：

$$HDTMA^+Br^- + Na^+\text{-蛭石} \longrightarrow HDTMA^+\text{-蛭石} + Na^+Br^-$$

分子吸附机制可表示为：

$$HDTMA\cdot Br + \text{蛭石} \longrightarrow (HDTMA\cdot Br,\ Na^+)\text{-蛭石}$$

若 HDTMA 在层间采取倾斜方式，则有机插层蛭石的 d_{001} 值将取决于 HDTMA 在层间的倾角，而与 HDTMA 在层间的含量多少无关。相反，若 HDTMA 在层间采取平铺方式，则随层间 HDTMA 含量的增加，铺满第一层还会在其上铺第二层等，也即有机插层蛭石的 d_{001} 值与 HDTMA 在层间的含量多少有关。表 9.32 为不同 HDTMA·Br 用量下有机插层蛭石的 d_{001} 值。将 10%CEC 加入量下得到的有机插层样品记为 HDTMA-10，其他加入量依次类推。由表 9.32 可见，除了 HDTMA-10 未见到有机插层蛭石的 2.90nm 左右衍射峰外，其余样品在 2.93～3.01 之间。说明不同 HDTMA·Br 用量下有机插层蛭石的 d_{001} 值变化不大，也即 HDTMA 在层间以倾斜立式方式排列。

表 9.32　不同 HDTMA·Br 用量下有机插层蛭石的 d_{001} 值

样品号	d_{001}/nm	样品号	d_{001}/nm	样品号	d_{001}/nm
HDTMA-10	1.45	HDTMA-60	2.93	HDTMA-100	2.99
HDTMA-20	2.90	HDTMA-80	2.94	HDTMA-200	3.01
HDTMA-40	2.93				

在 HDTMA-10 中，由于 HDTMA 加入量很少，部分 HDTMA 又被吸附在蛭石的外表面上，能进入蛭石层间的 HDTMA 更少，不足以撑开蛭石的蛭石晶层，因此未见有插层蛭石的 2.90nm 衍射峰。在 HDTMA-20 中，X 射线衍射结果表明仍然有相当可观的蛭石残留，说明

反应的不均匀性，即部分蛭石与 HDTMA 发生了离子交换反应，部分蛭石未与 HDTMA 发生反应。在 HDTMA-40、HDTMA-60 中也有部分蛭石残留，HDTMA-100 中残留的蛭石已很少，在 HDTMA-200 中完全没有蛭石残留，说明所有的蛭石晶层都被 HDTMA 撑开。

表 9.33 所列为不同 HDTMA · Br 用量下有机插层蛭石的 BET 比表面积测定结果。由表可见，所有的有机插层蛭石的比表面积都较小，甚至比蛭石原矿还小，说明 HDTMA 虽然撑开了蛭石晶层层间，但 HDTMA 自身又阻碍了 N_2 分子接近内表面。理论上，每克蛭石含有几百平方米的内表面积。在 HDTMA 用量较小时，蛭石与 HDTMA 的反应会出现两种可能情况。第一种情况，HDTMA 将所有蛭石的晶层撑开，那么 HDTMA 在蛭石层间的分布必然较稀疏，如图 9.46(a) 所示。第二种情况，HDTMA 只将其中的一部分蛭石的蛭石晶层撑开，在撑开的蛭石层中 HDTMA 尽可能地紧密排列，而残留另一部分蛭石保持不变，如图 9.46(b)。

表 9.33 不同 HDTMA · Br 用量下有机插层蛭石的 BET 比表面积

样 品	比表面积/(m^2/g)	样 品	比表面积/(m^2/g)	样 品	比表面积/(m^2/g)
原矿	67.09	HDTMA-40	43.34	HDTMA-100	35.43
HDTMA-10	50.86	HDTMA-60	40.80	HDTMA-200	41.76
HDTMA-20	44.91	HDTMA-80	36.35		

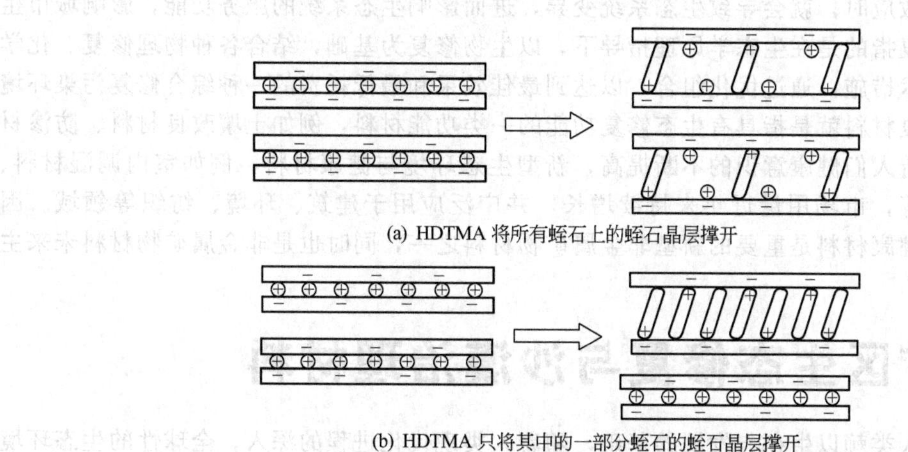

(a) HDTMA 将所有蛭石上的蛭石晶层撑开

(b) HDTMA 只将其中的一部分蛭石的蛭石晶层撑开

图 9.46 蛭石与 HDTMA 反应可能出现的两种情况

为什么会出现第二种情况呢？原因可能是要使蛭石的晶层撑开，首先必须要克服晶层-晶层阳离子-晶层之间的吸引力，也即要有一定数量的 HDTMA 才行。即存在一个 HDTMA 含量的最低限，比如 10%CEC 的 HDTMA 加入量都没有发现将蛭石的晶层撑开。而一旦蛭石晶层被撑开，再进行交换就非常容易，因此很容易将已撑开的层间塞满。在 HDTMA 加入量较小的情况下，如果将 HDTMA 完全平分到各个蛭石颗粒上，则由于存在一个 HDTMA 含量的最低限，可能导致所有的蛭石晶层都撑不开。相反，如果出现某种情况，一个蛭石的晶层被撑开，其他 HDTMA 就会优先去交换已撑开的层间中的无机阳离子，结果导致一部分蛭石充分吸附 HDTMA，而另一部分蛭石未吸附上 HDTMA。

哪些蛭石颗粒可能会最先被撑开呢？一是颗粒最细的部分；二是蛭石晶层层间阳离子主要是 Na^+ 的那部分。因为实验结果表明，在 HDTMA 用量降低时，交换出来的无机阳离子主要是 Na^+。

10 生态修复与健康材料

诸多天然非金属矿物具有生态修复与环境治理功能，可用来制备生态修复与健康材料。这类材料广泛应用于环保、生态、室内健康等领域，在环境治理、生态修复及人体安全与保健等方面发挥着重要作用。本章主要介绍以硅藻土、膨润土、凹凸棒石、海泡石、沸石、电气石等为基本原料的生态修复与健康材料。

10.1 概述

随着社会城市化进程的加深，人类活动与环境之间的矛盾日益加剧，当人类活动对周围生态环境产生累积效应时，就会导致生态系统变异，进而影响生态系统的服务功能，影响城市生态健康。生态修复指的是在生态学原理指导下，以生物修复为基础，结合各种物理修复、化学修复以及工程技术措施，通过优化组合，以达到最佳效果和最低耗费的一种综合修复污染环境的方法。生态修复材料就是指具有生态修复功能的一类功能材料，例如土壤改良材料、防渗材料等。另外，随着人们健康意识的不断提高，新型生态环境与健康材料，例如室内调湿材料、负离子释放材料等，市场用量近年来持续增长，并广泛应用于建筑、环境、纺织等领域。因此，生态修复与健康材料是重要的新型非金属矿物材料之一，同时也是非金属矿物材料未来主要发展方向之一。

10.2 矿区生态修复与沙漠治理材料

生态环境是人类赖以生存与发展的基础，随着人类现代化进程的深入，全球性的生态环境问题越来越受到人们的关注。矿业是我国的基础工业，在国民经济与社会发展中占据重要地位。随着我国经济的快速发展和人民生活水平的提高，对矿产资源的需求量持续增大，然而无论是地下开采还是露天开采，都对矿区生态环境造成了非常严重的破坏与影响。矿区废石、尾矿不仅占地大，经雨水和雪水等浸淋后产生的淋溶水中含有大量酸性物质、有害的重金属离子等对矿区周围水体造成污染，并导致土壤重金属污染，严重影响人体健康、动植物生长与生态平衡。矿区生态修复具有生态效益、经济效益以及社会效益，对于社会的可持续发展具有重大的意义。

石灰石、碳酸钙、沸石、硅酸盐、磷酸盐等生态修复材料具有廉价高效和来源广泛等特点，已成为发展前景广阔的生态修复矿物材料。对于受重金属污染的酸性土壤，施用石灰等碱性物质能提高土壤 pH 值，降低重金属的溶解性。天然黏土矿物因其大的比表面积及带负电荷的特点，通过表面络合与吸附作用，可有效吸附带正电的重金属离子，达到钝化的效果。因此，黏土矿物修复作为一类独特的生态修复手段，成为继化学修复、物理修复和生物修复方法之后的第四类生态修复方法。

黏土矿物修复是指向重金属污染的土壤中添加天然黏土矿物或改性黏土矿物，利用黏土矿物物理化学作用来改变土壤中重金属的赋存状态，降低重金属的有效浓度和重金属的毒性。常用的黏土矿物钝化剂包括沸石、高岭石、蒙脱石、凹凸棒石、伊利石、蛭石和海泡石等。Covelo等通过对11种酸性土壤进行6种重金属（Cd、Cr、Cu、Ni、Pb与Zn）的吸附与解吸试验，发现黏土矿物（如高岭石、水铝矿和蛭石等）可将重金属离子固定，在一定浓度范围内的土壤重金属污染，可通过稀释、扩散、挥发，氧化还原反应及络合作用、离子交换和吸附等作用方式实现自净。胡钟胜等发现使用凹凸棒石作为土壤改良剂，能减少烟草不同部位的Cd、Pd含量，且对土壤中有效性Cd、Pb的含量都有一定程度的减少作用。杨秀红等通过盆栽实验研究了凹凸棒石对铜污染土壤的修复效果，结果表明：铜污染土壤中添加凹凸棒石可显著降低植株对铜的生物有效性。张云琦等发现沸石独特的孔道结构及其所含大量可交换态阳离子对重金属铅和镉的吸附效果尤为明显。本书作者等发现石棉尾矿酸浸渣对重金属Cr、Zn、Cu离子具有明显的吸附性能，该材料可以固定土壤中的重金属。王立群等研究发现：土壤中加入硅肥可降低水稻各部位镉含量，利用赤泥修复中轻度酸性Cd污染土壤可行。冯磊对比研究了磷矿粉、膨润土、硅藻土等几种生态修复矿物材料对土壤中Cu的钝化性能，结果表明三种矿物材料均对Cu具有一定的钝化效应。孙约兵等采用盆栽试验，研究了海泡石对土壤pH值、镉（Cd）有效态含量以及对菠菜的生物量与品质安全性的影响，结果表明：海泡石可以显著提高土壤pH值并抑制菠菜对Cd的吸收；王林等研究了海泡石、酸改性海泡石以及二者与石灰、磷酸盐配合使用对油菜生物量、体内Cd含量以及土壤pH值和有效态Cd含量的影响，结果表明：不同钝化剂处理均能有效提高油菜地上部和根部生物量，复合处理以及改性海泡石单一处理的增产效果优于海泡石单一处理。

沙漠化是土地荒漠化的一种类型。沙漠化土壤是形成于干旱和半干旱地区的一种特殊性质的土壤，属于缺少黏质的轻质土壤。其粒间孔隙大，降水和灌溉水容易渗入，内部排水快，但蓄水量少而且易蒸发失水。另外，砂质土的毛管较粗，毛管水上升高度小，如果地下水位较低，不能将地下水通过毛管上升作用来湿润表土，所以植物很难在其上生长。我国是世界上受沙漠化危害极为严重的国家之一，沙漠化不仅造成生态环境的恶化，而且对土地利用退化区域及其周边地区社会经济生活产生严重影响。

膨润土、海泡石等黏土矿物材料能吸附比自身重量大得多的水分，具有独特的水土保持功能，是有效的沙漠化治理材料。特别是膨润土，其还具备有利于沙漠治理和沙化土地生态修复的其他良好特性，如抗渗性、抗冻性、压缩性与固结性以及对沙土的稳定性。沙漠治理与沙化土地生态修复的关键问题之一是水土保持和节水问题，有了水和土就可以种草、种树，恢复植被。利用黏土矿物开发廉价的高保水材料可以起到非常突出的节水抗旱作用，无疑会对我国的西部荒漠化治理和干旱地区的种草种树起到巨大的推动作用。利用自然界分布广泛、储量丰富的天然非金属矿物膨润土，经过分散、改型、纯化等加工处理后，与少量有机聚合物进行复合配伍，得到一种具有高吸水性和保水性、易于喷洒施工、固沙后的固结层具有良好的抗压强度、抗腐蚀、抗冻融和抗老化性能，成本低廉，能在固沙地带有效形成植被的膨润土复合液态固沙植被材料。与传统的化学固沙材料相比，在固结性相近的条件下具有更小的体系黏度，更便于固沙现场的施工，并可防止化学固沙材料对土地的二次污染，起到更好的环境保护作用。

10.3 防渗矿物材料

防渗矿物材料被广泛应用于市政、公路、铁路、环保、垃圾填埋场、水利工程及工业与民用建筑地下防水防渗施工等领域。土工合成材料黏土垫（Geosynthetic Clay Liner，简称GCL）是一种新型的膨润土基防渗矿物材料，它是将天然钠基膨润土填充在聚丙烯织布和非织造布之间，将上层的非织造布纤维通过膨润土用针压的方法连接在下层的织布上制备而成。该材料既具有土工材料的主要特性，又具有非常优异的防水防渗性能。这种膨润土防水毯的产品规格见表10.1。如图10.1所示，GCL是由两层土工合成材料包裹着高膨胀性的钠基膨润土颗粒制成的，夹层中起防渗作用的成分主要是钠基膨润土，膨润土中蒙脱石含量至少要达到70%，才能产生足够的膨胀以达到良好的防渗效果。

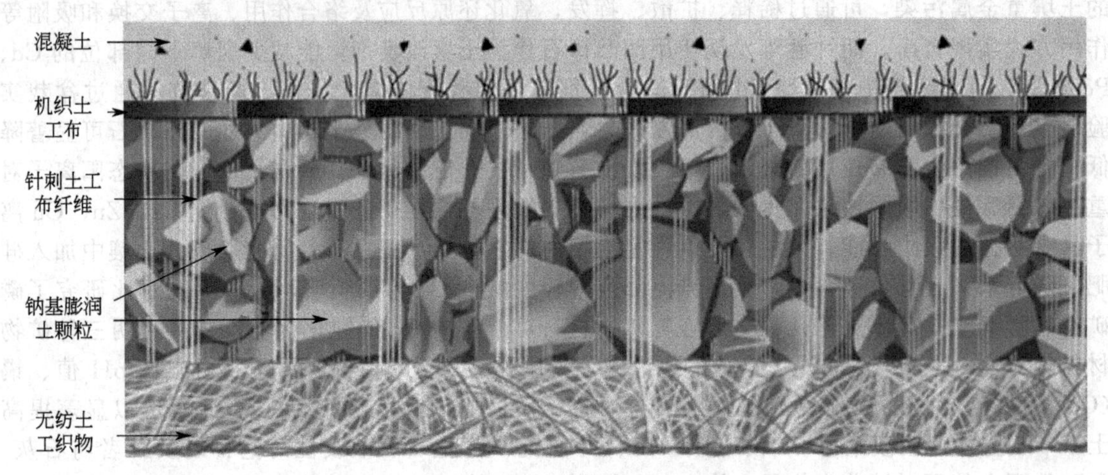

图10.1 膨润土防水毯施工断面示意图

表10.1 膨润土防水毯的规格

项目	规格	用途	备注
膨润土防水毯	(1.2～1.6m)×(6～40m)×5mm	地下防水材料	可调整尺寸
密封剂	20kg/瓶	用于贯通部位，补强部位	
补强粉末	20kg/包	用在边角位置和施工部位补强上	
水溶性止水条	2.5cm×1.5m	用在边角位置及地面与墙体连接部位补强	

膨润土防水毯的主要特点如下。

① 施工简便　只要用钉子和垫圈就可以将防水材料固定在防渗部位即可，施工期短。

② 防水性能稳定　即使经过很长时间和周围环境发生了变化，也不会发生老化和腐蚀。

③ 防水材料和防水对象（混凝土结构）的一体化　因针压而在织布表面突出的纤维，在浇筑混凝土时和混凝土形成一体，即使结构发生振动和沉降，防水材料和结构物质间也不会发生分离现象。

④ 容易维修　在施工后发生缺陷，因为水无法在结构物和防水材料之间发生流动，所以只要将漏水部位进行补修就能重新恢复其防水性能。并且即使在施工过程中防水材料发生了破损，只要简单地追加施工就可以。

⑤ 在施工完以后对防水材料的检查和确认比较容易。

⑥ 无害的绿色产品　属于对人畜无害的无毒天然无机材料，对环境没有不利影响。

膨润土防水毯的防水机理如下：膨润土是以蒙脱石为主要矿物成分的黏土岩，蒙脱石是2∶1层型的层状水铝硅酸盐矿物，其层与层间靠范德华力连接，并且由于发生晶格内部的离子替代，使其层面上带负电。由于电荷的作用，蒙脱石层片之间的离子将吸附水分子，并使水分子充满层与层之间，使这些层片分开，形成所看到的膨胀现象。引起膨胀的主要动力是蒙脱石中可交换的阳离子和晶层底面的水化能。经水化的膨润土表面阳离子吸附一定量的水分子后，形成凝胶，静态下不再进行水分子交换。当这层凝胶在两面受到均匀压力的情况下，渗透系数将变得很小，接近滴水不漏，从而形成优异的防水层。

依据国家建筑工业行业标准《钠基膨润土防水毯》(JG/T193—2006)，按制作方法可将GCL产品分为针刺法钠基膨润土防水毯（GCL-NP)、针刺覆膜法钠基膨润土防水毯（GCL-OF）和胶黏法钠基膨润土防水毯（GCL-AH)。按膨润土品种分为人工钠化膨润土（A）和天然钠基膨润土

(N)，单位面积质量（g/m²）有 4000 、4500、5000、5500 等规格，长度一般为 20m 或 30m，宽度一般有 4.5m、5.0m、5.85m 三种规格。钠基膨润土防水毯的物理力学性能指标见表 10.2。

表 10.2 钠基膨润土防水毯的物理力学性能指标

项目		技术指标		
		GCL-NP	GCL-OF	GCL-AH
膨润土防水毯单位面积质量/(g/m²)		≥4000 且不小于规定值	≥4000 且不小于规定值	≥4000 且不小于规定值
膨润土膨胀指数/(mL/2g)		≥24	≥24	≥24
吸蓝量/(g/100g)		≥30	≥30	≥30
拉伸强度/(N/100mm)		≥600	≥700	≥600
最大负荷下的伸长率/%		≥10	≥10	≥8
剥离强度/(N/100mm)	非织造布与编织布	≥40	≥40	—
	PE 膜与非织造布	—	≥30	—
渗透系数/(m/s)		$\leqslant 5.0\times10^{-11}$	$\leqslant 5.0\times10^{-12}$	$\leqslant 1.0\times10^{-12}$
耐静水压		0.4MPa,1h,无渗漏	0.6MPa,1h,无渗漏	0.6MPa,1h,无渗漏
滤失量/mL		≤18	≤18	≤18
膨润土耐久性/(mL/2g)		≥20	≥20	≥20

膨润土防水毯与压实性黏土、混凝土和土工膜等其他防渗材料相比，具有明显的性能优势，具体表现如下。

① 柔韧性好　在张应变达 20%的情况下，也不会增加其渗透率，而处在相同应变下的 CCL 与土工膜其水力渗透系数会急剧增加。

② 用 GCL 制作渠道衬垫比 CCL 土方开挖量小　这是因为与 GCL 等效的渗透系数下，CCL 要比 GCL 厚得多。

③ 具有极强的自我愈合功能　由于膨润土的存在，它会在土工织物刺破处自我愈合。

④ 抗张应变的能力强，有着良好的弹性和可塑性。

⑤ 抗干湿循环的能力强，受热后 GCL 会出现干缩现象，当脱水的 GCL 再次遇水后，出现的裂缝会重新愈合，其水力渗透系数仍会回到原先的低值。

⑥ 抗冻融循环的能力强。

⑦ 施工机械化程度高，可缩短工期，降低施工费用。因其生态环保性好，防渗性能优异。

膨润土防水毯已在人工湖、地铁、水利、垃圾填埋场等许多工程中得到了广泛应用，如图 10.2 所示。

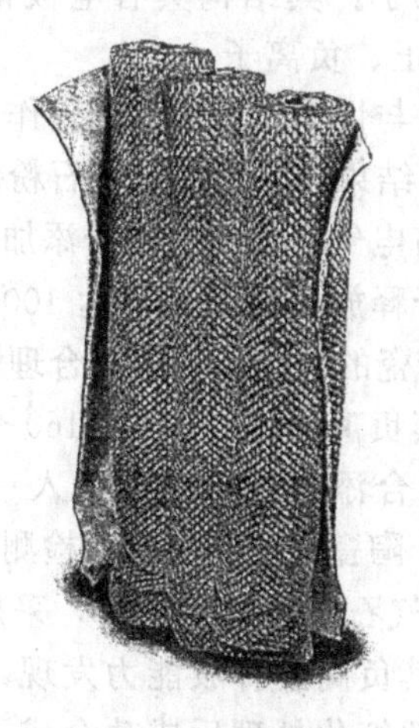

(a) 防水毯

(b) 防水板

图 10.2 膨润土防水毯和防水板

膨润土防水板是将天然钠基膨润土和高密度聚乙烯（HDPE）压缩成型的具有双重防水性能的高性能防水材料［图 10.2(b)］。这种防水板广泛用于各种地下工程的防水。这种防水板的规格见表 10.3。

表 10.3 膨润土防水板的规格和应用

项目		规格	用途	备注
膨润土防水板		1.2m×7.5m×4.0mm	一般建筑，土木结构物地下防水	盐水用
附属产品	膨润土密封剂	18L/瓶	贯通部位、补强部位收尾	
	膨润土颗粒	20kg/包	角部及施工部位补强用	
	胶带	7cm×25m	施工时防水板搭接部位收尾用	
	A/L 封边条	1.5m×2cm	防水板收尾部位密闭收尾用	

膨润土防水板的特点如下。

① 施工简便。只需用混凝土钉子固定即可。

② 表面比较牢固，不需要保护板和保护组织。

③ 可以全天候施工。

④ 施工范围广泛。不仅适用于一般结构物，对于挡土板、喷射混凝土、泥浆护壁等有弯曲的表面也可以施工。

⑤ 对环境和人体无害。

⑥ 施工后检测和补修较容易。

10.4 负离子释放材料

家庭日常生活中的香烟、油烟，装饰材料和家具释放的甲醛、苯、氨等化学污染物质，它们一旦带上正电，随着空气中飘浮的灰尘就会成为正离子，而这种正离子一旦摄入人体就会削弱细胞活性，降低细胞吸收营养和排泄废弃物的功能，使人的心情变得焦躁不安，导致各种疾病，轻者患建筑物综合征，严重可致癌。空气中的负离子被称为“空气维生素”，对人类身体健康、生活环境质量有很大益处。目前，以电气石为主体的负离子释放功能材料已应用于建筑、环境、纺织等领域，市场前景广阔。

电气石具有压电和热释电效应，是一种能够释放负离子，辐射红外线并具有杀菌抗菌性能的矿物材料。电气石能够持续释放负离子的机理在于：其结构具有电极化效应，可以电离空气、水体等介质中游离的中性分子，促使其分解为正、负离子。

国内外已有大量关于电气石负离子释放材料制备与性能方面的研究。作者等利用介质搅拌磨对电气石粉进行了实验室超细粉碎试验研究及中试，结果表明超细电气石粉体静态平均负离子释放量达到 4225 个/cm^3，为原料的 2～3 倍。Se-kyu 将电气石作为负离子添加剂，掺杂制备出了室内地板砖、隔墙保温砖等建筑材料，该产品的负离子释放率，最高可达 1000 个/cm^3。陈丽芸等将电气石磨细后加入到铸铁搪瓷面釉中，并对铸铁搪瓷的制作工艺进行合理设计，获得了具有产生负离子功能的铸铁搪瓷，经负离子测试仪检测，其负离子平均值为 1160 个/cm^3。郑柳萍等以锂辉石、高岭土等为原料，添加绿柱石和锰盐等混合添加剂，同时引入一定比例的硅酸锆和 TiO_2 等作为助剂，研制成生态陶瓷粉料并将其应用于陶瓷壶的制作中，检测发现该产品负离子增量为 1406 个/cm^3。陈跃华等通过机械力化学法对电气石进行超细粉碎，采用共混纺丝法制得了负离子纤维布料，用手揉搓这种改进后布料并检测其负离子释放能力发现，该布料负离子释放量稳定在 3000～4000 个/cm^3。孟宪鸿等将电气石超细化处理后成功合成了负离子人造革，经试验检测，混入电气石负离子添加剂的聚氨酯合成革在用手搓的方式摩擦时，负离子的释放量最高可达 10000 个/cm^3。白树军等将电气石与稀土氧化物复合制备成复合粉体，检验结果表明，与直接以电气石粉体作为负离子添加剂相比较，这种稀土氧化物添加剂，能更高效地释放负离子。金宗哲等将光催化半导体材料、电气石和稀土氧化物复合研制了一种负离子释放复合粉体，经检测，这种粉体的负离子释放能力可达 1200 个/cm^3。黄凤萍等将电气石与陶瓷粉料一起混合烧制成了陶瓷片，然后将抗菌剂和二氧化钛通过一定的方法添加到坯体表面，制成了一种既可释放负离子又具有抗菌功能的复合陶瓷，样品的负离子释放量可达 2943 个/cm^3。陈荣坤将电气石、光催化材料（纳米二氧化钛）、无机抗菌剂，以及氧化铝和高岭土按一定配比制备了一种超细负离子空气净化材料，其负离子释放量最高可达 2000 个/cm^3。袁昌来等以电气石和纳米二氧化钛以及四种镧系稀土氧化物为原料，采用机械力化学复合的方法，制备负离子释放材料，结果表明，电气石与二氧化铈的复合最强，当二者比例为 1∶1 时，100g 测试粉体空气负离子浓度即达到 2000 个/cm^3左右。

10.5　室内调湿材料

“调湿材料”这一概念是由日本宫野西藤首先提出来的，是指不需要借助任何人工能源和机械设备，依靠自身吸放湿性能，感应所调空间空气的温湿变化，自动调节空气湿度的一类功能材料。

室内是人类生活和工作的主要场所，室内环境的好坏直接影响人类的生活质量和工作效率。湿度是反映室内环境的一项重要指标。湿度与人的健康安全、仪器仪表的使用寿命、设备的正常运转以及生态环境的可持续发展密切相关。不同地区室内湿度有差异，这一差异在我国表现得尤为明显，我国南方以及沿海地区年平均湿度较高，空气潮湿；而在我国北方和内地则气候干燥，年平均湿度较低。据世界卫生组织统计结果，全球至少有 10 亿人仍居住在不健康的室内环境之中。目前人们主要采用空调和加湿器来调节室内空气湿度。传统的机械调湿需要消耗大量能源。目前，我国在建筑方面能耗比较高，浪费严重，单位建筑面积能耗是发达国家的 2～3 倍，而从建筑的全过程看，整个建筑能耗占我国全部能耗的 50%。因此，发展具有湿度调节作用的室内调湿材料，对于节约能源、改善人类生活、工作环境有着重要意义。

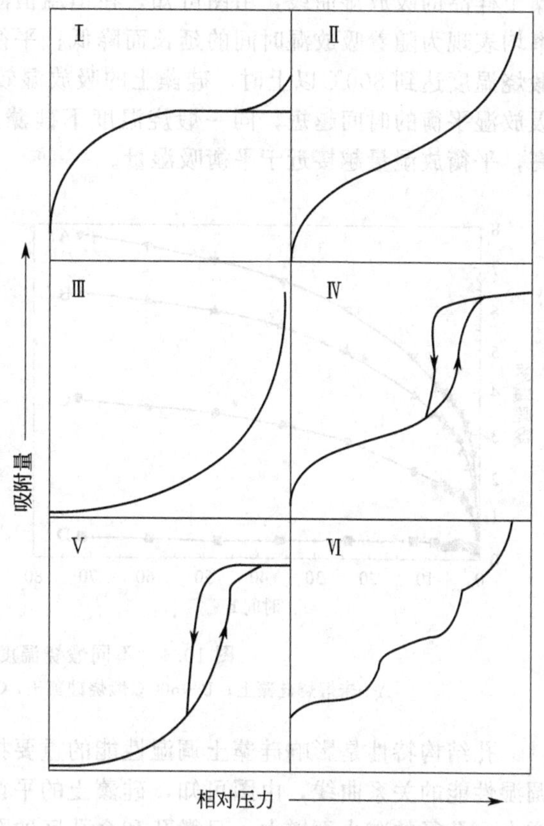

图 10.3　IUPAC 吸附等温线的分类

根据材料成分，调湿材料可大分为硅胶、无机盐、无机矿物、有机高分子和生物质等五类。其中，无机多孔矿物作为近年来调湿材料研究领域的热点，因其环境友好、化学稳定性好、适用范围广、生产成本低等优势，是最具有应用前景的调湿材料之一。多孔矿物材料最大特点在于它具有孔结构，丰富的孔结构为其吸附水蒸气、调节湿度提供了存储空间和调湿潜能。孔的性质往往通过物理吸附来测定，吸附平衡等温线是反映材料孔结构特性的重要指标，IUPAC（国际纯粹化学与应用化学联合会）将吸附平衡等温线按照材料的孔结构特性分成六类，如图 10.3 所示，其中Ⅰ、Ⅱ、Ⅳ、Ⅵ四种类型适用于多孔材料；Ⅰ型为微孔材料的吸附平衡等温线；Ⅱ型为大孔材料的吸附平衡等温线；Ⅳ型为介孔材料的吸附平衡等温线；Ⅵ型为超微孔材料的吸附平衡等温线。

10.5.1 非金属矿物调湿材料

近年来，对于无机非金属矿物，包括硅藻土、海泡石、沸石、蒙脱土、高岭土等，应用于调湿材料的研究日益广泛和深入。无机非金属调湿材料的调湿功能主要源于其孔道结构、较大的孔体积与比表面积产生的对水分子的吸附、储存与脱附作用。

(1) 硅藻土

硅藻土是生物成因的硅质沉积岩，具有三维孔道结构，具有细腻、松散、质轻、多孔、吸水和渗透性强的特性，硅藻土的孔隙率达到 80%～90%，能吸收其本身重量 1.5～4 倍的水，对其进行简单加工，就可以制成各种形状的调湿材料，并具有绝热、除臭、吸声等功能。影响硅藻土基调湿材料调湿性能的主要因素包括材料的纯度、比表面积及孔结构特性等。

煅烧可以改变硅藻土的孔结构特性，随着煅烧温度的升高，硅藻土的孔径分布向大孔方向转变，硅藻土逐渐石英化，其调湿性能逐渐减弱。图 10.4 为未煅烧硅藻土和不同煅烧温度硅藻土样品的吸放湿曲线，由图可知，在恒温恒湿条件下，不同煅烧温度硅藻土样品的吸放湿速率均表现为随着吸放湿时间的延长而降低；平衡吸放湿量均随着煅烧温度的升高而降低，且当煅烧温度达到 800℃以上时，硅藻土的吸放湿效果明显降低。煅烧温度越高，硅藻土样品达到吸放湿平衡的时间越短，同一煅烧温度下硅藻土的吸湿性能强于其放湿性能，且煅烧温度越高，平衡放湿量越接近于平衡吸湿量。

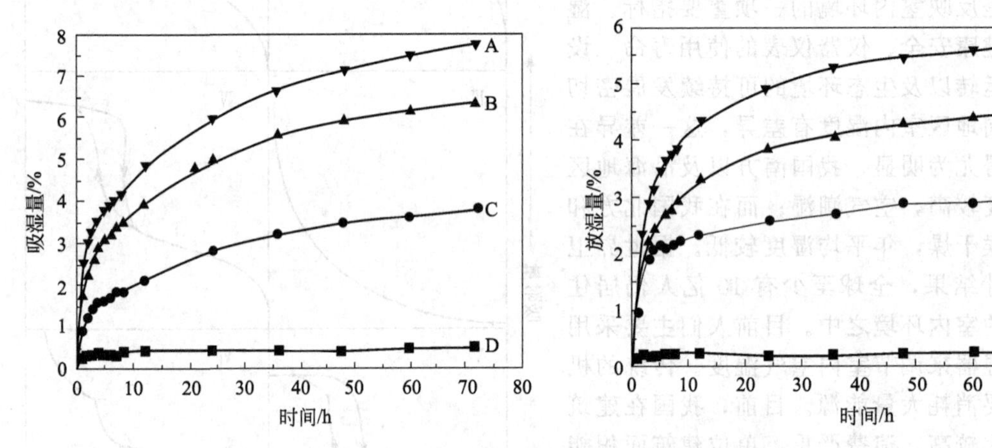

图 10.4 不同煅烧温度硅藻土样品吸放湿曲线

A—未煅烧硅藻土；B—600℃煅烧硅藻土；C—800℃煅烧硅藻土；D—1000℃煅烧硅藻土

孔结构特性是影响硅藻土调湿性能的重要指标。图 10.5～图 10.9 为硅藻土孔结构特性与调湿性能的关系曲线，由图可知，硅藻土的平衡吸湿量和平衡放湿量均随着硅藻土比表面积的增大、孔径的减小而增大，且微孔和介孔区的孔体积越大，大孔区的孔体积越小，则调湿效果越明显。对比图 10.5 与图 10.7 可知，微孔与介孔的孔体积越大，调湿性能越强；而大孔的孔体积越大，调湿性能越弱。比表面积较大的硅藻土在高湿度下易与空气中的水蒸气发生吸附，在低湿度下易发生脱附作用。硅藻土的大孔不利于水蒸气分子形成毛细管凝聚现象，微孔和介孔在硅藻土调湿过程中起主导作用。

高风辉等以硅藻土为主要原料，加入少量的长石、黏土、滑石和膨润土，通过湿法混合，制备了具有吸湿和放湿功能的硅藻土基环保陶瓷砖，并探讨烧结温度对吸湿和放湿性能的影响。结果表明，随着烧结温度的增加，吸湿和放湿性能逐渐减小。在 900℃烧结时，陶瓷砖的最大吸湿量为 32mg/g，最大放湿量为 30mg/g；郑佳宜等建立了硅藻土基调湿材料内部热湿耦合迁移一维数学模型，模拟了不同孔隙率、不同环境温度和相对湿度下硅藻土基调湿材料中的热湿耦合迁移过程，结合硅藻土基调湿材料调湿性能实验测试结果以及硅藻土基调湿材料表面的显微图像分析发现：随着孔隙率的减小，硅藻土基调湿材料的吸、放湿量均增大；环境温度对硅藻土基调湿材料热湿耦合迁移过程影响不显著，不同环境温度（最大相差 20℃）对硅藻土基调湿材料吸/放湿量的影响均在 10%左右；硅藻土基调湿材料的孔径尺寸越小，小孔径孔隙数量越多，其调湿性能越好。

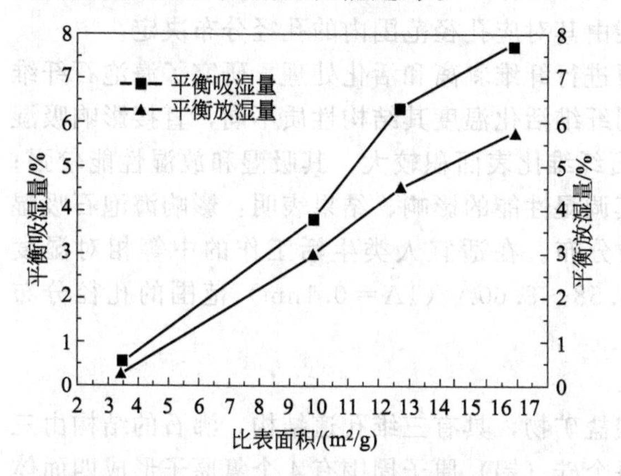

图 10.5 硅藻土比表面积与调湿性能的关系曲线

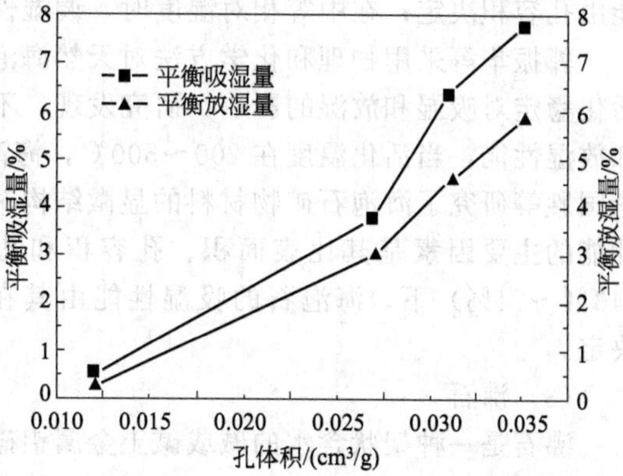

图 10.6 硅藻土非大孔区孔体积与调湿性能的关系曲线

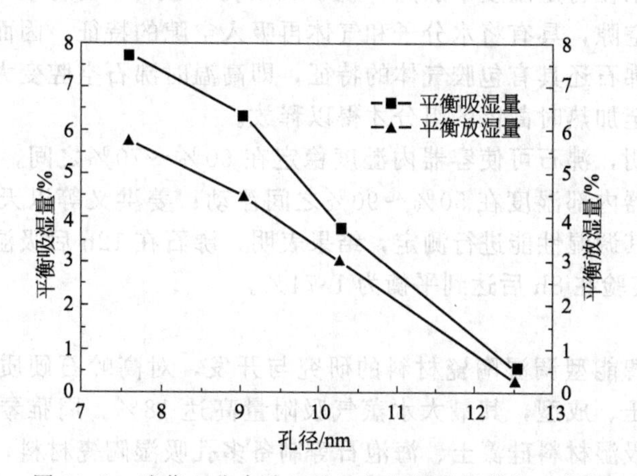

图 10.7 硅藻土非大孔区孔径与调湿性能的关系曲线

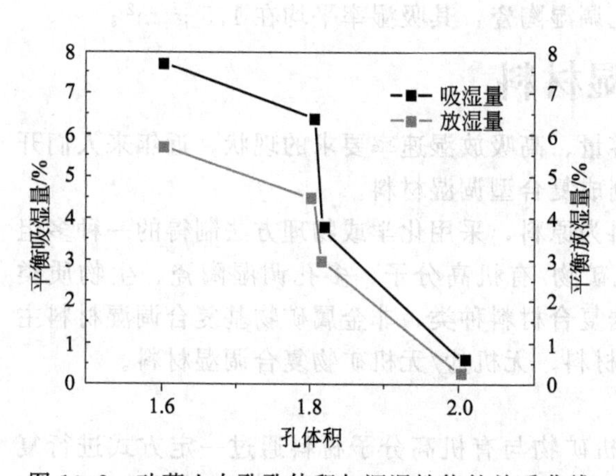

图 10.8 硅藻土大孔孔体积与调湿性能的关系曲线

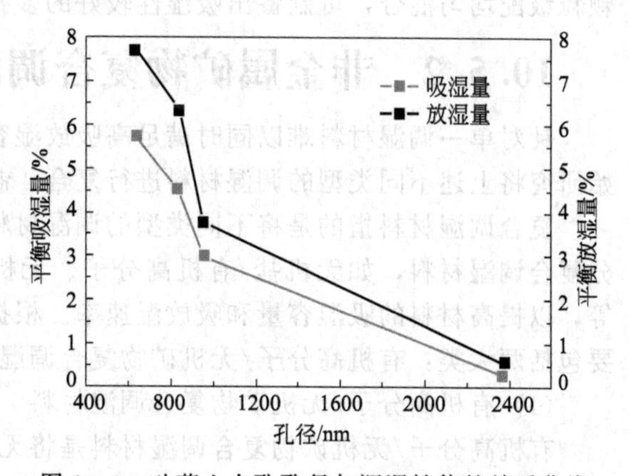

图 10.9 硅藻土大孔孔径与调湿性能的关系曲线

（2）海泡石

海泡石是一种富镁纤维状硅酸盐黏土矿物，具有一维柱状孔结构。海泡石的单元层孔洞可加宽到0.38～0.98nm，最大者可达0.56～1.10nm，可容纳更多的水分子（沸石水），同时它的三维立体键结构和Si—O—Si键将细链拉在一起，使其具有一向延长的特殊晶型，结构中的开式沟枢与晶体长轴平行，吸附能力强，再加上海泡石纤维本身无毒、无害、无污染，因此海泡石纤维是一种绿色环保型自调湿材料。在低相对湿度下，调湿作用机理是单、多层分子吸附，比表面积起决定性作用；在中高相对湿度下，调湿作用主要是依靠毛细凝聚作用，调湿性能由孔容积决定；在中等相对湿度时，调湿性能由其对应孔径范围内的孔径分布决定。

郭振华等采用物理和化学方法对天然海泡石进行纤维剥离和活化处理，研究了海泡石纤维活化稳定对吸湿和放湿的影响，研究发现，不同纤维活化温度其结构性质不同，直接影响吸湿和放湿性能，当活化温度在200～500℃，海泡石纤维比表面积较大，其吸湿和放湿性能较强；李国胜等研究了海泡石矿物材料的显微结构对其调湿性能的影响，结果表明：影响海泡石吸湿性能的主要因素是其比表面积、孔容积和孔径分布。在适宜人类生活工作的中等相对湿度（43%～74%）下，海泡石的吸湿性能由其在3.58～8.60Å（1Å＝0.1nm）范围的孔径分布决定。

（3）沸石

沸石是一种架状含水的碱或碱土金属铝硅酸盐矿物，具有三维孔道结构，沸石的结构由三维硅（铝）氧格架组成，硅（铝）氧四面体中每个硅（铝）原子周围有4个氧原子形成四面体配位，沸石中的结构水在特定温度下加热，脱水后结构不破坏，原水分子的位置仍留有空隙，形成海绵晶格一样的空隙，具有将水分子和气体再吸入空隙的特征，因而具有吸附分离性、可逆的吸水性。另外，沸石还具有包胶气体的特征，即高温时沸石空腔变大进入分子，冷却时进入的分子被截留，直至加热时截留的组分才得以释放。

冯乃谦等研究表明，沸石可使容器内湿度稳定在60%～70%之间，而作为参照的没有放置调湿材料样品的容器内部湿度在50%～90%之间浮动；姜洪义等以天然沸石为原料，研磨至120目并烘干后对其调湿性能进行测定，结果表明，沸石在12h后吸湿达到平衡，平衡吸湿量为26.67%，放湿实验在8h后达到平衡为1.74%。

（4）其他

杜尚丰等进行了智能型调湿陶瓷材料的研究与开发，对高岭石硬质矿进行粉碎、高温焙烧、碱溶解处理后加压、成型，其最大水蒸气吸附量高达18%。周雅琴等利用抛光废渣、陶瓷用普通原料，以及吸湿材料硅藻土、海泡石等制备多孔吸湿陶瓷材料，并研究了吸湿材料外加量对吸湿性能的影响，同时探讨了最佳制备工艺及烧成制度，利用基础料与吸湿材料的不同颗粒级配均匀混合，可制备出吸湿性较好的多孔调湿陶瓷，其吸湿率平均在175 g/m^2。

10.5.2 非金属矿物复合调湿材料

针对单一调湿材料难以同时满足高吸放湿容量、高吸放湿速率要求的现状，近年来人们开始研究将上述不同类型的调湿材料进行复合，制成复合型调湿材料。

复合调湿材料指的是将不同类型的调湿材料为原料，采用化学或物理方法制得的一种多组分复合调湿材料，如无机盐/有机高分子、无机矿物/有机高分子、多孔调湿陶瓷、生物质类等，以提高材料的吸湿容量和吸放湿速率。根据复合材料种类，非金属矿物基复合调湿材料主要包括两大类：有机高分子/无机矿物复合调湿材料、无机盐/无机矿物复合调湿材料。

（1）有机高分子/无机矿物复合调湿材料

有机高分子/无机矿物复合调湿材料是将无机矿物与有机高分子材料通过一定方式进行复合，充分发挥各组分的优点制备出的具有高湿容量、高吸放湿速率的复合调湿材料。研究表明，无机矿物与有机高分子材料进行复合后，有机高分子单体经聚合引入到无机矿物的层间或孔内，使无机矿物材料的层间距或孔径增大，加之有机高分子自身的调湿特性（一般具有较高的湿容量），因而使复合调湿材料具有较高的湿容量和较快的调湿速度。此外，有机高分子/无机矿物复合调湿材料表面常存在较大的孔隙，结构疏松，加大了材料与空气的接触面积，从而增强了材料的调湿能力。

姜洪义等以丙烯酸、丙烯酰胺为原料制备各自均聚物及其共聚物，并通过添加人造沸石和高岭土，对其共聚物进行改性，测试人造沸石、高岭土、聚丙烯酸、聚丙烯酰胺、丙烯酸-丙烯酰胺共聚物、人造沸石交联丙烯酸-丙烯酰胺共聚物、高岭土交联丙烯酸-丙烯酰胺共聚物的吸放湿性能，结果表明：PAA、PAM、AA-AM、AA-AM-人造沸石、AA-AM-高岭土都具有湿容量大，但吸放湿速率中等或较慢的特点；通过选择合适的无机材料与有机调湿材料进行交联反应，可以克服原来无机和有机材料各自的缺点，得到吸放湿速度快且湿容量大的调湿材料。Yang等采用羟甲基纤维素、海泡石、丙烯酸/丙烯酸共聚物为原料制备了一种具有良好调湿性能的复合调湿材料，该复合调湿材料吸湿容量大、响应速度快，且具有吸附酸性气体的能力，对硫化物以及氮氧化物具有一定的吸附能力。王吉会等通过反相悬浮聚合法制备出沸石/聚丙烯酸（钠）复合材料，利用正交试验分析沸石与分散剂含量及中和度对复合材料吸放湿性能的影响，得出复合材料的适宜制备工艺条件为：沸石质量分数20%、分散剂质量分数5%、中和度80%，复合材料的吸湿量和放湿量分别达到1.43g/g和0.81g/g。吴季怀等利用煤系高岭土、氢氧化钠、聚丙烯酸、丙烯酰胺为原料，采用溶液聚合法制备出高岭土/聚丙烯酸钠、高岭土/聚丙烯酸-丙烯酰胺复合材料。这种材料具有很高的吸湿性能（吸水量可达800%～960%）。封禄田等研究了蒙脱土/丙烯酞胺复合调湿材料的吸放湿性能，在丙烯酞胺水溶液中加入一定质量的镍基蒙脱土进行络合再加入引发剂过硫酸铵得到黏稠的胶状蒙脱土/聚丙烯酞胺复合调湿材料，其吸放湿量高达16%。曹丽云等利用钙基膨润土和丙烯酰胺为原料，通过配位插层聚合制备出质量比为（1∶5)～(1∶10）的膨润土/聚丙烯酰胺复合调湿材料。该材料的湿容量和吸湿速率随丙烯酰胺含量的增加而增大，但放湿速率随之减小。曹丽云等还通过离子交换法将钙基膨润土交换为钠基膨润土，继而交换为镍基膨润土，以硝酸铈为引发剂，并通过丙烯酰胺插层，制备一种聚丙烯酰胺/膨润土复合调湿材料。研究表明，该材料随着复合物中膨润土含量的增加，复合物的吸湿量和吸湿速率降低，放湿速率增加。黄剑锋等采用配位插层聚合的工艺制备出一种聚丙烯酰胺/膨润土复合调湿膜，研究了工艺因素对复合膜调湿性能的影响规律。陈作义以硅藻土、白水泥、改性淀粉和合成树脂为原料，按一定物料比例制备一种复合调湿材料，研究表明，在间歇式空调的辅助作用下，将36℃、85%温度与湿度稳定调节到28℃、66%。

（2）无机盐/无机矿物复合调湿材料

无机盐改性是改善无机矿物调湿性能的主要方法之一。无机盐改性的机理是：根据无机矿物吸放湿速率较快、湿容量小的特点，通过无机盐改性，利用多孔矿物高比表面积和吸附性能，增加无机盐与水蒸气的接触面积，环境中的水蒸气与无机盐发生化学吸附，无机多孔矿物的物理吸附与无机盐化学吸附相互促进，从而提高材料调湿性能。

Vu等以硅藻土、火山灰为原料，通过加入硼酸钠，将混合物在高温下煅烧，研究了煅烧产品的吸放湿性能与孔结构特性，同时研究了煅烧温度、不同成分的配比对样品调湿效果的影响，结果表明，当硅藻土∶火山灰∶硼酸钠＝45∶4∶1，煅烧温度为1000℃时，材料的吸放湿性能达到最优（65±4g/m^2）。孔伟等以临江硅藻土为原料，通过提纯、无机盐（$CaCl_2$与LiCl）修饰改性工艺制备硅藻土基调湿材料，吸湿率可达98%。邓妮等利用$CaCl_2$对硅藻土进行改性以改善硅藻土的调湿性能，通过测定在不同相对湿度下的最大平衡含湿量和吸放湿动力学曲线，研究了$CaCl_2$对硅藻土调湿性能的影响规律并探讨了$CaCl_2$改性作用的机制。结果表明，提高$CaCl_2$的浓度，可明显增大改性硅藻土在不同相对湿度下的最大平衡湿含量和吸放湿速率。Gonzalez 等将$CaCl_2$填充到海泡石中制成了一种吸湿容量和调湿速率都大幅提高的复合调湿材料。与纯海泡石相比，$CaCl_2$的加入提高了海泡石的保水能力，同时也增加了放湿量。栾聪梅通过硫酸活化和$CaCl_2$改性的方法对海泡石进行预处理，当酸浓度为15%，固液比为1∶20，酸化时间为14 h时，海泡石的吸湿量最高可达30.35%，放湿量最高可达26%；将$CaCl_2$改性后的海泡石粉与半水石膏混合，制备石膏基复合调湿材料，结果表明，经$CaCl_2$改性后海泡石的吸、放湿量均明显提高，相对湿度越大，海泡石的吸湿量越大，相对湿度越小，海泡石的放湿量越大。在相同湿度下，海泡石的吸、放湿量随着$CaCl_2$含量的增加而增加。在同一条件下，$CaCl_2$改性海泡石的吸附性能优于酸改性后的海泡石。BET 测试结果表明，$CaCl_2$改性后海泡石的孔结构发生明显变化，孔径分布趋于均匀。Jiang 等采用石膏和活性海泡石为原料，通过$CaCl_2$改性工艺制备石膏/海泡石基复合调湿材料，结果表明，$CaCl_2$活化后，海泡石的吸湿/放湿性能提高且$CaCl_2$含量越高，吸附/脱附性能提高越明显，加入海泡石有助于提高石膏复合材料的吸附/脱附能力。

10.6 硅藻泥

(1) 硅藻泥的性能特点及应用

硅藻泥是一种以硅藻土等多孔矿物和无机胶凝材料（白水泥、灰钙粉、半水石膏等）为主要组分，重质碳酸钙、硅微粉等为填料的健康环保型内墙装修与装饰材料。

硅藻泥是我国近几年新兴的一种功能性内墙装修装饰材料。因其具有吸/放湿功能，又被称为“可呼吸涂料”，其主要功能如图10.10所示。硅藻泥除具有良好的吸/放湿，即调湿功能外，还具有吸附室内有害气体（甲醛、甲苯等）、防火阻燃、吸声降噪、保温隔热等功能；特别是配方中加入了纳米TiO_2/硅藻土复合光催化材料及其他高性能光催化材料，不仅能够吸附甲醛，还具有持续吸附和降解甲醛的功能。与涂料、壁纸、瓷砖等传统内墙装饰材料相比，硅藻泥因其健康环保性能，契合了人们对健康居住环境的需求，在内墙装修装饰材料领域具有良好的发展前景。

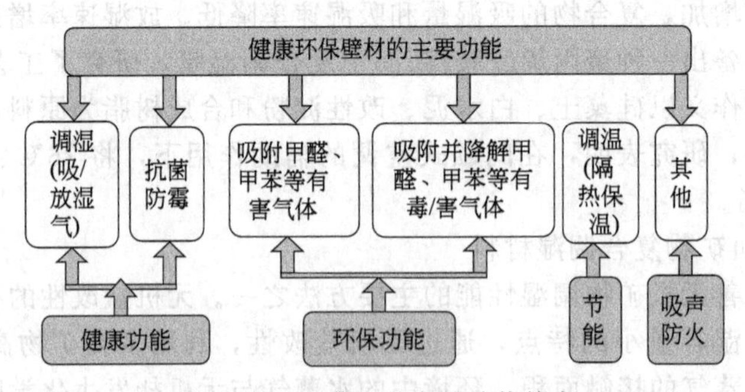

图10.10 硅藻泥的主要功能特点

作为内墙装修装饰材料，传统装修装饰材料，特别是乳胶漆或水性涂料、壁纸都能应用的领域，硅藻泥一般都能适用，尤其是住宅、宾馆、办公楼以及图书馆（合适的湿度有利于保存图书）、酒楼、酒窖等，应用广泛，具有巨大的市场空间。

(2) 硅藻泥生产工艺与配方

硅藻泥生产技术的核心是配方。目前，硅藻泥产品的基本配方体系大体一致，包括硅藻土、胶凝材料、预混料、填料或颜料及助剂等。

作为硅藻泥主要功能组分之一的硅藻土要求具有较高的比表面积、孔体积、纯度与白度；

硅藻泥常用的胶凝材料包括白水泥、石灰、石膏等无机材料，目的是主要保证产品的粘接强度与表面强度，同时对凝结时间、涂层的致密度、外观与成型等具有重要影响；填料又称骨料，主要是为了造型和装饰效果的需要，主要为重质碳酸钙、石英粉或石英砂与彩砂；预混料主要是指配方体系中用量较少的助剂，以满足施工与功能性的需求，例如有机黏结剂、缓凝剂、保水剂、增稠剂、复合光催化材料、防霉抗菌材料等；颜料主要是为了满足装饰色彩的需求，其选择应注意材料环保性、色彩稳定性等要求。

硅藻泥的调湿机理是：硅藻泥成膜后，涂层内部材料（主要是硅藻土）具有大量多孔结构与亲水官能团，当室内空气相对湿度过高时，空气中的水蒸气压力高于硅藻泥表层的孔内凹液面上水的饱和蒸汽压，此时水蒸气被吸附，反之则脱附。通过对水蒸气进行吸收、释放，从而有效调节室内空气相对湿度。

硅藻泥原则生产工艺如图 10.11 所示。

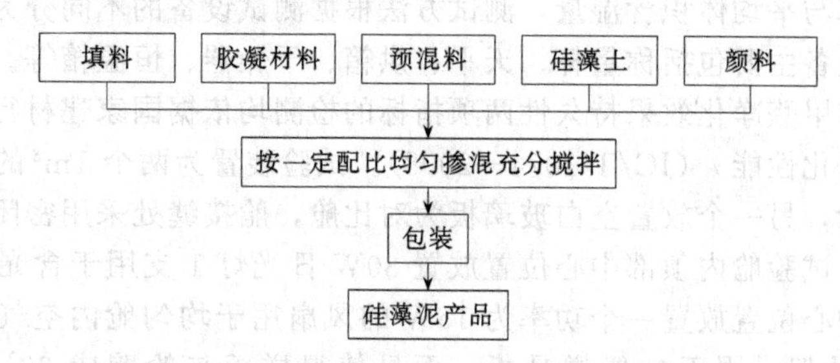

图 10.11　硅藻泥原则生产工艺

(3) 硅藻泥产品技术指标要求及测试方法

依据国家建材行业标准《硅藻泥装饰材料》(JC/T 2177—2013)，硅藻泥装饰材料的技术指标要求主要包括三部分，分别是一般技术要求、功能性技术要求、有害物质痕量要求，分别见表 10.4～表 10.6。

表 10.4　硅藻泥装饰材料一般技术要求

序号	项目		技术指标
1	容器中状态		粉状、无结块
2	施工性		易混合均匀，施工无障碍
3	初期干燥抗裂性(6h)		无裂纹
4	表干时间/h		≤2
5	耐碱性(48h)		无起泡、裂纹、剥落，无明显变色
6	粘接强度/MPa	标准状态	≥0.50
		浸水后	≥0.30
7	耐温湿性能		无起泡、裂纹、剥落，无明显变色
8	硅藻材料成分		可检出

表 10.5　硅藻泥装饰材料功能性技术要求

序号	项目		指标
1	调湿性能	吸湿量 $w_a/(1\times10^{-3}kg/m^2)$	3h 吸湿量 $w_a\geqslant20$；6h 吸湿量 $w_a\geqslant27$；12h 吸湿量 $w_a\geqslant35$；24h 吸湿量 $w_a\geqslant40$
		放湿量 $w_b/(1\times10^{-3}kg/m^2)$	24h 放湿量 $w_b\geqslant w_a\times70\%$
		体积含湿比率 $\Delta\omega/[(kg/m^2)/\%]$	≥0.19
		平均体积含湿量 $\bar{\omega}/(kg/m^3)$	≥8
2	甲醛净化性能		≥80%
3	甲醛净化效果持久性		≥60%
4	防霉菌性能		0 级
5	防霉菌耐久性能		1 级

表 10.6 硅藻泥装饰材料有害物质痕量要求

序号	项　目	限量值
1	挥发性有机化合物含量(VOC)/(g/kg)	小于检出限值
2	苯、甲苯、乙苯、二甲苯总和/(mg/kg)	小于检出限值
3	游离甲醛/(mg/kg)	小于检出限值

注：上述物质检测依据《室内装饰装修材料 内墙涂料中有害物质限量》GB 18582—2008 规定的测试方法进行。

吸/放湿量性能检测依据建材行业标准《建筑材料吸放湿性能测试方法》（JC/T 2002—2009），选择中湿范围，即在（23±2)℃条件下，相对湿度由75%、50%变换时的吸湿量、放湿量。测试设备主要包括恒温恒湿试验箱、电子天平、温湿度测定仪。平衡时含湿量包括体积含湿比率与平均体积含湿量两项指标，依据《建筑材料及制品的湿热性能 吸湿性能的测定》(GB/T 20312—2006)，测试样品在（23±2)℃条件下，35%、55%、75%三个相对湿度时所对应的体积含湿比率与平均体积含湿量，测试方法根据测试设备的不同分为干燥器法与气候箱法。干燥器法测试设备主要包括称量杯、天平、烘箱、干燥器、恒温箱等。

甲醛净化性能与甲醛净化效果持久性两项指标的检测均依据国家建材行业标准《室内空气净化功能涂覆材料净化性能》（JC/T 1074—2008)。试验装置为两个 $1m^3$ 的玻璃试验舱，一个放置样品的为样品舱，另一个放置空白玻璃板为对比舱，舱接缝处采用密闭胶处理，采气口为试验舱侧壁中心点，试验舱内顶部中心位置放置 30W 日光灯 1 支用于含光催化材料的样品测试，试验舱内左侧中心位置放置一个功率为 15W 的风扇用于均匀舱内空气。试验舱长度方向放置 4 个不锈钢样品架，用于放置样品板，而且使得样板与舱壁成 30°，样板距离舱底部 300mm。试验舱示意如图 10.12。

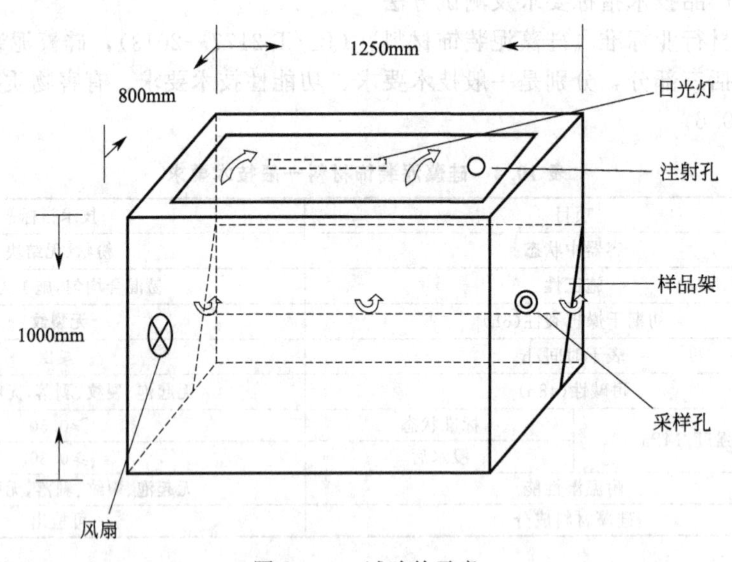

图 10.12 试验舱示意

甲醛净化效率测试方法如下：将制备好的试验样板和空白玻璃板分别放入样品舱和对比舱，每个舱内放置 4 块板于样品架上，样板涂刷样品的一面朝向舱中心放置；将一玻璃平皿放入试验舱，密闭试验舱，然后用微量注射器取（3±0.25)μL 分析纯甲醛溶液，通过注射孔滴在玻璃平皿内，密闭注射孔；加入光催化材料产品测试时，打开两舱内日光灯。密闭 1h 后采集舱内气体测试其浓度，此浓度为初始浓度 n_0。48h 后采集舱内气体并测试其浓度，此浓度为终止浓度 n_1。采集气体前开启风扇 30min，采样时关闭。甲醛浓度的测定按 GB/T 16129 采用 AHMT 分光光度法，甲醛净化效率 $R=(n_0-n_1)/n_0\times100\%$。

11

聚合物/黏土纳米复合材料

11.1 聚合物/黏土纳米复合材料及其分类

纳米复合材料是指分散相至少有一相在100nm以内的材料。聚合物纳米复合材料是以聚合物材料为基体，填料颗粒以纳米尺度分散在基体中的高分子复合材料。聚合物/黏土纳米复合材料是以聚合物材料为基体，纳米级层状结构黏土颗粒（如膨润土、高岭土）为填料或分散相的高分子复合材料。但这种高分子材料不是简单地在聚合物中添加黏土填料颗粒进行混合而制得，而是通过聚合物单体、聚合物溶液或熔体在有机物改性后的黏土矿物的结构层间插层聚合或剥离作用，使黏土矿物形成纳米尺度的基本单元并均匀分散于聚合物基体中而制成的。按其复合的形式，聚合物/黏土纳米复合材料可分为插层型纳米复合材料（intercalated nano-composite）和剥离型纳米复合材料（exfoliated nano-composite）。在插层型复合材料中，聚合物插入黏土（如膨润土）颗粒的硅酸盐片层间，层间距因大分子的插入而明显增大，但片层之间仍存在较强的范德华引力，片层与片层的排列仍是有序的，因此，插层型复合材料具有各相

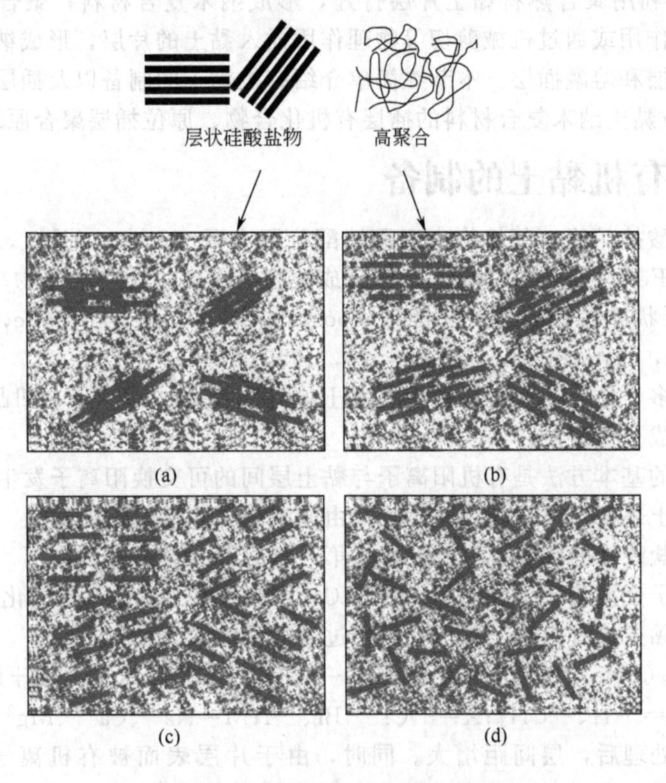

图11.1 高聚合物系/黏土纳米复合材料的分类

(a) 常规复合材料；(b) 插层型纳米复合材料；(c) 有序剥离型纳米复合材料；(d) 无序剥离型纳米复合材料

异性。在剥离型纳米复合材料中，聚合物分子大量进入黏土硅酸盐片层间，黏土片层完全剥离，层间相互作用力消失，叠层结构被完全破坏，硅酸盐片层以单一片层状无序而均匀地分散于聚合物基体中，因此，剥离型复合材料具有较强的增强效应，是理想的强韧性材料。剥离型纳米复合材料又可细分为有序剥离型纳米复合材料和无序剥离型纳米复合材料两类。图 11.1 为聚合物/黏土纳米复合材料分类示意。

聚合物/黏土纳米复合材料的物理化学性能显著优于相同组分常规材料，甚至表现出常规材料所不具有的纳米效应，因此已成为当前材料科学研究开发的热点。目前最具有工业化前景的是聚合物/黏土纳米复合材料。近年来，对聚合物/黏土纳米复合材料的研究日益广泛和深入，并且已经有一些成功的实例，如聚酰胺（PA）/黏土纳米复合材料、聚丙烯（PP）/黏土纳米复合材料、聚苯乙烯（PS）/黏土纳米复合材料以及聚乙烯、环氧树脂、硅橡胶等。

11.2 聚合物/黏土纳米复合材料的制备方法

目前，制备聚合物/黏土纳米复合材料主要采用插层复合法。插层法制备聚合物/黏土纳米复合材料分为原位插层聚合法和聚合物插层法。

经有机化处理的黏土，如蒙脱土，由于体积较大的有机离子交换了原来的 Na^+，层间距离增大，同时因片层表面被有机阳离子覆盖，黏土由亲水性变为亲油性。当有机化黏土与单体或聚合物作用时，单体或聚合物分子向有机黏土的层间迁移并插入层间，使黏土层间距进一步胀大，得到插层复合材料。

原位插层聚合法是利用有机物单体通过扩散和吸引等作用力进入黏土片层，然后在黏土层间引发聚合，利用聚合热将黏土片层打开，形成纳米复合材料；聚合物插层法是指聚合物分子利用溶剂的作用或通过机械剪切等物理作用插入黏土的片层，形成纳米复合材料，这种方法又分为溶液插层和熔融插层。本节在简单介绍有机黏土的制备以及插层剂选择的基础上重点介绍制备聚合物/黏土纳米复合材料的插层有机化合物、原位插层聚合原理及插层方法。

11.2.1 有机黏土的制备

黏土属层状硅酸盐矿物，其结构由四面体配位阳离子（Si^{4+}、Al^{3+}、Fe^{3+}）和八面体配位阳离子（Al^{3+}、Fe^{3+}、Fe^{2+}、Mg^{2+}）结合成层状格子。因此，聚合物/黏土纳米复合材料又被称为聚合物/层状硅酸盐纳米复合材料（polymer/clay nanocomposite，参见英国《自然》杂志：Paul Calvert，Nature，vol. 383. 26：26，1996）。

黏土的种类很多，作为工业材料使用的黏土包括膨润土、高岭土、凹凸棒石、海泡石等。其中膨润土的主要成分是蒙脱石。

制备有机黏土的基本方法是有机阳离子与黏土层间的可交换阳离子发生离子交换反应，使有机基团覆盖于黏土表面，改变其表面性能，由原来的亲水性变为亲油性。目前应用较多的有机黏土主要是季铵盐改性的蒙脱土（参见本书第 8 章 8.2.3 有机膨润土）。

若用有机阳离子交换蒙脱土层间的 Na^+、Ca^{2+} 等离子，就得到有机化的蒙脱土，简称有机土。该过程称为黏土的有机化。黏土有机化过程的反应式为

$$CH_3(CH_2)_nNR_3X + M\text{-}Mont \longrightarrow CH_3(CH_2)_nNR_3\text{-}Mont + MX$$

$$(R = —H、—CH_3；X = —Cl、—Br、—I；M = Na^+、Ca^{2+}、Mg^{2+})$$

黏土经有机化处理后，层间距增大。同时，由于片层表面被有机离子上的烷基长链覆盖，黏土由原来的亲水性变为亲油性，因此，有机化黏土与很多有机溶剂及高分子有良好的亲和性。

根据黏土的交换容量，所使用的有机处理剂及有机化处理方法不同，有机阳离子在黏土层间

会采取不同的排布方式，主要有3种：单层排列、双层排列和斜立排列（monolayer, bilayer and paraffin-like）。蒙脱土的有机化及有机土结构如图11.2所示。

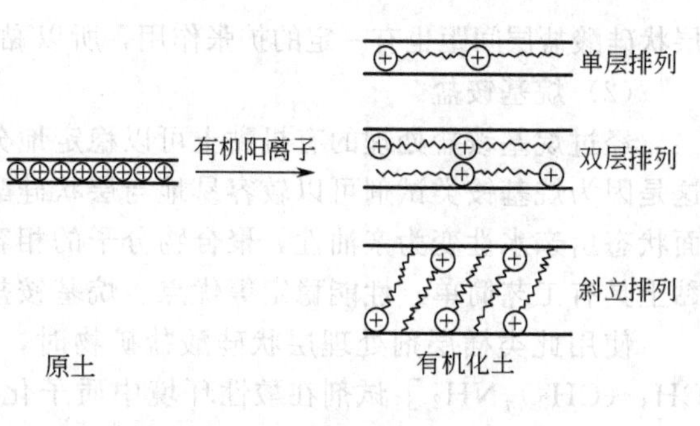

图11.2 蒙脱土的有机化及有机土结构

11.2.2 插层剂的选择

黏土层间的可交换阳离子，如 Na^+、K^+、Ca^{2+}、Mg^{2+} 等，能与有机阳离子（插层剂）进行离子交换而使层间距增大，并改善层间微环境，使黏土内外表面由亲水转变为疏水，降低硅酸盐表面能，有利于单体或聚合物插入黏土层间形成聚合物纳米复合材料。因此，选择插层剂是制备聚合物纳米复合材料的关键步骤之一。一般插层剂应满足以下要求。

① 容易进入层状硅酸盐片层间（001面间），并能显著增大黏土晶片间层间距。

② 插层剂分子应与聚合物单体或高分子链具有较强的物理或化学作用，以利于单体或聚合物插层反应的进行，并且可以增强黏土片层与聚合物两相间的界面黏结，有助于提高复合材料的性能。从分子设计的观点来看，插层剂有机阳离子的分子结构应与单体及其聚合物相容，具有参与聚合的基团，这样聚合物基体能够通过离子键同硅酸盐片层相连接，提高聚合物与层状硅酸盐间的界面相互作用。

③ 价格便宜，来源广泛，最好是现有的工业品。

制备聚合物/层状硅酸盐纳米复合材料的历史上第一次使用的插层剂是氨基酸类。首先用氨基酸处理层状硅酸盐得到有机黏土，然后利用单体原位聚合技术制备出了PA6/硅酸盐纳米复合材料。此后许多新的插层剂被开发出来，并被用于有机黏土和PLS纳米复合材料的制备，其中就包括目前被广泛应用的烷基铵盐类插层剂。以下简单地介绍几种典型的插层剂。

(1) 氨基酸

在氨基酸分子中含有一个氨基（$—NH_2$）和一个羧酸基（—COOH）。在酸性介质的条件下，氨基酸分子中羧酸基团内的一个质子就会传递到氨基基团内，使之形成一个铵离子（$—NH_3^+$），这个新形成的铵离子使得氨基酸具备了与层状硅酸盐片层间的阳离子进行交换的能力。当氨基酸内的铵离子完成了与层状硅酸盐片层间阳离子的交换后，就可以得到氨基酸化的有机黏土。

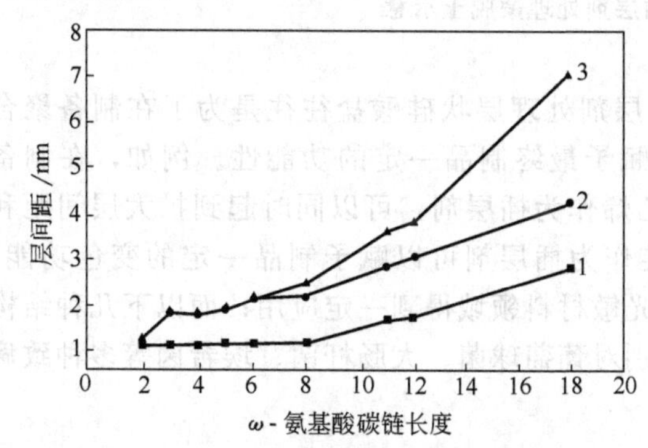

图11.3 有机黏土层间距与ω-氨基酸碳链长度的关系

1—ω-氨基酸插层黏土；2—ε-己内酰胺插层有机黏土（25℃）；3—ε-己内酰胺插层有机黏土（100℃）

许多具有不同碳链长度的ω-氨基酸［$H_3N^+(CH_2)_{n-1}COOH$］都被用来制备有机黏土，用ω-氨基酸处理所得的有机黏土在制备PA6/层状硅酸盐纳米复合材料中得到了成功应用。因为氨基酸中的羧基能与插入层状硅酸盐层间的ε-己内酰胺反应，参与其聚合过程。

根据插层剂的一般特性，氨基酸分子中碳链越长，越有利于其扩张层状硅酸盐的层间距。图11.3给出了使用不同ω-氨基酸处理层状硅酸盐时碳链长度与有机黏土层间距的关系曲线。

从曲线中可以看到，随着ω-氨基酸碳链的增加，有机黏土的层间距随之不断增加。在其中插入己内酰胺单体后，由于己内酰胺单体对层状硅酸盐层间距也有一定的扩张作用，所以黏土的片层间距进一步得到了扩大。

（2）烷基铵盐

经过烷基铵盐处理的有机黏土可以稳定地分散在某些有机溶剂中，形成稳定的胶体体系。这是因为烷基铵类试剂可以较容易地与层状硅酸盐的层间离子进行交换，使层状硅酸盐片层表面状态由亲水性变为亲油性，聚合物分子的相容性也可以得到相应提高。用烷基铵盐制备有机黏土具有工艺简单、性能稳定等优点。烷基铵盐已经成为目前使用最为广泛的一种插层剂。

使用此类插层剂处理层状硅酸盐矿物时，通常的工艺步骤是：首先将烷基胺［结构为：$CH_3-(CH_2)_n-NH_2$］试剂在酸性环境中质子化，使氨基转变为铵离子，得到烷基铵离子，结构为 $CH_3-(CH_2)_n-NH_3^+$；然后与层状硅酸盐的层间阳离子交换得到有机黏土。上述烷基铵离子的分子式中 n 值的范围介于1～18之间。同样的，烷基铵离子的碳链长度对有机黏土的处理效果、制备的聚合物/黏土纳米复合材料的性能都有显著影响。碳链越长，处理后的有机黏土的层间距越大。研究结果表明，使用碳链长度小于 8 的烷基铵离子处理层状硅酸盐矿物时，主要得到插层型的纳米复合材料；而使用碳链长度大于 8 的烷基铵时，更容易得到剥离型的纳米复合材料。此外，在实际应用中，不仅仅是具有一个烷基链的烷基铵离子可以用来处理层状硅酸盐，连接两条烷基链的铵离子也可以用来制备有机黏土。

根据原土的阳离子交换容量与烷基铵离子中碳链长度的不同，烷基铵阳离子经交换进入层状硅酸盐的层间后，烷基链会采取不同的空间位置分布在各个片层之间。一般而言，随着黏土 CEC 的数值由小到大变化，烷基链在层间的空间分布会按以下的顺序变化：单层分布、双层分布、准三层分布以及与石蜡结构类似的层状分布。烷基铵阳离子与层状硅酸盐的层间阳离子交换的简单过程如图 11.4 所示，烷基链以一定的倾斜角度分布在两个硅酸盐片层之间，相互之间平行成一单层的层状分布。

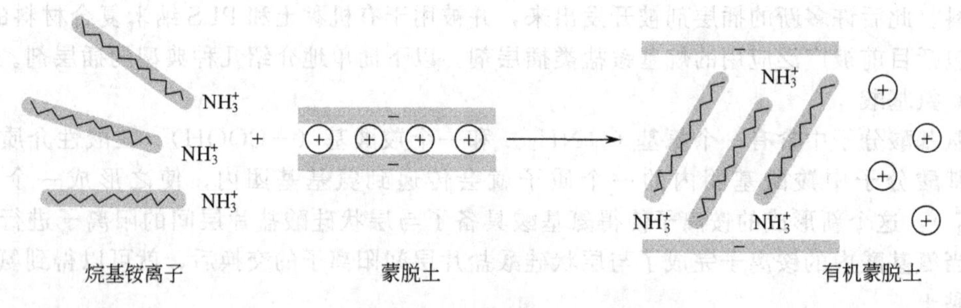

图 11.4 利用烷基铵盐插层剂处理蒙脱土示意

（3）其他插层剂

除了以上两类常用的插层剂，使用其他的插层剂处理层状硅酸盐往往是为了在制备聚合物/层状硅酸盐纳米复合材料时改善某些工艺或赋予最终制品一定的功能性。例如，在制备 PS/层状硅酸盐纳米复合材料时，使用氨甲基苯乙烯作为插层剂，可以同时起到扩大层间距和参与苯乙烯原位聚合的作用；使用 4-乙烯基吡啶作为插层剂可以赋予制品一定的变色功能；使用偶氮阳离子作为插层剂则可以使有机黏土在光敏材料领域得到一定应用；而以下几种结构的插层剂则都是具有抗菌功能的插层剂，它们分别对葡萄球菌、大肠杆菌、埃希菌等多种致病细菌有显著的抑制作用。

CH_3 N—R CH_3 Cl^-

苄基烷基氯化铵，其中烷基 R 的结构为：$C_{12}H_{25}$～$C_{18}H_{37}$

吖啶黄氯化铵

克菌定（商品名）

此外，还有许多结构与功能各异的插层剂在实际研究工作中得到了应用，随着对聚合物/纳米复合材料研究的深入，还将会有更多的插层剂被开发出来。

11.2.3 插层的有机化合物

在黏土层间插层的有机化合物可以是高分子的聚合物或预聚体，也可以是可聚合的单体。

（1）直接插层的聚合物

可直接插层的聚合物大致有以下几类：

① 烯类均聚物或共聚物，如聚苯乙烯、聚甲基丙烯酸甲酯、聚乙烯、聚丙烯、聚氯乙烯、乙烯/乙酸乙烯酯共聚物等；

② 聚醚类，如聚环氧乙烷、聚环氧丙烷、环氧树脂等；

③ 聚酰胺类，如尼龙 6；

④ 聚酯类，如聚对苯二甲酸乙二醇酯；

⑤ 弹性体类，如丁苯橡胶等合成橡胶以及天然橡胶。

（2）原位插层聚合的有机单体

能够在黏土层间插入并进行原位聚合的活性有机单体相对较多，主要有以下几种：

① 氧化还原反应机理进行聚合的单体，如苯胺、吡咯、呋喃、噻吩等。

② 阳离子或阴离子引发聚合的单体，如环内酯、内酰胺、环氧烷等环状化合物。这些单体插入黏土层间，用阳离子或阴离子引发剂引发开环聚合，得到插层复合材料。

③ 进行自由基聚合的单体。烯类单体是一类进行自由基聚合的主要单体，如苯乙烯、甲基丙烯酸甲酯、丙烯酸丁酯等丙烯酸系列单体等。

④ 配位聚合单体，如乙烯、丙烯等与催化剂形成配合物的单体。在黏土层间同时插入可聚合单体和 Ziegler-Natta 催化剂，通过聚合得到高分子聚合物插层复合材料。

11.2.4 原位插层聚合原理

关于原位聚合原理，目前主要提出了三种机理。

（1）自由基聚合机理

自由基聚合一般是在引发剂、光辐射、热等条件下进行的。它包括 3 个基本阶段：链引发、链增长、链终止。烯类单体是发生自由基聚合的主体物质，甲基丙烯酸甲酯、苯乙烯等是常见的单体。实际上烯类单体在插层自由基聚合时，会受到黏土中很多金属离子的影响。这些金属离子会钝化或捕捉自由基，造成自由基聚合的诱导期延长，产生动力学链转移，甚至不能完成聚合。在黏土层间空隙中的插层聚合相当于本体聚合，只要聚合物单体没有或很少发生自由链基转移反应，形成高相对分子质量聚合物是可能的。

在插层自由基聚合中，单体聚合速度快，瞬间内放出大量的热，这种热效应足以使层间结合较弱的黏土片层逐层分离剥落，容易形成剥离型黏土复合材料。不同的聚合单体，其热效应不同，对黏土的剥离影响程度不同。用于原位聚合的常见单体聚合热效应列于表 11.1。

表 11.1 25°时单体聚合热、熵变和体积收缩率

单体	$-\Delta H^{\ominus}$ /(kJ/mol)	$-\Delta S^{\ominus}$ /[J/(mol·K)]	体积收缩率/%	单体	$-\Delta H^{\ominus}$ /(kJ/mol)	$-\Delta S^{\ominus}$ /[J/(mol·K)]	体积收缩率/%
苯乙烯	73	104	14.5	乙酸乙烯酯	88	110	21.6
氯乙烯	72	—	34.4	丙烯酸甲酯	78	—	22.1
丙烯腈	76.5	109	31.0	甲基丙烯酸甲酯	56	117	20.6

从表 11.1 可见，单体放热，有利于黏土的剥离。单体热值高，放热迅速，只要在黏土层间聚合就能将片层剥离；但单体的聚合体积收缩又使黏土的层间扩张受到消极影响。但两方面综合，前者占主导地位，剥离的黏土片层随聚合体系的热运动而分散，因此原位插层自由基聚合是形成纳米黏土复合材料的重要方法之一。

(2) 离子聚合机理

采用己内酰胺在黏土层间原位插层聚合时，通常是在质子酸催化条件下，以阳离子聚合机理进行的。反应的主要步骤是酸催化亲核取代反应。

质子酸会电离出质子：$HX \longrightarrow H^+ + X^-$

H^+ 与己内酰胺的羰基氧结合形成质子化单体，反应步骤如下。

$$\text{HN}\!\!\diagdown\!\!\underset{\text{R}}{\diagup}\!\text{CO} + H^+ \longrightarrow \text{HN}\!\!\diagdown\!\!\underset{\text{R}}{\diagup}\!\overset{+}{\text{C}}\text{—O—H}$$

（质子化单体）

其中的 R 为 $(CH_2)_4$。

这种质子化单体上的 C^+ 易受到另一分子单体中的氮原子亲核取代，发生开环；与此同时，OH 上的质子转移到同分子的氮原子上，形成铵盐正氮离子。作为亲核试剂的己内酰胺保持环状结构，形成了铵盐型二聚体。

$$\text{HN}\!\!\diagdown\!\!\underset{\text{R}}{\diagup}\!\text{C=O} + \text{HN}\!\!\diagdown\!\!\underset{\text{R}}{\diagup}\!\overset{+}{\text{C}}\text{—O—H} \longrightarrow \text{O=C}\underset{\text{R}}{\diagdown}\!\!\diagup\text{NCORN}\overset{+}{\text{H}}_3$$

（铵盐型二聚体）

质子化的二聚体将其质子转移给小分子单体，形成质子化的小分子单体和二聚体：

$$\text{O=C}\underset{\text{R}}{\diagdown}\!\!\diagup\text{NCORN}\overset{+}{\text{H}}_3 + \text{HN}\!\!\diagdown\!\!\underset{\text{R}}{\diagup}\!\text{C=O} \longrightarrow \text{HN}\!\!\diagdown\!\!\underset{\text{R}}{\diagup}\!\overset{+}{\text{C}}\text{—OH} + \text{O=C}\underset{\text{R}}{\diagdown}\!\!\diagup\text{NCORNH}_2$$

（二聚体）

质子化单体可以与小分子单体形成二聚体，也可以与二聚体形成三聚体。在反应初期，基本上是小分子单体间的缩聚，单体转化率很高，但体系中聚合物的相对分子质量较小。

$$\text{O=C}\underset{\text{R}}{\diagdown}\!\!\diagup\text{NCORNH}_2 + \text{HN}\!\!\diagdown\!\!\underset{\text{R}}{\diagup}\!\overset{+}{\text{C}}\text{—OH} \longrightarrow \text{O=C}\underset{\text{R}}{\diagdown}\!\!\diagup\text{NCORNHCORN}\overset{+}{\text{H}}_3$$

（铵盐型三聚体）

随着反应的进行，铵盐型三聚体增多，像铵盐型二聚体一样，转移质子，形成三聚体和新的质子化小分子单体或质子化二聚体、三聚体等。低聚物之间随着各自集聚浓度的增加，发生缩聚反应，体系中聚合物的分子量随之逐步增大。

$$\text{O=C}\underset{\text{R}}{\diagdown}\!\!\diagup\text{N(CORNH)}_2\text{H} + \text{H(HNROC)}_2\text{N}\!\!\diagdown\!\!\underset{\text{R}}{\diagup}\!\overset{+}{\text{C}}\text{—OH} \longrightarrow \text{O=C}\underset{\text{R}}{\diagdown}\!\!\diagup\text{N(CORNH)}_4\text{CORN}\overset{+}{\text{H}}_3$$

（铵盐型低聚体）

当低聚物间的缩聚体增多时，聚己内酰胺的分子量明显增大。在黏土的层间空隙中，对这种方式聚合的小分子单体间的缩聚是可行的，对低聚物间的缩聚也不存在多大的限制，但是对大分子量的聚合体再进行缩聚是不利的。如果大分子间的缩聚条件能够满足，则形成的高分子

链以及缩聚放出的热，对于层间结合力较弱的黏土，产生强大的破坏力，使层间距增大，这就是在原位插层聚合时形成的剥离型黏土复合物的原因。

作为内酰胺缩聚的催化剂，除了质子酸之外，Lewis 酸也可能是良好的催化剂，以其中有空轨道的原子（诸如 B、Al、Fe 等）与内酰胺的羰基氧原子配位，形成配合物。

(3) 氧化还原聚合机理

在氧化还原剂作用下，一些电子共轭单体体系，如苯胺、吡咯等能够发生聚合反应。其中在黏土层间插层聚合的典型单体是苯胺。在弱酸性条件下，苯胺可以形成质子化苯铵阳离子，如同季铵盐阳离子一样，与黏土进行阳离子交换反应，插入黏土层间。

苯胺在化学氧化或电氧化条件下，能在较短的时间内完成聚合反应。氧化条件不同，聚苯胺的结构式不同。处于硅酸盐片层间的苯胺单体的氧化聚合存在温室效应，当聚合温度控制在 0～5℃时，反应需 18h；室温下需要 11h；45℃时需要 8h。通过光电子能谱跟踪研究苯胺在蒙脱土片层间引发聚合全过程发现，在阳离子自由基生成、偶合及成盐 3 个过程中，阳离子自由基的生成是慢过程，是该聚合反应的控制步骤，而阳离子自由基的生成在很大程度上受引发剂向无机纳米片层的扩散所控制，因此该插层聚合是一种动力学扩散控制过程。

11.2.5　黏土插层方法

根据黏土与插层客体的相互作用方式不同，插层方法可分为物理插层和化学插层两种，其分类见图 11.5。

插层客体进入黏土的结果，微米尺度的黏土原始颗粒被剥离成纳米厚度的片层单元，均匀分散于聚合物基体中，实现聚合物和黏土片层在纳米尺度上的复合。黏土剥离并均匀分散是黏土插层方法制备纳米复合材料的关键，聚合物直接插层法尽管会获得良好的插层效果，达到黏土以纳米级片层分散在基体中的目的，但溶液插层因难以找到聚合物适合的有机溶剂而受到限制。目前，在材料的选择和加工工艺方面，主要发展趋势是聚合物直接插层法中的熔融插层。

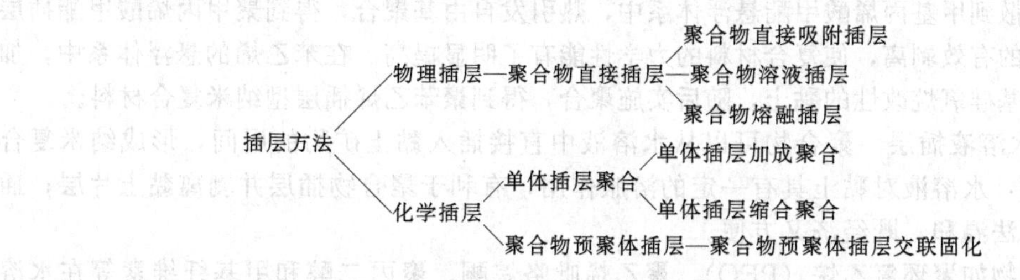

图 11.5　黏土插层方法的分类

插层纳米复合材料的结构可以分为插层型结构和剥离型结构两种。前者是在黏土的层间插入一层能伸展的聚合物链，从而获得聚合物层与黏土硅盐晶层交替叠加的高度有序的多层体，层间域的膨胀相当于伸展链的半径；剥离型结构是黏土硅酸盐晶层剥离并分散在连续的聚合物基质中。它们的形成过程和结构特征如图 11.6 所示。同一种插层客体可能产生两种插层结构类型，形成的复合材料最终属于哪种结构类型，涉及的影响因素较多。一般来说，插层型结构居多，剥离型结构偏少。

(1) 单体插层

有机单体被嵌入到硅酸盐片层间或者通过置换反应途径，将层间的水分子置换出来，或者由于有机分子与层内分子、离子具有强相互作用而被物理吸附或化学吸附。嵌入到层间的单体在外加条件下（如氧化剂、光、热、电子束或 γ 射线辐射等）发生聚合。当层状硅酸盐层间吸附具有强氧化性的离子时，可实现有机单体的原位聚合。

(2) 溶液插层

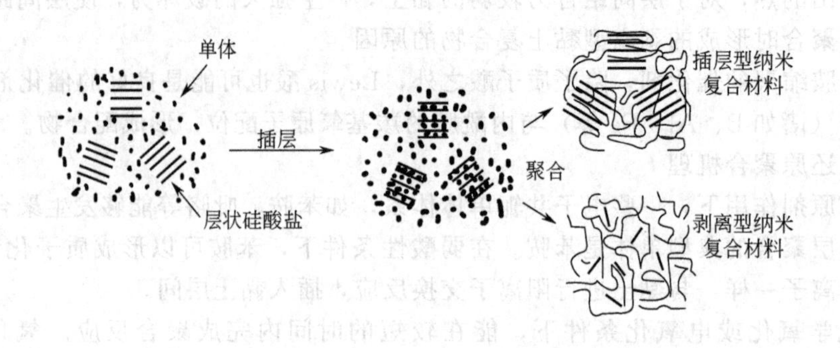

图 11.6　由层状硅酸盐制得的复合材料结构示意

以溶液状态对黏土进行插层制备纳米复合材料。依据溶液的构成，可分为单体溶液插层、聚合物水溶液插层、聚合物有机乳液插层、聚合物有机插层等几种方法。

① 单体溶液插层　所谓单体溶液插层，就是将黏土分散在液态活性单体中，单体插入到黏土的层间，原位聚合形成有机聚合物插层的方法。

丙烯酸酯类、吡咯等杂环类、苯胺类及其衍生物等单体，常温下是液态物质，它们可以被插层到黏土层间域，以自由基聚合机理、化学氧化式电化学聚合机理等形成插层复合材料。苯胺可以嵌入到层状硅酸盐层间域，并通过层间聚合得到高度有序的由单一聚苯胺链和绝缘的基质层叠加而成的多层膜。在受限的空间里，苯胺聚合得到的是单分子链，是典型的纳米复合材料。

将聚酰亚胺的前驱体酰胺酸插层到有机黏土中，经高温脱水、脱二氧化碳可形成聚苯并噁唑插层黏土复合材料。这种杂链聚合物插层复合材料硬度高、刚性强，少量的黏土就赋予复合材料较高的性能。

也可以将有机黏土分散到聚合单体的悬浮体系中实施聚合。可聚合的季铵盐和脂肪长链季铵盐改性的黏土分散到甲基丙烯酸甲酯悬浮体系中，热引发自由基聚合，得到聚甲丙烯酸甲酯插层复合材料。黏土的有效剥离，使复合材料的力学性能有了明显提高。在苯乙烯的悬浮体系中，加入以甲基丙烯酰基硅氧烷改性的黏土，随后实施聚合，得到聚苯乙烯插层型纳米复合材料。

② 聚合物水溶液插层　聚合物可以从水溶液中直接插入黏土矿物的层间，形成纳米复合材料。其特点是：水溶液对黏土具有一定的溶胀作用，有利于聚合物插层并剥离黏土片层；插层条件比其他方法温和，既经济又方便。

水溶性聚合物如聚环氧乙烷（PEO）、聚乙烯吡咯烷酮、聚丙二醇和甲基纤维素等在水溶液中与层状黏土或层状氧化物共混合插层，最后缓慢蒸发掉水溶剂，可制备纳米材料，如聚乙二醇/V_2O_5 纳米复合物、PEO/Li_xMoO_3 纳米复合物等。在中性水溶液条件下，聚合物/V_2O_5 纳米复合物结构很脆弱，受热易发生结构改变，导致复合物变性。如果在水溶液中加入酸性物质，使复合物凝胶化，则能够得到热稳定性的复合物，迅速除去溶剂，即可得到插层纳米复合材料。将聚环氧乙烷与不同交换性阳离子的蒙脱土溶液混合搅拌，可合成具有二维结构的有机-无机复合材料。X 射线衍射显示，PEO/蒙脱土层间化合物的片层间距为 1.72nm，除去蒙脱土晶片的厚度，其层间距约为 0.8nm，相当于层间聚合物的厚度。因此，可以认为聚合物 PEO 以螺旋形的链平行地置于蒙脱土晶片之间。红外分析表明，环氧乙烷单元中的氧原子与层间可交换性阳离子发生离子-偶极分子相互作用。

③ 聚合物乳液插层　聚合物乳液插层是一种直接利用聚合物乳液，如橡胶胶乳对分散黏土进行插层的方法。该方法可以在一定范围内有效地调控复合物的组成比例。将一定量的黏土分散在水中，加入橡胶乳液，以大分子胶乳粒子对黏土片层进行穿插和隔离，胶乳粒子直径越小，分散效果越好。然后加入絮凝剂使整个体系共沉淀，脱去水分，得到黏土/橡胶复合材料。

为改善界面作用效果，可在体系中加入含铵盐基的多官能团偶联分子。乳液插层法利用了大多数橡胶均有乳液的优势，工艺简单，易控制，成本较低；缺点是在黏土质量分数较高时（大于20%）分散性不如反应性插层法好。用此技术已制备了黏土/丁苯橡胶（SBR）、黏土/丁苯吡橡胶、黏土/丁腈橡胶（NBR）、黏土/卤化丁腈橡胶（XNBR）、黏土/天然橡胶（NR）、黏土/氯丁橡胶（CR）等纳米复合材料。

④ 聚合物有机溶液插层 聚合物有机溶液插层方法能够使更多的聚合物有效地插入黏土层间，但需要大量的有机溶剂，并且存在环境污染问题。在有机溶液剂中，经多元醇聚醚（如二羟基化聚环氧乙烷、三羟基化聚环氧丙烷、聚环氧二醇等）对蒙脱土插层，黏土层间距离增大，使随后加入的甲苯二异氰酯更易插层。通过原位酯化反应，使黏土片层剥离，形成聚氨酯结构连续相，构成剥离型插层复合材料。

（3）熔融插层

熔融插层是应用传统的聚合物加工工艺，在聚合物熔点（结晶聚合物）或玻璃化温度（非晶聚合物）以上将聚合物与黏土共混制备纳米复合材料的方法。这种方法不需任何溶剂，工艺简单，易于工业化应用。对黏土进行插层有机化处理，改善了其与高聚物基体之间的相容性，并利用受限空间内的力学作用加强基体与黏土之间的相互作用，使熔融插层法成为制备黏土/聚合物纳米复合材料的有效方法之一。

可熔融插层的有机聚合物包括聚烯烃、聚酰胺、聚酯、聚醚以及含磷、氮等原子主链聚合物和聚硅烷等。非极性聚合物对黏土的熔融插层存在一定困难，如非极性聚乙烯对蒙脱土的插层，不仅没有使蒙脱土的层间距增大，反而使黏土层间间距由 1.96nm 减小到 1.41nm，导致复合材料的性能下降。极性聚合物的熔融插层效果要好得多，如烷基铵改性的蒙脱土与聚苯乙烯粉末混合，并将它们压成球团，接着在高于聚苯乙烯玻璃转变温度（90℃）下加热球团，制备出了二维纳米结构和聚乙苯烯/有机蒙脱土复合材料。同样将 PEO 嵌入到黏土矿物的层间，形成新的聚合物电解质纳米复合材料，蒙脱土层间 PEO 链的无序排列有利于层间阳离子的迁移，嵌入 PEO 的蒙脱土具有比原蒙脱土高的离子电导率，PEO/蒙脱土复合材料在较宽温度范围内具有好的热稳定性和维持高离子电导率的特性。当以 PMMA 对 PEO 链的改性插层时，进一步加大蒙脱土层间聚合物链的无序度，更利于层间 Li^+ 离子迁移；复合材料的常温离子电导率接近 10^{-3}s/cm，且具有良好的温度稳定性。在熔融插层时，辅以必要的分散技术，如超声波振动技术，可增加黏土的剥离程度，使黏土更细更均匀地分散在聚合物基体中。具有比其他方法制备 PEO/蒙脱土复合材料更高的离子电导率和更好的各向同性。

黏土层间是一个活性的有限空间，能够直接插层较多种类的聚合物，但每一种可插层的聚合物都有一定的插层量。研究表明：在一定的条件下，层间可容纳的环氧量有一饱和值，达到该值后，继续延长混合时间或使用能保障充分混合的溶剂法并不能使层间距进一步增大。利用加压熔融的方法，将聚苯乙烯、聚环氧乙烷或聚二甲基硅氧烷插层到蒙脱土中，发现黏土有限的片层空间使聚合物的微区尺寸为 20～50nm。由于聚合物分子链在夹层中不能自由运动，聚合物的玻璃化转变温度提高。

11.3 聚酰胺/黏土纳米复合材料

聚酰胺的商品名称为尼龙，是一种具有良好力学性能的工程塑料。这类塑料品种繁多，目前用得比较多的有 PA6、PA66、PA610、PA612、PA1010、PA11、PA12、PA1414 等。

在聚酰胺之中，最重要的品种为 PA6 和 PA66，PA6 和 PA66 大约占聚酰胺总量的 90% 左右。其他聚酰胺树脂有 PA46、PA69、PA610、PA612、PA11、PA12 和 PPA（对苯二甲酸、间苯二甲酸、己二酸和己二胺的共聚物）等。由于汽车发动机箱内聚酰胺部件需求量的增加，聚酰胺树脂已成为世界塑料界关注的对象之一。

尼龙 6（polyamide，PA6）是工程塑料中开发最早的品种，它具有机械强度高、韧性好、电气性能佳、耐磨、耐油、耐弱酸和弱碱及一些有机溶剂的特点。在汽车、机械、交通运输、电子电器零部件及家庭用品制造业等领域得到广泛应用。但其耐热性和耐化学药品性较差，在干态和低温下冲击强度偏低，吸水率大，影响其制品尺寸的稳定性和电性能。为此，近年来国内外进行了许多研究，通过物理共混、增强、填充、复合等方法对 PA6 进行改性，并开发出许多新品种。其中合金化技术因开发周期短、见效快，成为目前聚酰胺新品种的主要开发手段。传统上利用玻纤或其他无机填料对 PA6 进行增强改性，一定程度上扩大了 PA6 的应用范围。但是对于传统的增强复合材料来说，无论是合金化技术，还是增强改性，存在一些具体问题，如 PA6 共混物中分散相在基体中分散不均匀，增强材料中纤维的存在增加了基体的黏度，降低了材料的加工性等。因此人们力图寻求新的合金改性技术，以期能得到最佳性能的高分子复合材料。PA6/黏土纳米复合材料较好地克服了普通 PA6 的不足。与玻纤增强聚酰胺相比，纳米聚酰胺由于经处理过的黏土改性棒状大分子以近似分子水平分散在柔性链的 PA6 基体中，因而具有较好的刚性、耐热性、透明性和较低的吸水率。

聚酰胺众多的品种具有不同的应用，这些应用也较为成熟，这为其纳米改性产品的应用提供了便利条件。以下在简单介绍聚酰胺（单体和聚合物）的基础上重点介绍 PA6/黏土纳米复合材料的制备方法和材料性能。

11.3.1 聚酰胺

制备聚酰胺的单体有许多种，归纳起来有内酰胺、氨基酸、烷（苯）基脂肪族二胺及烷（苯）基脂肪族二酸等。

内酰胺具有下列通式：

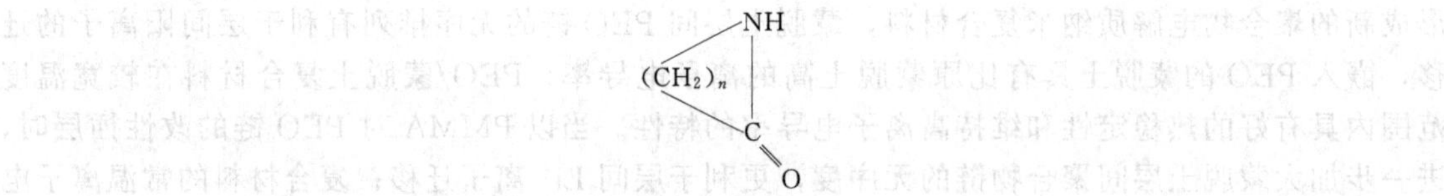

氨基酸也是一类制备聚酰胺的重要单体，其通式如下：

$$\left[NH-(CH_2)_nCO \right]_m$$

二胺与二酸是另一类制备聚酰胺的重要单体，这类单体通式如下：

$$\left[NH_2(CH_2)_nNH_2 \right] \quad 和 \quad \left[HOOC(CH_2)_nCOOH \right]$$

表 11.2～表 11.4 所示分别为内酰胺、氨基酸、烷（苯）基脂肪族二胺及烷（苯）基脂肪族二酸及其聚合物的性质，工业化聚酰胺单体及其原料见表 11.5。

表 11.2 内酰胺单体及其制备的部分聚酰胺的性质

聚酰胺单元 (PAm)①	内酰胺单体		聚酰胺性能			
	名 称	T_m/℃	T_m/℃	密度 /(g/cm³)	吸湿率(相对湿度 65%/20℃)/%	吸湿率(相对湿度 100%/20℃)/%
PA4	丁内酰胺	24.5	260	1.22～1.24	9.1	28
PA6	己内酰胺	69	223	1.14～1.16	4.3～4.7	9.5～11
PA7	庚内酰胺	25	233	1.10	2.6～2.8	5.0
PA8	辛内酰胺	71～72	200	1.08	1.7～1.8	3.9～4.2
PA9	壬内酰胺		209	1.06	1.45～1.5	2.5～3.3
PA10	癸内酰胺	128～135	188		1.25～1.4	1.9
PA11	十一内酰胺	155.6	190	1.04	1.2～1.3	1.8～2.8
PA12	十二内酰胺	153～154	179	1.03	1.3	1.5～2

① m 为内酰胺单体的碳原子数。

表 11.3　氨基酸制备的聚酰胺的性质

聚酰胺单元(PA*m*)①	单体名称	T_m/℃	密度/(g/cm³)
PA6	ε-氨基己酸	217	
PA7	ω-氨基庚酸	212	
PA11	ω-氨基十一酸	185	1.1

① *m* 为氨基酸单体的碳原子数。

表 11.4　脂肪族二胺与脂肪族二酸制备的部分聚酰胺的性质

聚酰胺单元(PA*mn*)①	聚合单体	T_m/℃	聚酰胺单元(PA*mn*)①	聚合单体	T_m/℃
PA210	乙二胺/癸二酸	254	PA610	己二胺/癸二酸	209
PA46	丁二胺/己二酸	278	PA66	己二胺/己二酸	251
PA411	丁二胺/十一碳二酸	208	PA86	辛二胺/己二酸	235
PA53	戊二胺/丙二酸	191	PA810	辛二胺/癸二酸	197
PA55	戊二胺/戊二酸	198	PA102	癸二胺/乙二酸	229
PA56	戊二胺/己二酸	223	PA1010	癸二胺/癸二酸	194

① PA*mn* 中，*m* 为脂肪族二胺单体的碳原子数；*n* 为脂肪族二酸单体的碳原子数。

表 11.5　聚酰胺单体的制备及原料

聚酰胺	单体	制备原料
PA6	己内酰胺	环己烷或者酚
PA46	1,4-丁二胺与己二酸	丙烯酸与氢氰酸反应，还原中间体得丁二胺
PA69	己二胺和壬二酸	从动物油脂制壬二酸
PA610	己二胺和癸二酸	从蓖麻油制癸二酸
PA612	己二胺和十二碳羧酸	从丁二烯制备十二碳羧酸
PA11	11-氨基十一酸	从蓖麻油制 11-氨基十一酸
PA12	十二碳内酰胺	丁二烯与环十二烷中间体制得
PPA	对苯二甲酸、间苯二甲酸、己二酸和己二胺共聚物	对苯二甲酸、间苯二甲酸由二甲苯制得

聚酰胺的聚合方法主要是缩合聚合法。以尼龙 6 为例，尼龙 6 的聚合方法很多，主要有碱催化法、氨基酸单体法（酸催化法）或己内酯法，后者指可以采用的单体。碱催化方法及其单体聚合方法如下：

$$\underset{\underset{(CH_2)_5}{\diagdown\ \diagup}}{NH\text{—}CO} + \underset{\underset{(CH_2)_5}{\diagdown\ \diagup}}{N^-\text{—}CO} \xrightarrow[\text{(催化剂)}]{\text{助催化剂}} \left[NH(CH_2)_5CO\right]_n$$

酸催化反应法与上式的过程与机理不同：

$$H_2N(CH_2)COOH + \underset{\underset{(CH_2)_5}{\diagdown\ \diagup}}{NH\text{—}CO} \xrightarrow{250\sim260℃}$$

$$H_2N(CH_2)CONH\text{—}(CH_2)_5\text{—}COOH \xrightarrow{\underset{\underset{(CH_2)_5}{\diagdown\ \diagup}}{NH\text{—}CO}}$$

$$H_2N(CH_2)CONH(CH_2)_5CONH\text{—}(CH_2)_5\text{—}COOH \longrightarrow \left[NH(CH_2)_5CO\right]_n$$

11.3.2　尼龙 6/蒙脱土纳米复合材料

原位聚合法制备尼龙 6/黏土纳米复合材料与纯粹尼龙 6 的合成方法类似，区别在于合成或制备中添加了处理后的蒙脱土。这种聚酰胺/蒙脱土纳米复合材料的原料组分和配比（质量份），列于表 11.6。

表 11.6 酸催化法制备聚酰胺/蒙脱土纳米复合材料的原料组分和配比

组成成分	含量(质量份)	组成成分	含量(质量份)
聚酰胺单体	100.0	分散介质	1～1200(10～15)
蒙脱土	0.05～60(0.5～10)	质子化剂	0.001～1.0(0.1～0.5)
催化剂	0.01～20(0.1～2)	添加剂	0.05～5

注：括号中的数据为优选的方案。

在合成聚酰胺/蒙脱土纳米复合材料中，要求原料必须含有85%以上的蒙脱石，铁含量与砂含量都应很低（低于 500×10^{-6}），白度不低于 80，蒙脱土的阳离子交换总容量为 50～200mmol/100g。

由于聚酰胺单体很多，在制备聚酰胺/蒙脱土纳米复合材料系列中，聚酰胺单体可在本章 11.3.1 所述的单体中任意选择。例如，可以选择己内酰胺、辛内酰胺、十二内酰胺等。

制备聚酰胺/蒙脱土纳米复合材料中的一个便利之处在于可以采用这种聚酰胺的单体与质子化试剂（如磷酸、盐酸、硫酸或醋酸等）反应来制备季铵盐，然后直接用于处理蒙脱土和进行聚合反应。也可采用其他有机胺的盐，如月桂酸胺的季铵盐处理蒙脱土，然后以此制备聚酰胺/蒙脱土纳米复合材料。

为了制备更符合使用要求的复合材料，可以采用扩链剂，如己二胺或十二烷基二胺或成核剂，如磷酸或者磷酸盐等对聚酰胺进行改性。

上述工艺也适合于碱催化法制备聚酰胺/蒙脱土纳米复合材料，其配方如表 11.7 所示。

表 11.7 碱催化法制备尼龙 6/蒙脱土纳米复合材料的配方

物料品名	质量份	物料品名	质量份
聚酰胺单体	100.0	有机阳离子	0.001～1.0
黏土	0.05～60	无机碱	0.01～10
催化剂	0.01～20	添加剂	0.05～5
分散介质	1～1200		

以下是聚酰胺-蒙脱土纳米复合材料（nanocomposites of polyamide，NPA）的制备实例。

先将阳离子交换总容量为 50～200mmol/100g 的黏土 0.05～60 份，在 1～1000 份的分散介质存在下高速搅拌，形成稳定悬浮体系，将己内酰胺单体 100 份，在分散介质 5～200 份和质子化剂 0.001～1 份存在下形成质子化单体溶液，再与黏土悬浮液混合，在高速搅拌下的稳定胶体分散体系中进行阳离子交换反应和单体插层，最后将 0.01～20 份的 6-氨基己酸及 0.05～5 份的己二胺溶于上述胶体溶液中，真空脱水直至水分含量小于 0.5%，再升温至 250～260℃，聚合 6～10h，即得到尼龙 6/蒙脱土纳米复合材料。图 11.7 是上述工艺流程。

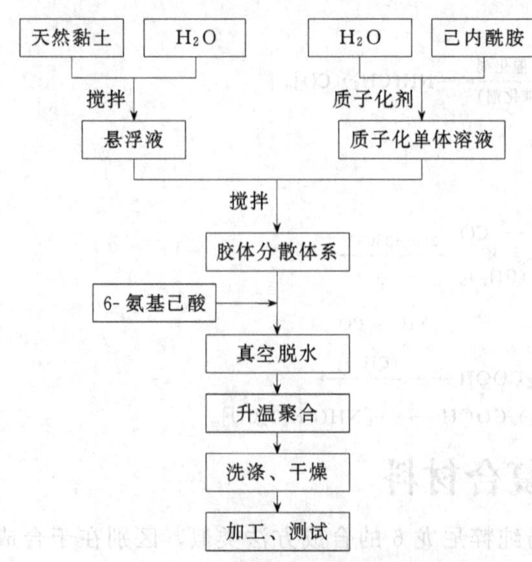

图 11.7 尼龙 6/蒙脱土纳米复合材料的制备工艺流程

利用原位聚合方法制备的尼龙 6/蒙脱土纳米复合材料中层状硅酸盐的质量含量一般低于 10%。这是由于蒙脱土的片层在复合材料中被剥离开来，以单个片层的形式均匀分散在 PA6 基体之中。一个粒径为 5μm 的蒙脱土颗粒可以剥离成大约 2500 个单独的片层，而其比表面积增加约 10^4～10^5 倍。理论估算和实测表明，全剥离的 PA6/黏土纳米复合材料当黏土质量含量大于5%时，蒙脱土片层就开始团聚。此外，尼龙6分子链上的极性基团与蒙脱土片层的极性表面有较强的相互作用，它不仅可以帮助蒙脱土均匀地分散在基体树脂中，还具有限制蒙脱土片层的活动性和减小填充材料团聚的作用。

PA6/黏土纳米复合材料具有常规的聚合物基复合材料所没有的优良性能，如高模量、高力学性能、高耐热性能、更好的透明性能等。表11.8所列为中科院化学所和Unitika公司制备的尼龙6/蒙脱土纳米复合材料（n-PA6）与普通尼龙（PA6）力学性能的对比。

表11.8 PA6与*n*-PA6的性能对比

性能指标	普通PA6	*n*-PA6(中科院化学所)	*n*-PA6(Unitika公司)
相对黏数	2.0～3.0	2.0～4.0	—
杨氏模量/GPa	2.5	4.8	—
拉伸强度/MPa	75	92	—
弯曲模量/GPa	2.7	4.6	5.6
弯曲强度/MPa	108	180	176
相对密度	1.14	—	1.17
缺口冲击强度/(J/m)	40	36	—
热变形温度(1.86MPa)/℃	65	150	158

表11.9列出了蒙脱土含量逐步增加时，熔融插层法制备的PA6/蒙脱土纳米复合材料拉伸性能的变化，并与纯PA6的性能进行对比。

表11.9 PA6/蒙脱土纳米复合材料拉伸性能

项目	弹性模量/GPa	断裂强度/MPa	断裂伸长率/%	拉伸强度/MPa	屈服强度/MPa
纯PA6	2.374	47.952	44.40	61.474	66.174
蒙脱土(2phr)	2.630	55.210	21.92	71.206	70.012
蒙脱土(4phr)	4.106	85.302	10.36	90.052	89.975
蒙脱土(6phr)	3.574	70.952	8.77	71.344	73.324
蒙脱土(8phr)	3.375	67.781	7.84	67.781	68.601

由表11.9可见，由于蒙脱土的加入，PA6/蒙脱土纳米复合材料的各项拉伸性能均有提高。特别是当蒙脱土加入量为4phr❶时，弹性模量较纯PA6提高了73%，断裂强度提高了78%，拉伸强度和屈服强度也分别提高了46%和36%。

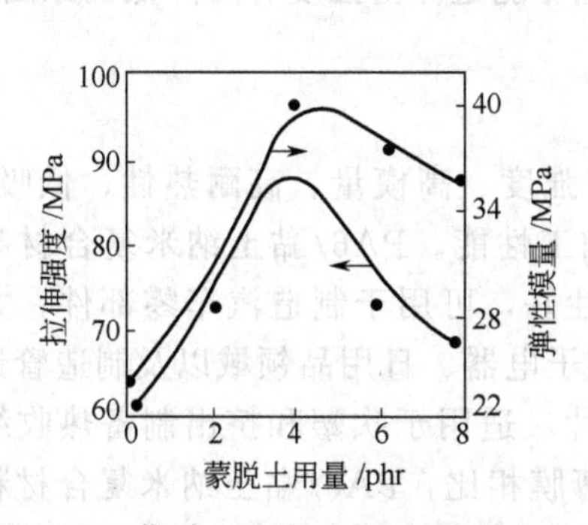

图11.8 蒙脱土含量对PA6/蒙脱土纳米复合材料弹性模量和拉伸强度的影响

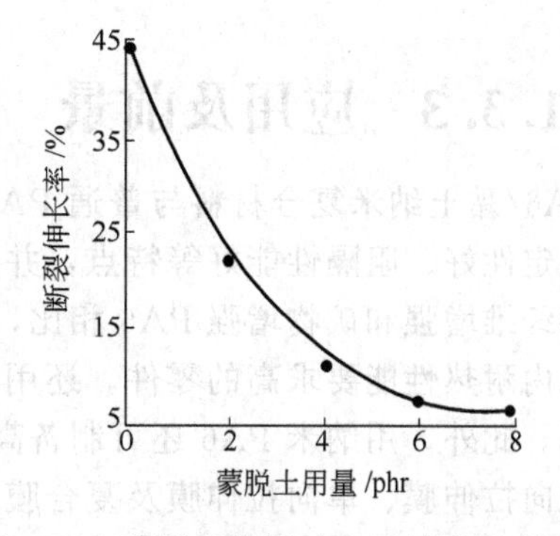

图11.9 蒙脱土含量对PA6/蒙脱土纳米复合材料断裂伸长率的影响

由图11.8可见，蒙脱土含量在4phr以下时，弹性模量和拉伸强度随蒙脱土含量呈线性迅速增加；当蒙脱土含量在4phr以上时，弹性模量和拉伸强度有所下降；在蒙脱土含量为4phr时，弹性模量和拉伸强度最大。

❶ 在塑料制品的加工企业中，从方便生产出发，通常把基体树脂作为100质量份时，填料或其他助剂的添加质量份计为用量份数phr。

由图 11.9 可见，断裂伸长率随蒙脱土含量的升高而下降。蒙脱土含量越多，其断裂伸长率越小。

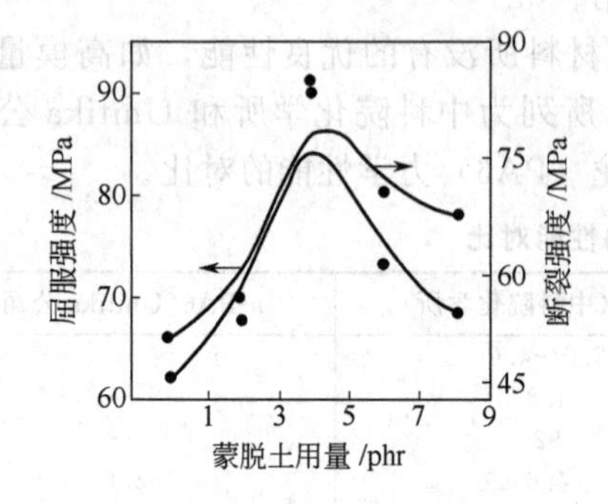

图 11.10　蒙脱土含量对 PA6/蒙脱土纳米复合材料强度的影响

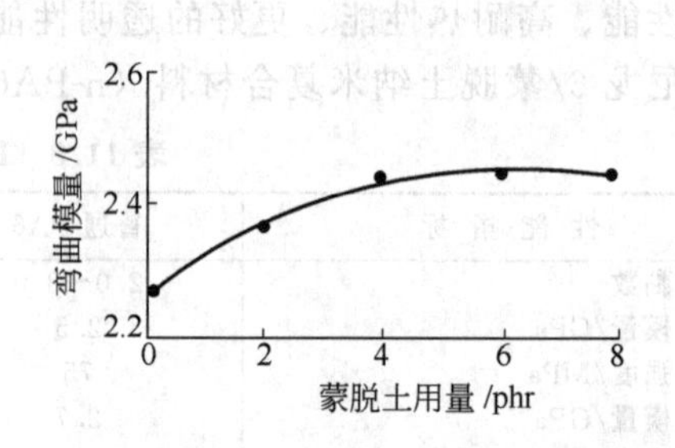

图 11.11　蒙脱土含量对 PA6/蒙脱土纳米复合材料弯曲模量的影响

断裂强度和屈服强度与蒙脱土含量之间的关系如图 11.10 所示，在蒙脱土含量为 4phr 时断裂强度和屈服强度达到最大值。

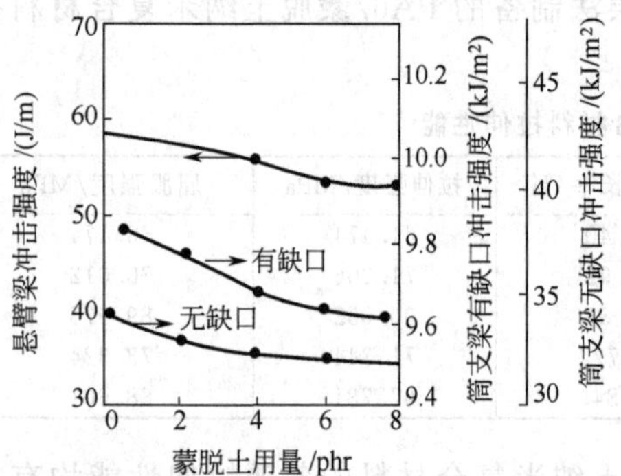

图 11.12　蒙脱土含量对 PA6/蒙脱土纳米复合材料冲击强度的影响

由图 11.11 可见，PA6/蒙脱土纳米复合材料的弯曲模量随蒙脱土用量增加逐渐提高，至 4phr 时基本上不再变化或变化很小。

由图 11.12 可见，随着蒙脱土含量的增加，简支梁有缺口和无缺口冲击强度均有所下降，但总体上降低得不多，特别是悬臂梁冲击强度。PA6/蒙脱土纳米复合材料的冲击强度随着蒙脱土含量增加而有所降低，可能是由于蒙脱土片层与 PA6 微晶在试样条中的不同取向造成的。蒙脱土含量越多，这种取向差异越大。另外，蒙脱土在复合材料中的分散性不均匀，也可能是冲击强度有所降低的原因。

11.3.3　应用及前景

PA6/黏土纳米复合材料与普通 PA6 相比，具有高强度、高模量、高耐热性、低吸湿性、尺寸稳定性好、阻隔性能好等特点，并且具有良好的加工性能。PA6/黏土纳米复合材料与普通玻璃纤维增强和矿物增强 PA6 相比，密度低、耐磨性好，可用于制造汽车零部件，尤其是发动机内耐热性能要求高的零件，还用于办公用品、电子电器、日用品领域以及制造管道挤出制品等。此外，用纳米 PA6 还可制备高性能的膜用切片，适用于吹塑和挤出制备热收缩肠衣膜、双向拉伸膜、单向拉伸膜及复合膜。与普通 PA6 薄膜相比，PA6/黏土纳米复合材料薄膜具有更好的阻隔性、力学性能和透明性，因而是更好的食品包装材料；可以预计，随着研究开发的深入，会有越来越多的 PA6/黏土纳米复合材料，如注塑制品、薄膜制品、单纤维纺丝制品等应用于食品包装、燃料罐、电子元器件、汽车、航空等方面，为人类社会提供性能优异的新材料。

11.4　环氧树脂/黏土纳米复合材料

环氧树脂出现于 20 世纪 30 年代，由瑞士的 Pierre-Castan 和美国的 S. O. Greenlee 首先合成，40～50 年代即有较大规模的发展和应用。我国于 20 世纪 50 年代末开始生产环氧树脂。60 年代以来，环氧树脂广泛用于碳纤维增强复合材料，是聚合物复合材料最重要的基体。

11.4.1 环氧树脂

环氧树脂的分子链结构中含有环氧基团。环氧树脂是由具有环氧基团的化合物与多元羟基化合物（多元醇或者多元酚）进行缩聚反应生成的热固性高聚物。工业上多用双酚 A 与环氧氯丙烷单体在强碱催化剂作用下制备而成。

常见的环氧树脂主要有两种类型。一种是双酚 A 缩水甘油醚型环氧树脂，通常被称为双酚 A 环氧树脂，占环氧树脂总产量的 90%。另一种是高官能度环氧树脂（分子中具有 2 个以上环氧基）。按分子结构可将环氧树脂分为缩水甘油醚、缩水甘油酯、缩水甘油胺、线形脂肪族和环形脂肪族等五类。

环氧树脂在一般条件很稳定，如双酚 A 环氧即使在 200℃加热也不固化，但它链上的环氧基团在固化剂的作用下活性较大。固化剂对环氧制品的性能起决定作用，特别是在制备剥离型（而非插层型）环氧树脂/蒙脱土纳米复合材料时。环氧树脂常用的固化剂列于表 11.10 之中。

表 11.10 环氧树脂常用的固化剂

固化剂种类	分子结构特点	代表性化合物	固化特点
胺类固化剂	伯、仲、叔胺	三乙胺，二甲基苄胺	速度快、放热
	多元胺	二亚乙基三胺、三亚乙基四胺	裂解
	芳香与不饱和胺	间苯二胺、二氨基三苯(甲烷)砜	制品热性能好
酸酐类固化剂	顺酐(马来酸酐)	顺丁烯二酸酐	速度慢、固化温度高、放热慢、制品有韧性
	苯酐	邻苯二甲酸酐	
	其他酐类	聚壬二酸酐、均苯四甲酸二酐、桐油酸酐(树脂)	
咪唑类固化剂	咪唑	2-乙基-4-甲基咪唑	固化温度低、用量少、凝胶化时间长、毒性低、易操作
树脂类固化剂	端基活性基为氨基、羟(甲)基、羧基	酚醛树脂、脲醛树脂、三聚氰胺甲醛树脂、PA 与双马来酰亚胺低聚物树脂或者中间体	复合材料性能好

虽然表中所列的固化剂种类很多，但根据化学结构可以把它分为碱性固化剂和酸性固化剂。胺类固化剂属于碱性固化剂，而酸酐类固化剂属于酸性固化剂。按照固化机理又可将固化剂分为加成型和催化型，如双氰双胺和三氟化硼配合物等属于催化型固化剂。有机酸、酸酐及一级胺等属于加成型固化剂。按分子量的大小可分为小分子和高分子。有的固化剂在低温或室温就能固化，有的则需要在高温才能固化。因此需要根据这些固化剂的特点，有针对性地使用，才有可能制备性能优越的环氧树脂/黏土纳米复合材料。究竟哪一种固化剂更适用于制备剥离型的环氧树脂/黏土纳米复合材料，必须根据在固化过程中黏土的剥离机制及其影响因素确定。另外，由于固化剂本身的特性及其在环氧树脂中的固化机理不相同，因此，在实际制备环氧树脂/黏土纳米复合材料中，选择固化剂时还要考虑到它的固化条件及其制备工艺。

选择固化剂，首先应满足最终产品的使用性能要求。对于要求高温下使用的复合材料，选择能使固化产物耐高温的固化剂，如带苯环的芳香族伯胺或酸酐；对于耐腐蚀性要求高的复合材料，选择能使固化产物不容易水解的、耐碱的醚键类固化剂，如有双酚 A 保护酯基；对于强度要求高的复合材料，选择能使固化体系强度高的固化剂。其次应满足产品工艺条件和加工方法(如是否允许加温固化；是否在潮湿环境下加工)，同时应考虑成本（包括固化剂成本及工艺成本等)。最后要考虑其毒性，即对操作者的危害程度，尽量选择毒性小的固化剂。

对于液态固化剂，其在室温下的黏度要低；对于固态固化剂，其熔点要低；在要求适用期长时，可选择潜伏性（或半潜伏性）固化剂。

不同的环氧树脂固化剂需要不同的固化条件。但迄今为止固化剂的固化条件主要源于经验。这在制备环氧树脂/蒙脱土纳米复合材料中更是如此。表 11.11 所列就是根据经验总结的环氧树脂使用固化剂条件。

表 11.11　几种常用固化剂的固化条件

固化剂种类	用量	固化条件		适用助剂
		温度/℃	时间/h	
三乙胺,二甲基苄胺	5%～15%	100～140	4～6	酚类、醇类
二亚乙基三胺、三亚乙基四胺、间苯二胺	8%～15%	100～140	4～6	
二氨基二苯(甲烷)砜	14%～16%	150～200	2	
	30%～35%	100～200	2～6	咪唑、三氟化硼、甲基咪唑
顺丁烯二酸酐	30%～40%	160～200	2～4	叔胺(1%～3%)
邻苯二甲酸酐	30%～45%			
聚壬二酸酐、均苯四甲酸二酐	20%～25%	100	12	咪唑、吡啶
桐油酸酐(树脂)	100%～200%	80～100	20～5	(0.5%～1.5%)
2-乙基-4-甲基咪唑(咪唑)	2%～5%	60～80	6～8	
酚醛树脂、脲醛树脂、三聚氰胺甲醛树脂、PA 与双马来酰亚胺低聚物树脂或者中间体	30%～200%			叔胺(0.5%～1.5%)

环氧树脂材料使用的助剂（配合剂）列于表 11.12。

表 11.12　环氧树脂材料使用的助剂（配合剂）

序号	名称	应用与使用方法	用量
1①	催化剂：HCl，NaOH，$SiCl_4$-甲苯，巯基离子交换树脂	用于环氧树脂的单体制备与聚合反应	双酚 A：环氧氯丙烷：NaOH＝1：n_1：n_2
2	分子量调节剂：反应单体（环氧氯丙烷等）	过量加入，可控制分子量	n_1
3	填充剂：活性 SiO_2，蒙脱土，云母粉，金属粉	降低制品收缩率	树脂质量分数 30%左右
4	表面处理剂：硅氮烷，六甲基硅氮烷，KH-550，KH-560	处理填料表面，与基体相容	填料量的 0.5%～2%
5	固化促进剂：叔胺，苄胺，季铵盐，咪唑，醇（酚）小分子，乙酰丙酮金属盐	降低固化温度，提高固化速度	树脂质量分数 0.5%～1.5%
6	稀释剂：环氧丙烷衍生物[甘油环氧树脂、环氧丙烷苯（丁）基醚]，二甲苯，丙酮	降低黏度，便于填加添料	视填料量确定
7	增韧剂：增塑剂（磷酸酯，邻苯二甲酸酯），聚酰胺，聚硫橡胶，聚乙烯醇缩醛，端羧基丁腈橡胶，聚酯，硅橡胶	增加韧性，改进脆性	树脂质量分数 5%～20%

① 其中按照摩尔比，环氧氯丙烷用量 n_1、n_2 根据分子量大小进行调节，低分子量环氧树脂 $n_1=2.75$，$n_2=2.42$（NaOH 浓度 30%）；中等分子量环氧树脂 $n_1=1.437$，$n_2=1.598$（NaOH 浓度 10%）；高分子量树脂 $n_1=1.218$，$n_2=1.185$（NaOH 浓度 10%）。

11.4.2　环氧树脂/蒙脱土纳米复合材料

（1）环氧树脂/蒙脱土纳米复合材料的制备

制备环氧树脂/蒙脱土纳米复合材料的具体工艺较简单。首先将环氧树脂与固化剂混合均匀，然后加入蒙脱土并混合均匀，固化后即为弹性环氧树脂/蒙脱土纳米复合材料。若是制备刚性环氧树脂/蒙脱土纳米复合材料，则需首先使环氧分子对有机蒙脱土插层，方法是将环氧树脂与蒙脱土的混合物在50℃温度下放置过夜，然后加入固化剂，固化后即得到相应的环氧树脂/蒙脱土纳米复合材料。一般来讲，加入蒙脱土后的环氧树脂体系流动性基本不受影响，在含量低于 20%时对脱气、浇铸等工艺没有影响或影响很小。

在制备中，关键是要通过控制层间有机阳离子与环氧树脂的状态来控制层间与外部环氧树脂固化速度，使层间的固化速度与外部接近，才能够使蒙脱土首先被剥离后再形成交联体系。目前主要通过控制各阶段的温度，如蒙脱土在树脂中分散时的温度、放置时的环境温度以及固化反应时的升温速度、固化温度等来实现。

有机蒙脱土能否在环氧树脂固化过程中剥离与有机阳离子的官能团有关。例如，对于 $CH_3(CH_2)_{17}NH_3^+$ 这种插层剂，它是 Bronsted 酸，对环氧树脂的胺固化有催化作用，使层间的环氧树脂固化速度提高，能够在固化过程中剥离。而另外一种结构类似的插层剂 $CH_3(CH_2)_7N(CH_3)_3^+$ 则没有酸性，不具备催化作用，所以使用它处理的有机蒙脱土不能在固化过程中达到剥离。

固化温度对有机蒙脱土的剥离也起到重要作用，过低或过高的温度都不利于有机蒙脱土的剥离，只有在合适的温度下中速固化，才能够得到剥离型的环氧树脂/蒙脱土纳米复合材料。

(2) 环氧树脂/蒙脱土纳米复合材料的性能

① 力学性能　图 11.13 是环氧树脂/蒙脱土纳米复合材料拉伸性能随复合体系中蒙脱土含量变化的曲线，图中两条曲线分别是材料的拉伸强度和杨氏模量。

由图 11.13 可见，由于蒙脱土片层对环氧基体的增强作用，复合体系的拉伸强度和杨氏模量均比纯环氧基体有所提高。在填充量小于 10%时，两个性能指标就已经明显高于纯环氧基体，而且随着蒙脱土含量的增加，复合体系的拉伸强度和杨氏模量也均呈现逐渐增大的趋势。当含量达到 25%左右，复合体系的拉伸强度和杨氏模量达到纯环氧基体 10 倍的水平。

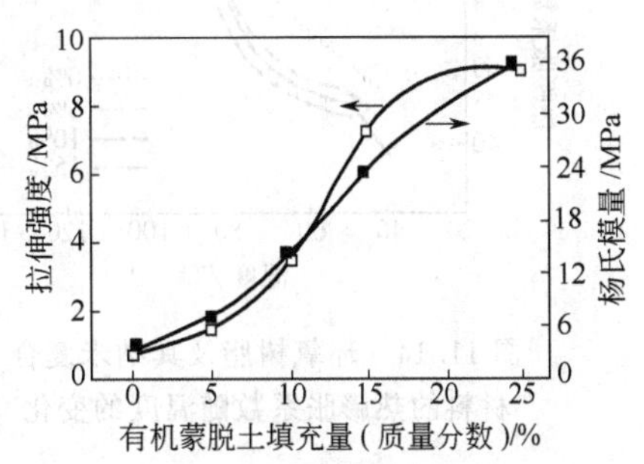

图 11.13　环氧树脂/蒙脱土纳米复合材料的拉伸性能

蒙脱土在环氧基体中的分散状态对体系的拉伸性能也有很大影响。研究表明，在同样的填充量下，全剥离型环氧树脂/蒙脱土纳米复合材料的强度和模量最高，部分剥离和插层型次之，传统的微米级环氧树脂/蒙脱土复合材料的强度与模量最低；当蒙脱土发生了剥离或插层后，不仅具有增强环氧树脂的作用，还同时具有增韧的作用。根据这些复合材料的应力-应变曲线，当在环氧树脂基体中添加蒙脱土后，在它们的模量和强度提高的同时，断裂延伸率也呈现增加的趋势，表明材料的韧性得到了提高。

表 11.13 中所列数据是环氧树脂/蒙脱土纳米复合材料的压缩模量与压缩强度（表中含蒙脱土的复合材料为剥离型的纳米复合材料）。

表 11.13　环氧树脂/蒙脱土纳米复合材料的抗压性能

蒙脱土含量/%	压缩强度/MPa	压缩模量/GPa	蒙脱土含量/%	压缩强度/MPa	压缩模量/GPa
0	75.3	1.40	10	87.5	1.77
5	79.9	1.51			

在 10%含量以下，纳米复合材料的压缩强度、压缩模量均随着填充量的增加而提高。

② 尺寸稳定性　由于蒙脱土片层对聚合物分子链的限制作用，可以在一定程度上减少由于分子链移动重排而导致的制品尺寸变化，从而提高聚合物基复合材料的尺寸稳定性。对于大多数环氧树脂/蒙脱土纳米复合材料而言，它们的尺寸稳定性都要优于相应的纯聚合物基体。

图 11.14 是环氧树脂及其环氧树脂/蒙脱土纳米复合材料的热膨胀系数随温度的变化。从中可以看到，环氧树脂/蒙脱土纳米复合材料的热膨胀系数低于纯环氧基体，而且随着蒙脱土填充量的增加，复合材料的热膨胀系数也呈降低的趋势。

③ 耐热性　图 11.15 所示是环氧树脂及其纳米复合材料的 TGA 曲线。根据图中显示的曲

线，填充蒙脱土得到剥离型或插层型的纳米复合材料后，耐热性的提高并不明显。从TGA曲线可见，在低温段环氧树脂/蒙脱土复合材料就有一定的失重，尤其是曲线3更为明显。这是因为复合体系中插层剂的受热分解所致。图11.15中的曲线2，代表的是剥离型的环氧/蒙脱土纳米复合材料，插层剂与环氧基体有更好的相容性，很好地分散在环氧基体之中，因此失重的比例较小。而曲线3代表的是用季铵盐处理的有机蒙脱土，这种插层剂不能与环氧基体良好相容，而是以分离相的状态分布在蒙脱土的层间，因此在受热时更容易分解，表现出比较明显的失重现象。

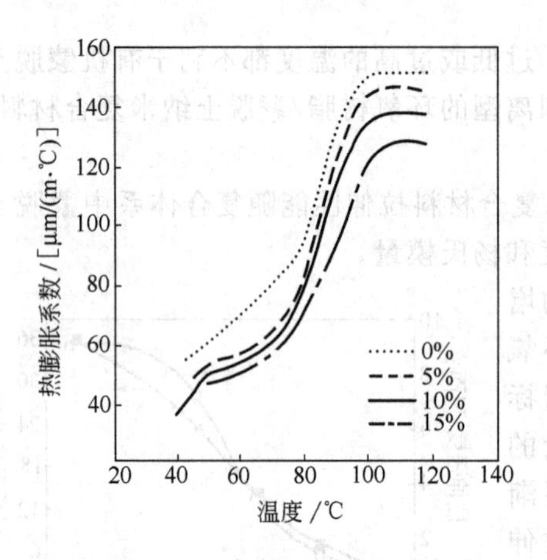

图11.14　环氧树脂及其纳米复合材料的热膨胀系数随温度的变化

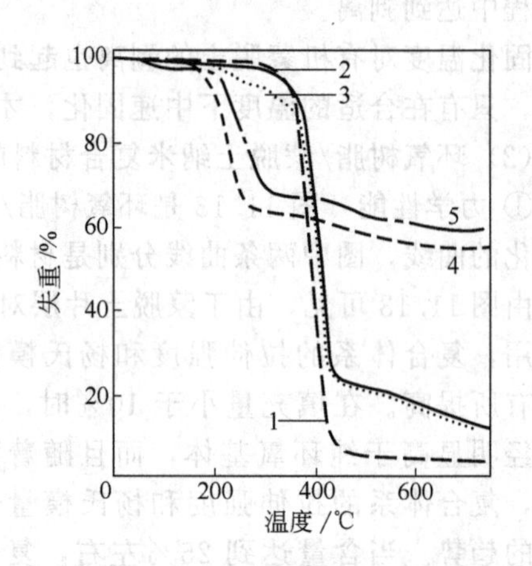

图11.15　环氧树脂及其纳米复合材料的热失重曲线
1—环氧；2—剥离型纳米复合材料；3—插层型纳米复合材料；4、5—分别对应于2、3的有机蒙脱土

11.4.3　应用及前景

与普通环氧树脂基复合材料相比，环氧树脂/黏土纳米复合材料具有纳米效应，并将无机物的刚性、尺寸稳定性和热稳定性与聚合物的韧性、加工性及介电性有机地结合在一起。因而表现出更好的力学、热学性能和耐水、耐湿及气体阻隔性能。此外，环氧树脂/黏土纳米复合材料还有许多特异的功能，因此，在电子学、光学、机械、生物学等领域具有良好的应用前景。

11.5　聚烯烃/黏土纳米复合材料

聚烯烃是一类综合性能优良、应用广泛的通用树脂。主要品种有聚氯乙烯、聚乙烯、聚丙烯、聚苯乙烯等。由于其加工简单、生产能耗低、原料来源丰富等特点，发展迅速，在合成树脂和塑料中所占的比例逐年增加。按体积计，聚烯烃树脂已超过粗钢，成为人类不可缺少的一类材料，但其性能方面也存在不足，如与工程塑料相比，抗撕裂强度小、硬度小；耐摩擦、耐热、耐燃性能差；抗化学、抗环境药品性能差等。解决现有聚烯烃材料存在的问题，研究开发性能更好、技术更先进、成本更低、不会造成环境污染的聚烯烃新技术是21世纪石化工业的重要目标。通用工程塑料的工程化研究已成为高分子材料研究的方向之一，在这一领域中采用的首选方法就是聚烯烃塑料的填充改性。聚合物中加入填料可以提高材料的力学性能，改善加工性能，同时也能降低成本。目前研究最广、最有工业化前景的填充改性方法就是以黏土为载体制备聚合物/层状硅酸盐复合材料（polymer layered silicate，简称PIS），即制备聚合物/黏土纳米复合材料。

11.5.1 聚丙烯/黏土纳米复合材料

聚丙烯（PP），相对分子质量一般为10万～50万。目前生产的聚丙烯95%皆为等规聚丙烯。无规聚丙烯是生产等规聚丙烯的副产物。

聚丙烯为白色蜡状材料，外观与聚乙烯相近，但密度比聚乙烯小，透明度大，软化点在165℃左右，脆点－20～－10℃，具有优异的介电性能；溶解性能与渗透性与聚乙烯相近。聚丙烯是结晶聚合物，机械强度不仅与相对分子质量有关而且与结晶结构有关，大的球晶使硬度提高而韧性下降。

聚丙烯（PP）由于软化温度高、化学稳定性好且力学性能优良是一种应用广泛的通用树脂，具有较好的韧性和强度。根据改性方法的不同，可以在很大的范围内调节其性能。填充改性是PP改性的一种重要方法。填充剂一般包括石母、滑石粉、高岭土、晶须等无机填料和高分子液晶。作为层状硅酸盐无机粒子，早期的研究工作主要集中在云母和滑石粉增强PP体系。然而，最近PP/黏土纳米复合材料以其优异的性能成为研究的热点。

(1) 聚丙烯/黏土纳米复合材料的制备

① 熔融插层法　采用熔融插层法制备聚丙烯/黏土纳米复合材料，通常有以下几种工艺路线。

a. 对无机蒙脱土进行有机铵化处理，再与聚丙烯直接熔融复合制备聚丙烯/蒙脱土纳米复合材料。如将十六烷基三甲基溴化铵改性的蒙脱土同聚丙烯直接熔融复合。

b. 用十六烷基三甲基溴化铵对无机蒙脱土进行有机化处理，再利用原位乳液聚合方法，使丙烯酸丁酯单体进入有机蒙脱土片层进行原位插层聚合，得到丙烯酸丁酯进一步改性的蒙脱土，最后将二次改性的蒙脱土同聚丙烯熔融复合。

c. 用接枝插层方法制备聚丙烯/蒙脱土的纳米复合材料。与前面方法不同的是，将十六烷基三甲基溴化铵处理后的蒙脱土再同甲基丙烯酸缩水甘油酯（GMA）混合进行二次改性，在混合的过程中同时加入过氧化二苯甲酰（BPO）。然后将二次改性的蒙脱土与聚丙烯熔融复合，利用GMA上的双键由BPO引发接枝到聚丙烯主链上来使得聚丙烯进入蒙脱土层间。

通过加入相容剂来改善聚丙烯与蒙脱土的相容性。这一方法在熔融法制备聚丙烯/蒙脱土纳米复合材料的过程中使用得最多。如用马来酸酐改性聚丙烯的低聚物作为相容剂，利用二步法制备聚丙烯/蒙脱土纳米复合材料：首先将接枝物同有机蒙脱土混合制成母料，再将母料同聚丙烯进行二次混合，制备聚丙烯/蒙脱土纳米复合材料。但是，由于齐聚物的软化点较低，导致体系的高温动态力学性能较差。使用接枝物作为相容剂来制备聚丙烯/蒙脱土纳米复合材料，接枝率较高的接枝物在作为相容剂时，由于其极性与基材之间相差较大，所以其增容效果反而不如接枝率低的好。

对聚丙烯进行接枝改性，将改性过的聚丙烯同有机蒙脱土直接熔融复合得到聚丙烯/蒙脱土纳米复合材料。由于改性过后的聚丙烯主链上含有极性基团，大大增强了其与蒙脱土之间的亲和力，使得聚丙烯的分子链在熔融状态下易于进入蒙脱土的片层间。由于大分子链的插入，蒙脱土的多层堆积结构将被破坏，以片层或几层均匀地分散在聚丙烯基材中，得到蒙脱土分散良好的聚丙烯/蒙脱土纳米复合材料。

② 原位插层法　首先用季铵盐对无机蒙脱土进行有机化处理，制得有机蒙脱土；再将二氯化镁、二氯化钛通过球磨的方式引入到蒙脱土层间，制得具有催化活性的活性土。利用干燥处理后的己烷或甲苯作为反应介质，在反应器中充入具有一定压力的丙烯单体和加入其他一些助剂，在氮气保护下聚合丙烯，可得聚丙烯/蒙脱土纳米复合材料。

③ 溶液插层法　由于聚丙烯不含有极性基团，一般需要在溶液中加入与聚丙烯有较好相容性的相容剂。如将双丙酮丙烯酰胺（DAAM）、引发剂和甲苯混合，引发DAAM蒙脱土层

间聚合来撑开蒙脱土，再加入马来酸酐改性的聚丙烯制备母料，最后将制备的母料同聚丙烯熔融复合制备聚丙烯/蒙脱土纳米复合材料。

(2) 聚丙烯/黏土纳米复合材料的性能

表 11.14 所列为一种用于热水输送道的聚丙烯/蒙脱土纳米复合塑料（NPP-R）的主要性能测试结果。由此可见，NPP-R 具有优异的耐热性和耐冲击性能。

表 11.14 NPP-R 的主要性能指标

产品性能	NPP-R	测试方法	产品性能	NPP-R	测试方法
密度/(g/cm^3)	0.908	ISO 1183	拉伸屈服强度/MPa	33	ISO 527
			弹性模量	1070	
熔融指数/(g/10min)	0.26	ISO 1183	弯曲模量/MPa	1540	ASTM D 790
简支梁法冲击强度/(kJ/m^2)		ISO 179	维卡软化温度/℃		
+23℃(无缺口)	无破裂		10N	155	ISO 306/A
+23℃(缺口)	46		50N	89.6	ISO 306/B
0℃(无缺口)	无破裂		熔点(DSC)/℃	169	ISO 3146
0℃(缺口)	18		长期静压(95℃)	>1000	ISO 1167
−10℃(无缺口)	无破裂		线膨胀系数/K^{-1}	1.13×10^{-4}	DIN 53752
−10℃(缺口)	11				
Izod 冲击强度/(kJ/m^2)	44		热导率/[W/(m·K)]	0.26	DIN 52615
+23℃(缺口)					

11.5.2 聚乙烯/黏土纳米复合材料

聚乙烯（PE）是乙烯聚合而成的聚合物，分子式为 $\left[CH_2—CH_2\right]_n$ ，作塑料使用时其相对分子质量要达 1 万以上。

聚乙烯为白色蜡状半透明材料，柔而韧，比水轻，无毒，具有优异的介电性能；其透明度随结晶度增加而下降，在一定结晶度下透明度随相对分子质量增大而提高。聚乙烯玻璃化温度约为−125℃，线形高密度聚乙烯的熔点范围为 132～135℃，支化低密度聚乙烯熔点较低(112℃)且范围宽。常温下聚乙烯不溶于任何已知溶剂中，仅矿物油、凡士林、植物油、脂肪等能使其溶胀并使其物性产生永久性局部变化；70℃以上可少量溶解于甲苯、乙酸戊酯、三氯乙烯、松节油、氯代烃、石油醚及石蜡中。聚乙烯具有优异的化学稳定性，室温下能耐酸和碱。聚乙烯容易光氧化、热氧化和臭氧分解，在紫外线作用下容易发生光降解，聚乙烯受辐射后可发生交联、断链，形成不饱和基团等反应，但主要倾向于交联反应。聚乙烯具有优异的力学性能，结晶部分能赋予聚乙烯较高的强度。非结晶部分赋予其良好的柔性和弹性。聚乙烯力学性能随相对分子质量增大而提高，相对分子质量超过 150 万的聚乙烯是极为坚韧的材料，可作为性能优异的工程塑料使用。

(1) 聚乙烯/黏土纳米复合材料的制备

聚乙烯/黏土纳米复合材料的制备方法同聚丙烯的制备方法相似，主要有熔融插层法、原位插层法以及溶液插层法三种。

① 熔融插层法　用熔融插层法制备聚乙烯/黏土纳米复合材料，主要有以下几种技术路线。

a. 对蒙脱土进行有机化处理的同时对聚乙烯进行接枝改性处理，最后将两者直接熔融复合。如用马来酸酐改性的聚乙烯同有机化处理后的蒙脱土熔融共混。

b. 通过选用具有官能团的表面处理剂处理蒙脱土，再在有机蒙脱土与聚乙烯混合的过程中加入能与表面处理剂上官能团作用并同时与聚乙烯有良好相容性的物质。如首先将 LDPE（低密度聚乙烯）与马来酸酐熔融共混，再加入含有官能团的有机蒙脱土，利用马来酸酐作为相容剂来制备插层型的蒙脱土/纳米复合材料。

c. 通过加入阳离子型表面处理剂作为相容剂直接熔融混合 Na^+ 蒙脱土和聚乙烯，如利用十六烷基三甲基溴化铵作为相容剂，直接在双辊上熔融复合 Na^+ 蒙脱土和 HDPE。

② 原位插层法 以下是原位插层法制备聚乙烯/黏土纳米复合材料的实例。

a. 先将甲基铝氧烷（MAO）固定到无机蒙脱土上，然后加入催化剂，引发乙烯单体聚合。

b. 先将后过渡金属乙烯低聚催化剂 α-异丙基双亚胺吡啶铁配合物负载于蒙脱土层间，再以 MAO 为唯一助催化剂的条件下，先将乙烯生成烯烃，然后通过茂金属催化剂原位共聚。

c. 先将 $MgCl_2/TiCl_4$ 先负载于蒙脱土层间，再原位聚合。

③ 溶液插层法 将有机化处理的蒙脱土与 HDPE 分散在在二甲苯/苄腈溶液中，通过高速搅拌使硅酸盐在溶液中分散，使得 HDPE 的分子链进入到蒙脱土层间。

(2) 聚乙烯/黏土纳米复合材料的性能

① 流变性 以马来酸酐接枝聚乙烯（PEMA）作为聚合物基体时，纳米尺度黏土的引入使其黏度有较大提高。随着黏土物质含量的增加，黏度也增加，而且在低振荡速率时增加得较多。如图 11.16 所示，当黏土含量高于 5%时，牛顿性平台消失，而要达到相同的效果，常规复合材料需要有高于 20%～30%的填充量，径厚比较小的黏土物质对于黏度的提高没有径厚比大的黏土明显。对于同一种黏土物质，马来酸酐改性的聚乙烯作为基体，材料复数黏度提高的程度更大。如图 11.17 所示，这也表明了马来酸酐的接枝促进了黏土在聚乙烯基体中的良好分散，随着黏土含量增加，纳米复合材料相对基体损耗因数（$\tan\delta$）在整个频率范围内都会降低，表明随着黏土含量的增加，材料偏离末端流变行为较远，弹性响应增强。而黏土物质不能良好分散的复合材料其损耗因数只是在低频时有所降低，且降低程度没有纳米复合材料明显，在所有黏土含量下维持似黏性响应。

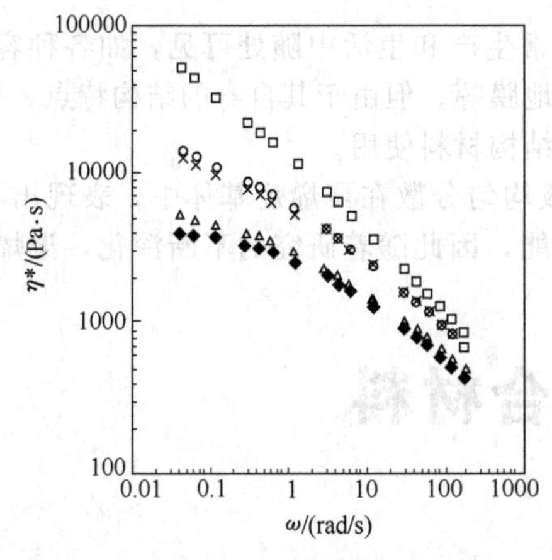

图 11.16 黏度随频率的变化关系（170℃）

◆ PE-g-MAn；△ 3% I. 44PA/PE-g-MAn；× 5% I. 44PA/PE-g-MAn；○ 7% I. 44PA/PE-g-MAn；□ 10% I. 44PA/PE-g-MAn

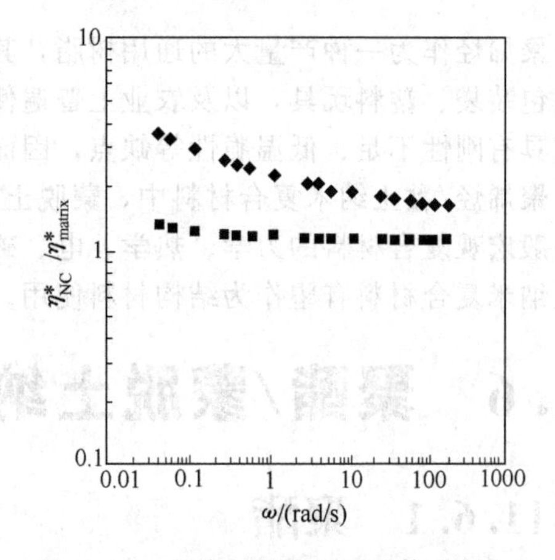

图 11.17 复合材料黏度与基体黏度之比与频率的变化关系（170℃）

◆ 5% I. 44PA/PE-g-MAn；■ 5% I. 44PA/PE PE-g-MAn

② 力学性能 在聚乙烯基体中加入含量为 5%的改性黏土，所形成的复合材料杨氏模量增加了 9%，而 MA 改性的聚乙烯与同样含量的黏土复合，杨氏模量增加了 30%；当黏土含量增加到 10%时，杨氏模量增加了 53%。当 PE 进行 MA 接枝时由于黏土片层在基体中分散良好，压力能更有效地从基体传向无机填充物，从而材料刚性得以提高。另一方面，由于黏土片层阻碍了基体中聚乙烯链的活动，使得压力下聚合物链不能自由“导向”适应，因而断裂伸长

率大大降低，并且随着黏土含量的增加降低更多。

③ 阻燃性、气体阻隔性能和光学性能 通常利用锥形热量测定仪测定复合材料的燃烧性能，峰值热释放速率（PHHR）是衡量燃烧安全性的最重要指标。研究表明，聚合物 PE/黏土纳米复合材料能够显著降低基体的 PHHR。对于聚乙烯 PE/黏土体系，常规复合材料表现出了和纯 PE 基本一致的 PHHR，而形成插层结构纳米复合材料的 PHHR 下降了 32%，同时纳米复合材料的燃烧释放总热量和纯 PE 相同，所产生的烟量也没有增加。通常认为燃烧性能的改善与燃烧过程中插层或者剥离结构的塌陷所形成的碳化物-多层硅酸盐结构有关，这种结构是良好的绝缘体和阻隔体，能够减缓易挥发产物的释放。

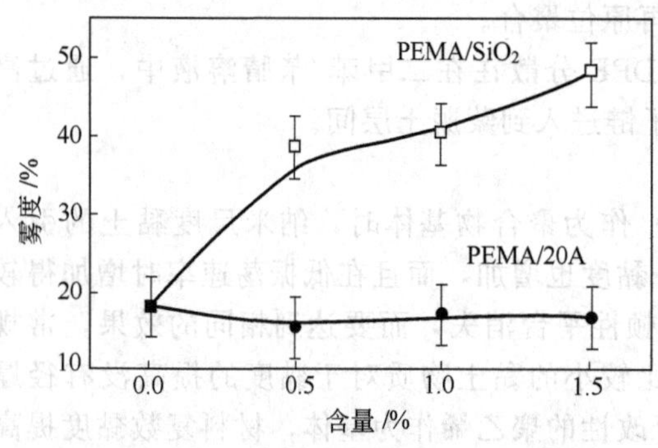

图 11.18 薄膜雾度随黏土含量的变化

对于 LLDPEMA/黏土纳米复合薄膜的光学性能研究表明，相对于 SiO_2 填充的一般复合材料薄膜，层状黏土的剥离并在基体中的均相分布基本不会影响 LLDPE 的光学性能。图 11.18 所示是薄膜材料的雾度随着填充物含量的变化曲线，可以看出常规复合材料中无机物含量增加，其雾性几乎线性增加，而黏土纳米复合材料基本保持不变。这是由于层状黏土物质是以与可见光波长相同数量级尺度在基体中分散，而一般填充物高于此数量级。此外，使用大径厚比黏土物质制备的聚乙烯纳米复合材料还具备良好的气体阻隔性能，这主要是由于气体或液体小分子在聚合物基体中的运动需要绕过均匀分散在基体中的硅酸盐片层，从而使气体、液体分子扩散的有效路径增加，材料对其阻隔性能提高。

11.5.3 应用及前景

聚烯烃作为一种产量大的通用树脂，其制品在日常生产和生活中随处可见，如各种容器、食品包装袋、塑料玩具，以及农业上普遍使用的塑料地膜等。但由于其自身的结构特点，导致了它具有刚性不足、低温脆性等缺点，因而很难作为结构材料使用。

聚烯烃/黏土纳米复合材料中，蒙脱土以纳米量级均匀分散在聚烯烃基体中，表现出不同于一般宏观复合材料的力学、热学、电、磁和光学性能，因此随着研究的不断深化，聚烯烃/黏土纳米复合材料有望作为结构材料使用。

11.6 聚酯/蒙脱土纳米复合材料

11.6.1 聚酯

聚酯是主链上含有酯键的高分子化合物的总称，是由二元醇或多元醇与二元酸或多元酸缩合而成的，也可从同一分子内含有羟基和羧基的物质制得。目前已工业生产的主要品种有聚酯纤维（涤纶）、醇酸树脂和不饱和聚酯树脂。

不饱和聚酯是热固性的树脂，是由不饱和二元羧酸（或酸酐）、饱和二元羧酸（或酸酐）组成的混合酸与多元醇缩聚而成的，具有酯键和不饱和双键的线形高分子化合物。在不饱和聚酯的分子主链中同时含有酯键 $\left[\overset{\overset{\large O}{\|}}{C}-O\right]$ 和不饱和双键 $\left[CH=CH\right]$ 。因此，它具有典型的酯键和不饱和双键的特性。

典型的不饱和聚酯具有下列结构。

$$H\!-\!\!\left[O-G-O-\overset{O}{\overset{\|}{C}}-R-\overset{O}{\overset{\|}{C}}\right]_x\!\!\left[O-G-O-\overset{O}{\overset{\|}{C}}-CH{=}CH-\overset{O}{\overset{\|}{C}}\right]_y\!OH$$

式中，G 及 R 分别代表二元醇及饱和二元酸中的二价烷基或芳基；x 和 y 表示聚合度。

从上式可见不饱和聚酯具有线形结构，因此也称为线形不饱和聚酯。

由于不饱和聚酯链中含有不饱和双键，因此可以在加热、光照、高能辐射以及引发剂作用下与交联单体进行共聚，交联固化成具有三向网络结构。不饱和聚酯在交联前后的性质可以有广泛的多变性，这种多变性取决于以下两种因素：一是二元酸的类型及数量；二是二元醇的类型。

表 11.15 为国产不饱和聚酯树脂的主要品种及性能。

表 11.15 国产不饱和聚酯树脂的主要品种及性能

生产厂家	牌号	主要成分	主要技术指标	性能	用途
常州建材253厂	189	乙二醇、苯酐、顺酐、醋酐	酸值 20～28；固含量 50%～65%；凝胶时间(25℃)8～16min	刚性	船舶
	191	丙二醇、苯酐、顺酐	酸值 38～36；固含量 61%～67%；凝胶时间 15～25min	刚性	半透明制品
	196	丙二醇、一缩二乙二醇、苯酐、顺酐	酸值 17～25；固含量 64%～70%；凝胶时间 8～16min	半刚性	车身、罩壳、安全帽
	197	乙二醇、顺酐、双酚 A 与环氧丙烷加成物、环氧树脂	酸值 9～17；固含量 47%～53%；凝胶时间 15～25min	耐化学药品	化工防腐蚀
	198	丙二醇、苯酐、顺酐	酸值 20～28；固含量 61%～67%；凝胶时间 10～20min	耐热、刚性	中等耐热层合板及浇注件
	199	丙二醇、间苯二甲酸酐、反丁烯烯二酸	酸值 21～29；固含量 58%～64%；凝胶时间 10～20min	耐热、刚性	120℃以下耐热电绝缘制品
上海新华树脂厂	303	乙二醇、一缩二乙二醇、苯酐、顺酐	酸值<50	半刚性	汽车车身、罩壳
	309	二缩三乙二醇、苯酐、甲基丙烯酸	酸值<40；聚酯含量≥96；聚合速度 1～3min；密度(25℃)1.13～1.22g/cm³	低黏度	黏结剂、玻璃钢
	3193	乙二醇、苯酐、顺酐、己二酸	酸值<40；黏度 90～95s；聚合速度 50～80s	韧性	船舶、电机、化工
天津合成材料厂	3061	丙二醇、环己醇、一缩二乙二醇、苯酐、顺酐	酸值<40 凝胶时间 5～9min	半刚性	汽车车身、罩壳
	6471	丙二醇、内亚甲基四氢邻苯二甲酸酐、顺酐	酸值<40 凝胶时间 5～9min	刚性、黏结性强	韧性耐热制品

11.6.2 PET/蒙脱土纳米复合材料

聚对苯二甲酸乙二酯（PET）$\left[\overset{O}{\overset{\|}{C}}-C_6H_4-\overset{O}{\overset{\|}{C}}-O-\underset{H}{\overset{H}{C}}-\underset{H}{\overset{H}{C}}-O\right]_n$ 是一种产量很大的高分子材料，主要用于与工业以及人们的日常生活相关的纤维、瓶和薄膜等领域。

作为纤维与薄膜，如碳酸饮料瓶、矿泉水瓶、果汁瓶，食用油瓶、食品盒以及果酱瓶等。食品和饮料的包装材料对性能的要求比较苛刻，例如安全卫生性、透明性、着色印刷性、加工性能以及对氧气和香味的阻隔性能等。但 PET 对于氧气和二氧化碳气体的阻隔性能却不理想，这限制了 PET 的应用范围，使它无法应用于对氧气或二氧化碳要求较高的场合，如啤酒、葡萄酒和多种果汁，此类商品中富含多种蛋白质、维生素与纤维素等有机成分，对氧气非常敏感，过多的氧气会使其中的营养成分很快氧化变质。

为了提高 PET 的气体阻隔性能，以往的研究工作主要集中在对 PET 的共聚和共混两方面，合成了一些新的单体和聚合物，能够在一定程度上提高 PET 的阻隔性能，但是成本高，尚未工业化生产。PET/纳米复合材料的出现为提高 PET 的阻隔性能带来了希望。蒙脱土的基本结构单位为厚 1nm，长、宽各为 100nm 的硅酸盐片层，而硅酸盐片层的阻隔能力为 PET 的数十倍；此外，由于纳米硅酸盐片层大的径厚比，在 PET 制品的加工过程中，极易平面取向，形成“纳米马赛克”结构，能几倍到十几倍地提高 PET 的阻隔性能。使得这种材料有可能在诸如啤酒瓶、葡萄酒瓶、果汁瓶和碳酸饮料瓶等领域得到更广泛的应用。

(1) PET/蒙脱土纳米复合材料的制备

工业上合成 PET 有直接酯化和酯交换两种方法，要在 PET 基体内填充蒙脱土得到 PET/黏土纳米复合材料，在添加的时机上可以有不同的选择，既可以在聚合反应开始之前就将蒙脱土与乙二醇单体混合，也可在酯化反应或酯交换反应阶段再将黏土加入到反应体系中去。

到目前为止，得到工业应用的主要有两种方法：一是将黏土预先分散在乙二醇单体中，然后聚合得到 PET/黏土纳米复合材料；二是使用插层剂处理黏土得到有机化黏土，然后在聚合阶段将有机黏土加入反应体系，聚合完成后就可以得到 PET/黏土纳米复合材料。

美国的 Nanocor 公司使用第一种方法制造了 PET/黏土纳米复合材料。由于乙二醇的黏度与水、乙醇相比要大许多，天然的黏土在其中无法形成稳定的胶体体系。因此，使用这种工艺时一般都要对黏土进行处理，改善它们与乙二醇之间的亲和性，使乙二醇分子能容易地插入其层间。另外，还需要寻找合适的聚合反应条件，使乙二醇能够顺利参与反应的同时保持其内部的黏土有良好的分散状态。

利用极性聚合物对蒙脱土进行表面处理是比较有效的方法，效果较好的极性聚合物有聚乙烯吡咯烷酮（PVP）、聚乙烯醇（PVA）等。使用两者处理的蒙脱土可以分散在多种溶剂中形成稳定的胶体，其中也包括乙二醇。将蒙脱土与乙二醇形成的胶体与对苯二甲酸盐（DMT）混合后进行聚合可以得到剥离型的 PET/黏土纳米复合材料，得到的材料对氧气的阻隔性能有明显的提高。

上述方法的原则工艺流程如图 11.19 所示。

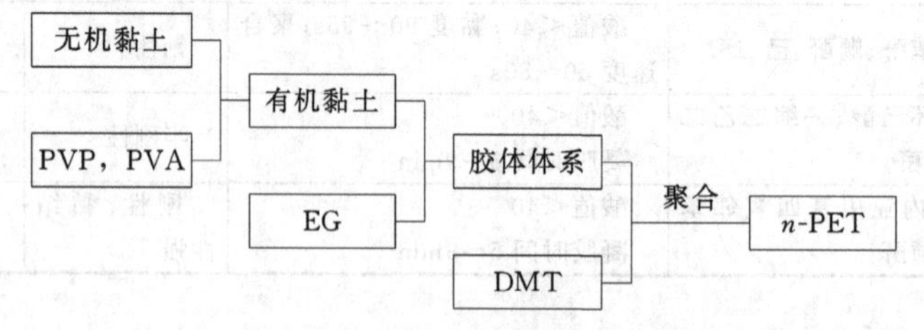

图 11.19　原位聚合法制备 PET/黏土纳米复合材料（n-PRT）
（EG 和 DMT 分别为 PET 的两种单体乙二醇和对苯二甲酸）

使用第二种方法制备 PET/黏土纳米复合材料时，首先要对蒙脱土进行插层处理，处理时选用的插层剂一般是烷基铵盐类。如果对烷基铵盐的烷基链进行一定的改性，或者在烷基链上选择性的接枝一些活性基团，可以使黏土与 PET 单体或预聚体之间的相容性得到明显改善，使有机蒙脱土能够在 PET 的聚合体系中充分地分散，PET 分子链很容易地插入蒙脱土的层间，最终制备出微观结构均匀的 PET/层状硅酸盐纳米复合材料。图 11.20 所示为用

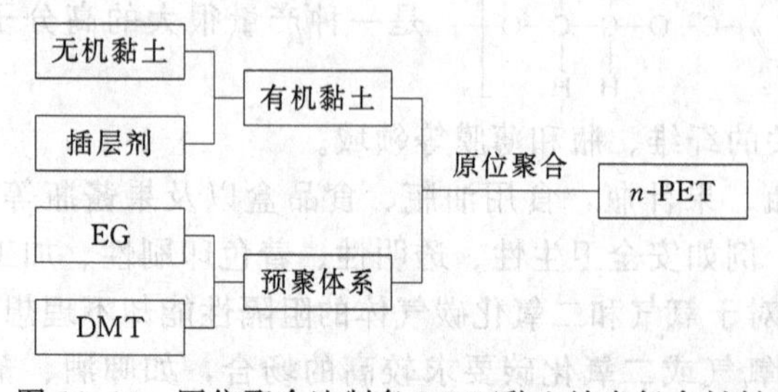

图 11.20　原位聚合法制备 PET/黏土纳米复合材料

这种方法制备 PET/黏土纳米复合材料的原则工艺流程。

采用的插层剂有多种类型，如三甲基十八烷基铵盐、双羟基乙基甲基牛脂铵盐、二乙氧基十八烷基铵盐等。

(2) PET/蒙脱土纳米复合材料的性能

① 气液阻隔性能　黏土纳米复合材料的特点之一就是可以改善聚合物基体的气液阻隔性能，对于 PET 这一点尤为重要。图 11.21 是一组典型的氧气对 PET/黏土纳米复合材料薄膜的渗透率曲线，图中包含三种不同的聚酯薄膜：PET，PETG（乙二醇改性的 PET）和 PEN。从图中可以明显地看到，随着蒙脱土填充量的增加，几种薄膜对氧气的阻隔性能均大幅度提高，氧气的渗透率大为降低。尤其是 PET 和 PETG 薄膜，氧气渗透率下降的幅度更加明显。说明蒙脱土对于提高 PET 的气液阻隔性能有明显作用，PET/黏土纳米复合材料完全可能在食品包装材料领域应用。

图 11.22 是采用不同插层剂处理的蒙脱土制备的 PET/黏土纳米复合材料对氧气的阻隔性能曲线。从中可以看到，采用传统的十八烷基季铵盐处理的有机黏土对提高 PET/黏土纳米复合材料的阻隔性能不明显，而其他几种处理剂则可以有效地降低氧气的渗透率。

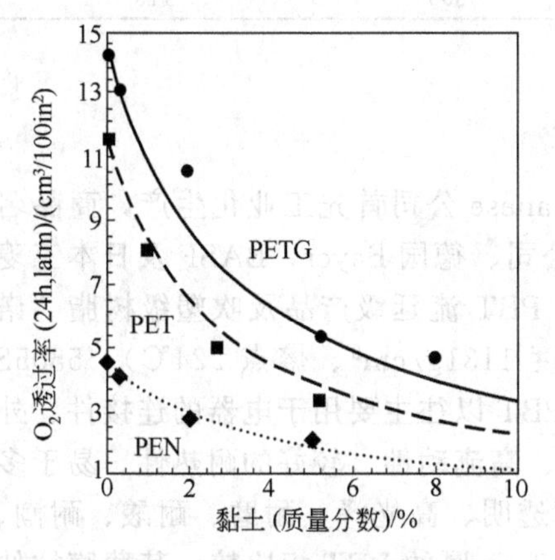

图 11.21　蒙脱土填充量对聚酯材料气液阻隔性能的影响
(1atm=101325Pa，1in=25.4mm)

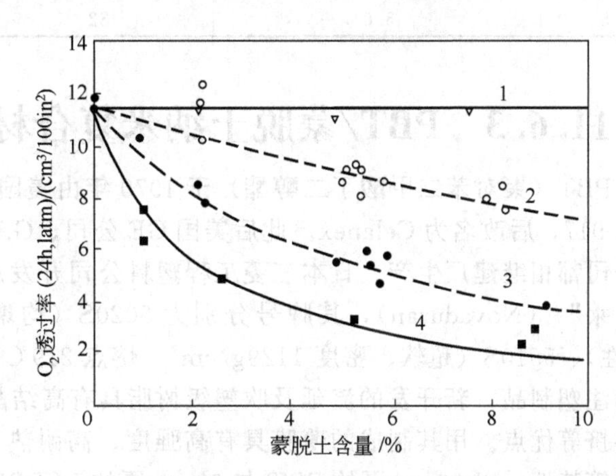

图 11.22　不同插层剂对聚酯材料气液相阻隔性能的影响
1—十八烷基季铵盐；2—蒙脱土 Claytone；3—双羟基乙基甲基牛脂铵盐；4—二乙氧基十八烷基铵盐
(1atm=101325Pa，1in=25.4mm)

② 结晶性能　利用原位聚合技术制备出 PET/蒙脱土纳米复合材料，然后将得到的材料进行非等温结晶的测试，利用非等温结晶测试的数据，根据 Avrami 方程计算出 PET/蒙脱土纳米复合材料的 Avrami 指数（n）和结晶动力学常数（k）两个常数。得到这两个参数后，计算出 PET/蒙脱土纳米复合材料的半结晶时间（$t_{1/2}$），这个数据是反映 PET 结晶速率的重要参数。具体的计算公式如下

$$t_{1/2}=(\ln 2/k)^{1/n}$$

表 11.16 是根据上面的方法计算得到的 PET/蒙脱土纳米复合材料的结晶参数。从蒙脱土对 $T_{m.c}$和 $T_{g.c}$的影响情况来看，蒙脱土在复合体系中起到了 PET 基体异相成核剂的作用。当在 194℃的温度下进行热处理时，观察 PET/蒙脱土纳米复合材料的半结晶时间，可以看到随着蒙脱土的填充量的增加，半结晶时间不断下降，当蒙脱土含量为 5%时，复合材料的半结晶时间只相当于纯 PET 的 1/3，说明此时复合材料的结晶速度是 PET 的 3 倍左右，蒙脱土确实可以加快 PET 的结晶速度。

③ 力学性能　表 11.17 是一组 PET/蒙脱土纳米复合材料的力学性能数据。其中 PET/蒙脱土纳米复合材料的模量比 PET 有明显提高，拉伸强度略有下降，而热变形温度提高非常明

显，随着蒙脱土的填充量提高，PET 的热变形温度从 75℃提高到了 115℃。

表 11.16 PET/蒙脱土纳米复合材料的非等温结晶参数

试样号	蒙脱土含量(质量分数)/%	$T_{m.c}$/℃	$T_{g.c}$/℃	T_c/℃	$t_{1/2}$/min
1	0.0	174.0	134	194	1.80
2	0.5	201.0	—	—	—
3	1.5	206.0	126	194	0.72
4	2.5	209.0	127	194	0.80
5	5.0	208.0	122	194	0.60

注：$T_{m.c}$是从熔融态冷却时的结晶温度，$T_{g.c}$是从玻璃态冷却的结晶温度，T_c是从熔体冷却的结晶温度。

表 11.17 PET/蒙脱土纳米复合材料的力学性能数据

试样号	蒙脱土含量(质量分数)/%	拉伸强度/MPa	拉伸模量/MPa	热变形温度/℃
1	0.0	108	1400	75
2	0.5	110	2070	83
3	1.5	97	2700	95
4	3.0	88	3620	101
5	5.0	82	3800	115

11.6.3 PBT/蒙脱土纳米复合材料

PBT（聚对苯二甲酸丁二醇酯）于 1970 年由美国 Celanese 公司首先工业化生产，商品名为 X-917，后改名为 Celanex。此后美国 GE 公司、GAF 公司、德国 Bayer，BASF 及日本三菱等公司都相继建厂生产。日本三菱工程塑料公司开发成功 PBT 流延级产品及吹塑级树脂“诺瓦杜莱”（Novaduran），其牌号分别为 5020S（均聚密度 1131g/cm^3、熔点 224℃）、5505S（软性）、5510S（超软、密度 1129g/cm^3、熔点 219℃）。PBT 以往主要用于电器的连接件、外壳等注塑制品，新开发的流延及吹塑级树脂具有高结晶性、高流动性、较好的耐热性、易于多层共挤等优点。用其制成的薄膜具有高强度、高耐热、高透明、高光泽、耐磨、耐酸、耐潮、保香等特性。以 30μm 厚的 PBT 与 30μm 厚的 LLDPE、12μm 厚的 PET 相比较，其薄膜拉伸强度分别为 LLDPE 和 PET 的 4～5 倍。同样是 25μm 厚的薄膜，PBT 的氧气透过率与 PET 相同，水蒸气透过率略高于 PET。PBT 的多层共挤出薄膜非常适合于包装调味品、泡菜、火腿肠、咖啡及浓香型日用化学品等。

PBT 是一种新型工程塑料，它具有优异的力学、电气、耐化学腐蚀、易成型及低吸湿性能等，是一种综合性能优良的工程塑料，自问世以来发展相当迅速，在电子、汽车工业和机械、仪器仪表和家用电器等领域中得到广泛应用。但它也存在热变形温度低，缺口冲击敏感性大，高温下尺寸稳定性差，容易燃烧等缺陷，因而 PBT 树脂很少单独使用。

(1) PBT/蒙脱土纳米复合材料的制备

以对苯二甲酸二甲酯（DMT）与丁二醇（BG）为原料，在钛催化剂的作用下，先进行酯交换，然后真空缩聚，分散于 BG 中的有机黏土在适当的聚合过程中加入，即可制得在蒙脱土之间进行插层聚合的 PBT 树脂。

(2) PBT/蒙脱土纳米复合材料的性能

① 力学性能　黏土的加入对 PBT 树脂的力学性能有较为明显的影响。图 11.23～图 11.26 是 PBT/黏土纳米复合材料的力学性能随黏土含量变化的曲线，可见在图示的黏土含量范围内，黏土的加入对材料有明显的增强作用，拉伸、弯曲强度有一定提高，模量大幅度提高，且当黏土含量小于 3%时，缺口冲击强度损失不大；不仅如此，黏土的加入使材料的热变形温度（HDT）也有明显提高。

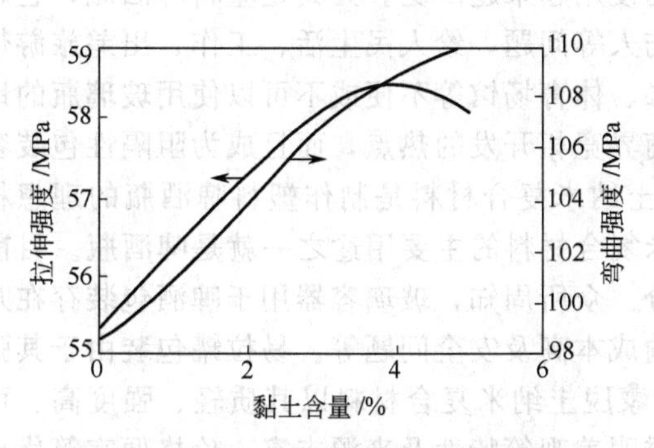

图 11.23 黏土含量对材料性能的影响

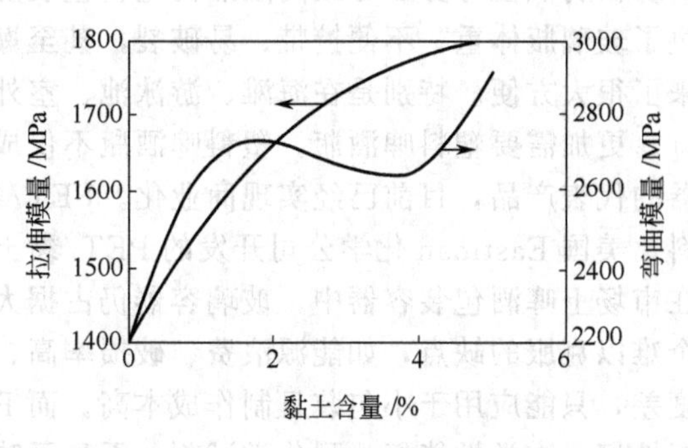

图 11.24 黏土含量对材料模量的影响

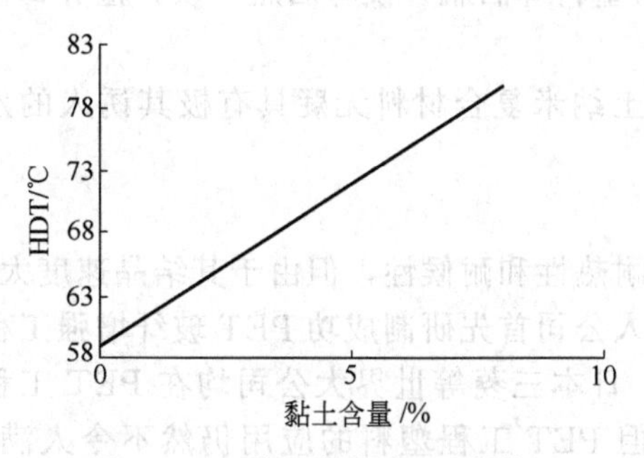

图 11.25 黏土含量对 PBT/黏土复合材料 HDT 的影响

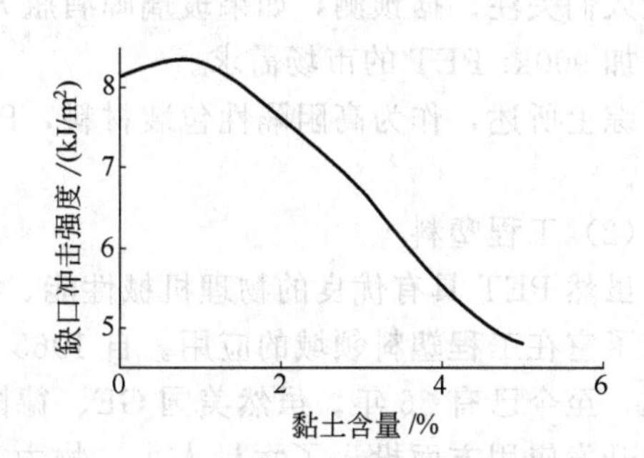

图 11.26 黏土含量对 PBT/黏土复合材料缺口冲击强度的影响

② 热稳定性 表 11.18 为 PBT/黏土纳米复合材料和纯 PBT 于沸水中不同时间黏度的变化情况。

表 11.18 黏土对 PBT 树脂耐沸水性的影响

煮沸时间 /h	PBT/黏土纳米复合材料黏度下降率/%	纯 PBT 树脂特性黏度下降率/%	煮沸时间 /h	PBT/黏土纳米复合材料黏度下降率/%	纯 PBT 树脂特性黏度下降率/%
0	0	0	44	9.26	19.83
8	1.85	4.31	56	12.96	21.14
20	5.56	10.34			

可见，对于相同的煮沸时间，纯 PBT 的黏度下降率为 PBT/黏土纳米复合材料的 2 倍左右，说明黏土的加入可大大提高 PBT 树脂的耐沸水稳定性。

11.6.4 应用及前景

(1) 包装材料

随着人们生活质量的提高，食品、饮料、酒类、医药、化妆品、农药等包装材料对阻隔性能的要求越来越高，高阻隔性树脂材料已成为包装行业的一个非常重要的材料。虽然自 20 世纪 80 年代起，PET 已逐步成为世界包装工业中用量增长最快的树脂，但因阻隔性不够高而限制了它在这方面的应用，而 PET/蒙脱土纳米复合材料的阻隔性可以比纯 PET 高数十倍，是一种优良的高阻隔性包装材料。高阻隔性树脂乙烯/乙烯醇共聚物（EVOH）和聚-2,6-萘二甲酸乙二醇酯（PEN）因价格昂贵而难以推广应用；高阻隔性树脂 PVDC（聚偏二氯乙烯）则因其在加热和燃烧时会分解出 HCl 气体，光氧化会使包装物变色和发脆以及抗冲击和耐寒性能不佳等原因，开始逐渐退出食品加工等行业。因此，PET/蒙脱土纳米复合材料在高阻隔性包装材料的应用上与其他高阻隔性树脂相比，具有较大的优势。玻璃包装的不安全性和金属包装的易被腐蚀性等势必导致高阻隔性塑料包装容器的使用越来越广泛。尤其是塑料啤酒瓶，它解决了玻璃瓶体重、不便携带、易破裂，甚至爆炸伤人等问题，给人民生活、工作、出差旅游带来了很大方便。特别是在海滩、游泳池、室外就餐、体育场馆等不便或不可以使用玻璃瓶的地方，更加需要塑料啤酒瓶。塑料啤酒瓶不仅成为商界竞相开发的热点，而且成为阻隔性包装容器的代表产品，目前已经实现商业化。PET/蒙脱土纳米复合材料是制作塑料啤酒瓶的理想材料，美国 Eastman 化学公司开发的 PET/黏土纳米复合材料的主要用途之一就是啤酒瓶。目前在市场上啤酒包装容器中，玻璃容器仍占据大部分。众所周知，玻璃容器用于啤酒包装存在几个难以克服的缺点，如能源浪费、破损率高、运输成本高及安全问题等。易拉罐包装由于其强度差，只能应用于小包装且制作成本高。而 PET/蒙脱土纳米复合材料以其质轻、强度高、可塑性好、力学性能好、耐化学试剂、无毒无味、透明美观等特性及来源丰富、价格便宜等优点备受人们关注。据预测，如果玻璃啤酒瓶大量地改为塑料啤酒瓶，仅啤酒瓶一项，世界每年将可增加 900kt PET 的市场需求。

综上所述，作为高阻隔性包装材料，PET/蒙脱土纳米复合材料无疑具有极其诱人的发展前景。

（2）工程塑料

虽然 PET 具有优良的物理机械性能、电性能、耐热性和耐候性，但由于其结晶速度太慢，影响了它在工程塑料领域的应用。自 1965 年日本帝人公司首先研制成功 PET 玻纤增强工程塑料起，至今已有 36 年。虽然美国 GE、德国 BASF、日本三菱等世界大公司均在 PET 工程塑料的开发应用方面投入了大量人力、物力和财力，但 PET 工程塑料的应用仍然不令人满意。PET/蒙脱土纳米复合材料的结晶速率可比纯 PET 高约 5 倍，其加工性能及制品性能均比纯 PET 有显著改善，扫除了限制 PET 工程塑料应用的障碍，因而可拓宽 PET 在工程塑料领域的应用。此外，PBT 工程塑料以聚对苯二甲酸丁二醇酯为主体，经增强阻燃、填充等改性而成为一种新型结构材料。PET/蒙脱土纳米复合材料作为工程塑料在电子电器、汽车、机械、照明等行业具有广阔的应用前景。

（3）纤维

虽然近年来 PET 在非纤领域的应用增长十分迅猛，但纤维仍然是其目前最主要的用途之一，纤维用量占其总产量的比例高达 69%。PET/蒙脱土纳米复合材料不仅具有良好的可纺性，而且还具有高模低收缩的特征，可用于工业纤维。由于蒙脱土具有很高的远红外发射率，因此 PET/蒙脱土纳米复合材料还可制成远红外保健纤维。显然，PET/蒙脱土纳米复合材料在纤维应用方面具有很大的潜力。

参考文献

[1] 郑水林．非金属矿物材料的加工与应用［J］．中国非金属矿工业导刊，2002，4：3-7.

[2] 郑水林，袁继祖．非金属矿加工技术与应用手册［M］．北京：冶金工业出版社，2005：1-9.

[3] 郑水林．非金属矿加工与应用（第三版）［M］．北京：化学工业出版社，2013：1-43.

[4] 郑水林．中国非金属矿加工业发展现状［J］．中国非金属矿工业导刊，2006（3）：3-8.

[5] 荣葵一，宋秀敏．非金属矿物与岩石材料工艺学［M］．武汉：武汉工业大学出版社，1996：1-7.

[6] 丁浩，许霞，崔淑凤．从纳米技术的角度提升非金属矿深加工产业［J］．中国非金属矿工业导刊，2001（6）：21-24.

[7] 潘兆橹．地质学与矿物学（下册）［M］．北京：中国地质大学出版社，1995：235-253.

[8] 张冠英．非金属矿矿物学［M］．武汉：武汉工业大学出版社，1989：105-116.

[9] 马鸿文．工业矿物与岩石［M］．北京：地质出版社，2002：37-350.

[10] 沈上越，李珍．矿物岩石材料工艺学［M］．武汉：中国地质大学出版社，2005：1-9.

[11] 林传仙，白正华，张哲儒．矿物有关化合物热力学手册［M］．科学出版社，1985：37-214.

[12] 陈燕，岳文海，董若兰．石膏建筑材料［M］．北京：中国建材工业出版社，2003：58-85；357-453.

[13] 郭海珠，余森．实用耐火材料手册［M］．北京：中国建材工业出版社，2000：372-376.

[14] 张铨昌，杨华蕊，韩成．天然沸石离子交换性能及其应用［M］．北京：科学出版社，1986：86-119.

[15] 戴长禄，肖泽贵，昂志等．硅灰石［M］．北京：中国建筑工业出版社，1986：1-31.

[16] 丘冠周，袁明亮，杨华明，等．矿物材料加工学［M］．长沙：中南大学出版社，2004：1-15.

[17] 鞠建英，［韩］申东铉．膨润土在工程中的开发与应用［M］．北京：中国建材工业出版社，2003：32-41.

[18] 柯杨船，皮特·斯壮．聚合物-无机纳米复合材料［M］．北京：化学工业出版社，2003：67-86.

[19] 郑水林．中国非金属矿粉体工业发展现状［J］．中国非金属矿工业导刊，2005（2）：3-7.

[20] 刘英俊．非金属矿物粉体材料在塑料中的应用进展［J］．中国非金属矿工业导刊，2004（增刊）：11-18.

[21] 华捷．微细化颜料及填充料在涂料中的应用［J］．中国非金属矿工业导刊，2000（5）：49-51.

[22] 朱骥良，吴申年．颜料工艺学［M］．北京：化学工业出版社，1994（7）：21-57.

[23] 徐长庚．热塑性复合材料［M］．成都：四川科学技术出版社，1987：34-68.

[24] 周学良．颜料［M］．北京：化学工业出版社，2002：1-109.

[25] BOY S BERNS. 颜色技术原理［M］．北京：化学工业出版社，2002：189-204.

[26] 俞康泰．陶瓷色釉料与装饰导论［M］．武汉：武汉工业大学出版社，1998：13-18.

[27] E·W·弗利克．涂料原材料手册（第二版）［M］．北京：化学工业出版社，1993：46-95.

[28] 郑水林．非金属矿物粉体加工技术的现状与发展［J］．中国非金属矿工业导刊，2003（4），3-6.

[29] 郑水林，祖占良．非金属矿物粉碎加工技术的现状［J］．中国非金属矿工业导刊，2006（增刊）：3-6.

[30] 郑水林．中国超细粉碎和精细分级技术现状与发展［J］．现代化工，2002，21（4）：10-16.

[31] 郑水林，卢寿慈．非金属矿物填料表面改性技术及发展［J］．非金属矿，1997.09（增刊）：1-6.

[32] 卢寿慈．粉体技术手册［M］．北京：化学工业出版社，2004.7，843-866.

[33] 郑水林，祖占良．超微粉体的应用与加工技术［M］．中国非金属矿工业导刊，2004（增刊）：3-10.

[34] 郑水林．超细粉碎［M］．北京：中国建材工业出版社，1999：129-235.

[35] 郑水林．非金属矿加工工艺与设备［M］．北京：化学工业出版社，2010.

[36] 郑水林．超细粉碎工艺设计与设备手册［M］．北京：中国建材工业出版社，2002：107-214.

[37] 卢寿慈．工业悬浮液——性能，调制及加工［M］．北京：化学工业出版社，2003：511-534.

[38] 杜高翔，郑水林，李杨，等．用搅拌磨制备超细粉体的试验研究［J］．矿冶，2003，12（4）：54-57.

[39] 郑水林．非金属矿加工工艺与设备［M］．北京：化学工业出版社，2010.01.

[40] 郑水林．无机矿物填料加工技术基础［M］．北京：化学工业出版社，2010.04.

[41] 郑水林．超微粉体加工技术及应用（第二版）［M］．北京：化学工业出版社，2011.09.

[42] 郑水林，王彩丽．粉体表面改性（第三版）［M］．北京：中国建材工业出版社，2011.09.

[43] 毋伟，陈健峰，卢寿慈．超细粉体表面修饰［M］．北京：化学工业出版社，2004：156-200.

[44] 任俊，沈健，卢寿慈．颗粒分散科学与技术［M］．北京：化学工业出版社，2005：126-163.

[45] 刘英俊，刘伯元．塑料填充改性［M］．北京：中国轻工业出版社，1998：17-76.

[46] 郑水林，李杨，骆剑军．SLG连续式粉体表面改性机应用研究［J］．非金属矿，2002.09，25（增刊），：25-27.

[47] E·W·弗利克．涂料原材料手册（第二版）［M］．北京：化学工业出版社，1993：46-95.

[48] 徐传云，许凤林，沈建松，等．叶蜡石开发利用［M］．武汉：中国地质大学出版社，2001：132-139.

[49] 郑水林，钱柏太，卢寿慈．重质碳酸钙/硅灰石复合填料的填充性能与填充增强原理研究［J］．中国粉体技术，

2002，8（1）：1-5．
[50] 郑水林，钱柏太，卢寿慈．煅烧高岭土/硅藻土复合填料表面改性研究［J］．中国粉体技术，2000，6（1）：6-9.
[51] 郑水林，祖占良．无机粉体表面改性技术现状与发展趋势［J］．中国粉体技术，2005.4，11（专辑）：1-5.
[52] 郑水林，佟福林．中国超细重质碳酸钙生产现状与发展趋势［J］．中国非金属矿工业导刊，2002（1）：10-16.
[53] 沈志刚，蔡楚江，麻树林，等．颗粒微胶囊包覆方法研究［J］．中国粉体技术，2005.4，11（专辑）：16-19.
[54] 王利剑，郑水林．我国无机包覆复合粉体制备研究现状［J］．化工矿物与加工，2005，34（1）：5-7.
[55] 刘志平，黄慧民，邓淑华，等．一步水热法制备核壳型纳米粉体研究［J］．无机盐工业，2005，38（6）：50-51.
[56] 刘英俊．碳酸钙的表面改性处理及其在塑料中的应用［J］．中国粉体技术，2005.4，11（专辑）：6-15.
[57] 王欣，陈日新，杨辉．纳米碳酸钙湿法表面改性研究［J］．非金属矿，2005.11，28（6）：8-10.
[58] 王训道，蒋登高，赵文莲，等．纳米碳酸钙改性及其在建筑涂料中的应用［J］．非金属矿，2005.1，28（1）：7-9.
[59] 刘福来，李锡春，甘学贤．碳酸钙粉体的表面改性［J］．中国粉体技术，2005.4，11（专辑）：87-91.
[60] 丁浩．搅拌磨湿法超细磨矿中硬脂胺盐改性硅灰石的研究［J］．中国粉体技术，2005.4，11（专辑）：29-32.
[61] 张清辉，邹勇，李杨．超细氧化铁红的表面改性工艺研究［J］．中国粉体技术，2005.4，11（专辑）：48-51.
[62] 四季春，郑水林，路迈西，等．无机复合阻燃填料在软质聚氯乙烯中的应用研究［J］．机械工程材料，2004，28（12）：26-28.
[63] 郑水林，四季春，路迈西，等．无机复合阻燃填料的开发及阻燃机理研究［J］．材料科学与工程学报，2005，23（1）：60-63.
[64] 四季春，郑水林，路迈西，等．超细活性无机复合阻燃填料在 PVC 中的应用研究［J］．中国塑料，2005，19（1）：83-85.
[65] 四季春，郑水林，路迈西．氢氧化铝的表面改性及应用研究［J］．中国粉体技术，2005.4，11（专辑）：52-55.
[66] 刘卓钦，皮振邦，田熙科，等．纳米高岭土表面改性的初步研究［J］．化工矿物与加工，2005，34（5）：18-20.
[67] 李宝智．煤系煅烧高岭土表面改性及在高分子制品中的应用［J］．中国粉体技术，2005.4，11（专辑）：56-60.
[68] 杨慧芬，范春平，李洁．粉石英的超细粉碎－表面改性研究［J］．中国非金属矿工业导刊，2005（5）：35-36.
[69] 杜高翔，郑水林，姜骑山．超细氢氧化镁粉的表面改性［J］．化工矿物与加工，2005，34（9）：7-9.
[70] 刘月，郑水林．超细氢氧化铝的表面改性工艺与配方［J］．中国粉体技术，2005.4，11（专辑）：116-120.
[71] 骆剑军，刘董兵．改进型 SLG 型连续式粉体表面改性机与复合改性［J］．中国粉体技术，2005.4，11（专辑）：34-37.
[72] 陈更新．阻燃交联聚乙烯电缆料用超细氢氧化铝的表面改性［J］．中国粉体技术，2005.4，11（专辑）：38-39.
[73] 刘立华．氢氧化镁阻燃剂的表面改性及其在聚丙烯中的应用研究［J］．化工矿物与加工，2005，34（10）：13-15.
[74] 王训道，周鉻，蒋登高，等．复合偶联剂改性纳米 $CaCO_3$ 工艺研究［J］．化工矿物与加工，2005，34（4）：9-12.
[75] 刘建华，郝在晨，梁金龙．氢氧化镁阻燃剂的湿法改性研究［J］．无机盐工业，2005，37（6）：50-51.
[76] 张志毅，赵宁，魏伟，等．核壳结构和层状结构改性剂的制备及其对 PC 性能的影响［J］．工程塑料应用，2005，33（3）：5-8.
[77] 杜高翔，郑水林，李杨．超细水镁石的硅烷偶联剂表面改性［J］．硅酸盐学报，2005，33（5）：659-664.
[78] 杜高翔，郑水林，李杨．超细氢氧化镁粉的表面改性及其高填充聚丙烯的性能研究［J］．中国塑料，2004，18（7）：75-79.
[79] 刘钦甫，张玉德．杂质成分和表面改性对高岭土分散性及应用性能的影响［J］．中国粉体技术，2005.4，，1：24-28.
[80] 章文治，章文贡，杨庆荣．高岭土表面的偶联活化改性研究［J］．化工矿物与加工，2005，34（2）：3-5.
[81] 郑水林，杜高翔，李杨，等．用水镁石制备超细氢氧化镁的研究［J］．矿冶，2004，13（2）：43-46.
[82] 蒋红梅，郭人民．一种纳米氧化镁表面改性工艺的研究［J］．无机盐工业，2005，37（1）：26-28.
[83] 杨华明，谭定桥，陈德良等．活性粉石英的制备及应用［J］．非金属矿，2002，25（5）：33-34.
[84] 黄毅，彭兵，柴立荣．纳米二氧化钛的有机表面改性及其在环保功能涂料中的应用［J］．涂料工业，2005，35（3）：49-52.
[85] 郑水林，张清辉，李杨．超细氧化铁红颜料的表面改性研究［J］．矿冶，2003，12（2）：69-72.
[86] Zheng S，Zhang Q. Surface-Modification of Fine Red Iron Oxide Pigment［J］. Particuology，2003，1（4）：76-180.
[87] 袁树来，郑水林，潘业才，等．中国煤系高岭岩（土）及加工利用［M］．北京：中国建材工业出版社，2001：186-218.
[88] 郑水林，冯欲晓，刘贵忠．中国煤系煅烧高岭土加工利用现状与发展［J］．中国非金属矿工业导刊，2001（5）：3-7.
[89] 郑水林，许霞．温度对煤系煅烧高岭土物化性能影响的研究［J］．硅酸盐学报，200，31（4）：417-420.
[90] 郑水林，李杨，许霞．升温速度对煅烧高岭土物化性能的影响研究［J］．非金属矿，2001，24（6）：15-16.
[91] 郑水林，李杨，许霞．煅烧时间对煅烧高岭土物化性能的影响研究［J］．非金属矿，2002，25（2）：11-12.
[92] 郑水林，李杨，许霞．入烧原料细度对煅烧高岭土物化性能的影响研究［J］．中国粉体技术，2002，8（3）：13-15.

[93] 郑水林．影响粉体表面改性效果的主要因素［J］．中国非金属矿工业导刊，2003（1）：13-16.
[94] 郑水林，杜玉成，李杨．煤系硬质高岭岩磁种法除铁、钛工艺：中国，CN1149005［P］．1997.05.07.
[95] 李宝智，徐星佩．煅烧高岭土表面改性［J］．非金属矿，2002，25（增刊）：48-49.
[96] 冯建明，闫国东．煤系煅烧高岭土生产集成新技术［J］．中国非金属矿工业导刊，2006（增刊）：97-99.
[97] 吴耀庆，张智勇．摩擦材料的发展与展望［C］．青岛：第六届（青岛）国际摩擦材料技术交流会论文集，2004：14-16.
[98] 任增茂，安忠文．浅谈摩擦材料的高温摩擦性能［C］．青岛：第六届（青岛）国际摩擦材料技术交流会论文集，2004：4-6.
[99] 谢富贵，常怀俭，叶润喜．浅谈摩擦材料树脂粘合剂对摩擦性能的影响［C］．青岛：第六届（青岛）国际摩擦材料技术交流会论文集，2004：7-11.
[100] 易汉辉．工程机械用无石棉盘式刹车片的研制及其摩擦磨损性能［C］．青岛：第六届（青岛）国际摩擦材料技术交流会论文集，2004：27-30.
[101] 潘继城，张荣德，张月阳．海泡石纤维及其深加工［C］．青岛：第六届（青岛）国际摩擦材料技术交流会论文集：2004：79-80.
[102] 孙岩．摩擦材料摩擦、磨损性能的数学计算［C］．青岛：第六届（青岛）国际摩擦材料技术交流会论文集：2004：87-91.
[103] 王曙中．芳纶浆粕的现状及其发展前景［J］．高科技纤维与应用，2003，28（3）：14-17.
[104] 顾澄中，吴爱椿，胡福增．摩阻材料中酚醛树脂的增韧改性［C］．武汉：第七届（武汉）国际摩擦材料技术交流会论文集，2005：15-17.
[105] 黄发荣，焦扬声．酚醛树脂及其应用［M］．北京：化学工业出版社，2003：142-165.
[106] 曹钟华．陶瓷纤维在无石棉摩擦材料中的应用［C］．武汉：第七届（武汉）国际摩擦材料技术交流会论文集，2005：25-26.
[107] 钱勤．纤维材料堆摩擦材料性能的影响初探［C］．武汉：第七届（武汉）国际摩擦材料技术交流会论文集，2005：30-32.
[108] 王鲁豫．纤维水镁石应用于摩擦材料研究［C］．武汉：第七届（武汉）国际摩擦材料技术交流会论文集，2005：39-40.
[109] 大群生，杨晓燕，赵贺．降低摩擦材料制动噪音之措施［C］．武汉：第七届（武汉）国际摩擦材料技术交流会论文集，2005：49-51.
[110] 郝华伟．汽车刹车片产生噪声的原因及解决办法［J］．非金属矿，2003，26（1）：59-60.
[111] 贾宏禹，曹献坤，黄之初，等．关于粘弹性盘式制动器摩擦片的模态分析［J］．武汉理工大学学报，2003，25（9）：60-62.
[112] 白克江．陶瓷基摩擦材料的研究［C］．武汉：第七届（武汉）国际摩擦材料技术交流会论文集，2005：63-65.
[113] 程雨．离合器面片性能检测与分析［C］．武汉：第七届（武汉）国际摩擦材料技术交流会论文集，2005：104-108.
[114] 施密特（德）．摩擦材料的分析方法［C］．武汉：第七届（武汉）国际摩擦材料技术交流会论文集，2005：113-120.
[115] 石志刚．国外摩擦材料的新进展［J］．非金属矿，2001，24（2）：52-53.
[116] 石涛，冯其明，张国旺，等．搅拌磨制备隐晶质石墨超细粉体的研究［J］．化工矿物与加工，2004，33（4）：14-18.
[117] 张沈生，高云秋．汽车维修新技术——金属磨损自修复材料［J］．国防技术基础，2003，5：8-9.
[118] 岳文．陶瓷添加剂对钢/钢接触疲劳及滑动磨损性能的影响及机理研究［D］．中国地质大学（北京），2006.
[119] 陈文刚．硅酸盐粉体作为添加剂对金属摩擦副磨损特性影响的研究［D］．大连海事大学，2006.
[120] 吕静．蛇纹石微粒润滑油添加剂的研究［D］．大连海事大学，2009.
[121] 陈文刚，高玉周，张会臣，等．硅酸盐粉体作为润滑油添加剂对摩擦副耐磨性的影响研究［J］．中国表面工程，2006，19：36-39.
[122] 陈文刚，高玉周，张会臣．蛇纹石粉体作为自修复添加剂的抗磨损机理［J］．摩擦学学报，2008，28：463-468.
[123] 于鹤龙，许一，史佩京，等．蛇纹石润滑油添加剂摩擦反应膜的力学特征与摩擦学性能［J］．摩擦学学报，2012，32（5）：500-506.
[124] 高玉周，张会臣，许晓磊，等．硅酸盐粉体作为润滑油添加剂在金属磨损表面成膜机制润滑与密封［J］．2006，10：39-42.
[125] 杨鹤，金元生，山下一彦．$Mg_6Si_4O_{10}(OH)_8$修复剂应用于滑动轴承的模拟试验研究［C］．全国摩擦学学术会议，2006：144-146.
[126] 曹娟，张振忠，赵芳霞．超细蛇纹石粉体改善润滑油摩擦磨损性能的研究［J］．润滑与密封，2007，32：53-55.
[127] 庞宁，白志民．改性蛇纹石粉体作为润滑油添加剂对铁基摩擦副的减磨-减阻性能研究［C］．长沙：2010 中国材料

研讨会论文集，2010：1-5.
[128] 李品．蛇纹石微粉的水热合成及摩擦性能研究［D］．中国地质大学（北京），2007.
[129] 孙玉秋，郭小川，蒋明俊，等．几种层状硅酸盐材料在润滑脂中的摩擦学性能研究［J］．重庆科技学院学报（自然科学版），2005，7：55-57.
[130] 张保森，徐滨士，巴志新，等．矿物润滑剂对类气缸-活塞摩擦副的减摩抗磨作用［J］．润滑与密封，2013，12：1-5.
[131] 干路平，田少勤，程起林．搅拌球磨机研磨石墨的工程放大［J］，华东理工大学学报，2000，26（3）：322-325.
[132] 田敏，李洪潮，郭保万．石墨超细粉碎探索性研究［J］．中国非金属矿工业导刊，2004（3）：24-26.
[133] 薛敏骅，高荣生，李同锁，等．彩色显像管用黑底石墨乳研究［J］．非金属矿，2003，26（5）：14-16.
[134] 姚辉明，孟广新，贾凤明，等．细拉丝石墨乳研制与应用［J］．非金属矿，2001，24（6）：26-28.
[135] 沈万慈．石墨产业的现代化与天然石墨的精细加工［J］．中国非金属矿工业导刊，2005（6）：3-7.
[136] 肖丽，金为群，张华荣．膨胀石墨与柔性石墨及其应用［J］．中国非金属矿工业导刊，2005（6）：17-18.
[137] 肖丽，金为群，权新军．石墨插层复合材料性质研究［J］．非金属矿，2003，26（5）：4-5.
[138] 李冀辉，刘淑芬．膨胀石墨孔结构及其吸附性能研究［J］．非金属矿，2004，27（4）：44-45.
[139] 李冀辉，刘巧云，刘占荣．低硫可膨胀石墨的制备［J］．精细化工，2003，20（6）：341-342.
[140] 初茉，李华民，任守政，等．膨胀石墨与活性炭对煤焦油吸附性对比研究［J］．中国矿业大学学报（自然科学版），2001，30（3）：307-310.
[141] 周伟，兆恒，胡小芳，等．膨胀石墨水中吸油行为及机理的研究［J］．水处理技术，2001，27（6）：335-337.
[142] 徐子刚，吴清铉，伍文彬，等．膨胀石墨对柴油吸附程度的分析［J］．非金属矿，2000，23（4）：33-34.
[143] 刘芹芹，张勇，杨娟，等．膨胀石墨制备及其吸油性能研究［J］．非金属矿，2004，27（6）：39-41.
[144] 张东，田胜利，肖德炎．微波法制备纳米多孔石墨［J］．非金属矿，2004，27（6）：22-24.
[145] 赵正平．可膨胀石墨及其制品的应用及发展趋势［J］．中国非金属矿工业导刊，2003（1）：7-9.
[146] 金为群，张华蓉，权新军．石墨插层复合材料制备及应用现状［J］．中国非金属矿工业导刊，2005（4）：8-12.
[147] 连锦明，童庆松，郑曦．电解氧化法制备膨胀石墨［J］．福建师范大学学报（自然科学版），2000，16（3）：43-45.
[148] 金为群，权新军，蒋引珊，等．无硫高抗氧化性可膨胀石墨制备［J］．非金属矿，2003，26（3）：25-26.
[149] 孙宝岐，吴一善，梁志标，等编．非金属矿深加工［M］．北京：冶金工业出版社，1995.8：133-143.
[150] 徐惠忠，周明．绝热材料生产及应用［M］．北京：中国建材工业出版社，2001.8：21-168.
[151] 中国绝热材料协会．绝热材料与绝热工程实用手册［M］．北京：中国建材工业出版社，1998.7：11-241.
[152] 刘福生，彭同江，张宝述．膨胀蛭石的利用及新进展［J］．非金属矿，2001，24（4）：5-7.
[153] 张寅平，胡汉平，孔祥冬，等．相变储能：理论与应用［M］．合肥：中国科学技术大学出版社，1996：1-2，9-22.
[154] 张仁元等．相变材料与相变储能技术［M］．北京：科学出版社，2009：1-21.
[155] 张丽芝，张庆．相变储热材料［J］．化工新型材料，1999，2：19.
[156] Zalba B，Jose M—Marina，Luisa F. Cabeza. et a1. Review on thermal energy storage with phase change：materials，heat transfer analysis and applications［J］. Applied Thermal Engineering，2003，23：1-283.
[157] Zalba B，Jose M—Marina，Luisa F. Cabeza. et a1. Review on thermal energy storage with phase change：materials，heat transfer analysis and applications［J］. Applied Thermal Engineering，2003，23：251-283.
[158] 闫全英，梁辰，周然．用于相变墙体中的石蜡和多元醇相变材料的研究［J］．建筑节能，2007，195（5）：37-39.
[159] Ali Karaipekli，Ahmet Sari. Capri-myristic acid/expanded perlite composite as form-stable phase change material for latent heat thermal energy storage［J］. Renewable Energy，2008，24（2）：1-9.
[160] Hawes D W，Feldman D，Banu D. Latent heat storage in building materials［J］. Energy and Buildings，1993，20（1）：77-86.
[161] 王立新，苏峻，任丽．相变储热微胶囊的研制［J］．高分子材料科学与工程，2005，21（1）：276-279.
[162] 秦鹏华，杨睿，张寅平．定形相变材料的热性能［J］．清华大学学报（自然科学版）．2003，43（6）：833-835.
[163] 张东，康樟，李凯莉．复合相变材料研究进展［J］．功能材料，2007，38（12）：1936-1940.
[164] 李辉，方贵银．具有多孔基体复合相变储能材料研究［J］．材料科学与工程学报，2003，21（6）：842-844.
[165] 方晓明，张正国，文磊等．硬脂酸/膨润土纳米复合相变储热材料的制备、结构和性能［J］．化工学报，2004，55（4）：78-81.
[166] 张翀，陈中华，张正国．有机/无机纳米复合相变储能材料的制备［J］．高分子材料科学与工程，2001，17（5）：137-139.
[167] 李忠，井波，于少明．CA-SA/蒙脱土复合相变储能材料的制备\结构与性能［J］．化工新型材料，2007，35（3）：42-44.
[168] 席国喜，杨文洁．硬脂酸/改性硅藻土复合相变储能复合材料的制备及性能研究［J］．材料导报（研究篇），2009，23（8）：45-47.

[169] 郑李辉，宋光森，韦一良，等．石膏载体定形相变材料的制备及其热性能 [J]．新型建筑材料，2006，1：49-50.
[170] 李海建，冀志江，辛志军．石蜡/膨胀珍珠岩复合相变材料的制备 [J]．中国建材科技，2009，3：69-71.
[171] 王言伦，范宇，张刚．石蜡、SEBS和聚苯乙烯共混的复合定形相变材料的制备和热分析 [J]．塑料工业，2009，3 (9)：26-29.
[172] 张东．多孔矿物介质对有机相变材料导热性能的影响 [J]．矿物岩石，2007，27 (3)：12-16.
[173] Murat M. Kenisarin. High-temperature phase change materials for thermal energy storage [J]. Renewable and Sustainable Energy Reviews，2010，14：955-970.
[174] Takahiro Nomura. Impregnation of porous material with phase change material for thermal energy storage [J]. Materials Chemistry and Physics，2009，115：846-850.
[175] 余丽秀，孙亚光，张志湘．矿物复合相变储能功能材料研究进展及应用 [J]．化工新型材料，2007，35 (11)：14-16.
[176] 周盾白，周子鹄，贾德民 [J]．石蜡/蒙脱土纳米复合材料的制备及分析 [J]．化工新型材料，2009，37 (7)：108-110.
[177] Wang J F，Xie H Q，Xin Z H. Thermal properties of paraffin based composites containing multi-walled carbon nanotubes [J]. Thermochim. Acta，2009 (488)：39-42.
[178] 张东，周剑敏，吴科如，等．颗粒型相变储能复合材料 [J]．复合材料学报，2004，5：103-109.
[179] 张永娟，张雄．相变材料对砂浆热效应的影响 [J]．同济大学学报（自然科学版），2007，35 (7)：768.
[180] 周盾白，郝瑞，周子鹄，等．石蜡/蒙脱土纳米复合相变材料的制备及在墙体上的应用 [J]．能源技术，2009，30 (2)：102-104.
[181] 石海峰，张兴祥．蓄热调温纺织品的研究与开发现状 [J]．纺织学报，2001，22 (5)：335-337.
[182] 张芳，王小群，杜善义．相变温控在电子设备上的应用研究 [J]．电子器件，2007，30 (5)：1939-1942.
[183] 郑水林，张玉忠，怀杨杨．一种有机/无机相变储能复合材料的制备方法：中国，CN102199416 [P]．2013-8-21.
[184] 张玉忠．硅藻土负载型复合相变材料的制备与性能研究 [D]．北京：中国矿业大学（北京），2011.
[185] Sun Z，Zhang Y，Zheng S，et al. Preparation and thermal energy storage properties of paraffin/calcined diatomite composites as form-stable phase change materials [J]. Thermochimica Acta，2013，558：16-21.
[186] Karaman S，Karaipekli A，Sarı A，et al. Polyethylene glycol (PEG) /diatomite composite as a novel form-stable phase change material for thermal energy storage [J]. Solar Energy Materials and Solar Cells，2011，95 (7)：1647-1653.
[187] Nomura T，Okinaka N，Akiyama T. Impregnation of porous material with phase change material for thermal energy storage [J]. Materials Chemistry and Physics，2009，115 (2)：846-850.
[188] Sarı A，Biçer A. Preparation and thermal energy storage properties of building material-based composites as novel form-stable PCMs [J]. Energy and Buildings，2012，51：73-83.
[189] Sarı A，Karaipekli A. Fatty acid esters-based composite phase change materials for thermal energy storage in buildings [J]. Applied Thermal Engineering，2012，37：208-216.
[190] Li M，Wu Z，Kao H. Study on preparation and thermal properties of binary fatty acid/diatomite shape-stabilized phase change materials [J]. Solar Energy Materials and Solar Cells，2011，95 (8)：2412-2416.
[191] 丁锐，肖力光，赵瀛宇．一种新型固-固相变材料及其制备方法 [J]．吉林建筑工程学院学报，2011，28：40-42.
[192] 孙跃枝，席国喜，杨文洁，等．石蜡/改性硅藻土复合相变储能材料的制备及性能研究 [J]．化工新型材料，2010，38：46-48.
[193] Sun Z，Kong W，Zheng S，et al. Study on preparation and thermal energy storage properties of binary paraffin blends/opal shape-stabilized phase change materials [J]. Solar Energy Materials and Solar Cells，2013，117：400-4007.
[194] 张殿潮，孔维安，郑水林，等．蛋白土负载型复合相变材料的制备与表征 [C]．第十三届全国非金属矿加工利用技术交流会，2012：59-60.
[195] 孔维安．蛋白土基复合相变材料的制备研究 [D]．北京：中国矿业大学（北京），2011.
[196] 方晓明，张正国．硬脂酸/膨润土复合相变储热材料研究 [J]．非金属矿，2005，28：23-24.
[197] 张正国，庄秋虹，张毓芳，等．硬脂酸丁酯/膨润土复合相变材料的制备及其在储热建筑材料中的应用 [J]．现代化工，2006，26：131-134.
[198] 沈艳华，徐玲玲．新戊二醇/皂土复合储能材料的制备 [J]．材料科学与工艺，2007，15：350-353.
[199] 陈中华，肖春香．十二醇/蒙脱土复合相变储能材料的制备及性能研究 [J]．功能材料，2008，39：629-631.
[200] 周盾白，郝瑞，周子鹄，等．石蜡/蒙脱土纳米复合相变材料的制备及在墙体上的应用 [J]．能源技术，2009，2：102-104.
[201] 郭艳芹，董连洋，张正国，等．不同十八烷含量膨润土基复合相变储热材料的性能研究 [J]．非金属矿，2010，33：42-44.

[202] 张正国，邵刚，方晓明．石蜡/膨胀石墨复合相变储热材料的研究［J］．太阳能学报，2005，26（5）：698-702.
[203] 赵建国，郭全贵，刘朗，等．聚乙二醇/膨胀石墨相变储能复合材料［J］．现代化工，2008，9：46：47.
[204] 谭海军．膨胀石墨、温敏凝胶及其复合物为载体的复合相变蓄热材料的制备和性能［D］．中南大学，2009.
[205] 张秀荣，朱冬生，高进伟，等．石墨/石蜡复合相变储热材料的热性能研究［J］．材料研究学报，2010，3：332-336.
[206] 马烽，王晓燕，程立媛．癸酸-月桂酸/膨胀石墨相变储能材料的制备及性能研究［J］．功能材料，2010，41：180-183.
[207] 李海建，冀志江，辛志军，等．石蜡/膨胀珍珠岩复合相变材料的制备［J］．中国建材科技，2009，3：69-71.
[208] 鲁辉，张雄，张永娟．脂肪酸/膨胀珍珠岩/石蜡复合相变材料的制备及其在建筑节能中的应用［J］．新型建筑材料，2010，37：21-23.
[209] 于永生．珍珠岩复合相变储能材料制备与应用研究［D］．信阳师范学院学报：自然科学版，2011.
[210] 杨厚林，董莪，刘杰胜．月桂酸—膨胀珍珠岩复合相变材料的制备及性能研究［J］．武汉工业学院学报，2013，32（4）：59-62.
[211] 王贞．保温潜水服用膨胀珍珠岩担载脂肪酸复合相变材料的制备与性能研究［D］．华东理工大学，2013.
[212] 王志强．基于黏土为载体的复合相变储热材料的制备与表征［D］．武汉理工大学，2005.
[213] 施韬，孙伟，王倩楠．凹凸棒土吸附相变储能复合材料制备及其热物理性能表征［J］．复合材料学报，2009，26：143-147.
[214] 郑立辉，宋光森，韦一良，等．石膏载体定形相变材料的制备及其热性能［J］．新型建筑材料，2006，49-50.
[215] 孙英，郭忠超．化工生产过程中静电的危害及其预防［J］．应用技术，2007（6）：73-76.
[216] 付军霞，王凤英．浅谈静电危害与经典防护［J］．科技情报开发与经济，2007（17）：281-283.
[217] 许玉明，马金光．静电的危害与防护［J］．消费导刊，2008（6）：178-179.
[218] 宋开森，狄永浩．浅色无机复合导电/抗静电粉末填料研究进展［J］．中国非金属矿工业导刊，2013，4：18-22.
[219] 贺洋，沈红玲，白志强，等．SnO_2/硅灰石抗静电材料的制备及性能［J］．硅酸盐学报，2012，40（1）：121-125.
[220] Sun Z，Bai Z，Shen H，et al. Electrical property and characterization of nano-SnO_2/wollastonite composite materials［J］．Materials Research Bulletin，2013，48（3）：1013-1019.
[221] 郑水林，沈红玲，毛俊．一种硅灰石负载纳米 SnO_2 型复合抗静电功能填料的制备方法：中国，ZL201010267034.9［P］，2013-07-10.
[222] 沈红玲．纳米 SnO_2/硅灰石抗静电复合材料的制备与表征［D］．北京：中国矿业大学（北京），2011.
[223] 李美丽，颜红侠，杨帆，等．电子塑封材料研究进展［J］．粘接，2011，32（3）：71-74.
[224] 曹延生，黄文迎．环氧塑封料中填充剂的作用和发展［J］．电子与封装，2009，9（5）：5-10.
[225] 张军，宋守志，盖国胜．高纯超细电子级球形石英粉研究［J］．电子元件与材料，2004，23（1）：48-51.
[226] 季理沅，王国水．电子级硅微粉制备工艺［J］．非金属矿，2002，25（4）：16-19.
[227] 向财旺．建筑石膏及其制品［M］．北京：中国建材工业出版社，1998.9：62-96.
[228] 韩敏芳．非金属矿物材料制备与工艺［M］．北京：化学工业出版社，2004.7：228-259.
[229] 姜桂兰，张培萍．膨润土加工与应用［M］．化学工业出版社，2005：135-160.
[230] 阎景辉，李景梅，张军，等．膨润土化学提纯研究［J］．非金属矿，2002，25（3）：8-9.
[231] 吴平霄．粘土矿物材料与环境修复［M］．北京：化学工业出版社，2004：169-380.
[232] 陈天虎．改性凹凸棒粘土吸附对比实验研究［J］．非金属矿，2000，23（5），11-12.
[233] 梁景辉，毛艳．高纯纳米累托石制备方法研究［J］．非金属矿，2002，25（3）：34-35.
[234] 袁润章．胶凝材料学［M］．武汉工业大学出版社，1993.03 第二次印刷：28-58.
[235] 孙胜龙．环境材料［M］．北京：化学工业出版社，2002.05：124-170.
[236] 翁端．环境材料学［M］．北京：清华大学出版社，2001.10：207-231.
[237] 洪紫萍，王贵公．生态材料导论［M］．北京：化学工业出版社，2001：18-28.
[238] 赵骧主．催化剂［M］．北京：中国物资出版社，2001：139-148；634-636.
[239] 黄成彦．中国硅藻土及其应用［M］．北京：科学出版社，1993：5-161.
[240] Penny Crossley. World diatomite reviewed［J］. Industrial Minerals，2000.03：191～141.
[241] 郑水林．我国粘土质硅藻土矿的选矿研究［J］．非金属矿，1994（4），24-27.
[242] 王利剑，郑水林，陈俊涛，等．硅藻土提纯及其吸附性能研究［J］．非金属矿，2006，29（2）：3-5.
[243] 郑水林，张广心．非金属矿物负载纳米二氧化钛研究进展［J］．无机盐工业，2014，06：1-6.
[244] 王利剑，郑水林，舒锋，等．酸处理对 TiO_2/硅藻土复合材料光催化性能研究［J］．中国建材科技，2006（3）：99-102.
[245] 舒锋，王利剑，郑水林，等．纳米 TiO_2/硅藻土光催化降解罗丹明 B 废水的研究［J］．中国非金属矿工业导刊，

2006（增刊）：149-151.

[246] 王利剑，郑水林，舒锋．硅藻土负载 TiO_2 复合材料的制备与光降解性能研究［J］．硅酸盐学报，2006，34（7）：823-826.

[247] 郑水林，王利剑，舒锋．酸浸和焙烧对硅藻土性能的影响［J］．硅酸盐学报，2006，34（11）：1382-1386.

[248] 郑水林，王利剑，舒峰．纳米 TiO_2/硅藻土复合光催化材料的制备与表征［J］．过程工程学报，2006（增刊）：165-168．

[249] 郑水林，王庆中．改性硅藻精土在污水处理中的应用［J］．非金属矿，2000，23（4）：36-37.

[250] 郑水林，孙志明，胡志波等．中国硅藻土资源及加工利用现状与发展趋势［J］．地学前沿，2014，21（5）：274-280.

[251] 王利剑，郑水林，田文杰．纳米 TiO_2/硅藻土复合光催化材料中试实验研究［J］．中国粉体技术，2010，16（增刊）：8-10.

[252] 孙志明．硅藻土选矿及硅藻功能材料的制备与性能研究［D］．中国矿业大学（北京），2014.

[253] 汪滨，张广心，郑水林，等．煅烧温度对 TiO_2/硅藻土晶型结构与光催化性能的影响．无机材料学报，2014，29（4）：382-386

[254] 张广心，汪滨，郑水林，等．H_2O/HAc 对纳米 TiO_2/硅藻土复合材料 TiO_2 晶相和性能的影响［J］．人工晶体学报，2014，43（5）：1162-1167.

[255] 王红．高比表面积农药载体性能及其应用研究［D］．湖南农业大学，2013.

[256] 黄蓉，张丹露，李建法．改性粘土作为载体在农药控制释放中的应用［J］．现代农药，2012，11（1）：1-5.

[257] Polubesova T，Nir S，Rabinovitz O，et al. Sulfentrazone adsorbed on micelle-montmorillonite complexes for slow release in soil［J］. Journal of agricultural and food chemistry，2003，51（11）：3410-3414.

[258] Cornejo L，Celis R，Domínguez C，et al. Use of modified montmorillonites to reduce herbicide leaching in sports turf surfaces：Laboratory and field experiments［J］. Applied Clay Science，2008，42（1）：284-291.

[259] 吕金红，李建法，王杰，等．复合改性粘土对除草剂 2，4-D 的控制释放作用研究［J］．农药学学报，2010，12：73-78.

[260] 孙青．纳米 TiO_2/多孔矿物的表面特性与光催化性能研究［D］．中国矿业大学（北京），2015.

[261] 徐春宏．纳米 TiO_2/膨胀珍珠岩复合材料的制备和表征［D］．中国矿业大学（北京），2015.

[262] Wang B，Zhang G，Sun Z，et al. Synthesis of natural porous minerals supported TiO_2 nanoparticles and their photocatalytic performance towards rhodamine B decomposition［J］，Powder Technology，2014，262：1-8

[263] Sun Q，Li H，Zheng S，et al. Characterizations of nano-TiO_2/diatomite composites and their photocatalytic reduction of aqueous Cr（VI）［J］，Applied Surface Science，2014，311：369-376.

[264] Sun Z，Hu Z，Yan Y，et al. Effect of preparation conditions on the characteristics and photocatalytic activity of TiO_2/purified diatomite composite photocatalysts［J］，Applied Surface Science. 2014，314：251-259.

[265] 汪滨，张广心，郑水林，等．煅烧温度对 TiO_2/硅藻土晶型结构与光催化性能的影响［J］．无机材料学报，2014，29（4）：382-386.

[266] 汪滨，郑水林，文明，等．煅烧对纳米 TiO_2/蛋白土复合材料光催化性能的影响及机理［J］．无机材料学报，2014，29（8）：795-800.

[267] 徐春宏，郑水林，胡志波．煅烧条件对纳米 TiO_2/膨胀珍珠岩复合材料性能的影响［J］．人工晶体学报，2014，43（8）：2022-2027.

[268] 张广心，汪滨，郑水林，等．H_2O/HAc 对纳米 TiO_2/硅藻土复合材料 TiO_2 晶相和性能的影响［J］．人工晶体学报，2014，05：1162-1167.

[269] Radian A，Mishael Y G. Characterizing and designing polycation-clay nanocomposites as a basis for imazapyr controlled release formulations［J］. Environmental Science & Technology，2008，42（5）：1511-1516.

[270] 刘月．N 掺杂纳米 TiO_2/凹凸棒石复合材料的制备及应用［D］．中国矿业大学（北京），2009.

[271] 宋兵．Cu 离子掺杂纳米 TiO_2/海泡石复合材料的制备与表征［D］．中国矿业大学（北京），2013.

[272] 何宏平，郭九皋，王德强，等．仇山酸化钙基膨润土的 27Al 和 29Si 魔角旋转核磁共振谱及脱色率研究［J］．地球化学，2001，30（5）：470-475.

[273] 汪贵领，赵经贵，赵杰，等．利用拜泉膨润土制备活性白土的研究［J］．黑龙江大学自然科学学报，2003，20（2）：117-120.

[274] 曹明礼，于阳辉，袁继祖，等．Al-Mn 柱撑蒙脱石的制备和微结构变化研究［J］．硅酸盐学报，2002，30（1）：86-90.

[275] 吴平霄．无机插层蒙脱石功能材料的微结构变化研究［J］．现代化工，2003，23（7）：34-40.

[276] 童张法，罗成刚，李仲民，等．羟基锆交联膨润土的制备与酯化催化性能研究［J］．广西大学学报（自然科学版），

2002，27（1）：23-26.
[277] 童筠．膨润土干燥剂制备研究［J］．非金属矿，2003，26（1）：37-38.
[278] 黄向红，曹高库，陈燕．膨润土上负载 AlC 固体催化剂的制备［J］．工业催化，2003，9（2）：24-26.
[279] 陈杰，罗健生，饶小桐．用 TiO_2/Ag 改性膨润土复合催化剂光催化氧化处理染料废水［J］．环境技术，2002（6）：36-38.
[280] 冯波，章永化，龚克成．蒙托石与有机化合物的相互作用［J］．化学通报，2002，65（7）：440-444.
[281] 吴平霄．聚羟基铁铝复合柱撑蒙脱石的微结构特征［J］．硅酸盐学报，2003，31（10）：1016-1020.
[282] 胡付新，杨性坤．改性膨润土及其在含铬废水中的应用研究［J］．非金属矿，2002，25（1）：46-47.
[283] 潘祥江，张勇，李明，等．蒙脱土的有机复合改性及其表征［J］．塑料工业，2005，33（2）：54-57.
[284] 吴前玉，王艳丽，蒋文斌．酸活化凹凸棒石粘土脱色率研究［J］．中国非金属矿工业导刊，2006（1）：53-54.
[285] 张铨昌，杨华蕊，韩成．天然沸石离子交换性能及其应用［M］．北京：科学出版社，1986：6-129.
[286] 李虎杰，田煦，易发成．活化沸石对 Pb^{2+} 的吸附性能研究［J］．非金属矿，2001，24（2）：49-51.
[287] 权新军，金为群，李艳，等．改性天然沸石处理富营养化公园湖水样的实验研究［J］．非金属矿，2002，25（1）：48-49.
[288] 傅东．天然沸石及其在环保领域中的应用前景［J］．非金属矿工业导刊，2002，4：30-32.
[289] 邢锋，丁浩，冯乃谦．活化处理提高天然沸石吸附能力的研究［J］．矿产保护与利用，2000，2：17-20.
[290] 刘立新，李晓．海泡石作为催化裂化钝钒剂的研究［J］．非金属矿，2002，25（3）：23-25.
[291] 陈丽华，白志民．海泡石对碱金属离子的吸附性能研究［J］．矿物学报．2001，21（3）：497-501.
[292] Raquel S，Blanca C，Malcolm Y，et al. Microwave decomposition of a chlorinated（Lindane）supported on modified sepiolites［J］. Applied Clay Science. 2002，22：103-113.
[293] Gonzalez J，Molina M，Rodriguez F. Sepiolite－based adsorbant as humidity controller［J］. Applied Clay Science. 2001，20：111-118.
[294] Maria F，Luca M，Luciano P. Sepiolite and industrial waste-water purification：removel of Zn^{2+} and Pb^{2+} from aqueous solutions［J］. Applied Clay Science. 1996，11：43-56.
[295] 郑水林，李杨，杜高翔．超细电气石粉体制备研究［J］．非金属矿，2004，27（4）：26-28.
[296] 郑水林，杜高翔，李杨．超细电气石粉体的制备及负离子释放性能研究［J］．矿冶，2004，13（4）：50-53.
[297] 吴瑞华，汤云晖，张晓晖．电气石的电场效应及其在环境领域中的应用［J］．岩石矿物学杂志，2001，20（4）：474-476.
[298] 王鸣义，俞明康，姚龙夫，等．用于棉纺织业的涤纶短纤维新产品开发［J］．合成纤维，2002，31（1）：46-47.
[299] Sugihara：Toshio（Tokyo-to，JP），Suzuki，Mitsuo（Tokyo-to，JP）. Rayon fiber containing tourmaline particles and method for the preparation thereof：United States，5863653［P］.
[300] Marcos Masaki（Tokyo-JP），Utsumi，Tadayoshi（Shizuoka-ken，JP），Nagashima，Ichiro（Fujieda，JP）. Polyvinyl alcohol fiber containing tourmaline particles：United States，5928784［P］.
[301] Andou. Anticorrosive and antifouling additive for paints and paint containing the same：United States，6294006［P］.
[302] Kubo，Tetujiro（Tokyo，JP），Watanabe，Takao（Saitama-ken，JP）. Wiper blade utilizing piezoelectricity of tourmaline and method for manufacture of the same：United States，6395814［P］.
[303] 郑水林，李杨，黄云龙．电气石粉体的表面改性增白工艺研究［J］．中国粉体技术，2005，11（专辑）：83-86.
[304] 任飞，韩跃新，印万忠，等．电气石的表面改性研究［J］．中国非金属矿工业导刊，2005（2）：17-19.
[305] 石眺霞，孙家寿，王志强，等．交联成型累托石研究［J］．中国非金属矿工业导刊，2005（6）：30-32.
[306] 吴平霄．有机插层蛭石对有机污染物苯酚和氯苯的吸附特性研究［J］．矿物学报，2003，23（1）：17-22.
[307] 郑水林．超微粉体加工技术与应用（第二版）［M］．化学工业出版社，2011.10：91-113.
[308] 杜高翔，郑水林，李杨．超细氢氧化镁粉的表面改性及其高填充聚丙烯的性能研究［J］．中国塑料，2004，18（7）：75-79.
[309] 付振彪．改性剂品种对无机阻燃剂/EVA 复合材料性能的影响［D］．中国矿业大学（北京）硕士学位论文，2010：39.
[310] 薛恩钰，曾敏修．阻燃科学及应用［M］．北京：国防工业出版社，1988.
[311] 四季春．PVC 用超细活性无机复合阻燃填料的研究［D］．中国矿业大学（北京）博士毕业论文，2005.
[312] 郑水林，吴良方，四季春．一种具有阻燃和电绝缘功能的无机复合超细活性填料的制备方法：中国，CN101392107A［P］.
[313] 四季春，郑水林，路迈西．无机复合阻燃填料在软质聚氯乙烯中的应用研究［J］．机械工程材料，2004，28（12）：26.
[314] 四季春，郑水林，路迈西，等．超细活性无机复合阻燃填料在 PVC 中的应用研究［J］．中国塑料，2005，19（1）：

83-85.
[315] 郑水林，四季春，路迈西，等．无机复合阻燃填料的开发及阻燃机理研究 [J]．材料科学与工程学报，2005，23 (1)：60-63.
[316] 郑水林，张清辉，邹勇，等．一种表面包覆型复合无机阻燃剂的制备方法：中国，ZL200510112649.3 [P]．
[317] 张清辉，郑水林，张强．氢氧化镁/氢氧化铝复合阻燃剂的制备及其在 EVA 材料中的应用 [J]．北京科技大学学报，2007，29 (10)：1027-1030.
[318] 杨玲．羟基锡酸锌包覆氢氧化镁对软质 PVC 燃烧性能的影响 [J]．消防科学与技术，2010，29 (8)：685-688.
[319] 郑水林，张清辉，邹勇，等．一种磷酸锌包覆氢氧化铝型复合无机阻燃剂的制备方法：中国，ZL200510112647.4 [P].
[320] 张清辉．无机包覆型复合无卤阻燃剂的制备及在 EVA 中的应用 [D]．北京：北京科技大学博士论文，2006.
[321] 周启星，魏树和，张倩茹，等．生态修复 [M]．北京：中国环境科学出版社，2006.
[322] 温久川．矿区生态环境问题及生态恢复研究 [D]．内蒙古大学，2012.
[323] 杭小帅，周健民，王火焰，等．粘土矿物修复重金属污染土壤 [J]．环境工程学报，2007，1：113-120.
[324] Covelo E，Vega F，Andrade M. Simultaneous sorption and desorption of Cd，Cr，Cu，Ni，Pb，and Zn in acid soils I. Selectivity sequences [J]．Journal of Hazardous Materials，2007，147 (3)：852-861.
[325] 杨秀红，胡振琪，高爱林，等．凹凸棒石修复铜污染土壤 [J]．辽宁工程技术大学学报（自然科学版），2006，25 (6)：29-31.
[326] 陈俊涛，郑水林，王彩丽，等．石棉尾矿酸浸渣对铜离子的吸附性能 [J]．过程工程学报，2009，9 (3)：486-490.
[327] 郑水林，郑黎明，檀竹红．石棉尾矿酸浸渣对铜离子的吸附研究 [J]．硅酸盐学报，2009，37 (10)：1744-1749.
[328] 檀竹红，郑水林，刘月．石棉尾矿酸浸渣对铬离子的吸附性能 [J]．过程工程学报，2008，8：48-53.
[329] 冯磊．几种材料对重金属 Cu 污染土壤的修复 [D]．华中农业大学，2011.
[330] 孙约兵，徐应明，史新，等．海泡石对镉污染红壤的钝化修复效应研究 [J]．环境科学学报，2012，32 (6)：1465-1472.
[331] 王林，徐应明，孙扬，等．海泡石及其复配材料钝化修复镉污染土壤 [J]．环境工程学报，2010，9：2093-2098.
[332] 郑水林．非金属矿物环境污染治理与生态修复材料应用研究进展 [J]．中国非金属矿工业导刊，2008，2：3-7.
[333] 于健，周春生，史海滨，等．膨润土防渗毯用于渠道衬砌及其老化因素对力学性能的影响 [J]．农业工程学报，2011，27：170-175.
[334] 周春生．膨润土防水毯在北方盐渍化地区适用性的实验研究 [D]．内蒙古农业大学，2007.
[335] 孙志明，于健，郑水林，等．离子种类及浓度对土工合成黏土垫用膨润土保水性能的影响 [J]．硅酸盐学报，2010，38 (9)：1826-1831.
[336] 刘海波，孙云蓉．钠基膨润土防水毯行标的制定 [J]．中国建筑防水，2006，6：36-39.
[337] 龙旭，田中青．膨润土防水毯在垃圾填埋场中的应用 [J]．重庆建筑，2007，2：33-35.
[338] 卢宏波．膨润土防水毯在大型人工湖的应用实例 [J]．新型建筑材料，2009，36：73-76.
[339] 张昊．北京地铁工程中的膨润土防水毯施工技术 [J]．市政技术，2007，25：498-500.
[340] 董发勤，杨玉山．生态环境矿物功能材料 [J]．功能材料，2009，5：713-716.
[341] 赵明，夏昌奎，彭西洋，等．释放负离子功能材料的研究进展 [J]．陶瓷，2011，8：44：47.
[342] 康文杰．电气石负离子释放材料的制备及性能研究 [D]．陕西科技大学，2013.
[343] 郑水林，杜高翔，李杨，等．超细电气石粉体的制备和负离子释放性能研究 [J]．矿冶，2004，13：50-53.
[344] 陈丽芸，钱蕙春，王瑛，等．负离子铸铁搪瓷的研制 [J]．玻璃与搪瓷，2007，34 (6)：10-14.
[345] 郑柳萍，颜桂炀，翁秀兰，等．生态陶瓷粉的研制，性能及其应用研究 [J]．韶关学院学报，2010，12：51-55.
[346] 陈跃华，公佩虎，张艳，等．纺织品负离子性能测试方法和负离子纺织品开发 [J]．纺织导报，2005，1：58-61.
[347] 孟宪鸿，陈跃华．新型 PU 革——负离子革的研制 [J]．中国皮革，2003，32 (21)：15-17.
[348] 金宗哲，梁金生，冀志江．能高效产生空气负离子的电气石复合粉体及其制备方法：中国，CN1386550 [P]，2002.
[349] 黄凤萍，雷建，李缨．负离子抗菌复合陶瓷研究 [J]．硅酸盐通报，2006，25：147-151.
[350] 袁昌来，董发勤．空气负离子保健基元材料的研究 [J]．中国矿业，2005，14 (1)：53-56.
[351] 高凤辉，苏立明，林健，等．烧结温度对硅藻土基陶瓷砖吸湿和放湿性能的影响 [J]．长春工业大学学报（自然科学版），2013，34 (1)：90-93.
[352] 郑佳宜，陈振乾．硅藻土基调湿材料中热湿耦合传递 [J]．化工学报，2014，65 (9)：3357-3365.
[353] 郭振华，尚德库，梁金生，等．海泡石纤维自调湿性能研究 [J]．功能材料，2004，35 (0)：2603-2606.
[354] 李国胜，梁金生，丁燕，等．海泡石矿物材料的显微结构对其吸湿性能的影响 [J]．硅酸盐学报，2005，33 (5)：604-608.
[355] 姜洪义，王一萍，万维新．沸石、硅藻土孔结构及调湿性能的研究 [J]．硅酸盐通报，2006，25 (6)：30-33.
[356] 周雅琴，刘俊荣，张缇等．利用吸湿材料制备建筑多孔调湿陶瓷的研究 [J]．佛山陶瓷，2014，8：8-11.

[357] 黄子硕，于航，张美玲．建筑调湿材料吸放湿速度变化规律［J］．同济大学学报（自然科学版），2014，42（2）：310-314.
[358] 姜洪义，王一萍，吴海亮．有机调湿材料的探索研究［J］．武汉理工大学学报，2007，29（3）：6-8.
[359] Yang H，Peng Z，Zhou Y，et al. Preparation and performances of a novel intelligent humidity control composite material［J］. Energy and Buildings，2011（43）：386-390.
[360] 王吉会，任曙凭，韩彩．沸石/聚丙烯酸（钠）复合材料的制备与调湿性能［J］．化学工业与工程，2011，28（1）：1-6.
[361] 陈作义．硅藻土复合调湿材料的调湿性能研究［J］．化工新型材料，2011，39（5）：48-53.
[362] 孔伟，杜玉成，卜仓友，等．硅藻土基调湿材料的制备与性能研究［J］．非金属矿，2011，34（1）：57-62.
[363] 邓妮，武双磊，陈胡星，等．氯化钙改性硅藻土的调湿性能［J］．材料科学与工程学报，2014，32（4）：493-498.
[364] 孙锦宜，林西平．环保催化材料与应用［M］．北京：化学工业出版社，2002：66-78.
[365] 徐国财，张立德．纳米复合材料［M］．北京：化学工业出版社，2002：226-233.
[366] 赵玉龙，高树理．纳米改性剂［M］．北京：国防工业出版社，2004：21-39.
[367] 柯扬船，［美］皮特·斯壮．聚合物-无机纳米复合材料［M］．北京：化学工业出版社，2003：192-193.
[368] 吴平霄．黏土矿物材料与环境修复［M］．北京：化学工业出版社，2004：5-8.
[369] 杨振，雷新荣，胡明安．聚合物/黏土纳米复合材料制备研究现状［J］．矿产保护与利用．2005（2）：26-29.